Roloff/Matek Maschine
Aufgabensammlung

Herbert Wittel · Dieter Muhs
Dieter Jannasch · Joachim Voßiek

Roloff/Matek Maschinenelemente Aufgabensammlung

Lösungshinweise, Ergebnisse und ausführliche Lösungen

16., verbesserte Auflage

Mit 423 Aufgaben

Dipl.-Ing. Herbert Wittel
Reutlingen
Deutschland

Prof. Dr.-Ing. Dieter Jannasch
Hochschule Augsburg
Deutschland

Dipl.-Ing. Dieter Muhs
Braunschweig
Deutschland

Prof. Dr.-Ing. Joachim Voßiek
Hochschule Augsburg
Deutschland

ISBN 978-3-8348-2455-4
DOI 10.1007/978-3-8348-2456-1

Die Deutsche Nationalbibliothek verzeichnet diese Publikation in der Deutschen Nationalbibliografie; detaillierte bibliografische Daten sind im Internet über http://dnb.d-nb.de abrufbar.

Springer Vieweg
© Vieweg+Teubner Verlag | Springer Fachmedien Wiesbaden 1967, 1971, 1972, 1975, 1984, 1987, 1989, 1992, 1994, 2000, 2003, 2005, 2007, 2010, 2012
Das Werk einschließlich aller seiner Teile ist urheberrechtlich geschützt. Jede Verwertung, die nicht ausdrücklich vom Urheberrechtsgesetz zugelassen ist, bedarf der vorherigen Zustimmung des Verlags. Das gilt insbesondere für Vervielfältigungen, Bearbeitungen, Übersetzungen, Mikroverfilmungen und die Einspeicherung und Verarbeitung in elektronischen Systemen.

Die Wiedergabe von Gebrauchsnamen, Handelsnamen, Warenbezeichnungen usw. in diesem Werk berechtigt auch ohne besondere Kennzeichnung nicht zu der Annahme, dass solche Namen im Sinne der Warenzeichen- und Markenschutz-Gesetzgebung als frei zu betrachten wären und daher von jedermann benutzt werden dürften.

Lektorat: Thomas Zipsner / Imke Zander
Bilder: Graphik & Text Studio Dr. Wolfgang Zettlmeier, Barbing
Satz: Beltz Bad Langensalza GmbH, Bad Langensalza

Gedruckt auf säurefreiem und chlorfrei gebleichtem Papier

Springer Vieweg ist eine Marke von Springer DE. Springer DE ist Teil der Fachverlagsgruppe Springer Science+Business Media.
www.springer-vieweg.de

Vorwort

Im Rahmen des Lehr- und Lernsystems *Roloff/Matek Maschinenelemente* dient die Aufgabensammlung als Ergänzung, um den umfangreichen Stoff des Lehrbuchs zu vertiefen. Sie soll damit eine Hilfe für das Verständnis der zum Teil sehr umfangreichen und anspruchsvollen Berechnungen von Maschinenelementen sein und eine gezielte Prüfungsvorbereitung gewährleisten.

Die Aufgabensammlung besteht aus drei Teilen, den Aufgabenstellungen, den Lösungshinweisen und den Lösungen. Für ausgewählte Aufgaben gibt es kleinschrittige, ausführliche Lösungen, damit auch ohne Fremdhilfe der vollständige Lösungsweg nachvollzogen werden kann. Diese vollständigen Lösungswege helfen auch bei der Lösung anderer Aufgaben. Diese Aufgaben sind im Aufgabenteil speziell mit [i] gekennzeichnet, es gibt keine Lösungshinweise. Für die anderen Aufgaben wird die Bearbeitung durch Lösungshinweise unterstützt, die Lösungsangabe enthält die Ergebnisse und wichtige Zwischenergebnisse.

Die jeweils ersten Aufgaben der einzelnen Kapitel sind vielfach Grundaufgaben ohne Bindung an einen bestimmten Anwendungsfall. Diese sollen dazu dienen, die Zusammenhänge verschiedener Einflussgrößen zu erkennen. Bei den sich anschließenden Aufgaben, die sich auf praktische Anwendungsfälle beziehen, ist zu berücksichtigen, dass durchaus mehrere Lösungen denkbar sind. So können die Ergebnisse durch die in Eigenverantwortung getroffenen, unterschiedlichen Annahmen für z. B. Konstruktions- und Korrekturfaktoren, Kerbwirkungs- oder Reibungszahlen bzw. durch geringfügige Differenzen beim Ablesen von Diagrammwerten und das Runden von Zwischenwerten von der Musterlösung abweichen. Diese Ergebnisse sind deshalb nicht grundsätzlich falsch.

Die Mehrzahl der Aufgaben enthält Vorgaben für wählbare Parameter, um die Ergebnismöglichkeiten zu begrenzen und ein eigenständiges Lösen der Aufgaben zu erleichtern. Der Schwierigkeitsgrad der Aufgabenstellungen wird in leicht, mittel und schwierig/umfangreich unterteilt, gekennzeichnet mit •, •• und •••. Eine ausführlich beschriebene Projektaufgabe am Ende der Aufgabensammlung verdeutlicht die Vorgehensweise bei komplexen Problemstellungen.

In der jetzt vorliegenden 16. Auflage erfolgte die Abstimmung auf die 20. Auflage des Lehrbuchs und die Einarbeitung von Korrekturen. Das Inhaltsverzeichnis wurde erweitert, um sichtbar zu machen, welche Aufgaben in jedem Kapitel detailliert im Lösungsteil vorgerechnet werden. Zusätzliche Angebote für den Anwender werden auf der Internetseite *www.roloff-matek.de* zur Verfügung gestellt.

Die Autoren hoffen, dass auch die 16. Auflage der Aufgabensammlung in Verbindung mit dem Lehrbuch den Anwendern in der Ausbildung und Praxis eine wertvolle und zuverlässige Hilfe sein wird und möchten sich für die vielen konstruktiven Zuschriften bedanken. Ebenso möchten sich die Autoren beim Lektorat Maschinenbau des Verlags ganz herzlich bedanken, ohne dessen Mithilfe die Umsetzung aller Vorhaben nicht möglich gewesen wäre.

Reutlingen, Augsburg im Sommer 2012

Herbert Wittel
Dieter Jannasch
Joachim Voßiek

Inhaltsverzeichnis

		Aufgaben	Lösungs-hinweise	Ergebnisse
1	Konstruktive Grundlagen, Normzahlen	1	147	217
2	Toleranzen, Passungen, Oberflächenbeschaffenheit	4	148	220
3	Festigkeitsberechnung	9	150	223
4	Tribologie	12	152	229
5	Kleb- und Lötverbindungen	13	153	230
6	Schweißverbindungen	19	155	233
7	Nietverbindungen	31	162	246
8	Schraubenverbindungen	40	165	255
9	Bolzen-, Stiftverbindungen und Sicherungselemente	51	173	270
10	Elastische Federn	60	176	277
11	Achsen, Wellen und Zapfen	69	180	284
12	Elemente zum Verbinden von Wellen und Naben	80	184	293
13	Kupplungen und Bremsen	87	187	301
14	Wälzlager	95	192	308
15	Gleitlager	104	195	315
16	Riemengetriebe	110	198	322
17	Kettengetriebe	117	200	329
18	Elemente zur Führung von Fluiden (Rohrleitungen)	121	201	334
20	Zahnräder und Zahnradgetriebe (Grundlagen)	124	203	338
21	Außenverzahnte Stirnräder	125	204	339
22	Kegelräder und Kegelradgetriebe	139	212	352
23	Schraubrad- und Schneckengetriebe	143	214	354
	Projektaufgabe			356

Übersicht der Aufgaben mit vollständigen Lösungen

1	Konstruktive Grundlagen, Normzahlen	1.9, 1.10
2	Toleranzen, Passungen, Oberflächenbeschaffenheit	—
3	Festigkeitsberechnung	3.7, 3.12
4	Tribologie	—
5	Kleb- und Lötverbindungen	5.5, 5.7, 5.10, 5.14, 5.18
6	Schweißverbindungen	6.12, 6.13, 6.18, 6.19, 6.29, 6.30, 6.34
7	Nietverbindungen	7.4, 7.7, 7.9, 7.15
8	Schraubenverbindungen	8.11, 8.12, 8.19, 8.27
9	Bolzen-, Stiftverbindungen und Sicherungselemente	9.2, 9.4, 9.12, 9.16
10	Elastische Federn	10.7, 10.17, 10.27
11	Achsen, Wellen und Zapfen	11.8, 11.16, 11.20
12	Elemente zum Verbinden von Wellen und Naben	12.1, 12.5, 12.8, 12.10
13	Kupplungen und Bremsen	13.7, 13.14
14	Wälzlager	14.1, 14.6, 14.15, 14.18, 14.22
15	Gleitlager	15.7, 15.12, 15.15
16	Riemengetriebe	16.7, 16.11
17	Kettengetriebe	17.8, 17.9
18	Elemente zur Führung von Fluiden (Rohrleitungen)	18.7, 18.12, 18.14
20	Zahnräder und Zahnradgetriebe (Grundlagen)	—
21	Außenverzahnte Stirnräder	21.42
22	Kegelräder und Kegelradgetriebe	—
23	Schraubrad- und Schneckengetriebe	—
	Projektaufgabe	

Aufgaben

1 Konstruktive Grundlagen, Normzahlen

1.1 Von folgenden begrenzten abgeleiteten Reihen sind die Normzahlfolgen und die Stufensprünge zu bestimmen:
  a) R20/3(140...) mit 8 Größen (Gliedern)
  b) R10/2(200...2000)
  c) R5/4(0,16...) mit 5 Größen
  d) R40/3(11,8...) mit 6 Größen
  e) R20/-2(1600...) mit 6 Größen
  f) R10/-3(400...) mit 4 Größen

1.2 Das Kurzzeichen der folgenden Normzahlreihen ist mit Angabe der unteren bzw. der oberen Grenze und des jeweiligen Stufensprungs anzugeben:
  a) 5 8 12,5 20 31,5
  b) 0,0053 0,0071 0,0095 0,0125
  c) 6,3 40 250 1600
  d) 200 140 100 71 50
  e) 18 25 36 50 70
  f) 560 450 360 280 220 180

1.3 Sechs Wellendurchmesser d sollen nach der abgeleiteten NZ-Reihe R20/3 gestuft werden. Der kleinste Durchmesser ist 20 mm. Die zugehörigen Querschnitte A in cm^2 sind nach Ermittlung des kleinsten Querschnittes normzahlgestuft anzugeben und die Stufensprünge zu bestimmen.

1.4 Die Inhalte V in ℓ von 4 zylindrischen Behältern, deren kleinster 2 ℓ fasst, sollen nach Normzahlen so gestuft werden, dass sich ihr Inhalt jeweils verdoppelt. Bei allen Behältern soll dem Größenempfinden entsprechend das Verhältnis Höhe h zum Durchmesser d gleich dem Stufensprung der NZ-Grundreihe für die Inhalte gewählt werden.
Nach Nennung des Kurzzeichens der jeweiligen Reihe sind für die Inhalte in ℓ die zugehörigen Maße d und h in mm anzugeben. Eine Proberechnung, z. B. für den 3. Behälter, ist durchzuführen.

1.5 Es sollen 4 NZ-gestufte zylindrische Behälter gefertigt werden, deren Inhalte angenähert $V = 3\ 6\ 12\ 24\ \ell$ betragen.
  a) Das Kurzzeichen der NZ-Reihe für V ist anzugeben.
  b) Welches Kurzzeichen der genannten NZ-Reihe von V muss für den Durchmesser d und für die Höhe h gewählt werden?
  c) d und h in mm sind für die entsprechenden V tabellarisch zu nennen, wenn das Verhältnis h/d jeweils gleich dem Quadrat des Stufensprunges der Grundreihe für V beträgt.

1.6 Eine Maschine soll in 5 steigenden Größen hergestellt werden, wobei die Leistungen zweckmäßig nach der abgeleiteten Rundwertreihe R″20/4 gestuft sind. Die Hauptgrößen der kleinsten Maschine sind:
Leistung $P_1 = 5$ kW, Drehzahl $n_1 = 560$ min^{-1}, Schwungraddurchmesser $D_1 = 900$ mm.
Nach Nennung der Reihenkurzzeichen sind die Hauptgrößen der abgeleiteten Maschinen zu den entsprechenden Leistungen tabellarisch anzugeben, wenn berücksichtigt wird, dass D in mm und n in min^{-1} bei nahezu gleicher Umfangsgeschwindigkeit des Schwungrades v in m/s nach abgeleiteten Grundreihen gestuft werden sollen. Durch Proberechnung ist z. B. für die 1. und 4. Maschinengröße nachzuweisen, dass $v_1 \approx v_4$.

1.7 Ein gusseiserner Lagerbalken wurde für die Biegebeanspruchung bei der Belastung $F = 2$ kN mit folgenden Abständen und max. Querschnittsabmessungen nach Normzahlen festgelegt: $l_1 = 1400$ mm, $l_2 = 900$ mm, $b_1 = 125$ mm, $h_1 = 200$ mm, $b_2 = 100$ mm, $h_2 = 140$ mm.

Belastungsschema

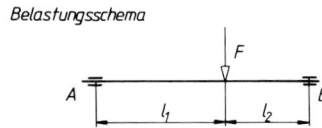

Zwecks Typung und Aufnahme in die Werksnorm sollen für insgesamt 4 Belastungen $F = 2$ 2,5 3,2 4 kN bei nahezu gleicher Biegebeanspruchung die Abstände und die Querschnittsabmessungen zu den entsprechenden Belastungen sowie die zugehörigen Widerstandsmomente W_x in cm^3 nach abgeleiteten Grundreihen gestuft tabellarisch zusammengestellt werden.

Querschnittsform (Rundungen vernachlässigt)

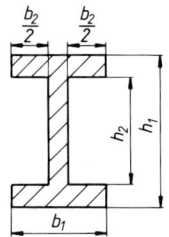

1.8 Die Ergebnisse der Aufgabe 1.7 sind in einem NZ-Datenblatt, ausgehend von den Werten der kleinsten Größe, darzustellen; die Achsen sind zur Ablesung aller Größen exakt zu beschriften.

1.9 Um die Knicklast eines Druckstabes aus Baustahl ($E_1 = 2{,}1 \cdot 10^5$ N/mm^2) zu bestimmen, wird an einem zehnfach verkleinerten, geometrisch ähnlichen Modell aus einer Al-Legierung ($E_0 = 0{,}7 \cdot 10^5$ N/mm^2) ein Belastungsversuch durchgeführt. Dabei ergibt sich eine Knicklast $F_{K0} = 280$ N am Modell.

Zu berechnen ist die kritische Knicklast bei der wirklichen Ausführung
a) mit Hilfe der statischen Ähnlichkeit und
b) mit Hilfe der Knickformel
$$F_K = \pi^2 \cdot E \cdot I / l^2.$$

1 Konstruktive Grundlagen, Normzahlen

1.10 Eine Baureihe für Außenzahnradpumpen soll mit sechs Baugrößen einen Fördervolu-
••• menbereich von 5 bis 160 cm³/U abdecken. Es soll mit einem maximalen Betriebs-

druck von 160 bar und einer konstanten Antriebsdrehzahl von 1400 min^{-1} gearbeitet werden. Für die kleinste Baugröße liegen die Abmessungen fest: Fördervolumen $V = 5$ cm³/U, Teilkreisdurchmesser der Zahnräder $d = 32$ mm, Modul $m = 2$ mm, Zahnbreite $b = 12$ mm, der Durchmesser des Wellenendes $d_W = 20$ mm und die Pumpenleistung $P = 1{,}8$ kW.

a) Die Fördervolumina der sechs NZ-gestuften Größenreihen sind zu berechnen und das Kurzzeichen der NZ-Reihe anzugeben.
b) Der Teilkreisdurchmesser der Zahnräder, die Zahnbreite und die Pumpenleistung sind NZ-gestuft als vorläufige theoretische Werte für den ersten Entwurf zu ermitteln.
c) Die für die sechs Baugrößen festgelegten Daten sind in einem NZ-Diagramm (Datenblatt) darzustellen.

2 Toleranzen, Passungen, Oberflächenbeschaffenheit

2.1 Für folgende Zusammenbaubeispiele ist je eine geeignete ISO-Passung zwischen Außen- und Innenteil (Bohrung und Welle) für das System *Einheitsbohrung* (*EB*) zu wählen:
a) eine Lagerbuchse soll ohne nachträgliche Sicherung gegen Verdrehen in eine Gehäusebohrung eingepresst werden;
b) ein Zahnrad ist auf eine größere Getriebewelle aufzusetzen, eine Sicherung gegen Verdrehen durch eine Passfeder ist vorgesehen;
c) eine Kupplungsnabe soll auf einem Wellenende möglichst fest sitzen, eine zusätzliche Sicherung gegen Verdrehen ist vorgesehen;
d) der Zentrieransatz eines Lagerdeckels zur Fixierung des Deckels in einem Gehäuse.

2.2 Für die nachfolgend aufgeführten Toleranzklassen sind für das Nennmaß $N = 110$ mm die Grenzabmaße *ES* und *EI* bzw. *es* und *ei* zu ermitteln und die Toleranzfelder maßstabsgerecht darzustellen:
a) H7, H8, H9, H11;
b) K5, K6, K7, K8;
c) f5, f6, f7, f8;
d) m5, m6, m7, m8.

2.3 Zur Befestigung einer Keilriemenscheibe auf dem Wellenzapfen mit dem Nenndurchmesser $d = 50$ mm wurde die Passung H7/k6 und zur Verdrehsicherung eine Passfeder nach DIN 6885 vorgesehen.
Zu ermitteln bzw. darzustellen sind:
a) die Grenzabmaße *ei* und *es* für die Welle (Außenmaß), *EI* und *ES* für die Bohrung (Innenmaß),
b) die Grenzmaße G_{uW} und G_{oW} für die Welle, G_{uB} und G_{oB} für die Bohrung,
c) die Grenzpassungen P_o und P_u sowie die Passtoleranz P_T,
d) die Lagen der Toleranzfelder T_W für die Welle und T_B für die Bohrung.

2.4 Für das Nennmaß $N = 30$ mm sind für die Bohrung mit der Toleranzklasse H7 die Toleranzfelder bildlich darzustellen für die nach DIN 7154 empfohlenen Toleranzklassen der Welle s6, r6, n6, m6, k6, j6, g6, f7 sowie anzugeben, um welche Paarungsart (Spiel-, Übergangs- oder Übermaßpassung) es sich jeweils handelt.

2.5 Für die Befestigung eines Zahnrades aus Einsatzstahl auf der Getriebewelle aus Baustahl mit $d = 55$ mm ist konstruktiv ein Pressverband vorgesehen. Zur sicheren Übertragung der Zahnkräfte wurde rechnerisch die Grenzpassung $P_o = -93$ μm (entspricht dem Mindestübermaß $Ü_u$) und aufgrund der zulässigen Fugenpressung zwischen Zahnrad/Welle die Grenzpassung $P_u = -142$ μm (entspricht dem Höchstübermaß $Ü_o$) errechnet.

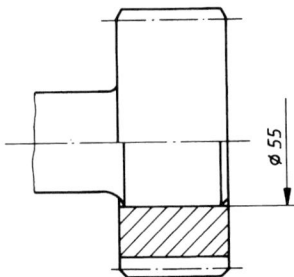

Zu ermitteln sind:
a) die Passtoleranz P_T,
b) die Bohrungstoleranz T_B und die Wellentoleranz T_W unter der Annahme, dass $T_B \approx 0{,}6 \cdot P_T$ ist,
c) für das ISO-Passsystem *EB* eine geeignete Toleranzklasse für die Bohrung,
d) die Grenzabmaße für die Welle,
e) eine geeignete Toleranzklasse für die Welle.

2 Toleranzen, Passungen, Oberflächenbeschaffenheit

2.6 Der Schaft einer Passschraube soll zur Lagerung einer Seilrolle verwendet werden. Der Schraubenschaft hat einen Durchmesser $d = 25k6$.
Welche ISO-Toleranz ist für die Nabenbohrung vorzusehen, wenn die Passung zwischen Schaft und Nabenbohrung etwa der Spielpassung H8/e8 entsprechen soll?

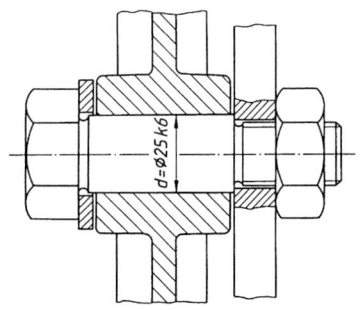

2.7 Für den Einbau eines Ritzels sind zu ermitteln:
a) eine geeignete ISO-Passung zwischen Welle und Buchsenbohrung für einen normalen Laufsitz,
b) die auf das Nennmaß 30 mm bezogene Maßtoleranz T_l für die Nabenlänge l, so dass ein seitliches Mindestspiel $S_u = 0{,}2$ mm und ein Höchstspiel $S_o = 0{,}4$ mm eingehalten wird; die normgerechte Maßeintragung ist anzugeben.

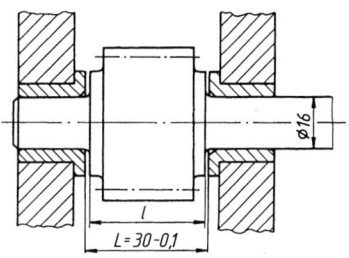

2.8 Für die Lagerung einer Schaltrolle in einem Kontakthebel sind zu ermitteln:
a) geeignete ISO-Toleranzen für die Hebelbohrungen und die Rollenbohrung, wenn die Achse aus geschliffenem Rundstahl ⌀ 5h6 in der Rolle festsitzen und in den Hebelbohrungen sich drehen soll; die Passtoleranz ist bildlich darzustellen,
b) die auf das Nennmaß $N = 10$ mm bezogene Maßtoleranz T_L für die Gabelweite L, wenn ein seitliches Mindestspiel von $S_u = 0{,}2$ mm und ein Höchstspiel von $S_o = 0{,}4$ mm eingehalten werden soll; die normgerechte Maßeintragung ist anzugeben.

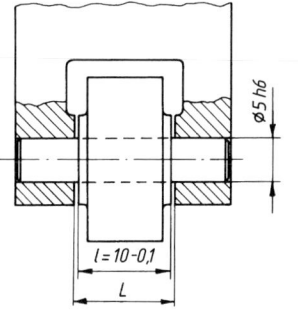

2.9 Die auf dem Achszapfen gelagerte Steuerrolle soll durch eine Sicherungsscheibe nach DIN 6799 axial festgelegt werden.
Zu ermitteln sind:
a) eine geeignete Spielpassung zwischen Laufrollenbuchse und Zapfen,
b) das Nennmaß N (ganze Zahl) und die erforderliche Maßtoleranz T_a für den Abstand a von der Achsschulter bis zur äußeren Nutkante, wenn das seitliche Spiel S der Buchse ungefähr $0{,}2 \ldots 0{,}5$ mm betragen darf; die normgerechte Maßeintragung ist anzugeben,
c) die vorzusehende Oberflächenrautiefe für den Wellenzapfen; die normgerechte Zeichnungseintragung ist anzugeben.

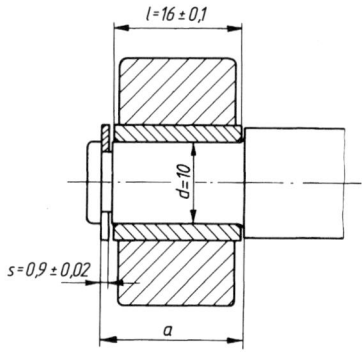

2 Toleranzen, Passungen, Oberflächenbeschaffenheit

2.10 Ein Rillenkugellager 6310 soll auf dem Lagerzapfen mit $d = 50k6$ durch einen Sicherungsring axial festgelegt werden. Nach DIN 616 hat der Lagerinnenring die Breite $b = 27 - 0{,}1$ mm, der Sicherungsring die Dicke $s = 2 - 0{,}07$ mm.
Zu ermitteln sind:
a) für den Abstand a von der Wellenschulter bis zum äußeren Nutrand das Nennmaß N und die Maßtoleranz T_a, bei der ein seitliches Lagerspiel S von 0 bis höchstens 0,2 mm zugelassen ist; die normgerechte Maßeintragung ist anzugeben.
b) welche Maßtoleranz würde sich ergeben für den Fall, dass das seitliche Lagerspiel 0 bis höchstens 0,1 mm betragen darf?
c) die für den Wellenzapfen vorzusehende Oberflächenrautiefe; die normgerechte Zeichnungseintragung ist anzugeben.

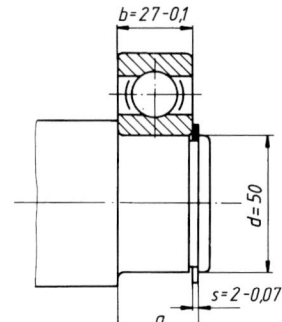

2.11 Für die Hebellagerung sind das Nennmaß N und die Maßtoleranz T_l für die Schaftlänge l des Bolzens zu ermitteln, wodurch für die Hebelnabe ein seitliches Mindestspiel $S_u = 0{,}2$ mm und ein Höchstspiel $S_o = 0{,}6$ mm gewährleistet sind; die normgerechte Maßeintragung ist anzugeben.

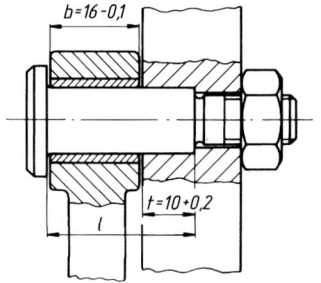

2.12 Eine Passschraube mit der Schaftlänge $L = 50 + 0{,}1/0$ mm soll zur Lagerung einer Seilrolle verwendet werden.
Für die Nabenlänge l sind das Nennmaß N und die Maßtoleranz T_l zu ermitteln für ein seitliches Spiel S von 0,2 ... 0,6 mm; die normgerechte Maßeintragung ist anzugeben.

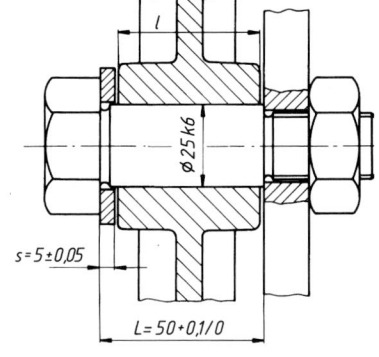

2.13 Ein ölgeschmiertes Lager ist durch eine Dichtungsscheibe zwischen Lagerdeckel und Gehäuse abzudichten. Der Dichtring mit der (Nenn-)Dicke $s = 2{,}4$ mm kann bis auf $s' = 1{,}9$ mm zusammengepresst werden.
Für die Länge l des Zentrieransatzes des Deckels sind das Nennmaß N und die Maßtoleranz T_l zu ermitteln, so dass eine „gepresste" Ringdicke zwischen 1,9 mm und 2,3 mm eingehalten wird; die normgerechte Maßeintragung ist anzugeben.

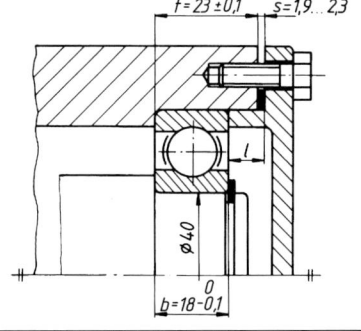

2 Toleranzen, Passungen, Oberflächenbeschaffenheit

2.14 Die radiale Pressung eines Dichtringes mit dem Profildurchmesser $d_1 = 7 \pm 0,25$ mm soll, um ausreichend abzudichten, wenigstens 10 %, zur Vermeidung übermäßiger Beanspruchung aber höchstens 20 % des Profildurchmessers betragen.
Zu berechnen sind das Nennmaß N der Eindrehung D und die Maßtoleranz T_D, bei der die Mindestpressung δ_{min} nicht unter-, die Höchstpressung δ_{max} nicht überschritten wird.

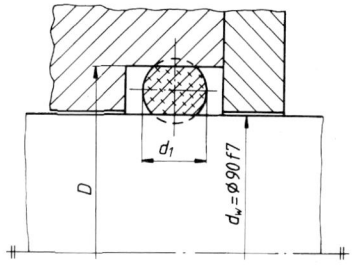

2.15 Ein Winkelhebel führt um eine Achse Pendelbewegungen aus und soll durch Nadeln gelagert werden. Die Hebelbohrung wird mit $D = 50H7$ ausgeführt. Die vorgesehenen Nadeln haben einen Durchmesser von $d = 5 - 0,01$ mm.
Für ein günstiges Radialspiel S der Nadeln zwischen Welle und Bohrung von $0,05 \ldots 0,12$ mm sind das Nennmaß N und die etwa entsprechende ISO-Toleranzklasse für die Welle zu ermitteln.

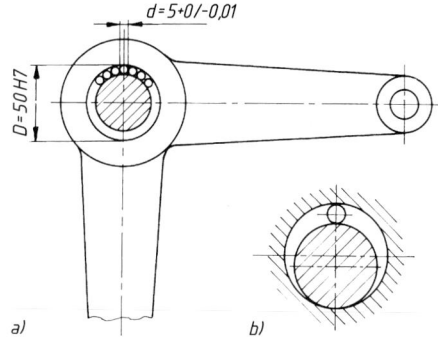

2.16 Das Höchst- und Mindestmaß der Bohrung d_1 in der Lasche A sind zu ermitteln, damit diese mit einem Spiel von $S_u = 0$ (Mindestspiel) bis $S_o = 0,08$ mm (Höchstspiel) auf die Platte B mit den Zylinderstiften $d = 10m6$ gesetzt werden kann.
Es ist festzustellen, ob diese Bedingung mit einer ISO-Toleranzklasse erfüllt werden kann.

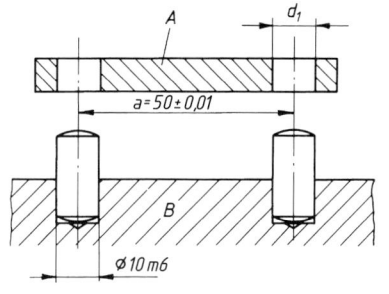

2.17 Eine Klemmleiste soll mit 2 Zylinderschrauben M4 auf einer Grundplatte befestigt werden. Für die Lochabstände a sind für Leiste und Grundplatte gleichgroße Maßtoleranzen anzugeben. Die normgerechte Maßeintragung ist anzugeben.

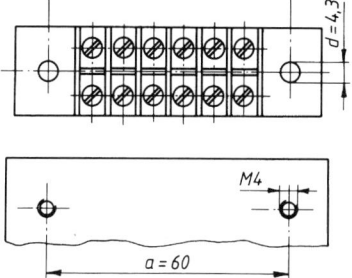

2.18 Welchen Höchst- und Mindestdurchmesser d müssen die Aufnahmestifte einer Bohrvorrichtung haben, damit die Kettenlaschen zum Bohren der Löcher A (zur Befestigung von Mitnehmern) in der Vorrichtung ein Spiel von $S_u = 0$ bis $S_o = 0{,}3$ mm haben?

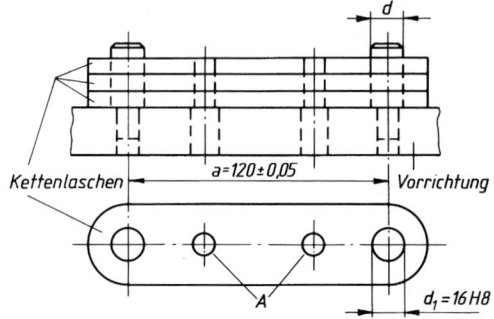

3 Festigkeitsberechnung

3.1 Für ungekerbte, polierte Rundstäbe aus den Baustählen S235, S275 und E335 sind folgende Festigkeitswerte für die Bauteildicken $d = 32$ mm und $d = 150$ mm anzugeben:

a) die Zugfestigkeit R_m,
b) die Streckgrenze R_e,
c) das Verhältnis R_e/R_m,
d) die Biegefließgrenze σ_{bF},
e) die Torsionsfließgrenze τ_{tF},
f) die Biegegestaltwechselfestigkeit σ_{bGW},
g) die Torsionsgestaltwechselfestigkeit τ_{tGW}.

3.2 Für runde Hohlprofile (ungekerbt und poliert) mit $d_a = 60$ mm und $d_i = 40$ mm aus den Baustählen S275, E335, den Vergütungsstählen C45E und 30CrNiMo8 (jeweils im vergütetem Zustand) und Gusseisen EN-GJL-250, EN-GJS-400-18 sind folgende Festigkeitswerte anzugeben:

a) die Zugfestigkeit R_m,
b) die Zugschwellfestigkeit σ_{zSch},
c) die Biegewechselfestigkeit σ_{bW},
d) die Torsionswechselfestigkeit τ_{tW}.

3.3 Für einen Stab aus der Aluminium-Knetlegierung ENAW-AlCu4PbMgMn-T3 ist die zulässige Zugspannung bei vorwiegend ruhender Belastung und einer mittleren Sicherheit festzulegen.

3.4 Ein Bauteil aus GS240 + N, Rohteildurchmesser 60 mm, wird vorwiegend ruhend auf Verdrehung beansprucht. Es sind die für den einfachen statischen Nachweis erforderliche Bauteilfestigkeit und die Mindestsicherheit anzugeben.

3.5 In einem Dauerfestigkeitsversuch ergab sich für ein Bauteil die Schwellfestigkeit $\sigma_{Sch} = 360$ N/mm². Wie hoch ist die Ausschlagfestigkeit σ_A? Das Spannungs-Zeit-Diagramm ist zu skizzieren.

3.6 Für einen Probestab wird ein Dauerbiegeversuch mit einer Ausschlagspannung von ± 150 N/mm² bei einer konstanten Mittelspannung von 70 N/mm² durchgeführt. Anhand eines Spannungs-Zeit-Diagramms sind zu ermitteln:

a) die Oberspannung σ_o und die Unterspannung σ_u,
b) das Grenzspannungsverhältnis κ.

3.7 Ein glatter, kerbfreier Probestab mit Normabmessung aus Vergütungsstahl 25CrMo4 (vergütet) wird dynamisch mit $\sigma_{ba} = 250$ N/mm² um eine Mittelspannung $\sigma_{bm} = 400$ N/mm² auf Biegung beansprucht. Zu ermitteln sind:

a) die maximale Ausschlagspannung σ_{ba} für $\sigma_m =$ konst. und $S_D = 1$,
b) die ertragbare Oberspannung σ_O und Unterspannung σ_U für $\sigma_m =$ konst.,
c) das Grenzspannungsverhältnis κ für die maximale Ausschlagspannung bei $\sigma_m =$ konst.,
d) die maximale Ausschlagspannung σ_{ba} für $\kappa =$ konst. (σ_{bm} erhöht sich mit σ_{ba}).

3.8 Für eine mit einer Passfedernut Form N1 versehene Getriebewelle aus Vergütungsstahl 50CrMo4 ist die Gestaltausschlagfestigkeit bei Biegewechselbelastung zu ermitteln. Die Welle mit dem Rohteildurchmesser $d = 60$ mm soll mit $Rz \approx 10$ µm auf $d = 55$ mm abgedreht werden.

3.9 Für eine mit einer Sicherungsring-Nut versehenen und mit $Rz \approx 16$ µm auf 50 mm Durchmesser abgedrehte Welle aus Baustahl E295 (Rohteildurchmesser $d = 70$ mm) sind die statischen und dynamischen Konstruktionswerte (Gesamteinflussfaktoren) für Biegung und Torsion zu berechnen.

3.10 In DIN 5418 sind die Anschlussmaße für Wälzlager festgelegt.
Für den aus Rundstahl mit dem Durchmesser $d = 40$ mm gedrehten Lagerzapfen sind für eine angenommene Biegebeanspruchung die Kerbwirkungszahlen β_k für die Übergangsstelle nach Schaubild (experimentelle Werte) zu errechnen für die Werkstoffe

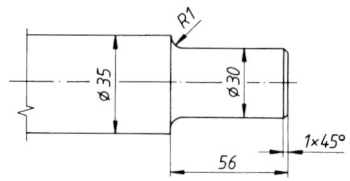

a) S235
b) C60E
c) 50CrMo4

Welche Schlussfolgerung kann aus den Ergebnissen gezogen werden?

3.11 Für eine angenommene Biegebeanspruchung sind für die Übergangsstelle der Welle aus C60E (Rohteildurchmesser $d = 40$ mm) die Kerbwirkungszahlen β_k über die Formzahl α_k zu errechnen für

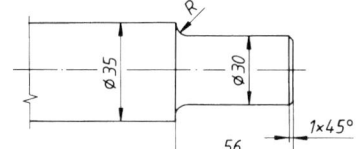

a) Rundungsradius R1
b) Rundungsradius R1,6
c) Rundungsradius R2,5
d) einen Freistich DIN 509 – F1 × 0,2

Welche Schlussfolgerung kann aus den Ergebnissen gezogen werden?

3.12 Eine Welle aus Vergütungsstahlstahl C22E, $d = 30$ mm, mit aufgeschrumpfter festsitzender Nabe, wird durch ein Nenndrehmoment $T_{nenn} = 100$ Nm in einer Drehrichtung beansprucht. Die Betriebsverhältnisse sind durch einen Anwendungsfaktor $K_A = 1{,}5$ zu berücksichtigen. Größere Spitzenmomente sind nicht zu erwarten. Die auftretende, rein wechselnde Biegenennspannung beträgt $\sigma_{bnenn} = 46{,}7$ N/mm². Welche Sicherheit gegen Dauerbruch ergibt sich für den Überlastungsfall 2, wenn

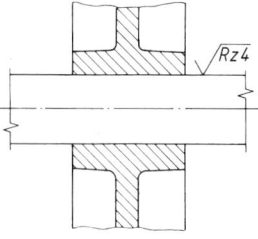

a) eine hohe Schalthäufigkeit ($>10^3$ An- und Abschaltungen) vorliegt,
b) die Momentenübertragung selten unterbrochen wird (quasistatische Belastung) und ein Anwendungsfaktor $K_A = 1$ angenommen wird,
c) wie b), zusätzlich die dynamische Überlagerung durch $K_A = 1{,}5$ berücksichtigt wird.

3 Festigkeitsberechnung

3.13 Zur rechnerischen Überprüfung des konstruktiv festgelegten Zapfendurchmessers einer aus Vergütungsstahl C35E (vergütet) mit einem Rohteildurchmesser von 60 mm gedrehten Welle ist die für die gefährdeten Querschnitte maßgebende Gestaltausschlagfestigkeit zu ermitteln. Zur Aufnahme der Kupplung wurde die Passung H7/k6 vorgesehen. Das Moment wird über die Kupplung bei sehr häufigen An- und Abschaltungen und Drehrichtungsänderungen auf die Welle übertragen, wobei das äquivalente Moment in beiden Richtungen etwa gleich groß sein soll. Die Rauheit im Nutgrund beträgt $Rz \approx 20\,\mu m$. Die Ergebnisse sind zu beurteilen.

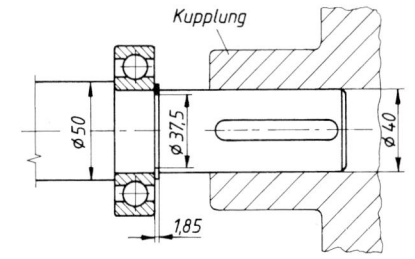

3.14 Für die nebenstehend skizzierten zugbeanspruchten Flachstähle mit jeweils gleicher Dicke s sind schematisch darzustellen bzw. anzugeben

a) der Verlauf der über den Querschnitt vorhandenen Zugspannung
b) Möglichkeiten zur Verminderung der Spannungsspitzen bei den Ausführungen b) und c)

Es ist davon auszugehen, dass die Zugkraft F jeweils gleichmäßig über den Querschnitt eingeleitet wird.

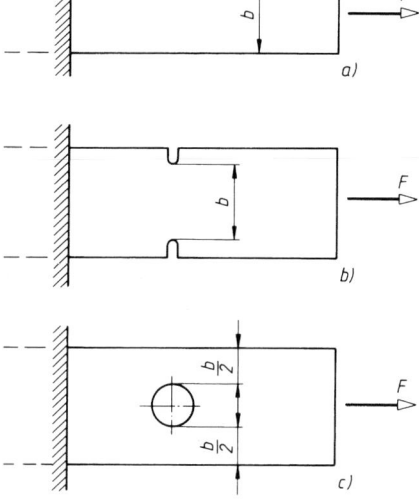

3.15 Zur Aufnahme eines fast scharfkantigen Bauteiles (keine Fase) ist eine rechtwinklige Anlage für die Wellenschulter erforderlich. Es sind Lösungsmöglichkeiten anzugeben, die keine allzu großen Spannungsspitzen erwarten lassen.

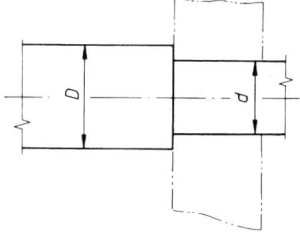

4 Tribologie

4.1 Für einen Kontakt zweier Walzen wurden folgende Betriebsparameter durch Messung bzw. Berechnung bestimmt: Minimale Schmierfilmdicke im Kontakt $h_{min} = 2{,}5\,\mu m$, Rauheiten der beiden Walzen $Ra_1 = 1{,}2\,\mu m$, $Ra_2 = 2{,}3\,\mu m$. Bewerten Sie den vorliegenden Reibungszustand (Schmierungszustand).

4.2 Für ein Mineralöl sind folgende kinematische Viskositäten bekannt: $\nu_{30} = 6\,mm^2/s$ (bei 30 °C), $\nu_{100} = 2\,mm^2/s$ (bei 100 °C). Bestimmen Sie die kinematische Viskosität ν_{-20} bei -20 °C.

4.3 Für verschiedene Schmieröle soll die Bezeichnung der Öle entsprechend Viskositätsklassifikation angegeben werden. Bekannt sind folgende Angaben:

 a) Industrieschmieröl, $\nu_{40} = 32\,mm^2/s$
 b) Industrieschmieröl, $\nu_{40} = 460\,mm^2/s$
 c) Kfz-Getriebeöl, $\nu_{100} = 8\,mm^2/s$
 d) Kfz-Getriebeöl, $\nu_{100} = 32\,mm^2/s$
 e) Kfz-Motorenöl, $\nu_{100} = 8\,mm^2/s$
 f) Kfz-Motorenöl, $\nu_{100} = 19\,mm^2/s$

4.4 Für einen Kontakt zweier Walzen aus Stahl sind folgende Angaben bekannt: Kontaktnormalkraft $F_N = 500\,N$, Walzendurchmesser $d_1 = 40\,mm$, $d_2 = 30\,mm$, Kontaktlänge (= Walzenbreite) $= 20\,mm$. Bestimmen Sie die Hertzsche Pressung im Kontakt beider Walzen.

4.5 Für ein Mineralöl sind folgende Daten für eine Betriebstemperatur von 90 °C bekannt: Dynamische Viskosität $\eta_{90} = 5{,}3\,mPas$, Dichte $\varrho_{90} = 825\,kg/m^3$. Bestimmen Sie die kinematische Viskosität ν_{90} des Öls für 90 °C.

4.6 Für ein Schmieröl sind folgende Daten für eine Betriebstemperatur von 60 °C bekannt: Dynamische Viskosität (bei Atmosphärendruck) $\eta_0 = 135\,mPas$, Druckviskositätskoeffizient $\alpha_{60} = 1{,}9 \cdot 10^{-8}\,m^2/N$. Bestimmen Sie die dynamische Viskosität η_p des Öls im Bauteilkontakt bei einem Druck von 2000 bar.

5 Kleb- und Lötverbindungen

Klebverbindungen

5.1 Bei einem Zugversuch am Prüfstab ergab sich eine Bruchlast $F_m = 5200$ N. Wie groß ist die Bindefestigkeit τ_{KB} des verwendeten Reaktionsklebstoffes?

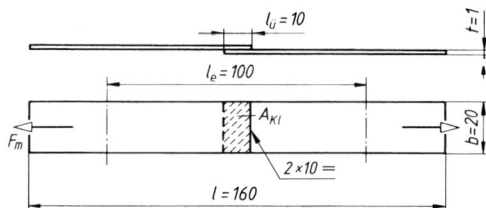

5.2 Zur Feststellung der Bindezugfestigkeit wurde der Prüfkörper zügig bis zur Bruchlast (Zerreißkraft) $F_m = 36{,}8$ kN auf Zug beansprucht. Welche Bindezugfestigkeit σ_{KB} der Klebverbindung ergab sich aus diesem Versuch?

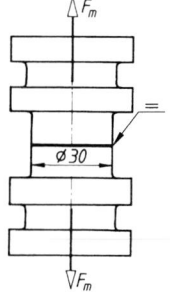

5.3 In einem Laborversuch soll die Verdreh-Bindefestigkeit τ_{KBt} eines für die Produktion vorgesehenen Klebstoffes ermittelt werden. Der zügig auf Verdrehen beanspruchte Prüfkörper zerbrach in der Klebfuge bei einem Drehmoment $T_B = 185$ Nm.

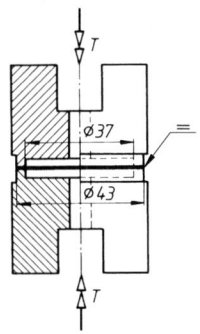

5.4 Bei einem Schälversuch an dem Prüfkörper war zum Einreißen der Klebverbindung eine Kraft $F_1 = 450$ N, zum fortlaufenden Schälen die Kraft $F_2 = 180$ N erforderlich.
Zu ermitteln sind:

a) die absolute Schälfestigkeit σ'_{abs},
b) die relative Schälfestigkeit σ'_{rel}.

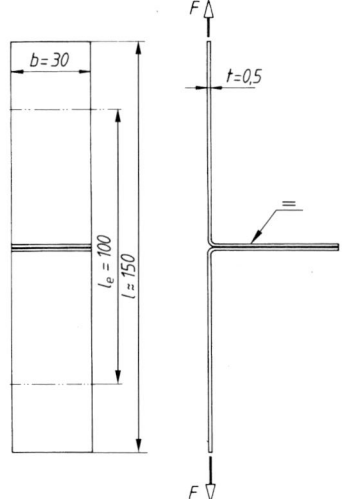

5.5 An einem Flachstab ☐ $70 \times 10 - 500$ (blanker scharfkantiger Flachstab) sollen an einem Ende zwei Flachstäbe ☐ $50 \times 6 - 400$ ($R_m = 440$ N/mm²) 60 mm überlappt geklebt werden. Verwendet wird ein Klebstoff, für den nach Herstellerangabe eine Bindefestigkeit $\tau_{KB} = 40$ N/mm² am Prüfkörper (vgl. Bild zur Aufgabe 5.1) bestimmt wurde, die jedoch nach jeweils 10 mm größerer Überlappung um durchschnittlich 8 % absinkt. Die Verbindung soll mit $F = 15$ kN statisch auf Zug belastet werden.
Zu ermitteln sind:

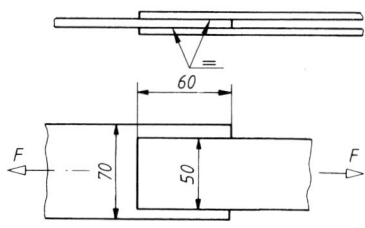

a) die Sicherheit S_1 gegen Bruch der überlappt geklebten Flachstäbe,
b) die Sicherheit S_2 der Klebverbindung mit $\tau_{KB(60)}$ bei $l_{ü} = 60$ mm.

5.6 Das Ende eines Wasserrohres aus Polyvinylchlorid (PVC) von $d_a = 63$ mm Außendurchmesser und $t = 3$ mm Wanddicke wird mit einer geklebten Kappe verschlossen. Es ist zu prüfen, ob die Klebverbindung bei einem höchsten Wasserdruck $p = 4$ bar sicher hält, wenn die Bindefestigkeit des Klebers bei 20 mm Überlappungslänge $\tau_{KB} = 8$ N/mm² beträgt.

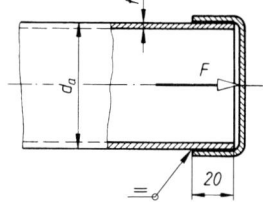

5.7 Eine Rohrleitung 50×2 aus ENAW-AlMg3-H14 wird durch einen geklebten Flansch abgeschlossen. Der Kleber weist eine Bindefestigkeit $\tau_{KB} = 20$ N/mm² auf. Rohr und Klebverbindung müssen eine 2-fache Sicherheit gegen Bruch aufweisen.
Wie groß ist die zulässige statische Zugkraft F für das Rohr und welche Überlappungslänge $l_{ü}$ muss für die Steckverbindung ausgeführt werden?

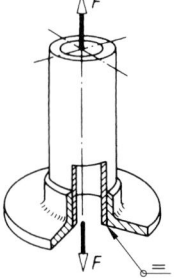

5 Kleb- und Lötverbindungen

5.8 Der Bremstrommel-Innendurchmesser eines Lastkraftwagens beträgt $D_i = 280$ mm. Die auf die Bremsbacken aufgeklebten Beläge haben 60 mm Breite und 300 mm Länge. Im ungünstigsten Fall kann damit gerechnet werden, dass ein einziger Belagstreifen durch eingedrungenes Wasser an der Trommel anfriert und das größte Rad-Drehmoment $T \approx 3{,}5 \cdot 10^6$ Nmm von der Klebverbindung zu übertragen ist.
Es ist zu prüfen, ob für die Klebverbindung Bruchgefahr besteht, wenn für den vorgesehenen Kleber die Bindefestigkeit $\tau_{KB} = 15$ N/mm^2 beträgt.

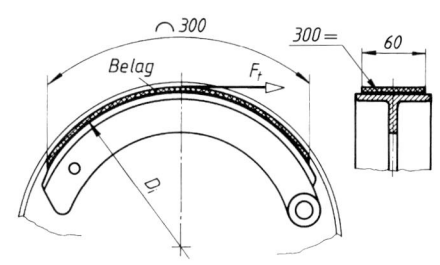

5.9 Ein Schaltritzel mit Modul $m = 3$ mm und einer Zähnezahl $z = 20$ hat die größte Leistung $P = 0{,}12$ kW bei einer Drehzahl $n = 160$ min^{-1} zu übertragen. Da die Drehrichtung ständig umkehrt und das Ritzel möglichst geräuscharm und elastisch arbeiten soll, ist der Zahnkranz aus Polyamid mit einer Nabe aus Stahl verklebt. Wie groß ist die gegen Dauerbruch vorhandene Sicherheit S der Klebverbindung, wenn nach Angaben des Herstellers für den Klebstoff mit der *statischen* Bindefestigkeit $\tau_{KB} \approx 12$ N/mm^2 die *dynamische* Bindefestigkeit sich ergibt aus $\tau_{KW} \approx 0{,}3 \cdot \tau_{KB}$? Auftretende Stöße sind durch $K_A = 1{,}5$ zu berücksichtigen.

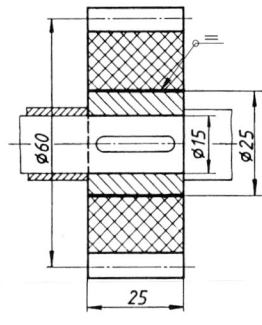

5.10 Für die Klebverbindung eines Zahnrades aus Polyamid mit einem Wellenzapfen aus Stahl ist ein Kaltkleber verwendet, der bei diesen Werkstoffen eine statische Bindefestigkeit $\tau_{KB} \approx 15$ N/mm^2 hat.
Welche Leistung in kW kann von der Verbindung bei einer Drehzahl $n = 125$ min^{-1} übertragen werden, wenn eine 2-fache Sicherheit gegenüber der dynamischen Bindefestigkeit τ_{KSch} verlangt wird und ungünstige Betriebsverhältnisse durch den Betriebsfaktor $K_A \approx 1{,}5$ zu berücksichtigen sind?

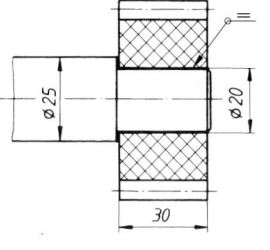

5.11 Bei dem in Klebkonstruktion ausgeführten Absperrschieber mit 80 mm Nennweite für einen überwiegend statischen Betriebsdruck $p = 10$ bar ist die Klebverbindung zwischen Gehäuse und Gehäusedeckel zu prüfen. Der Prüfdruck beträgt $p_{Pr} = 16$ bar. Die Bindefestigkeit des Klebers ist für die zu erwartenden höheren Betriebstemperaturen mit $\tau_{KB} \approx 10$ N/mm^2 angegeben. Wie groß ist die Sicherheit S bzw. S_{Pr} gegen Bruch?

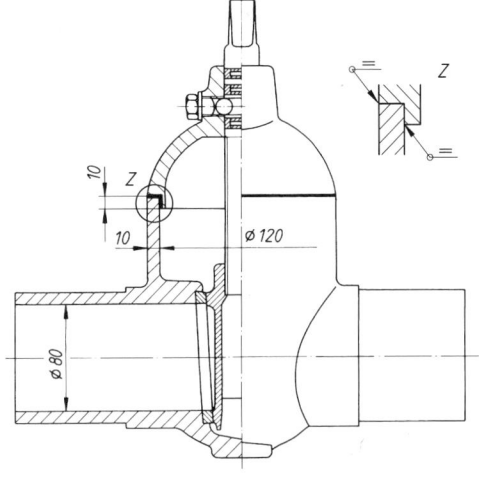

Lötverbindungen

5.12 Weil ein Überlappstoß konstruktiv nicht möglich ist, sollen 2,5 mm dicke Bauteile aus S235JR und CuZn37 stumpf gestoßen werden.
Welche ruhend wirkende Längskraft F kann übertragen werden, wenn eine 3-fache Sicherheit gegen Bruch der Lötnaht gefordert wird?

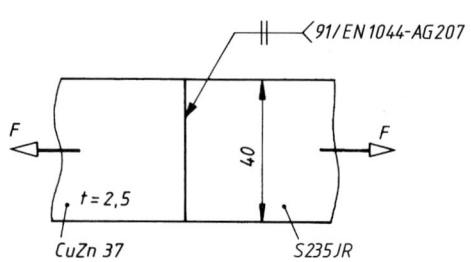

5.13 Eine Kaltwasserleitung aus Kupferrohr 54 × 2 wird nach Skizze mit einer weich aufgelöteten Kappe verschlossen.
Es ist zu prüfen, ob die Spaltlötverbindung für einen höchsten Wasserdruck von 8 bar sicher ausgelegt ist.

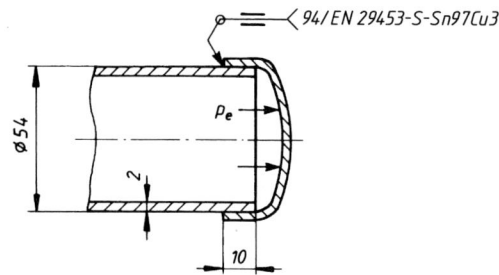

5.14 Die nahtlosen Mäntel eines kleinen Druckbehälters ⌀ 315 mm aus Cu-DHP-R200 sollen nach Skizze durch eine weichgelötete Rundnaht verbunden werden. Der Berechnungsdruck beträgt 6 bar, die Berechnungstemperatur 50 °C.
Zu berechnen bzw. zu prüfen sind:

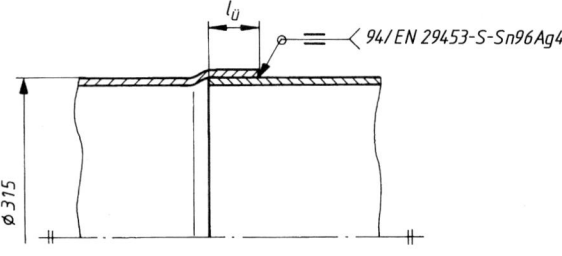

a) Die erforderliche Wanddicke des Behältermantels (gerundet auf ganze oder halbe mm), wenn mit einer Wanddickenunterschreitung von 0,3 mm zu rechnen ist,
b) die mindestens erforderliche Überlappungslänge $l_{ü}$,
c) ob die Ausführung den Festlegungen des AD2000-Merkblattes B0 entspricht,
d) die beim Berechnungsdruck in der Lötnaht auftretende Scherspannung.

5.15 Ein kleiner Druckbehälter aus Cu-DHP-R200 wird bei einem Außendurchmesser von 400 mm mit der erlaubten Mindestwanddicke von 2 mm ausgeführt. Der Behältermantel erhält eine Rundnaht mit weich aufgelöteter Lasche.
Zu bestimmen sind:

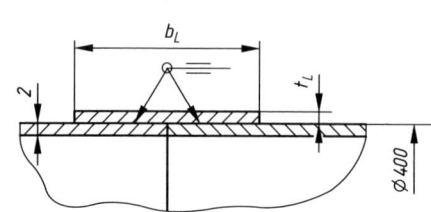

a) Die Laschenbreite b_L und die Laschendicke t_L nach den Festlegungen der AD2000-Merkblätter,
b) die beim zulässigen Betriebsüberdruck von 1,6 bar in der Lötnaht auftretende Scherspannung.

5 Kleb- und Lötverbindungen

5.16 Der Mantel eines Druckbehälters aus S235JR, Außendurchmesser 355 mm, soll mit
•• hartgelöteter Längsnaht ausgeführt werden. Der Berechnungsdruck beträgt 6 bar, die Berechnungstemperatur 50 °C.
Zu berechnen sind:

a) Die erforderliche Wanddicke des Behältermantels, wenn eine Wanddickenunterschreitung des Mantelbleches von 0,12 mm zu berücksichtigen ist,

b) die erforderliche Überlappungslänge beim Einsatz von Hartlot EN1044-AG306[1].

5.17 Ein Schalthebel soll nach Skizze auf den
•• Zapfen einer Schaltwelle hart aufgelötet werden. Für die Bauteile ist der Werkstoff S235JR vorgesehen. Bei einer stoßhaft und wechselnd auftretenden Schaltkraft ($K_A = 1,5$) ist von der Lötverbindung ein Drehmoment $T_{nenn} = 8$ Nm zu übertragen. Der Lötzapfen wird dauerfest mit $\varnothing$ 10 mm ausgeführt.
Mit welcher Dicke t (= Überlappungslänge $l_ü$) muss der Schalthebel mindestens ausgeführt werden, wenn für die Lötverbindung eine fünffache Sicherheit gefordert wird?

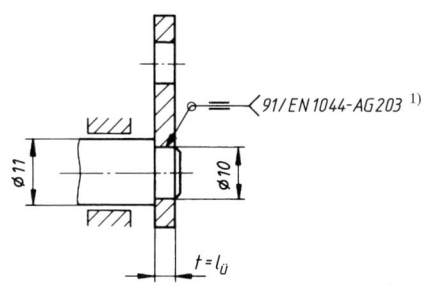

5.18 Auf die Welle eines Kleinmotors soll ein Ritzel
•• nach Skizze hart aufgelötet werden. Die Verbindung hat ein bei mittleren Stößen ($K_A = 1,3$) auftretendes Drehmoment $T_{nenn} = 7$ Nm zu übertragen. Als Werkstoff für Ritzel und Welle ist E335 vorgesehen.

a) Welche Bruchsicherheit weist die Lötnaht auf?

b) Wie lang müsste die Lötnaht theoretisch ausgeführt werden, wenn sie etwa die gleiche Bruchtragfähigkeit wie die Welle haben soll?

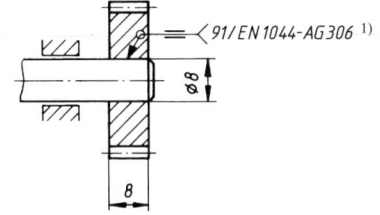

5.19 Ein Tragzapfen (E295) soll durch Hartlöten
•• stumpf mit der Seitenwand (S355J2) einer umlaufenden Trommel verbunden werden. Die Lagerkraft tritt stoßhaft ($K_A = 1,3$) auf, $F_{nenn} = 1,12$ kN.
Mit welchem Durchmesser d ist der Zapfen auszuführen, wenn eine 2-fache Sicherheit gegen Dauerbruch der Lötverbindung verlangt wird?

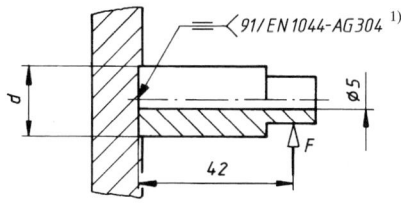

---

[1] DIN EN 1044 ersetzt durch DIN EN ISO 17672

5.20 In einer Löt-Steckverbindung (Skizze) wird der Bolzen ⌀ 12 mm mit einer Längskraft $F_{nenn} = 4{,}5$ kN und einem Torsionsmoment $T_{nenn} = 22$ Nm vorwiegend ruhend belastet. Die Bauteile sind aus S235JR.
Welche Sicherheit gegen Bruch weist die Lötnaht auf?

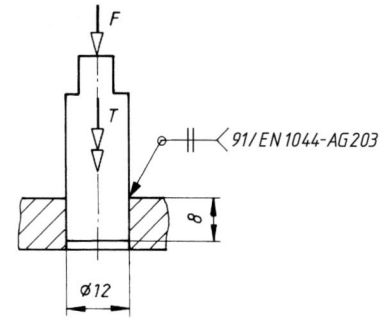

5.21 Ein biegebeanspruchter Lagerzapfen ⌀ 18 mm wird nach Skizze als Löt-Steckverbindung ausgeführt. Die Lagerkraft beträgt $F = 1{,}6$ kN, die Betriebsverhältnisse sind durch einen Anwendungsfaktor $K_A = 1{,}3$ zu berücksichtigen. Die Bauteile bestehen aus E295. Es ist zu prüfen, ob die Lötnaht ausreichend sicher bemessen ist.

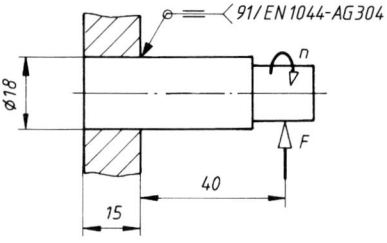

6 Schweißverbindungen

Schweißverbindungen im Stahlbau

6.1 Ein Flachstab EN 10058−80×8 aus S235 mit Stumpfstoß soll eine Zugkraft $F = 125$ kN übertragen. Durch Auslaufbleche wird für eine kraterfreie Ausführung der Nahtenden gesorgt. Die Nahtgüte wird nicht nachgewiesen.
Es ist zu prüfen, ob der Stab ausreichend bemessen ist.

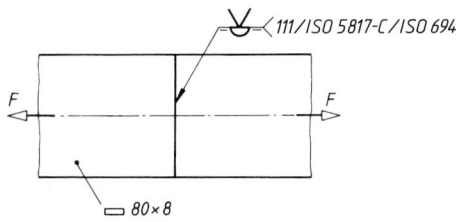

6.2 Ein Zugstab soll mit einem 8 mm dicken Knotenblech stumpf verschweißt werden. Die Zugkraft beträgt $F = 95$ kN. Die Bauteile sind aus S235JR. Welche Flachstabbreite b ist erforderlich, wenn Stab und Knotenblech gleich dick sein sollen und die Nahtgüte nicht nachgewiesen ist?

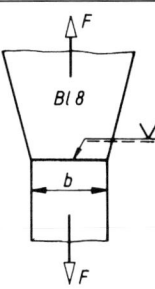

6.3 Ein Zugstab aus Breitflachstahl nach DIN 59200−S355−200×15 wird durch eine auf der ganzen Länge vollwertige Stumpfnaht gestoßen.
Zu ermitteln ist die vom Stab übertragbare Zugkraft F_{max} bei
a) nachgewiesener Nahtgüte und
b) nicht nachgewiesener Nahtgüte.

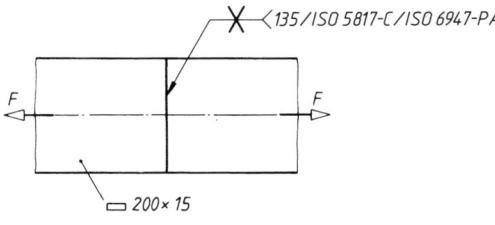

6.4 Ein aus zwei U-Profilstählen nach DIN 1026−S235JR−U200 gebildeter Zugstab soll an ein 14 mm dickes Knotenblech so angeschlossen werden, dass die vom Gesamtstab übertragbare größte Zugkraft auch von der Schweißverbindung aufgenommen werden kann (Vollanschluss).
Zu ermitteln bzw. zu prüfen sind:
a) die von den zwei U-Profilstählen übertragbare größte zulässige Zugkraft F_{max},
b) die größte zulässige Dicke a_{max} der Flankenkehlnähte,
c) die zur Aufnahme der Zugkraft F_{max} erforderliche Überlapplänge gleich Nahtlänge l,
d) die Tragfähigkeit des Knotenbleches.

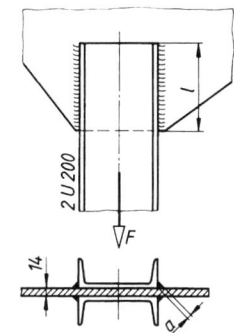

6.5 In einem Fachwerk aus S235 soll ein aus zwei Winkelstählen nach EN 10056-1−75 × 50 × 6 gebildeter Zugstab über ein 8 mm dickes Knotenblech an den Steg eines T-Profiles EN 10055-T80 angeschlossen werden.

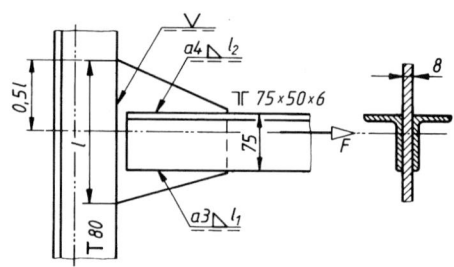

Zu berechnen sind:
a) die größte zulässige Stabkraft F_{max},
b) die für die größte zulässige Stabkraft nach a erforderliche Länge der Flankenkehlnähte (l_1, l_2), wenn die Nähte angenähert spannungsgleich ausgeführt werden sollen,
c) die Länge l der Anschluss-Stumpfnaht an den Stab T80 für die größte zulässige Stabkraft F nach a, wenn die Nahtgüte nicht nachgewiesen wird.

6.6 Ein geschweißter I-förmiger Zugstab aus S235JR soll mit einer Stumpfnaht und vier Doppelkehlnähten an ein Knotenblech angeschlossen werden. Der Stab hat eine Zugkraft $F = 330$ kN zu übertragen.

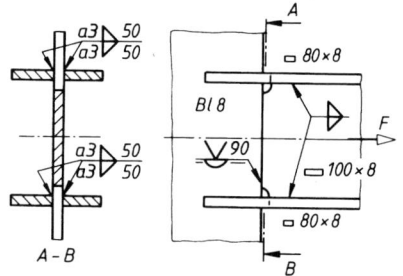

Festigkeitsmäßig nachzuprüfen sind:
a) der Zugstab im maßgebenden Querschnitt (Schnitt A−B),
b) der Schweißanschluss.

6.7 In einem Fachwerk soll der Diagonalstab aus T-Profil EN 10055−S235JR−T60 durch Stumpf- und Kehlnähte zentrisch an den Steg des Gurtstabes aus 1/2 I-Profil DIN 1025−S235JR−I200 angeschlossen werden. Der Stab hat eine Zugkraft $F = 150$ kN zu übertragen.

a) Der Zugstab T60 ist festigkeitsmäßig nachzuprüfen (allgemeiner Spannungsnachweis),
b) die erforderliche Bearbeitung des anzuschließenden T-Stahl-Endes ist zu beschreiben oder zu skizzieren,
c) der Schweißanschluss ist zu bemessen.

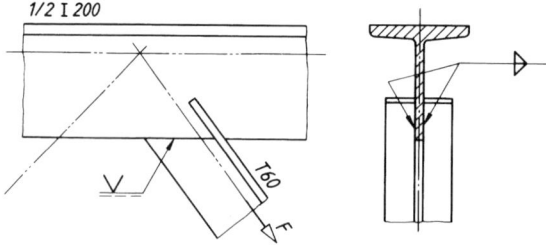

6.8 Ein Zugstab aus einem flach liegenden U-Profil DIN 1026−S235−U80 ist über Flankenkehlnähte an das Knotenblech eines Fachwerks angeschlossen.
Stab und Nähte sind für eine Zugkraft $F = 90$ kN zu prüfen.

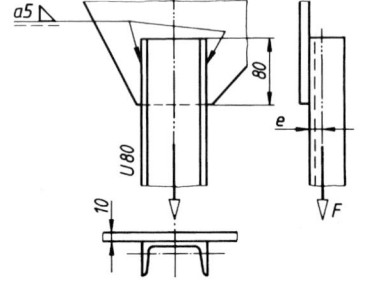

6 Schweißverbindungen

6.9
•• Ein Winkel EN 10056-1–60 × 60 × 6 soll an ein 8 mm dickes Knotenblech angeschlossen werden. Er hat eine Zugkraft $F = 112$ kN zu übertragen. Für Winkel und Knotenblech ist der Werkstoff S235JR vorgesehen.
a) Es ist nachzuprüfen, ob der Winkel ausreichend bemessen ist.
b) Die beidseitig gleich dick und gleich lang auszuführenden Flankenkehlnähte sind zu berechnen.

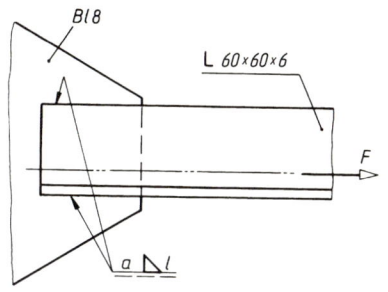

6.10
•• Ein Winkel EN 10056-1–60 × 60 × 6 soll durch 3 mm dicke Flanken- und Stirnkehlnähte an ein 8 mm dickes Knotenblech angeschlossen werden. Der Stab aus S235JR, dessen Achse im Anschlussbereich rechtwinklig zum Knotenblechrand verläuft, hat eine Zugkraft $F = 115$ kN zu übertragen.
Zu berechnen ist die Länge der Flankenkehlnähte (Überlapplänge) bei
a) einer Stirnkehlnaht am Knotenblechrand nach Bild a,
b) einer ringsumlaufenden Kehlnaht nach Bild b.

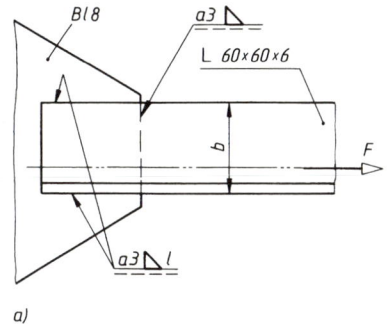
a)

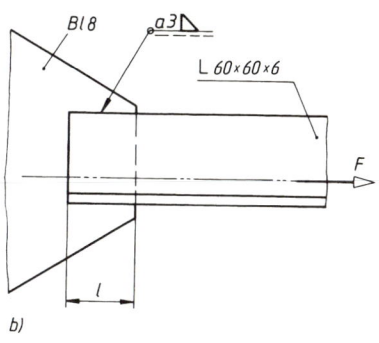
b)

6.11
•• Ein Zugstab aus einem Winkel EN 10056-1–60 × 60 × 6 soll mit einer ringsumlaufenden 3 mm dicken Kehlnaht an den Steg eines 1/2 I 200 angeschlossen werden. Die Zugstabachse verläuft im Anschlussbereich unter einem Winkel $\alpha = 55°$ zum Stegrand des 1/2 I 200. Der Schweißanschluss ist für eine Zugkraft $F = 120$ kN und den Werkstoff S235 zu bemessen.

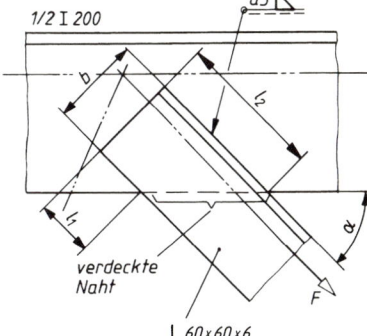

6.12 Die Innenstütze einer Halle soll als Pendelstütze ausgeführt werden. Als Werkstoff ist S235 vorgesehen. Die Bemessungslast beträgt 200 kN bei einer Knicklänge von 4 m.

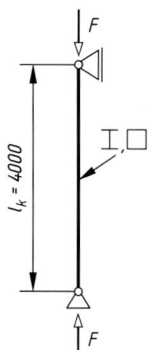

Es ist ein Tragfähigkeitsnachweis zu führen

a) für ein entwurfsmäßig festgelegtes I-Profil DIN 1025–IPB 120 und alternativ
b) für ein überschlägig ausgewähltes quadratisches Hohlprofil nach DIN EN 10210-2.

6.13 Ein Fachwerkstab aus zwei übereck gestellten gleichschenkligen Winkelprofilen soll mit der Druckkraft $F = -100$ kN belastet werden. Die Netzlänge des Stabes aus S235 beträgt $l = 3402$ mm. Der Schwerpunktabstand der Schweißanschlüsse wird nach der Zeichnung auf $l_S \approx 3200$ mm geschätzt.

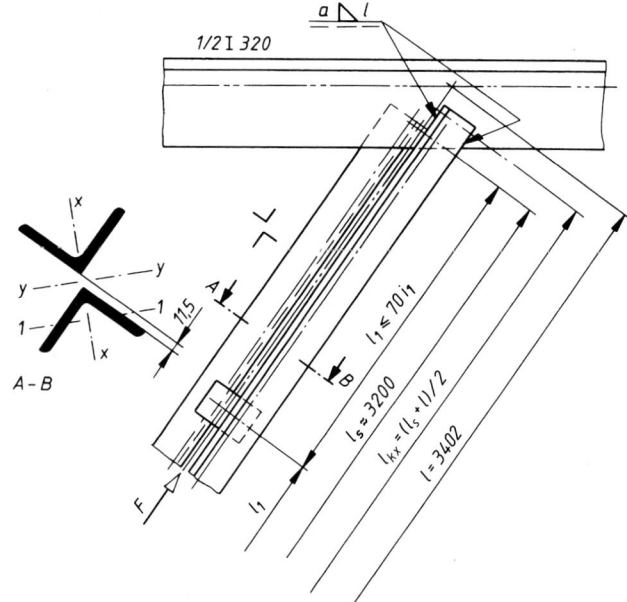

Zu berechnen sind:

a) die erforderliche Profilgröße der Winkel,
b) der Abstand (Feldweite) der Bindebleche,
c) der Schweißanschluss an den Gurtstab 1/2 I 320 mit gleich langen Flankenkehlnähten.

6 Schweißverbindungen

6.14 Ein mit der Druckkraft $F = -112$ kN belasteter Diagonalstab soll aus zwei gleichschenkligen Winkeln nach EN 10056-1–S235 hergestellt werden. Die Stäbe werden durch eingeschweißte Flachstahlfutterstücke verbunden. Die Systemlänge des Stabes beträgt $l = 2592$ mm. Der Schwerpunktabstand der Schweißanschlüsse an den Stabenden wird nach der Zeichnung auf $l_S = 2420$ mm geschätzt.
Zu berechnen sind:

a) die erforderliche Profilgröße der Winkel,

b) der Schweißanschluss an den Gurtstab 1/2 IPBv 220 durch Flankenkehlnähte, wenn die Nähte ungefähr spannungsgleich ausgeführt werden sollen.

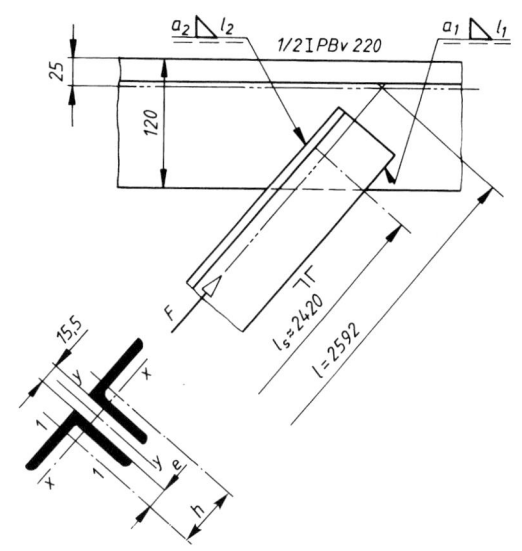

6.15 Für einen mit $F = -98$ kN belasteten Druckstab wurde überschlägig ein T-Profil EN 10055–T100 aus S235JR gewählt. Der Stab mit der Netzlänge $l = 2150$ mm soll durch Flankenkehlnähte an den Gurtstab 1/2 I 300 angeschlossen werden.

a) Die Knicksicherheit des Druckstabes ist nachzuweisen.

b) Der Schweißanschluss ist zu bemessen.

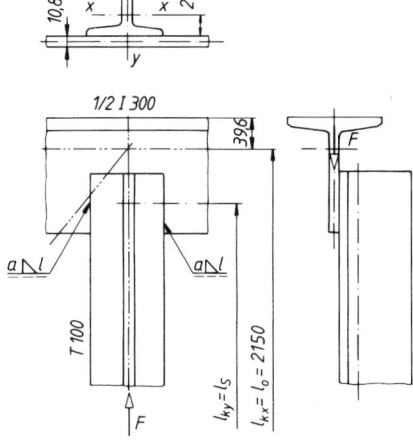

6.16 Zur Lagerung eines Behälters ist ein 12 mm dickes Konsolblech aus S235JR mit einer ringsum verlaufenden Kehlnaht $a = 4$ mm an eine Stütze zu schweißen. Für die Auflagerkraft $F = 68$ kN ist festigkeitsmäßig zu prüfen

a) der Anschlussquerschnitt des Konsolbleches neben der Naht (Bild b),

b) der Schweißanschluss (Bild c).

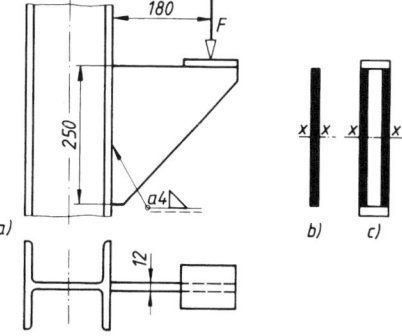

6.17 Eine aus dem I-Profil DIN 1025–S235JR –I 200 bestehende Konsole hat die Kraglast $F = 100$ kN zu übertragen. Festigkeitsmäßig nachzuprüfen sind:

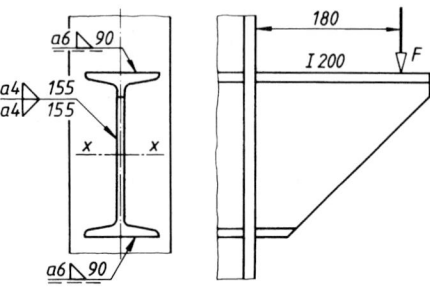

a) der Anschlussquerschnitt des Bauteiles (I-Träger) neben der Naht,
b) der mit Kehlnähten ausgeführte Schweißanschluss.

6.18 Der biegesteife Anschluss eines geschweißten doppeltsymmetrischen I-Trägers an eine Hallenstütze ist für folgende Bemessungswerte auszulegen: Biegemoment $M_x = 140$ kNm, Querkraft $F_q = 100$ kN und Normalkraft $F_N = 250$ kN. Der Bauteilwerkstoff ist S235JR.

Für den geregelten Bereich (Stahlbau) sind folgende Ausführungsmöglichkeiten zu prüfen:

a) Anschluss ohne weiteren Tragsicherheitsnachweis,
b) Nachweis mit vereinfachter Verteilung von M, F_q und F_N,
c) Nachweis mit exakter Spannungsverteilung, wenn der Anschluss mit einer ringsumlaufenden 6 mm dicken Kehlnaht erfolgen soll.

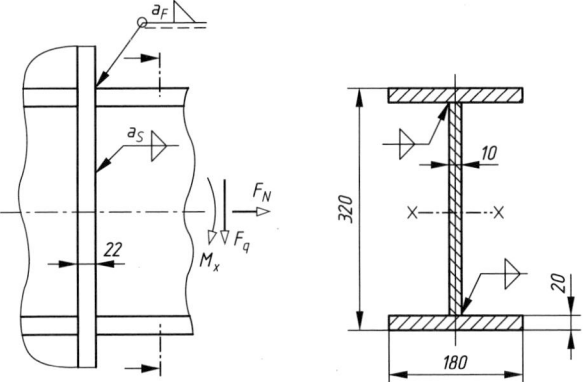

6.19 Ein Kragträger mit geschlossenem Querschnitt (Stahlbau) wird mit einer außermittigen Kraft $F = 90$ kN belastet. Der Bauteilwerkstoff ist S235JRH. Das warmgefertigte Hohlprofil DIN EN 10210–250 × 150 × 6 ist mit ringsumlaufenden Kehlnähten mit einem Flansch und einem Schott verschweißt. Nach der Wahl einer günstigen Nahtdicke sind die Schweißanschlüsse (1-1) und (2-2) nachzuweisen.

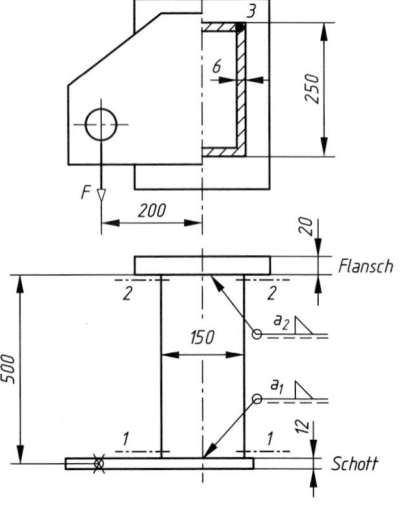

6 Schweißverbindungen

6.20 Ein nach Skizze ausgeführtes, zweiwandiges Konsol
•• aus S235JR wird durch eine mittig zwischen den Stegen wirkende Kraglast $F = 72$ kN belastet. Festigkeitsmäßig nachzuprüfen sind:

a) der Bauteil-Anschlussquerschnitt (1-1),
b) der Kehlnahtanschluss.

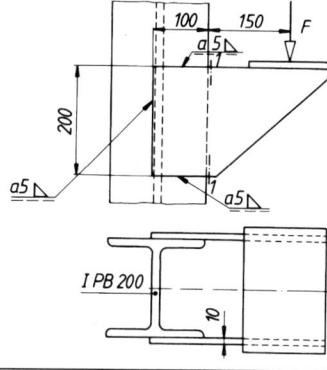

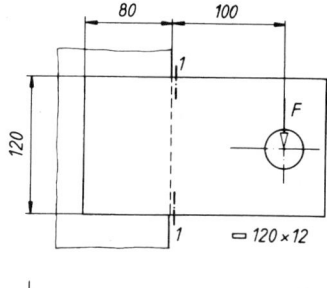

6.21 Zum Anschluss eines Abspannseiles soll ein
•• Flachstab EN 10058–120×12–220 aus Stahl EN 10 025–S235JR mit einer ringsumlaufenden Kehlnaht überlappt an ein Gurtblech angeschweißt werden.

Für eine größte Kraft $F = 42$ kN ist

a) der Bauteil-Anschlussquerschnitt (1-1) zu prüfen,
b) die Dicke a der ringsumlaufenden Kehlnaht zu bestimmen.

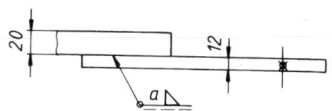

Schweißverbindungen im Maschinenbau

6.22 Ein geschmiedetes Stangenauge ($t = 18$ mm) soll
•• nach Skizze mit einer Zugstange □ 90×12 mm, beide aus S355J2, durch eine auf der ganzen Länge vollwertig ausgeführten Stumpfnaht verbunden werden. Der Stab wird durch eine ruhend wirkende Mittellast $F_m = +80$ kN und durch eine mit mittelstarken Stößen ($K_A \approx 1{,}4$) auftretende Wechsellast $F_a = \pm 50$ kN in Längsrichtung belastet. Es ist zu prüfen, ob die Stumpfnaht dauerfest ist, wenn sie kerbfrei bearbeitet und zu 100% durchstrahlt wird.

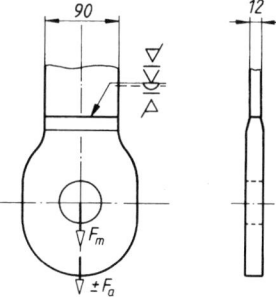

6.23 Ein mit der Wechsellast $F_a = \pm 48$ kN belastetes
•• Bauteil aus Rohr 70×5 soll durch eine Stumpfnaht mit einer 16 mm dicken Kopfplatte verbunden werden. Zum Einhängen einer Feder wird an die Rohrwand ein nahezu unbelastetes Auge aus Flachstahl geschweißt. Die Last tritt mit mittleren Stößen, entsprechend $K_A = 1{,}3$, auf.

Für unbearbeitete Nähte und den Werkstoff S235JR ist die Dauerhaltbarkeit zu prüfen für

a) den Querschnitt $A-B$ und
b) den Querschnitt $C-D$.

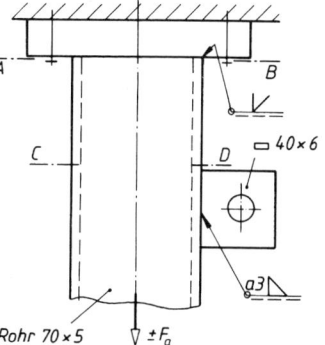

6.24 Zur Fertigung von Gelenkwellen in Rohrausführung soll das Gabelstück (1) aus GE240+N mit dem nahtlosen Präzisionsstahlrohr (2) aus E235+N durch die Stumpfnaht (3) verschweißt werden. Die Gelenkwelle hat bei wechselnder Drehrichtung ein Drehmoment $T = 315$ Nm bei starken Stößen (entsprechend $K_A = 2$) zu übertragen. Welche Wanddicke muss für ein Rohr mit 50 mm Außendurchmesser gewählt werden?

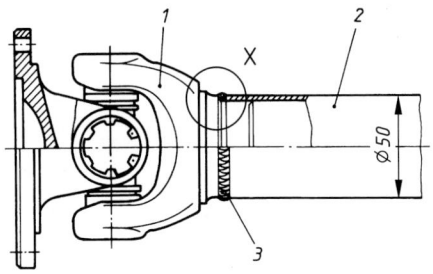
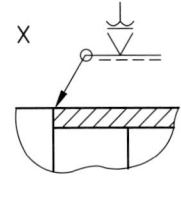

6.25 Ein Hebel soll mit einer 5 mm dicken Doppelkehlnaht auf eine Welle $\varnothing$ 60 mm geschweißt werden. Die Umfangskraft am Hebel tritt wechselnd zwischen $F = +6{,}3$ kN und $F = -2{,}0$ kN mit starken Stößen ($K_A = 1{,}6$) auf. Für den Bauteilwerkstoff S235JR ist zu prüfen, ob die Rundnaht dauerfest ist.

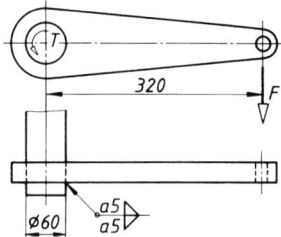

6.26 Der Kehlnahtanschluss einer Umlenkrollen-Gabel ist für eine schwellend auftretende Seilkraft $F = 5$ kN auf Dauerhaltbarkeit zu prüfen. Auftretende mittlere Stöße sind durch einen Anwendungsfaktor (entsprechend $K_A = 1{,}35$) zu berücksichtigen. Die Bauteile sind aus S235JR.

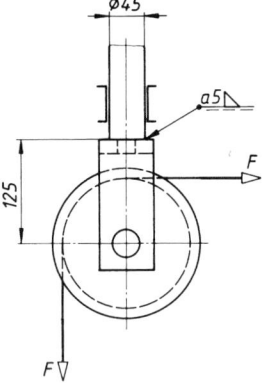

6.27 Die Kehlnähte A und B eines Führungskonsols aus S235JR sind für eine mit leichten Stößen (entsprechend $K_A = 1{,}1$) auftretende Wechselkraft $F = \pm 5{,}6$ kN auf Dauerhaltbarkeit zu prüfen.

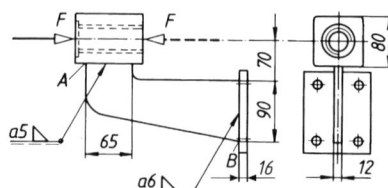

6.28 Die Kehlnähte A, B und C eines geschweißten Winkelhebels aus S235JR sind für eine mit mittleren Stößen (entsprechend $K_A = 1{,}35$) schwellend auftretende Stangenkraft $F_1 = 2{,}5$ kN auf Dauerhaltbarkeit zu prüfen.

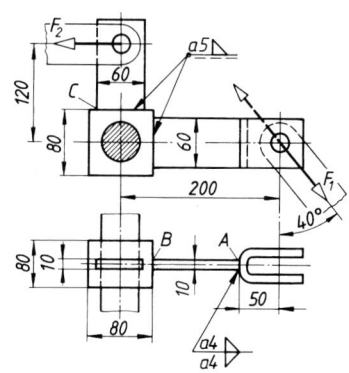

6.29 Bei einem geschweißten Stehlager soll der Blechsteg mit der Grundplatte verschweißt werden. Als Werkstoff wird einheitlich S235 gewählt. Die Belastung erfolgt durch eine ruhende vertikale Kraft $F_v = 16$ kN und eine horizontale Wechselkraft $F_h = \pm 18$ kN. Auftretende Stöße sind durch den Anwendungsfaktor $K_A = 1{,}3$ zu berücksichtigen.
Ein Dauerfestigkeitsnachweis (DS 952) ist zu führen

a) für den als Hohlkasten ausgeführten Stegquerschnitt (A-A),
b) die HY-Nähte des Steges und
c) für den Schweißanschluß Grundplatte-Steg durch eine ringsumlaufende unbearbeitete Kehlnaht mit geeigneter Nahtdicke.

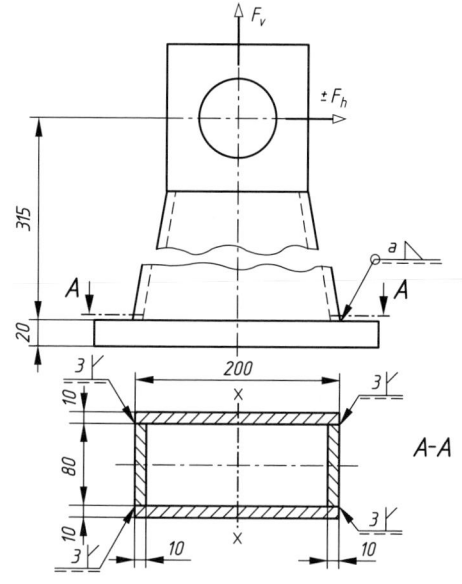

6.30 Ein Fahrzeugrahmen aus S235 wird aus geschweißten Blechträgern hergestellt. Die maximale Belastung im U-förmigen Querschnitt 1-1 beträgt $M_b = 5850$ Nm und $F_q = 32$ kN. Auftretende Stoßbelastungen sollen durch einen Anwendungsfaktor $K_A = 1{,}2$ berücksichtigt werden. Die Schweißnähte werden nicht bearbeitet. Der dynamisch belastete Eckstoß ist nach der Berechnungsvorschrift DS 952 für das Grenzspannungsverhältnis $\varkappa = +0{,}24$ auf Dauerhaltbarkeit zu prüfen.

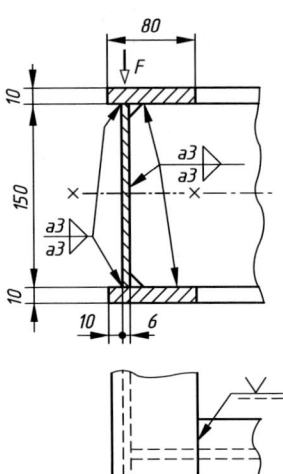

Geschweißte Druckbehälter

6.31 Für den Sammler einer Heißwasseranlage sind die Böden auszulegen. Der zulässige Betriebsdruck beträgt 25 bar und die zulässige Betriebstemperatur 200 °C. Als Werkstoff ist S235JR+N mit Abnahmeprüfzeugnis 3.1 vorgesehen.

Zu berechnen sind:

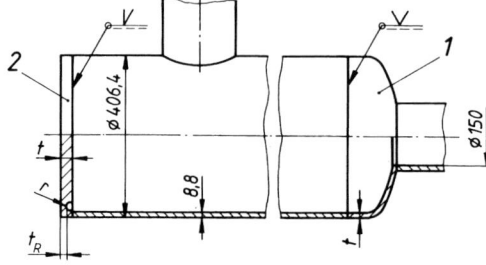

a) die erforderliche Wanddicke des einteiligen Klöpperbodens (1) mit Stutzen, wenn nach der Bodennorm das untere Abmaß der Wanddicke $-0{,}3$ mm beträgt,

b) die erforderliche Wanddicke des ebenen Bodens mit Entlastungsnut (2), wenn bei Wanddicken über 25 mm der Zuschlag c_1 entfällt, sonst $c_1 = 0{,}8$ mm,

c) für die Entlastungsnut der Platte (2) den Nutenhalbmesser r und die Restwanddicke t_R.

6 Schweißverbindungen

6.32 Ein geschweißter Druckbehälter (Skizze), für 8000 *l* Inhalt bei 16 bar Betriebs-
••• überdruck, soll festigkeitsmäßig ausgelegt werden. Die höchste Temperatur des Beschickungsmittels beträgt 360 °C. Die Behälterwand ist unbeheizt. Als Werkstoff ist der warmfeste Druckbehälterstahl P295GH (mit Abnahmeprüfzeugnis 3.1 B) vorgesehen.
Zu berechnen bzw. zu prüfen sind:

a) die erforderliche Wanddicke des Behältermantels (1) bei 100 %iger Ausnutzung der Berechnungsspannung in der Schweißnaht ($v = 1{,}0$) und Verwendung von warmgewalztem Stahlblech nach DIN EN 10029 der Klasse B,

b) die erforderliche Wanddicke der gewölbten Böden (2) in Korbbogenform, wenn nach der Bodennorm das untere Abmaß der Wanddicke $-0{,}5$ mm beträgt,

c) die Ausschnittverstärkung des Behältermantels durch das Stutzenrohr (3), wenn das untere Abmaß der Wanddicke $-0{,}6$ mm beträgt.

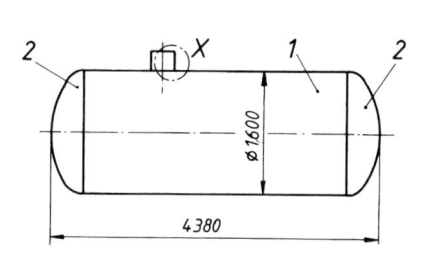

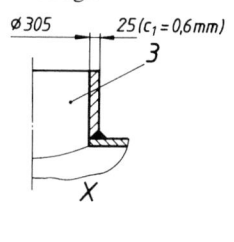

6.33 Der geschweißte Druckluftbehälter nach Skizze, mit einem Inhalt von 4000 *l*, soll bei einem Betriebsdruck von
••• höchstens 12 bar betrieben werden. Die Berechnungstemperatur beträgt 50 °C. Für alle druckbeanspruchten Teile ist der Baustahl S235JR+N (mit Abnahmeprüfzeugnis 3.1) vorgesehen.
Zu berechnen bzw. zu prüfen sind:

a) die Werkstoffwahl,

b) die erforderliche Wanddicke des Behältermantels aus warmgewalztem Stahlblech nach DIN EN 10029 der Klasse A (Abmaße im zu erwartenden Dickenbereich $-0{,}5/+1{,}2$ mm) und bei verringertem Prüfaufwand für die Schweißnähte,

c) die erforderliche Wanddicke der einteiligen Böden in Klöpperform, wenn nach der Bodennorm das untere Abmaß der Wanddicke $-0{,}3$ mm beträgt,

d) die Sicherheit des Behältermantels bei der Druckprüfung, wenn ein Prüfdruck $p' = 1{,}43 \cdot p_e$ gefordert wird.

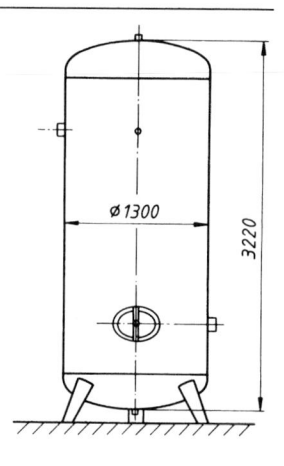

6.34 Ein zu projektierender zylindrischer Druckbehälter soll für ein Nennvolumen von
••• 6,3 m^3 und einem Nenndurchmesser von 1800 mm mit einer Gesamtlänge von 3200 mm ausgeführt werden. Sowohl für den geschweißten Mantel als auch die gewölbten Böden wird rostfreier Stahl nach DIN EN 10028-7–X5CrNiMo17-12-2 gefordert. Die Herstellung erfolgt aus warmgewalztem Stahlblech nach DIN EN 10029, Klasse B.
Für einen maximal zulässigen Betriebsdruck $p_e = 12$ bar und eine zulässige Betriebstemperatur $\vartheta = 250$ °C ist die erforderliche Wanddicke zu berechnen für

a) den geschweißten Druckbehältermantel bei einer Ausnutzung der zulässigen Berechnungsspannung von 100 % ($v = 1{,}0$) und

b) die einteiligen Klöpperböden.

Punktschweißverbindungen

6.35 Für einen festen Bremsbandanschluss ist die 1,5 mm dicke Schlaufe mit dem 2 mm dicken und 70 mm breiten Bremsband durch 4 Schweißpunkte mit $d = 5$ mm Durchmesser verbunden. Das Band und die Schlaufe sind aus S235JR. Die stoßartig auftretende Höchstkraft beträgt unter Berücksichtigung des Anwendungsfaktors $F_{max} = 6$ kN. Der Anschluss ist nachzuprüfen; im Interesse einer hohen Betriebssicherheit sind dabei die im Stahlbau zulässigen Spannungen auf die Hälfte herabzusetzen.

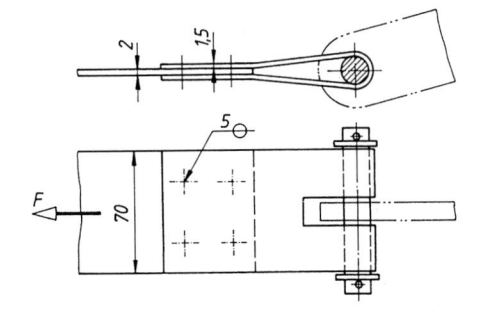

6.36 Die Punktschweißverbindung eines Gabelkopfes aus S235JR soll für eine vorwiegend ruhend auftretende Betriebslast $F = 30$ kN ausgelegt werden.
Zu bestimmen sind:

a) die Anzahl der Schweißpunkte,
b) die Anordnung der Schweißpunkte (Abstände).

Hinweis: Die Anzahl der eingezeichneten Schweißpunkte braucht nicht mit der berechneten übereinzustimmen.

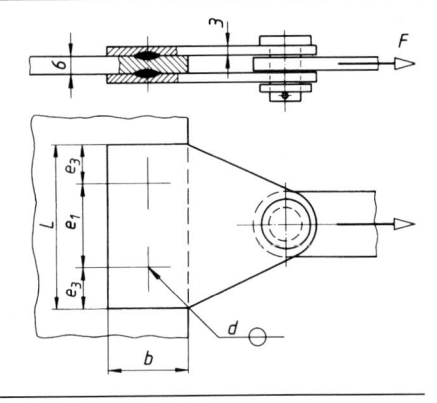

6.37 Zur Herstellung einer Keilriemenscheibe aus S235JR werden zwei 3 mm dicke Blechscheiben mit der Nabe durch 6 Schweißpunkte $d = 5$ mm verbunden. Die Riemenscheibe hat ein größtes Drehmoment von 50 Nm zu übertragen. Die Nabennaht ist nachzuprüfen. Um etwaiger Wechselbelastung Rechnung zu tragen, sollen die für den Stahlbau geltenden zulässigen Spannungen auf die Hälfte reduziert werden.

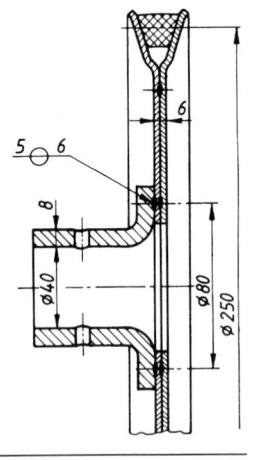

7 Nietverbindungen

Stahl- und Kranbau

7.1 Für die Nietverbindung (Stahlbau) sind bei einem Bauteilwerkstoff S235 zu bestimmen bzw. anzugeben:

a) der günstige Rohnietdurchmesser d_1 und die Rohnietlänge l bei einem Halbrundkopf als Schließkopf (Maschinennietung), wobei eine genormte Nietlänge festzulegen ist;

b) die vollständige, normgerechte Bezeichnung des Nietes bei Bestellung;

c) die übertragbare zulässige Kraft F der Verbindung bei 3 Nieten und für die größtmögliche Beanspruchung auf Lochleibung ausreichenden Rand- und Lochabständen.

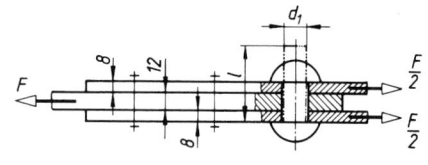

7.2 Für den Nietanschluss des zweiteiligen Zugstabes ⏌ $80 \times 80 \times 8$ EN 10056-1 eines Kranfachwerkes aus S235 an ein 12 mm dickes Knotenblech sind im Lastfall H zu ermitteln bzw. auszuarbeiten:

a) der größte ausführbare Rohnietdurchmesser d_1;

b) die größte zulässige Stabkraft F_{max};

c) die für F_{max} erforderliche Nietzahl n;

d) die Nietlänge l für beidseitigen Halbrundkopf (Maschinennietung) und die normgerechte Bezeichnung der Niete bei Bestellung;

e) der Entwurf der Nietverbindung im Maßstab 1:2 (die Niete werden auf der Baustelle eingebaut);

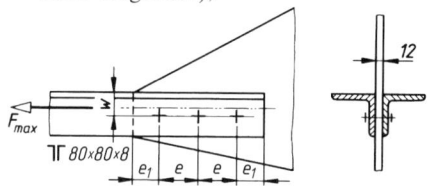

f) zum Vergleich die größte zulässige Stabkraft F_{max} und die Anschlusslänge einer entsprechenden Schweißausführung, wenn die gleich langen Flankenkehlnähte an den anliegenden Schenkeln 4 mm dick und an den abstehenden Schenkeln 6 mm dick ausgeführt werden.

Hinweis: Die eingezeichnete Nietzahl braucht nicht mit der berechneten übereinzustimmen.

7.3 Für den Knotenpunkt eines Kranfachwerkes wurden folgende Stabkräfte für den Lastfall HZ ermittelt: $F_1 = 85$ kN, $F_2 = 88{,}8$ kN, $F_3 = 52$ kN und $F_4 = 14{,}5$ kN. Die Bemessung der Bauteile ergab folgende Profile: $\mathsf{JL}\,75 \times 50 \times 8$ für Stab $S_1 - S_4$, $\mathsf{JL}\,45 \times 45 \times 4{,}5$ für Stab S_2, $\mathsf{JL}\,50 \times 30 \times 5$ für Stab S_3. Die Knotenblechdicke ist mit 10 mm festgelegt. Die Bauteile sind aus S235.
Die Nietanschlüsse sind zu berechnen und der Knotenpunkt im Maßstab 1:2 zu entwerfen.
Hinweis: Die eingezeichnete Nietzahl braucht nicht mit der berechneten übereinzustimmen.

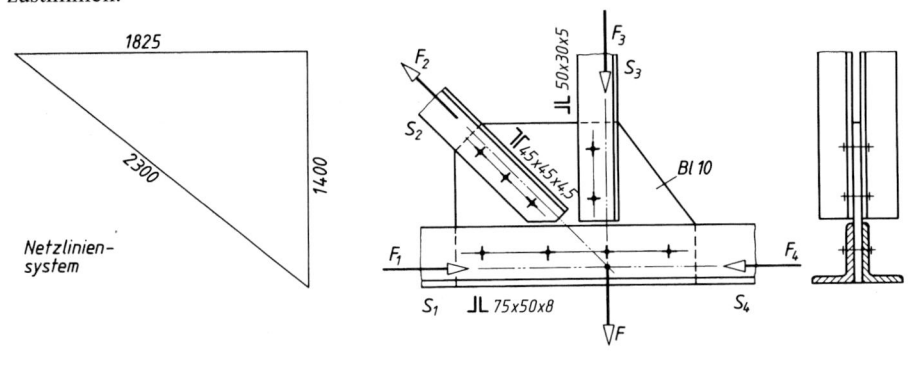

7.4 Ein Zugstab aus Breitflachstahl 180×20 soll durch Doppellaschen-Nietung mit Halbrundnieten DIN 124 – 24×75 gestoßen werden. Der Bauteilwerkstoff ist S235. Die Bemessungslast beträgt 560 kN.
Für die skizzierte Verbindung (Stahlbau) ist die Tragsicherheit nachzuweisen.

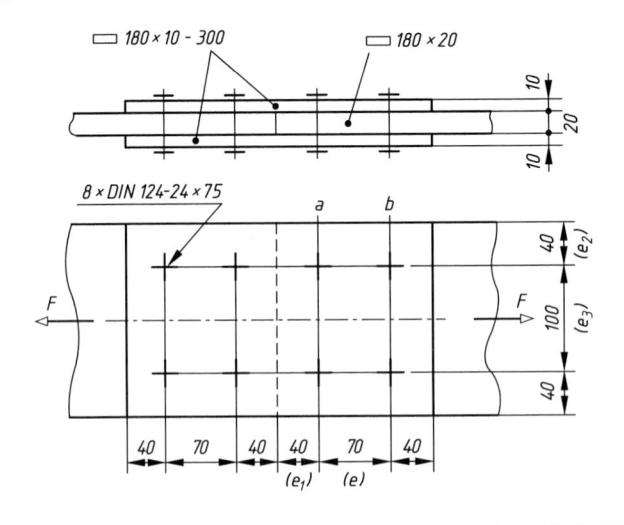

7 Nietverbindungen

7.5 Für das an den breiten Schenkel eines L135 × 65 × 10 anzuschließende und mit
•• $F = 12$ kN (Stahlbau) belastete 8 mm dicke Konsolblech aus S235 stehen die beiden den Bildern a und b entsprechenden Nietanordnungen zur Auswahl.
Der beanspruchungsmäßig günstigere Nietanschluss ist zu ermitteln und festigkeitsmäßig nachzuprüfen.

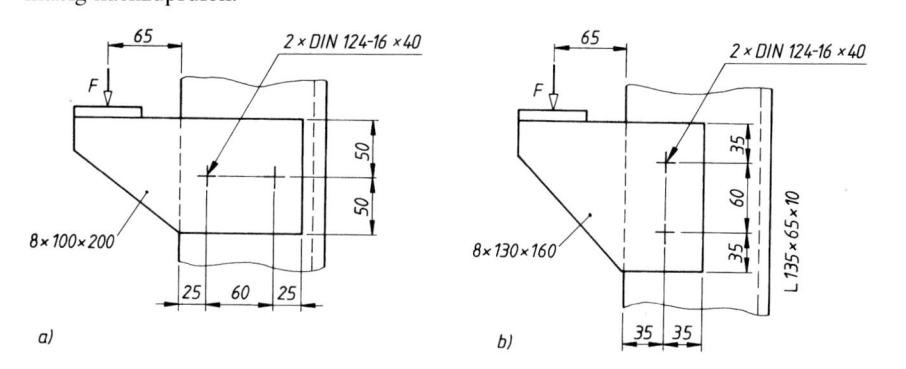

7.6 Für das an den breiten Schenkel eines L200 × 100 × 10 anzuschließende und mit
•• $F = 35$ kN im Lastfall H (Kranbau) belastete 8 mm dicke Konsolblech aus S235 stehen die beiden den Bildern a und b entsprechenden Nietanordnungen zur Auswahl.
a) Für jede Anordnung sind die am höchsten beanspruchten Niete zu ermitteln und für den Nietdurchmesser $d_1 = 20$ mm nachzuprüfen.
b) Die beanspruchungsmäßig günstigere Nietanordnung ist anzugeben.

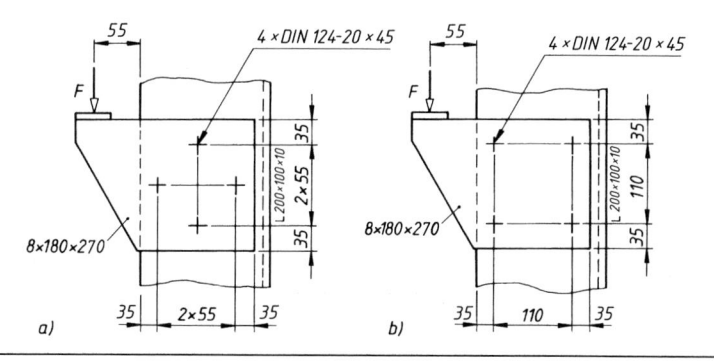

7.7 Für die mit $F = 85$ kN belastete Konsole einer Hallenstütze (Stahlbau) aus S235 wurden zwei Entwürfe ausgearbeitet (Bilder a und b). Die Konsolbleche wurden dabei durch Niete DIN 124 – 20 × 45 ein- bzw. zweireihig an die Stege der aus U200 gebildeten Stützen angeschlossen.

Nach Ermittlung der maßgebenden Nietkräfte ist die Nietverbindung und der Anschlussquerschnitt der Konsolbleche für beide Ausführungen nachzuweisen.

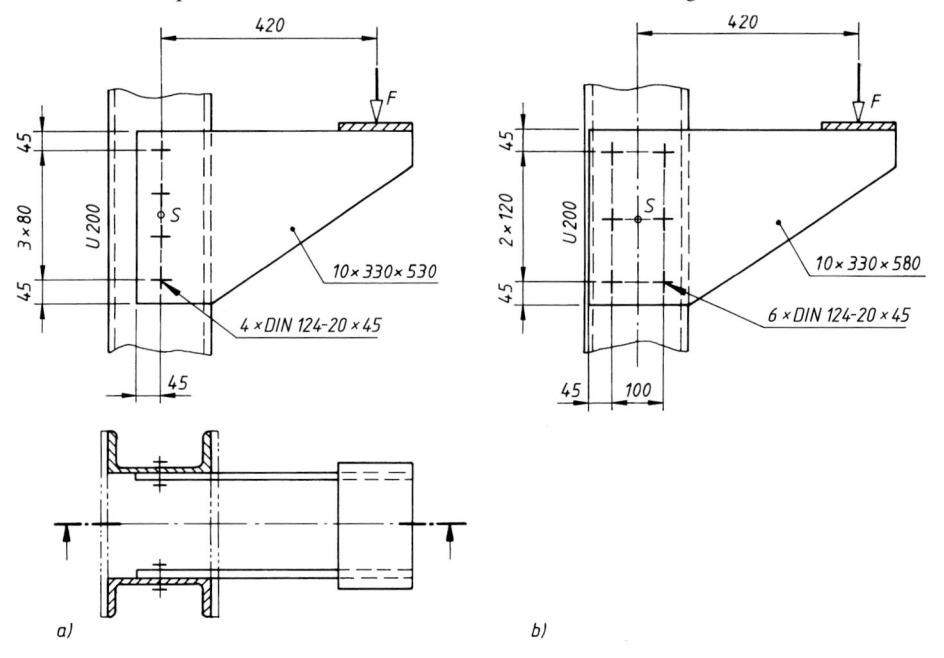

Leichtmetallbau

7.8 In einer Leichtmetallkonstruktion sollen zwei Zugbänder ☐ 80 × 6 aus ENAW-6082T5 durch Doppellaschennietung verbunden werden. Die vorwiegend ruhend wirkende Zugkraft beträgt $F_H = 32$ kN im Lastfall H und $F_{H_S} = 22$ kN im Lastfall H_S. Als Nietwerkstoff wird AlMgSi1F25 gewählt.

Die Nietverbindung ist zu bemessen und im Maßstab 1:2 zu entwerfen.

Hinweis: Die Anzahl der eingezeichneten Niete braucht nicht mit der berechneten übereinzustimmen.

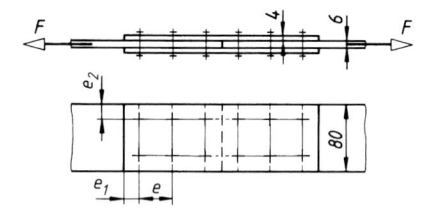

7.9 Das Bild zeigt den genieteten Fachwerkknoten eines vorwiegend ruhend beanspruchten Aluminium-Tragwerks. Der Druckstab D_1 aus Winkel-Profilen $50 \times 30 \times 4$ (Querschnitt $A = 2 \cdot 305$ mm^2) wird im Lastfall H mit $F_1 = -26$ kN belastet. Der aus einem einzelnen Winkel-Profil $50 \times 30 \times 3$ bestehende Zugstab D_2 (Querschnitt $A = 232$ mm), erhält im Lastfall H die Stabkraft $F_2 = +15$ kN. Die Stäbe aus ENAW-6082T6 [AlMg1SiMn] werden an das 6 mm dicke Knotenblech aus ENAW-6082T5 durch Niete $\varnothing$ 10 mm aus AlMg5F31 angeschlossen. Der Kriecheinfluss soll einheitlich durch den Faktor $c = 0{,}84$ berücksichtigt werden.

Festigkeitsmäßig nachzuprüfen sind:

a) der Nietanschluss des Stabes D_1,
b) das Knotenblech im Anschlussbereich des Stabes D_1 (Querschnitt 1-1),
c) der Querschnitt des Stabes D_2,
d) der Nietanschluss des Stabes D_2.

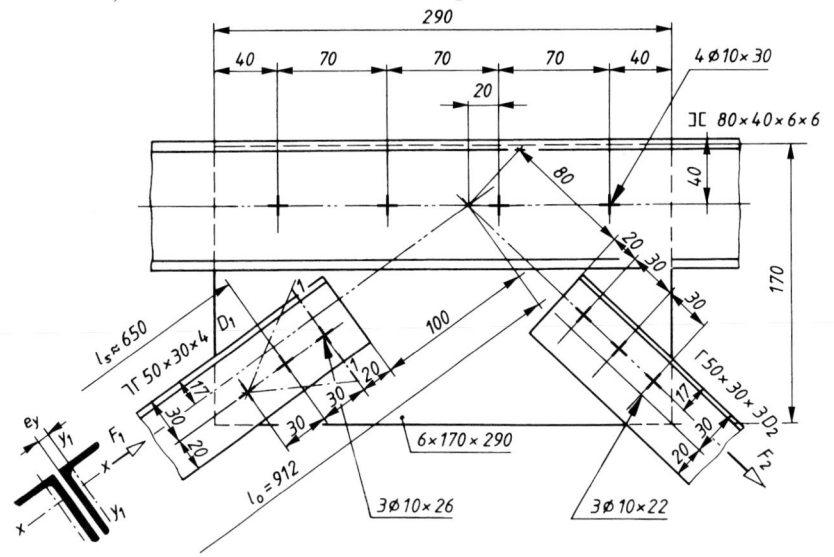

7.10 In einer momentbelasteten Aluminiumkonstruktion aus ENAW-7020T6 [AlZn4,5Mg1] (mit $\sigma_{zul} = 160 \text{ N/mm}^2$ und $\sigma_{l\,zul} = 240 \text{ N/mm}^2$) sollen zwei U $60 \times 40 \times 4 \times 4$ nach Bild durch beiderseits angenietete Knotenbleche verbunden werden. Entwurfsmäßig vorgesehen sind Niete DIN $660-8\times20$-AlMg5F31. Die vorwiegend ruhend wirkende Kraglast beträgt $F_H = 3{,}2$ kN im Lastfall H und $F_{H_S} = 0{,}9$ kN im Lastfall H_S. Festigkeitsmäßig nachzuprüfen sind:

a) die waagerechte Nietgruppe,
b) die senkrechte Nietgruppe,
c) der gefährdete Querschnitt $A-A$ der Knotenbleche.

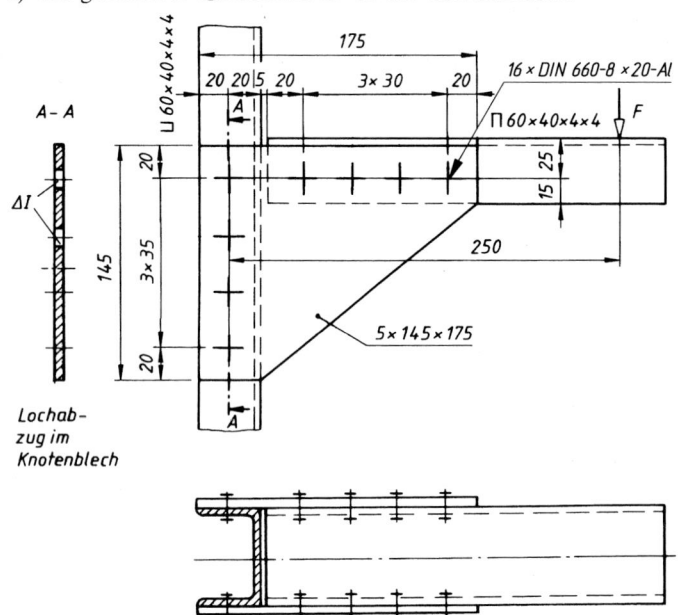

Maschinen- und Gerätebau

7.11 Für einen Bremsbandanschluss soll die 1,5 mm dicke Schlaufe mit dem 2 mm dicken und 70 mm breiten Bremsband durch Halbrundniete nach DIN 660 dauerfest verbunden werden. Die Bänder sind aus S235. Die ständig mit der Höchstlast auftretende Bandzugkraft beträgt unter Berücksichtigung der Betriebsverhältnisse $F_{max} = 6$ kN. Mit Rücksicht auf die Bedeutung des Bremsbandes für die Betriebssicherheit der Bandbremse wird eine dreifache Sicherheit gegen Dauerbruch gefordert.

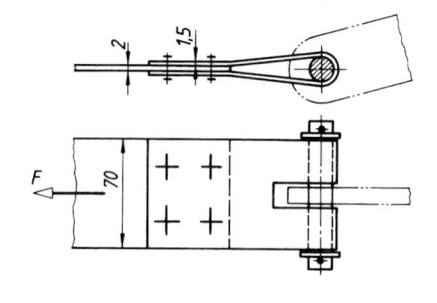

Der Nietanschluss ist für eine regelmäßige Benutzung bei unterbrochenem Betrieb zu bemessen und im Maßstab 1:2 zu entwerfen.

Hinweis: Die Anzahl der eingezeichneten Niete braucht nicht mit der berechneten übereinzustimmen.

7 Nietverbindungen

7.12 ●● Zur Herstellung einer Keilriemenscheibe aus Aluminium, die eine Leistung $P = 4$ kW bei der Drehzahl $n = 450$ min^{-1} stoßfrei zu übertragen hat, wird die Nabe aus ENAC − 51300 K ($\sigma_{l\,zul} = 54$ N/mm^2) mit der aus zwei gepressten Blechen aus ENAW − 5049 H111 gefertigten Scheibe durch 6 Niete DIN 660 − 6 × 25 − AlMg5W27 verbunden.

Die Nietverbindung soll unter Berücksichtigung der Wellenkraft F_W nachgeprüft werden ($F_W \approx 1{,}5 \cdot F_t$), wobei wegen etwaiger dynamischer Lastanteile die nach DIN 4113 im Lastfall H geltenden zulässigen Spannungen um 25 % herabzusetzen sind.

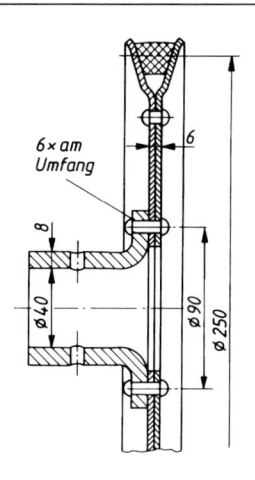

7.13 ●● Eine Kettenradscheibe (2) aus E295 mit 70 Zähnen, passend für eine Rollenkette mit 8 mm Teilung, soll durch 6 am Umfang angeordnete Niete DIN 660 − 6 × 16 − St mit einer Anbaunabe (1) aus S235 verbunden werden. Das Kettenrad hat bei gleichbleibender Drehrichtung eine Leistung $P = 0{,}25$ kW bei einer Drehzahl $n = 18$ min^{-1} zu übertragen. Im Betrieb muss mit einer mittleren Häufigkeit der Höchstlast und starken Stößen, entsprechend $K_A = 1{,}8$, gerechnet werden.

Die Nietverbindung ist für eine regelmäßige Benutzung im Dauerbetrieb festigkeitsmäßig nachzuprüfen.

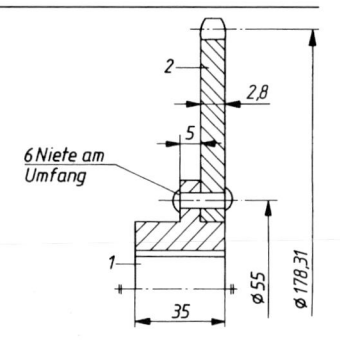

7.14 ● Welche Beanspruchung erfahren die Niete der skizzierten Kupplungsscheibe eines Nutzfahrzeugs bei einem zu übertragenden Drehmoment von 600 Nm?

Anmerkung: Die Ermittlung der in Kfz-Kupplungen wirklich auftretenden Nietbeanspruchung ist problematisch. Man kann zwar die Umfangskraft aus dem maximalen Motormoment errechnen, es sind jedoch Momentüberhöhungen durch den Ungleichförmigkeitsgrad des Motors und die Art des Einkuppelns zu berücksichtigen. So kann bei schlagartigem Einkuppeln ein gegenüber dem Motormoment zwei- bis dreifach höheres Moment auftreten. Dieser Umstand wird bei der Auslegung der Nietverbindung durch einen Zuschlag berücksichtigt. Stets müssen jedoch Versuche die Dauerhaltbarkeit der Nietverbindung bestätigen.

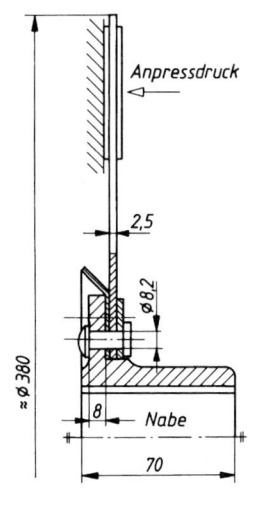

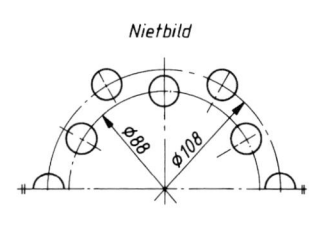

7.15 Für eine ganz in nichtrostendem Stahl X5CrNi18-10 ausgeführte Baueinheit im Apparatebau soll ein Flachstab 60 × 4 mit einer 4 mm dicken Gestellwand durch geschlossene Blindnieten verbunden werden. Die unter einem Winkel α = 35° angreifende Kraft wirkt überwiegend ruhend und erreicht maximal 4 kN. Der skizzierte Entwurf sieht für das Nietfeld sechs Blindniete ISO 16585 – 6,4 × 16 – A2/SSt vor.
Festigkeitsmäßig nachzuprüfen sind

a) die vorhandene Sicherheit der Nietverbindung gegen die in der Norm genannte Scherkraft,

b) die Sicherheit des Hebelquerschnitts 1-1 gegenüber der Streckgrenze des Flachstabs.

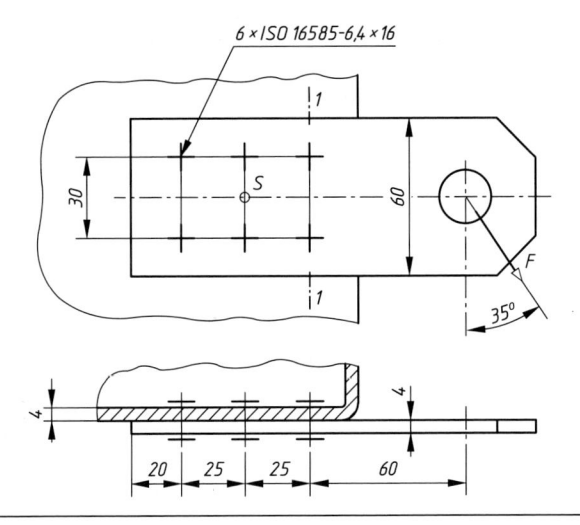

7.16 Bei einer Konstruktion aus Polyamid (PA 66) werden Gehäuse (1) und Lagerschild (2) durch Spritzgießen getrennt hergestellt. Das Lager mit vier angegossenen Nietschäften soll dann mit dem Gehäuse durch Ultraschallnieten verbunden werden.
Welcher Nietdurchmesser d ist erforderlich, wenn unter Berücksichtigung der ungünstigsten Betriebsbedingungen die radiale Lagerkraft $F = 300$ N beträgt?

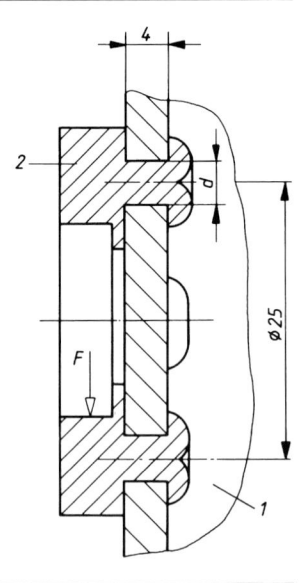

7.17 Für einen Apparat der chemischen Industrie soll an eine verschiebbare Nabe ein Hebel durch Nieten mit Ultraschall befestigt werden. Hebel und Nabe sind Spritzgussteile aus POM. Die Nietschäfte sind Teil der Nabe. Zur Zentrierung des Hebels erhält die Nabe einen Bund. Das Bauteil wird durch eine überwiegend ruhend auftretende Kraft $F = 280$ N unter $30°$ zur Senkrechten belastet.
Die Anzahl der auszuführenden Nietschäfte $\varnothing\,5$ mm sind überschlägig zu ermitteln.

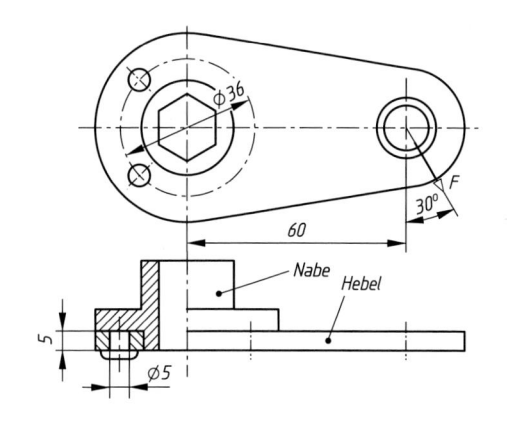

8 Schraubenverbindungen

Schraubenverbindungen im Maschinenbau – nicht vorgespannt

8.1 Eine Augenschraube nach DIN 444 soll bei Montagearbeiten eine ruhende Last $F = 28$ kN tragen.
Vorrätig sind folgende Schraubengrößen der Festigkeitsklasse 5.6:
M8, M12, M16, M20 und M24.
Welche Schraube ist aufgrund der Gewindetragfähigkeit mindestens zu wählen?

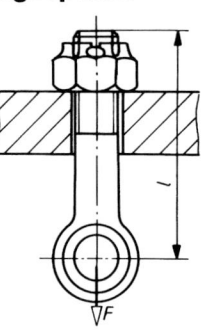

8.2 Aus Spannschlossmutter und Anschweißenden der Festigkeitsklasse 3.6 bestehende Spannschlösser nach DIN 1480 werden z. B. zum Spannen von Zugstangen und Nachstellen von Bremsbändern verwendet.
Zu bestimmen ist die Spannschlossgröße (Gewindedurchmesser d, genormt: Regelgewinde Reihe 1, M6 bis M56) für eine Zugkraft $F = 10$ kN bei
a) ruhender Belastung im Maschinenbau,
b) ruhender Belastung im Stahlbau,
c) schwellender Belastung im Maschinenbau (Ausschlagfestigkeit erfahrungsgemäß $\sigma_A \approx \pm 32$ N/mm^2).

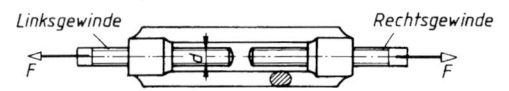

8.3 Ein Lasthaken für Hebezeuge, mit Gewindeschaft M42 (1), ist über die mit dem Spannstift (4) gesicherte Lasthakenmutter (2) in der Traverse (3) drehbar gelagert. Nach DIN 15400 beträgt für die Lasthaken-Festigkeitsklasse M (Werkstoff StE 285: $R_{eH} = 235$ N/mm^2) in der Triebwerkgruppe 1 A_m seine Tragfähigkeit $m = 4000$ kg.

a) Es ist zu prüfen, ob der Gewindeschaft dauerfest ist, wenn die ertragbare Spannungsamplitude $\sigma_A \approx \pm 32$ N/mm^2 beträgt.
b) Die Scherbeanspruchung im Bolzengewinde ist überschlägig unter der Annahme nachzuweisen, dass bereits der erste Gewindegang die halbe Nennlast aufnimmt und dabei $\tau_{zul} = 0{,}7 \cdot R_e$ nicht überschritten wird.
c) Durch welche Maßnahmen kann die Dauerhaltbarkeit des Gewindes verbessert werden?

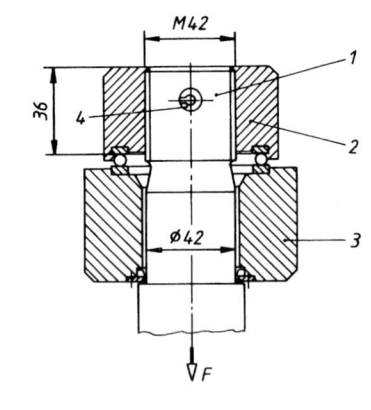

8 Schraubenverbindungen

Schraubenverbindungen im Maschinenbau – vorgespannt

8.4 Für die Verschraubungen a) bis c) sind überschlägig Schraubengröße (Regelgewinde) bzw. Festigkeitsklasse bei Anziehen mit messenden Drehmomentschlüsseln zu bestimmen.

	a	b	c
Verschraubung	Schraubenbolzen	Scheibenkupplung	Druckbehälterdeckel
Belastungsart	dynamisch axial	quer	statisch axial exzentrisch[1]
Betriebskraft je Schraube in kN	58	2,5	14
Schraubengröße	?	?	M10	?	M14
Festigkeitsklasse	10,9	5,6	?	4,6	?

[1] Zusätzliche Biegung für Deckel und Schrauben, da verspannter Deckelrand nicht aufliegt.

8.5 Für eine querbeanspruchte, reibschlüssige Schraubenverbindung wurde (unter Berücksichtigung des Vorspannkraftverlustes) eine Mindest-Vorspannkraft (= Normalkraft F_n) $F_{V\,min} = 16$ kN je Schraube ermittelt.
Vorgesehen sind geschwärzte und leicht geölte Sechskantschrauben ISO 4014−8.8 mit Sechskantmuttern ISO 4032−8.
Zu bestimmen ist die jeweils erforderliche Schraubengröße für folgende Anziehverfahren (für k_A Kleinst- bzw. Größtwert wählen):

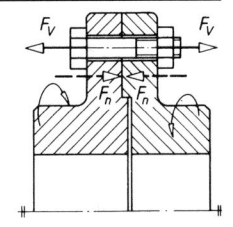

a) drehwinkelgesteuertes Anziehen,
b) drehmomentgesteuertes Anziehen mit messendem Drehmomentschlüssel,
c) drehmomentgesteuertes Anziehen mit ausknickendem Drehmomentschlüssel,
d) impulsgesteuertes Anziehen mit dem Schlagschrauber ohne Einstellkontrollen,
e) impulsgesteuertes Anziehen mit dem Schlagschrauber, große Anzahl von Einstellversuchen,
f) Anziehen von Hand ohne Drehmomentmessung.

8.6 Für eine phosphatierte, mit MoS_2 geschmierte Sechskantschraube ISO 4014−M16 ×60−5.6 sind zu bestimmen:

a) die Spannkraft F_{sp} = maximale Vorspannkraft $F_{V\,max}$,
b) das Spannmoment M_{sp},
c) die minimale Vorspannkraft $F_{V\,min}$, wenn die Schraube mit einem Schlagschrauber ohne Einstellkontrollen angezogen wird.

8.7 Durch eine Sechskantschraube ISO 4014−M12 ×55−8.8 mit Sechskantmutter ISO 4032−M12−8 sollen Platten aus E295 verspannt werden. Die Klemmlänge beträgt $l_k = 40$ mm.
Zu ermitteln sind:

a) die elastische Nachgiebigkeit δ_S der Schraube,
b) die elastische Nachgiebigkeit δ_T der verspannten Platten bei $D_A = 40$ mm und Durchgangsloch nach DIN EN 20273 mittel,
c) das vereinfachte Kraftverhältnis Φ_k,
d) die Verlängerung f_S der Schraube und die Verkürzung f_T der verspannten Platten unter der Spannkraft F_{sp} im Montagezustand, bei geschwärzter, leicht geölter Schraube.

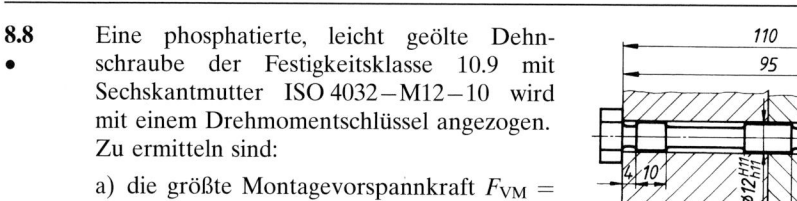

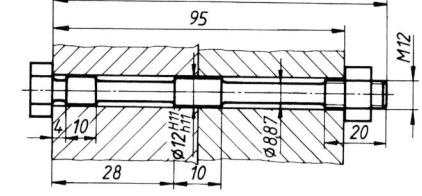

8.8 Eine phosphatierte, leicht geölte Dehnschraube der Festigkeitsklasse 10.9 mit Sechskantmutter ISO 4032−M12−10 wird mit einem Drehmomentschlüssel angezogen.
Zu ermitteln sind:

a) die größte Montagevorspannkraft F_{VM} = Spannkraft F_{sp} und das Spannmoment M_{sp},
b) die elastische Nachgiebigkeit δ_S der Dehnschraube,
c) die elastische Nachgiebigkeit δ_T der verspannten Bauteile aus C45E bei einem Außendurchmesser $D_A = 80$ mm,
d) das vereinfachte Kraftverhältnis Φ_k,
e) der zu erwartende Vorspannkraftverlust F_Z unter axialer Betriebskraft bei gefrästen Oberflächen ($Rz \approx 25$ µm).

8.9 Zwei Bauteile aus EN-GJL-250 sollen durch eine zentrale Sechskantschraube ISO 4014−M16×70−8.8 mit Sechskantmutter ISO 4032−M16−8 verbunden werden. Die Schraube ist geschwärzt und leicht geölt. Das Anziehen erfolgt von Hand mit messendem Drehmomentschlüssel.

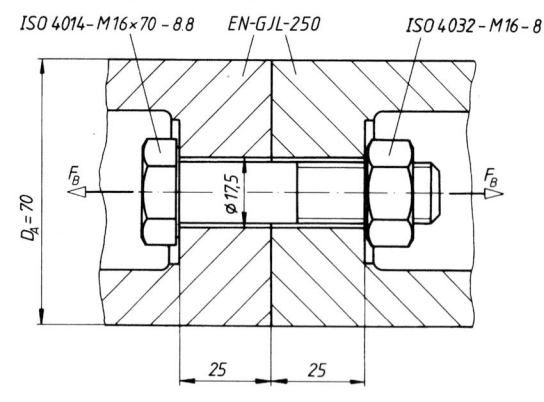

Zu ermitteln sind:
a) die elastische Nachgiebigkeit δ_S der Schraube und δ_T der Bauteile ($E_T \approx 115$ kN/mm^2) und das vereinfachte Kraftverhältnis Φ_k,
b) die größte Montagevorspannkraft $F_{V\,max}$ = Spannkraft F_{sp} und die kleinste Montagevorspannkraft $F_{V\,min}$,
c) der Vorspannkraftverlust durch Setzen F_Z, Bauteiloberfläche $Rz = 25$ µm,
d) die größte zulässige schwellend wirkende Betriebskraft F_B, wenn die Restklemmkraft in der Trennfuge noch $F_{Kl} = 5$ kN betragen soll und der Krafteinleitungsfaktor mit $n \approx 0{,}7$ geschätzt wird,
e) die Verlängerung der Schraube f_S und die Verkürzung der Bauteile f_T infolge der Vorspannkraft nach dem Setzen,
f) die Kontrolle der Flächenpressung unter Kopf- und Mutterauflage,
g) die Schraubenkräfte sowie das vollständige Verspannungsschaubild der Schraubenverbindung (Kräftemaßstab: 1 kN $\hat{=}$ 1 mm, Längenmaßstab: 1000:1).

8.10 Für eine Schraubenverbindung mit Dehnschaft sind zu ermitteln: 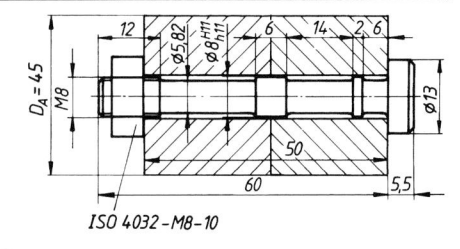
••
a) die elastische Nachgiebigkeit δ_S der Schraube und δ_T der Bauteile aus E295 bei $D_A = 45$ mm, sowie das vereinfachte Kraftverhältnis Φ_k,
b) die größte Montagevorspannkraft $F_{V\,max}$ = Spannkraft F_{sp} bei verkadmeter Schraube der Festigkeitsklasse 10.9,
c) die kleinste Montagevorspannkraft $F_{V\,min}$, wenn die Schraube mit einem Drehmomentschlüssel angezogen und das Anziehmoment durch wenige Einstell- und Kontrollversuche an der Verbindung ermittelt wird,
d) die Dauerhaltbarkeit der schlussvergüteten Schraube und die Restklemmkraft F_{Kl} in der Trennfuge für eine schwellend wirkende Betriebskraft $F_B = 7$ kN bei einem geschätzten Krafteinleitungsfaktor $n \approx 0{,}5$ und einer Bauteiloberfläche $Rz = 25$ µm,
e) die Verlängerung der Schraube f_S und die Verkürzung der Bauteile f_T infolge der Vorspannkraft nach dem Setzen,
f) die Schraubenkräfte sowie das vollständige Verspannungsschaubild der Schraubenverbindung (Kräftemaßstab: 1 kN $\hat{=}$ 5 mm, Längenmaßstab: 1000:1).

8.11 Ein gefrästes Maschinenteil (Oberfläche $Rz = 16$ µm) aus EN-GJL-250 ($E_T \approx 115$ kN/mm^2) soll mit einer geschwärzten und leicht geölten Zylinderschraube ISO 4762−8.8 befestigt werden. Das Anziehen soll dabei mit signalgebendem Drehmomentschlüssel bis auf M_{sp} erfolgen. Die Schraubenverbindung ist für eine zwischen $F_{Bu} = 8$ kN und $F_{Bo} = 28$ kN schwankenden Betriebskraft bei einer geschätzten Kraftangriffshöhe von $n \approx 0{,}7$ auszulegen. Die Mindest-Klemmkraft sollte 10 % der Betriebskraft betragen, um ein Abheben der Trennfuge zu vermeiden. 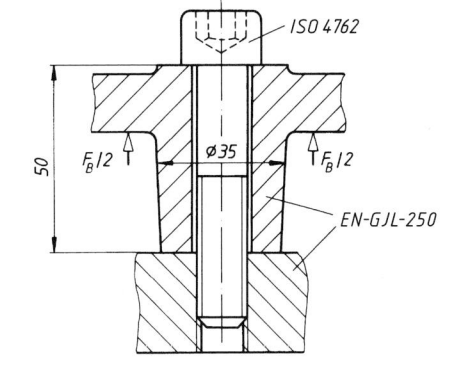
a) Die Größe der Schraube ist zu bestimmen, die Normbezeichnung anzugeben und die Verbindung nachzuprüfen für Durchgangsloch DIN EN 20273 mittel.
b) Zusätzlich ist die statische und dynamische Sicherheit zu ermitteln.

8.12 Um Rechenaufwand zu sparen, soll die Aufgabe 8.11 mit dem aus der VDI-Richtlinie 2230 abgeleiteten vereinfachten Verfahren gelöst werden. Die Ergebnisse sind zu vergleichen.

8.13 Die Verbindung zweier gefräster Platten (Oberflächenrauheit $Rz = 25\,\mu\text{m}$) aus C45E mit einer Durchsteckschraube soll wahlweise als Schaft-(Starr-) oder Dehnschraube ausgelegt werden. Es ist mit einer zwischen $F_{Bu} = 4\,\text{kN}$ und $F_{Bo} = 16\,\text{kN}$ schwankenden Betriebskraft bei einer geschätzten Kraftangriffshöhe von $n \approx 0{,}5$ zu rechnen. Die Restklemmkraft muss mindestens $F_{Kl} = 3\,\text{kN}$ betragen. Die geschwärzte, leicht geölte Schraube soll mit einem messenden Drehmomentschlüssel bis auf M_{sp} angezogen werden.

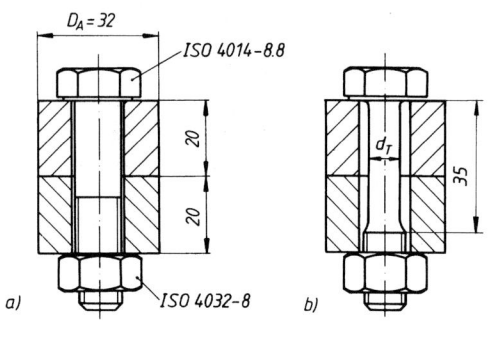

a) Für die als Schaftschraube zu verwendende Sechskantschraube ISO 4014−8.8 (Bild a) ist die Größe zu bestimmen, die Normbezeichnung anzugeben und die Verbindung nachzuprüfen für Durchgangsloch DIN EN 20273 mittel.

b) Die Ausführung als schlussvergütete Dehnschraube mit Schaftdurchmesser $d_T \approx 0{,}9\,d_3$ ist zu berechnen (Bild b), wobei der unter a) ermittelte Gewindedurchmesser beibehalten werden soll.

8.14 Um Rechenaufwand zu sparen, soll die Aufgabe 8.13 mit dem aus der VDI-Richtlinie 2230 abgeleiteten vereinfachten Verfahren gelöst werden. Die Ergebnisse sind zu vergleichen.

8.15 Der Verschlussdeckel (bearbeitete Oberfläche $Rz = 25\,\mu\text{m}$) aus EN-GJL-250 ($E_T \approx 115\,\text{kN/mm}^2$) eines unter Druck stehenden Gehäuses soll mit phosphatierten, leicht geölten Stiftschrauben DIN 939−5.6 befestigt werden, Durchgangslöcher nach DIN EN 20273 mittel. Auf jede Schraube entfällt dabei eine vorwiegend ruhend wirkende Betriebskraft $F_B = 14\,\text{kN}$ bei einer geschätzten Kraftangriffshöhe von $n \approx 0{,}3$, wobei die Restklemmkraft noch mindestens $F_{Kl} = 4\,\text{kN}$ betragen soll. Das Anziehen erfolgt mit einem messenden Drehmomentschlüssel bis auf M_{sp}.

Die Deckelverschraubung ist zu entwerfen und nachzuprüfen, wobei wegen der großen Steifigkeit des Deckels der Einfluss der exzentrischen Belastung vernachlässigt werden soll.

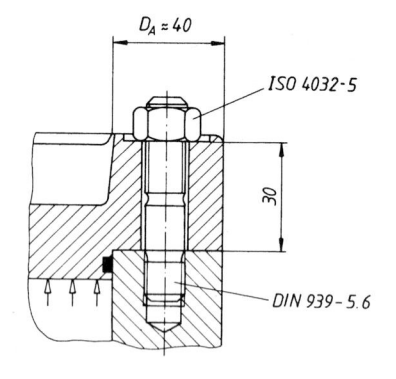

Hinweis: Die hier erforderlichen Abmessungen der Stiftschrauben DIN 939 entsprechen den Abmessungen der Schaftschrauben ISO 4014. Für unter die Druckbehälterverordnung fallende Anlagen ist die Verschraubung nach dem AD-Merkblatt B7 zu bemessen.

8 Schraubenverbindungen

8.16 Deckel (1) und Gehäuse (2) einer Zahnradpumpe sollen durch 6 Zylinderschrauben ISO 4762−M6×35 mit der Grundplatte (3) öldicht verbunden werden, Durchgangslöcher nach DIN EN 20273 mittel. Die Pumpenteile werden aus öldichtem und verschleißfestem Sondergusseisen gefertigt ($E_T \approx 120000$ N/mm², $p_G \approx 700$ N/mm²), die Trennfugen-Oberflächen geschliffen ($Rz = 4$ μm).

a) Die auf den Deckel wirkende Druckkraft F ist zu berechnen, wenn der Innendruck $p_e = 0$ bis $p_{e\,max} = 25$ bar pulsiert und bis zur Fangrille wirkt.

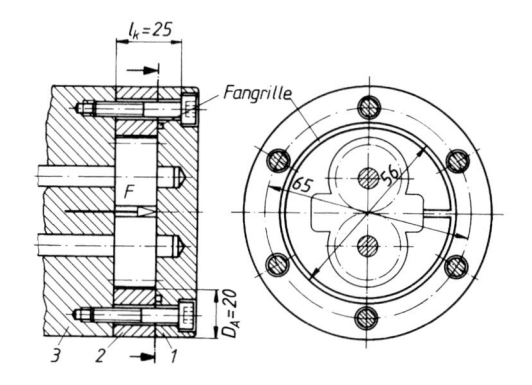

b) Die erforderliche Festigkeitsklasse der geschwärzten und leicht geölten Schrauben ist zu ermitteln und die Verbindung nachzuprüfen, wenn die Schrauben mit Schlagschraubern ohne Einstellversuche bis zu M_{sp} angezogen werden, die Kraftangriffshöhe mit $n \approx 0{,}5$ geschätzt wird und beim Betriebsdruck noch eine Restklemmkraft $F_{Kl} = 1{,}5$ kN je Schraube wirken soll. Wegen der großen Steifigkeit des Deckels darf der Einfluss der exzentrischen Verspannung und Belastung vernachlässigt werden.

c) Zusätzlich ist die statische und dynamische Sicherheit zu ermitteln.

8.17 Eine Welle aus E295 soll über eine Kegelverbindung (Kegelpressverband) ein Drehmoment $T = 640$ Nm auf eine Riemenscheibe übertragen. Die erforderliche axiale Aufpresskraft $F_a \approx 44$ kN soll über den Gewindezapfen der Welle mittels einer Sechskantmutter ISO 8675−M30×2−05 mit Scheibe ISO 7089 ($d_h = 31$ mm) aufgebracht werden. Gewinde unbehandelt und leicht geölt.
Zu ermitteln bzw. zu prüfen sind:

a) das Anziehdrehmoment der Mutter bei Anziehen mit Signal gebendem Drehmomentschlüssel ohne Berücksichtigung des Vorspannkraftverlustes (unter der ersten Drehmomentbelastung gleiten die Kegelflächen schraubenförmig auf, so dass die Mutter nachgezogen werden muss),

b) die statische Sicherheit des Gewindezapfens.

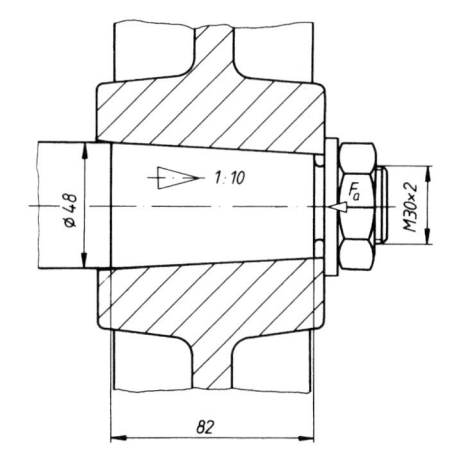

8.18 Eine als Blechziehteil hergestellte Ölwanne (1) soll mit dem Gussgehäuse (2) durch 12 Sechskantschrauben ISO 4017−8.8 öldicht verschraubt werden. Für die vorgesehene Weichstoff-Flachdichtung (3) beträgt nach Angabe des Herstellers die Mindestpressung (kritische Vorpressung) $p_{min} = 14$ N/mm^2 und die maximal zulässige Pressung $p_{max} = 70$ N/mm^2. Die Dichtfläche wird mit $A = 9500$ mm^2 ausgeführt.
Zu ermitteln bzw. zu prüfen sind:

a) der Gewindedurchmesser der geschwärzten und geölten Schrauben, wenn diese mit Präzisionsdrehschraubern angezogen werden und das Setzen der Dichtung einen Vorspannkraftverlust $F_Z \approx 4$ kN je Schraube erwarten lässt,

b) die Normbezeichnung der Schrauben bei einer Klemmlänge von ca. 3 mm,

c) die größte Pressung der Dichtung beim Vorspannen der Schrauben auf F_{sp}.

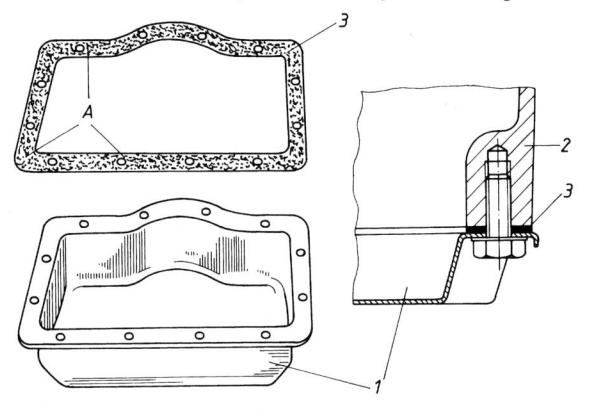

8.19 Zwei Hohlwellen aus C45E mit angeschmiedeten Kupplungsflanschen sollen durch 12 auf dem Lochkreisdurchmesser 130 mm angeordnete Sechskantschrauben ISO 4017−10.9 gleitsicher verbunden werden, Durchgangslöcher nach DIN EN 20273 mittel. Die Schrauben werden gegen Losdrehen durch Verkleben der Gewinde gesichert ($\mu_{ges} \approx 0{,}14$). Das Anziehen erfolgt mittels messendem Drehmomentschlüssel bis M_{sp}. Die Oberfläche der Trennfuge ist $Rz < 10$ µm.
Die Flanschverschraubung ist für ein wechselnd wirkendes Drehmoment $T = 2240$ Nm zu bemessen, wobei sicherheitshalber angenommen wird, dass die Reibflächen nicht entfettet sind.

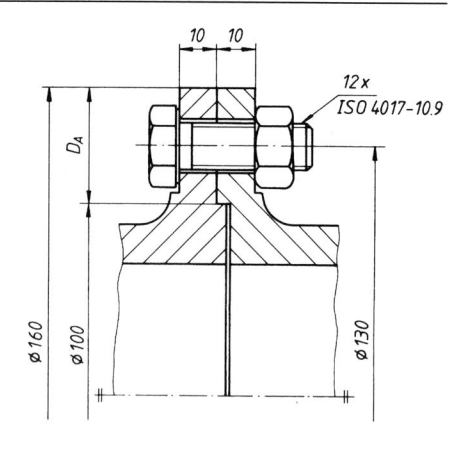

8 Schraubenverbindungen

8.20 Die Verschraubung eines Schneckenrad-Zahnkranzes aus CuSn10-C mit dem Radkörper aus EN-GJL-250 ($E_T \approx 115000$ N/mm^2) soll ein schwellend wirkendes Drehmoment $T = 550$ Nm gleitsicher übertragen, wobei sicherheitshalber angenommen wird, dass die Reibflächen (gedreht, $Rz = 16$ µm) nicht entfettet sind.
Es ist zu prüfen, ob die Verbindung mit lagerhaltigen Sechskantschrauben ISO 4017 – M8 × 25 – 8.8 ausgeführt werden kann, wenn die Schrauben mit einem Signal gebenden Drehmomentschlüssel angezogen werden, wobei Erfahrungswerte aus einigen Einstellversuchen verfügbar sind. Die Sicherung der Schrauben soll mittels mikroverkapseltem Klebstoff erfolgen.

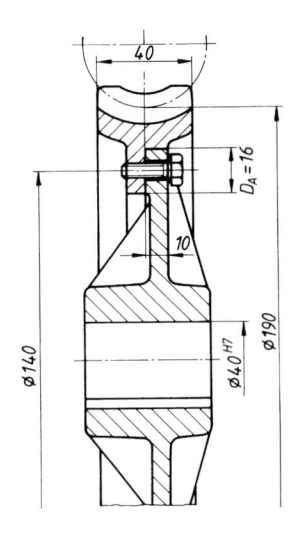

8.21 Die Befestigung des Seilrollenbockes aus GE 300+N an einer Maschinenwand aus S355 soll durch 2 galvanisch verzinkte Sechskantschrauben ISO 4017 – M16 × 35 erfolgen. Auf die Seilrolle wirkt eine zwischen $F_{max} = 5$ kN und $F_{min} = 2$ kN schwankende Kraft. Die Kraftangriffshöhe wird mit $n \approx 0,5$, der Außendurchmesser der verspannten Teile mit $D_A \approx 35$ mm geschätzt. Das Anziehen soll durch messende Drehmomentschlüssel erfolgen. Die Oberflächen sind gefräst ($Rz = 25$ µm), die Reibungszahl in der Trennfuge ist $\mu \approx 0,15$, die Bohrungsreihe mittel.
Nach Wahl der Festigkeitsklasse sind die Schrauben statisch und dynamisch nachzurechnen.

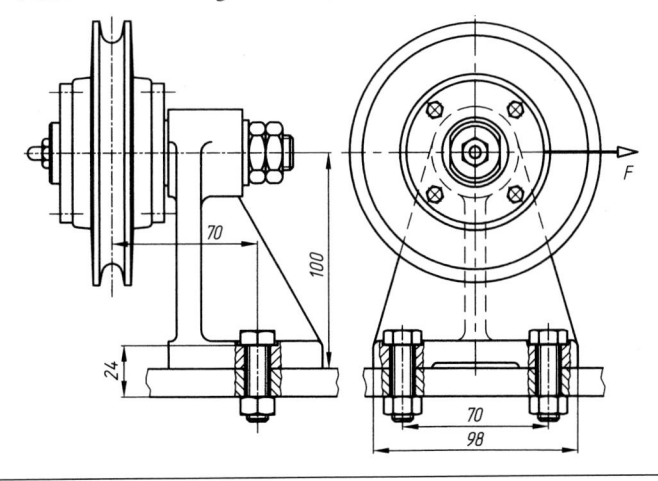

Schraubenverbindungen im Stahlbau

8.22 Der Zugstab ∟ EN 10056-1 – 150 × 100 × 12 eines Fachwerkes (Stahlhochbau) soll mit Schrauben an ein 20 mm dickes Knotenblech angeschlossen werden. Die Einwirkungen betragen aus ständiger Last 190 kN, aus Verkehrslast 320 kN und aus Windlast 80 kN. Als Bauteilwerkstoff wird S235 festgelegt. Die Schraubenverbindung soll in folgenden Ausführungsformen entworfen werden:

a) Scher-Lochleibungsverbindung (SL) mit rohen Schrauben nach DIN 7790 (4.6),
b) Scher-Lochleibungs-Passverbindung (SLP) mit Sechskant-Passschrauben nach DIN 7968 (5.6),
c) gleitfeste planmäßig vorgespannte Verbindung (GV) mit Sechskantschrauben nach DIN 6914 (10.9).

Für die GV-Verbindung wird außer dem Tragsicherheitsnachweis auch der Gebrauchstauglichkeitsnachweis mit den Teilsicherheitsbeiwerten $S_M = 1{,}0$, $S_{FG} = 1{,}05$ und $S_{FQ} = 1{,}1$ verlangt.

Jede Ausführungsform ist zu berechnen und im Maßstab 1:5 zu entwerfen. Über die erforderlichen Verbindungselemente sind alle für die Stückliste erforderlichen Angaben zu machen.

8.23 Ein aus 2 warm gewalzten Flachstäben EN 10058 – 110 × 10 aus S235JR gebildeter Zugstab wird durch 3 Sechskantschrauben DIN 7990 – M20 × 65 – Mu – 4.6 (mit Scheiben DIN 7989-20-A-HV 100 und Muttern ISO 4034-M20-5) an ein 14 mm dickes Knotenblech aus S235JR angeschlossen.

Es ist zu prüfen, welche rechnerische Stabkraft F diese SL-Verbindung im Stahlbau übertragen kann.

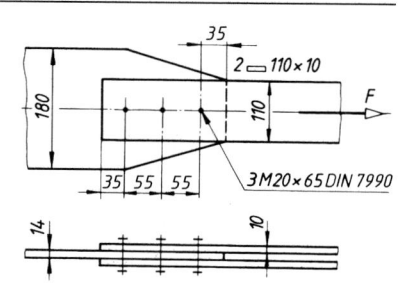

8.24 Der mit der Zugkraft $F = 85$ kN belastete einteilige Vertikalstab eines Fachwerkes (Stahlbau) aus S235 kann aufgrund einer überschlägigen Vorbemessung nach der Lagerliste mit folgenden Profilen ausgeführt werden:

a) ∟ EN 10056-1 – 80 × 40 × 8
b) U-Profil DIN 1026 – U100

Nach der Bemessung der mit Sechskantschrauben nach DIN 7990 (rohe Schrauben, 4.6) auszuführenden Stabanschlüsse (Normbezeichnung und Anzahl der rohen Schrauben, Anschlusslänge l) sind die Profile festigkeitsmäßig nachzuprüfen.

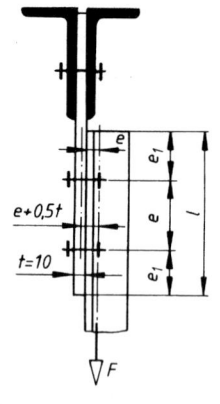

8 Schraubenverbindungen

8.25 Eine aus einem I-Profil DIN 1025−S235JR−I380 geschnittene (kupierte) Konsole soll am Flansch einer Stütze aus I-Profil DIN 1025−S235JR−IPB240 mit 8 Sechskantschrauben nach DIN 7990−4.6 befestigt werden, deren Abstände gefühlsmäßig festgelegt wurden.
Die Schraubenverbindung (Stahlbau) ist für eine Auflagerkraft $F = 140$ kN mit allen für die Konstruktion erforderlichen Angaben auszulegen.

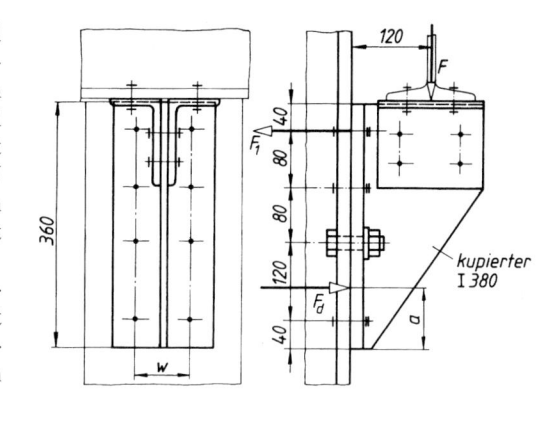

8.26 Zur Lagerung eines I 220 ist ein Stützwinkel ⌐ EN 10056-1−$100 \times 50 \times 8$ vorgesehen, welcher mit 2 Sechskantschrauben DIN 7990−M16×50−Mu −4.6 (stets mit Scheiben nach DIN 7989) an den Flansch eines I-Profils DIN 1025−S235JR−IPB240 angeschlossen werden soll. Die Auflagerkraft beträgt $F = 7$ kN (Stahlbau).
Festigkeitsmäßig nachzuprüfen sind:

a) der Stützwinkel,
b) die Schraubenverbindung.

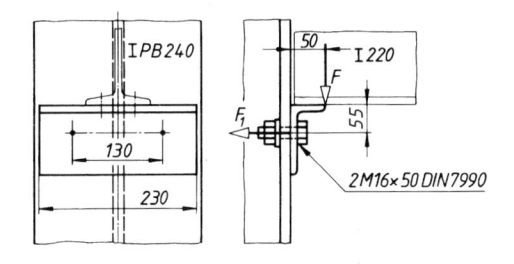

Bewegungsschrauben

8.27 Für eine mechanische Abziehvorrichtung, zum Ausbau kleiner Wälzlager, sollen die Gewindespindel (E295, größte freie Länge $l \approx 200$ mm) und die beiden Halteschrauben (5.6) für überwiegend ruhende Belastung ausgelegt werden.
Die zum Abziehen der Wälzlager erforderliche Kraft ist meist sehr groß, weil sich die Ringe im Laufe der Zeit festsetzen. Dies gilt auch für lose gepasste Ringe, wenn sich während der Betriebszeit Passungsrost gebildet hat. 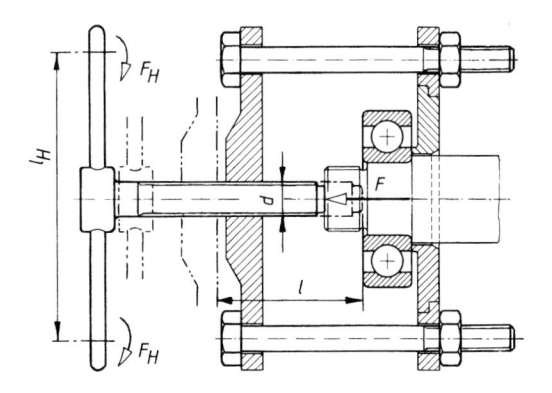
Um eine Überbeanspruchung der Bauteile beim gewaltsamen Lösen der Ringe zu verhindern, sollen für die Bemessung die bei größter Anstrengung erreichbaren Handkräfte $F_H \approx 400$ N am wirksamen Hebelarm $l_H \approx 350$ mm zugrunde gelegt werden.
Das Reibungsmoment an der Stirnflächenauflage der Spindel wird auf 25% des Gewindereibungsmomentes geschätzt. Bei der Traverse aus EN-GJMB-350-10 ist zu prüfen, ob das Muttergewinde direkt eingeschnitten werden kann.

8.28 Eine Reibspindelpresse für Zieharbeiten soll über eine Gewindespindel Tr48×24P8 eine größere Betriebskraft $F = 50$ kN aufbringen.
Zu prüfen sind:

a) die geschmierte Spindel aus E335 mit einer größten Länge $l = 1500$ mm bei einer weitgehend reibungsfreien Lagerung der Spindel im Stößel.
b) die Mutter aus CuSn12-C-GZ mit der Länge $l_1 = 100$ mm bei Dauerbetrieb;
c) die Möglichkeit der Selbsthemmung des Gewindes.

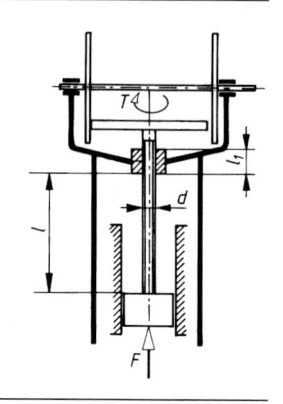

8.29 Zu einer Handspindelpresse für einfache Werkstattarbeiten sind Spindel, Mutter und Hebel für eine größte Betriebskraft $F = 31,5$ kN auszulegen, wobei von sehr häufiger Nutzung ausgegangen wird (dynamische Belastung).
Der Entwurf sieht vor:
Spindel aus E295, größte Länge $l = 800$ mm, Spindelanschluss am Stößel wälzgelagert, Mutter aus CuSn-Legierung;
zweiarmigen Hebel aus Rundstahl S235,
rechnerische Handkraft $F_H \approx 200$ N an beiden Hebelenden.

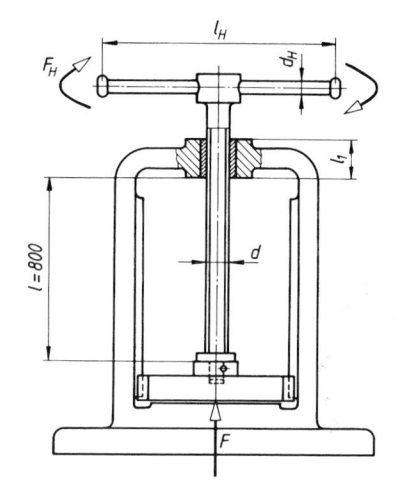

8.30 Für eine einfache Schraubenwinde mit 5 t Tragkraft sind alle für die Konstruktion erforderlichen Angaben zu ermitteln.
Entwurfsmäßig festgelegt sind:

1. Spindel aus E295 mit größter freier Länge $l = 600$ mm.
2. Hebelarm der Handkraft $l_H \approx 710$ mm.
3. Außendurchmesser $D = 60$ mm und Innendurchmesser $d = 16$ mm des als Spurplatte dienenden Kronenstücks.
4. Ständer aus EN-GJL-250 mit eingeschnittenem Muttergewinde.

Es kann mit vorwiegend ruhender Belastung gerechnet werden.
Der Wirkungsgrad ist mit zu ermitteln.

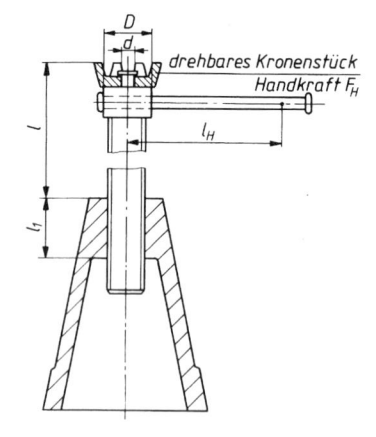

9 Bolzen-, Stiftverbindungen und Sicherungselemente

Bolzenverbindungen

9.1 In einer Spannvorrichtung werden die Werkstücke (1) mit einem Druckverteilungsstück (2), das im Winkelhebel (3) drehbar gelagert ist, durch die Augenschraube DIN 444−BM 12 × 150−4.6 (4) gespannt. Als Gelenkstifte dienen Zylinderstifte ISO 2338−12h8 × 32−St bzw. ISO 2338−16h8 × 35−St (5 bzw. 6). Der Gelenkstift (5) hat im Schraubenauge Spiel (H9/h8) und sitzt fest im Winkelhebel (N7/h8). Der Gelenkstift (6) dagegen hat im Winkelhebel Spiel (E8/h8) und sitzt fest im Lagerauge (N7/h8). Winkelhebel (3) und Lagerauge (7) sind aus S235JR.

a) Welche Spannkraft F_A darf hinsichtlich der Beanspruchung des Gelenkes A in der Augenschraube höchstens erzeugt werden, wenn häufige Betätigung und stoßfreies Spannen anzunehmen sind?

b) Ist das Gelenk B für die unter a ermittelte Spannkraft ausreichend bemessen?

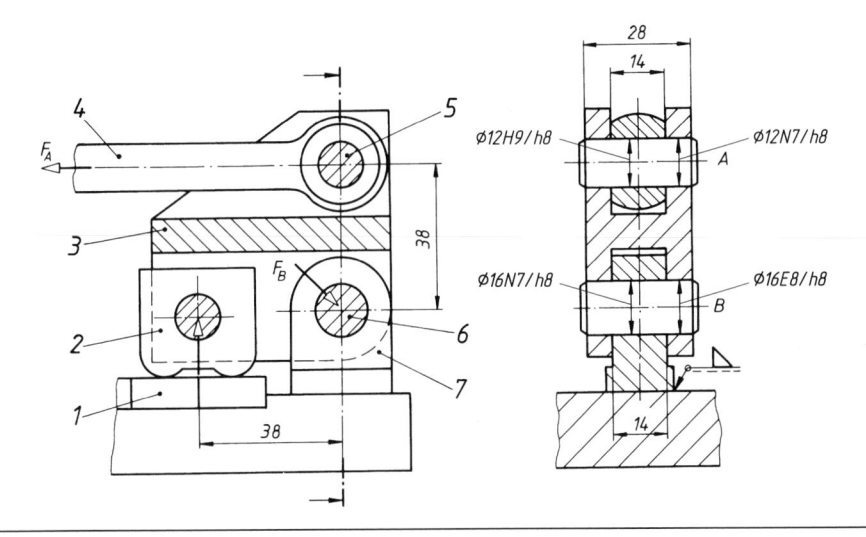

9.2 Eine Zugstange aus S235JR, mit der Stangenkopfdicke 24 mm, hat eine mit mittleren Stößen schwellend auftretende Kraft $F = 16$ kN zu übertragen. Die Stange soll mit der oberen Gabel durch einen Bolzen DIN EN 22340 (1) und mit der unteren Gabel durch einen Bolzen DIN EN 22341 (2) verbunden werden. Der Bolzen (1) sitzt in der Stange mit einer engen Übergangspassung und in der Gabel mit reichlichem Spiel, der Bolzen (2) sitzt in Gabel und Stange mit reichlichem Spiel. Das seitliche Spiel ist $\leq 0{,}5$ mm.

Zu bestimmen sind:

a) die Bolzendurchmesser d und die Gabeldicken t_G bei nicht gleitenden Flächen, wenn die Gabeln aus EN-GJS-400-18 bestehen,
b) geeignete Passungen für die Bolzensitze (1) und (2) im System Einheitswelle,
c) die Normbezeichnung der Verbindungselemente (1) bis (4).

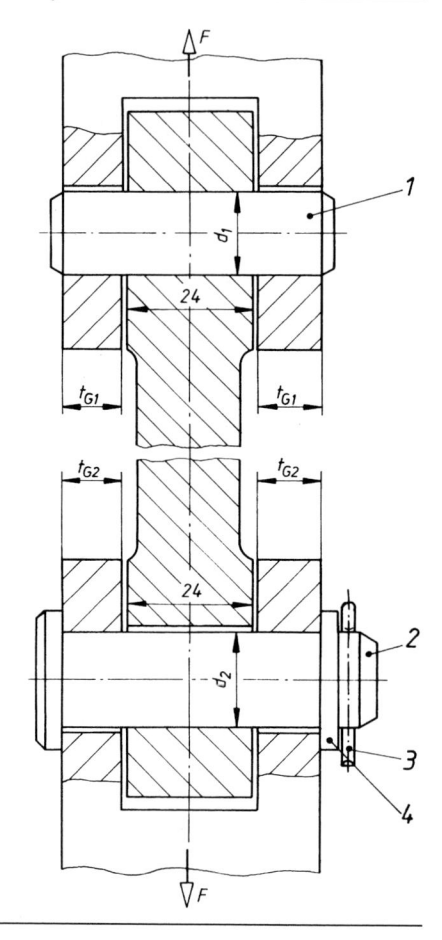

9.3 Zur Übertragung einer mit mittleren Stößen ($K_A = 1{,}4$) wechselnd wirkenden Kraft $F = 11{,}2$ kN ist ein ruhendes Bolzengelenk zu entwerfen. Vorgesehen ist ein mit merklichem Spiel sitzender genormter Bolzen mit Kopf, der durch einen Sicherungsring axial gesichert werden soll. Für Gabel und Stange ist der Werkstoff S235JR vorgesehen.

Zu bestimmen sind:

a) die Hauptabmessungen (d, t_S, t_G und D) des Gelenkes,
b) eine geeignete Spielpassung zwischen Bolzen und Stangen- bzw. Gabelbohrung im System Einheitsbohrung.
c) die Normbezeichnung des Bolzens und des Sicherungsringes.

9 Bolzen- und Stiftverbindungen, Sicherungselemente

9.4 Die Kurbelstange (1) eines Webstuhles belastet über ein Gelenklager (2) den beidseitig in den Gabelwangen eingespannten Lagerbolzen (3) durch eine mit starken Stößen (entsprechend $K_A = 1{,}5$) wechselnd auftretende Stangenkraft $F = \pm 8$ kN und bei einer Havarie mit dem Maximalwert $F_{max} = 30$ kN. Der vergütete und mit einer größten zulässigen Rautiefe $Rz = 2{,}5$ μm geschliffene Bolzen besteht aus C22E + QT.

Für den mit $d = 30$ mm ausgeführten Bolzen mit Schmierloch ⌀ 3 mm ist der Sicherheitsnachweis gegen Dauerbruch und bleibende Verformung zu führen.

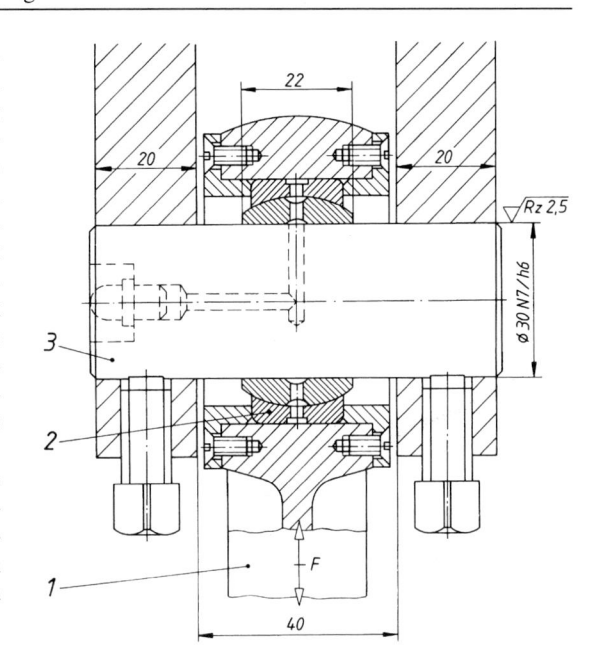

9.5 Die mit einem Gelenklager (2) ausgestattete Schubstange (1) einer Steinsäge belastet den Lagerbolzen (3) durch eine mit starken Stößen wechselnd auftretende Stangenkraft $F = \pm 38$ kN.

Für den mit einem Querschmierloch versehenen Bolzen aus C45E + QT (vergütet) ist die Sicherheit gegen Dauerbruch nachzuweisen.

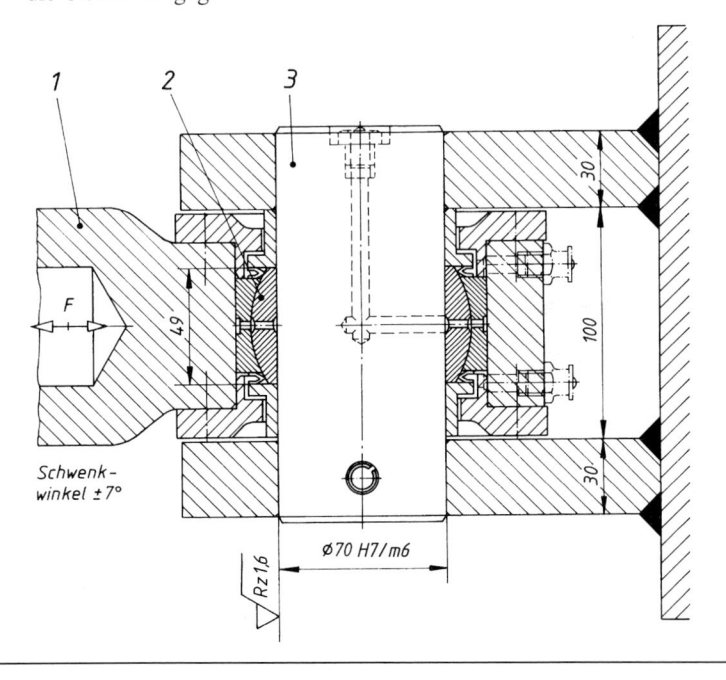

9.6 Für die geschmierte Lagerung einer Drehmomentstütze sind der Bolzendurchmesser d und die Dicke t_S der Stangennabe, sowie die Passungen für den mit Spiel sitzenden Bolzen zu bestimmen. Am Gelenk tritt eine mit mittleren Stößen – entsprechend dem Anwendungsfaktor $K_A = 1{,}5$ – wechselnd wirkende Kraft $F = \pm 70$ kN auf. Die mit Buchsen aus CuSn7Zn4Pb7–C versehene Stangennabe führt Schwenkbewegungen von $\pm 4°$ aus. Um kleine Gelenkabmessungen zu bekommen, soll ein einsatzgehärteter Bolzen (16MnCr5) eingebaut werden. Als Gabelwerkstoff ist S235JR vorgesehen.

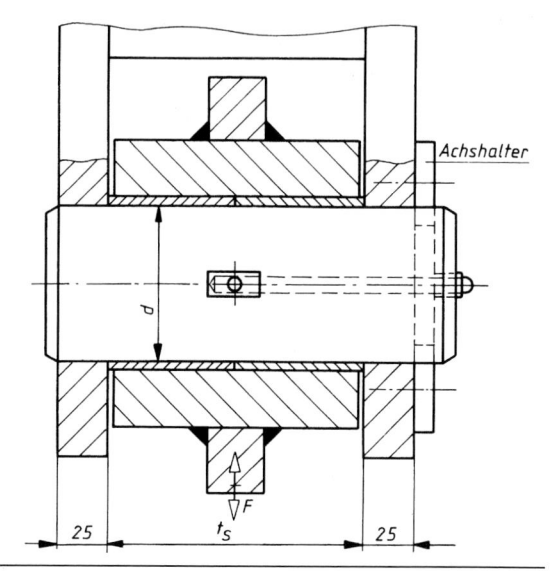

9.7 Der im Pleuelauge und in der Kolbennabe mit Spiel (schwimmend) gelagerte Kolbenbolzen DIN 73126–22 × 14 × 60–1 ist für die unter Berücksichtigung der ungünstigsten Betriebsbedingungen größte Kraft $F = 22$ kN festigkeitsmäßig nachzuprüfen.
Bedingt durch die Betriebsverhältnisse und Werkstoffe, 16MnCr5 für den Bolzen und CuSn5Pb20–C für die Kolbenbolzenbuchse, gelten dabei folgende zulässige Spannungen: $\sigma_{b\,zul} = 200\,\text{N/mm}^2$, $\tau_{a\,zul} = 140\,\text{N/mm}^2$ und für gleitende Flächen $p_{zul} = 40\,\text{N/mm}^2$.

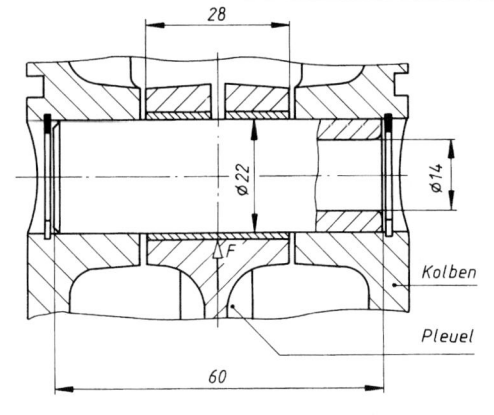

9.8 Der Spannexzenter (1) ist über einen gehärteten Bolzen $\varnothing$ 16 mm (2) in der Gabel (3) drehbar gelagert. Beim Spannen des Werkstückes (4) durch die Handkraft F_H wird eine größte Normalkraft $F_N = 5$ kN erzeugt. Dabei beträgt der Schwenkwinkel ca. 30°. Spannexzenter und Bolzen sind aus einsatzgehärtetem C15E, die Gabel aus S235JR. Zu prüfen bzw. zu bestimmen sind:
a) die Festigkeit der Gelenkverbindung,
b) eine Passung mit merklichem Spiel zwischen Bolzen und Exzenter und eine Übermaß- bzw. Übergangspassung zwischen Bolzen und Gabel.

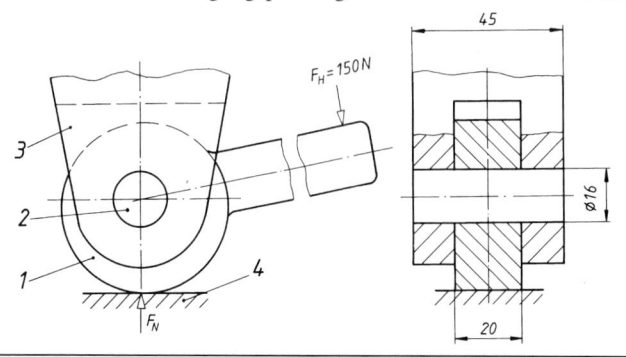

9 Bolzen- und Stiftverbindungen, Sicherungselemente

9.9 Ein doppelt wirkender Hydraulikzylinder soll der Abbildung entsprechend befestigt werden. Dazu erhält das Kolbenstangenende eine aufgeschraubte Gabel (1). Das Gegenlager (Schwenklager 2) wird mit einer Laufbuchse (4) aus Sinterbronze mit Festschmierstoff ausgeführt. Als Werkstoffe für die Befestigungsteile sind vorgesehen: E335 + N für die Gabel (1), E295 für das Schwenkauge (2) und 16MnCr5 für den einsatzgehärteten Bolzen (3). Während eines Arbeitshubes führt der Zylinder geringe Schwenkbewegungen aus und belastet die Gelenkverbindung stoßfrei zwischen den Grenzkräften $F_d = 72$ kN und $F_z = 50$ kN.

Festigkeitsmäßig zu prüfen sind:

a) die Gelenkverbindung,
b) die Wangenquerschnitte von Gabel (1) und Schwenklager (2).

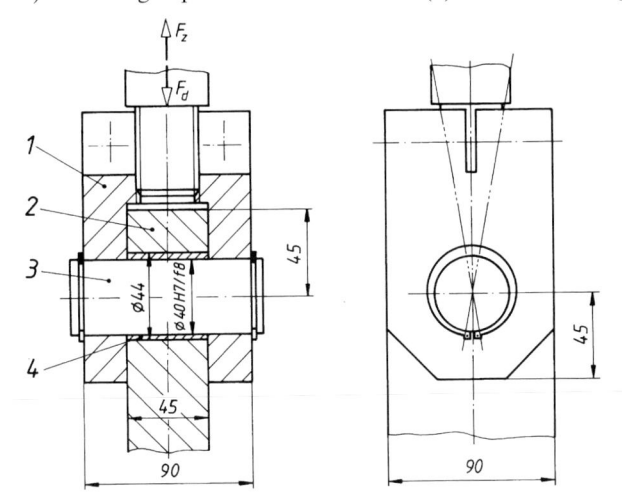

9.10 Die in eine Zahnkupplung eingebaute Brechbolzen-Sicherheitskupplung soll das übertragbare Drehmoment auf $T_{max} = 1800$ Nm begrenzen, um bei Überlast oder Blockieren der Arbeitsmaschine die dazwischengeschalteten Maschinenteile zu schützen.

a) Welchen Durchmesser d muss die Sollbruchstelle der drei Abscherbolzen aus S235JR bekommen?

b) Welche Nachteile haben Brechbolzenkupplungen?

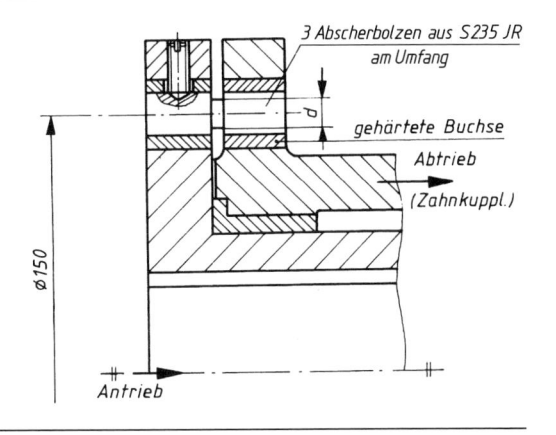

9.11 Für die Montage großer Behälter sollen Traglaschen für eine zulässige Kraft $F = 100$ kN bemessen werden. Die Schweißverbindung mit der Behälterwand bzw. dem Behälterboden soll hier nicht untersucht werden. Die Beanspruchung darf nur in der Traglaschenebene erfolgen. Dazu sind Schäkel[1] zu benutzen.

---

[1] Schäkel sind U-förmige, mit einem Bolzen verschließbare Bügel zum Anbringen der Anschlagmittel. Bolzenwerkstoff meist Vergütungsstahl, C22E oder C35E.

Zu berechnen sind:

a) Der Bolzendurchmesser des Schäkels nach der aus Versuchen gewonnenen Zahlenwertgleichung $d = 4{,}7 \cdot \sqrt{F}$ (d in mm, F in kN). Zu wählen ist ein genormter Schäkelbolzen-Durchmesser: ... 30 36 39 45 48 52 60 68 ...;

b) die Abmessungen der Lasche (im Bereich des Auges) aus S235JR, wenn die Richtwerte des Maschinenbaus (bei statischer Belastung) zugrundegelegt werden.

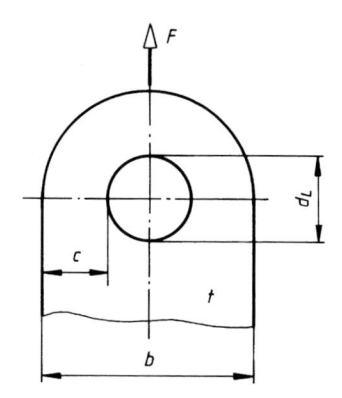

9.12 Um zu verhindern, dass sich Biegemomente auf anschließende Konstruktionsteile übertragen, sollen die Stabenden von Zugstäben als Bolzenverbindungen mit Augenstäben ausgeführt werden. Der Bemessungswert der Stabkraft beträgt 212 kN. Als Stabwerkstoff sind S355 und als Bolzenwerkstoff C45 + N vorgesehen. Das Lochspiel soll $\Delta d = 2$ mm und das Laschenspiel $s = 1$ mm betragen. Die Bolzen ohne Kopf nach DIN EN 22340 sollen durch Sicherungsringe nach DIN 471 gehalten werden.

a) Die Hauptanmessungen der Augenstäbe (Laschen) sollen nach der Stahlbaunorm (DIN 18800-1) entsprechend Form B nachgewiesen und in einer Skizze dargestellt werden.

b) Für die Bolzenverbindung ist der Festigkeitsnachweis zu führen.

c) Die Normbezeichnung der gewählten Bolzen und Sicherungsringe ist anzugeben.

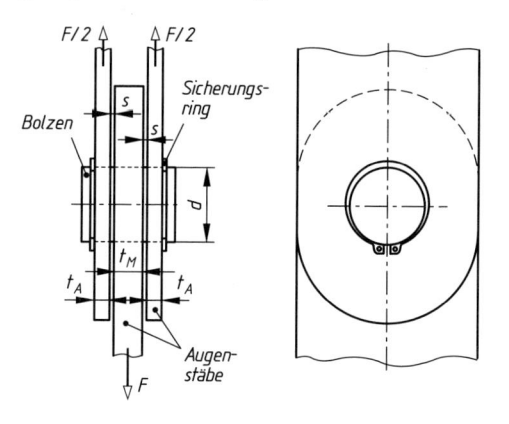

9.13 Für das Zugband einer Stahlkonstruktion ist die Gelenklaschenverbindung zu entwerfen. Der Bemessungswert der Stabkraft beträgt $F = 245$ kN. Als Werkstoff der Bauteile wird S235 und für die Bolzen C35 + N festgelegt. Vorgesehen sind die Laschendicken $t_M = 20$ mm, $t_A = 10$ mm und der Bolzendurchmesser $d = 45$ mm. Das Lochspiel und das Laschenspiel sollen 2 mm betragen.

a) Die Hauptabmessungen der Augenstäbe (Laschen) sollen nach der Stahlbaunorm (DIN 18800-1) entsprechend Form A nachgewiesen und in einer Skizze festgehalten werden.

b) Für die Bolzenverbindung ist der Festigkeitsnachweis zu führen.

c) Die Normbezeichnung der Bolzen mit Splint und Scheibe ist anzugeben.

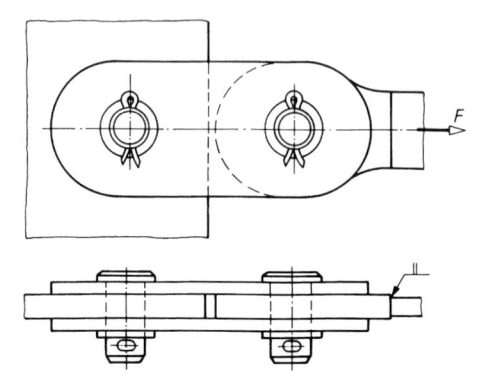

9 Bolzen- und Stiftverbindungen, Sicherungselemente

Stiftverbindungen

Querstiftverbindungen

9.14 Zur Verbindung eines Wellengelenkes DIN 808−E40×63−G (Einfach-Wellengelenk mit Bohrungsdurchmesser 40 mm und Außendurchmesser 63 mm aus Stahl mit $R_m \geq 600$ N/mm², mit Gleitlager) mit den Wellenzapfen aus E295 sind nach DIN 808 Kegelstifte mit 14 mm Durchmesser vorgesehen.
Reicht der empfohlene Stiftdurchmesser aus, wenn das Gelenk ein schwellend wirkendes Drehmoment von 200 Nm bei mittleren Drehmomentstößen zu übertragen hat?

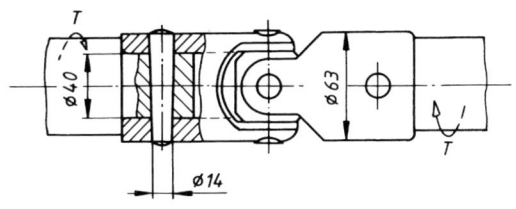

9.15 Zur Befestigung eines Kugelgelenkes (aus Stahl mit $R_m \geq 600$ N/mm²) im Vorschubantrieb einer Werkzeugmaschine sind Kegelstifte vorgesehen. Die zu verbindenden Wellen bestehen aus E295.
Welcher Stiftdurchmesser d ist zu wählen, wenn das Gelenk ein mit leichten Stößen schwellend wirkendes Drehmoment $T = 95$ Nm zu übertragen hat?

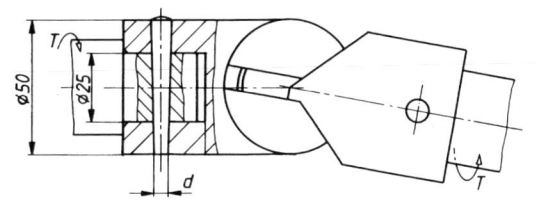

9.16 Zwei Wellen aus E295 sollen mit einer Muffe aus EN-GJL-200 durch Zylinderkerbstifte mit Fase DIN EN ISO 8740 verbunden werden.
Welcher Stiftdurchmesser d ergibt sich, wenn die Stiftkupplung ein schwellend auftretendes, stoßfreies Drehmoment $T = 45$ Nm zu übertragen hat?

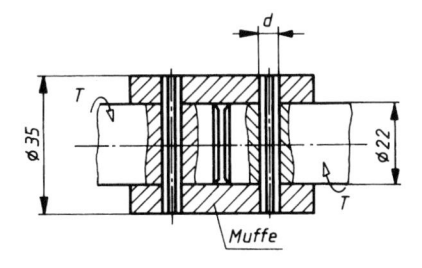

Steckstiftverbindungen

9.17 Ein Nockenhebel aus S235JR im Zustellgetriebe einer Rundschleifmaschine soll über einen Kerbstift DIN 1469−C10×40−St durch eine Feder betätigt werden.
Es ist zu prüfen, ob der Stift für eine schwellend ohne Stöße wirkende Federkraft $F = 850$ N ausreichend bemessen ist. Gegebenenfalls ist der Stiftdurchmesser zu korrigieren!

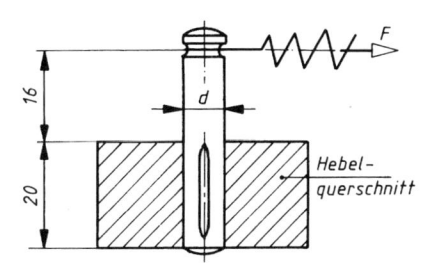

9 Bolzen- und Stiftverbindungen, Sicherungselemente

9.18 Bei einer Scheibenkupplung aus EN-GJL-200 ist die elastische Zwischenscheibe über jeweils 3 Passkerbstifte mit den Kupplungshälften verbunden. Welcher Stiftdurchmesser d ergibt sich unter der Annahme, dass bei der Übertragung eines mit mittleren Stößen wechselnd wirkenden Drehmomentes $T = 20$ Nm nur jeweils 2 Stifte tragen?

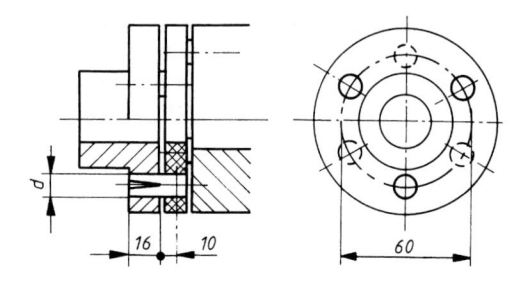

9.19 Die zur Lagerung der 60 kg schweren Tür einer Gusskonstruktion (EN-GJL-150) erforderlichen Passkerbstifte sind zu bestimmen.

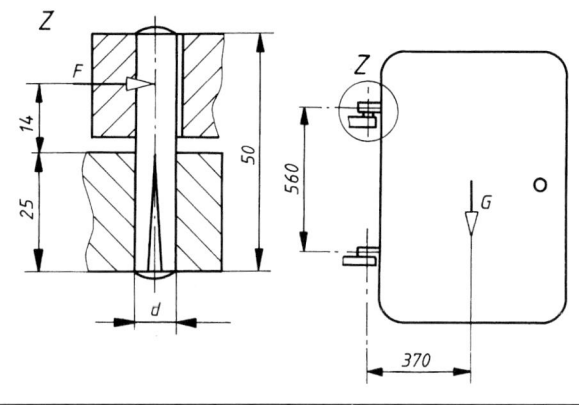

Längsstiftverbindungen

9.20 Der Betätigungshebel (1) aus S235JR, einer Drosselklappe, soll über kegelige Längsstifte (2) ein mit leichten Stößen wechselnd wirkendes Drehmoment $T = 7100$ Nm auf den Drosselklappenzapfen (3) aus E295 übertragen.

a) Was spricht bei einer derartigen Verbindung für den Einsatz von Rundkeilen?
b) Welche Kegelstiftausführung ist geeignet?
c) Anzahl und Abmessungen der Kegelstifte sind zu ermitteln.

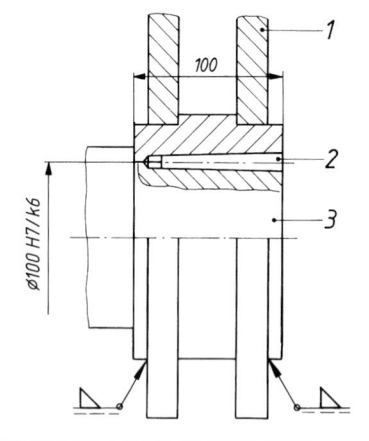

9 Bolzen- und Stiftverbindungen, Sicherungselemente

9.21 Eine Handkurbel aus EN-GJMW-350-4 soll mit einem Kerbstift ISO 8740−5 ×30−St als Längsstift auf einer Welle aus S235JR befestigt werden.
Welche schwellend wirkende Handkraft F_H kann von der Verbindung sicher übertragen werden?

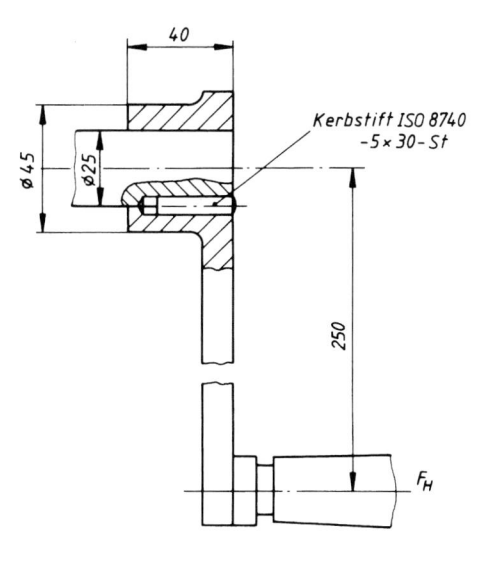

10 Elastische Federn

10.1 Eine als Pufferfeder dienende Ringfedersäule aus 31 Ringen mit halben Endringen hat unbelastet eine Länge von 512 mm bei einem Außendurchmesser von 165 mm, einen Innendurchmesser von 135 mm und eine Ringbreite von 32 mm.

a) Wie groß darf bei Höchstbelastung die Länge L_1 der Federsäule werden?
b) Welcher Federweg s der Säule ist zu erwarten?

10.2 Eine einarmige Rechteckblattfeder aus 51CrV4 nach DIN EN 10089 mit der Federlänge $l = 500$ mm, der Breite $b = 56$ mm und der Dicke $h = 5,6$ mm wird am freien Ende mit $F = 250$ N statisch belastet und dabei um $s_h \approx 60$ mm verformt.
Es ist zu prüfen bzw. zu ermitteln:

a) die Zulässigkeit der auftretenden Spannung
b) die Zulässigkeit der gewählten Federblattdicke h, wenn für den gewählten Werkstoff die Zugfestigkeit $R_m \approx 1400$ N/mm² angenommen wird,
c) die Federraten R_{soll} und R_{ist}.

10.3 Statt der Rechteckblattfeder nach Aufgabe 10.2 soll für dieselbe Einspannlänge l, Belastung F und Dicke h eine Trapezfeder mit $b = 56$ mm und $b'/b \approx 0,3$ verwendet werden.

a) welche Breite b' ist als nahe liegende Normzahl nach DIN 323 zu wählen?
b) die Zulässigkeit der Spannung ist zu kontrollieren, wenn als Federwerkstoff 51CrV4 nach DIN EN 10089 mit der Zugfestigkeit $R_m = 1400$ N/mm² wird,
c) die ausgeführte Trapezfeder ist hinsichtlich des Federvolumens V (in %) mit der Rechteckfeder der Aufgabe 10.2 zu vergleichen.

10.4 Eine einarmige Rechteckblattfeder mit der federnden Länge $l = 100$ mm soll bei einer größten Federkraft $F_{max} = 45$ N höchstens einen Federweg $s_{max} = 45$ mm erreichen. Zur Verfügung stehen kaltgewalzte Stahlbänder aus 60SiCrV7 nach DIN EN 10089 mit der Zugfestigkeit $R_m = 2000$ N/mm², für die nach DIN 1544 folgende Abmessungen lieferbar sind:

Dicken: $h = 0,2$ $0,25$ $0,3$ $0,4$ $0,5$ $0,6$ $0,8$ $1,0$ $1,2$ $1,5$ und 2 mm mit jeweils den
Breiten: $b = 6$ 8 10 12 15 20 25 30 40 und 50 mm

a) Welche Dicke h und Breite b der Feder sind zu wählen?
b) Für die gewählten Abmessungen ist unter Ausnutzung der zulässigen Spannung $\sigma_{b\,zul}$ die sich tatsächlich ergebende Durchbiegung s_{max} zu ermitteln.
c) Die Federrate R_{soll} ist der Federrate R_{ist} gegenüberzustellen.

10.5 Für eine Vorrichtung ist eine Rechteckblattfeder als Rastfeder zu ermitteln, die bei einer Rastlage in den Nuten einer Teilscheibe eine Anlagekraft $F_1 = 15$ N haben soll.
Nach den konstruktiven Gegebenheiten ergibt sich eine federnde Länge $l = 80$ mm mit der Federbreite $b = 20$ mm. Verwendet werden soll ein kaltgewalztes Stahlband (DIN EN 10132-4) aus 71Si7 bei mittlerer Zugfestigkeit.

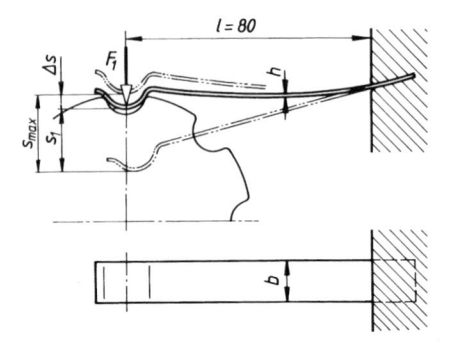

10 Elastische Federn

a) Welche Dicke h der Blattfeder ist zu wählen, wenn Dicken nach DIN 323 R20 zur Verfügung stehen?
b) Da beim Weiterschalten der zusätzliche Hub $\Delta s = 5$ mm beträgt, ist beim Ausrasten der Feder für die größte Federkraft F_{max} bei s_{max} (siehe Bild) die Biegespannung σ_b an der Einspannstelle mit den gewählten Abmessungen auf Zulässigkeit zu prüfen.

10.6 Eine ruhend beanspruchte Drehfeder aus Draht DIN EN 10270-1-SL mit einem Innendurchmesser $D_i = 20$ mm hat bei einem Verdrehwinkel $\varphi = 40°$ ein ruhendes Moment $M_{max} = 5000$ Nmm aufzunehmen. Der Abstand zwischen den einzelnen Windungen soll $a = 1$ mm betragen. Ohne Berücksichtigung der Schenkeldurchbiegungen sind zu ermitteln:

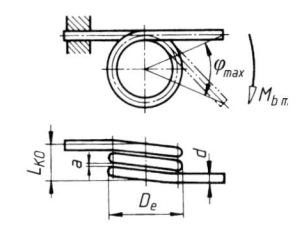

a) der Drahtdurchmesser d, der nach DIN 323 R20 festzulegende mittlere Windungsdurchmesser D,
b) die Windungszahl n, wenn aufgrund der konstruktiven Gegebenheiten die Federenden (Schenkel) um 180° versetzt angeordnet sein müssen,
c) die Länge des unbelasteten Federkörpers L_{K0} (auf ganze Zahl gerundet),
d) Spannungsnachweis mit den festgelegten Federdaten.

10.7 Eine Drehfeder mit anliegenden Windungen und einem inneren Windungsdurchmesser $D_i \approx 24$ mm soll bei einem Drehwinkel $\varphi = 180°$ ein Federmoment $M = 4$ Nm aufnehmen. Vorgesehen ist Federstahldraht nach DIN EN 10270-1. Unter Vernachlässigung der Schenkeldurchbiegung sind für statistische Beanspruchung zu ermitteln:

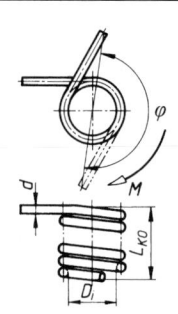

a) die noch fehlenden Federabmessungen d, D, n, L_{K0},
b) die Drahtsorte nach DIN EN 10270-1, die entsprechend der Biegespannung am besten ausgenutzt wird.

10.8 Eine ruhend beanspruchte Drehfeder mit (lose) anliegenden Windungen aus Federstahldraht SL nach DIN EN 10270-1 soll als Rückholfeder einen Hebel bewegen.
In der Ruhelage soll sie eine Kraft $F_1 \approx 1,5$ N und nach einem Hubwinkel $\Delta\varphi \approx 16°$ eine Rückholkraft $F_2 \approx 2,5$ N ausüben. Aus der Konstruktion ergaben sich für den Führungsbolzen ein Durchmesser $d_B = 6$ mm, für die Feder die Schenkellängen $l_1 = 10$ mm und $l_2 = 15$ mm.
Zu ermitteln und zu prüfen sind:

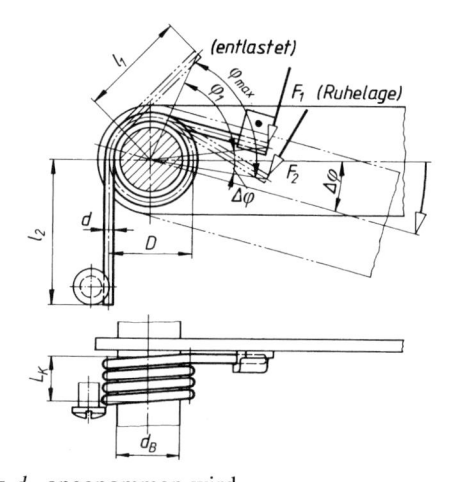

a) der Drahtdurchmesser d aus überschlägiger Vorwahl und der mittlere Windungsdurchmesser D als Normzahl nach DIN 323 R'20, wenn der innere Windungsdurchmesser D_i etwa 25% größer als d_B angenommen wird,
b) der größte Drehwinkel φ_{max} und der Vorspann-Drehwinkel φ_1, wenn Verhältnisgleichheit zwischen Drehwinkeln und Federkräften bzw. Federmomenten besteht,
c) die Länge L_{K0} des unbelasteten Federkörpers für die zur ganzen Zahl gerundete Anzahl der federnden Windungen,
d) die mit den festgelegten Federdaten sich tatsächlich ergebenden Drehwinkel φ_{max} und φ_1 und die Zulässigkeit der Biegespannung für die vorgesehene Drahtsorte.

10.9 Für eine drehelastische Konstruktion ist eine Spiralfeder mit Rechteckquerschnitt, Breite $b = 20$ mm, Dicke $h = 10$ mm und Windungsabstand $a = 5$ mm, aus 50CrV4 DIN EN 10132-4 vorgesehen, deren inneres Ende an einem Hebelarm $r_i = 30$ mm und deren äußeres Ende in einem noch zu bestimmenden Abstand r_e fest eingespannt werden (vgl. Lehrbuch Bild 10-12). Sie soll ein Moment $M = 150$ Nm aufnehmen, wobei sie sich um einen Drehwinkel $\varphi = 19°$ elastisch verformen soll.
Zu prüfen bzw. zu ermitteln sind:
a) die Zulässigkeit der Biegespannung σ_i,
b) die gestreckte Länge l und die voraussichtlich ruhend wirksame Federkraft F (gerundet),
c) die erforderliche Windungsanzahl n.

10.10 In eine Vorrichtung wird eine Tellerfedersäule aus 12 wechselsinnig aneinander gereihten Paketen zu je 3 Tellerfedern DIN 2093–A28 eingebaut (sinnbildliche Darstellung nach DIN ISO 2162 siehe Bild). Ohne Berücksichtigung der Reibung sind zu ermitteln:
a) der Gesamtfederweg s_{ges} und die Gesamtfederkraft F_{ges} bei größtmöglicher Ausnutzung der Tellerfedern,
b) die Längen L_0 und L in mm für die unbelastete und die belastete Federsäule.

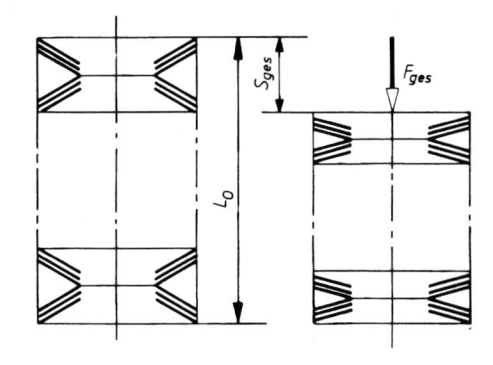

10.11 Für eine Federsäule aus 4 wechselsinnig aneinander gereihten Paketen zu je 2 Tellerfedern DIN 2093–B100 sind zu ermitteln:
a) die Länge der unbelasteten Federsäule L_0 (s. Darstellung im Schnitt nach DIN ISO 2162 im Bild),
b) die Länge der belasteten Federsäule L bei 2,8 mm Federweg.

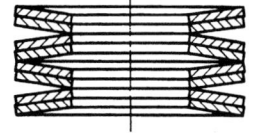

10.12 Eine Federsäule besteht aus 18 wechselsinnig aneinander gereihten Paketen zu je 2 Tellerfedern DIN 2093–C50. Ohne Berücksichtigung der Reibung sind zu ermitteln:
a) die Gesamtfederkraft F_{ges} und der Gesamtfederweg s_{ges} bei größtmöglicher Ausnutzung der Tellerfedern,
b) die Längen L'_0 der unbelasteten Teilsäulen gegenüber L_0, wenn aus Platzmangel in Richtung des Federweges die Federsäule in 2 Teilsäulen (jeweils $i = 18$, $n = 1$) aufgelöst wird.

10 Elastische Federn

10.13 Der für eine Tragfähigkeit von $m_L = 5$ t ausgelegte Kranhaken
•• soll durch zwei Tellerfedersäulen gegen Stöße abgefedert werden. Auf die Federsäulen wirkt zusätzlich das Eigengewicht des Kranhakens einschließlich Lagerung, Tragplatte usw. von $m_G = 40$ kg. Die Führungsbolzen der Federsäulen sollen einen Durchmesser von $d = 40\ldots50$ mm aufweisen.

a) Wie groß ist die von jeder Säule aufzunehmende Maximalbelastung F_{max}?
b) Welche Tellerfedern nach DIN 2093 sind geeignet, wenn die Einzelteller wechselsinnig aneinandergereiht werden und eine möglichst große Ausnutzung des maximal zulässigen Federwegs des Einzeltellers durch F_{max} erreicht werden soll?
c) Welche Anzahl Einzelteller i sind je Säule zu verwenden, wenn der konstruktiv begrenzte Federweg $s_{max} = 27$ mm möglichst ausgenutzt werden soll?
d) Welcher Aufbau der Tellerfedersäule ist erforderlich, wenn Tellerfedern der Reihe B verwendet werden sollen?

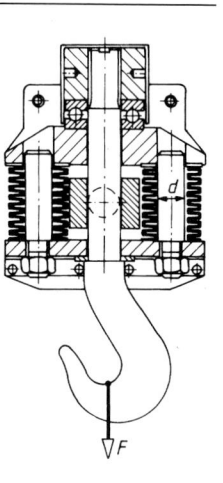

10.14 Welche Federkräfte F (auf volle 10 N gerundet) müssten ohne Berücksichtigung der
•• Reibung aufgebracht werden, wenn folgende Einzelteller mit rund 70% des maximal zulässigen Federweges vorgespannt eingebaut werden sollen:

a) Tellerfedern DIN 2093−B80,
b) Tellerfedern DIN 2093−C80?

10.15 Für die Tellerfeder DIN 2093−B45 sind bei einer statischen Federkraft $F \approx 3$ kN ohne
•• Berücksichtigung der Reibung zu ermitteln:

a) der angenäherte Federweg s,
b) die rechnerischen Spannungen σ an den Stellen I, II und III für s.

10.16 Für die Tellerfeder DIN 2093−B63 sind sowohl ohne als auch mit Berücksichtigung
••• der Reibung (Schmierung: Fett) zu ermitteln:

a) die erforderliche Kraft für einen Federweg $s = 1$ mm,
b) die aufzubringende Kraft, um die Feder bis zur Planlage zu verformen,
c) die zur Verfügung stehende Federungsarbeit bei einem Federweg $s = 1$ mm.

10.17 Eine Tellerfedersäule aus 8 wechselsinnig aneinander gereihten Tellerfedern
••• DIN 2093−B56 soll mit einer Vorspannkraft $F_1 = 1800$ N eingebaut und bis zu einer Betriebskraft $F_2 = 3400$ N schwingend beansprucht werden. Ohne Berücksichtigung der Reibung sind zu bestimmen bzw. zu prüfen:

a) die zu F_1 und F_2 gehörigen Federwege je Einzelteller s_1 und s_2 sowie die vorhandenen maximalen Zugspannungen σ_1 und σ_2.
b) ob die Einzelteller der Säule genügend vorgespannt sind und für $2 \cdot 10^6$ Lastspiele, d. h. mit praktisch unbegrenzter Lebensdauer im dauerfesten Bereich arbeiten!
c) die Längen L_1 und L_2 der belasteten Federsäule bei F_1 und F_2.

10.18 In ein Stanzwerkzeug soll für den Auswerfer eine Federsäule aus 10 wechselsinnig an-
•• einander gereihten Federpaketen zu je 2 Tellerfedern DIN 2093−B63 mit einem Vorspannfederweg je Paket $s_1 = 0{,}2 \cdot h_0$ eingebaut werden. Die vorgespannte Federsäule wird mit $F_{2ges} = 10$ kN schwingend beansprucht. Bei Vernachlässigung der Reibung sind zu prüfen bzw. zu ermitteln:

a) ob die notwendige Vorspannung σ_I je Einzelteller vorliegt,
b) der Hubfederweg Δs_{ges} der Säule,
c) ob die Dauerhubfestigkeit $\sigma_H > \sigma_h$ für eine praktisch unbegrenzte Lebensdauer ($N = 2 \cdot 10^6$ Lastspiele) vorliegt.

10.19 In einem Schneidwerkzeug sollen für den Abstreifer der zu schneidenden Stahlbleche 4 Federsäulen mit möglichst kleiner Bauhöhe aus wechselsinnig aneinander gereihten Tellerfedern DIN 2093−A25 vorgespannt angeordnet werden. Das Werkzeug ist für eine größte Blechdicke $h_{max} = 1{,}5$ mm aus E295 auszulegen. Der Arbeitshub der Federsäulen ist mit $\Delta s_{ges} \approx 2{,}2$ mm vorgesehen. Aus Vorüberlegungen ergeben sich für jede Federsäule eine maximale Federkraft $F_2 = 2500$ N. Die Federsäule soll so eingebaut werden, dass die einzelne Feder auf $F_1 = 1000$ N vorgespannt wird. 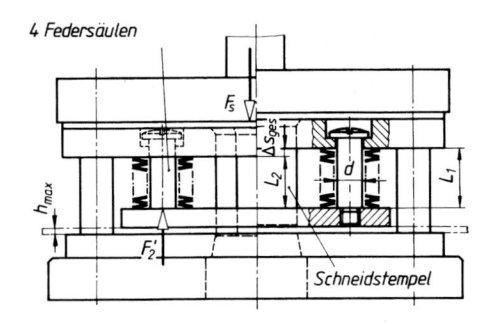
Unter Vernachlässigung der Reibung sind zu ermitteln:

a) die Anzahl Federteller n je Paket;
b) die Federwege s_1 und s_2 der Feder bzw. des Federpaketes;
c) die Paketzahl i je Säule;
d) die Federwege s_{1ges}, s_{2ges} sowie die Längen L_1 und L_2 der belasteten Säulen,
e) die geschätzte Zahl N der Lastspiele bei begrenzter Lebensdauer für schwingende Beanspruchung mit σ_1 bei s_1 und σ_2 bei s_2.

10.20 In eine Drehstabfeder aus 50CrV4 mit dem Schaftdurchmesser $d = 15$ mm, Länge $L = 750$ mm und kerbverzahnten Köpfen DIN 5481−26×30, ($z = 35$, $d_a = 30$ mm, $l_k = d_f \triangleq d_4 = 26{,}4$ mm federnde Länge $l_f = 677$ mm, Hohlkehlenradius $r = 45$ mm) soll ein Drehmoment $T = 210$ Nm eingeleitet werden.
Zu prüfen bzw. zu ermitteln sind:

a) der vorhandene Verdrehwinkel $\varphi°$ (gerundet),
b) die Zulässigkeit der Schubspannung für den *nicht vorgesetzten* Stab,
c) die Zulässigkeit der Flächenpressung.

10.21 Eine überwiegend mit $F_{max} \approx 130$ N statisch belastete zylindrische Schrauben-Druckfeder aus Federstahldraht SL nach DIN EN 10270-1 mit dem Außendurchmesser $D_e = 16$ mm weist bei Belastung den Federweg $s_{max} = 12$ mm auf.
Zu ermitteln und festzulegen sind:

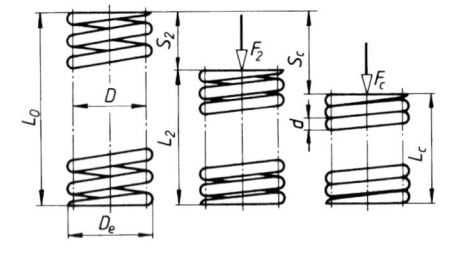

a) die Federrate R,
b) der Drahtdurchmesser d nach DIN EN 10270-1 und die Windungszahl n,
c) die Länge L_0 der unbelasteten Feder, wenn diese mit angelegten und geschliffenen Federenden ausgeführt werden soll.

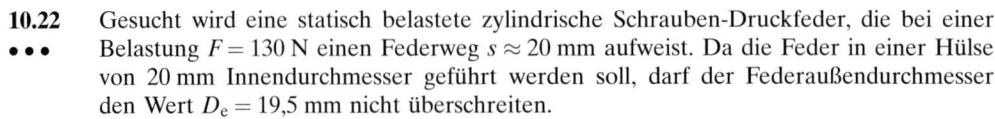

10.22 Gesucht wird eine statisch belastete zylindrische Schrauben-Druckfeder, die bei einer Belastung $F = 130$ N einen Federweg $s \approx 20$ mm aufweist. Da die Feder in einer Hülse von 20 mm Innendurchmesser geführt werden soll, darf der Federaußendurchmesser den Wert $D_e = 19{,}5$ mm nicht überschreiten.
Welche Federabmessungen ergeben sich und welcher Federdraht ist vorzusehen, wenn eine ausreichende Werkstoffausnutzung für die zu wählende Drahtsorte gefordert wird?

10 Elastische Federn

10.23 In eine Vorrichtung sollen 4 Schrauben-Druckfedern parallel geschaltet eingebaut werden, die zusammen eine statische Gesamtbelastung von rund 7400 N bei einem Federweg von jeweils $s = 90$ mm aufnehmen können. Aus konstruktiven Gründen können die Federn höchstens mit einem Außendurchmesser $D_e = 70$ mm ausgeführt werden.
a) Die günstigsten Federabmessungen sind für einen geeigneten Federstahldraht nach DIN EN 10270-1 festzulegen;
b) die Knicksicherheit ist zu prüfen.

10.24 Eine überwiegend statisch belastete Schrauben-Druckfeder aus Federstahl SM nach DIN EN 10270-1 soll eine Federkraft $F_2 = 2400$ N bei einem Federweg $s_2 = 60$ mm ausüben. Da die Feder über eine Welle mit 75 mm Durchmesser passen muss, darf der Federinnendurchmesser $D_i = 78$ mm nicht unterschreiten.
Welcher Drahtdurchmesser d nach DIN EN 10270-1 und welche ungespannte Länge L_0 ergeben sich für die Feder?
Die Eignung der Drahtsorte ist mit den gewählten Abmessungen zu prüfen.

10.25 Eine Sicherheits-Lamellenkupplung hat insgesamt $n = 17$ Lamellen (Innen- und Außenlamellen). Die geschliffenen Lamellen aus GJL-300 mit einem Außendurchmesser $d_a = 255$ mm und einem Innendurchmesser $d_i = 185$ mm sollen im leicht gefetteten Zustand bei einer Reibungszahl $\mu \approx 0{,}08$ ein Drehmoment $T = 1550$ Nm übertragen, wenn auf die Druckscheibe (Innenlamelle 1) 10 gleichmäßig auf den Umfang verteilte zylindrische Schrauben-Druckfedern wirken.
Aus konstruktiven Gründen können Federn mit höchstens $D_e \approx 25$ mm eingebaut werden, deren Federweg bei gelüfteter und eingeschalteter Kupplung $s_2 = 6$ mm beträgt.

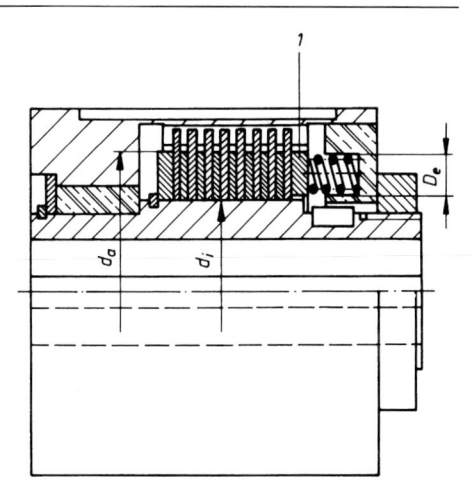

a) Nach Berechnung der erforderlichen Anpresskraft F aus der wirksamen Umfangskraft F_t für das geforderte Drehmoment bei einem mittleren Reibflächendurchmesser d_R ist zunächst die auf die Druckscheibe ausgeübte Kraft F_d (für $n - 1$ Lamellen) und damit die maximale Kraft je Feder F_{max} zu bestimmen.
b) Alle erforderlichen Abmessungen der überwiegend statisch belasteten Federn sind für einen geeigneten Federstahldraht nach DIN EN 10270-1 festzulegen.

10.26 Ein federbelastetes Sicherheitsventil mit einem Innendurchmesser des Ventilsitzes $d_1 = 20$ mm soll bei einem Luftdruck öffnen, der rund 10% über dem Betriebsdruck $p_e = 16$ bar liegt.
Die in der geschlossenen Haube sitzende zylindrische Schrauben-Druckfeder kann höchstens mit einem Außendurchmesser $D_e = 35$ mm ausgeführt werden.
Die Öffnungskraft F_1 soll bei einem Vorspannweg $s_1 \approx 20$ mm mit der Länge L_1, die Federkraft F_2 bei voll geöffnetem Ventil nach einem Hub $\Delta s = d_1/4$ erreicht werden.

a) Nach Ermittlung der Federkräfte F_1 und F_2 sind die Federabmessungen für einen geeigneten Federstahldraht nach DIN EN 10270-1 bei ausreichender Werkstoffausnutzung festzulegen.
b) Die Feder mit den festgelegten Federabmessungen ist auf Knicksicherheit nachzuprüfen.

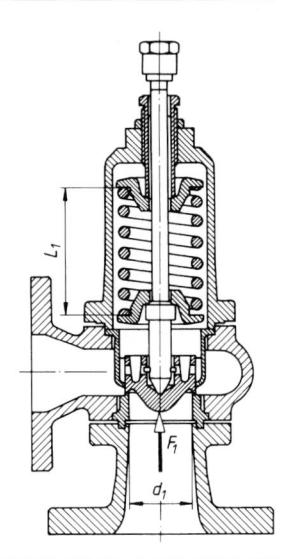

10.27 Eine zylindrische Schrauben-Druckfeder soll als Ventilfeder zwischen einer Vorbelastung $F_1 = 300$ N und der Höchstbelastung $F_2 = 650$ N bei einem Hub $\Delta s \approx 14$ mm mit hoher Lastspielzahl arbeiten. Aus konstruktiven Gründen kann die Feder mit einem Außendurchmesser $D_e \leq 37$ mm eingebaut werden.

a) Nach angenäherter Ermittlung von d, D und rechnerischer Nachprüfung Δs, τ_{max} ist die Länge L_0 der unbelasteten Feder für ölvergüteten Ventilfederdraht (VDCrV nach DIN EN 10270-2) kugelgestrahlt zu bestimmen; die Normbezeichnung des Drahtes ist anzugeben.
b) Die Festigkeitsnachweise für statische und dynamische Beanspruchung ($N = 10^7$) sind zu führen und die Knicksicherheit mit veränderlichen Auflagebedingungen zu prüfen.

10.28 Für das Tellerventil einer Pumpe soll eine zylindrische Schrauben-Druckfeder mit praktisch unbegrenzter Lebensdauer ermittelt werden.
Bei geschlossenem Ventil soll die Feder mit $F_1 = 400$ N vorbelastet werden und bei geöffnetem Ventil nach einem Hub $\Delta s = 13$ mm die größte Federkraft $F_2 = 660$ N erreichen. Für die schwingende Belastung soll Federstahldraht DH nach DIN EN 10270-1 (kugelgestrahlt) verwendet werden. Der konstruktiv festgelegte Einbauraum lässt einen Federaußendurchmesser von höchstens $D_e = 30$ mm und bei geöffnetem Ventil eine Länge $L_2 \geq 50$ mm zu.
Zu ermitteln bzw. festzulegen sind:

a) der Drahtdurchmesser d nach DIN EN 10270-1 und der mittlere Windungsdurchmesser D nach DIN 323 R20; die zu den Kräften F_1 und F_2 gehörigen Federwege s_1 und s_2 sowie die Anzahl der federnden Windungen n und die Gesamtwindungszahl n_t, ebenso die Federlängen L_0, L_1 und L_2. Die Zulässigkeit der Schubspannung τ_{max} und τ_c ist nachzuweisen;
b) die Dauerfestigkeit der Feder ist zu prüfen;
c) die Knicksicherheit der Feder ist nachzuweisen;
d) die niedrigste Eigenfrequenz der Feder ist zu errechnen und zu erläutern.

10 Elastische Federn

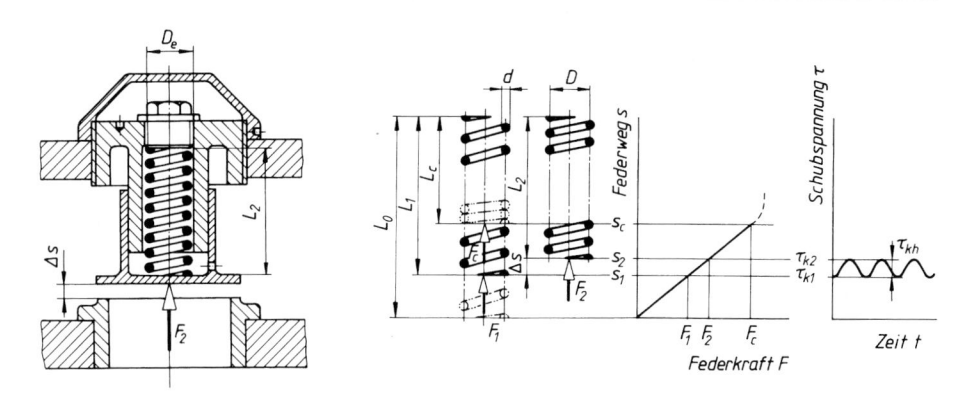

10.29 Eine überwiegend statisch belastete und ohne innere Vorspannung hergestellte zylindrische Schrauben-Zugfeder aus Draht DIN EN 10270-1-SL mit ganzer Deutscher Öse ($L_H \approx 0{,}8 \cdot D_i$) hat eine Belastung $F_{max} = 250$ N bei einem Federhub von $s_h = 12$ mm aufzunehmen. Aus konstruktiven Gründen darf der Außendurchmesser nicht größer als 20 mm betragen.
Zu ermitteln und zu prüfen sind:
a) die Durchmesser d (nach DIN EN 10270), D (nach DIN 323 R20), D_e und D_i;
b) die erforderliche Anzahl der Windungen $n = n_t$, auf ...,0 bzw. auf ...,5 endend und die Federrate R;
c) die Längen L_K, L_0 für eine Ösenlänge $L_H \approx 0{,}8 \cdot D_i$;
d) die Zulässigkeit der Drahtklasse A.

10.30 Eine mit innerer Vorspannung hergestellte zylindrische Schrauben-Zugfeder aus Draht DIN EN 10270-1-SL-4,50 mit ganzer Deutscher Öse hat folgende Abmessungen: Außendurchmesser $D_e = 36{,}5$ mm, unbelastete Länge $L_0 = 150$ mm und $n_t = 22{,}5$ Gesamtwindungen. Bei einer Belastung $F_1 = 250$ N wurde eine Länge $L_1 = 180$ mm und bei einer Belastung $F_2 = 550$ N eine Länge $L_2 = 233$ mm gemessen.
Es ist zu prüfen, ob die aus der inneren Vorspannkraft F_0 sich ergebende innere Vorspannung τ_0 für die auf der Wickelbank kaltgeformte Feder zulässig ist und ob die Zugkraft F_2 von der Feder ohne Schaden aufgenommen werden kann.

10.31 Es soll eine mit innerer Vorspannung ($F_0 \approx 30$ N) gewickelte zylindrische Schrauben-Zugfeder aus Federstahldraht nach DIN EN 10270-1 mit parallel angeordneten ganzen deutschen Ösen mit $L_H \approx 0{,}8 \cdot D_i$ ermittelt werden, die für die überwiegend statische Höchstbelastung $F_{max} \approx 150$ N bei einem Federweg $s_{max} = 60$ mm eine gespannte Länge $L_2 \approx 140$ mm erreicht. Aus konstruktiven Gründen kann nur eine Feder mit einem maximalen Außendurchmesser $D_e = 25$ mm eingebaut werden.
a) Die erforderlichen Federabmessungen sind zu ermitteln (D nach DIN 323 R'20).
b) Da die Feder aus technischen Gründen der Ösung auf der Wickelbank gefertigt werden soll, ist zu prüfen, ob die Feder zunächst hinsichtlich der inneren Schubspannung und danach auch für die der größten Belastung zugeordneten Schubspannung ausreichend bemessen ist.

10.32 Zur Dämpfung von Schwingungen soll eine Werkzeugmaschine mit einem Gewicht $m = 2200$ kg auf 4 Gummi-Druckfederelemente gesetzt werden, wobei sich das Gewicht annähernd gleichmäßig auf die Federn verteilt. Der Gummi hat nach Angaben des Herstellers eine Shore-Härte von rund 60.
Nach Katalog haben die Federn des schätzungsweise in Frage kommenden Bereichs folgende Abmessungen:

$d = 30 \quad 40 \quad 50 \quad 70 \quad 75 \quad 100$ mm und zugehörig
$h = 27 \quad 27 \quad 41 \quad 41 \quad 49 \quad 51$ mm

Wegen der Abweichung vom Verhältnis $d/h \approx 1$ ist der abgelesene E-Modul für runde Gummifeder um etwa 25% zu erhöhen.

a) Welche Druckfeder-Abmessungen kommen in Frage, wenn zunächst mit einem mittleren zulässigen Spannungswert gerechnet wird?

b) Nach Feststellung der Zulässigkeit der tatsächlichen Druckspannung σ_d in der gewählten Feder ist auch zu prüfen, ob die Voraussetzung für die Berechnung des Federweges s gegeben ist; andernfalls sind Federabmessungen zu wählen, die diese Voraussetzungen erfüllen!

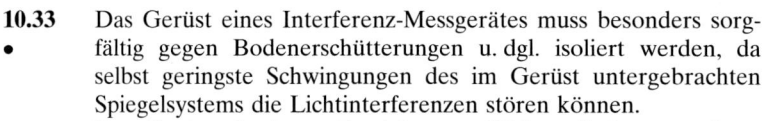

10.33 Das Gerüst eines Interferenz-Messgerätes muss besonders sorgfältig gegen Bodenerschütterungen u. dgl. isoliert werden, da selbst geringste Schwingungen des im Gerüst untergebrachten Spiegelsystems die Lichtinterferenzen stören können.

Das Gerät mit einem Gewicht $m = 600$ kg soll darum auf gut dämpfende Gummi-Ringelemente gesetzt werden. Nach Katalog werden Federelemente mit den Abmessungen $D = 60$ mm, $d = 30$ mm, $h = 16$ mm bei einer spezifischen Schub-Federzahl $C_S = \tau/s = G/h = 0{,}04$ N/mm³ gewählt.

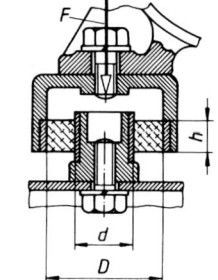

a) Die Zulässigkeit der auftretenden Schubspannung τ ist zu prüfen, wenn ein Federweg $s = 10$ mm zugelassen wird.

b) Die erforderliche Zahl z der Federelemente zum Tragen des Gerätes ist zu bestimmen!

c) Welche Shore-Härte des Gummis ist aufgrund der vorliegenden Daten notwendig?

11 Achsen, Wellen und Zapfen

Grundaufgaben

11.1 Auf einer in den Lagern A und B drehbar gelagerten Achse aus E295 ist die Umlenkrolle eines Gurtförderers befestigt. Durch die Trumkräfte des Gurtes ergibt sich eine maximale Wellenbelastung F_W, die von der Achse und von den Lagern aufgenommen werden muss.
Anhand einer schematischen Darstellung ist die Beanspruchung der Achse über der Länge l bildlich darzustellen und für den gefährdeten Querschnitt das innere Kräftesystem zu ermitteln. Ferner ist anzugeben, welcher Lastfall vorliegt und wie dieser bei der Festigkeitsberechnung berücksichtigt wird.

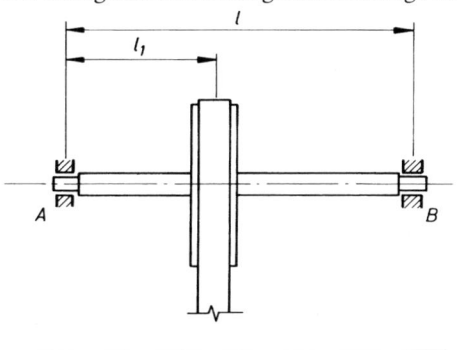

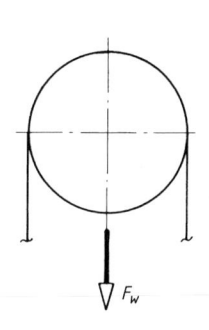

11.2 Die Achse aus S275JR eines Transportwagens wird durch das Wagengewicht und die Zuladung unter Berücksichtigung der ungünstigen Betriebsverhältnisse mit der Gewichtskraft $F = 15$ kN belastet.
Anhand einer schematischen Darstellung ist die Beanspruchung der Achse bildlich darzustellen und für die gefährdeten Querschnitte das innere Kräftesystem zu ermitteln. Welcher Lastfall liegt vor und wie wird dieser bei der Festigkeitsberechnung berücksichtigt?

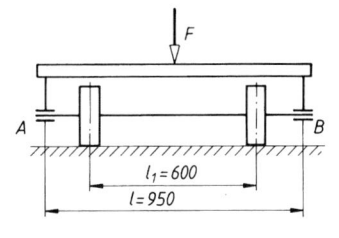

11.3 Die Antriebswelle einer Förderanlage ist in den Lagern A und B drehbar gelagert. Das für den Betrieb erforderliche Drehmoment T wird über eine elastische Kupplung in die Welle eingeleitet. Durch die Umfangs- (Riemenzugkraft im Lasttrum) und die Vorspannkraft des Flachriemens ergibt sich eine maximale Wellenbelastung F_W, die von den Lagern A und B als Radialkraft aufzunehmen ist.
Anhand einer schematischen Darstellung ist die Beanspruchung der Welle für die Querschnitte 1-1, 2-2 und 3-3 aufzuzeigen und anzugeben, welcher Lastfall für die jeweilige Beanspruchung vorliegt.

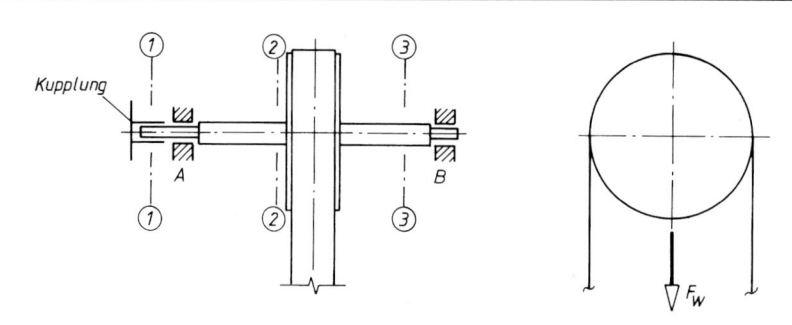

11.4 Für die Abtriebswelle eines dreistufigen Getriebes mit den Einzelübersetzungen $i_1 = 4{,}2$, $i_2 = 3{,}6$ und $i_3 = 2{,}8$ ist das Nenndrehmoment zu ermitteln. Das Getriebe hat eine Leistung $P = 25$ kW bei der Antriebsdrehzahl $n_1 = 950$ min^{-1} zu übertragen.

11.5 Mit den Getriebe- und Leistungsdaten der Aufgabe 11.4 ist das für die Durchmesserberechnung der Abtriebswelle maßgebende Drehmoment zu ermitteln, wenn aufgrund der ungünstigen Betriebsverhältnisse mit einem Anwendungsfaktor $K_A = 1{,}3$ und mit einem Gesamtwirkungsgrad des Getriebes von ca. 82% zu rechnen ist.

11.6 Für die Antriebswelle eines einstufigen Gerad-Stirnradgetriebes ist das für die Ermittlung des Vergleichsmomentes maßgebende maximale Biegemoment zu berechnen. An der Zahneingriffstelle wirken die Tangentialkraft $F_t = 1{,}5$ kN und die Radialkraft $F_r = 0{,}55$ kN.

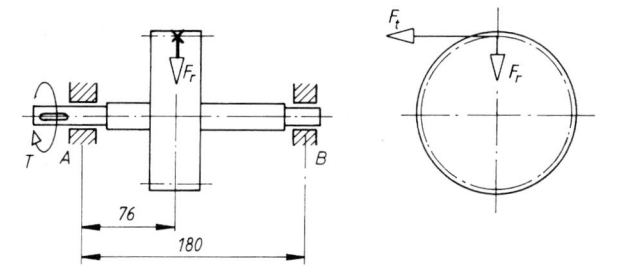

11.7 Die skizzierte Getriebe-Zwischenwelle aus 41Cr4 hat ein Drehmoment $T = 2500$ Nm zu übertragen, das durch das Geradstirnrad (z_2) ein- und durch das Geradstirnrad (z_3) weitergeleitet wird. Für die Zahnräder ergaben sich folgende Zahnkräfte: $F_{t2} = 10$ kN, $F_{r2} = 3{,}67$ kN, $F_{t3} = 26{,}33$ kN, $F_{r3} = 9{,}58$ kN.
Die Abstände $l = 260$ mm, $l_1 = 80$ mm und $l_2 = 90$ mm wurden dem 1. Entwurf als Richtwerte entnommen.
Zu errechnen ist das für die Ermittlung des Wellendurchmessers maßgebende maximale Biegemoment M.

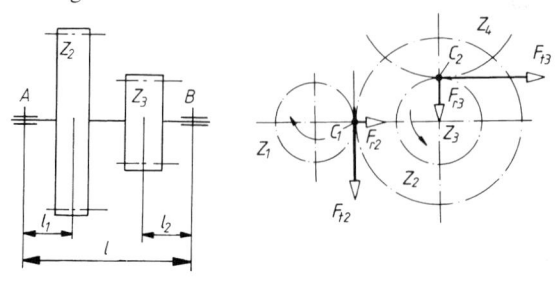

11 Achsen, Wellen und Zapfen

11.8 Das für die Durchmesserermittlung der Zwischenwelle eines mehrstufigen Getriebes maßgebende maximale Biegemoment (zur Berechnung des Vergleichsmomentes) ist zu bestimmen. Die Zwischenwelle hat ein schrägverzahntes Stirnrad mit dem Teilkreisdurchmesser $d = 171{,}1$ mm und der Breite $b = 50$ mm aufzunehmen. Der Schrägungswinkel beträgt $\beta = 15°$. Aus den Leistungsdaten des Getriebes ergaben sich für das Zahnrad an der Zahneingriffsstelle die Zahnkräfte: Tangentialkraft $F_t = 1{,}12$ kN, Radialkraft $F_r = 0{,}42$ kN, Axialkraft $F_a = 0{,}3$ kN. Die Lagerabstände wurden dem ersten Entwurf mit $l_1 = 60$ mm und $l_2 = 100$ mm entnommen.

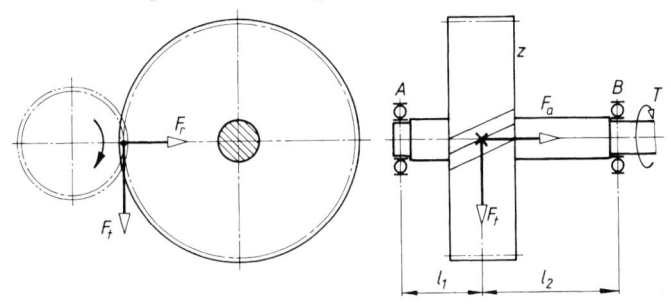

11.9 Für die skizzierte umlaufende Achse aus E295 ist für den ersten Entwurf der Richtdurchmesser d zu ermitteln und konstruktiv festzulegen.
Unter Berücksichtigung der zu erwartenden Betriebsbedingungen ist durch das Wagengewicht und die Zuladung mit einer Belastung $F = 20$ kN zu rechnen. Bei einer Spurweite $l = 650$ mm beträgt der Lagerabstand bei vergleichbaren Konstruktionen $l_1 = 1000$ mm.

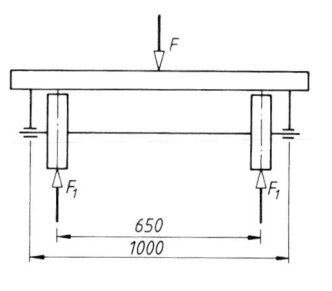

11.10 Für den Entwurf der Getriebeantriebswelle aus S275JR ist der zur Aufnahme der elastischen Kupplung erforderliche Richtdurchmesser zum Erstellen des ersten Entwurfes zu ermitteln und nach DIN 748 vorläufig festzulegen. Von der Kupplung wird eine Leistung von $P = 10$ kW bei einer Drehzahl $n = 720$ min^{-1} schwellend auf die Welle übertragen. Die realen Beanspruchungsverhältnisse werden durch den Anwendungsfaktor $K_A = 1{,}2$ berücksichtigt.

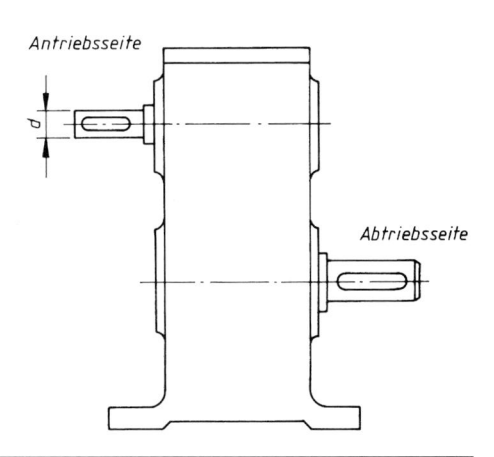

11.11 Für das 3-Wellengetriebe mit $i_{ges} = 8$ und $i_1 = 3,5$ sind zum Erstellen des 1. Entwurfs die Durchmesser der drei „Wellen" aus C45E (vergütet) als Richtdurchmesser zu ermitteln. Das Getriebe ist zur Übertragung einer Leistung $P_1 = 60$ kW bei einer Eingangsdrehzahl $n_1 = 1200$ min^{-1} vorgesehen. Aufgrund der zu erwartenden Betriebsbedingungen ist mit einem Anwendungsfaktor $K_A = 1,3$ zu rechnen, der Wirkungsgrad der einzelnen Getriebestufen ist für die Überschlagsrechnung mit 1 anzunehmen.

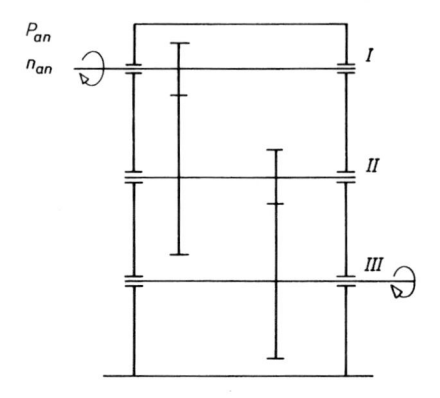

11.12
a) Der Durchmesser d_1 der Achse aus blankgezogenem Rundstahl E295GC + C nach DIN 10277 (s. TB1–6) für das Umlenk-Kettenrad in der Spannstation eines Ketten-Trogförderers ist zunächst überschlägig und anschließend „genauer" zu berechnen. Durch Kettenvorspannung und Reibungswiderstände, insbesondere am oberen Trum (durch Kettenführung, Schanzen des Fördergutes) ist die Dimensionierung mit einer Wellenkraft $F = 10$ kN durchzuführen. Die in nebenstehender Zeichnung angegebenen Abmessungen sind durch ein vorgegebenes Baukastensystem bereits festgelegt.
b) Die Nabenabmessungen (Durchmesser und Länge) des Kettenrades aus GS-45 sind festzulegen.
c) Für die Paarung Kettenrad/Achse ist eine der Verwendung entsprechende Passung anzugeben.

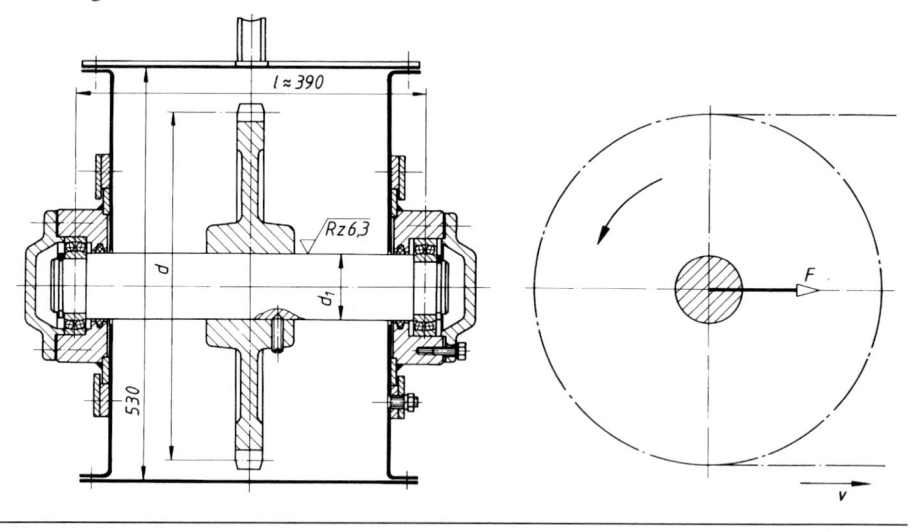

11 Achsen, Wellen und Zapfen

11.13 Für die Antriebswelle aus E295GC + C einer Förderanlage ist der Durchmesser d überschlägig zu ermitteln. Unter Berücksichtigung der vorliegenden Betriebsverhältnisse ist von der Welle ein schwellend wirkendes Drehmoment $T \approx 880$ Nm zu übertragen. Durch die von der Gurtscheibe mit dem Durchmesser $D = 800$ mm zu übertragende Umfangskraft sowie durch die Spannkräfte des Gurtes ist eine Wellenkraft von $F_w \approx 3{,}5 \cdot F_t$ aufzunehmen.

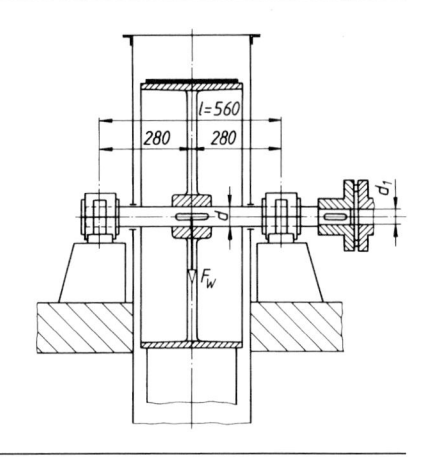

11.14 Für einen Laufkran von 75 kN Tragkraft, 80 m/min Fahrgeschwindigkeit und 500 mm Laufraddurchmesser ergibt sich für die hinsichtlich der Belastung ungünstigste Stellung der Laufkatze eine größte Radkraft $F \approx 70$ kN. Der Abstand der U-Träger wurde konstruktiv mit $l = 240$ mm festgelegt. Welcher Durchmesser d der Laufradachse, für die Rundstahl aus E295 nach DIN 10025 vorgesehen wird, ist überschlägig zu wählen, wenn der Lagerabstand $l_1 = 100$ mm beträgt, die verstärkende Wirkung der auf der Achse sitzenden Buchse und dafür die Schwächung des Querschnitts durch die Schmierbohrung für die Berechnung unberücksichtigt bleibt?

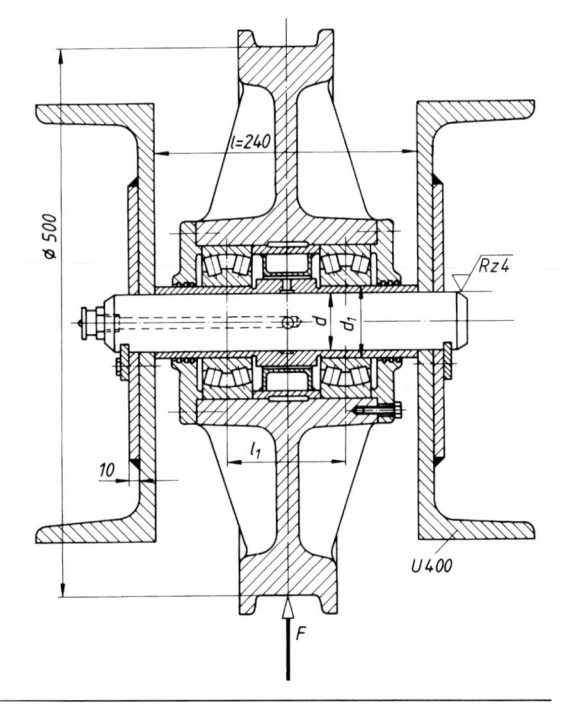

11.15 Für den dargestellten Lagerzapfen einer Laufradachse aus E295 mit dem vorgewählten Durchmesser $d_1 = 120$ mm sind die Sicherheiten gegen Fließen S_F und Dauerbruch S_D zu bestimmen. Die Nennbelastung der Lager beträgt $F \approx 60$ kN. Die Betriebsverhältnisse werden durch $K_A = 1{,}2$ berücksichtigt, einzelne hohe Stöße führen zu: $F_{max} = 2 \times F$. Die Rauheit ist $Rz = 6{,}3$ µm, der Herstellwellenrohling hatte einen Durchmesser $D = 160$ mm. Die Innenringe der Zylinderrollenlager sind warm auf den Zapfen mit der Toleranzklasse $m6$ aufgezogen, so dass am Lagerende mit einer Kerbwirkungszahl von $\beta_{kb} \approx 1{,}8$ gerechnet werden kann

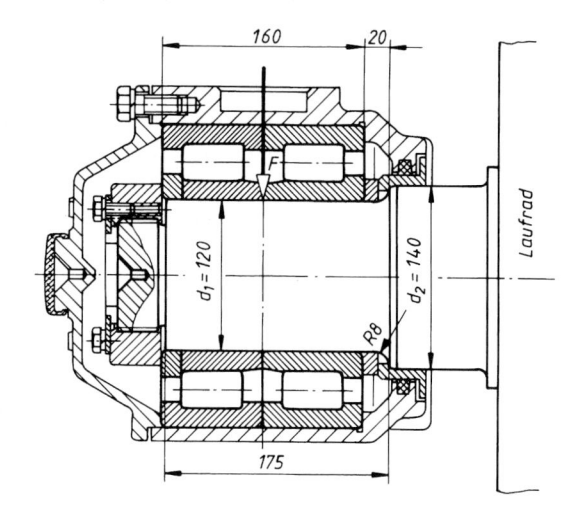

11.16 Die Achse aus S275JR eines Transportwagens wird durch Wagengewicht und Zuladung mit einer Gewichtskraft $F = 12$ kN belastet. Die Betriebsverhältnisse werden durch $K_A = 1{,}25$ berücksichtigt. Einzelne Sonderereignisse können zu einer starken Erhöhung der Belastung führen, d. h. $F_{max} = 2{,}5 \times F$. Konstruktiv wurde ein Durchmesser $d_1 = 60$ mm mit der für Wälzlager empfohlenen Toleranzklasse k6, ein Durchmesser d mit 70 mm, ein Übergangsradius $R = 1{,}5$ mm und eine Oberflächenrauheit $Rz = 10$ µm festgelegt. Ist die Achse ausreichend bemessen?

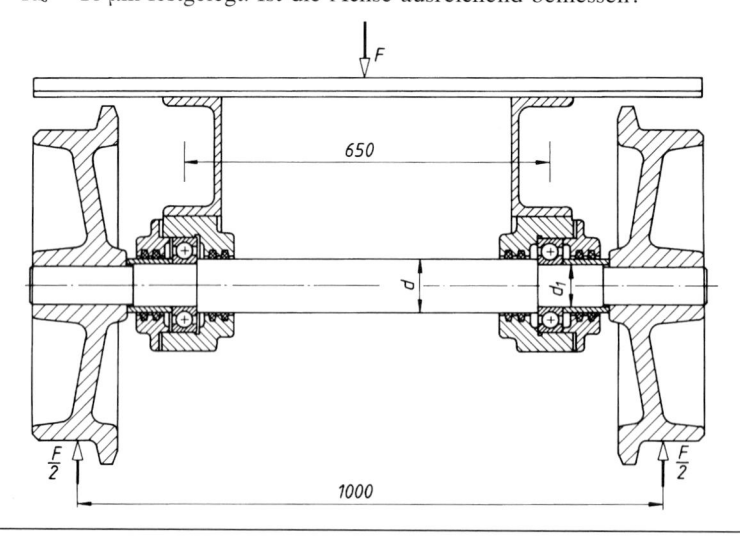

11 Achsen, Wellen und Zapfen

11.17 Nebenstehende Skizze zeigt die Lagerung der oberen Bandrolle einer Bandsäge mit $D = 400$ mm Durchmesser. Bei einer Antriebsleistung der Säge von $P = 3$ kW bei $n = 750$ min^{-1} ist aufgrund der erforderlichen Vorspannung des Sägebandes und unter Berücksichtigung der vorliegenden Betriebsverhältnisse mit einer Rollenkraft $F \approx 1$ kN zu rechnen.

a) Der Durchmesser d_1 der Achse aus S235JR ist überschlägig zu ermitteln. Für die verschiebbaren Innenringe der Wälzlager (Rillenkugellager DIN 625) ist für die Achse die Toleranzklasse j5 vorzusehen.

b) Für den auf volle 5 mm gerundeten Achsdurchmesser d_1 sind die erforderlichen Sicherheiten gegen Fließen S_F und Dauerbruch S_D nachzuweisen. (Übergangsradius $r = 0{,}6$ mm, Oberflächenrauheit $Rz = 6{,}3$ μm).

c) Die geeigneten ISO-Toleranzen für den festsitzenden Achsenteil mit $d_2 = d_1 + 5$ mm Durchmesser sind festzulegen.

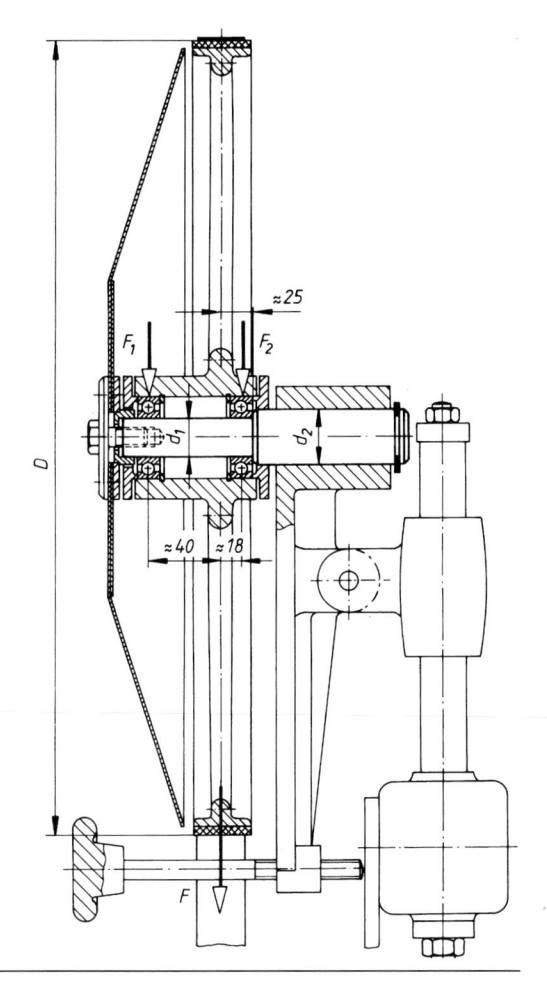

11.18 Der Exzenterzapfen zur Aufnahme der Koppelstange einer Kniehebelschere ist an der Kerbstelle A–A nachzurechnen. Die größte Lagerkraft beträgt unter Berücksichtigung der vorliegenden Betriebsverhältnisse $F \approx 15$ kN bei einer Drehzahl $n = 50$ min^{-1}. Als Werkstoff wurde für die Exzenterwelle C45E, für die Lagerbuchse Guss-Zinnbronze G-CuSn12Pb gewählt. Aufgrund der zulässigen mittleren Flächenpressung dieses Buchsenwerkstoffes wurde der Durchmesser des Zapfens mit $d = 40$ mm festgelegt. Zu bestimmen ist die Sicherheit des Exzenterzapfens im gefährdeten Querschnitt A–A gegen Dauerbruch (der technologische Größenfaktor ist mit $K_t \approx 0{,}92$, die Kerbwirkung mit $\beta_{kb} = 2{,}5$, die Rauheit mit $Rz = 6{,}3$ μm anzusetzen).

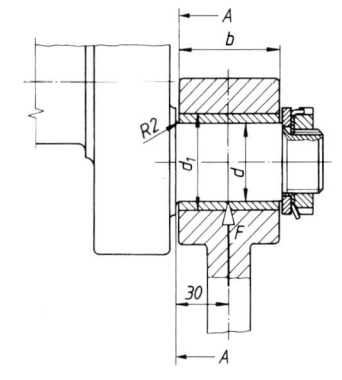

11.19 Der Zapfendurchmesser d_1 der Antriebswelle aus E295GC + C einer Förderanlage (siehe Bild zur Aufgabe 11.13) ist überschlägig zu ermitteln und anschließend die ausreichende Sicherheit gegen Dauerbruch nachzuprüfen (Der Rohlingsdurchmesser ist $d = 60$ mm, s. Lösung Aufgabe 11.13). Der Antrieb (gleichbleibende Drehrichtung, häufige, $> 10^3$, An- und Abschaltungen) erfolgt durch einen Drehstrom-Motor mit $P = 7{,}5$ kW bei einer Synchrondrehzahl $n = 1500$ min^{-1} über ein Getriebe mit $i_{\text{ges}} = 18$ und einem Getriebewirkungsgrad von ca. 85% sowie einer elastischen Kupplung. Die vorliegenden ungünstigen Betriebsverhältnisse sind durch einen Anwendungsfaktor $K_A \approx 1{,}2$ zu berücksichtigen. Die kritische Kerbstelle ist der Übergangsradius von d_1 auf d, mit $\beta_{kt} \approx 1{,}4$ und Rauheit $Rz = 6{,}3$ mm. Eine entsprechende Passung für Zapfendurchmesser/Nabenbohrung ist anzugeben.

11.20 Über eine Getriebewelle aus E360 mit dem Durchmesser $d = 60$ mm wird ein Drehmoment $T = 1500$ Nm übertragen. Für die durch einen Pressverband mit der Welle verbundenen Zahnräder sind folgende Verzahnungskräfte (Nennbelastungen) bekannt: $F_{t2} = 6$ kN, $F_{r2} = 2{,}2$ kN, $F_{t3} = 15{,}8$ kN, $F_{r3} = 5{,}75$ kN.
Bestimmen Sie:

a) die Lagerkräfte F_A und F_B, und die vorhandenen Biegemomente an den Stellen l_1 und l_2,
b) die Beanspruchungen für einen statischen und dynamischen Festigkeitsnachweis für einen Anwendungsfaktor $K_A = 1{,}25$ und einzelne Maximalspannungen $= 2 \times$ Nennspannungen an den Stellen l_1 und l_2 (Betriebsverhältnisse siehe unter d),
c) die Bauteilfließfestigkeiten σ_{bF}, τ_{tF} und die Bauteilgestaltwechselfestigkeiten σ_{bGW}, τ_{tGW} an der Kerbstelle A–A.
d) ob die Sicherheiten gegen Fließen und Dauerbruch an der Kerbstelle A–A ausreichend sind (Betriebsverhältnisse: gleichbleibende Drehrichtung, häufige ($> 10^4$) An- und Abschaltungen, es ist vereinfachend mit der unter b) ermittelten Biegespannung an der Stelle l_2 zu rechnen; Schadensfolgen gering, keine regelmäßigen Inspektionen).

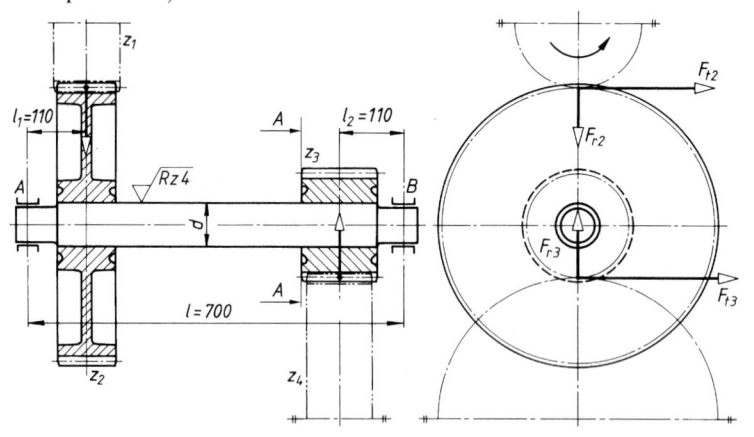

11.21 Für die Antriebswelle eines einstufigen Kegelradgetriebes für eine Leistung $P = 7{,}5$ kW bei einer Abtriebsdrehzahl $n_2 = 250$ min^{-1} wurde überschlägig ein Richtdurchmesser $d'_2 \approx 40$ mm festgelegt. Den mit diesem Durchmesser angefertigten Entwurf zeigt die dargestellte Skizze. Für das schrägverzahnte Kegelrad mit dem mittleren Teilkreisdurchmesser $d_m = 309{,}2$ mm wurden unter Berücksichtigung der vorliegenden Betriebsverhältnisse folgende Zahnkräfte berechnet: Umfangskraft $F_t = 1{,}85$ kN, Radialkraft $F_r \approx 0{,}85$ kN und Axialkraft $F_a = 0{,}7$ kN. Der Abtrieb erfolgt über eine elastische Kupplung.

11 Achsen, Wellen und Zapfen

Zu ermitteln sind:
a) die Sicherheit gegen Dauerbruch der Welle aus S275JR unter der Annahme, dass das Drehmoment schwellend übertragen wird; die Rauheit der Wellen bzw. Passfedernut ist $Rz = 25\,\mu m$ (die kritischen Kerbstellen entstehen durch die Passfedernut, vereinfachend ist unter dem Tellerrad bei einem Abstand 80 mm vom Lager der Festigkeitsnachweis zu führen).
b) die Sicherheit gegen Dauerbruch des Wellenzapfens mit dem Durchmesser $d_3 = 30$ mm zur Aufnahme der Kupplung (Angaben s. auch unter a).

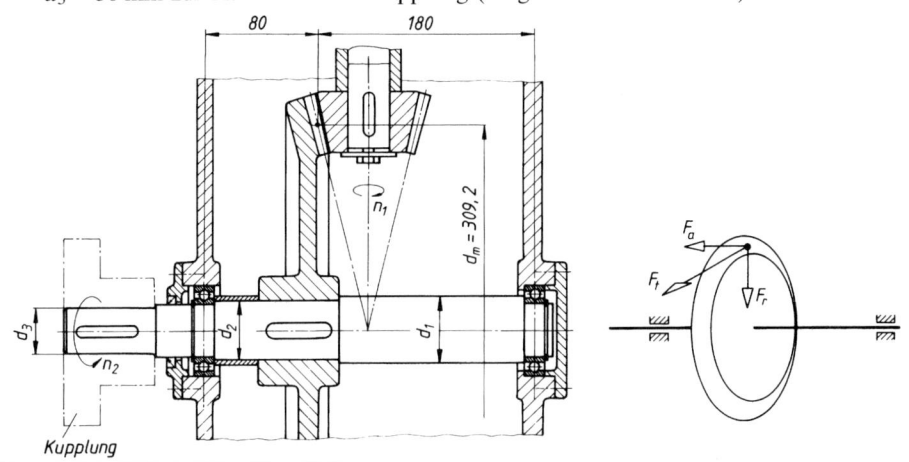

11.22 Die Antriebselemente für einen Ketten-Trogförderer sind zu berechnen. Der Antrieb erfolgt durch einen Drehstrom-Motor mit $P_1 = 7{,}5$ kW Leistung und einer Drehzahl $n_1 = 960$ min^{-1} über ein Kegel-Stirnradgetriebe und über elastische Kupplungen. Das Kettenrad hat einen Teilkreisdurchmesser $d = 415{,}25$ mm; die Fördergeschwindigkeit soll $v \approx 0{,}6$ m/s betragen. Nach den Werknormen des Herstellers stehen Getriebe mit folgenden Übersetzungen zur Verfügung: $i = 25\ 28\ 31{,}5\ 35{,}5\ 40$ und 45. Der Lagerabstand beträgt $L_a \approx 350$ mm. Ein eventueller Anlauf mit gefüllten Trögen ist mit einem Anlaufmoment $T_A \approx 2 \cdot T_{nenn}$ anzunehmen.

Zu berechnen bzw. festzulegen sind:
a) Der Durchmesser d_1 der Antriebswelle aus E295 für ein mittleres Vergleichsmoment M_V (überschlägig, mit anschließendem Festigkeitsnachweis, Passfedernutfläche: $R_z = 16\,\mu m$),
b) die Wellenenden sind zur Aufnahme der Lager auf $d_2 \approx d_1 - 10$ mm abzusetzen und die Festigkeit des Antriebszapfens ist nachzuprüfen ($Rz \approx 12{,}5\,\mu m$, Radius Wellenabsatz $R = 2$ mm),
c) der Nabendurchmesser D und die Nabenlänge L des durch Passfeder mit der Welle verbundenen Kettenrades aus GS-45,
d) die Abmessungen der Passfeder für das Kettenrad und die normgerechte Bezeichnung ist anzugeben.

Verformung, Kritische Drehzahlen

11.23 Für die Getriebe-Zwischenwelle aus 41Cr4 mit $d = 80$ mm ist der bei Belastung sich einstellende Verdrehwinkel in ° zu ermitteln. Das von der Welle zu übertragende Nenndrehmoment $T = 3000$ Nm wird über das aufgeschrumpfte geradverzahnte Stirnrad 2 schwellend ein- und über das ebenfalls geradverzahnte Stirnrad 3 ausgeleitet.

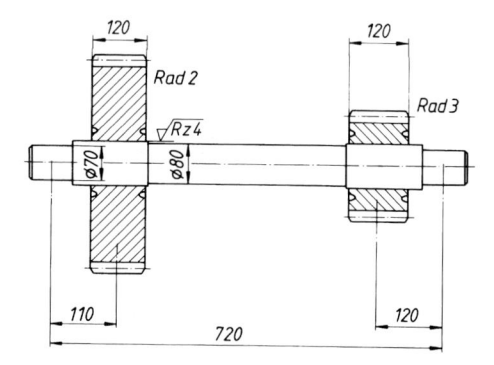

11.24 Eine glatte, beidseitig frei gelagerte Stahlwelle hat einen Durchmesser von $d = 30$ mm und eine Länge $l = 300$ mm.
Wie groß ist ihre biegekritische Drehzahl?

11.25 Die skizzierte Welle eines Hebezeug-Motors hat bei $n \approx 1500$ min^{-1} eine Leistung von $P \approx 20$ kW zu übertragen. Die Gewichtskraft des Läuferblechpaketes beträgt $F_G = 480$ N. Der Läufer ist dynamisch ausgewuchtet.
Unter Vernachlässigung der Eigengewichte von Welle und Kupplungshälfte ist die biegekritische Drehzahl rechnerisch zu ermitteln.

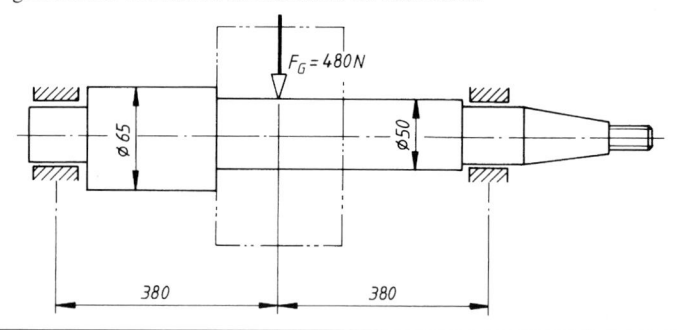

11.26 Für eine beidseitig gelagerte Getriebewelle mit 3 Einzelmassen (Scheiben, Zahnräder) soll unter Berücksichtigung des Eigengewichts der Welle die biegekritische Drehzahl ermittelt werden. Die Welle hat einen annähernd konstanten Querschnitt ($d = 40$ mm). Die Gewichtskräfte der Massen betragen $F_{G1} = 120$ N, $F_{G2} = 320$ N, $F_{G3} = 210$ N.

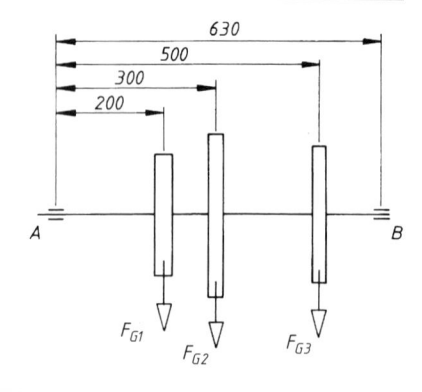

11 Achsen, Wellen und Zapfen

11.27 Nebenstehende Skizze zeigt die Welle eines 3-Zylinder-Viertakt-Dieselmotors ($P = 220$ kW bei $n = 150$ min^{-1}) dessen Schwungradmasse mit dem Trägheitsmoment $J_2 = 2{,}1 \cdot 10^4$ kg m^2, direkt mit dem Generator gekuppelt ist, für dessen Ankerschwungmasse ein Trägheitsmoment $J_1 = 2{,}3 \cdot 10^4$ kg m^2 errechnet wurde. Da schon nach kurzer Betriebszeit die Welle brach, soll das schwingungsfähige System Schwungrad-Anker dahingehend geprüft werden, ob u. U. die Betriebsdrehzahl im kritischen Bereich liegt.

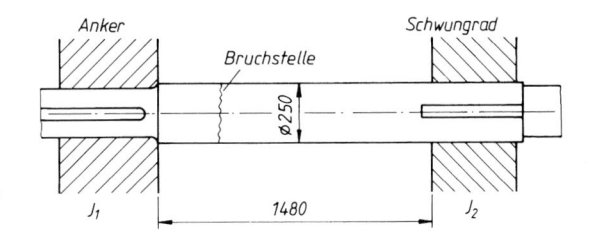

11.28 Für die skizzierte Getriebewelle aus Vergütungsstahl sind unter Vernachlässigung des Eigengewichts von Welle und Zahnrad die Durchbiegung in Kraftrichtung sowie die Neigungen α und β in den Lagern A und B infolge der Zahnkraft F zu ermitteln. Können zur Lagerung der Welle Zylinderrollenlager vorgesehen werden, wenn nach Angaben des Herstellers die Winkeleinstellbarkeit (Schiefstellung) höchstens 7 Winkelminuten betragen darf?

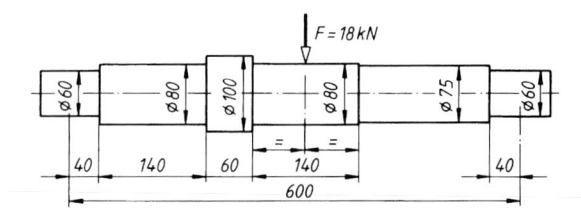

12 Elemente zum Verbinden von Wellen und Naben

Passfederverbindungen

12.1 Zur Befestigung des Sägeblattes auf dem Wellenzapfen (Werkstoff E295, Rohteildicke $d = 45$ mm) einer Universal-Kreissäge mit einer Nennleistung $P = 4$ kW bei $n = 2850$ min^{-1} ist eine Passfeder DIN 6885–A$10 \times 8 \times 32$ aus C45+C vorgesehen. Es ist zu prüfen, ob die gewählte Passfederverbindung festigkeitsmäßig ausreicht, wenn eine stoßartige Belastung ($K_A \approx 1{,}5$) anzunehmen ist, die Nabenteile aus EN-GJL-200 (Rohteildicke $t_{max} \approx 35$ mm) gefertigt werden und für p_{zul} der mittlere Wert genommen wird

a) mit Methode C überschlägig,
b) mit Methode B.

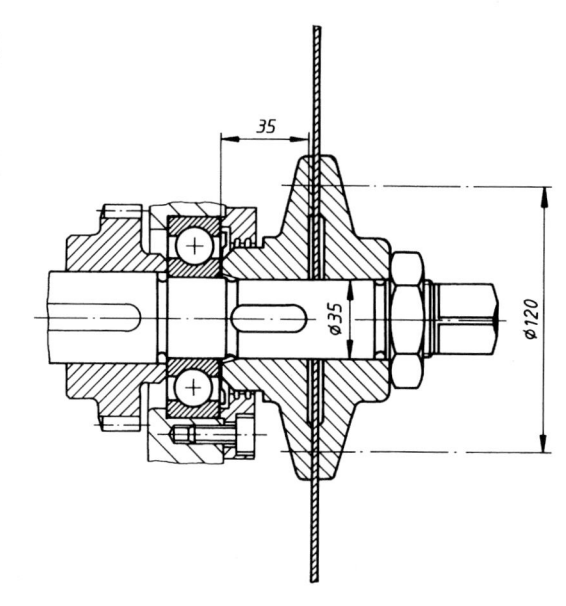

12.2 Zur Übertragung eines einseitig wirkenden Nenndrehmomentes $T \approx 450$ Nm auf eine Scheibenkupplung DIN 116–A60 aus GE240+N soll eine Passfeder nach DIN 6885, Ausführung A, aus E295GC+C eingesetzt werden. Aus der Konstruktion ergibt sich eine Rohteildicke $t < 100$ mm und Nabenlänge $l \approx l_1 = 85$ mm der Kupplung sowie $d = 70$ mm der Welle aus E295. Es ist zu prüfen, ob die Verbindung bei stoßartiger Belastung ($K_A = 1{,}5$) das Moment sicher übertragen kann, wenn die Passfeder kürzer als die Nabenlänge sein soll und der mittlere Wert für p_{zul} genommen wird

a) mit Methode C überschlägig,
b) mit Methode B.
c) Für Welle und Bohrung sind geeignete ISO-Toleranzen anzugeben.

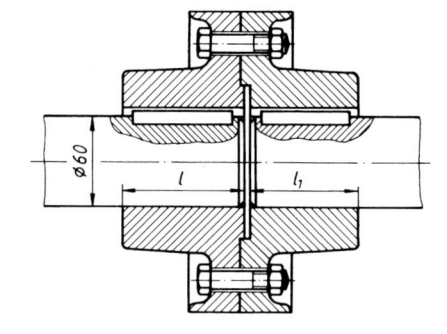

12 Elemente zum Verbinden von Wellen und Naben

Keilwelle

12.3 In einem Ausgleichsgetriebe ist zur Befestigung eines Kegelrades aus GE 240+N mit der Hauptwelle aus E295 ein Keilwellenprofil DIN ISO 14−6×26×30 vorgesehen. Die Verbindung hat eine Leistung von $P = 12$ kW bei $n = 1600$ min^{-1} zu übertragen. Die stoßartige wechselseitige Belastung wird durch den Anwendungsfaktor $K_A \approx 2$ berücksichtigt. Das Kegelrad hat eine Rohteildicke $t < 100$ mm, der Wellenrohdurchmesser ist $d = 40$ mm.

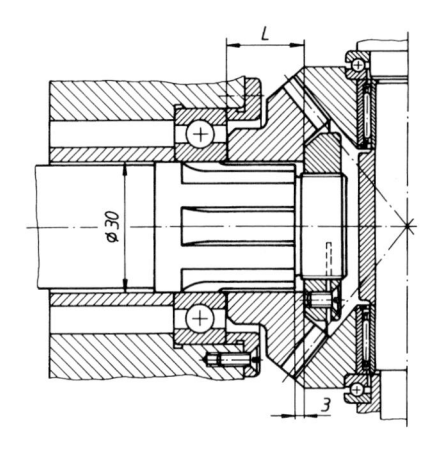

Zu ermitteln ist die erforderliche Mindestlänge L der Kegelradnabe, wobei der Kleinstwert der zulässigen Flächenpressung nicht überschritten werden soll.

Zylindrische Pressverbände

12.4 Der auf das Wellenende (E295) mit Öl aufgepresste Anlaufbund aus E295 hat unter Berücksichtigung ungünstiger Betriebsbedingungen eine maximale Längskraft $F_l \approx 8$ kN aufzunehmen.

Welches Übermaß muss zur sicheren Übertragung der Längskraft mindestens vorhanden sein, wenn für die Haftsicherheit sowie für den Haftbeiwert mittlere Werte angenommen werden?

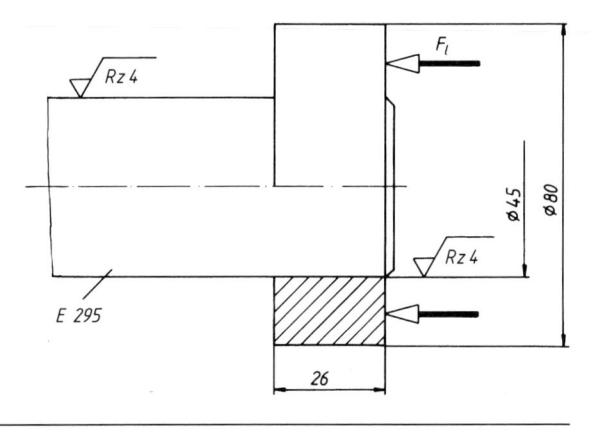

12.5 Das Ritzel eines Schrägstirnradgetriebes aus 16MnCr5 soll auf die Welle aus E335 mit $d = 50$ mm Durchmesser trocken aufgeschrumpft werden. Bei einer zu übertragenden Leistung $P = 20$ kW bei $n = 560$ min^{-1} ergeben sich am Ritzel mit $d_1 = 91{,}4$ mm Teilkreisdurchmesser und einem Fußkreisdurchmesser $d_f = 84{,}65$ mm eine Umfangskraft $F_t \approx 7{,}5$ kN, eine Axialkraft $F_a \approx 1{,}3$ kN und eine Radialkraft $F_r \approx 2{,}7$ kN. Die Betriebsverhältnisse sind mit einem Anwendungsfaktor $K_A = 1{,}75$ zu berücksichtigen. Die Fügeflächen von Welle und Bohrung sind mit $Rz = 6{,}3$ µm feingedreht.

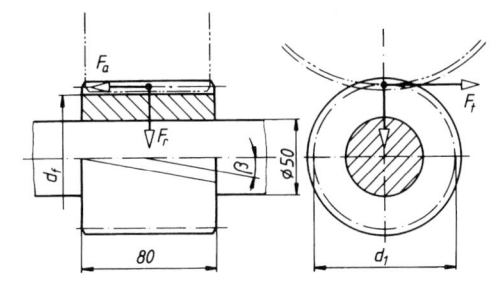

Die Radbohrung ist an beiden Seiten auf jeweils $l_e \approx 2$ mm angefast. Das Ritzel soll als Schmiedeteil mit $t_{max} \approx 45$ mm, die Welle aus Rundstahl $d = 60$ mm gefertigt werden.

82   12 Elementen zum Verbinden von Wellen und Naben

a) Für das System Einheitsbohrung ist eine geeignete ISO-Übermaßpassung zu ermitteln unter Annahme mittlerer Beiwerte.

b) Auf welche Temperatur sind das Ritzel und die Welle für das Fügen der Teile zu bringen, wenn die Raumtemperatur mit 20 °C angenommen wird?

12.6 Um Werkstoff- und Fertigungskosten gering zu halten, soll der Anlaufbund aus S235 mit Öl auf die Hohlwelle aus E335 aufgepresst werden. Die zu übertragende Längskraft beträgt $F_l = 5$ kN. Die ungünstigen Betriebsverhältnisse (stoßartige Belastung) sind durch einen Anwendungsfaktor $K_A \approx 2$ zu berücksichtigen. Für Haftsicherheit und Haftbeiwert sind mittlere Werte, für $S_F = 1{,}1$ anzunehmen. Die Hohlwelle soll aus Rundstahl $d = 105$ mm, der Anlaufbund aus Rohr $- 168{,}3 \times$ ID $96{,}3$ gefertigt werden.

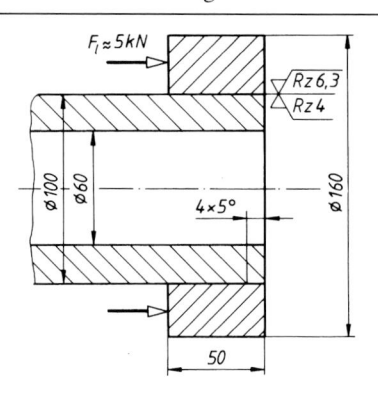

Für das System Einheitsbohrung ist eine geeignete ISO-Passung zu ermitteln.

12.7 Die Gelenkkupplung aus GE 300 + N (Rohteildicke $t_{max} \approx 105$ mm) der Walze eines Warmwalzwerkes für Flachstähle soll durch einen Pressverband mit dem Wellenzapfen aus 46Cr2 (Rohteildicke $d = 260$ mm) bei entfetteten Fügeflächen verbunden werden. Das von der Kupplung zu übertragende stoßartige Moment beträgt unter Berücksichtigung des Anwendungsfaktors maximal $T \approx 120$ kNm.

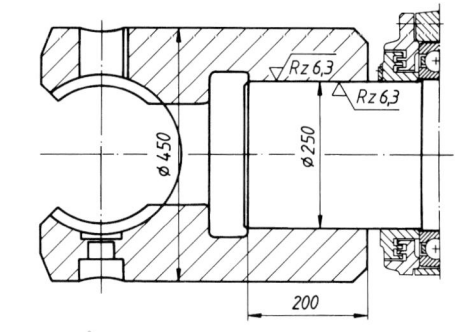

a) Für Welle und Bohrung sind geeignete ISO-Toleranzklassen festzulegen bei Annahme des größten Haftsicherheitswertes und des kleinsten Haftbeiwertes sowie einer Sicherheit $S_{FA} = 1{,}0$ und $S_{Fl} = 1{,}1$.

b) Die zur Erwärmung der Kupplungsnabe erforderliche Temperatur zum Fügen der Teile ist für eine angenommene Raumtemperatur von 20 °C zu ermitteln.

12.8 In die Bohrung des geschweißten Lagerbockes aus S235 soll eine Lagerbuchse aus CuSn12-C-GE ($E = 95 \cdot 10^3$ N/mm^2) eingepresst werden.

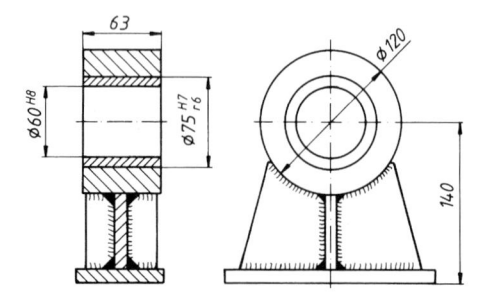

a) Die erforderliche Einpresskraft ist zu berechnen. Die Rautiefen der Fügeflächen von Buchse und Bohrung sind entsprechend der Grundtoleranzen unter zugrunde Legung hoher Anforderungen an die Funktionsflächen festzulegen.

b) Es ist zu prüfen, ob die bewählte Übermaßpassung H7/r6 bei einer Sicherheit gegen Fließen von $S_{FA} = S_{Fl} = 1{,}1$ zulässig ist.

12 Elemente zum Verbinden von Wellen und Naben

12.9 Der Zahnkranz aus CuSn12-C-GS ($E = 95 \cdot 10^3$ N/mm^2) eines Schneckenrades ist auf dem Radkörper aus EN-GJL-200 (Rohteildicke $t_{max} \approx 18$ mm) aufgeschrumpft. Als Übermaßpassung ist von dem Konstrukteur H7/r6, für die Fugenoberfläche $Rz_{Ia} = 4$ µm und $Rz_{Ai} = 6,3$ µm vorgesehen. Unter Berücksichtigung der Betriebsverhältnisse ergeben sich für die konstante Drehrichtung am Zahneingriffspunkt die Zahnkräfte $F_t \approx 5200$ N, $F_r \approx 1970$ N und $F_a \approx 1620$ N.
Die vorgegebene Passung ist zu überprüfen und gegebenenfalls eine geeignete neue ISO-Übermaßpassung zu ermitteln, wenn mittlere Werte für E-Modul, Querdehnzahl, Haftbeiwert und die Sicherheiten angenommen werden und vereinfacht

a) der Radkörper als Vollkörper angesehen wird ($D_{Ii} = 30$ mm),
b) die unterstützende Wirkung der Radscheibe vernachlässigt wird ($D_{Ii} = 140$ mm).

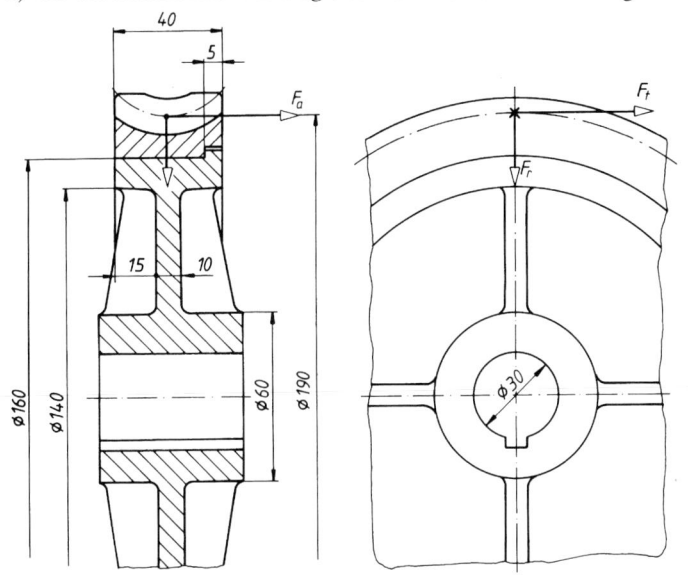

Kegelpressverbände

12.10 Für die zum Antrieb eines Kolbenverdichters vorgesehene Keilriemenscheibe aus EN-GJL-200 mit einer Rohteildicke $t_{max} \approx 32$ mm und dem Nabendurchmesser $D_N = D_{Aa} = 125$ mm ist für die Verbindung mit der Antriebswelle aus C35+C eine Kegelverbindung vorgesehen. Zum leichteren Abnehmen der Scheibe wurde für die Kegelverbindung das Kegelverhältnis $C = 1:5$ gewählt. Nach der Festigkeitsberechnung der Welle ergaben sich die im Bild angegebene konstruktive Gestaltung sowie die Hauptabmessungen für das Wellenende bei einem Rohteildurchmesser $d = 90$ mm. Unter Berücksichtigung der Betriebsverhältnisse hat die Kegelverbindung ein äquivalentes Moment von $T_{eq} \approx 1100$ Nm zu übertragen.

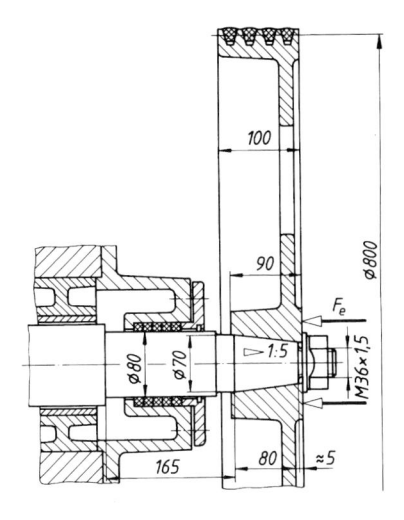

Zu ermitteln sind:

a) die Aufpresskraft zur sicheren Übertragung des Drehmoments, wenn mit einer Haftsicherheit von $S_H \approx 1{,}2$ und bei entfettetem Sitz mit mittleren Haftbeiwerten zu rechnen ist;
b) der für die Montage der Verbindung messbare Mindestaufschub a_{min} und der maximal zulässige Aufschub a_{max}, wenn mit $S_{BA} = 2$ und ansonsten mittleren Beiwerten sowie einer Rautiefe an den Fugenflächen von $Rz = 10\,\mu m$ für Wellen und Nabe gerechnet wird.

12.11 Für die Befestigung des Tellers aus EN-GJL-300 (Rohteildicke $t_{max} \approx 30\,mm$, Nabenaußendurchmesser $D_{Aa} \approx 100\,mm$) zur Aufnahme der Schleifscheibe ist zur Erzielung eines festen und genau zentrischen Sitzes auf der Motorwelle aus E295 eine Kegelverbindung vorgesehen. Konstruktiv festgelegt sind der Wellenrohteildurchmesser $d = 90\,mm$, der große Durchmesser des Wellenendes $d_1 = 50\,mm$ und die Fugenlänge $l = 60\,mm$ bei einem Kegelverhältnis $C = 1:10$. Unter Berücksichtigung der vorliegenden Betriebsverhältnisse ist von der Kegelverbindung ein äquivalentes Moment $T_{eq} \approx 75\,Nm$ zu übertragen.

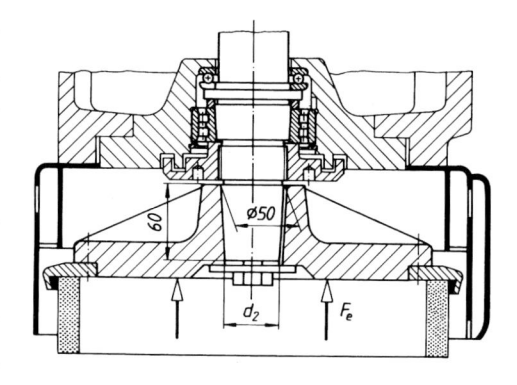

a) Mit welcher Kraft ist die Scheibe auf den entfetteten Kegelzapfen mindestens aufzupressen, wenn mit einer Haftsicherheit 1,2 und mittlerem Haftbeiwert zu rechnen ist?
b) Zwischen welchen Grenzwerten muss der Verschiebeweg zum Aufschieben der Scheibe liegen, um die erforderliche Fugenpressung zu erhalten, wenn mit mittleren Beiwerten und einer Oberflächenrautiefe von $Rz = 6{,}3\,\mu m$ für Welle und Nabe gerechnet wird?

Spannelement-Verbindungen

12.12 Eine Keilriemenscheibe aus EN-GJS-400-18 (Rohteildicke $t_{max} \approx 30\,mm$) soll mit dem Wellenende einer Werkzeugmaschinenspindel aus E295 ($d_{max} = 120\,mm$) durch Spannelemente kraftschlüssig verbunden werden. Die zu übertragende Leistung beträgt unter Berücksichtigung der ungünstigen Betriebsbedingungen $P = 12\,kW$ bei einer kleinsten Drehzahl $n = 100\,min^{-1}$.
Die Spannelemente sollen wellenseitig durch Zylinderschrauben mit Innensechskant nach DIN EN ISO 4762 verspannt werden.
Zu berechnen sind:

a) die erforderliche Anzahl n der Spannelemente unter Berücksichtigung der zulässigen Fugenpressung und einer Sicherheit $S_F = 1{,}1$,
b) die über die Spannschrauben aufzubringende Spannkraft.

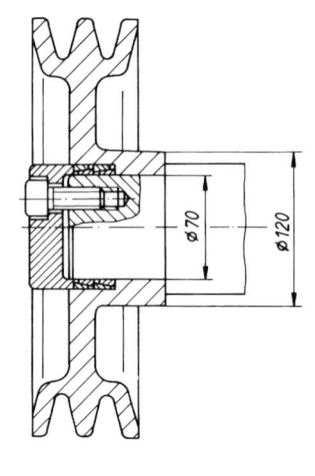

12 Elemente zum Verbinden von Wellen und Naben

12.13 Das Zahnrad (geradverzahnt) aus EN-GJS-600-3 (Rohteildicke $t_{max} \approx 40$ mm) soll mittels eines Spannsatzes DOBIKON 1012-090-130 auf eine Vollwelle aus 42CrMo4 befestigt werden. Das vom Zahnrad auf die Welle zu übertragende Drehmoment beträgt $T_{max} = 2 \cdot T_{nenn} = 2 \cdot 8000$ Nm.
Es ist zu prüfen, ob der gewählte Spannsatz das Drehmoment übertragen kann, und der Zahnradaußendurchmesser ausreichend groß ist, damit nur elastische Verformungen auftreten.

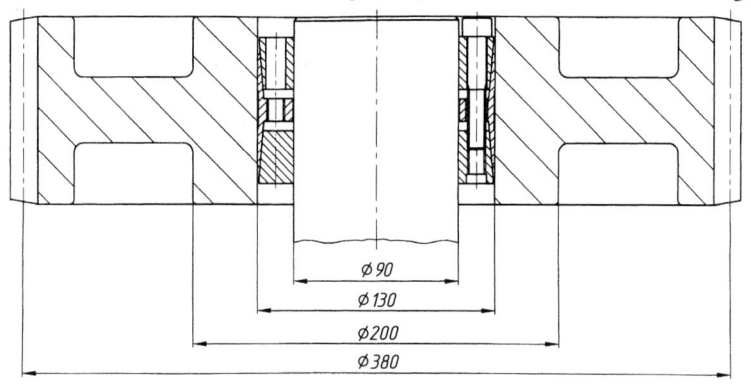

12.14 Das Kettenrad aus 17CrNi6-6 (Rohteildicke $t_{max} \approx 70$ mm) soll mit einem Kegel-Spannelement der Reihe RLK 250 mit der Welle aus E335 mit dem Rohteildurchmesser $d = 50$ mm verbunden werden. Im ungünstigen Fall ist von der Verbindung ein Moment von $T_{eq} \approx 300$ Nm zu übertragen. Ist die Verbindung ausreichend bemessen, wenn eine Sicherheit $S_F = 1{,}2$ angenommen wird und welches Spannmoment ist für die Nutmutter erforderlich?

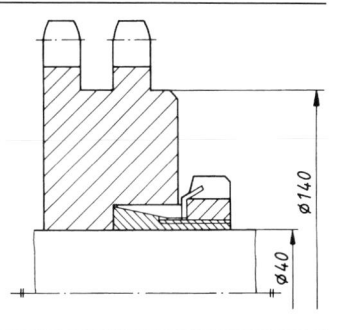

Klemmverbindungen

12.15 Eine geteilte Riemenscheibe aus EN-GJL-200 mit einer Rohteildicke $t_{max} \approx 28$ mm, dem Bohrungsdurchmesser $d = 50$ H7, dem Nabenaußendurchmesser $D_{Aa} \approx 2{,}1 \cdot d$ und der Nabenlänge $L = 80$ mm soll auf einer Welle aus E295 (Rohteildurchmesser $= 55$ mm) mit der Toleranzklasse r6 mittels $n = 4$ Sechskantschrauben DIN EN ISO 4014 befestigt werden. Von der Scheibe ist unter Berücksichtigung der Betriebsverhältnisse ein äquivalentes Drehmoment $T_{eq} = 350$ Nm zu übertragen.

a) Welche Fugenpressung ist zur sicheren Übertragung des Drehmomentes mindestens erforderlich und welche maximal zulässig, wenn mit mittleren Sicherheiten und entfetteten Fügeflächen gerechnet wird?

b) Welche Klemmkraft ist von den vorgesehenen Schrauben insgesamt mindestens bei Annahme einer cosinusförmigen Flächenpressung aufzubringen?

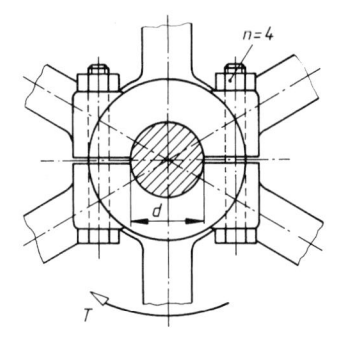

12.16 Der Schalthebel aus EN-GJL-200 (Rohteildicke $t_{max} \approx 15$ mm) ist auf die Welle aus Blankstahl S235JRG2C+C mit $d = 30$h8 aufgeklemmt worden. Die größte Hebelkraft beträgt $F \approx 600$ N. Ungünstige Bedingungen sind durch den Anwendungsfaktor $K_A \approx 1,5$ zu berücksichtigen.
Welche Klemmkraft muss von der Klemmschraube mindestens aufgebracht werden und wie groß darf die maximale Klemmkraft sein, wenn für S_H und S_{FA} die jeweilige Mindestsicherheit, für $S_{FI} = 1,1$ verwendet wird?

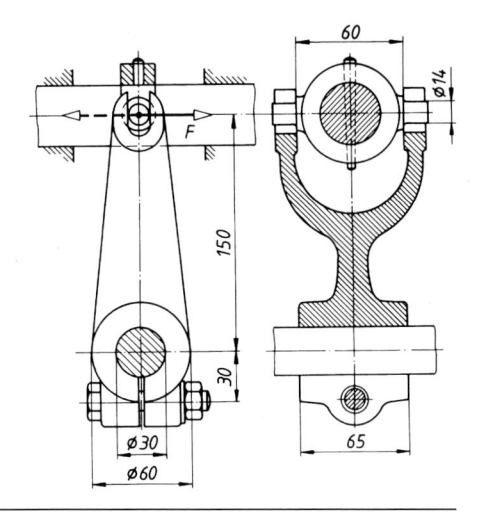

12.17 Auf eine Welle aus Blankstahl S235JRG2C+C mit $d = 40$h8 soll ein geschweißter Hebel aus S235JR mit dem Durchmesser $d_1 = 40$J7 aufgeklemmt werden, so dass eine wechselnde größte Hebelkraft $F = K_A \cdot F' \approx 250$ N kraftschlüssig übertragen werden kann.
Wie groß ist die Mindestfugenpressung sowie die maximal zulässige Fugenpressung, wenn mit mittleren Sicherheiten und Haftbeiwerten bei entfetteter Fuge gerechnet wird? Welche Klemmkraft ist von der Schraube hierfür aufzubringen?

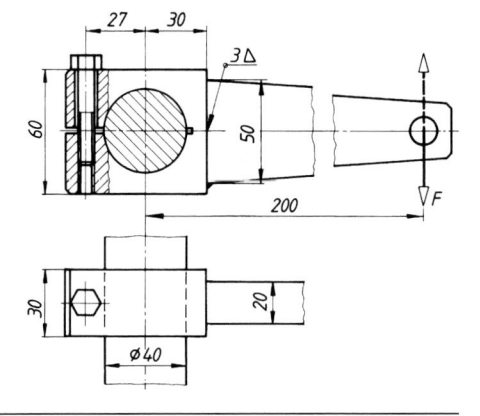

13 Kupplungen und Bremsen

Massenträgheitsmomente

13.1 Wie groß ist das Trägheitsmoment der Baugruppe „Schleifspindel mit Schleifkörper und Keilriemenscheibe", wenn für den Schleifkörper (Scheibe und Aufspannung) $J \approx 4{,}7$ kg m^2 und für die Keilriemenscheibe $J \approx 0{,}07$ kg m^2 ermittelt wurden?

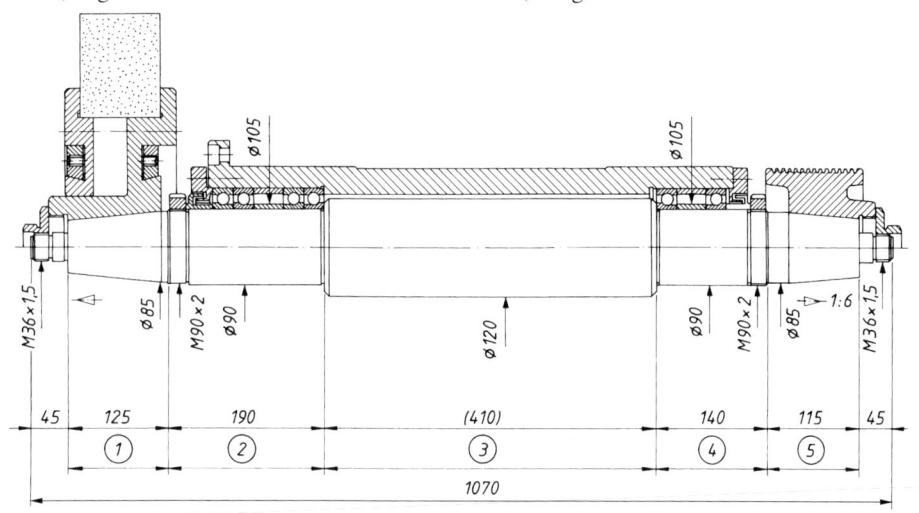

13.2 Der Schnitt zeigt ein aus Nabe (1), Scheibe (2), Rippen (3) und Kranz (4) durch Schweißen gefügtes Zahnrad in vereinfachter Darstellung.
Für das Großrad aus Baustahl soll das Trägheitsmoment berechnet werden, wobei die Passfedernut und die Schweißnähte vernachlässigt werden dürfen und der Kranz als Hohlzylinder mit Außendurchmesser gleich Teilkreisdurchmesser gesetzt werden darf.
Außerdem soll der Anteil des Zahnkranzes am gesamten Trägheitsmoment in % angegeben werden.

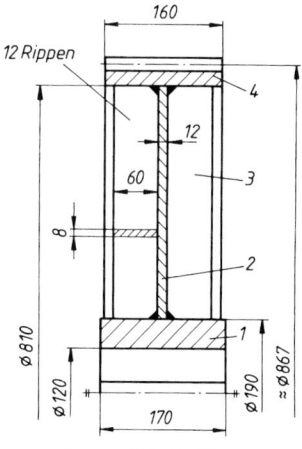

$m_n = 8$ mm, $z = 106$, $\beta = 12°$

13.3 Ein Elektromotor mit der Nenndrehzahl $n = 1440$ min^{-1} treibt über die Schaltkupplung K und über ein zweistufiges Getriebe mit den Einzelübersetzungen $i_1 = 3{,}15$ und $i_2 = 2{,}5$ eine Gewindespindel an, durch die ein 560 kg schwerer Maschinentisch mit der Geschwindigkeit $v = 2{,}5$ m/s bewegt wird.
Die Trägheitsmomente der Antriebselemente betragen: $J_0 = 0{,}007$ kg m^2, $J_1 = 0{,}02$ kg m^2 und $J_2 = 0{,}028$ kg m^2.
Zu berechnen ist das auf die Kupplungswelle reduzierte Trägheitsmoment J_red des Tischantriebes.

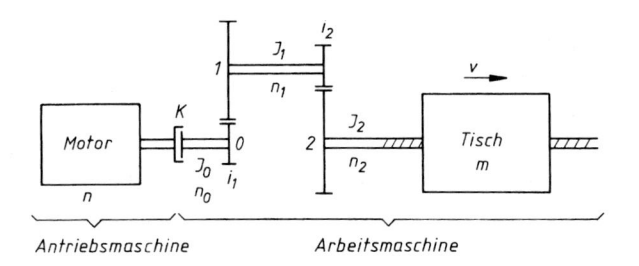

Nicht schaltbare Kupplungen

13.4 Für den Antrieb einer Sondermaschine durch einen Drehstrommotor DIN 42673–B3 112M × 4 × 1500 (Bauform B3, Baugröße 112M, Leistung 4 kW bei etwa 1500 min^{-1}) ist eine gummielastische Kupplung vorgesehen. Weitere Betriebsdaten sind nicht bekannt und auch nicht ohne weiteres zu ermitteln.
  a) Es ist eine für normale Betriebsbedingungen ausreichende Kupplung (Bauart und -größe) zu wählen.
  b) Die Befestigungsmöglichkeit der Kupplungsnabe auf dem Wellenende des Motors ist zu prüfen.

13.5 Für den direkten Antrieb einer Schraubenpumpe (arbeitet mit in Eingriff befindlichen Schneckenspindeln prinzipiell wie eine Zahnradpumpe mit schrägverzahnten Förderrädern) durch einen Einzylinder-Dieselmotor mit 6 kW Leistung bei 1500 min^{-1} ist überschlägig eine geeignete Kupplung (Bauart und -größe) zu bestimmen. Das Aggregat läuft täglich ununterbrochen 8 Stunden mit stoßfreier Vollast.

13.6 Ein Schneckenförderer schiebt 32 t Getreide in der Stunde über eine Förderlänge von 6 m. Er wird durch einen Getriebemotor mit 2,2 kW Leistung angetrieben. Die Drehzahl der Getriebewelle (= Schneckendrehzahl) beträgt 76 min^{-1}. Nach Herstellerangaben hat das Wellenende des Getriebes einen Durchmesser von 38 mm und der Zapfen der Schnecken-Rohrwelle einen solchen von 50 mm.

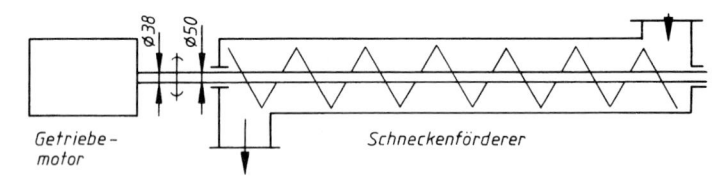

Zu ermitteln sind:
  a) für die Kupplung zwischen Getriebemotor und Schneckenwelle eine geeignete Bauart, wenn mit geringen radialen, axialen und winkligen Wellenverlagerungen, sowie mit kleinen Drehmomentschwankungen zu rechnen ist,
  b) die Kupplungsgröße bei einer täglichen Laufzeit von 12 Stunden.

13.7 Ein Drehstrommotor DIN 42673–B3 132M × 7,5 × 1500 (Bauform B3, Baugröße 132M, Leistung 7,5 kW bei etwa 1445 min^{-1}) soll über eine Ausgleichskupplung einen Zweizylinder-Kolbenverdichter antreiben. Zur Auswahl stehen zwei elastische Kupplungen, die einfach in Abhängigkeit der Motorgröße aus den Herstellerkatalogen ausgewählt wurden (vgl. TB 16-21):
  a) Hadeflex-Kupplungen, Bauform XW1, Baugröße 38 (elastische Klauenkupplung),
  b) Radaflex-Kupplungen, Bauform 300, Baugröße 10 (hochelastische Wulstkupplung).

13 Kupplungen und Bremsen

Beide Kupplungen sind auf ihre Eignung für folgende Betriebsverhältnisse zu prüfen:
- Nenndrehmoment des Verdichters $T_{LN} = 43$ Nm
- erregendes Wechseldrehmoment des Verdichters $T_{L2} = \pm 33$ Nm
- Trägheitsmoment des Verdichters $J_V = 0,4$ kg m^2
- Umgebungstemperatur höchstens +50 °C, Temperaturfaktor $S_t = 1,4$ für Vulkollan nach Angabe des Herstellers
- höchstens 30 Anläufe je Stunde.

13.8 Ein Drehstrommotor DIN 42673−B3 160M × 11 × 1500 (1) (Bauform B3, Baugröße 160M, Leistung 11 kW bei etwa 1450 min^{-1}) soll über eine Ausgleichskupplung (2) direkt eine Kreiselpumpe (3) antreiben. Um den Ausbau des Pumpenläufers ohne Demontage des Pumpengehäuses und des Motors zu ermöglichen, muss eine Kupplung mit Zwischenhülse (4) verwendet werden (Prozessbauweise).

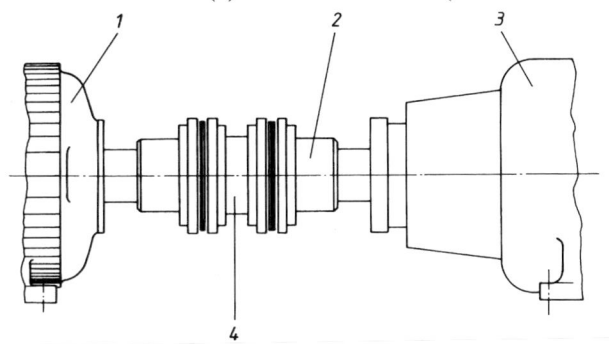

Zu ermitteln sind:

a) eine geeignete Kupplungs-Bauart,
b) die erforderliche Kupplungsgröße für folgende Betriebsdaten:
  - Nenndrehzahl des Motors und der Pumpe $n_N = 1450$ min^{-1}
  - Nennleistung der Pumpe nach Kennlinie ca. 9,5 kW
  - Trägheitsmoment des Pumpenläufers $J = 0,125$ kg m^2
  - Umgebungstemperatur max. +60 °C
  - höchstens 10 Anläufe je Stunde
c) die zulässige radiale Verlagerung der Wellen und die dadurch hervorgerufene radiale Rückstellkraft.

13.9 Für den direkten Antrieb einer Kreiselpumpe durch einen Drehstrom-Käfigläufermotor mit direkter Einschaltung, Baugröße 180M (22 kW bei 2930 min^{-1}), soll nach unten stehenden Betriebsdaten eine elastische Klauenkupplung größenmäßig ermittelt werden.
Betriebsverhältnisse:
- Trägheitsmoment des Pumpenläufers ca. 0,15 kg m^2
- Umgebungstemperatur maximal +60 °C
- 8 Anläufe je Stunde

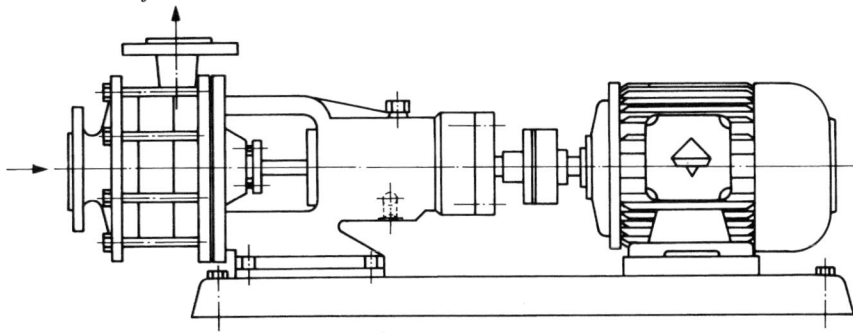

13.10 Ein Drehstrommotor mit Schleifringläufer und angebauter Scheibenbremse, der 4 kW bei 900 min^{-1} leistet, treibt über eine hochelastische Wulstkupplung K (Periflex-Wellenkupplung mit Reifen aus NR, Größe 10-1a) das Fahrwerk einer mit 20 m/min fahrenden Laufkatze an. Die Nutzlast der Katze beträgt 50 t, ihre Eigenmasse 11 t. Nach Herstellerangaben betragen die Trägheitsmomente für den Motorläufer, die Kupplung und das Getriebe mit den Triebwerksteilen (bezogen auf die Kupplungswelle): $J_M = 0{,}051$ kg m^2, $J_K = 0{,}0142$ kg m^2 und $J_G = 0{,}040$ kg m^2. Für die Periflex-Kupplung findet man ein übertragbares Nenndrehmoment $T_{KN} = 100$ Nm und ein übertragbares Maximaldrehmoment von $T_{K\max} = 300$ Nm.

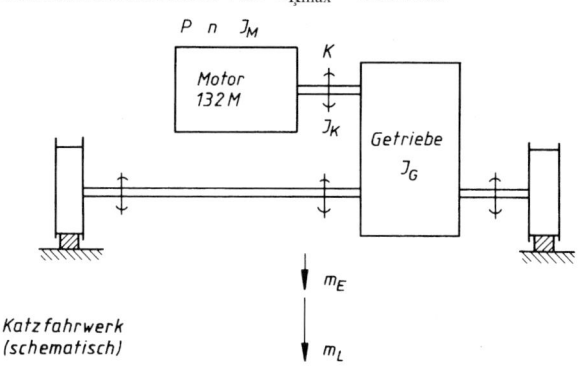

Für die voll belastete Laufkatze ist zu ermitteln:

a) ob die vorgesehene Kupplungsgröße ausreicht, wenn mit 40 Anläufen in der Stunde zu rechnen ist, die Umgebungstemperatur ca. 50 °C beträgt und das Kippdrehmoment des Motors mit $T_{ki} \approx 2{,}8 \, T_N$ angesetzt werden kann;

b) die Beschleunigungszeit (Anfahrzeit) für den Katzfahrantrieb, wenn während des Anlaufs das mittlere Motordrehmoment ca. 2,3 T_N beträgt und das durch den Fahrwiderstand verursachte Lastdrehmoment mit ca. 25 Nm bestimmt wurde;

c) der Anfahrweg bis zum Erreichen der Beharrungsgeschwindigkeit.

13.11 Im Reversierbetrieb (wechselnde Drehrichtung) sind die Pakete (a) einer elastischen Klauenkupplung durch die Klauen (b) bleibend deformiert worden, so dass ein Drehspiel $\varphi_S = 7°$ entstand. Die Kupplung sitzt unmittelbar auf dem Wellenende eines Drehstrommotors mit Käfigläufer, Baugröße 132S (5,5 kW bei 1445 min^{-1}). Sie treibt eine Arbeitsmaschine an, deren auf die Kupplungswelle bezogenes Trägheitsmoment ca. 0,09 kg m^2 beträgt. Das mittlere Beschleunigungsdrehmoment ist $T_{am} \approx 3 T_N$.

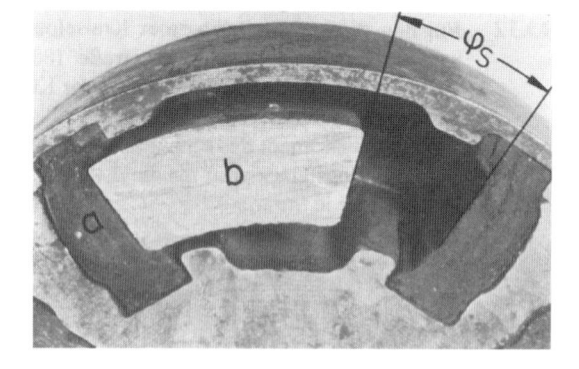

a) Auf welche Winkelgeschwindigkeit bzw. Drehzahl wird der Motorläufer innerhalb des freien Weges von $\varphi_S = 7°$ beschleunigt, bis die treibende Kupplungshälfte auf die noch stillstehende der Lastseite trifft?

b) Wie groß ist die Belastung durch den Geschwindigkeitsstoß, wenn die Drehfedersteife der Kupplung ca. 2400 Nm/rad beträgt?

13 Kupplungen und Bremsen

13.12 Ein Einzylinder-Viertakt-Dieselmotor mit dem Nenndrehmoment $T_N = 55$ Nm bei der
•• Nenndrehzahl $n_N = 1500$ min^{-1} treibt über eine nichtschaltbare Kupplung einen Generator an. Nach Herstellerunterlagen beträgt das erregende Wechseldrehmoment des Dieselmotors $T_{A0,5} = \pm 180$ Nm, sein Trägheitsmoment ca. 4,5 kg m^2 und das Trägheitsmoment des Generators ca. 0,5 kg m^2. Der Maschinensatz läuft in der Stunde höchstens 12-mal an. Die Umgebungstemperatur der Kupplung beträgt max. +45 °C.

a) Eine geeignete Kupplungs-Bauart ist zu wählen;
b) die Kupplung ist den Betriebsverhältnissen entsprechend auszulegen.

13.13 Ein Vierzylinder-Viertakt-Dieselmotor mit $P = 28$ kW bei $n = 1500$ min^{-1}, dem peri-
•• odischen Wechseldrehmoment $T_{A2} = \pm 530$ Nm und dem Trägheitsmoment $J = 2,3$ kg m^2 soll über eine nachgiebige Kupplung direkt eine Arbeitsmaschine antreiben, deren mittleres Lastdrehmoment $T_{LN} = 150$ Nm und deren Trägheitsmoment $J = 0,9$ kg m^2 beträgt. Die Anlage läuft bis zu 50-mal in der Stunde an. Die Umgebungstemperatur liegt bei +35 °C.
Die Kupplung ist auszulegen (Bauart und Baugröße).

Schaltbare Kupplungen

13.14 Ein Drehstrom-Asynchronmotor, Baugröße 160M, treibt über eine elektromagnetisch
•• betätigte Lamellenkupplung der Bauform 100 eine Werkzeugmaschine an. Der Motor läuft bei ausgeschalteter Kupplung an und bleibt dann dauernd eingeschaltet. Er leistet 11 kW bei 1450 min^{-1}. Mit der auf der Motorwelle sitzenden, nasslaufenden Kupplung sollen 120 Schaltungen in der Stunde ausgeführt werden. Dabei ist jedes Mal das (auf die Kupplungswelle reduzierte) Trägheitsmoment der Arbeitsmaschine von 0,32 kg m^2 innerhalb von höchstens 0,8 s aus dem Stillstand auf die Motordrehzahl zu beschleunigen. Während der Anlaufzeit beträgt das (auf die Kupplungswelle bezogene) Lastdrehmoment der Arbeitsmaschine 30 Nm, nach dem Schalten erhöht es sich auf 80 Nm. Die Kupplungsgröße ist zu bestimmen.

13.15 Eine Elektromagnet-Einscheibenkupplung mit Federdruckbremse (Kupplungsbremskombination) für den Antrieb einer 30 t-Exzenterpresse hat nach Katalog ein schaltbares Drehmoment $T_{KNs} = 2500$ Nm, ein übertragbares Drehmoment $T_{KNü} = 2750$ Nm und eine zulässige stündliche Schaltarbeit $W_{hzul} = 7 \cdot 10^6$ Nm/h. Die auf die Kupplungswelle reduzierten Trägheitsmomente betragen für
die Lastseite (Presse) $J_{L1} = 0,6$ kg m^2. Das Eigenträgheitsmoment des lastseitigen Kupplungsteiles (Ankerscheibe) wird mit $J_{L2} = 1,25$ kg m^2 angegeben. Es ist zu prüfen, ob die Kupplung den gestellten Anforderungen genügt, wenn eine stündliche Schaltzahl $z_h = 720$ bei einem größten Lastdrehmoment $T_L = 2000$ Nm gefordert wird und die Kupplungswelle mit $n = 450$ min^{-1} läuft.

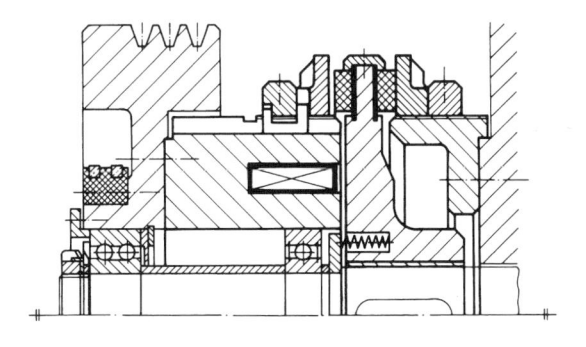

13.16 Der auf Schienen laufende Wagen (1) einer Beschickungsanlage wird über eine Kette (2) bewegt. Die Vorlaufgeschwindigkeit des 15 t schweren Wagens beträgt $v_v = 60$ m/min, die Rücklaufgeschwindigkeit des noch 3 t schweren leeren Wagens $v_r = 90$ m/min. In der Stunde erfolgen 120 Spiele. Das Kettenrad (3) mit einem Durchmesser von 250 mm wird dabei durch einen Drehstrommotor (5) mit $n = 700$ min^{-1} über ein Getriebe (4) mit den Übersetzungen $i_1 = 2{,}5$, $i_2 = 1{,}7$ und $i_3 = 3{,}55$ angetrieben. Für Vor- und Rücklauf sind je eine nasslaufende elektromagnetisch betätigte Kupplung vorgesehen. Zum Abbremsen des Wagens dient die Bremse (6).

Zu ermitteln ist die Baugröße der Kupplungen K_v (Vorlauf) und K_r (Rücklauf), wenn der Fahrwiderstand des Wagens beim Vorlauf 1,5 kN und beim Rücklauf 0,3 kN beträgt und die Beschleunigungszeit unter 2 s bleiben soll. Aus baulichen Gründen soll für die Vor- und Rücklaufkupplung die gleiche Baugröße gewählt werden.

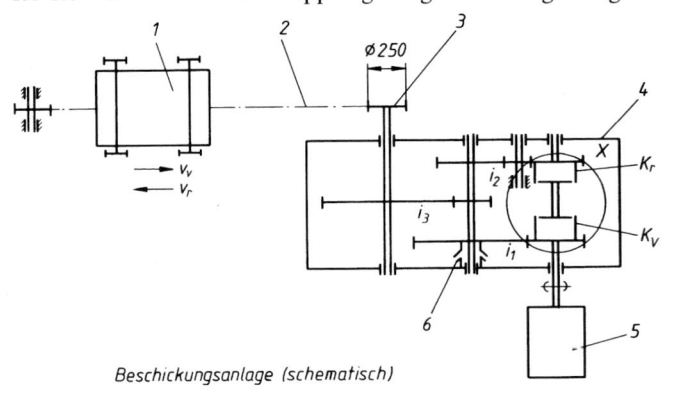

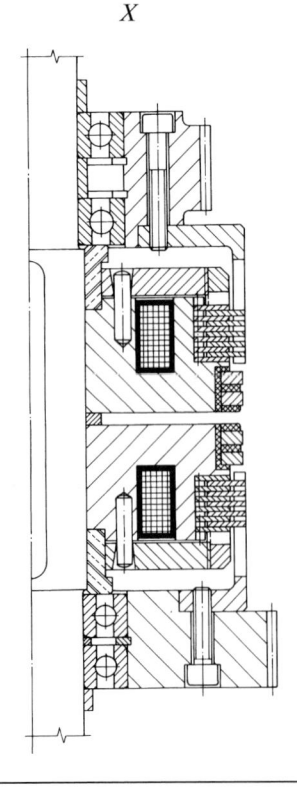

Beschickungsanlage (schematisch)

X

13 Kupplungen und Bremsen

13.17 Ein Dieselmotor, der 30 kW bei 1500 min^{-1} leistet, treibt über eine Anlaufkupplung (Fliehkraftkupplung) direkt das Laufrad eines Radialverdichters an, dessen mittleres Lastdrehmoment während des Anlaufes bei 40% des Nenndrehmomentes liegt ($T_L \approx 0{,}4\,T_N$). Das Trägheitsmoment beträgt für das Laufrad 16,6 kg m^2 und für die Kupplungsseite ca. 0,1 kg m^2.

   a) Warum werden Anlaufkupplungen häufig in Verbindung mit Verbrennungsmotoren eingesetzt?
   b) Welche Vorteile ergeben sich allgemein durch die Verwendung von Anlaufkupplungen?
   c) Wie groß ist die Anfahrzeit (= Rutschzeit der Anlaufkupplung), wenn das schaltbare Drehmoment der Kupplung dem Nenndrehmoment des Motors entspricht?
   d) Ist die bei einmaliger Schaltung anfallende Wärmebelastung der Kupplung zulässig, wenn die zulässige Schaltarbeit 0,44 · 10^6 Nm beträgt?

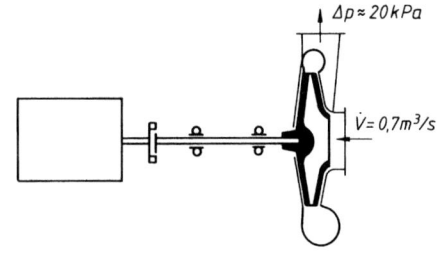

13.18 Ein Drehstrommotor mit Käfigläufer (1), Baugröße 200 L mit 22 kW Leistung bei der Nenndrehzahl 975 min^{-1}, treibt über eine Centrex-Fliehkraftkupplung (2) und einen Keilriementrieb (3) mit der Übersetzung $i = 0{,}8$ eine Zentrifuge[1] (4) an. Ihre Trommel weist ein Trägheitsmoment von 62 kg m^2, die Füllung von 24 kg m^2 auf.
Zu ermitteln bzw. zu prüfen sind:

   a) die Anfahrzeit (Rutschzeit) der Zentrifuge, wenn die Kupplung auf ein schaltbares Drehmoment von 230 Nm bei der Motornenndrehzahl eingestellt wird,
   b) die Wärmebelastung der Fliehkraftkupppung bei 4 Anläufen pro Stunde, wenn die zulässige Schaltarbeit bei einmaliger Schaltung 0,698 · 10^6 Nm und die stündlich zulässige Schaltarbeit 2,77 · 10^6 Nm beträgt,

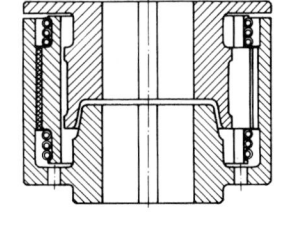

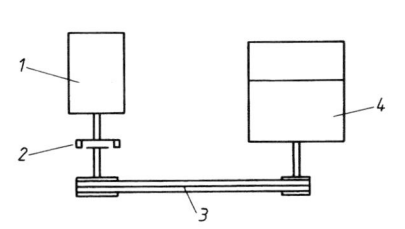

a) Schema Antrieb einer Zentrifuge

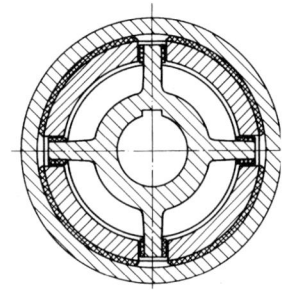

b) Centrex-Fliehkraftkupplung (2)

---

[1] Mechanische Trenngeräte, deren wesentliches Element ein rotierender Behälter ist, in dem sich das zu trennende Gemisch befindet und durch Sedimentation (Absetzen) oder Filtration getrennt wird.

c) welche Motornennleistung für einen Antrieb ohne Anlaufkupplung notwendig wäre, wenn die Anlaufzeit mit Rücksicht auf die Erwärmung des Motors höchstens 10 s dauern darf und das mittlere Beschleunigungsdrehmoment etwa dem 2,2-fachen Motornennmoment entspricht.

13.19 Eine als Anlaufkupplung eingesetzte Elektromagnet-Einscheibenkupplung im Antrieb eines Radialverdichters arbeitet unter folgenden Betriebsbedingungen:
– schaltbares Nenndrehmoment der Kupplung $T_{KNs} = 4000$ Nm,
– Antrieb durch Drehstrommotor Baugröße 335 T, mit $P_N = 160$ kW bei $n_N = 590$ min^{-1} (Verdichternennleistung = Motornennleistung),
– Radialverdichter mit mittlerem Lastdrehmoment $T_L \approx 0,4\, T_N$ und einem Trägheitsmoment des Läufers $J_L = 280$ kg m^2.

Zu berechnen sind:
a) die Rutschzeit,
b) die bei einer einmaligen Schaltung anfallende Schaltarbeit.

Kreuzgelenke

13.20 In eine Sondermaschine ist zur Erzeugung einer ungleichförmigen Drehbewegung ein einzelnes Kreuzgelenk eingebaut. Für die unter dem Ablenkungswinkel $\alpha = 32°$ zur gleichförmig umlaufenden Welle (1) geneigte Welle (3) ist zu berechnen:

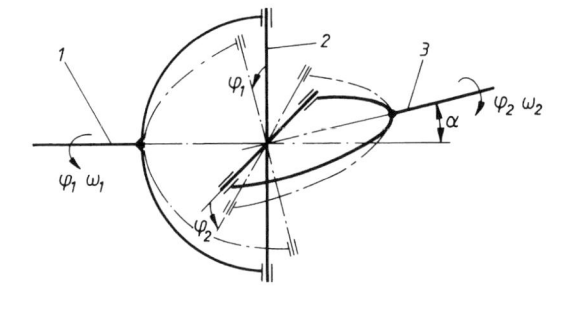

a) der Differenzwinkel
$\Delta\varphi = \varphi_2 - \varphi_1$ für den Drehwinkel $\varphi_1 = 40°$ der Welle (1),
b) die größte und die kleinste Drehzahl (Winkelgeschwindigkeit) der ungleichförmig umlaufenden Welle (3), wenn die Welle (1) gleichförmig mit $n_1 = 100$ min^{-1} umläuft,
c) die größte Schwankung des Drehmomentes der Welle (3), wenn die Welle (1) gleichförmig mit $T_1 = 100$ Nm angetrieben wird.

13.21 Im Antrieb einer Baumaschine sind zwei unter dem Ablenkungswinkel $\alpha = 23°$ verlagerte Wellen (1) und (3) durch eine Kreuzgelenkwelle (2) mit Längenausgleich verbunden. Der Antrieb hat 20 kW bei 560 min^{-1} zu übertragen.

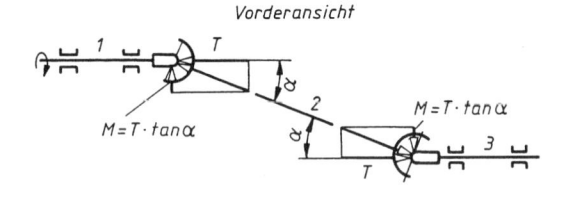

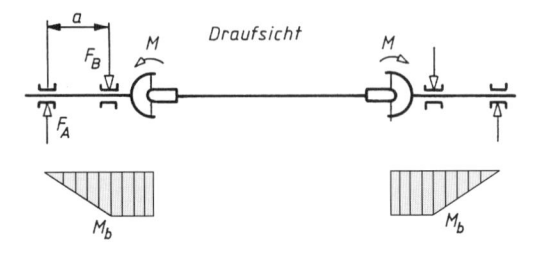

Zu berechnen sind:
a) die größte und die kleinste Drehzahl der Zwischenwelle,
b) die Schwankung des Drehmomentes in der Zwischenwelle,
c) das leistungslose Biegemoment,
d) die Auflagerkräfte F_A und F_B infolge des leistungslosen Biegemomentes, wenn der Lagerabstand $a = 250$ mm beträgt.

14 Wälzlager

Lagergröße bestimmen

14.1 Für die Lagerung der Welle eines Universalgetriebes, die mit einer Drehzahl $n = 1000$ min^{-1} umläuft, ist ein Rillenkugellager DIN 625 der Reihe 63 vorgesehen, das eine radiale Lagerkraft $F_r = 4$ kN und eine Axialkraft $F_a = 2,2$ kN aufnehmen soll.

a) Welche Lagergröße (d, D, B) ist geeignet, wenn für das Getriebelager die Lebensdauer $L_{10h} \approx 10\,000$ Betriebsstunden erreicht werden soll?

b) Welche Abmessungen der angrenzenden Teile (Rundungen, Schulterhöhen) sind nach DIN 5418 einzuhalten, um unbedingt einwandfreien Einbau zu gewährleisten?

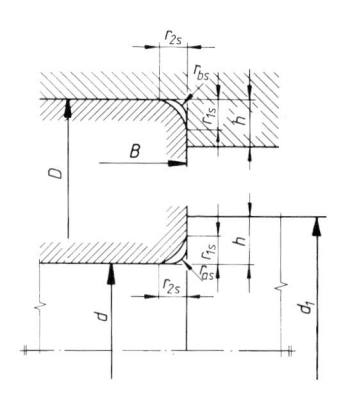

14.2 Welche Hauptabmessungen (Lagerbohrung gleich Wellendurchmesser, Außendurchmesser gleich Gehäusebohrung, Breite) ergeben sich bei einer radialen Lagerkraft $F_r = 10$ kN, wenn eine nominelle Lebensdauer $L_{10} = 60 \cdot 10^6$ Umdrehungen gefordert wird;

a) für Rillenkugellager DIN 625 der Reihe 60, 62, 63, 64;
b) für Zylinderrollenlager DIN 5412 der Reihe NU10, NU2, NU3?
Vergleiche die Hauptabmessungen und Kosten (s. Preisliste zum Katalog des Herstellers)!

14.3 Für die Lagerung einer Welle von 50 mm Durchmesser könnte aufgrund der betrieblichen Anforderung ein Rillenkugellager DIN 625, ein Zylinderrollenlager DIN 5412 der Bauart NU oder ein Pendelkugellager DIN 630 gewählt werden. Die radiale Lagerkraft beträgt $F_r = 4,6$ kN, die Drehzahl $n = 500$ min^{-1}. Es soll eine Lebensdauer von mindestens $L_{10h} = 8000$ h erreicht werden.
Für den vorliegenden Fall sind geeignete Wälzlager zu ermitteln!
Mit den Hauptabmessungen ist jeweils festzustellen, welche Lagerbauform den geringsten Einbauraum benötigt und welches Lager das preiswerteste (vgl. Preisliste einer Herstellerfirma) und somit günstigste ist!

14.4 Das Bild zeigt die Antriebswelle mit Lagerung eines Becherwerkes (Elevator, vgl. Lehrbuch 11.4, Beispiel 11.2, Bild 11-32).
Entsprechend der Fördermenge ergab sich bei einer Drehzahl $n = 80$ min^{-1} eine auf die Welle $d_1 = 70$ mm aus Eigengewichten und Gewicht des Fördergutes radial wirksame äquivalente Kraft $F = 11$ kN.
Zu ermitteln sind:
Die geeignete Lagerbauform, wenn die Lager auf Sockel gesetzt werden, und die erforderliche Lagergröße, wenn eine für allgemeine Förderbandrollen anzustrebende Lebensdauer L_{10h} berücksichtigt werden soll.

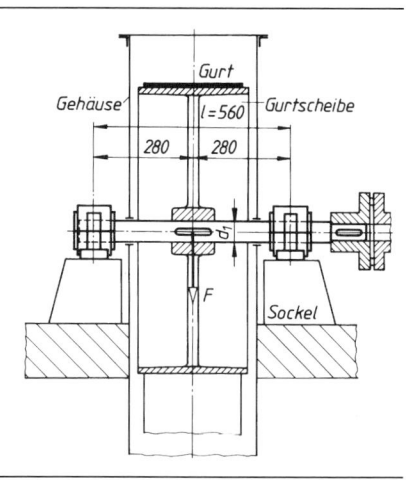

14.5 Ein Pendelrollenlager DIN 635 der Reihe 223 E soll eine radiale Lagerkraft $F_r = 50$ kN und eine axiale Lagerkraft $F_a = 10$ kN aufnehmen und eine nominelle Lebensdauer von mindestens 40 000 Betriebsstunden erreichen.

a) Welcher Bohrungsdurchmesser gleich Wellendurchmesser ist erforderlich, wenn die Welle mit einer Drehzahl $n = 400$ min^{-1} umläuft?

b) Die wirkliche nominelle Lebensdauer L_{10h} in Betriebsstunden für das gewählte Lager ist zu ermitteln!

Lebensdauer für bekannte Lager

14.6 Ein Rillenkugellager DIN 625–6306 hat bei einer Drehzahl $n = 630$ min^{-1} eine radiale Lagerkraft $F_r = 4$ kN und eine axiale Kraft $F_a = 1,2$ kN aufzunehmen.
Für die äquivalente Lagerbeanspruchung sind die zu erwartende Lebensdauer L_{10h} in Betriebsstunden und die Hauptabmessungen zu ermitteln!

14.7 Für das Rillenkugellager DIN 625–6208 sind zu bestimmen:

a) die nominelle Lebensdauer L_{10} in 10^6 (Millionen) Umdrehungen bei einer radialen Lagerkraft $F_r = 10$ kN;

b) die zulässige radiale Lagerkraft F_{rzul} in kN, wenn die halbe unter a) ermittelte Lebensdauer in 10^6 Umdrehungen erreicht werden soll.

Die Höhe der Lagerkraft ist hinsichtlich der Abnahme der Lebensdauer zu vergleichen und zu kommentieren!

14.8 Für das Rillenkugellager DIN 625–6310 sind rechnerisch zu ermitteln:

a) die nominelle Lebensdauer L_{10h} in Betriebsstunden (Ermüdungslaufzeit), bei einer Lagerkraft $F_r = 10$ kN und einer Drehzahl $n = 1000$ min^{-1};

b) die zulässige Lagerkraft F_{rzul} in kN, wenn die doppelte unter a) ermittelte Lebensdauer L_{10h} gefordert wird;

c) die Drehzahl in min^{-1} (auf volle 10 gerundet), wenn bei doppelter Lebensdauer L_{10h} die gleiche Lagerkraft F_r wie unter a) erreicht werden soll.

14.9 Statt des Rillenkugellagers DIN 625–6310 in Aufgabe 14.8 soll ein Zylinderrollenlager DIN 5412 der Bauart NU mit gleicher Bohrungskennziffer gewählt werden.

a) Welche nominelle Lebensdauer L_{10h} in Betriebsstunden errechnet sich für das Zylinderrollenlager, dessen dynamische Tragzahl der des Rillenkugellagers am nächsten liegt?

b) Welche nominelle Lebensdauer L_{10h} in Betriebsstunden ergibt sich, wenn ein Zylinderrollenlager der gleichen Maßreihe wie das Rillenkugellager gewählt wird?

Die Lagerabmessungen für a) und b) sind zu vergleichen!

14.10 Als Festlager der Welle eines Universalgetriebes soll ein Rillenkugellager DIN 625–6308 bei einer Drehzahl $n = 750$ min^{-1} eine radiale Lagerkraft $F_r = 3000$ N und eine axiale Lagerkraft $F_a = 1500$ N aufnehmen.
Es ist zu prüfen, ob die nominelle Lebensdauer L_{10h} in Betriebsstunden für die Lagerung ausreicht!

14.11 Bei einem Drehstrommotor mit einer Leistung $P = 37$ kW und einer Drehzahl $n = 1500$ min^{-1} hat die Läuferwelle an den Lagerstellen einen Durchmesser $d = 60$ mm. Durch ein auf das Wellenende aufgesetztes Schrägstirnrad sind für das antriebsseitige Lager eine Radialkraft $F_r = 4$ kN und eine Axialkraft $F_a \approx 1,8$ kN im ungünstigsten Fall zu erwarten.
Es ist zu prüfen, ob ein für diese Lagerstelle gewähltes zweireihiges Schrägkugellager DIN 628 der Reihe 32 hinsichtlich der üblichen Lebensdauer für Serienelektromotoren ausreicht!

14 Wälzlager

14.12 Für die gefederte Lagerung der umlaufenden Achse aus E295 eines Abraumwagens sind Pendelrollenlager DIN 635−22314E1-K mit Abziehhülse DIN 5416−AHX 2314 bei einem Achszapfendurchmesser $d_1 = 65$ mm vorgesehen. Die auftretende höchste radiale Lagerkraft beträgt $F_r \approx 30$ kN. Die durch Schlingern und bei Kurvenfahrt zusätzlich auftretende Axialkraft F_a kann bei der verhältnismäßig geringen Fahrgeschwindigkeit $v \approx 40$ km/h mit rund 10% der Radialkraft (geschätzt) angenommen werden. 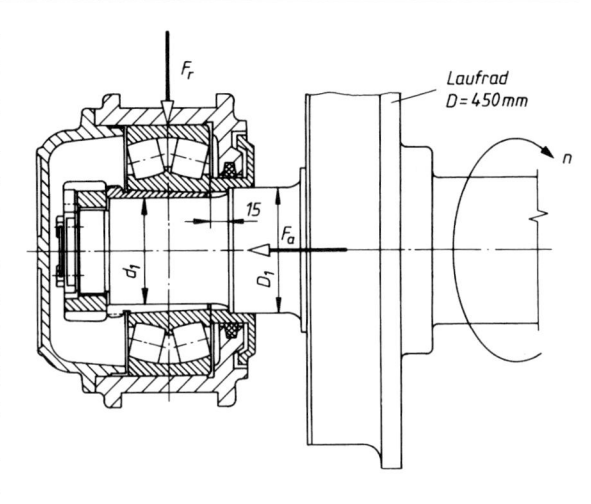
Es ist zu prüfen, ob das Lager die für Achslager von Abraumwagen übliche Lebensdauer erreicht.

14.13 Die maximale Belastung am Kubelzapfen eines Sägegatters wurde im unteren Totpunkt mit $F \approx 80$ kN bei einer Drehzahl $n = 280$ min^{-1} ermittelt und für den Kubelzapfen ein Durchmesser $d_1 = 80$ mm errechnet. Wegen der hohen Belastung und möglicher Fluchtfehler soll ein Pendelrollenlager DIN 635 der Reihe 223 mit Abziehhülle AH23 nach DIN 5416 gewählt werden.

a) Für das gewählte Lager ist die vollständige Bezeichnung mit dynamischer Tragzahl und der kleine Durchmesser d der kegeligen Bohrung (1:12) sowie D und B anzugeben.

b) Es ist zu prüfen, ob die bei Pleuellagern von Sägegattern anzustrebende Lebensdauer L_{10h} erreicht wird.

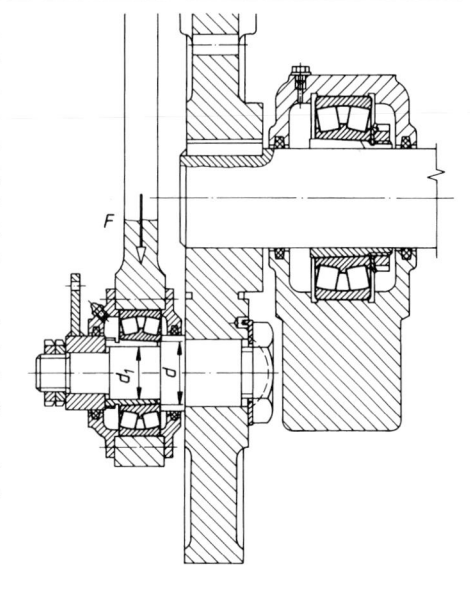

14.14 Die Antriebswelle mit $d = 45$ mm eines Kegelradgetriebes hat eine Drehzahl $n = 1440$ min^{-1}. Für den belastungsmäßig ungünstigsten Fall bei einer auf das Wellenende aufgesetzten Riemenscheibe ergeben sich am Kegelrad eine Axialkraft $F_a = 2{,}5$ kN, für das Lager A eine resultierende radiale Lagerkraft $F_{Ar} = 4{,}5$ kN und für das Lager B eine resultierende radiale Lagerkraft $F_{Br} = 3{,}5$ kN. Aus konstruktiven Gründen muss das Lager A trotz höherer Radialbelastung als Festlager ausgebildet werden und damit die Axialkraft aufnehmen.

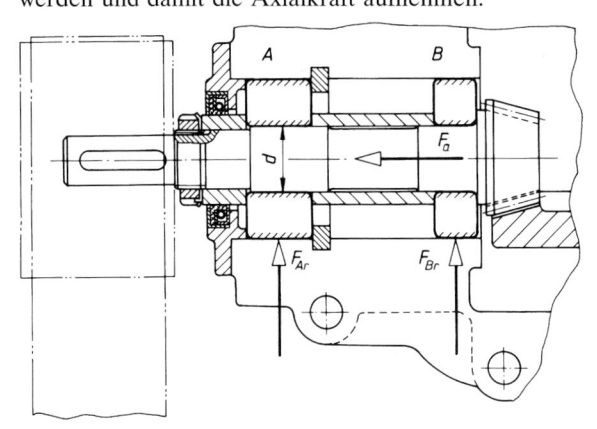

Für das Universalgetriebe sind die Lager mit einer Lebensdauer von i. M. mindestens 18 000 Betriebsstunden auszulegen.

a) Es ist zunächst zu prüfen, ob ein Rillenkugellager DIN 625 der schwersten Reihe für die Lagerstelle A ausreicht! Reicht das Lager nicht aus, sind geeignete Kugellager anderer Bauform zu wählen und die Lebensdauer zu prüfen!

b) Für die Lagerstelle B ist ein Rillenkugellager der gleichen Durchmesserreihe des gewählten Lagers an der Lagerstelle A zu verwenden, um eine durchgehende Gehäusebohrung für den gleichen Wellendurchmesser ausführen zu können. Welche Lebensdauer ist zu erwarten?

c) Für die Sitzstellen der Welle und der Gehäusebohrungen sind geeignete ISO-Toleranzen, die Hauptabmessungen der gewählten Lager und die Anschlussmaße nach DIN 5418 anzugeben.

14.15 Für die Antriebswelle eines Kegelradgetriebes (siehe Bild zu Aufgabe 14.14) mit der Drehzahl $n = 1500$ min^{-1} sollen an der Lagerstelle A als Festlager zwei Kegelrollenlager DIN 720–30310A in O-Anordnung eingebaut werden, die eine radiale Lagerkraft $F_{Ar} = 11$ kN und eine axiale Lagerkraft $F_a = 4$ kN aufzunehmen haben.
Die nominelle Lebensdauer L_{10h} in Betriebsstunden für das Universalgetriebe ist zu prüfen!

14.16 Für die Fest-Los-Lagerung einer Werkzeugmaschinengetriebewelle sollen auf der abgebildeten Festlagerseite 2 Schrägkugellager DIN 628–7212 B in O-Anordnung gepaart eingebaut werden, die radial $F_r = 8$ kN und axial $F_a = 6$ kN bei einer Drehzahl $n = 500$ min^{-1} aufzunehmen haben.

a) Die Abmessungen d, D, B für das Lagerpaar sind anzugeben!

b) Die nominelle Lebensdauer in Betriebsstunden ist zu überprüfen!

c) Es ist zu prüfen, ob ein zweireihiges Schrägkugellager DIN 628 der gleichen Durchmesserreihe (DR) für die Lagerung ausreicht.

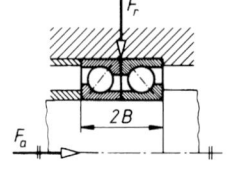

14 Wälzlager

14.17 Ein mittelgroßer Frischluftventilator läuft mit einer Drehzahl $n = 3000\ \text{min}^{-1}$. Das fliegend gelagerte Ventilatorrad mit der Gewichtskraft $F_V = 3\ \text{kN}$ erzeugt einen Achsschub $F_a = 6\ \text{kN}$. Außerdem betragen die Gewichtskräfte der Welle $F_W = 0{,}45\ \text{kN}$ und der Kupplung $F_K = 0{,}15\ \text{kN}$. Der Wellendurchmesser $d_{sh} = 65\ \text{mm}$ ist konstruktiv festgelegt. Für das Ventilatorrad wird die Unwuchtkraft $F_U = 0{,}5 \cdot F_V$ berücksichtigt.

Aus Gründen gut fluchtender Gehäusebohrungen werden in einem Stahllagergehäuse in Form einer Rohrkonstruktion auf der Ventilatorseite als Loslager ein Zylinderrollenlager DIN 5412 der Reihe NU2E, auf der Antriebsseite als Festlager ein in X-Anordnung eingebautes Schrägkugellagerpaar DIN 628 der Reihe 72 B vorgesehen.

a) Die radialen Lagerkräfte F_{r1}, F_{r2} in kN sind zu berechnen!
b) Die nominelle Lebensdauer L_{10h1} für Lager 1 und L_{10h2} für Lager 2 sind zu prüfen!

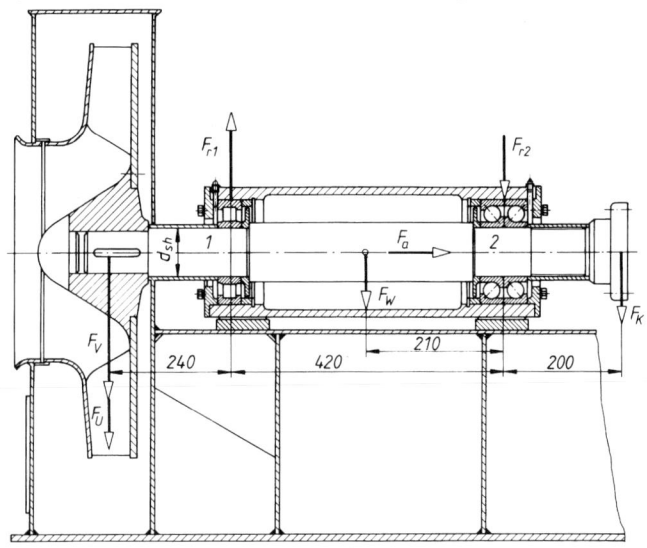

Lebensdauer für angestellte Lager

14.18 Die dargestellte Welle läuft mit einer maximalen Drehzahl $n = 1500\ \text{min}^{-1}$.

Lager 1 ist ein Kegelrollenlager DIN 720−30308A, das radial mit $F_{r1} = 8{,}5\ \text{kN}$ belastet wird. Für das Lager 2 ist ein Kegelrollenlager DIN 720−30306A zur Aufnahme der Radiallast $F_{r2} = 6{,}2\ \text{kN}$ vorgesehen. Die Lagerung in O-Anordnung hat zusätzlich eine Axialkraft $F_a = 2{,}0\ \text{kN}$ aufzunehmen.

Welche nominelle Lebensdauer in Betriebsstunden ist von den Lager 1 und 2 zu erwarten?

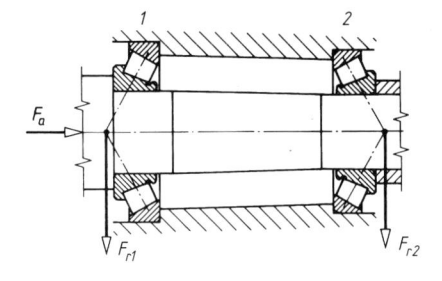

14.19 Auf die Lager 1 und 2 der Welle mit $n_{max} = 1500\ \text{min}^{-1}$ nach Bild der Aufgabe 14.18 wirken nur die Radialkräfte $F_{r1} = 8{,}5\ \text{kN}$ und $F_{r2} = 2{,}5\ \text{kN}$.

Welche nominelle Lebensdauer in Betriebsstunden kann für die gewählten Kegelrollenlager DIN 720−30308A und 30306A erwartet werden?

Lebensdauer bei veränderlichen Größen n und P

14.20 Die Hauptwelle einer Werkzeugmaschine mit $d = 40$ mm soll mit einem Zylinderrollenlager DIN 5412 der Bauart NU gelagert werden. Die radialen Lagerkräfte F_{rn} sind auf Grund von Messungen an einer ähnlichen Maschine bei den Drehzahlen n_n und einer Wirkungszeit t_n für eine nominelle Lebensdauer $L_{10h} = 20000$ Betriebsstunden und einer täglichen Gesamtlaufzeit $t = 8$ Betriebsstunden bestimmt:

$F_{r1} = 1{,}5$ kN bei $n_1 = 320$ min^{-1} während $t_1 = 1{,}3$ Betriebsstunden,
$F_{r2} = 3{,}0$ kN bei $n_2 = 400$ min^{-1} während $t_2 = 2{,}4$ Betriebsstunden,
$F_{r3} = 1{,}2$ kN bei $n_3 = 120$ min^{-1} während $t_3 = 0{,}8$ Betriebsstunden,
$F_{r4} = 0$ kN bei $n_4 = 800$ min^{-1} während $t_4 = 0{,}2$ Betriebsstunden,
$F_{r5} = 4{,}2$ kN bei $n_5 = 630$ min^{-1} während $t_5 = 1{,}3$ Betriebsstunden,
$F_{r6} = 1{,}3$ kN bei $n_6 = 72$ min^{-1} während $t_6 = 2{,}0$ Betriebsstunden.

Für das geeignete Zylinderrollenlager sind die Hauptabmessungen und die wirkliche nominelle Lebensdauer L_{10h} bei mittlerer Drehzahl n_m anzugeben.

14.21 Ein Schiffspropeller-Drucklager soll als Festlager mit einem Pendelrollenlager DIN 635–223 24ES ausgeführt werden.
Die Motorleistung ist 200 kW bei Normallast mit der Drehzahl $n_1 = 360$ min^{-1} für einen Fahrzeitanteil $q_1 = 75\%$, bei Vollast 300 kW mit $n_2 = 500$ min^{-1} für einen Fahrzeitanteil $q_2 = 25\%$.
Die Propellerschubkraft wird axial mit $F_a \approx 0{,}2$ kN/kW angenommen. Wegen des anteilig geringen Wellengewichts kann die radiale Beanspruchung F_r vernachlässigt werden.
Zu ermitteln sind:

a) die Schubkräfte bei Normal- und Vollast F_{a1}, F_{a2},
b) die äquivalente Lagerbeanspruchung P_i in kN bei mittlerer Drehzahl n_m in min^{-1},
c) die nominelle Lebensdauer L_{10h} in Betriebsstunden.

Modifizierte Lebensdauer

14.22 Eine Kreiselpumpe fördert $24 \cdot 10^3$ l Wasser/min bei der Antriebsleistung 45 kW und einer Drehzahl $n = 1450$ min^{-1}. Auf der Kupplungsseite der Pumpenwelle mit $d = 70$ mm (s. Bild) sind paarweise zwei Schrägkugellager DIN 628 der Reihe 72 B in X-Anordnung als Festlager eingebaut, die eine radiale Kraft $F_r = 5{,}8$ kN und einen Axialschub $F_a = 7{,}5$ kN aufzunehmen haben. Nahe dem Pumpenrad ist als Loslager ein Zylinderrollenlager DIN 5412 der Reihe NU2E eingebaut, das eine radiale Kraft von ca. 11 kN aufzunehmen hat.
Die Schmierung der Lager erfolgt mittels Tauchschmierung mit Mineralöl ohne Additive. Der Erfahrungswert der Betriebsviskosität von anderen Kreiselpumpen liegt bei $v \approx 25$ mm^2/s. Es ist von typisch verunreinigtem Schmierstoff ($e_c = 0{,}2$) auszugehen.
Wie groß ist die erweiterte modifizierte Lebensdauer in Betriebsstunden für eine Erlebenswahrscheinlichkeit von 90%?

14 Wälzlager

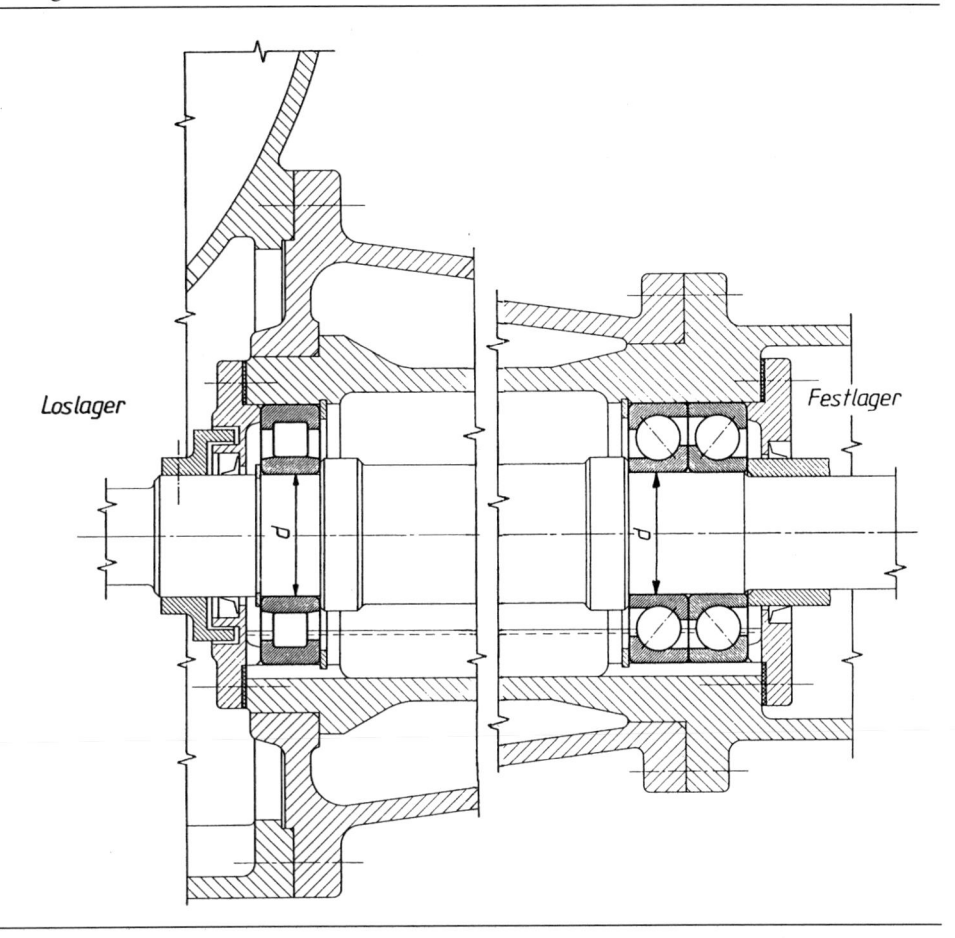

Loslager — *Festlager*

14.23 Ein Rillenkugellager DIN 625–6320 aus Standard-Wälzlagerstahl soll bei einer Drehzahl $n = 1000$ min^{-1} eine konstante radiale Lagerkraft $F_r = 25$ kN aufnehmen. Das Lager soll mit Öl geschmiert werden, das bei Betriebstemperatur eine Viskosität $\nu = 25$ mm^2/s hat. Es tritt typische Verunreinigung des Schmierstoffs auf. Wie groß ist die erweiterte modifizierte Lebensdauer in Betriebsstunden, wenn eine Erlebenswahrscheinlichkeit von 95% zugrunde gelegt wird?

14.24 Das Bild zeigt die Antriebswelle eines Motorgetriebes mit einer Leistung $P = 5{,}5$ kW bei einer Drehzahl $n = 125$ min^{-1} und deren Lagerung.
Für die Welle wurde ein Durchmesser $d_1 = 50$ mm berechnet, der an der Lagerstelle B auf $d_2 = 45$ mm abgesetzt ist.
Aus der Getriebeberechnung ergaben sich für das Schrägstirnrad mit dem Teilkreisdurchmesser $d = 227{,}8$ mm eine Umfangskraft $F_t = 4{,}4$ kN, eine Radialkraft $F_r = 1{,}65$ kN und eine Axialkraft $F_a = 1{,}2$ kN. Bei einem belastungsmäßig ungünstigen Abtrieb durch Flachriemen ist am Zapfen mit einer Achskraft $F_A = F'_A = 8$ kN zu rechnen. Aus konstruktiven Gründen wird das Lager A als Festlager ausgebildet. Die Lager- und Radabstände l_1, l_2, l_3 ergaben sich aus dem Entwurf.

a) Welche Wälzlagerbauformen würden sich zweckmäßig für die Lagerstellen A der Durchmesserreihe 3 und B der Durchmesserreihe 2 eignen? (ggf. zwei Vorschläge)
b) Die resultierenden Lagerkräfte F_{Ar} und F_{Br} für die in der gleichen Ebene wie F_t wirkende Achskraft F_A sowie F'_{Ar} und F'_{Br} für die Achskraft F'_A entgegen F_t sind aus den Lagerkräften in der Horizontalebene F_{Ax}, F_{Bx} bzw. F'_{Ax}, F'_{Bx} sowie in der Vertikalebene F_{Ay}, F_{By} nach Skizze zu ermitteln.

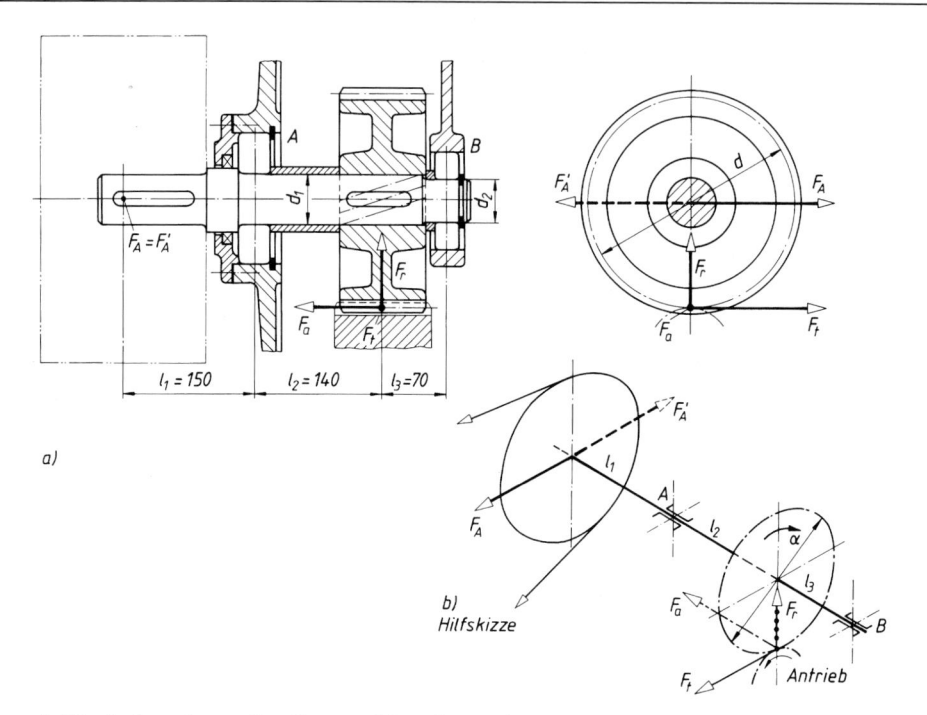

c) Die Lebensdauer für die gewählten Lager ist an den Lagerstellen A und B mit den größten wirkenden Lagerkräften zu bestimmen. Sie soll über den Erfahrungswerten von Universalgetrieben liegen.
d) Die zu erwartende modifizierte Lebensdauer der gewählten Lager bei einer Betriebsviskosität $\nu = 50$ mm^2/s und normaler Sauberkeit (kleinerer e_c-Wert) und wenn eine Ausfallwahrscheinlichkeit von 5% gefordert wird ist festzustellen.
e) Die Hauptabmessungen mit Anschlussmaßen nach DIN 5418 sind dazu anzugeben und geeignete ISO-Toleranzen an den Lagerstellen für Welle und Gehäuse zu empfehlen.

Statische Tragfähigkeit

14.25 Die Achse eines Brennofenwagens wird durch Wagengewicht und Zuladung mit $m = 1{,}5$ t belastet. Beim Befahren des Ofens, Fahrgeschwindigkeit 0,5 m/h, ist mit einer Betriebstemperatur für die Lager von $t \approx 300\ °C$ zu rechnen.
Aus der Festigkeitsberechnung ergaben sich die Durchmesser der Lagerzapfen $d_1 = 35$ mm. Für die Achsenlagerung sind geeignete Rillenkugellager DIN 625 bei normalem Betrieb und normalen Anforderungen an die Laufruhe zu bestimmen.

14 Wälzlager

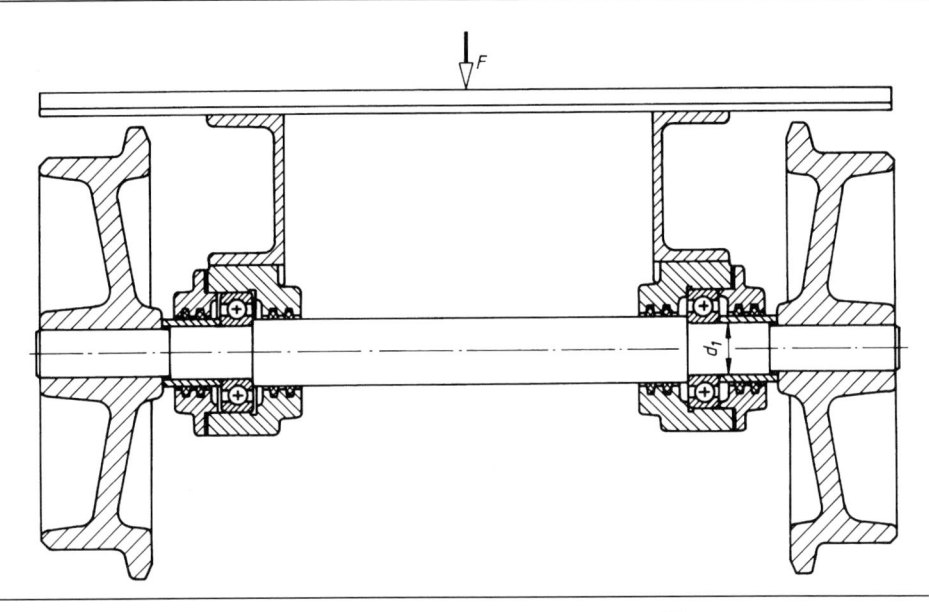

14.26 Die Lagerung des Gabelbolzens einer schwenkbaren Laufrolle ist mit zwei
•• Rillenkugellagern DIN 625 der Reihe 62 ausgebildet. Der Durchmesser des Gabelbolzens wurde mit 25 mm festgelegt.
Aus dem Entwurf ergaben sich die im Bild eingetragenen Abmessungen. Die größte Radkraft beträgt $F = 2{,}5$ kN. Für normalen Betrieb ist die Tragfähigkeit beider Lager aufgrund der Lagerkräfte F_{Ar}, F_{Br} zu prüfen, wobei zunächst festzustellen ist, welches der beiden Lager die Axialkraft aufnimmt.
Es ist von leicht stoßbelastetem Betrieb auszugehen.

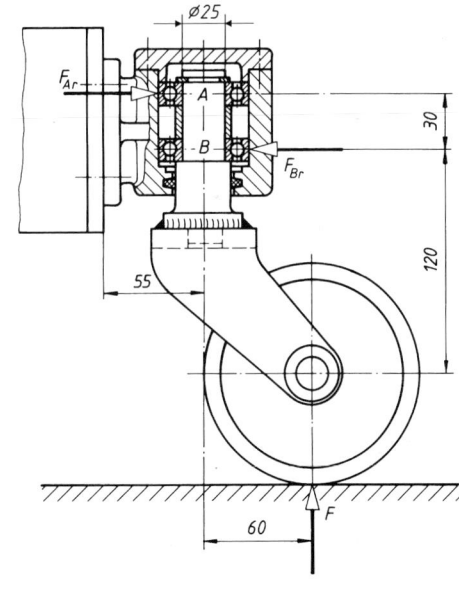

15 Gleitlager

Grundaufgaben

15.1 Für ein Schmieröl der Viskositätsklasse ISO VG 68 DIN 51519 entsprechend VI50 und einer mittleren Dichte $\varrho = 900$ kg/m³ sollen ν_{20}, ν_{40} in mm²/s und η_{50}, η_{100} in mPa s durch Ablesung bzw. genauere Berechnung (auf eine Kommastelle) ermittelt werden.

15.2 Nach Angabe des Lieferanten hat Schmieröl DIN 51501−L-AN68 eine Dichte $\varrho_{20} = 900$ kg/m³. Rechnerisch sind als ganze Zahl zu ermitteln:

a) die Dichte ϱ_{40} in kg/m³,
b) die kinematische Viskosität in mm²/s und die dynamische Viskosität η_{40} in mPa s.

15.3 Das vollumschließende Gleitlager einer Speisepumpe mit dem Innendurchmesser $d_L = 100$ mm, Breite $b = 125$ mm, Lagerwerkstoff Sn-Legierung, wird bei natürlicher Kühlung im stationären Betrieb mit der Lagerkraft $F = 5{,}5$ kN bei einer Drehzahl $n_W = 5500$ min^{-1} belastet. Bei mittlerem Betriebslagerspiel $s = 0{,}2$ mm wird Schmieröl DIN 51517−CL46 vorgesehen.
Es ist aufgrund der kleinsten Schmierspalthöhe h_0 und der Sommerfeldzahl So bzw. relativen Exzentrizität ε zu prüfen und zu beurteilen, ob bei einer angenommenen Lagertemperatur $\vartheta_L = \vartheta_{\text{eff}} = 70\,°C$ unter diesen Verhältnissen das 360°-Lager hydrodynamisch einwandfrei betrieben werden kann.

15.4 Das vollumschließende Radial-Gleitlager einer umlaufenden Welle ($Rz_W \leq 2$ µm) mit dem Innendurchmesser $d_L = 240$ mm ($Rz_L \leq 1$ µm) und einer Breite $b = 360$ mm, Lagerwerkstoff Pb-Legierung, wird im stationären Betrieb mit einer Lagerkraft $F = 300$ kN bei einer Drehzahl $n_W = 300$ min^{-1} belastet.

a) Die Verschleißgefährdung ist nachzuprüfen, wenn das ermittelte mittlere Betriebslagerspiel $s = 0{,}21$ mm beträgt und Schmieröl DIN 51517−CL220 bei einer mittleren Lagertemperatur $\vartheta_m = 70\,°C$ verwendet wird.
b) Die Übergangsdrehzahl $n'_{\text{ü}}$ beim Auslauf ist angenähert zu prüfen.

Die Ergebnisse sind zu beurteilen.

15.5 Die Welle eines Stirnradgetriebes aus E295 soll als Loslager ein dickwandiges Verbundgleitlager DIN 7474, Form A (s. Lehrbuch Bild 15-24a), zunächst Bauform lang, Lagermetallausguss PbSb 15Sn10 nach DIN ISO 4381 erhalten. Im stationären Betrieb ist die radiale Lagerkraft $F = 10$ kN bei einer Wellendrehzahl $n_W = 750$ min^{-1} aufzunehmen.

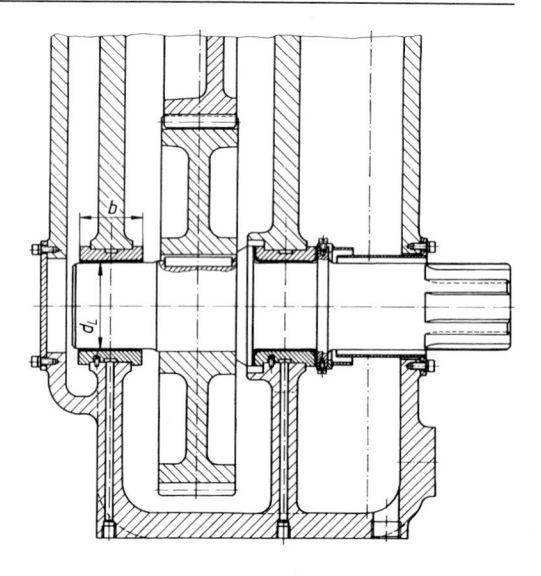

15 Gleitlager

a) Entsprechend DIN 7474 sind der erforderliche Lagerdurchmesser $d_L \cong d_1$ und die Breite $b \cong b_1$ zunächst aufgrund der zulässigen spezifischen Lagerbelastung p_{Lzul} für das Lagermetall zu wählen. Danach ist zu prüfen, ob die vorhandene spezifische Lagerbelastung p_L im zulässigen Bereich liegt, wenn für das Lager die Bauform kurz gewählt wird. Die Normbezeichnung des Lagers mit 2 Schmiertaschen Form K ist anzugeben (vgl. Bild).

b) Die zulässigen gemittelten Rautiefen Rz_W für die Welle und Rz_L für die Lagerbohrung sind entsprechend der gewählten Spielpassung H7/f7 für eine hochwertige Funktion der Gleitflächen festzulegen.

c) Das mittlere relative Betriebslagerspiel ψ_B in ‰ aufgrund der Spielpassung (auf 2 Dezimalstellen genau) ist für eine angenommene Lagertemperatur $\vartheta_L \cong \vartheta_{eff} = 60\,°C$ bei Berücksichtigung der Spieländerung zu bestimmen.

15.6 Das Deckellager DIN 505–L100 mit der Lagerschale M100 ($d_L = 100$ mm) aus einer Cu–Sn-Legierung (Längenausdehnungskoeffizient $\alpha_L \approx 18 \cdot 10^{-6}\,1/°C$) soll bei der Drehzahl $n_W = 800$ min^{-1} bis zum üblichen Erfahrungswert für die zulässige spezifische Lagerbelastung $p_{L\,zul} \cong p_L$ ausgelastet werden (vgl. Lehrbuch Bild 15-25d). Für den Einbau wird eine Spielpassung G7/d6 festgelegt. Zu ermitteln sind

a) das mittlere relative Einbau-Lagerspiel ψ_E in ‰,
b) das mittlere relative Betriebslagerspiel $\psi_B = \psi_E + \Delta\psi$ in ‰ bei einer effektiven Schmieröltemperatur $\vartheta_{eff} = 40\,°C$ und das minimale und maximale Betriebslagerspiel s_{Bmin} und s_{Bmax} in mm,
c) die relative Exzentrizität ε, wenn für das zu verwendende Schmieröl die kleinste Schmierspalthöhe h_0 ca. 30% größer als h_{0zul} sein soll,
d) die dynamische Viskosität η_{eff} in mPa s bei ϑ_{eff} und das dafür geeignete Schmieröl nach DIN 51517 mit Normbezeichnung.

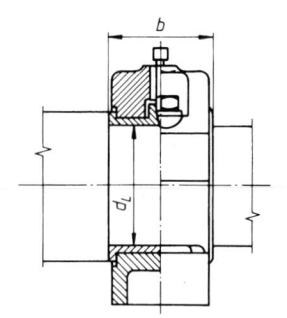

Hydrodynamische Lager

15.7 In ein Gehäusegleitlager DIN 31690–100 × 3 wie im Lehrbuch, Bild 15-26c, wird die passende Lagerschale DIN 31690–100, Breite $b = 80$ mm für einen mittig angeordneten festen Schmierring, der sich mit der Welle dreht, eingebaut. Das Lager wird somit durch eine Ringnut (360°-Nut) von der Breite $b_{Nut} = 5$ mm geteilt, so dass wegen der getrennten Gleitflächen zweckmäßig mit Ersatzabmessungen d'_L und b' (auf 2 Dezimalstellen genau) gerechnet wird (s. Lehrbuch 15.4.1-4 Kleindruck „Hinweis"). Infolge der stärkeren Schleuderwirkung des festen Schmierringes wird auch die unbelastete obere Schalenhälfte mit dem gewählten Schmieröl DIN 51517–CL46 gefüllt sein, so dass ein 360°-Lager (vollumschließendes Lager) angenommen werden kann.
Für den Wellenzapfen und die Lagerschale sind die gemittelten Rauhtiefen $Rz_W = 4$ μm bzw. $Rz_L = 1$ μm vorgesehen. Die Lagerung mit dem konstanten mittleren relativen Betriebslagerspiel $\psi_B = 1{,}49$‰ wird bei Umgebungstemperatur $\vartheta_U = 40\,°C$ bei einer Wellendrehzahl $n_W = 1500$ min^{-1} mit der Lagerkraft $F = 16$ kN belastet.

a) Aufgrund der spezifischen Lagerbelastung p_L ist eine Lagerwerkstoff-Gruppe erfahrungsgemäß zu wählen.
b) Unter der Annahme der wärmeabgebenden verrippten Oberfläche des Lagers $A_G = 0{,}5$ m² ist mit der Wärmeübergangszahl $\alpha = 20$ W/(m² °C) die Lagertemperatur ϑ_L für Luftkühlung iterativ zu ermitteln und für die Lagerwerkstoff-Gruppe zu prüfen, wenn als Richttemperatur $\vartheta_0 = \vartheta_U + 20$ °C zunächst gewählt und die Reibungskennzahl μ/ψ_B rechnerisch ermittelt wird.
c) Der erforderliche Schmierstoffdurchsatz in l/min ist zu errechnen.
d) Die Verschleißgefährdung ist nachzuprüfen.

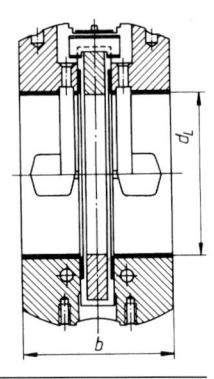

15.8 Das Gehäusegleitlager DIN 31690–100×3×5×7×9 (s. Lehrbuch zu Bild 15-26c) mit
•• der Lagerschale DIN 31690–5×100–2K mit $b = 80$ mm, Schmierringschlitzbreite $b_{Nut} = 22$ mm (für Schmierring DIN 31690–7×210, d. h. Durchmesser 210 mm, Breite 20 mm) hat ein mittleres relatives Betriebslagerspiel $\psi_B = 1{,}49$‰.
Bei einer Lagerkraft $F = 16$ kN und einer Wellendrehzahl $n_W = 2000$ min^{-1} im stationären Betrieb soll Schmieröl DIN 51517–CL22 verwendet werden. Zu ermitteln bzw. zu prüfen sind für Luftkühlung

a) die Zulässigkeit der spezifischen Lagerbelastung, wenn für den Lagermetallausguss der Schale Sn- bzw. Pb-Legierungen vorgesehen werden.
b) die effektive dynamische Viskosität η_{eff} in Ns/mm² des Schmieröls, wenn als Richttemperatur $\vartheta_{eff} \triangleq \vartheta_0 = \vartheta_U + 20$ °C = 60 °C angenommen wird,
c) die Sommerfeldzahl So,
d) die relative Exzentrizität $\varepsilon = f(b/d_L, So)$ und das Verhalten des Lagers,
e) die Zulässigkeit der kleinsten Schmierspalthöhe h_0 in (vollen) μm, wenn $Rz_W \leq 2$ μm und $Rz_L \leq 1$ μm angenommen wird, und den geschätzten Verlagerungswinkel $\beta°$, wenn wegen des Schmierringschlitzes sowie der Schmiertaschen für den losen Schmierring die Lagerung eher einem 180°-Lager (halbumschließendes Radiallager) entspricht, da eine Ölfüllung in der entlasteten Lagerhälfte kaum erreicht wird.

15.9 Für eine radiale Lagerkraft $F = 22{,}5$ kN bei der Wellendrehzahl $n_W = 900$ min^{-1} soll
•• ein Gleitlager DIN 7473–C80×60 mit einem Lagermetall auf Pb-Basis eingebaut werden, das mit Schmieröl DIN 51517–CL100 über eine Bohrung entgegengesetzt zur Lastrichtung versorgt wird.
Das mittlere relative Betriebslagerspiel ψ_B in ‰ soll zunächst abhängig von der Gleitgeschwindigkeit u_W festgelegt werden.

a) Das mittlere Betriebslagerspiel s_B in 1/100 mm ist zu bestimmen.
b) Es ist zu untersuchen, ob das Lager für eine geschätzte Richttemperatur $\vartheta_0 = 70$ °C bei einer Umgebungstemperatur $\vartheta_U = 20$ °C mit der wärmeabgebenden Oberfläche $A_G = 0{,}2$ m² bei einer effektiven Wärmeübergangszahl $\alpha = 20$ W/(m² °C) hydrodynamisch mit natürlicher Kühlung betrieben werden kann, wenn $\vartheta_{L\,zul} = 90$ °C nicht überschritten werden soll.
c) Die Zulässigkeit der kleinsten Schmierspalthöhe h_0 ist für $Rz_W \leq 2$ μm und $Rz_L \leq 1$ μm zu prüfen.
d) Der Schmierstoffdurchsatz infolge Eigendruckentwicklung $\dot{V}_D$ ist zu ermitteln.

15 Gleitlager

15.10 Das Gleitlager DIN 7474−A60×45−2K (s. Lehrbuch Bild 15-24a) des Stirnradgetriebes entsprechend der Aufgabe 15.5 (s. Bild) soll im stationären Betrieb eine radiale Lagerkraft $F = 7$ kN bei einer Wellendrehzahl $n_W = 750$ min^{-1} aufnehmen, wobei dem Loslager Schmieröl DIN 51517−CL220 bei der Umgebungstemperatur $\vartheta_U = 30$ °C zugeführt wird.
Bei der angenommenen Richttemperatur $\vartheta_0 \triangleq \vartheta_{eff} = 60$ °C beträgt das relative Lagerspiel $\psi_B = 1{,}52$‰, wenn das relative Einbau-Lagerspiel $\psi_E = 1$‰ ermittelt wurde. Für die (geschätzte) wärmeabgebende Fläche $A_G \approx 0{,}1$ m^2 ist mit einer Wärmeübergangszahl $\alpha = 20$ W/(m^2 °C) zu rechnen.
Die Lagertemperatur $\vartheta_L \triangleq \vartheta_m$ ist für natürliche Kühlung bei Berücksichtigung der Spieländerung durch Iteration zu ermitteln, wenn nach Herstellerangabe die zulässige Lagertemperatur $\vartheta_{L\,zul} = 70$ °C nicht überschritten werden soll.

15.11 Das Gleitlager DIN 7474−A60×45−2K des Stirnradgetriebes, Lagermetall PbSb15Sn10 entsprechend der Aufgabe 15.5 (s. Bild) wird mit der radialen Lagerkraft $F = 7$ kN bei einer Wellendrehzahl $n_W = 750$ min^{-1} im stationären Bereich belastet. Es soll mittels Druckumlaufschmierung bei einem konstant gewählten gesamten Schmierstoffdurchsatz $\dot{V} \approx 0{,}5$ dm^3/min mit Schmieröl DIN 51517−CL220 versorgt werden. Bei einer Schmierstoffeintrittstemperatur $\vartheta_e = 30$ °C soll nach Herstellerangabe die zulässige Lagertemperatur $\vartheta_{L\,zul} = 70$ °C nicht überschreiten.
Zu ermitteln bzw. zu prüfen sind
a) die Lagertemperatur $\vartheta_L \triangleq \vartheta_a$ durch Iteration, wenn das mittlere relative Einbau-Lagerspiel $\psi_E = 1$‰ beträgt,
b) die Verschleißgefährdung, wenn für die Welle $Rz_W = 4$ µm und die Gleitfläche $Rz_L = 1$ µm entsprechend der gewählten Passung beträgt.
c) Das Betriebsverhalten des Lagers ist zu beurteilen.

15.12 Ein Getriebe-Gleitlager mit einem Nenndurchmesser $d_L = 70$ mm $\triangleq d_W$, Breite $b = 70$ mm, wird bei einer Wellendrehzahl $n_W = 1200$ min^{-1} mit der Lagerkraft $F = 9{,}5$ kN beansprucht. Dem Lager soll Schmieröl DIN 51517 − C68 bei der Eintrittstemperatur $\vartheta_e = 50$ °C mit einem Zuführdruck $p_Z = 2$ bar über eine Schmiertasche $b_T/b = 0{,}6$ zugeführt werden, die entgegengesetzt zur Lastrichtung angeordnet wird.
a) Die Zulässigkeit der spezifischen Lagerbelastung p_L in N/mm^2 ist für die vorgesehene Cu−Pb-Legierung G−CuPb10Sn10 nach DIN ISO 4382-1 zu prüfen.
b) Da keine Erfahrungen vorliegen, soll zunächst das mittlere relative Einbaulagerspiel ψ_E in ‰ für die Gleitgeschwindigkeit u_W vorgewählt und danach das relative Betriebslagerspiel ψ_B in ‰ bei $\vartheta_{eff} = 0{,}5\,(\vartheta_e + \vartheta_{a0})$ bestimmt werden.
c) Die Schmierstoffaustrittstemperatur $\vartheta_a \triangleq \vartheta_L$ ist durch Iteration zu ermitteln, wenn die zulässige Lagertemperatur $\vartheta_{L\,zul} = 100$ °C nicht überschritten werden soll. Der Startwert ist $\eta_{eff} = 24 \cdot 10^{-9}$ Ns/mm^2 für $\vartheta_{eff} = 60$ °C. Die Verschleißgefährdung ist für $Rz_W \leq 2$ µm, $Rz_L \leq 1$ µm zu prüfen.

15.13 Für das Gehäusegleitlager DIN 31690−100×2 wird eine Lagerschale DIN 31690−4×100, Breite $b = 80$ mm (Bezeichnungen Nr. 2 bzw. Nr. 4 s. Lehrbuch zu Bild 15-26c) gewählt. Als Lagermetallausguss ist eine Sn-Legierung vorgesehen. Die Lagerung mit konstantem mittleren relativen Betriebslagerspiel $\psi_B = 1{,}49$‰ wird bei einer Wellendrehzahl $n_W = 3000$ min^{-1} mit der Lagerkraft $F = 16$ kN im stationären Bereich belastet.
Schmieröl DIN 51517−CL22 soll über eine Schmiertasche $b_T/b = 0{,}5$ um 90° gedreht zur Lastrichtung angeordnet mit einem Zuführdruck $p_Z = 3$ bar bei einer Eintrittstemperatur $\vartheta_e = 40$ °C zugeführt werden. Nachzuprüfen sind:
a) die mechanische Beanspruchung,
b) die thermische Beanspruchung bei Ölkühlung für das 360°-Lager,
c) die Verschleißgefährdung, wenn $Rz_W = 2$ µm und $Rz_L = 1$ µm betragen.

15.14 Ein vollumschließendes Radialgleitlager mit den Nennabmessungen $d_L = 120$ mm, $b = 60$ mm soll als Verbundlager mit Lagermetallausguss G–CuPb10Sn10 nach ISO 4382-1 bei einem mittleren Einbau-Lagerspiel $s = 0{,}12$ mm im stationären Betrieb bei einer Wellendrehzahl $n_W = 2000$ min^{-1} unter einer Belastung $F = 36$ kN betrieben werden.
Die gemittelten Rauhtiefen sind für den Wellenzapfen $Rz_W \leq 2$ µm, für die Lagerschale $Rz_L \leq 1$ µm bei einer Umgebungstemperatur $\vartheta_U = 40\,°C$. Über eine Bohrung $d_0 = 8$ mm in der Oberschale entgegengesetzt zur Lastrichtung soll den Gleitflächen Schmieröl DIN 51517–CL100 zugeführt werden.

a) Es ist zunächst zu untersuchen, ob das Lager mit einer wärmeabgebenden Oberfläche $A_G \approx 0{,}3$ m^2, Wärmeübergangszahl $\alpha = 20$ W/(m^2 °C) bei natürlicher Kühlung betrieben werden kann, wenn die Temperaturerhöhung $\Delta\vartheta = 20\,°C$ betragen und die zulässige Lagertemperatur $\vartheta_{L\,zul} = 90\,°C$ nicht überschritten werden soll.

b) Die Lagertemperatur $\vartheta_L \cong \vartheta_a$ ist bei Druckumlaufschmierung zu ermitteln, wenn das Schmieröl mit einem Druck $p_Z = 5 \cdot 10^5$ Pa bei einer Eintrittstemperatur zugeführt wird, die 10 °C höher als ϑ_U sein soll.

c) Die Verschleißgefährdung ist zu prüfen.

Hydrostatische Lager

15.15 Das Stützlager einer großen Zentrifuge einer Kläranlage soll als Ring-Spurlager (s. Bild) mit $d_a = 300$ mm, $d_i = 240$ mm eine Achskraft $F = 80$ kN bei einer Wellendrehzahl $n_W = 430$ min^{-1} aufnehmen. Bei einer Betriebstemperatur des Lagers $\vartheta_{eff} \approx 41\,°C$ wird Öl der Viskositätsklasse ISO VG 68 DIN 51519 verwendet.

a) Welche zweckmäßige Schmierspalthöhe h_0 in µm ergibt sich, wenn zur Erzeugung des hydrostatischen Schmierfilms mit dem 5-fachen Wert der zulässigen Spalthöhe $h_{0\,zul}$ nach Drescher gerechnet wird (größten Wert in ganzen µm nehmen)?

b) Für den notwendigen Schmierstoff-Zuführdruck $p_Z \approx p_T$ in bar (Rundwert) ist der erforderliche Schmierstoffvolumenstrom $\dot{V}$ in l/min zu bestimmen.

c) Die Schmierstofferwärmung $\Delta\vartheta$ in °C ist zu ermitteln, wenn die raumspezifische Wärme $\varrho \cdot c$ wie bei Radiallagern für Ölkühlung üblich verwendet und ein Pumpenwirkungsgrad $\eta_P = 0{,}75$ zugrundegelegt wird.

d) Die Reibungszahl μ ist zu errechnen.

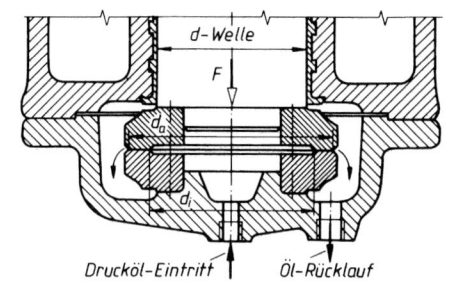

15.16 Ein hydrostatisch arbeitendes ebenes Spurlager (vgl. Bild 15-41 im Lehrbuch) soll eine zentrisch wirkende axiale Lagerkraft $F = 40$ kN bei einer Wellendrehzahl $n_W = 200$ min^{-1} aufnehmen. Konstruktiv passen ein Durchmesser des Wellenspurkranzes $d_a = 200$ mm und ein Innendurchmesser der Spurplatte $d_i = 160$ mm.
Als Schmierstoff soll Öl der Viskositätsklasse ISO VG 46 DIN 51519 bei einer mittleren Betriebstemperatur des Lagers $\vartheta_{eff} = 60\,°C$ mit der Dichte $\varrho_{60} \approx 890$ kg/m^3 verwendet werden.

Zu ermitteln sind:

a) aufgrund der Lagerabmessung für die Lagerkraft der erforderliche Schmiertaschendruck p_T in bar;

b) der Schmierstoffvolumenstrom in dm^3/min, wenn die erforderliche Schmierspalthöhe $h_0 \approx 2\,h_{0\,zul}$ für einen mittleren Faktor (nach Drescher) beträgt;

c) die Schmierstofferwärmung $\Delta\vartheta$ in °C gerundet, wenn für die Pumpenleistung der gerundete Wert $p_T \approx p_Z$ und ein Pumpenwirkungsgrad $\eta_P = 0{,}8$ angenommen werden.

15 Gleitlager

Einscheiben- und Segmentspurlager

15.17 Zur Aufnahme der axialen Lagerkraft $F = 133$ kN bei einer Wellendrehzahl $n_W = 430$ min^{-1} einer Schiffschraubenwelle soll ein Axiallager kombiniert mit einem MF-Radiallager eingebaut werden, s. Bild. Die Axialkraft F soll vom Wellenbund aus Stahl je nach Richtung nicht mit Druckringen sondern mit $z = 12$ einzelnen kippbeweglichen Segmenten aus Stahl mit Sn/Pb-Lauffläche mit $d_a = 378$ mm, $d_i = 252$ mm übertragen werden.

Für die neue Konstruktion Segmente mit Kippkante und Tragringe aus C10 soll bei Druckumlaufschmierung durch Pumpe Öl der Viskositätsklasse ISO VG 100 DIN 51519 bei Betriebstemperatur $\vartheta_{eff} = 65$ °C, Dichte $\varrho = 860$ kg/m^3 verwendet werden.

a) Für die Segmentlänge l in mm aus der Segmentteilung l_t ist die mittlere Flächenpressung p_L in N/m^2 zu prüfen und die Dicke h_{seg} in mm zu ermitteln.

b) Die Zulässigkeit der kleinsten Schmierspalthöhe h_0 in μm ist zu prüfen, wenn $l/b \approx 1$ bei $h_0/t \approx 1$ sowie beste Herstellung und sorgfältigste Montage angenommen werden.

c) Für die Reibungskennzahl k_2 ist die Reibungsverlustleistung P_R in Nm/s zu errechnen.

d) Die Erwärmung des Schmierstoffs $\Delta\vartheta < 20$ °C ist zu prüfen, wenn wegen Erreichens eines möglichst geringen Wertes der errechnete Schmierstoffvolumenstrom $\dot{V}_{ges}$ verdoppelt wird.

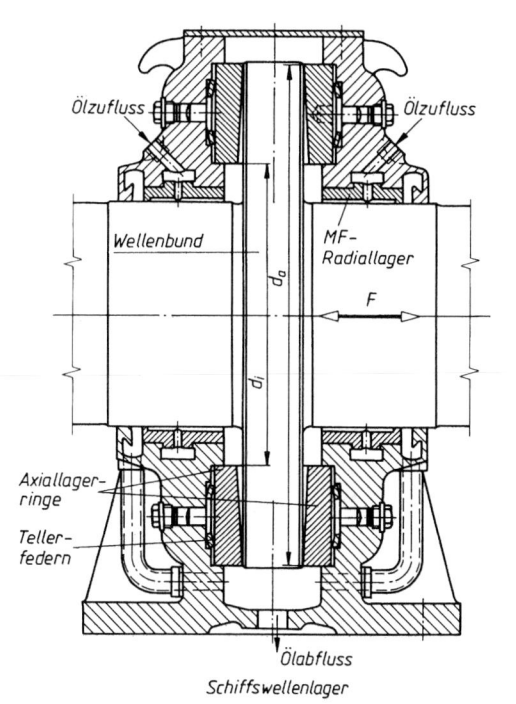

Schiffswellenlager

16 Riemengetriebe

Grundaufgaben

16.1 Für ein offenes Riemengetriebe mit dem Wellenabstand e sind für die Scheibendurchmesser $d_1 = d_2$ und $d_1 < d_2$ Gleichungen aufzustellen zur rechnerischen Ermittlung

a) des Umschlingungswinkels β_1 an der kleinen Scheibe,
b) der stumpfen Innenlänge L des Riemens.

16.2 Für ein offenes Riemengetriebe mit der Übersetzung $i = 5$, dem Wellenabstand $e = 1600$ mm und dem Durchmesser der Antriebsscheibe $d_1 = 160$ mm ist der Umschlingungswinkel β_1 an der Antriebsscheibe zu ermitteln.

16.3 Eine Arbeitsmaschine wird durch einen Drehstrom-Norm-Motor, Baugröße 160 M mit der Nenndrehzahl $n \approx 1480$ min^{-1} über einen Textilriemen aus Baumwollgewebe angetrieben. Die Durchmesser der Riemenscheiben nach DIN 111 betragen $d_1 = 250$ mm, $d_2 = 400$ mm bei einem Wellenabstand $e = 1200$ mm.
Mit den Nenngrößen sind zu ermitteln:

a) die Trumkräfte F_1 und F_2 im Last- und Leertrum;
b) die Wellenbelastung F_W im Betriebszustand.

16.4 Für einen Mehrschicht-Flachriemen aus Polyamidbändern (Laufschicht Gummi) mit $b = 80$ mm Riemenbreite und $t = 1,7$ mm -dicke ist für eine zulässige Spannung $\sigma_{zul} \approx 10$ N/mm^2 und der Dichte $\rho \approx 1,2$ kg/dm^3 die übertragbare Leistung in Abhängigkeit von der Riemengeschwindigkeit bildlich darzustellen und die optimale Riemengeschwindigkeit rechnerisch zu ermitteln. Aufgrund der Getriebeanordnung wurden die Durchmesser mit $d_1 = 200$ mm und $d_2 = 355$ mm bei einem Wellenabstand $e = 800$ mm festgelegt.

16.5 Der Antrieb einer Schleifmaschinenspindel, Spindeldrehzahl $n_2 \approx 3000$ min^{-1}, soll über einen 200 mm breiten und 3 mm dicken Textilriemen aus imprägnierter Kunstseide erfolgen. Als Antriebsmotor ist der Drehstrom-Norm-Motor 180 L mit der Antriebsdrehzahl $n_1 \approx 1470$ min^{-1} vorgesehen. Ungünstige Betriebsbedingungen sind nicht zu erwarten. Aufgrund der konstruktiven Gegebenheiten ist der Wellenabstand $e' \approx 1200$ mm vorzusehen.
Zu ermitteln bzw. festzulegen sind:

a) Die Durchmesser d_k und d_g der Riemenscheiben unter Zugrundelegung des für den gewählten Motortyp empfohlenen Scheibendurchmessers $d_{min} = 280$ mm;
b) die theoretische Riemenlänge L' und die (nach DIN 323–R20) festzulegende Riemenlänge L;
c) der sich mit der festgelegten Riemenlänge ergebende Wellenabstand e;
d) die Biegefrequenz f_B.

16 Riemengetriebe 111

Mehrschichtriemen

16.6 Für den Antrieb eines Lüfters, Drehzahl des Lüfterrades $n_2 \approx 750$ min^{-1}, ist ein Flachriemengetriebe mit einem Extremultus-Mehrschichtriemen auszulegen. Als Antriebsmotor ist ein Drehstrom-Norm-Motor der Baugröße 180 L mit der Nenndrehzahl $n_1 \approx 1475$ min^{-1} vorzusehen. Der Durchmesser der Scheibe auf der Lüfterradwelle kann aus baulichen Gründen maximal $d_2 = 400$ mm bei einem Wellenabstand $e' \approx 750$ mm betragen. Die zu erwartenden Betriebsbedingungen sind durch den Anwendungsfaktor $K_A \approx 1{,}1$ zu berücksichtigen. Starker Einfluss von Öl und Fett ist bei dem vorgesehenen Einsatzfall nicht auszuschließen.
Im Einzelnen sind zu berechnen bzw. festzulegen:

a) die Riemenausführung des Extremultusriemens,
b) die Scheibendurchmesser d_k und d_g nach den Angaben des Herstellers,
c) die Riemenlänge L,
d) der Riementyp und die Riemenbreite b,
e) die Wellenbelastung F_{w0} im Ruhezustand und die Biegefrequenz f_B,
f) der Verstellweg x zur Vergrößerung des Wellenabstandes zum Spannen des Riemens.

16.7 Ein Kegel-Stirnradgetriebe mit $i_2 \approx 4{,}3$, $\eta \approx 0{,}85$ und der Abtriebsdrehzahl $n_{ab} \approx 90$ min^{-1} wird über einen Mehrschicht-Flachriemen der Bauart Extremultus 80 LT durch einen Drehstrom-Norm-Motor mit der Synchrondrehzahl $n_s = 1000$ min^{-1} angetrieben. Das Drehmoment an der Abtriebswelle des Getriebes beträgt $T_{ab} \approx 2000$ Nm, welches durch die Nennbelastung und die zusätzlich vorhandenen ungünstigen Betriebsbedingungen (Anwendungsfaktor $K_A \approx 1{,}5$) entsteht.
Zu ermitteln sind:

a) die geeignete Baugröße des Motors (n_s ist um 2,5% abzumindern, nach Herstellerangaben: Scheibendurchmesser $d_{kmin} = 280$ mm) sowie der für den gewählten Motor empfohlene Durchmesser d_k und der Durchmesser d_g nach DIN 111;
b) der empfehlenswerte Wellenabstand e' und die Riemenlänge L (Innenlänge) nach DIN 323–R20, wenn für den Wellenabstand der mittlere Wert zugrundegelegt wird;
c) die erforderliche Riemenbreite b und die zugehörige Kranzbreite B;
d) die etwa zu erwartende Wellenbelastung F_{w0} im Ruhezustand und die Biegefrequenz f_B;
e) der erforderliche Verstellweg x.

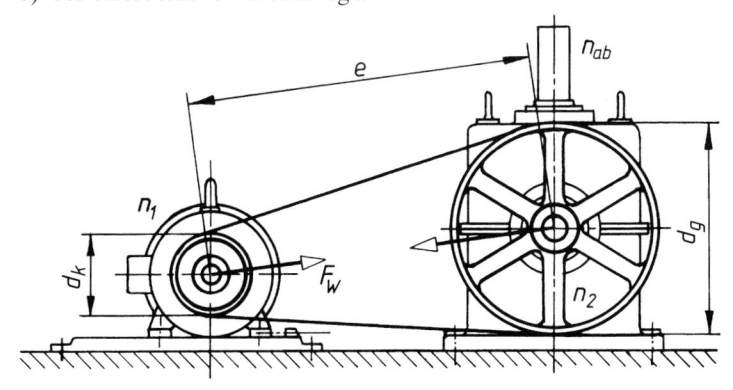

16.8 Ein Kolbenkompressor soll durch einen Elektromotor mit $P = 110$ kW Leistung bei einer Drehzahl $n_1 = 1490$ min^{-1} über einen Mehrschichtriemen angetrieben werden. Die Drehzahl der Kompressorwelle soll $n_2 \approx 550$ min^{-1}, der Wellenabstand $e' \approx 1400$ mm betragen, die Betriebsverhältnisse sind durch den Anwendungsfaktor $K_A = 1{,}5$ zu berücksichtigen.
Zu ermitteln sind:

a) die Durchmesser d_k und d_g der Riemenscheiben aus GJL, wenn die Umfangsgeschwindigkeit $v \approx 26 \ldots 28$ m/s nicht überschritten werden soll und die zu den berechneten Durchmessern nächstliegenden genormten Durchmesser nach DIN 111 zu wählen sind;
b) der für den Antrieb in Frage kommende Riementyp (Sieglingriemen), wenn der Einfluss von Öl und Fett gering, aber mit Staub und Feuchtigkeit zu rechnen ist;
c) die festzulegende Riemenlänge L nach DIN 323–R20;
d) die Riemenbreite b und die zugehörige Scheibenkranzbreite B;
e) die Wellenbelastung im Ruhezustand und die Biegefrequenz f_B;
f) der erforderliche Verstellweg x.

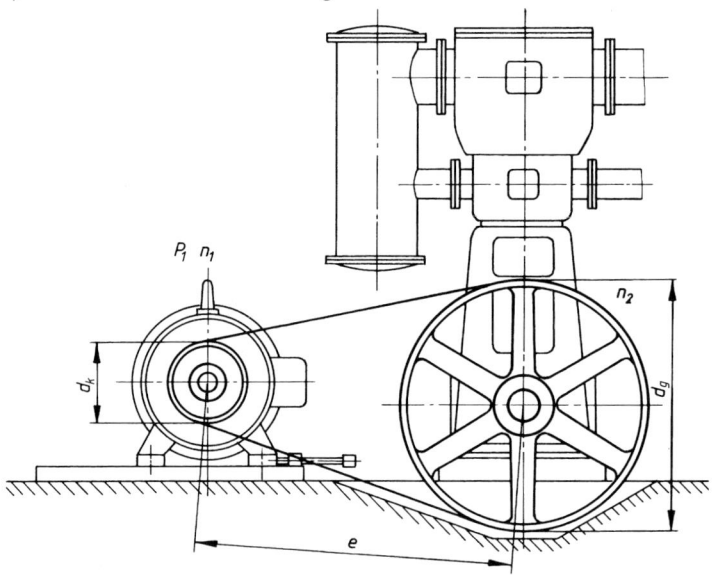

16.9 Die Messerwelle einer Abrichthobelmaschine soll eine Drehzahl $n_2 \approx 6000$ min^{-1} haben und durch einen Drehstrom-Norm-Motor mit möglichst hoher Drehzahl über einen Mehrschichtriemen angetrieben werden. Die Antriebsleistung beträgt $P_1 \approx 5$ kW. Aufgrund der baulichen Abmessungen ist der Wellenabstand mit $e = 600$ mm als fester Wert vorgegeben. Der Einfluss von Öl und Fett ist gering, aber mit Staub und Feuchtigkeit ist zu rechnen. Zu ermitteln sind:

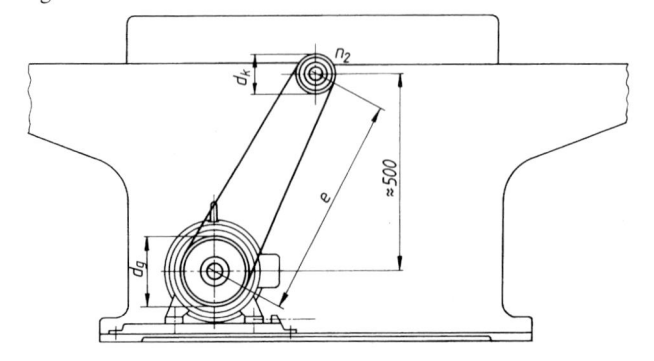

16 Riemengetriebe

a) der geeignete Drehstrom-Norm-Motor und die Durchmesser d_g und d_k der Motor- und der Gegenscheibe sowie die tatsächliche Drehzahl n_2 der Maschinenwelle, wenn die für den Motor übliche Scheibengröße zu wählen ist und seine Nenndrehzahl n_1 um ca. 4% kleiner als die Synchrondrehzahl anzunehmen ist;
b) der geeignete Riementyp (Sieglingriemen), die Riemenbreite b und die Kranzbreite B der Scheiben, wenn mit leichtem Anlauf, Volllast bei mäßigen Stößen und etwa 5 h täglicher Laufzeit zu rechnen ist;
c) die erforderliche „stumpfe" Riemenlänge L (Bestelllänge), wenn die Vorspannung hauptsächlich durch Verkürzung des Riemens erreicht werden soll.

Keilriemen

16.10 Der Antrieb einer Kolbenpumpe erfolgt durch einen Drehstrom-Norm-Motor, Baugröße 160 L, mit der Nenndrehzahl $n_1 \approx 1465 \text{ min}^{-1}$ über 5 Schmalkeilriemen DIN 7753–SPZ × 4000.
Zu berechnen bzw. festzustellen sind:

a) den Durchmesser d_{dg} der Pumpenscheibe, wenn die Drehzahl der Pumpenwelle $n_2 \approx 300 \text{ min}^{-1}$ betragen soll und die für den Motor übliche Scheibengröße $d_{dk} = 140$ mm gewählt wird;
b) der sich ergebende maximale Wellenabstand e_{max} und der Verstellweg y zum Auflegen der Keilriemen;
c) ob die vorgesehenen 5 Keilriemen die Motorleistung übertragen können, wenn für die vorliegenden Betriebsverhältnisse der Anwendungsfaktor $K_A \approx 1,4$ anzunehmen ist.

16.11 Eine Leistung von $P = 40$ kW ist bei einer Antriebsdrehzahl $n_1 = 800 \text{ min}^{-1}$ mittels eines Schmalkeilriemengetriebes zu übertragen. Es liegen günstige Betriebsbedingungen vor, deshalb kann ein Anwendungsfaktor $K_A = 1,1$ zugrunde gelegt werden. Die Übersetzung des Riementriebes soll $i \approx 3,5$ betragen.

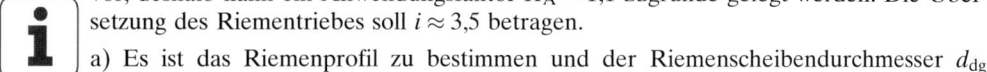

a) Es ist das Riemenprofil zu bestimmen und der Riemenscheibendurchmesser d_{dg} festzulegen, wenn $d_{dk} = 250$ mm zu berücksichtigen ist.
b) Es ist ein mittlerer Wellenabstand festzulegen, die Riemenlänge L_d (DIN 323, R40) und der Wellenabstand bei maximaler Riemenspannung zu bestimmen.
c) Die erforderliche Riemenanzahl ist zu bestimmen.

16.12 Der Antrieb eines Ketten-Trogförderers erfolgt durch einen Drehstrom-Norm-Motor 100L mit einer Leistung $P = 2,2$ kW bei einer Synchrondrehzahl $n_s = 1500 \text{ min}^{-1}$ über einen Keilriementrieb als erste Getriebestufe. Die Drehzahl der Antriebswelle des Förderers muss $n_2 \approx 320 \text{ min}^{-1}$, aus baulichen Gründen der Wellenabstand $e' \approx 700$ mm betragen. Als Scheibendurchmesser auf der Motorwelle ist der für den Motor empfohlene Durchmesser $d_{dk} = 90$ mm vorzusehen.

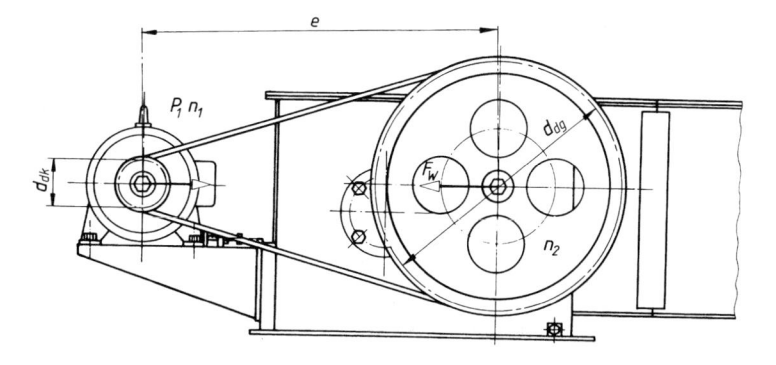

Es sind folgende Betriebsbedingungen anzunehmen: mittlerer Anlauf, Volllast, stoßfrei, 8 h tägliche Einsatzdauer. Alle Daten des Riemengetriebes mit Schmalkeilriemen nach DIN 7753 sind zu ermitteln.

Keilrippenriemen

16.13 Der Antrieb des Trogförderers nach Aufgabe 16.12 soll für eine geforderte Drehzahl
•• $n_2 \approx 330$ min^{-1} durch ein Riemengetriebe mit Keilrippenriemen nach DIN 7867 erfolgen. Es sind alle Getriebedaten zu ermitteln und die Kontrolle der Belastung des Motorwellenendes ist durchzuführen.

Zahnriemen

16.14 Für ein offenes Zweischeiben-Riemengetriebe mit dem Synchroflex-Zahnriemen
•• T5/630 (Riementyp T5, Riemenlänge 630 mm), der Übersetzung $i = 5$ und der Zähnezahl $z_k = 14$ sind zu ermitteln:

a) die Zähnezahl z_g der Gegenscheibe und z_R des Zahnriemens;
b) die Wirkdurchmesser d_{dk} und d_{dg} der Zahnriemenscheiben;
c) der Wellenabstand e;
d) der Umschlingungswinkel β_1 an der kleinen Scheibe;
e) die Anzahl der sich im Eingriff befindlichen Zähne z_e an der kleinen Scheibe (auf ganze Zähnezahl abgerundet).

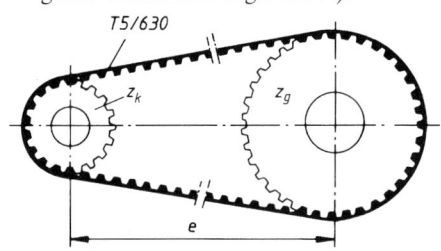

16.15 Es ist zu prüfen, ob von dem Synchroflex-Zahnriemen 50-T20/2600 eine Leistung von
•• $P = 12$ kW bei $n_1 = 630$ min^{-1} übertragen werden kann, wenn aufgrund der zu erwartenden Betriebsbedingungen der Anwendungsfaktor mit $K_A \approx 1{,}4$ anzunehmen und, bedingt durch die Anordnung der Spannrolle, mit Gegenbiegung des Riemens zu rechnen ist. Die Zähnezahlen der Riemenscheiben wurden mit $z_k = 24$, $z_g = 70$ vorgewählt.

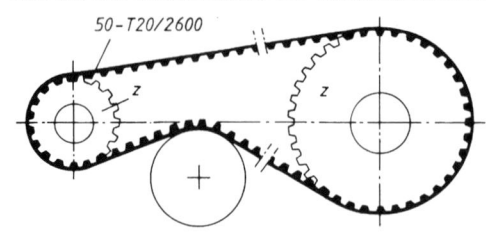

16.16 Für den Antrieb einer Arbeitsmaschine mit $P_2 \approx 2{,}2$ kW und $n_2 \approx 630$ min^{-1} soll ein
•• offenes Synchronriemen-Getriebe vorgesehen werden. Als Antriebsmotor wurde der Drehstrom-Norm-Motor 100L mit der Betriebsdrehzahl $n_1 = 1475$ min^{-1} gewählt. Aus dem ersten Entwurf ergab sich der Wellenmittenabstand mit $e' \approx 400$ mm.

16 Riemengetriebe

Zu ermitteln bzw. festzulegen sind:
a) der geeignete Riementyp, wenn aufgrund der zu erwartenden Betriebsbedingungen mit einem Anwendungsfaktor $K_A \approx 1{,}2$ zu rechnen ist,
b) die Zähnezahl z_g und die Wirkdurchmesser d_{dk} und d_{dg} der Synchronriemenscheiben, wenn $z_k = 20$ frei vorgewählt wird,
c) die Synchronriemenrichtlänge L_d,
d) der sich mit der gewählten Richtlänge L_d ergebende Wellenabstand e und der erforderliche Mindest-Verstellweg x,
e) die erforderliche Synchronriemenbreite b als Standardmaß,
f) die Zulässigkeit der bei vorliegenden Betriebsbedingungen vorhandenen Biegefrequenz f_B und der Umfangskraft $F_{t\,max}$,
g) die Wellenbelastung F_{w0}.

16.17 Zur Einhaltung des konstanten Übersetzungsverhältnisses $i = 2$ ist bei einer Werkzeugmaschine ein Synchronriemen-Getriebe in offener Ausführung vorgesehen. Bei einem Wellenabstand von $e' \approx 220$ mm ist von dem Getriebe eine Leistung von $P = 2{,}5$ kW bei der Antriebsdrehzahl $n_1 = n_k = 1250$ min^{-1} zu übertragen, der Anwendungsfaktor ist mit $K_A = 1{,}25$ anzunehmen.
Die Daten des Riemengetriebes sind mit $z_k \approx 2 \cdot z_{min}$ zu ermitteln, wie in Aufgabe 16.16 unter a) bis g) angegeben.

16.18 Für den Antrieb einer Arbeitsmaschine mit $n_2 \approx 2000$ min^{-1} ist ein Elektromotor 200L mit $P = 30$ kW bei $n_1 \approx 1450$ min^{-1} vorgesehen. Der Antrieb erfolgt über ein offenes Synchronriemen-Getriebe, wobei aus konstruktiven Gründen der Wirkdurchmesser der großen Scheibe 155 mm nicht überschreiten darf. Aus dem Entwurf der Anlage ergibt sich für den Riementrieb ein Wellenabstand $e' \approx 400$ mm. Bei der Festlegung des Anwendungsfaktors ist von mittleren Anlaufverhältnissen und Vollast bei mäßigen Stößen auszugehen, die tägliche Betriebsdauer ist mit 16 Stunden anzunehmen.
Für das Riemengetriebe sind alle Betriebsdaten zu ermitteln und die Bestellbezeichnung für den Synchroflex-Zahnriemen anzugeben.

Vergleichsberechnungen

16.19 Als Vorgelege für ein Aufsteckgetriebe ($i_{Getr} = 20$) zum Antrieb eines Betonmischers ist ein Riemengetriebe vorgesehen. Der Antriebsmotor hat eine Leistung $P_1 = 4$ kW bei einer Nenndrehzahl $n_1 \approx 1440$ min^{-1}, die Abtriebsdrehzahl des Aufsteckgetriebes soll $n_3 \approx 55 \ldots 60$ min^{-1} betragen. Der Wellenabstand ergibt sich aus baulichen Gründen mit $e' \approx 600 \ldots 650$ mm. Es ist mit einer täglichen Laufzeit von 8 h bei mittleren Anlaufverhältnissen und Vollast bei mäßigen Stößen zu rechnen.
Zur Entscheidungsfindung, ob das Getriebe mit einem Extremultus-Mehrschichtriemen oder mit Schmalkeilriemen nach DIN 7753 ausgerüstet werden soll, sind für beide Riemenarten alle erforderlichen Daten zu ermitteln:
a) Riemenausführung, Scheibendurchmesser (unter Zugrundelegung des vom Motoren-Hersteller empfohlenen kleinsten Scheibendurchmessers $d_1 = 160$ mm), Riemenlänge nach DIN 323, Wellenabstand, Spannweg zum Erreichen der erforderlichen Vorspannung, Riementyp, Riemenbreite b und Scheibenbreite B, Kontrolle der Belastung des Motorwellenendes sowie die Bestellbezeichnung für die Ausführung des Getriebes mit einem Extremultus-Mehrschichtflachriemen,
b) Riemenprofil, Richtdurchmesser der Riemenscheiben (unter Zugrundelegung des für das gewählte Profil kleinsten Scheibendurchmessers $d_{d\,min}$), Riemenlänge, Wellenabstand, Spann- und Verstellweg, Riemenanzahl z, Scheibenbreite B, Kontrolle der Belastung des Motorwellenendes sowie die Bestellbezeichnung für die Ausführung des Getriebes mit Schmalkeilriemen nach DIN 7753.

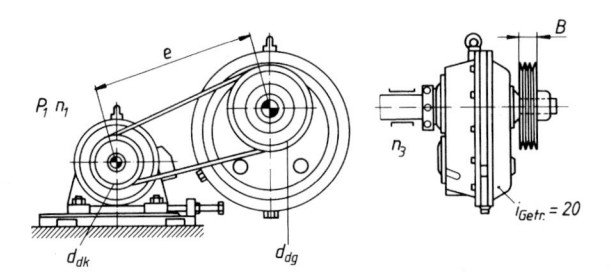

16.20 Eine Vielspindelbohrmaschine soll durch ein Riemengetriebe angetrieben werden. Als erforderliche Antriebsleistung wurde $P_1 \approx 5 \ldots 6$ kW bei einer Drehzahl $n_1 = 1440$ min^{-1} und einer Übersetzung $i = 2$ ermittelt. Der durch die bauliche Anordnung gegebene Wellenabstand beträgt $e' \approx 450$ mm.
Unter Berücksichtigung folgender Betriebsbedingungen: leichter Anlauf, stoßfreie Volllast und 8 h tägliche Einsatzdauer, unbedeutend geringer Einfluss von Öl und Fett sind für den vorliegenden Fall im Einzelnen zu ermitteln:

a) die Baugröße des Norm-Motors,
b) alle erforderlichen Getriebedaten bei der Ausführung des Getriebes mit einem Extremultus-Mehrschichtflachriemen: Scheibendurchmesser (unter Zugrundelegung des vom Motoren-Hersteller empfohlenen kleinsten Scheibendurchmessers $d_1 = 180$ mm), Riemenausführung, Riemenlänge nach DIN 323, Wellenabstand, Riementyp, Riemenbreite und Scheibenbreite sowie die Bestellbezeichnung des Riemens, Kontrolle der Motorwellenkraft;
c) alle erforderlichen Getriebedaten bei Ausführung des Getriebes mit einem Synchroflex-Zahnriemen unter Zugrundelegung der Zähnezahl $z_1 \approx 2 \cdot z_{min}$, Kontrolle der Motorwellenkraft;
d) alle erforderlichen Getriebedaten bei Ausführung des Getriebes mit Schmalkeilriemen nach DIN 7753, Kontrolle der Motorwellenkraft. Die Ergebnisse von b), c) und d) sind gegenüberzustellen und zu erläutern.

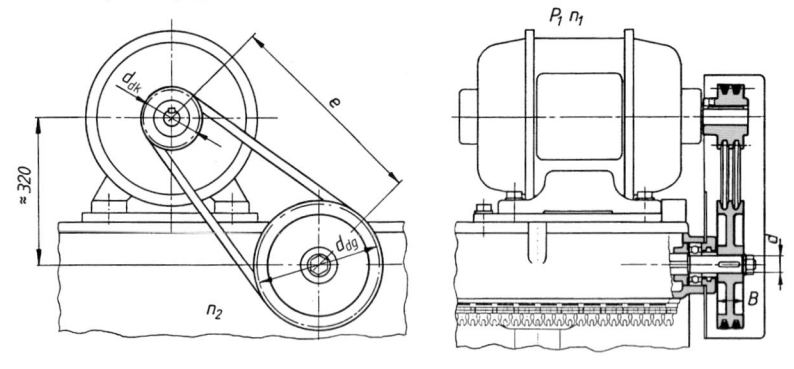

17 Kettengetriebe

17.1 •• Das Kettenrad aus EN-GJL-250 mit einseitiger Nabe (Maßbild) und einer Zähnezahl $z = 38$ ist für ein Kettengetriebe mit einer Rollenkette DIN 8187 − 24B − 1 × 120 auszulegen.
Das Kettenrad wird mit einem Wellenzapfen nach DIN 748 mit dem Durchmesser $d_1 = 55$ m6 und der Länge $l = 110$ mm durch eine Passfeder DIN 6885 Form A verbunden.
Für das Kettenrad sind im Einzelnen zu bestimmen:
a) Die Verzahnungsmaße: Teilung, Teilungswinkel, Teilkreis-, Fußkreis- und Kopfkreisdurchmesser, Durchmesser der Freidrehung unter dem Fußkreis und die Zahnbreite B_1,
b) die Nabenabmessungen des Kettenrades, wenn die axiale Befestigung auf dem Wellenende mit einer Spannscheibe vorgesehen ist,
c) die Abmessungen und die Normbezeichnung der Passfeder sowie die Nabennutmaße t_2 und b.

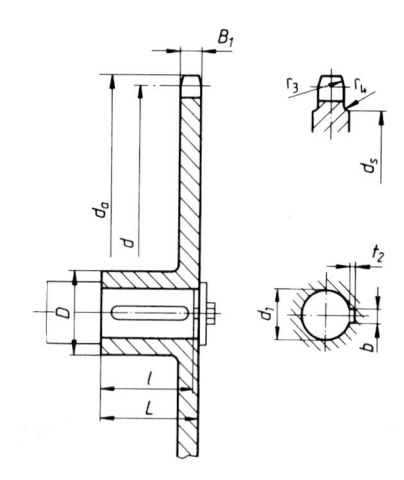

17.2 •• Für den Antrieb einer Wasserpumpe ist eine Rollenkette DIN 8187 − 16B − 1 eingesetzt. Für das Antriebskettenrad ist eine Zähnezahl $z_1 = 19$, für das Pumpenrad $z_2 = 95$ gewählt. Aus baulichen Gründen ist der Achsabstand $a_0 \approx 600$ mm vorgegeben. Das Kettengetriebe ist waagerecht angeordnet.
Zu berechnen bzw. festzustellen sind:
a) Die Anzahl der Kettenglieder und der sich damit ergebende Achsabstand a,
b) der vorzusehende Einstellweg,
c) der Durchhang f, wenn ein normaler relativer Durchhang von $f_{rel} \approx 2\%$ gefordert wird.

17.3 ••• Eine Rollenkette DIN 8187 − 32B − 1 überträgt bei den vorliegenden Betriebsbedingungen ein maximales Drehmoment $T_1 = 3600$ Nm ($K_A = 1$). Für die Kettenräder wurden $z_1 = 15$ und $z_2 = 57$ vorgesehen. Der Achsabstand beträgt $a_0 \approx 1800$ mm, der relative Durchhang des Leertrums $f_{rel} \approx 2\%$. Das Kettenrad z_1 läuft mit $n = 45$ min^{-1} um, der Neigungswinkel δ beträgt 45°.
Zu ermitteln sind:
a) Die statische Kettenzugkraft $F_t = F_u$,
b) der Fliehzug F_z,
c) die Trumlänge l_T,
d) der Stützzug F_s bei annähernd waagerechter Lage des Leertrums,
e) der Stützzug am oberen und am unteren Kettenrad F_{so} und F_{su} für den angegebenen Neigungswinkel,
f) die Wellenkräfte F_{wo} und F_{wu} der oberen und unteren Welle.

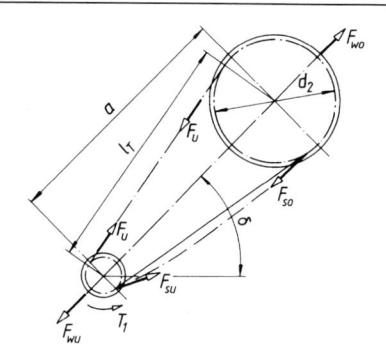

17.4 Ein Förderband für Stückgut soll durch einen Getriebemotor mit $P_1 = 2{,}2$ kW und einer Abtriebsdrehzahl $n_1 = 90$ min^{-1} über eine Einfach-Rollenkette nach DIN 8187 angetrieben werden. Die Drehzahl der Bandrolle beträgt $n_2 = 30$ min^{-1}.

Für eine angenommene tägliche Laufzeit von ca. 8 h ist für mittlere Anlaufverhältnisse bei Volllast mit mäßigen Stößen eine geeignete Einfach-Rollenkette für eine Lebensdauer $L_h \approx 25\,000$ h vorzuwählen und für einen günstigen Achsabstand die normgerechte Bezeichnung der Kette anzugeben. Eine ausreichende Schmierung des Kettengetriebes bei staubfreiem Betrieb ist sichergestellt.

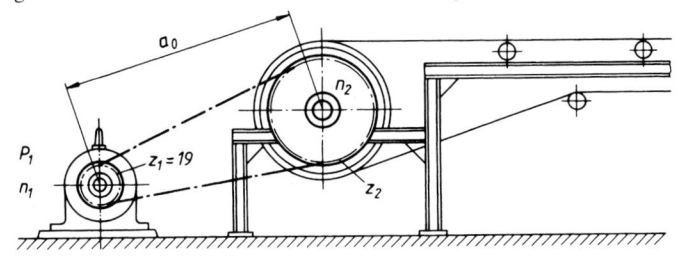

17.5 Der Antrieb einer Winde soll durch einen Elektromotor mit der Leistung $P_1 = 3$ kW und der Nenndrehzahl $n_1 = 947$ min^{-1} über ein Kettengetriebe mit annähernd waagerechter Lage des Leertrums erfolgen. Die Übersetzung beträgt $i = 5$; für das auf der Motorwelle sitzende Kettenrad ist die Zähnezahl $z_1 = 19$ gewählt. Aus baulichen Gründen soll der Achsabstand $a_0 \approx 600$ mm betragen. Für das Kettengetriebe ist eine geeignete Rollenkette nach DIN 8187 für eine Lebensdauer $L_h \approx 10\,000$ h zu ermitteln. Es ist mit mittleren Anlaufverhältnissen, Volllast bei starken Stößen und einer täglichen Laufzeit von 6 h zu rechnen. Eine ausreichende Schmierung bei staubfreiem Betrieb ist gewährleistet.

Die normgerechte Bezeichnung der Kette sowie die geeignete Schmierungsart ist anzugeben.

17.6 Eine Rohrtrommel wird durch einen Getriebemotor mit einer Abtriebsdrehzahl $n_1 = 25$ min^{-1} über eine Rollenkette DIN 8187–16B angetrieben. Der Antriebsmotor hat eine Leistung von $P_M = 0{,}37$ kW. Die Zähnezahlen der Kettenräder wurden mit $z_1 = 17$ und $z_2 = 57$ vorgewählt, der Achsabstand soll $a_0 \approx 1250$ mm betragen.

a) Es ist zu prüfen, ob die vorgewählte Rollenkette für eine Lebensdauer $L_h \approx 15\,000$ h ausreichend bemessen ist, wenn aufgrund der vorliegenden Betriebsverhältnisse der Anwendungsfaktor mit $K_A \approx 1{,}7$ anzunehmen ist, und mit einer ausreichenden Schmierung in nicht staubfreier Umgebung gerechnet werden kann,

b) die Bestellbezeichnung der Rollenkette und der genaue Achsabstand a sind anzugeben,

c) die Viskositätsklasse des Schmieröles und die vorzusehene Schmierungsart ist festzulegen für eine zu erwartende Umgebungstemperatur $t \approx 22$ °C.

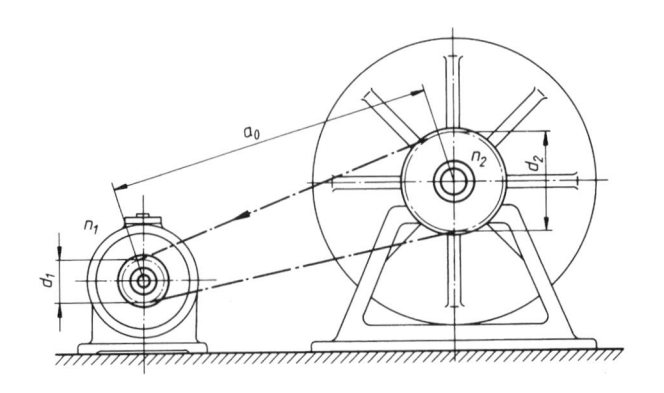

17 Kettengetriebe

17.7 Für ein schweres Förderband muss ein Zweitrommelantrieb vorgesehen werden. Die Trommel 1 wird durch einen Elektromotor über ein Planetengetriebe direkt angetrieben, während die Trommel 2 über eine Kette angetrieben wird, um einen schlupffreien Lauf zu gewährleisten. Die Antriebsleistung des Kettengetriebes beträgt $P_1 = 15\,\text{kW}$ bei einer Fördergeschwindigkeit $v = 1{,}5\,\text{m/s}$. Die Durchmesser der Antriebstrommeln betragen $D = 400\,\text{mm}$; der Achsabstand ist nach den baulichen Erfordernissen mit $a_0 \approx 1000\,\text{mm}$ vorzusehen.

Zu ermitteln bzw. festzulegen sind:

a) Eine Rollenkette nach DIN 8187 für eine Lebensdauer $L_h \approx 12\,000\,\text{h}$, wenn für die Kettenräder die Zähnezahlen $z_1 = z_2 = 19$ gewählt werden, mittlere Anlaufverhältnisse, Volllast bei mäßigen Stößen und 8 h tägliche Laufzeit angenommen wird und mit mangelhafter Schmierung und staubigen Betriebsverhältnissen gerechnet werden muss; dabei ist zu entscheiden, ob zweckmäßig eine Einfach-, Zweifach- oder Dreifachkette eingesetzt wird. Die Bestellbezeichnung der Kette ist anzugeben,

b) der sich mit der gewählten Kette ergebende Achsabstand a,

c) die von den Wellen aufzunehmenden Wellenkräfte F_W.

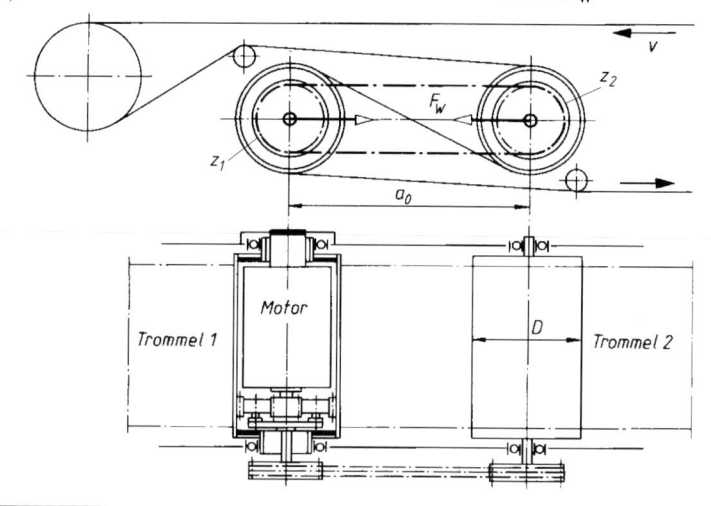

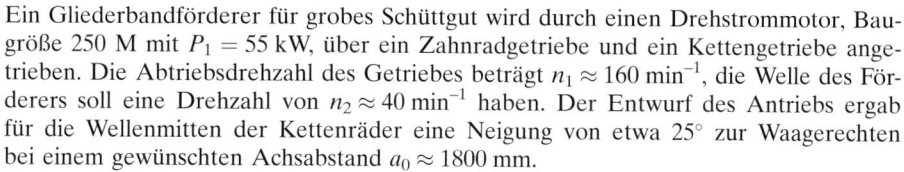

17.8 Ein Gliederbandförderer für grobes Schüttgut wird durch einen Drehstrommotor, Baugröße 250 M mit $P_1 = 55\,\text{kW}$, über ein Zahnradgetriebe und ein Kettengetriebe angetrieben. Die Abtriebsdrehzahl des Getriebes beträgt $n_1 \approx 160\,\text{min}^{-1}$, die Welle des Förderers soll eine Drehzahl von $n_2 \approx 40\,\text{min}^{-1}$ haben. Der Entwurf des Antriebs ergab für die Wellenmitten der Kettenräder eine Neigung von etwa 25° zur Waagerechten bei einem gewünschten Achsabstand $a_0 \approx 1800\,\text{mm}$.

Es ist mit mittleren Anlaufverhältnissen, Volllast mit starken Stößen, einer täglichen Laufzeit von 8 Stunden, staubfreier Umgebung und bester Schmierung zu rechnen.

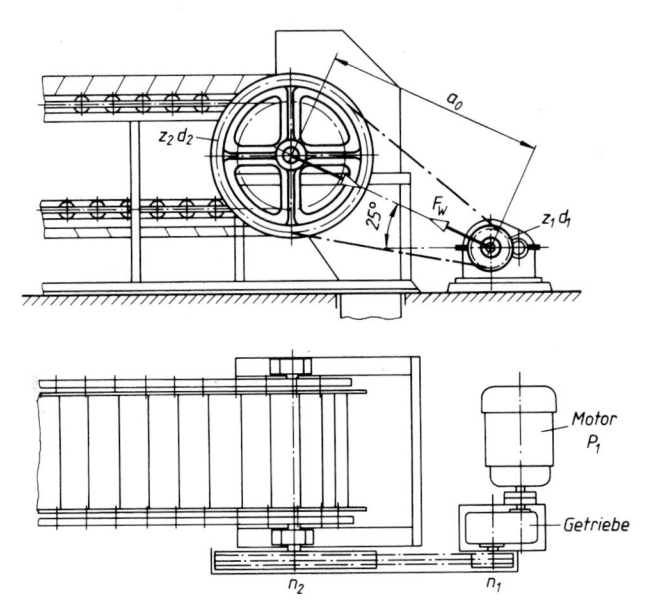

Zu berechnen bzw. festzulegen sind:

a) Die Zähnezahlen der Kettenräder,
b) die erforderliche Größe der Rollenkette (Ketten-Nummer) nach DIN 8187, wenn kompakte Bauweise und ruhiger Lauf gefordert werden,
c) die wichtigsten Verzahnungsmaße der Kettenräder (d, d_a, B, e),
d) die Zahl der Kettenglieder und der genaue Achsabstand,
e) die Kettenzugkraft, der Flieh- und Stützzug und die resultierende Betriebskraft,
f) die Wellenbelastung,
g) Art der Kettenspannung und -schmierung.

17.9 Für die Auslegung des Kettengetriebes einer Fördermaschine wurde folgendes Pflichtenheft erarbeitet:

Kettenart:	Einfach-Rollenkette DIN 8187
Zu übertragende Leistung:	$P = 5{,}5$ kW
Antriebsdrehzahl:	$n_1 = 500$ min^{-1}
Abtriebsdrehzahl:	$n_2 = 200$ min^{-1}
Gewünschter Achsabstand:	$a_0 \approx 800$ mm
Betriebsfaktor:	$K_A = 1{,}2$
Schräge Anordnung:	$\delta = 40°$
Schmierungsart/Umweltbedingungen:	Mangelschmierung, nicht staubfrei (Tropfschmierung)
Lebensdauer:	$L_h \approx 10\,000$ h

Es ist die erforderliche Kette zu bestimmen und ihre Normbezeichnung anzugeben. Die für die Konstruktion erforderlichen Berechnungsgrößen, wie Verzahnungsmaße, Kettenkräfte, Wellenbelastung und -abstand, sind zu ermitteln.

18 Elemente zur Führung von Fluiden (Rohrleitungen)

18.1 Ein zwischen zwei Festpunkten starr eingespanntes Rohr-139,7 × 4 – EN 10216-1 –P235TR1 wird bei 20 °C Umgebungstemperatur eingebaut. Im Betrieb wird die Rohrwand bis auf 80 °C erwärmt.
Zu berechnen sind:

a) Die auf die Festpunkte wirkende Rohrkraft,
b) die Wandtemperatur, bei der die Längsspannung im Rohr die Streckgrenze des Rohrwerkstoffes erreicht.

18.2 Die dargestellte Kupferleitung mit den Schenkellängen $l_1 = 8000$ mm und $l_2 = 3000$ mm erwärmt sich im Betrieb durch den Stoffstrom von 20 °C auf 60 °C.

a) In welcher Richtung dehnt sich das freie Ende B der Leitung, wenn das andere Ende A als fest eingespannt betrachtet wird?
b) Wie groß ist die Wärmeausdehnung des Rohrsystems?

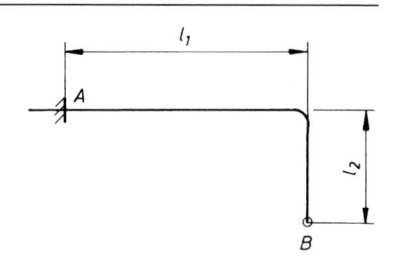

18.3 Eine aus verschweißten Stahlrohren 114,3 × 2,6 gebildete Rohrleitung mit Wasserfüllung und Dämmung läuft über mehrere Stützen.
Zu bestimmen ist die zulässige Stützweite L der Rohrleitung (ohne elastische Einbauten) bei der üblichen Grenzdurchbiegung

a) für ein äußeres Feld (gelenkig gelagerter Einfeldträger),
b) für ein Mittelfeld (Durchlaufträger).

18.4 Durch eine Leitung aus geschweißten Stahlrohren ($k = 0{,}1$ mm) sollen 300 t/h mexikanisches Erdöl bei im Mittel 35 °C ($\varrho = 932$ kg/m^3, $\nu = 7{,}2 \cdot 10^{-4}$ m^2/s) über eine Strecke von 2500 m gepumpt werden.
Mit welcher Nennweite muss die Rohrleitung ausgeführt werden, wenn der Druckverlust der Pumpen wegen nicht mehr als 5 bar betragen darf?

18.5 Über eine 480 m lange Stahlrohrleitung (schon mehrere Jahre in Betrieb) sollen 180 m^3/h Kühlwasser von 40 °C gefördert werden. Dabei fällt die Leitung um 6 m ab. Eingebaut sind zwei DIN-Durchgangsventile und vier Kreiskrümmer 60° (rau) mit $R/d = 4$.
Zu ermitteln ist die Nennweite der Rohrleitung, wenn der Druckverlust nicht mehr als 0,5 bar betragen darf.

18.6 Durch eine 600 m lange Niederdruckleitung aus geschweißten Stahlrohren sollen stündlich 160 m^3 Erdgas bei 10 °C gefördert werden. Das Ende der Leitung liegt 16 m über dem Leitungsanfang.
Welche Nennweite ist zu wählen, wenn der Druckverlust maximal 2 mbar betragen darf und raumbeständige Fortleitung angenommen wird?

18.7 Durch eine 1600 m lange Stahlrohrleitung DN 250 (273 × 8) werden 200 m³/h Heizöl gefördert. Die Leitung steigt um 30 m an. Die Rohrinnenwand weist eine Rauigkeitshöhe von 0,1 mm auf. Einzelwiderstände durch Rohrleitungselemente sind zu vernachlässigen. Das zu fördernde Heizöl weist die in der Tabelle genannten Eigenschaften auf.

Fördertemperatur ϑ	°C	20	40	60
Dichte ϱ	kg/m³	956	942	928
Kinematische Viskosität ν	10^{-6} m²/s	408	130	45

Für die Projektierung der Anlage sind für die Öltemperaturen 20 °C, 40 °C und 60 °C die auftretenden Druckverluste und die erforderlichen theoretischen Pumpenleistungen zu ermitteln und vergleichend darzustellen.

18.8 Für ein nahtloses Stahlrohr nach DIN EN 10216-2 aus 16Mo3 soll für DN 300 und einem statischen inneren Überdruck von $p_e = 100$ bar bei der Berechnungstemperatur $\delta = 450$ °C die Bestellwanddicke berechnet werden.

18.9 Ein neues Stahlrohr 323,9 × 20 − EN 10216-2 − 16Mo3 soll einer Wasserdruckprüfung bei Raumtemperatur unterzogen werden (Rohr der Aufgabe 18.8). Zu bestimmen ist der zulässige Prüfdruck.

18.10 Eine Wasserleitung für $\dot{V} = 800$ m³/h und PN 25 soll projektiert werden. Vorgesehen sind geschweißte Stahlrohre nach DIN EN 10217-1 aus P235TR2 ($c_1' = 10\%$ bzw. $c_1 = \pm 0,3$ mm).
Die Rohre werden mit Zementmörtel ausgekleidet und erhalten eine Kunststoffumhüllung. Die Berechnungstemperatur beträgt 20 °C.
Zu berechnen bzw. festzulegen sind:

a) Die erforderliche Nennweite DN,
b) der nächstliegende Rohraußendurchmesser nach DIN EN 10220 (Reihe 1),
c) die mindestens auszuführende Wanddicke infolge des Innendruckes und die Bestellwanddicke.

18.11 In einer ölhydraulischen Hochdruckanlage wird die Steuerleitung aus nahtlosem Rohr 33,7 × 3,2 − EN 10216-1 − P235TR2 mit einem Betriebsdruck von 200 bar bei Raumtemperatur belastet. Durch die Betätigung des Steuerventils entstehen regelmäßig Druckstöße $\Delta p = \pm 50$ bar. Die Leitung trägt einseitig geschweißte Rundnähte gleich der Rohrwanddicke (Schweißnahtklasse K2).
Zu berechnen ist die zulässige Lastspielzahl nach der vereinfachten Auslegung bei dynamischer Beanspruchung entsprechend DIN EN 13480-3.

18.12 Für eine hydraulische Anlage soll eine schwellend beanspruchte Rohrleitung aus nahtlosem, warm umgeformtem Stahlrohr DN 100 nach DIN EN 10216-1, Durchmesserreihe 1, aus P265TR2 für Raumtemperatur ausgelegt werden. Durch Betätigen des Steuerventils verändert sich der Druck bei jedem Arbeitshub von Null bis zum zulässigen Anlagendruck von 125 bar. Unter Berücksichtigung unvermeidbarer Druckstöße von 40 bar beträgt die Druckschwankungsbreite $p_{max} - p_{min} = p_e = 165$ bar.
Nach der vereinfachten Auslegung von DIN EN 13480-3 soll bei Berücksichtigung von Rundschweißnähten mit gleichen Wanddicken die für die Dauerfestigkeit erforderliche Bestellwanddicke ermittelt werden.

18.13 In einer Kaltwasserleitung aus Stahlrohr DN 32 (42,4 × 3,2) liegt ein Teilstück mit der Länge $l = 12$ m zwischen einem Speicherbehälter und einem Ventil. Bei geöffnetem Ventil beträgt die Strömungsgeschwindigkeit $v = 2$ m/s.

•• Zu ermitteln sind:

a) Die Größe des Druckstoßes, wenn das Ventil sehr schnell vollständig schließt ($t_S = 0{,}1$ s),

b) der Mindestabstand zwischen Ventil und Speicherbehälter bei dem der maximale Druckstoß entsteht.

18.14 Eine Turbinenanlage muss wegen eines plötzlichen Netzausfalls schnell entlastet werden. In der 1,2 km langen Zuleitung beträgt die Geschwindigkeit des Wassers 6 m/s.

••

a) Wie groß wird der maximale Druckstoß bei schlagartigem Schließen ($t_S = 0{,}2$ s) des Ventils?

b) Wie groß ist der Druckstoß, wenn die Schließzeit auf das Zehnfache der Reflexionszeit festgelegt wird?

c) Durch welche Maßnahmen können Druckstöße in Rohrleitungen vermindert werden?

20 Zahnräder und Zahnradgetriebe (Grundlagen)

20.1 Ein Elektromotor mit der Nennleistung $P = 4\,\text{kW}$ bei $n_1 = 910\,\text{min}^{-1}$ treibt ein zweistufiges Null-Getriebe mit Geradstirnradpaaren ($i_1 = 3{,}5$, $i_2 = 3{,}1$) an.

a) Wie groß ist die Gesamtübersetzung i (auf zwei Kommastellen genau).
b) Wie groß ist die Abtriebsdrehzahl n_3 in min^{-1} (auf eine Kommastelle gerundet)?
c) Welches Nenndrehmoment T_3 in Nm (auf Ganze gerundet) wird am Abtrieb wirksam, wenn der Gesamtwirkungsgrad $\eta_{\text{ges}} \approx 0{,}92$ beträgt?

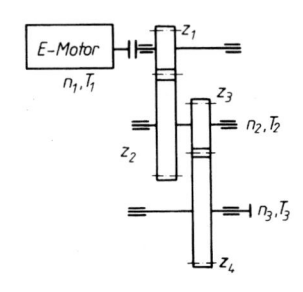

20.2 Ein Elektromotor mit einer Nenndrehzahl von $n = 970\,\text{min}^{-1}$ treibt über ein zweistufiges Geradstirnradgetriebe eine Seiltrommel an, deren Drehzahl $50\,\text{min}^{-1}$ nicht überschreiten soll.
Zu ermitteln sind:

a) die Mindest-Gesamtübersetzung $i_{\min}$,
b) die Zähnezahl z_4 des Stirnrades auf der Seiltrommel und damit die vorhandene Gesamtübersetzung des Getriebes i_{ges}, wenn für Übersetzungen ins Langsame allgemein $i = z_{\text{Großrad}}/z_{\text{Kleinrad}}$ und $i_{\text{ges}} = i_1 \cdot i_2 \cdot \ldots i_n$ gilt,
c) die erforderliche Leistung des Elektromotors P_{an}, wenn an der Seiltrommel ein Drehmoment $T_3 = 800\,\text{Nm}$ wirksam und der Gesamtwirkungsgrad des Getriebes mit $\eta_{\text{ges}} \approx 0{,}82$ angenommen wird.

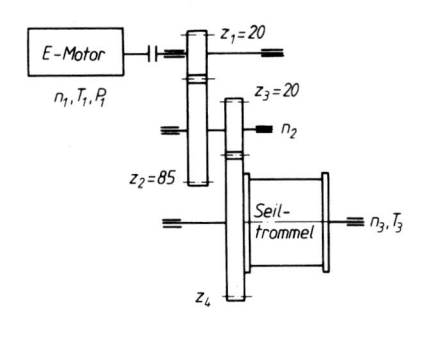

20.3 Für ein dreistufiges Stirnradgetriebe mit wälzgelagerten Wellen ist die mathematische Beziehung der zu erwartenden Abtriebsleistung allgemein anzugeben. Welcher Betrag ergibt sich für P_{ab} bei einer Antriebsleistung $P_{\text{an}} = 25\,\text{kW}$, wenn die Zahnflanken gehärtet und geschliffen sind und für die Verzahnung insgesamt eine relativ gute Verzahnungsqualität vorgesehen wurde?

21 Außenverzahnte Stirnräder

Geradverzahnte Stirnräder (Verzahnungsgeometrie)

21.1 • Ein geradverzahntes Stirnrad hat als Nullrad 30 Zähne. Für das Werkzeug-Bezugsprofil DIN 3972−II × 5 ($m = 5$ mm) sind zu berechnen:

a) die Teil-, Grund-, Kopf- und Fußkreisdurchmesser,
b) die Zahnkopf-, Zahnfuß- und Zahnhöhe,
c) die Teilkreis-, Grundkreis- bzw. Eingriffsteilung sowie das Nennmaß der Zahndicke und der Zahnlücke.

21.2 • Ein geradverzahntes Stirnrad-Ritzel (Nullrad) ist so stark beschädigt, dass nur noch ein Fußkreisdurchmesser $d_f \approx 59$ mm gemessen und eine Zähnezahl $z = 17$ festgestellt werden kann.
Für die Fertigung eines Ersatzrades sind zu ermitteln

a) der Modul m nach DIN 780,
b) der Teilkreis-, Kopf- und Fußkreisdurchmesser,
c) die Zahnkopf-, Zahnfuß- und Zahnhöhe bzw. Frästiefe.

21.3 •• Ein geradverzahntes Stirnradpaar mit $z_1 = 41$, $z_2 = 58$, $m = 4$ mm soll bei gleichem Null-Achsabstand und möglichst gleichem Zähnezahlverhältnis durch ein Nullradpaar mit $m' = 3$ mm ersetzt werden. Für die neue Radpaarung sind zu bestimmen

a) die Zähnezahlen z'_1 und z'_2,
b) die Abmessungen d, d_a, d_f für Ritzel und Rad,
c) der Achsabstand,
d) das Zähnezahlverhältnis u' und die Abweichung in % gegenüber dem ehemaligen Wert.

21.4 • Für ein Null-Getriebe mit Geradstirnrädern wurde für das Ritzel mit der Zähnezahl $z_1 = 20$ der Modul $m = 6$ mm vorgesehen. Bei einer Antriebsdrehzahl $n_1 = 710$ min^{-1} soll eine Übersetzung $i \approx 4{,}25$ eingehalten werden.
Zu ermitteln sind

a) die Abtriebsdrehzahl n_2 und die Zähnezahl z_2,
b) die Verzahnungsmaße $d_{1,2}$, $d_{a1,2}$, $d_{f1,2}$, $h_{1,2}$,
c) der Null-Achsabstand a_d,
d) das Kopfspiel c.

21.5 •• Für ein Geradstirnradpaar (Ritzel und Rad als Nullräder ausgeführt) mit der Übersetzung $i \approx 3{,}5$ und dem Modul $m = 4$ mm soll ein Null-Achsabstand von $a_d = 162$ mm genau eingehalten werden.
Zu ermitteln bzw. festzulegen sind

a) die Zähnezahlen $z_{1,2}$ für Ritzel und Rad,
b) die Teil- und Grundkreisdurchmesser für Ritzel und Rad,
c) die Profilüberdeckung für das Radpaar (angenähert durch Ablesung und genauer durch Berechnung).

21.6 •• Ein Geradstirnradgetriebe für eine Antriebsleistung $P_1 = 5{,}5$ kW, $n_1 = 720$ min^{-1} muss für die Abtriebsdrehzahl $n_4 = 16$ min^{-1} als dreistufiges Nullgetriebe ausgebildet werden. Um günstige Bauverhältnisse zu erreichen, sind für die erste Stufe mit der Übersetzung $i_1 = 4{,}5$ ein Radpaar mit einem Ritzel $z_1 = 18$, Modul $m_1 = 3{,}5$ mm und für die 2. Stufe mit der Übersetzung $i_2 = 3{,}6$ ein Radpaar mit einem Ritzel $z_3 = 20$, Modul $m_2 = 4$ mm vorgesehen. Für die 3. Stufe wird ein Modul $m_3 = 4{,}5$ mm festgelegt, wobei aus baulichen Gründen zu berücksichtigen ist, dass der Teilkreisdurchmesser des letzten Rades z_6 möglichst gleich dem des 4. Rades sein soll.

a) Welche Zähnezahlen und Achsabstände ergeben sich für die einzubauenden Null-Radpaare?
b) Die Drehzahlen n_2 und n_3 der Zwischenwellen sind zu ermitteln.
c) Durch maßstäblichen Entwurf ist entsprechend dem Bild zu prüfen, ob die Ausführung des Getriebes möglich ist, wenn als Wellendurchmesser $d_1 = 35$ mm, $d_2 = 45$ mm, $d_3 = 60$ mm und $d_4 = 75$ mm berechnet wurden und für die Radbreiten der 1. Stufe etwa 50 mm, der 2. Stufe etwa 60 mm und der 3. Stufe etwa 75 mm angenommen werden.

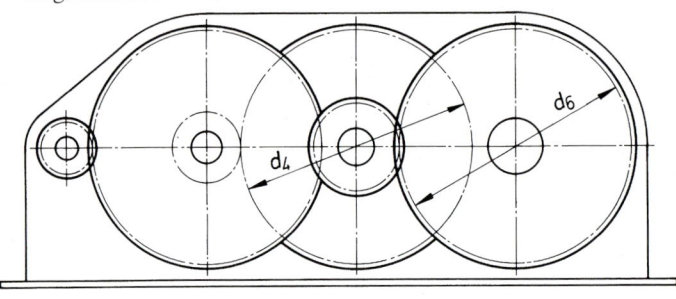

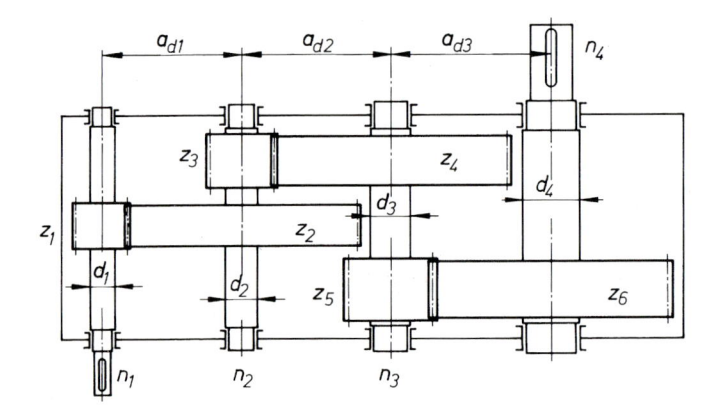

21.7 Für ein geradverzahntes Innenradpaar mit $z_1 = 18$, $m = 4$ mm, $u = -2{,}5$ sind zu ermitteln
a) die Zähnezahl des Hohlrades,
b) die Teilkreis-, Kopf- und Fußkreisdurchmesser $d_{1,2}$, $d_{a1,2}$, $d_{f1,2}$ beider Räder für $h_a = m$ und $h_f = 1{,}25$ m
c) der Achsabstand a_d.

21.8 Ein geradverzahntes Stirnradpaar mit der Ritzelzähnezahl $z_1 = 19$, der Übersetzung $i = 2{,}85$, und dem Modul $m = 5$ mm soll so korrigiert werden, dass ein Achsabstand $a = 185$ mm erreicht wird.
Die Hauptabmessungen der Räder d, d_a, d_f, d_b, d_w, h, s_n sowie die Profilüberdeckung ε_α sind zu ermitteln, so dass ein Kopfspiel $c = 0{,}25 \cdot m$ eingehalten wird.

21.9 Ein Geradstirnpaar mit den Zähnezahlen $z_1 = 10$, $z_2 = 32$, Werkzeug-Bezugsprofil DIN 3972–II × 3 ($m = 3$ mm) soll zur Verbesserung der Ritzel-Tragfähigkeit als V-Null-Getriebe gefertigt werden.
Festzustellen bzw. zu berechnen sind:
a) ist eine Ausführung als V-Null-Getriebe möglich?
b) die praktischen Mindest-Profilverschiebungsfaktoren und die Größen der Profilverschiebungen $V_{1,2}$,
c) die Teil-, Grund- und Kopfkreisdurchmesser (ohne Kopfkürzung) beider Räder sowie der Achsabstand,
d) die Profilüberdeckung ε_α.

21 Außenverzahnte Stirnräder

21.10 In einem Gehäuse soll ein einstufiges Geradstirnpaar mit Modul $m = 3$ mm für eine Übersetzung $i = 3$ und einen Achsabstand von 66 mm untergebracht werden. Für $\alpha = \alpha_w = 20°$ (Ausführung als *V-Null-Getriebe*) soll das Kopfspiel $c = 0{,}25 \cdot m$ betragen. Zu berechnen bzw. zu ermitteln sind:
a) die Zähnezahlen z_1 und z_2, wobei wegen des geforderten Achsabstandes eventueller Unterschnitt durch entsprechende Profilverschiebung des Ritzels unbedingt zu vermeiden ist,
b) die Verzahnungsmaße d, d_b, d_a, d_f für Ritzel und Rad,
c) die Profilüberdeckung ε_α.

21.11 Für ein einstufiges Geradstirnrad-V-Null-Getriebe mit $z_1 = 14$ und $z_2 = 16$, Modul $m = 3$ sind bei einem Kopfspiel $c = 0{,}25 \cdot m$ zu bestimmen:
a) die Profilverschiebungen $V_{1,2}$ in mm,
b) der Achsabstand a des Getriebes und die Radabmessungen $d_{1,2}$, $d_{a1,2}$ und $d_{f1,2}$,
c) das Nennmaß der Zahndicke am Kopfkreis des Ritzels $s_{a1} \geq 0{,}2 \cdot m$.

21.12 Für ein Geradstirnpaar mit $z_1 = 67$, $z_2 = 84$, Modul $m = 3$ mm soll eine ausgeglichene V-Verzahnung mit $\Sigma x = x_1 + x_2 = +0{,}5$ gewählt werden.
a) Die Profilverschiebungsfaktoren sind sinnvoll auf Ritzel und Rad festzulegen.
b) Die Radabmessungen $d_{1,2}$, $d_{b1,2}$, $d_{a1,2}$, $d_{f1,2}$ und $h_{1,2}$ sind zu errechnen, wenn das Kopfspiel $c = 0{,}25 \cdot m$ betragen soll (evtl. Kopfhöhenänderung vornehmen).
c) Der Überdeckungsgrad ε_α ist zu berechnen.

21.13 Bei einem hochbelasteten Geradstirnradpaar mit Modul $m = 5$ mm, den Zähnezahlen $z_1 = 21$ und $z_2 = 49$ soll zur Erzielung einer hohen Tragfähigkeit an beiden Rädern eine positive Profilverschiebung vorgenommen werden. Entsprechend der Empfehlung nach DIN 3992 (TB 21-5) wird die Summe der Profilverschiebungsfaktoren $\Sigma x = x_1 + x_2 = +0{,}8$ gewählt.
a) Wie sind die Profilverschiebungsfaktoren x_1 und x_2 für Ritzel und Rad entsprechend DIN 3992 (TB 21-6) aufzuteilen?
b) Der Achsabstand a des korrigierten Radpaares ist zu berechnen.
c) Es ist zu kontrollieren, ob das Kopfspiel mit $c = 0{,}25 \cdot m$ eingehalten wird.

21.14 Ein ins Langsame übersetzendes Geradstirnradpaar mit $z_1 = 24$, $z_2 = 36$, Modul $m = 3$ mm soll als 1. Stufe eines Regelgetriebes zum Erreichen eines genauen und möglichst spielfreien Laufes eine hohe Profilüberdeckung erhalten. Nach DIN 3992 (TB 21-5) wurde für das V-Radpaar darum eine negative Profilverschiebungssumme $\Sigma x = x_1 + x_2 = -0{,}3$ gewählt.
a) Bei annähernd gleicher Tragfähigkeit beider Räder sind die Abmessungen einschließlich des Achsabstandes sowie das vorhandene Kopfspiel für das Radpaar (ohne Kopfkürzung) zu ermitteln.
b) Die Profilüberdeckung des Radpaares ist rechnerisch zu bestimmen und mit der Profilüberdeckung bei Ausführung als Nullgetriebe zu vergleichen, wobei die prozentuale Erhöhung gegenüber der des Nullgetriebes angegeben werden soll.

21.15 Für ein Schaltgetriebe wurde für eine ins Langsame übersetzende Stufe ein Geradstirnradpaar mit $z_1 = 19$, $z_2 = 52$, Modul $m = 4$ mm gewählt. Aus baulichen Gründen muss ein Achsabstand von 145 mm eingehalten werden.
Es ist zunächst zu prüfen, ob das Radpaar mit Null-Verzahnung ausgeführt werden kann. Bei Ausbildung als V-Radpaar sind die Profilverschiebungen $V_{1,2}$ für Ritzel und Rad zu ermitteln, wobei bei Aufteilung der rechnerisch bestimmten Summe der Profilverschiebungsfaktoren eine möglichst gleiche Tragfähigkeit (ausgeglichene Verzahnung) anzustreben ist.

21.16 Für ein Geradstirnradpaar mit $z_1 = 16$, $z_2 = 44$, Modul $m = 4$ mm muss aus konstruktiven Gründen ein Achsabstand von 125 mm erreicht werden.

a) Um dieser Forderung nachzukommen, sollen zunächst die Profilverschiebungen V_1 für das Ritzel und V_2 für das Rad ermittelt und danach geprüft werden, ob für das profilverschobene Ritzel die Gefahr zur Spitzenbildung besteht.

b) Die Abmessungen für das Ritzel und das Rad sind zu berechnen, wenn das Kopfspiel $c = 0{,}25 \cdot m$ eingehalten werden soll.

21.17 Für ein Geradstirnradpaar mit dem Modul $m = 4$ mm, der Übersetzung $i = 4{,}8$ und der Ritzelzähnezahl $z_1 = 20$ soll eine hohe Tragfähigkeit durch Profilverschiebung erreicht werden.

a) Nach Wahl der Summe der Profilverschiebungsfaktoren entsprechend der Forderung aus dem (oberen) mittleren Bereich der Tabelle TB21-5 sollen die Profilverschiebungsfaktoren $x_{1,2}$ für Ritzel und Rad zweckmäßig aufgeteilt und die Profilverschiebungen $V_{1,2}$ bestimmt werden.

b) Die Abmessungen beider Räder und der Achsabstand sowie das vorhandene Kopfspiel sind zu errechnen.

21.18 Von dem skizzierten Getriebe mit der Antriebsdrehzahl $n_1 = 630$ min^{-1} und mit zwei Abtrieben sind die Zähnezahlen $z_1 = 32$, $z_2 = 36$, $z_3 = 35$ sowie der Modul $m = 4$ mm bekannt. Die Hauptabmessungen der Zahnräder sind zu berechnen unter der Voraussetzung, dass ein Achsabstand durch das *Null-Getriebe* der Stufe $z_{1,2}$ vorgegeben wird. Die Differenz der Abtriebsdrehzahlen der Stufen $z_{1,2}$ und $z_{1,3}$ ist anzugeben.

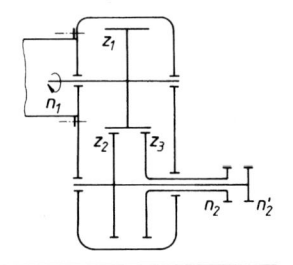

21.19 In einem Schieberäder-Getriebe für den Spindelantrieb einer Fräsmaschine ergaben sich zum genauen Einhalten der geforderten Übersetzung für eine Zwischenstufe Geradstirnräder mit den Zähnezahlen $z_1 = 18$, $z_2 = 50$, $z_3 = 29$, $z_4 = 42$, Modul $m = 3$ mm, siehe Bild.
Um zu erreichen, dass der durch das Null-Radpaar $z_{3,4}$ gegebene Achsabstand $a_{d2} = a_{d1} = a$ wird, soll am Radpaar $z_{1,2}$ die erforderliche Profilverschiebung V_1 zunächst nur am Ritzel z_1 vorgenommen werden.

a) Die Profilverschiebung V_1 ist zu ermitteln und danach zu prüfen, ob die Gefahr der Spitzenbildung am Ritzel ($s_a = 0$) besteht; ist dies der Fall, soll die Aufteilung der Profilverschiebungsfaktoren so vorgenommen werden, dass die Zahndicke am Kopfkreis des Ritzels $s_{a1} \approx 0{,}3 \cdot m$ wird.

b) Die Abmessungen der V- und Null-Räder sowie der vorhandenen Kopfspiele sind für das Werkzeug-Bezugsprofil II nach DIN 3972 zu berechnen.

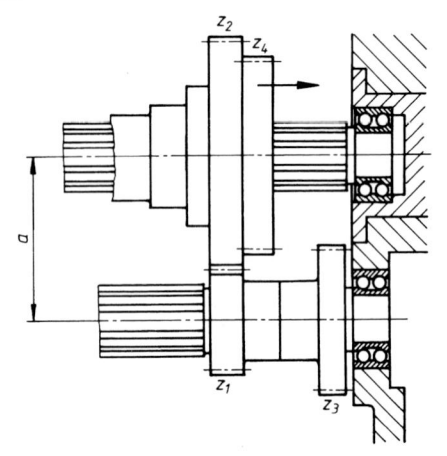

21 Außenverzahnte Stirnräder

Schrägverzahnte Stirnräder (Verzahnungsgeometrie)

21.20 Ein schrägverzahntes Null-Rad mit 81 Zähnen soll mit einem Schrägungswinkel $\beta = 11°$, Flankenrichtung links, gefertigt werden. Zur Herstellung wird ein Wälzfräser DIN 8002 mit Bezugsprofil DIN 3972 – II × 4,5 ($m_n = 4,5$ mm) verwendet.
Zu berechnen sind die Nennmaße

a) der Normal- und Stirnteilung, der Stirn- und Normaleingriffsteilung sowie der Normal- und Stirnzahndicke auf dem Teilkreis,

b) des Teilkreis-, Kopf- und Fußkreisdurchmessers sowie der Zahnhöhe (Frästiefe), des Grundkreisdurchmessers und des Grundschrägungswinkels β_b.

21.21 Für eine Säulenbohrmaschine ist als Eingangsstufe ein Schrägstirnradpaar vorgesehen. Aufgrund der Belastungsdaten sind hierfür festgelegt: Ritzelzähnezahl $z_1 = 26$, Radzähnezahl $z_2 = 86$, Schrägungswinkel $\beta = 15°$, Zahnbreiten $b_1 = b_2 = 50$ mm.
Zu berechnen sind

a) die Nennabmessungen d, d_a, d_b, d_f der beiden Nullräder für das Werkzeug-Bezugsprofil DIN 3972 – II × 4 (Modul $m_n = 4$ mm) und der Null-Achsabstand a_d auf 1/100 mm genau,

b) die Gesamtüberdeckung.

21.22 Für ein Nullgetriebe mit Schrägstirnrädern $z_1 = 19$, $z_2 = 78$, $m_n = 2$ mm und den Zahnbreiten $b_1 = b_2 = 30$ mm soll ein Null-Achsabstand $a_d = 100$ mm eingehalten werden.
Zu berechnen sind:

a) der erforderliche Schrägungswinkel β,

b) die Nennmaße d, d_a, d_f, d_b beider Räder,

c) die Gesamtüberdeckung.

21.23 Nach Zeichnungsangabe entsprechend DIN 3966 soll ein Schrägstirnrad mit $z = 28$ Zähnen, Profilverschiebungsfaktor $x = +0,205$ und einem Schrägungswinkel $\beta = 17,4576°$ nach DIN 3978, Reihe 1) linkssteigend für das Werkzeug-Bezugsprofil DIN 3972 – I × 3 ($m_n = 3$ mm) mit Verzahnungsqualität und Toleranzfeld 8e26 ausgeführt werden.
Zu ermitteln sind

a) der Teilkreis- und Kopfkreisdurchmesser (ohne Kopfkürzung) sowie die Zahnhöhe, und der Grundkreisdurchmesser,

b) das Nennmaß der Normalzahndicke.

21.24 Ein Schrägstirnrad-V-Getriebe mit der Ritzelzähnezahl $z_1 = 34$, Profilverschiebungsfaktor $x_1 = +1$ und der Radzähnezahl $z_2 = 85$, Profilverschiebungsfaktor $x_2 = +1$, Zahnbreiten $b_1 = b_2 = 40$ mm soll mit einem Schrägungswinkel $\beta = 20°$ (Werkzeugbezugsprofil DIN 3972 – II × 2,5) ausgeführt werden.
Zu berechnen sind:

a) die Profilverschiebung an beiden Rädern,

b) der Betriebseingriffswinkel α_{wt},

c) die Teilkreis- und Grundkreisdurchmesser, die Kopf- und Fußkreisdurchmesser der Räder, wenn keine Kopfkürzung vorgenommen wird; der Achsabstand a,

d) das vorhandene Kopfspiel c. Entspricht es nicht dem des verwendeten Werkzeug-Bezugsprofils, wird Kopfhöhenänderung für den errechneten Achsabstand erforderlich. Die Kopfkreisdurchmesser d_{a1}, d_{a2} sind danach anzugeben,

e) die Gesamtüberdeckung ε_γ.

21.25 Ein Schrägstirnradpaar mit $z_1 = 11$, $z_2 = 45$, $m_n = 4,5$ mm soll als *V-Null-Getriebe* mit einem Schrägungswinkel $\beta = 10°$ ausgeführt werden.
Zu ermitteln sind

a) die praktischen Mindest-Profilverschiebungsfaktoren x_1, x_2,

b) die Teilkreis- und Kopfkreisdurchmesser des Radpaares einschließlich Achsabstand,

c) die Nennmaße der Zahndicken auf dem Teilkreis im Normal- und Stirnschnitt.

21.26 Für ein einstufiges Stirnradgetriebe sind für eine Übersetzung $|i| = 3{,}15$ die Hauptabmessungen zu ermitteln. Das Getriebe hat ein Drehmoment $T_1 = 50$ Nm zu übertragen. Erschwerte Betriebsbedingungen sind nicht zu erwarten. Für das Ritzel ist der Einsatzstahl 16MnCr5 mit $\sigma_{H\,lim} \approx 1400$ N/mm², für das Hohlrad Gusseisen mit Kugelgraphit EN-GJS 900 mit $\sigma_{H\,lim} \approx 680$ N/mm² vorgesehen. Aus einer vorhergehenden Berechnung wurde der Durchmesser zur Aufnahme des Ritzels mit $d = 28$ mm festgelegt. Der Schrägungswinkel ist mit $\beta = 15°$ anzunehmen.
Zu ermitteln sind:
a) die Zähnezahlen z_1 und z_2 unter Beachtung der vorgegebenen Übersetzung;
b) der Modul m_n,
c) die Teilkreis-, Kopfkreis- und Fußkreisdurchmesser $d_{1,2}$, $d_{a1,2}$, $d_{f1,2}$ sowie die Breiten b_1 und $b_2 = b_1 + 2$ mm;
d) der Achsabstand a für das Innenradgetriebe

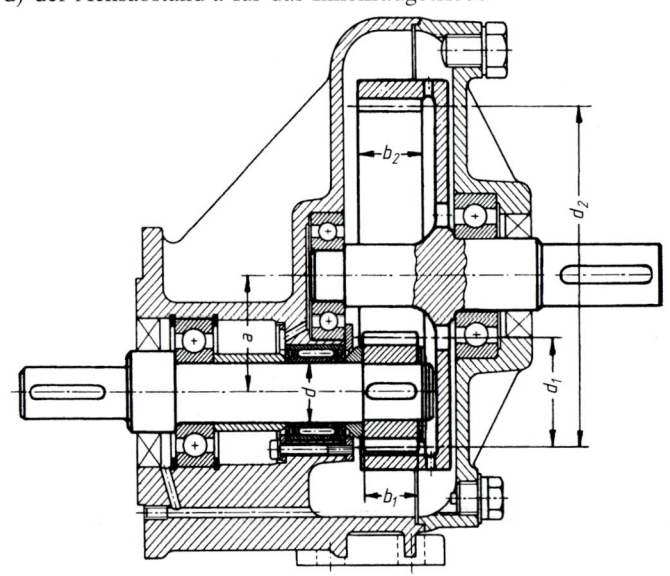

21.27 Ein schrägverzahntes Stirnradgetriebe mit einem Achsabstand $a = 115$ mm und den Zähnezahlen $z_1 = 14$, $z_2 = 33$, dem Schrägungswinkel $\beta = 18°$ soll für hohe Tragfähigkeit ausgelegt werden. Für die Herstellung der Räder wird das Werkzeug-Bezugsprofil DIN 3972 − II × 4,5 verwendet.
Zu ermitteln sind:
a) die erforderliche Summe der Profilverschiebungsfaktoren Σx,
b) deren Aufteilung in x_1 und x_2 sowie die Profilverschiebungen V_1, V_2 in mm,
c) rechnerisch die Profilüberdeckung ε_α.

21.28 Für das Zweigang-Verteilergetriebe zum Allradantrieb eines Kipper-Lastkraftwagens sind Schrägstirnräder mit dem Schrägungswinkel $\beta = 16°$ vorgesehen. Die Tragfähigkeitsberechnung ergab für beide Radpaare den Normalmodul $m_n = 4$ mm. Für den Straßengang sind eine Übersetzung $i_1 \approx 1{,}95$ und eine Ritzelzähnezahl $z_1 = 19$, für den Geländegang eine Übersetzung $i_2 \approx 2{,}56$ und eine Ritzelzähnezahl $z_3 = 16$ gewählt. Zur Erhöhung der Tragfähigkeit sollen die Räder mit Profilverschiebung ausgeführt werden. Für das Radpaar z_1 und z_2 wird daher eine Verschiebung mit der Profilverschiebungssumme $\Sigma x = x_1 + x_2 = +1$ vorgenommen.
a) Nach zweckmäßiger Aufteilung der Verschiebungssumme auf die Räder z_1, z_2 sind die Verschiebungen V_1, V_2 und der Achsabstand a zu bestimmen.
b) Um für das Radpaar z_3, z_4 den gleichen Achsabstand a zu erhalten, ist nach Ermittlung der Verschiebungssumme die Aufteilung vorzunehmen und die Größe der Verschiebungen V_3, V_4 anzugeben.

21 Außenverzahnte Stirnräder

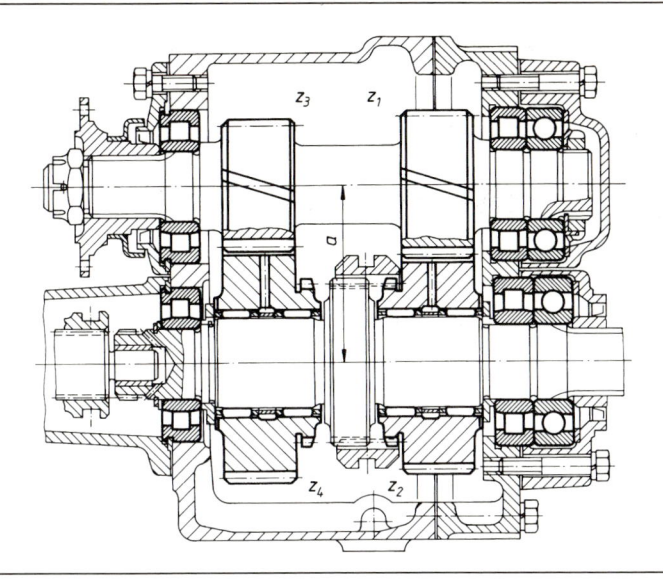

21.29 Für die Eingangsstufe zum Spindelantrieb einer Fräsmaschine mit der Antriebsdrehzahl $n_1 = 500\ \text{min}^{-1}$ ist ein schrägverzahntes Nullradpaar mit $z_1 = 18$, $z_2 = 57$, Modul $m_n = 5\ \text{mm}$, Schrägungswinkel $\beta = 15°$ vorgesehen.

Mit den Geradstirnrädern z_3, z_4 des Schaltgetriebes, Modul $m = m_n$, soll eine Drehzahl $n_3 = 63\ \text{min}^{-1}$ erreicht werden. Für die Herstellung der Räder ist nach DIN 3972 das Werkzeug-Bezugsprofil II vorgesehen.

a) Unter der Voraussetzung, dass aus konstruktiven Gründen der Null-Achsabstand $a_{d1} = a_2$ ist und die Übersetzung $i_2 = u_2$ aus der Gesamtübersetzung $i = i_1 \cdot i_2$ mit $i_1 = u_1$ möglichst genau eingehalten werden soll, sind die Zähnezahlen z_3, z_4 und damit der Null-Achsabstand a_{d2} der Geradstirnräder zu ermitteln.

b) Nach Errechnung der Summe der Profilverschiebungsfaktoren $x_3 + x_4$ und deren Aufteilung sind die Abmessungen der Räder z_3, z_4 für den geforderten Achsabstand a_2 zu bestimmen und das Kopfspiel c zu prüfen.

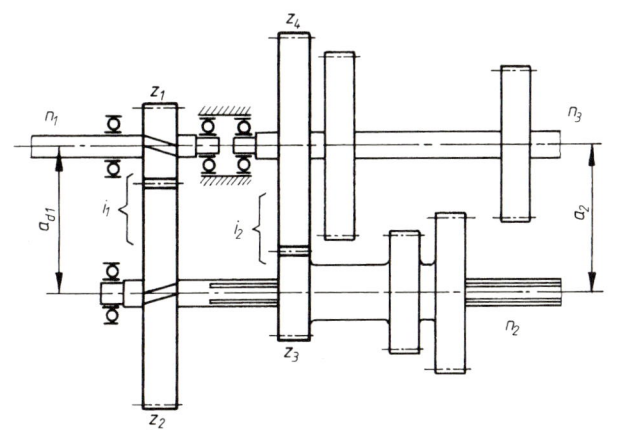

Verzahnungsqualität, Toleranzen

21.30 Für ein geradverzahntes Stirnradpaar mit Modul $m = 2$ mm, $d_1 = 30$ mm, $d_2 = 96$ mm und dem Achsabstand $a = 63$ mm ist das theoretische Drehflankenspiel $j_{t\,min}$ und $j_{t\,max}$ nach DIN 3967 zu bestimmen, wenn es erfahrungsgemäß mit Verzahnungsqualität und Toleranzfeld 8cd26 (*Verzahnungsqualität* 8, *Abmaßreihe* cd, *Toleranzreihe* 26) gefertigt sowie für den Achsabstand a die Achslage-Genauigkeitsklasse js8 eingehalten werden soll, ferner ist für Ritzel und Rad die Messzähnezahl sowie das jeweilige untere und obere Prüfmaß anzugeben.

21.31 Laut Zeichnungsangabe soll ein Geradstirnrad $z = 17$, Profilverschiebungsfaktor $x = +0,5$ für das Bezugsprofil DIN 867 mit dem Werkzeug-Bezugsprofil DIN 3972 − II × 3,5 ohne Kopfhöhenänderung sowie der Verzahnungsqualität und dem Toleranzfeld 6e26 hergestellt werden.
Das Nennmaß der Zahndicke auf dem Teilkreis mit Abmaßen nach DIN 3967 und das Nennmaß der Lückenweite auf dem Teilkreis sind zu ermitteln.

21.32 Das einstufige Geradstirnradgetriebe einer Schneckenpresse soll als V-Null-Getriebe mit einer Übersetzung $i = 4,9$ für einen Modul $m = 10$ mm ausgebildet werden. Konstruktiv günstige Abmessungen werden für das Ritzel mit einem Teilkreisdurchmesser $d_1 = 110$ mm erreicht.
Das theoretische Flankenspiel $j_{t\,min}$ und $j_{t\,max}$ ist zu bestimmen, wenn nach DIN 3967 die Verzahnungsqualität und Toleranz 7c26 sowie nach DIN 3964 die Achsabstandsmaße mit der Genauigkeitsklasse js7 vorgesehen sind (s. auch Hinweise zu Aufgabe 21.30).

21.33 Ein Schrägstirnradpaar mit $z_1 = 11$, $z_2 = 45$, $m_n = 4,5$ mm soll als V-Null-Getriebe mit einem Schrägungswinkel $\beta = 10°$ ausgeführt werden.
Zu ermitteln sind
a) die praktischen Mindest-Profilverschiebungsfaktoren x_1, x_2,
b) die Teilkreis- und Kopfkreisdurchmesser des Radpaares einschließlich Achsabstand,
c) die Normalzahndicken auf dem Teilkreis mit Abmaßen in mm, wenn für die Räder nach DIN 3967 die Verzahnungsqualität und Toleranz 7b26 verlangt wird,
d) das theoretische Flankenspiel $j_{t\,min}$ und $j_{t\,max}$, wenn nach DIN 3964 die Achsabstandsabmaße für die Toleranzklasse js7 vereinbart ist.

Zahnradkräfte, Drehmomente

21.34 Der Zwischenwelle A−B mit den geradverzahnten Nullrädern $z_2 = 81$, Modul $m_1 = 3,5$ mm und $z_3 = 20$, Modul $m_2 = 4$ mm wird eine maximale Leistung $P_2 = 5$ kW bei $n_2 = 160$ min^{-1} über ein Ritzel z_1 zugeführt. Das Ritzel z_1 soll
1. im Uhrzeigersinn, und
2. entgegen dem Uhrzeigersinn laufen (siehe Getriebeskizze).
a) Für die Zahnräder z_2 und z_3 sind nach der Getriebeskizze die Zahnkraftkomponenten F_{t2}, F_{r2} und F_{t3}, F_{r3} entsprechend ihrer Richtung für 1. und 2. einzutragen und rechnerisch zu ermitteln.
b) Die Belastungs- und Stützkräfte der Welle A−B sind für die horizontale (x-) und vertikale (y-) Wirkebene zu 1. und 2. zu skizzieren und die rechnerische Beziehung für $F_{A\,res}$ und $F_{B\,res}$ ist anzugeben.

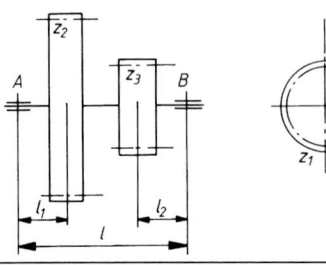

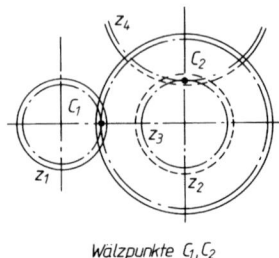

Wälzpunkte C_1, C_2

21 Außenverzahnte Stirnräder

21.35 Das Schrägstirnrad $z_2 = 83$, Modul $m_n = 2$ mm, Schrägungswinkel $\beta = 15°$ rechtssteigend ist auf der Welle A–B befestigt und hat eine Leistung $P = 6{,}25$ kW bei $n_2 = 630$ min^{-1} zu übertragen. Es wird von einem Ritzel z_1 angetrieben, das sich im Uhrzeigersinn dreht.

a) Die Richtungen der Zahnkraftkomponenten F_{t2}, F_{r2}, F_{a2} für das Rad z_2 sind in eine Getriebeskizze (nach Bild) einzuzeichnen.
b) Die Nenngrößen der Zahnkraftkomponenten in N (ganzzahlig gerundet) sind zu berechnen.
c) Die Wellenbelastung durch die Zahnkraftkomponenten ist in der horizontalen (x-) und vertikalen (y-)Wirkebene zu skizzieren und die Größe der resultierenden Lagerkräfte $F_{A\,res}$, $F_{B\,res}$ mit den Komponenten F_{Ax}, F_{Ay} bzw. F_{Bx}, F_{By} (ganzzahlig gerundet) zu berechnen.
d) Der Verlauf der (Biege-)Momentenfläche mit M'_x, M_x, M_y in den senkrecht aufeinanderstehenden Wirkebenen (x, y) sind zu skizzieren und die resultierenden Biegemomente M', M für die Radmitte zu ermitteln.

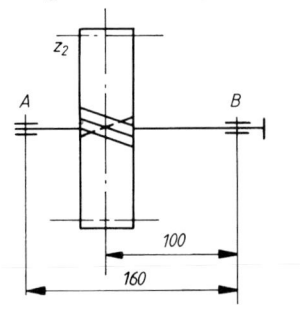

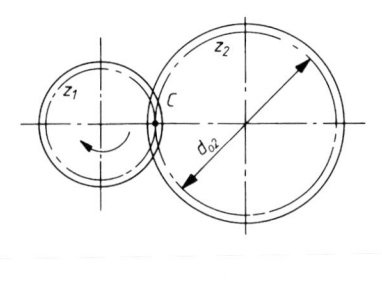

21.36 Die Zwischenwelle A–B eines Nullgetriebes (siehe Bild a) überträgt eine Leistung $P = 8{,}8$ kW bei einer Drehzahl $n = 800$ min^{-1} mit zwei Schrägstirnrädern $z_2 = 39$, $m_n = 2{,}5$ mm, $\beta = 15°$ Flankenrichtung links und $z_3 = 20$, $m_n = 4$ mm, $\beta = 10°$ Flankenrichtung links. Der Antrieb erfolgt durch das im Uhrzeigersinn drehende Zahnrad z_1, das, wie in der Seitenansicht der Getriebeskizze dargestellt, entweder in der waagerechten Ebene (Bild b) oder in der senkrechten Ebene (Bild c) angeordnet werden kann.

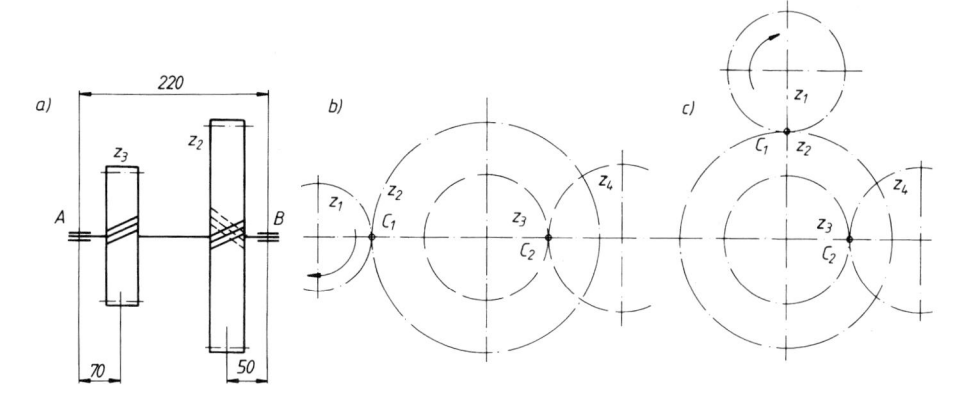

a) Die Richtungen der Zahnkraft-Komponenten F_{t2}, F_{t3}, F_{r2}, F_{r3} und F_{a2}, F_{a3} für die Räder z_2, z_3 sind in die Getriebeskizze nach Anordnung Bild a) und b) in den Wälzpunkten C_1, C_2 einzuzeichnen.
b) Die Nenngrößen der Zahnkraft-Komponenten in N sind ganzzahlig gerundet zu berechnen.
c) Die Wellenbelastung durch die Zahnkraftkomponenten und der vermutliche Verlauf der Biegemomentenfläche sind in der horizontalen (x-) und vertikalen (y-) Wirkebene für die Anordnung a) und b) zu skizzieren.
d) Entsprechend der Richtung der Zahnkraftkomponenten gleicher Größe sind die Wellenbelastung und der vermutliche Verlauf der Biegemomentenfläche für die Anordnung Bild a) und c) in der horizontalen (x-) und vertikalen (y-)Wirkebene zu skizzieren.

Tragfähigkeitsnachweis (geradverzahnte Stirnräder)

21.37 Die Übersetzungsstufe eines Stirnradgetriebes mit den mittig zwischen den Lagern angeordneten geradverzahnten Nullrädern $z_1 = 44$, $z_2 = 110$, (Bezugsprofil DIN 867, Werkzeug-Bezugsprofil 3972-II × 2,5) Zahnbreiten $b_1 = 45$ mm, $b_2 = 40$ mm, soll eine Nennleistung $P = 15$ kW bei der Ritzeldrehzahl $n_1 = 750$ min^{-1} übertragen. Der Antrieb erfolgt über einen Elektromotor, die getriebene Maschine arbeitet mit mäßigen Stößen ($K_A \approx 1{,}25$; $(K_A \cdot K_V) \approx 1{,}8$).
Das Ritzel ist aus 42CrMo4, induktionsgehärtet auf 55HRC mit $\sigma_{F\,lim} = 360$ N/mm^2, Zahnflanken (einschließlich Fußausrundung) geschliffen mit $Rz \approx 5$ μm. Das Industriegetriebe soll bei einer Lastwechselanzahl $N_L = t \cdot n \cdot 60$ eine Mindestlebensdauer $t = 20\,000$ Stunden erreichen. Aus Vergleichsberechnungen kann der Breitenfaktor mit $K_{F\beta} \approx 2{,}1$ angenommen werden.
Aus vorhergehenden Berechnungen sind bekannt: $a_d = a = 192{,}5$ mm, $\varepsilon_\alpha \approx 1{,}8$,
Ritzel: $d_1 = 110$ mm, $d_{a1} = 115$ mm, $d_{f1} = 103{,}75$ mm
Rad: $d_2 = 275$ mm, $d_{a2} = 280$ mm, $d_{f2} = 268{,}75$ mm
Ist das Ritzel hinsichtlich der Zahnfußtragsicherheit ausreichend dimensioniert, wenn als Mindestwert $S_F = 1{,}5$ gefordert wird?

21.38 Die 2. Übersetzungsstufe des dreistufigen Getriebes eines Kranhubwerkes soll als Geradstirnradpaar mit einem Achsabstand $a = 119$ mm ausgeführt werden. Für den Wellendurchmesser $d_{sh} = 34$ mm des Ritzels betragen die Abstände $s \approx 10$ mm und $l = 120$ mm. Die Geradstirnräder aus Einsatzstahl mit $\sigma_{F\,lim} \approx 500$ N/mm^2 und $\sigma_{H\,lim} \approx 1500$ N/mm^2 bei 60HRC mit geschliffenen Flanken (einschließlich Fußausrundung) $Rz = 6$ μm haben die Zähnezahlen $z_1 = 13$, $z_2 = 64$, Zahnbreiten $b_1 = b_2 = 50$ mm, zu deren Herstellung entsprechend dem Bezugsprofil nach DIN 867 das Werkzeug-Bezugsprofil DIN 3972−II × 3 verwendet wird.
Das Rad z_2 ist hinsichtlich der Flankentragfähigkeit zu überprüfen unter Annahme eines Belastungsfaktors $K_{H\,ges} \approx 1{,}4$. Die Zahnradstufe hat eine maximale Leistung $P = 6{,}9$ kW bei $n_1 = 305$ min^{-1} zu übertragen. Gefordert wird eine für Hebemaschinen übliche Lebensdauer von $t = 8000$ Stunden bei guter Verzahnungsqualität. Vorgesehen ist für das Getriebeöl eine Nennviskosität $v_{50} = 100$ mm^2/s. Zusätzlich bekannt sind aus vorhergehenden Berechnungen für das korrigierte Radpaar: $\alpha \approx 20°$, $\alpha_w \approx 24{,}21°$, $\varepsilon_\alpha = 1{,}29$;

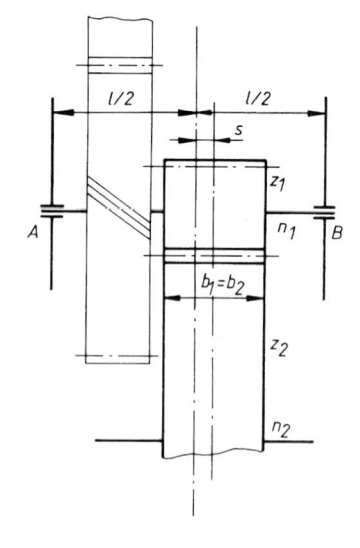

Ritzel: $x_1 = 0{,}55$ mm, $d_1 = 39$ mm ($\approx d_{w1}$), $d_{a1} = 47{,}572$ mm
Rad: $x_2 = 0{,}738$ mm, $d_2 = 192$ mm ($\approx d_{w2}$), $d_{a2} = 201{,}70$ mm,
Ist das Rad hinsichtlich der Flankentragfähigkeit ausreichend dimensioniert, wenn $S_{H\,min} = 1{,}1$ gefordert wird?

21.39 Eine Stab- und Formstahlschere wird durch einen Elektromotor mit einer Leistung $P = 4$ kW bei der Drehzahl $n_1 = 960$ min^{-1} angetrieben und soll mit $n_3 = 50$ Hüben/min laufen.
Als erste Stufe ist ein Keilriemengetriebe mit den Scheibendurchmessern $d_{w1} = 140$ mm und $d_{w2} = 560$ mm vorgesehen. Die zweite Stufe bildet ein Geradstirnradpaar mit Nullverzahnung, dessen fliegend angeordnetes Ritzel mit $z_1 = 20$ auf dem mit $Rz = 6$ µm gedrehten Wellenende für $d_{sh} = 50$ mm der Zwischenwelle aus E295 mittels Nasenkeil nach DIN 6887 befestigt werden soll.
Als Zahnradwerkstoff wird für das Ritzel Vergütungsstahl (flammengehärtet) mit $\sigma_{F\,lim} = 370$ N/mm², $\sigma_{H\,lim} = 1200$ N/mm² bei 55HRC und für das Rad legierter Stahlguss mit $\sigma_{F\,lim} = 280$ N/mm², $\sigma_{H\,lim} = 780$ N/mm² bei 300HV10 vorgesehen; der Anwendungsfaktor ist mit $K_A \approx 2$ anzunehmen.

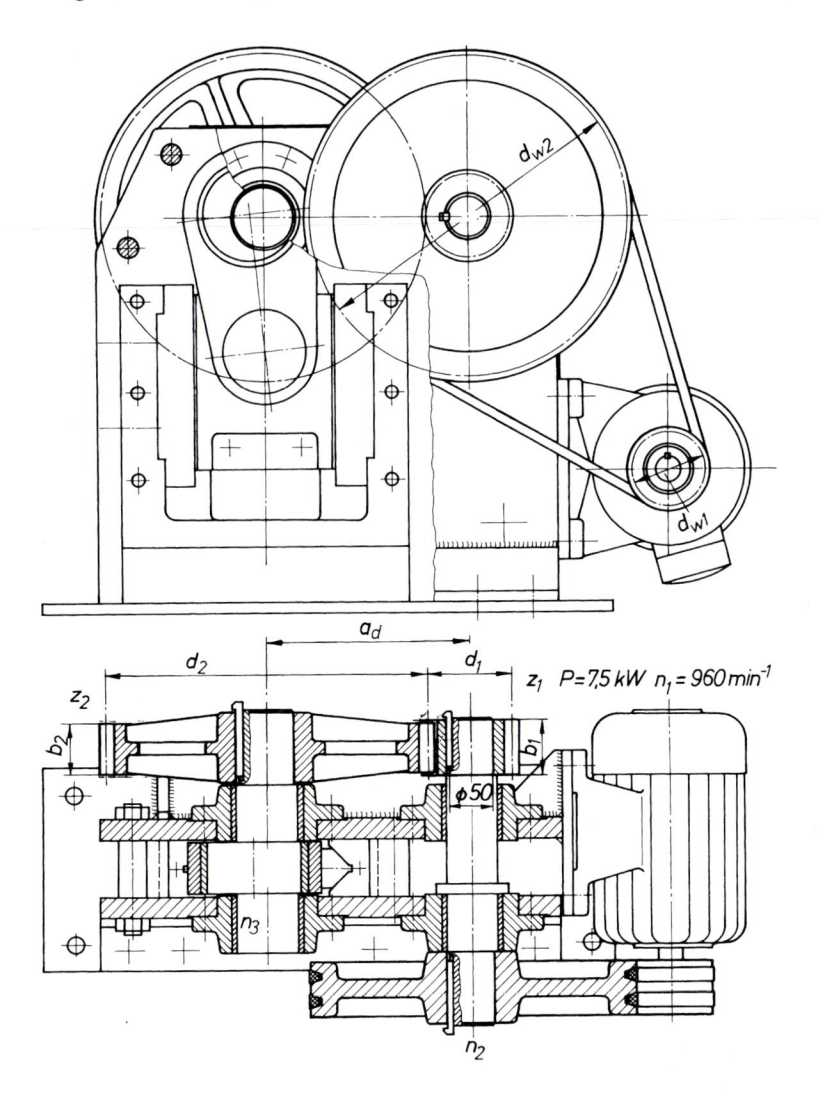

a) Ohne Berücksichtigung des Wirkungsgrades sind nach der Ermittlung der Übersetzung $i_2 = u$ der Stirnradstufe aus der Gesamtübersetzung i für das auf die Welle zu setzende Ritzel der Modul m nach DIN 780 zu wählen, die Rad-Zähnezahl z_2, Hauptabmessungen der Räder einschließlich Nullachsabstand zu berechnen und überschlägig die Profilüberdeckung sowie aufgrund der Räderanordnung die Zahnbreiten b_1, $b_2 = b_1 - 5$ mm und die zugehörige möglichst beste Verzahnungsqualität festzulegen.

b) Sind die vorgesehenen Werkstoffe hinsichtlich der Zahnfußtragfähigkeit ausreichend, wenn die üblichen Mindestsicherheitswerte gefordert werden und für den Belastungseinflussfaktor $K_{F\,ges} \approx 3{,}2$ aus vorhergehenden Berechnungen ermittelt wurde?

c) Sind unter gleichen Bedingungen die vorgesehenen Werkstoffe hinsichtlich der Zahnflankentragfähigkeit für $K_{H\,ges} \approx 2$ ausreichend?

21.40 Für den Antrieb eines Trogkettenförderers mit einer Förderleistung $Q = 25$ t/h Schwergetreide bei einer Förderlänge $L = 50$ m und einer Fördergeschwindigkeit $v_k = 0{,}6$ m/s (Kettengeschwindigkeit) ist ein Antriebsmotor $P = 5{,}5$ kW bei $n_1 = 1435$ min^{-1} ermittelt. Das Kettenrad hat einen Teilkreisdurchmesser $d = 276{,}83$ mm. Konstruktiv wurde der Lagerabstand $l = 140$ mm festgelegt bei einem Mittenabstand des Ritzels $s = 10$ mm.
Als 1. Stufe des Antriebs wird ein Keilriemengetriebe mit der Übersetzung $i_1 = 4{,}75$ verwendet. Für die 2. Stufe soll ein Geradstirnradgetriebe als Anbaugetriebe vorgesehen werden, für das eine Ritzelwelle mit $z_1 = 17$ Zähnen nach überschlägiger Berechnung des Durchmessers $d_{sh} = 38$ mm ausgeführt wird. Aus Einbaugründen wird der Teilkreisradius $r_2 = d_2/2$ etwa 10 mm kleiner als die Achshöhe $h = 200$ mm angestrebt. Der Wirkungsgrad des Getriebes soll unberücksichtigt bleiben. Als Zahnradwerkstoff ist für die Ritzelwelle und für die Bandage des Rades z_2 (Radkörper aus GJL) Vergütungsstahl mit $\sigma_{F\,lim} = 350$ N/mm^2 (55HRC) und $\sigma_{H\,lim} = 1250$ N/mm^2 (induktionsgehärtet) vorgesehen.

a) Nach Ermittlung der Ritzelwellendrehzahl n_2 und der Drehzahl n_3 der Kettenradwelle aus v_k sind mit der Übersetzung $i_2 \triangleq u$ des Nullradpaares die Zähnezahlen des Rades z_2 und mit der Bedingung der Achshöhe der Modul m für das Zahnradpaar zu bestimmen, womit die Abmessungen der Räder einschließlich Zahnhöhe, Null-Achsabstand zu berechnen und die Profilüberdeckung zu ermitteln sind und festzustellen ist, ob die Ausführung als Ritzelwelle für d_{sh} und z_1 möglich ist.

b) Die Zahnbreiten des Radpaares b_1, b_2 sind für die Wellenlagerung in guter, handelsüblicher Ausführung im Getriebegehäuse und die zugehörige möglichst beste Verzahnungsqualität festzulegen.

c) Die rechnerische Sicherheit S_{F1} für die Zahnfußbeanspruchung ist zu errechnen unter Annahme von $K_{F\,ges} \approx 2{,}65$.

d) Die Zulässigkeit der rechnerischen Sicherheitsfaktoren $S_{H1,2}$ für die Grübchentragfähigkeit ist für eine Lastwechselzahl $N_L > 10^6$ nachzuweisen unter Annahme von $K_{H\,ges} \approx 1{,}7$, wenn die Zahnflanken mit $Rz \approx 5$ μm geschliffen werden.

21 Außenverzahnte Stirnräder

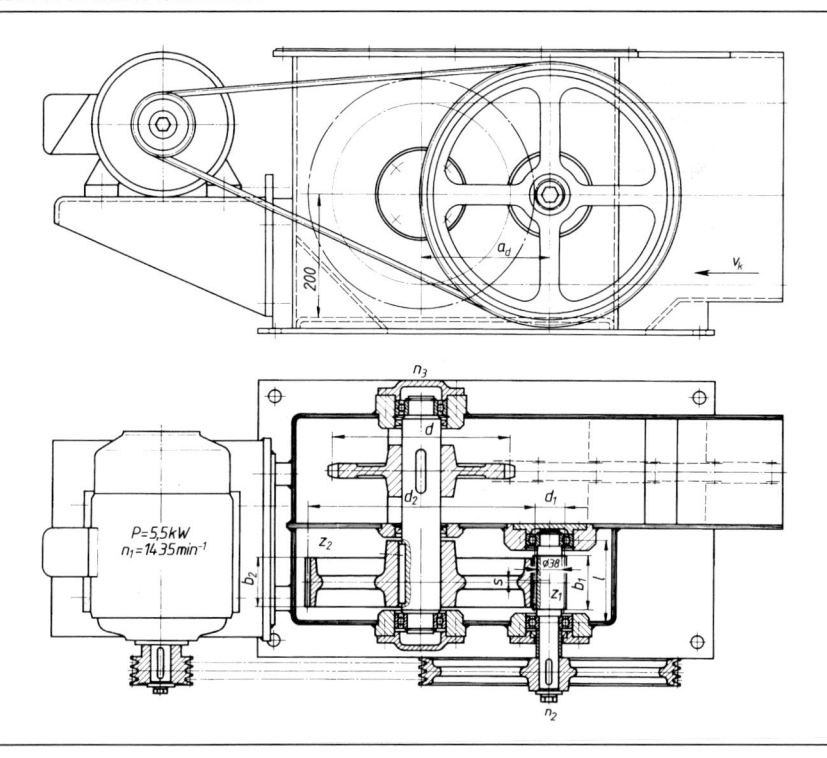

Tragfähigkeitsnachweis (schrägverzahnte Stirnräder)

21.41 Ein mittig zwischen den Lagern angeordnetes Schrägstirnradpaar mit den Nullrädern $z_1 = 30$, $z_2 = 94$, Normalmodul $m_n = 3$ mm, Schrägungswinkel $\beta = 10{,}8069°$ (nach DIN 3978, Reihe 1), Zahnbreiten $b_1 = b_2 = 50$ mm, DIN-Verzahnungsqualität 6 soll über einen Elektromotor mit einer Leistung $P = 45$ kW bei $n_1 = 1420$ min^{-1} übertragen. Mit mäßigen Stößen ist zu rechnen. Für beide Räder ist Einsatzstahl 15CrNi6, oberflächengehärtet mit $\sigma_{F\,lim} \approx 315$ N/mm², $\sigma_{H\,lim} \approx 1300$ N/mm² bei 58HRC und geschliffenen Zähnen $Rz \approx 5$ µm vorgesehen.

a) Die Teil-, Grund-, Kopf- und Fußkreisdurchmesser der Räder einschließlich Zahnhöhe und Null-Achsabstand sowie die Profilüberdeckung ε_α, die Sprungüberdeckung ε_β und die Gesamtüberdeckung ε_γ sind zu berechnen.
b) Nach Bestimmung der Nenn-Umfangskraft F_{t1} für das Ritzel in N (ganzzahlig) sind der Gesamtbelastungseinfluss sowohl für die Zahnfußtragfähigkeit $K_{F\,ges}$ als auch für die Grübchentragfähigkeit $K_{H\,ges}$ weitgehend rechnerisch zu ermitteln.

21.42 Das im Bild gezeigte Industriegetriebe mit den Schrägstirnrädern $z_1 = 20$, $z_2 = 59$, $m_n = 6$ mm, Schrägungswinkel $\beta = 15°$, Zahnbreiten $b_1 = 100$ mm, $b_2 = 98$ mm soll mit einer Verzahnungsqualität 6 für eine Antriebsleistung bei gleichmäßigem Betrieb $P = 500$ kW bei einer Nenndrehzahl $n_1 = 1500$ min^{-1} ausgelegt werden. Bei einem Ritzelwellendurchmesser $d_{sh} = 95$ mm ist ein Achsabstand $a = 250$ mm einzuhalten. Als Zahnradwerkstoff ist Einsatzstahl 17CrNiMo6 mit $\sigma_{F\,lim} = 500$ N/mm² und $\sigma_{H\,lim} = 1500$ N/mm² bei 62HRC mit geschliffenen Zahnflanken $Rz \approx 5$ µm für $N_L > 5 \cdot 10^7$ Lastspiele vorgesehen.

a) Es ist zunächst zu entscheiden, ob Null- oder V-Räder eingebaut werden können. Die Radabmessung Teilkreis-, Grundkreis-, Wälzkreis-, Fußkreis- und Kopfkreisdurchmesser sind zu ermitteln unter Berücksichtigung eines Kopfspiels $c = 0{,}25 \cdot m$.
b) Die rechnerische Sicherheit $S_{F1,2}$ für die Zahnfuß-Tragfähigkeit ist zu prüfen unter der Annahme des Belastungseinflussfaktors $K_{F\,ges} \approx 1{,}37$.
c) Die Zulässigkeit der rechnerischen Sicherheit $S_{H1,2}$ für die Grübchen-Tragfähigkeit ist mit einem Belastungseinflussfaktors $K_{H\,ges} \approx 1{,}2$ nachzuweisen, wenn $S_H \geq 1$ betragen soll.

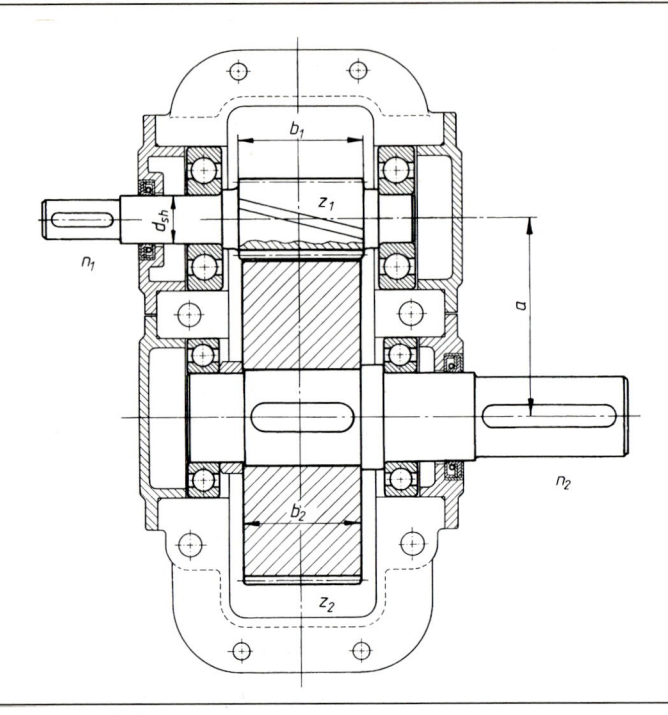

21.43 Die Endstufe eines Rührwerkgetriebes soll als Schrägstirnradpaar mit einem Schrägungswinkel $\beta = 15°$, $z_1 = 14$, $z_2 = 61$, Zahnbreiten $b_1 = b_2 = 170$ mm ausgeführt werden (siehe Getriebeschema). Zum Erreichen des geforderten Achsabstandes ist eine Profilverschiebung mit $\Sigma x = +1{,}292$ vorzunehmen.

Die Verzahnung des Ritzels (Ausführung als Ritzelwelle) aus Einsatzstahl 17CrNiMo6 und des Rades aus Einsatzstahl 18CrNiMo7-6 wird entsprechend dem Bezugsprofil nach DIN 867 mit dem Werkzeug-Bezugsprofil DIN 3972 – II × 14 hergestellt und an den Flanken mit $Rz \approx 5$ μm, am Zahnfuß mit $Rz \approx 20$ μm geschliffen.

Gefordert wird eine Verzahnungsqualität 6 und erfahrungsgemäß bei einer täglichen Einschaltdauer von 2 Stunden eine Lebensdauer von 1000 Stunden. Für die Ritzelwelle mit dem Schaftdurchmesser $d_{sh} = 150$ mm betragen die Abstände $s = 63$ mm und $l = 383$ mm. Bei der Wellendrehzahl $n_1 = 15$ min^{-1} wird eine Leistung $P = 29{,}5$ kW übertragen.

a) Nach Aufteilung von Σx in x_1 und x_2 und nach Ermittlung der Teilkreisdurchmesser $d_{1,2}$ sind der Achsabstand a und damit der Kopfkreisdurchmesser $d_{a1,2}$ und die Fußkreisdurchmesser $d_{f1,2}$ einschließlich Grundkreisdurchmesser $d_{b1,2}$ und die Zahnhöhe, sowie die Profil- und Sprungüberdeckung zu berechnen.

b) Für gleichmäßigen Antrieb und bei mäßigen Stößen des Getriebes sind die Kraftfaktoren weitgehendst rechnerisch für den Tragfähigkeitsnachweis c) zu berechnen.

c) Die Zulässigkeit der Zahnfußspannung und Flankenpressung ist nachzuprüfen, wenn bei 60HRC die Zahnfuß-Biegenenndauerfestigkeit $\sigma_{Flim} = 500$ N/mm^2 für das Ritzel und $\sigma_{Flim} = 450$ N/mm^2 für das Rad, sowie der Dauerfestigkeitswert $\sigma_{Hlim} = 1500$ N/mm^2 für das Ritzel und $\sigma_{Hlim} = 1400$ N/mm^2 für das Rad beträgt.

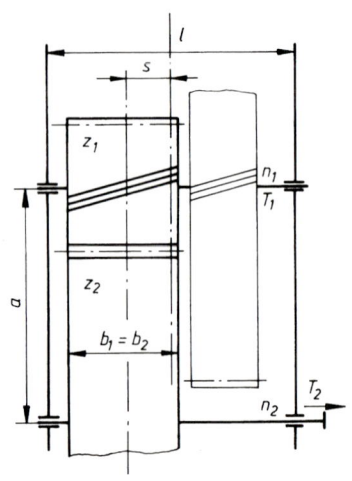

22 Kegelräder und Kegelradgetriebe

22.1 Für ein geradverzahntes Kegelrad-Nullgetriebe mit dem Achsenwinkel $\Sigma = 75°$, der Ritzelzähnezahl $z_1 = 22$, der Übersetzung $i = 1{,}5$ und dem (äußeren) Modul $m_e = m = 3{,}5$ mm sind für Ritzel und Rad zu ermitteln
 a) die Teilkegelwinkel $\delta_{1,2}$,
 b) die Teilkreisdurchmesser $d_{e1,2}$ und Kopfkreisdurchmesser $d_{ae1,2}$,
 c) die mittlere und äußere Teilkegellänge R_m und R_e für eine Radbreite $b = 20$ mm,
 d) die Kopf- und Fußkegelwinkel $\delta_{a1,2}$ und $\delta_{f1,2}$.

22.2 Für den Antrieb eines Transportbandes wurde aufgrund der konstruktiven Gegebenheiten ein geradverzahntes Kegelradpaar mit $\Sigma = 90°$ bei einem Übersetzungsverhältnis $i = 1{,}25$ vorgesehen. Eine überschlägige Berechnung ergab für die zu übertragende Leistung den Modul $m_e = m = 6$ mm. Günstige Bauabmessungen würden sich mit einer Ritzelzähnezahl $z_1 = 12$ und einer Zahnbreite $b = 15$ mm ergeben.

 a) Es ist zu prüfen, ob eine Ausführung als Null-Getriebe möglich ist,
 b) die für die Herstellung der Verzahnung erforderlichen Hauptabmessungen z_2, $\delta_{1,2}$, R_e, h_{ae}, h_{fe}, $d_{e1,2}$, $d_{ae1,2}$, $\delta_{a1,2}$, $\delta_{f1,2}$ sind zu ermitteln.

22.3 Für das einstufige Kegelradgetriebe mit schrägverzahnten Kegelrädern, dem Achsenwinkel $\Sigma = 90°$ und der Übersetzung $i = 4{,}5$ sind die für die Herstellung der Kegelräder erforderlichen Verzahnungsdaten z_2, b, $\delta_{1,2}$, $d_{m1,2}$, $d_{e1,2}$, R_m, R_e, $d_{am1,2}$, $d_{ae1,2}$, $d_{fm1,2}$, $d_{fe1,2}$ zu ermitteln. Aus einer überschlägigen Berechnung bzw. durch Vorwahl sind bekannt: Ritzelzähnezahl $z_1 = 14$, mittlerer Modul im Normalschnitt $m_{mn} = 7$ mm, Schrägungswinkel $\beta_m = 20°$.

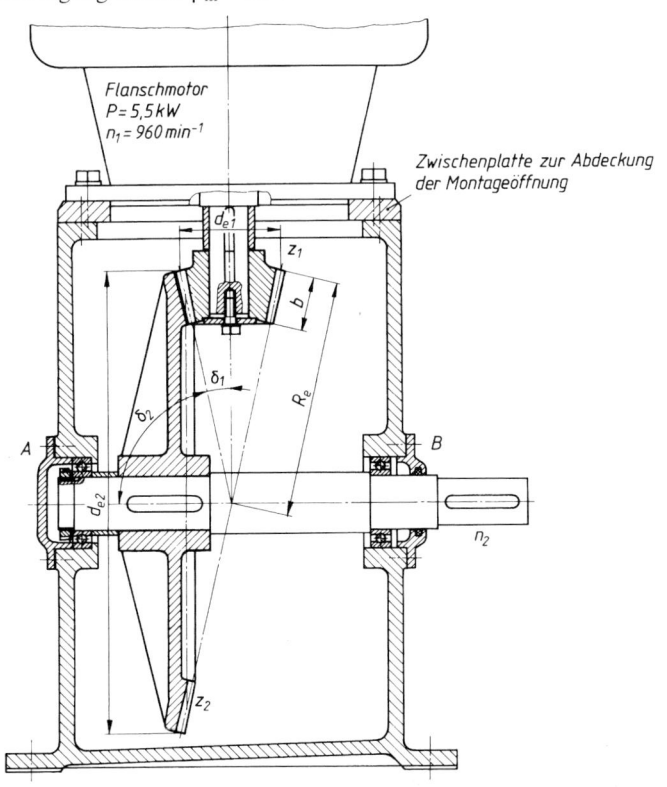

22.4 Für das Kegelradgetriebe einer Kettensäge mit der Antriebsleistung $P_1 = 1{,}5$ kW bei der Antriebsdrehzahl $n_1 = 2820$ min^{-1} und einer Schnittgeschwindigkeit $v = 400$ m/min sind die Verzahnungsabmessungen zu berechnen. Der Kettenrollendurchmesser beträgt $D = 80$ mm, der Durchmesser des Motorwellenendes $d_{sh} = 24$ mm. Wegen der hohen Drehzahlen sind schrägverzahnte Kegelräder mit $\beta_m = 30°$ vorzusehen.

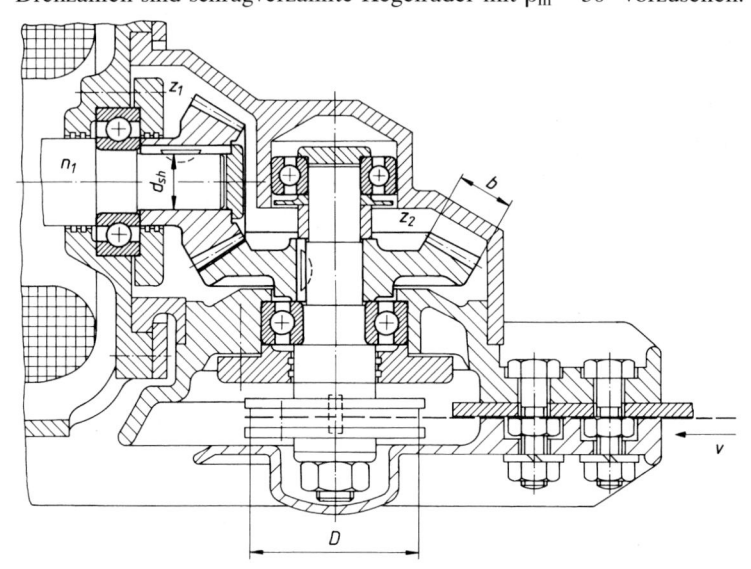

Zu ermitteln sind:

a) das Übersetzungsverhältnis (überschlägige Berechnung aus Motordrehzahl und Schnittgeschwindigkeit),
b) die Zähnezahlen z_1, z_2 und damit das vorhandene Übersetzungsverhältnis,
c) der Normalmodul m_{mn} sowie die mittlere Zahnkopf- und Zahnfußhöhe,
d) die Verzahnungsdaten für Ritzel und Rad b, $d_{1,2}$, $d_{m1,2}$, $d_{e1,2}$, R_m, R_e, $d_{am1,2}$, $d_{ae1,2}$, $d_{fm1,2}$, $d_{fe1,2}$.

22.5 Als letzte Stufe des Schaltgetriebes für den Spindelantrieb einer Senkrecht-Fräsmaschine ist ein Kegelradpaar vorgesehen. Die von den Rädern zu übertragende Leistung beträgt $P = 3{,}3$ kW, die Spindeldrehzahlen $n_2 = 51 \ldots 1200$ min^{-1}. Nach dem Getriebeplan ergibt sich für das zu berechnende Radpaar eine Übersetzung $i = 2{,}05$. Der Durchmesser der Getriebewelle an der Sitzstelle des Ritzels wurde nach den konstruktiven Gegebenheiten mit $d_{sh} = 40$ mm festgelegt. Um einen möglichst geräuscharmen Lauf zu erzielen sind schrägverzahnte Kegelräder mit $\beta_m = 25°$ vorzusehen.

Für die Kegelräder sind zu ermitteln bzw. festzulegen:

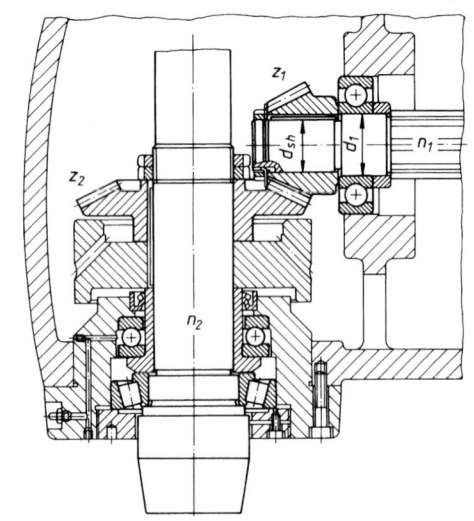

a) die Zähnezahlen $z_{1,2}$, wobei das Übersetzungsverhältnis möglichst eingehalten wird,
b) der Normalmodul m_{mn} sowie die mittlere Zahnkopf- und Zahnfußhöhe h_{am}, h_{fm},
c) die Verzahnungsdaten für Ritzel und Rad b, $\delta_{1,2}$, $d_{m1,2}$, $d_{e1,2}$, R_m, R_e, $d_{am1,2}$, $d_{ae1,2}$, $d_{fm1,2}$, $d_{fe1,2}$.

22 Kegelräder und Kegelradgetriebe

Tragfähigkeitsnachweis

22.6 Ein geradverzahntes Kegelrad-Nullgetriebe zum Antrieb eines Rührwerkes hat bei einer Antriebsdrehzahl $n_1 = 90 \text{ min}^{-1}$ unter Berücksichtigung der ungünstigen Betriebsverhältnisse eine maximale Leistung von $P \approx 3$ kW zu übertragen. Die Übersetzung beträgt $i = 1,5$ und der Achsenwinkel $\Sigma = 75°$, die Zahnbreite $b = 42$ mm. Der Wellenzapfen zum Aufsetzen des Ritzels ergab sich mit $d_{sh} = 50$ mm.

Für das Ritzel z_1 (Vergütungsstahl mit $\sigma_{F\,lim} = 250 \text{ N/mm}^2$, $\sigma_{H\,lim} = 1100 \text{ N/mm}^2$) ist der Tragfähigkeitsnachweis zu führen. Für die Verzahnung wird die 11. Qualität vorgesehen; der Dynamikfaktor K_v ist mit 1,0 und die Oberflächenrauheit in der Fußrundung $R_z = 10$ µm anzunehmen. Aus einer vorhergehenden Berechnung wurden bereits ermittelt bzw. festgelegt:

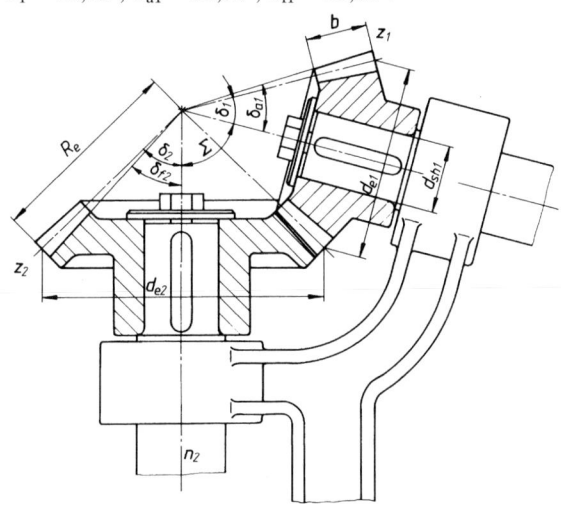

$m_{mn} = 7$ mm, $z_1 = 20$, $z_2 = 30$, $b = 42$ mm, $R_m = 145,42$ mm, $R_e = 166,42$ mm,
$h_{ae} = 8,01$ mm, $h_{fe} = 10,01$ mm, $d_{m1} = 140,00$ mm, $d_{e1} = 160,22$ mm, $d_{ae1} = 174,26$ mm,
$\delta_1 = 28,78°$, $\delta_{a1} = 31,53°$, $\delta_{f1} = 25,33°$.

22.7 Das skizzierte geradverzahnte Kegelrad-Nullgetriebe mit dem Bezugsprofil nach DIN 867, den Zähnezahlen $z_1 = 19$, $z_2 = 42$, dem Achsenwinkel $\Sigma = 90°$, dem Modul $m_m = 3$ mm, der Breite $b = 20$ mm soll eine maximale Leistung $P = 12$ kW bei $n_1 = 800 \text{ min}^{-1}$ übertragen.

Zur Dimensionierung der Welle 2 sowie der Anschlussteile sind die durch die Zahnkraft hervorgerufenen Auflagerkräfte F_A und F_B sowie das maßgebende größte Biegemoment sowohl für den Rechts- als auch Linkslauf des treibenden Rades z_1 rechnerisch zu bestimmen.

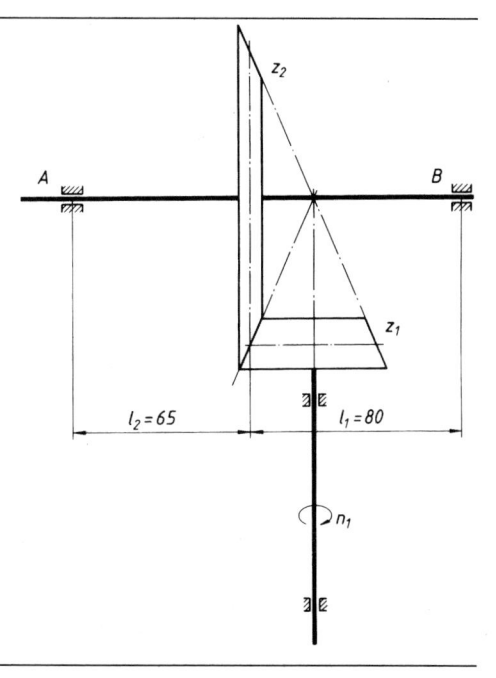

22.8 Für das Kegelradgetriebe der Kettensäge der Aufgabe 22.4 mit der Antriebsleistung $P_1 = 1{,}5$ kW bei der Antriebsdrehzahl $n_1 = 2820$ min^{-1} und einer Schnittgeschwindigkeit $v = 400$ m/min ist mit den in der Aufgabe 22.4 ermittelten Verzahnungsabmessungen der Tragfähigkeitsnachweis zu führen. Der Kettenrollendurchmesser beträgt $D = 80$ mm, der Durchmesser des Motorwellenendes $d_{sh} = 24$ mm. Wegen der hohen Drehzahlen sind schrägverzahnte Kegelräder mit $\beta_m = 30°$ vorgesehen. Für Ritzel und Rad (jeweils umlaufgehärtet) ist Vergütungsstahl mit $\sigma_{F\,lim} = 140$ N/mm^2 und $\sigma_{H\,lim} = 1100$ N/mm^2 vorgesehen.

23 Schraubrad- und Schneckengetriebe

Schraubradgetriebe

23.1 Für ein Schraubradgetriebe mit der Übersetzung $i = 2$, dem Achsenwinkel $\Sigma = 90°$, dem Modul $m_n = 5$ mm, der Zähnezahl $z_1 = 16$ und dem Schrägungswinkel $\beta_1 = 50°$ sind zu berechnen und festzulegen:

a) die Zähnezahl z_2,
b) die Teilkreis- und Kopfkreisdurchmesser $d_{1,2}$ und $d_{a1,2}$ sowie die Radbreite $b_1 = b_2$,
c) der Achsabstand a.

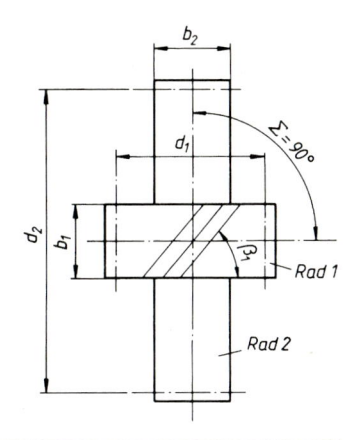

23.2 Zur Erzielung eines möglichst hohen Wirkungsgrades η_z sind für das Schraubradgetriebe mit dem Achsenwinkel $\Sigma = 90°$ und dem angenommenen Keilreibungswinkel $\rho' \approx 3°$ die Schrägungswinkel β_1 und β_2 durch grafische Darstellung der Funktion $\eta_z = f(\beta_1)$ zu ermitteln.

23.3 Für ein Schraubradgetriebe mit der Übersetzung $i = 3$, dem Achsenwinkel $\Sigma = 40°$ und dem Modul $m_n = 2{,}5$ mm sind zu ermitteln bzw. festzulegen:

a) die Schrägungswinkel β_1 und β_2 (auf ganze Zahl gerundet) für einen möglichst hohen Wirkungsgrad bei einem angenommenen Keilreibungswinkel $\rho' \approx 5°$;
b) die Zähnezahlen z_1 und z_2, wenn für z_1 der untere der Empfehlungswerte gewählt wird; die Teilkreis- und Kopfkreisdurchmesser der Räder 1 und 2 sowie der sich damit ergebende Achsabstand;
c) der Wirkungsgrad η_z der Verzahnung;
d) die Gleitgeschwindigkeit v_g der Flanken, wenn die Drehzahl des treibenden Rades $n_1 = 475$ min^{-1} beträgt.

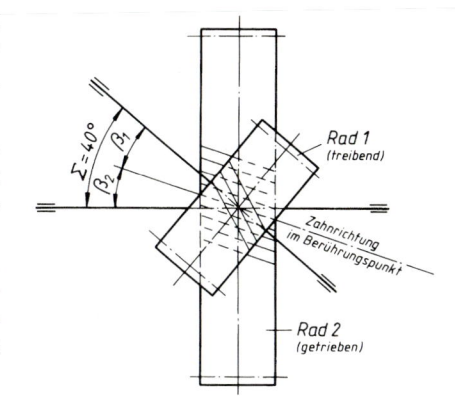

23.4 Ein Schraubradgetriebe mit dem Achsenwinkel $\Sigma = 90°$ soll unter Berücksichtigung der Betriebsverhältnisse eine maximale Leistung $P_1 = 3$ kW übertragen bei der Drehzahl $n_1 = 900$ min^{-1}, der Übersetzung $i = 2{,}5$ und der Ritzelzähnezahl $z_1 = 14$. Konstruktiv wurde für das treibende Rad 1 der Werkstoff E335 (ungehärtet) und für das Rad 2 GJL-250 vorgesehen. Der Keilreibungswinkel kann mit $\rho' \approx 5°$ angenommen werden.

Für den 1. Entwurf des Getriebes sind zu ermitteln und festzulegen

a) die Zähnezahl z_2, die Schrägungswinkel $\beta_{1,2}$, der Modul m_n (auf ganze Zahl gerundet), die Teilkreisdurchmesser $d_{1,2}$, die Kopfkreisdurchmesser $d_{a1,2}$, die Radbreiten $b_1 = b_2$ und der Achsabstand a;
b) für die überschlägige Dimensionierung der Wälzlager zur Lagerung der Ritzel- und Radwelle sind die Zahnkräfte F_r, F_a, F_t für Ritzel und Rad zu ermitteln;
c) zur Bewertung des Getriebes der zu erwartende Verzahnungswirkungsgrad η_z.

23.5 Im Vorschubgetriebe für den Aufspanntisch einer Horizontal-Fräsmaschine ist für den Eilgang ein Schraubenräderpaar vorgesehen. Für die Eingangsstufe ist ein Geradstirnradpaar mit $z_1 = 18$ und $z_2 = 65$ Zähnen festgelegt. Nach Getriebeplan soll die Drehzahl der Welle II $n_3 \approx 380$ min^{-1} betragen. Die ungünstigen Betriebsbedingungen sind durch einen Anwendungsfaktor $K_A = 1{,}1$ zu berücksichtigen.

Für das Getriebe sind im Einzelnen zu ermitteln

a) die Hauptabmessungen $z_{3,4}$, $\beta_{1,2}$, m_n, $d_{3,4}$, $b_3 = b_4$, a der zweiten Getriebestufe, wenn für die Räder 3 und 4 als Werkstoff jeweils C15 (gehärtet) vorgesehen wird;
b) die von der Welle II zu übertragende Leistung P_2.

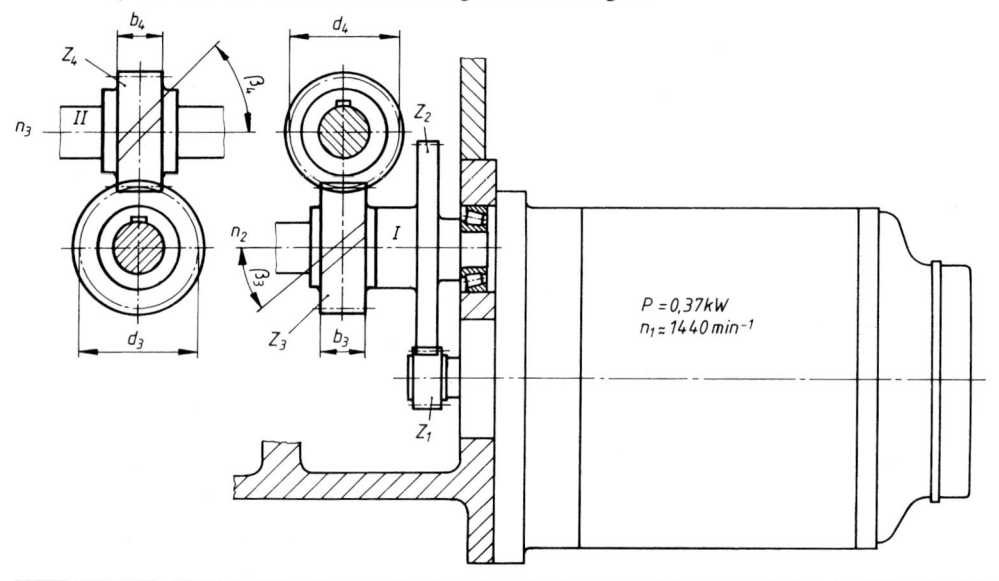

Schneckengetriebe

23.6 Für den 1. Entwurf eines Verstell-Getriebes sind für Schnecke (St) und Schneckenrad (Al-Legierung) die Hauptabmessungen rechnerisch zu ermitteln und festzulegen. Für das Schneckengetriebe mit der Übersetzung $i \approx 12$ und dem Achsenwinkel $\Sigma = 90°$ ist der Achsabstand mit $a \approx 70$ mm konstruktiv vorgegeben.

a) Zähnezahlen $z_{1,2}$; die sich damit ergebende Übersetzung,
b) der Modul m,
c) die Abmessungen für die Schnecke: d_{m1}, γ_m, d_{a1}, d_{f1}, b_1,
d) die Abmessungen für das Schneckenrad: d_2, β, d_{a2}, d_{f2}, b_2, d_{e2},
e) der genaue Achsabstand a.

23 Schraubrad- und Schneckengetriebe

23.7 Ein Schneckengetriebe ($\Sigma = 90°$) mit ZK-Schnecke und Globoidschneckenrad mit einer Übersetzung $i = 15$ soll zur Übertragung eines maximalen Drehmoments $T_2 = 600$ Nm ($K_A = 1$) ausgelegt werden. Die Schnecke wird aus Stahl, das Schneckenrad aus Kupfer-Zinn-Legierung (CuSn) hergestellt (maßgebende Flankenfestigkeit $\sigma_{H\,\text{lim}} \approx 400$ N/mm^2). Die Schnecke läuft mit $n_1 = 1200$ min^{-1} um. Nach Feststellung des Achsabstandes a sind für die Schnecke zu ermitteln:
die Zähnezahl z_1, der Mittenkreisdurchmesser d_{m1}, der Kopfkreisdurchmesser d_{a1}, der Fußkreisdurchmesser d_{f1}, die Zahnbreite b_1, der Mittensteigungswinkel γ_m.

23.8 Für ein Schneckengetriebe mit unten liegender Schnecke sind die Zahnkräfte für Schnecke und Schneckenrad sowie zur Dimensionierung der Wälzlager die von den Lagern A und B der Schneckenwelle aufzunehmenden resultierenden Lagerkräfte für die angegebene Drehrichtung zu ermitteln (Schnecke treibt).
Für den konstruktiv vorgegebenen Achsabstand $a = 200$ mm und der Übersetzung $i = 63$ wurde für den Entwurf des Getriebes die Schnecke DIN 3976 – ZN 5×85 R1 (Zylinderschnecke Z mit Flankenform N, Modul $m = 5$ mm, Mittenkreisdurchmesser $d_{m1} = 85$ mm, rechtssteigend

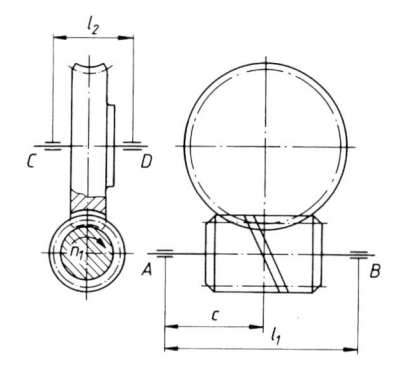

R, Zähnezahl $z_1 = 1$) vorgesehen. Das Getriebe hat eine Leistung von $P_1 = 1{,}5$ kW bei $n_1 = 1470$ min^{-1} zu übertragen, die jeweils über eine Kupplung ein- und ausgeleitet wird. Die zu erwartenden ungünstigen Betriebsbedingungen sind durch den Anwendungsfaktor $K_A = 1{,}2$ zu berücksichtigen. Der Entwurfszeichnung wurden die Lagerabstände $l_1 = 300$ mm, $l_2 = 200$ mm, $c = 160$ mm entnommen. Die Schnecke ist gehärtet und geschliffen.o
Zu ermitteln sind:

a) das von der Schnecke zu übertragende äquivalente Drehmoment T_{eq},
b) die Zahnkräfte F_{t1}, F_{a1}, F_{r1}, sowie F_{t2}, F_{a2}, F_{r2} unter Berücksichtigung eines Wirkungsgrades von $\eta = 0{,}7$,
c) die resultierenden radialen Lagerkräfte $F_{A\,\text{res}}$, $F_{B\,\text{res}}$, $F_{C\,\text{res}}$, $F_{D\,\text{res}}$.

23.9 Es ist zu prüfen, ob ein Schneckengetriebe (Schnecke treibend, $\Sigma = 90°$) mit oben liegender Schnecke DIN 3796 – ZN 4×67R1 (Erläuterung s. Aufgabe 23.8) aus 16MoCr5, gehärtet und geschliffen sowie dem Schneckenrad aus GZ-CuSn12 ($\sigma_{H\,\text{lim}\,T} = 425$ N/mm^2) hinsichtlich der Grübchenfestigkeit eine Abtriebsleistung $P_2 = 1{,}25$ kW ($K_A = 1$) bei einer Übersetzung von $n_1 = 920$ min^{-1} auf $n_2 = 20$ min^{-1} für eine Lebensdauer $L_h \approx 20\,000$ Betriebsstunden übertragen kann. Ungünstige Betriebsbedingungen sind nicht zu erwarten, der Wirkungsgrad ist mit $\eta_{\text{ges}} = 0{,}7$ anzunehmen. Aus einer vorhergehenden Berechnung wurden bereits ermittelt bzw. konstruktiv festgelegt: $b_1 = 56$ mm, $b_2 = 40$ mm, Lagerabstand der Schneckenwelle $l = 180$ mm bei mittiger Anordnung der Schnecke. Als Schmiermittel ist Mineralöl vorgesehen.
Im einzelnen sind zu prüfen bzw. zu ermitteln:

a) die minimale mittlere Herz'sche Pressung p_m^* als dimensionslosen Kennwert
b) die mittlere Flankenpressung σ_{Hm}
c) der Grenzwert der Flankenpressung $\sigma_{H\,\text{grenz}}$
d) die vorhandene Grübchensicherheit S_H.

Lösungshinweise

1 Konstruktive Grundlagen, Normzahlen

1.1 Siehe Lehrbuch 1.3.2 abgeleitete Reihe Rr/p mit jedem *p*-ten Glied nach TB 1-16; der Stufensprung ergibt sich rechnerisch $q_{r/p} = q_r^p$ für die Grundreihe Rr bzw. wenn das Verhältnis einer beliebigen NZ der Reihe zu ihrer vorhergehenden NZ gebildet wird ($q_{r/p}$ stets NZ).

1.2 Kurzzeichen der begrenzten abgeleiteten Reihen siehe Lehrbuch 1.3.2 mit TB 1-16; beachte auch Angaben zur Aufgabe 1.1.

1.3 Lösungshinweis siehe Lehrbuch 1.3.2 und 1.3.3 mit TB 1-15 und TB 1-16; vergleiche Ergebnisse zur Aufgabe 1.1.

1.4 Siehe Lösungshinweis zu Aufgabe 1.5.

1.5 a) Inhalt (Volumen): Rr/3p mit $q_{r/3p}$ nach Lehrbuch TB 1-15;
b) Länge: Rr/p nach Lehrbuch TB 1-15;
c) Stufensprung für *V* aus TB 1-16. Aus $V_1 = (d_1^2 \cdot \pi/4) \cdot h_1 = 3 \text{ dm}^3$ wird durch Einsetzen von h_1 (aus dem Verhältnis h/d) d_1 und damit h_1 als NZ errechnet; abgeleitete NZ aus Lehrbuch TB 1-16.

1.6 Lösungshinweis siehe Lehrbuch 1.3.2 und 1.3.3; Stufensprünge und Reihen für die Typung der Länge (Durchmesser *D*), Leistung *P* und Drehzahl *n* nach TB 1-15; $v = D \cdot \pi \cdot n$.
Angabe der *P*-Werte nach der Rundwertreihe, *D*- und *n*-Werte nach entsprechenden Grundreihen.

1.7 Siehe Lösungshinweise zur Aufgabe 1.6. Nach TB 1-15 für die Kraft *F*, die Längenabmessungen *l*, *b*, *h* und für das Widerstandsmoment *W* die zugehörigen Stufensprünge und Reihen für die Typung festlegen. Für die gegebenen Kräfte *F* nach TB 1-16 die passende Rundwertreihe R festlegen.
$W_{x1} = (b_1 \cdot h_1^3 - b_2 \cdot h_2^3)/(6 \cdot h_1)$ mit den gegebenen Werten errechnen.

1.8 Siehe Lehrbuch 1.3.4, Berechnungsbeispiel 2.

2 Toleranzen, Passungen, Oberflächenbeschaffenheit

2.1 Passungsauswahl nach Lehrbuch 2.2.3 mit Bild 2-10. Aufgrund der beschriebenen Anforderungen erfolgt die Auswahl einer geeigneten Passung am besten nach Lehrbuch TB 2-9: Anwendungsbeispiele für Passungen.

2.2 Die Grenzabmaße (*ES, EI* bzw. *es, ei*) können entweder den Tafeln TB 2-4 bzw. TB 2-5 entnommen oder rechnerisch ermittelt werden mit den Werten der Tafeln TB 2-2 und TB 2-3 (beachte die Fußnoten der jeweiligen Tafel):
Das der Nulllinie nächstliegende Grenzabmaß (oberes oder unteres Grenzabmaß) wird TB 2-2 bzw. TB 2-3 entnommen; entsprechend des Toleranzgrades kann mit den Zahlenwerten der Grundtoleranzen *IT* nach TB 2-1 das fehlende Grenzabmaß mit den Angaben zu TB 2-2 und TB 2-3 (siehe Fußnoten) errechnet werden.

2.3 a) Die Grenzabmaße (*E, e*) werden nach Lehrbuch TB 2-4 durch Ablesen bzw. rechnerisch mit den Werten aus TB 2-2 und TB 2-3 (Fußnoten beachten) ermittelt, siehe auch Lösungshinweise zur Aufgabe 2.2;
b) die Grenzmaße (G_o, G_u) allgemein aus Gln. (2.1) und (2.2);
c) die Grenzpassungen (P_o, P_u) nach Lehrbuch, Gl. (2.5) und die Passtoleranz nach Gl. (2.6).

2.4 Siehe Lösungshinweise zur Aufgabe 2.3; hinsichtlich der Passungsarten siehe Lehrbuch 2.2.1, Bild 2-8 und Bild 2-10.

2.5 a) Siehe Lehrbuch Gl. (2.6);
b) $T'_B \approx 0{,}6 \cdot P_T$ (siehe Aufgabe); $T'_W = P_T - T'_B$
c) Für das System EB wird die Lage des Toleranzfeldes H und damit $EI = 0$ und $ES = T_B$. Nach Lehrbuch TB 2-1 entsprechenden Toleranzgrad festlegen;
d) Anhand einer Skizze mit dem Toleranzfeld T_B und der Passtoleranz P_T nach Gl. (2.6) können die gesuchten Grenzabmaße *es* und *ei* für die Welle ermittelt werden;
e) Nach TB 2-2 das untere Grenzabmaß *ei* der Welle festlegen und nach TB 2-1 den Toleranzgrad bestimmen.

2.6 Zunächst werden die Grenzabmaße nach TB 2-4 oder nach TB 2-2 bzw. TB 2-3 zusammen mit TB 2-1 und die sich hieraus ergebenden Grenzpassungen P_o und P_u der Passung 25H8/e8 nach Gl. (2.5) ermittelt. Diese Grenzpassungen sollen in etwa auch mit der angegebenen Toleranzklasse k6 erreicht werden. Eine bildliche Darstellung der Toleranzfeldlage k6 in Bezug zur Nulllinie und der gewünschten Grenzpassungen erlauben das „Ablesen" der Grenzabmaße ES' und EI' für die Nabenbohrung. Nach TB 2-3 kann das Grundabmaß und zusammen mit TB 2-1 der Toleranzgrad bestimmt werden.

2.7 a) Lösungshinweis siehe Lehrbuch 2.2.3 mit Bild 2-10 sowie TB 2-9,
b) allgemein ergibt sich $l = L$-Spiel; für den Fall 1 (locker): $l_u = L_o - S_o$, für den Fall 2 (fest): $l_o = L_u - S_u$.

2.8 a) Mit der gegebenen Toleranzklasse der Achse kann nach Lehrbuch 2.2.3 aus TB 2-9 für die angegebene Funktion Spiel(Hebel/Achse) bzw. Übermaß/Spiel(Rolle/Achse) die Passtoleranzfeldlage im System Einheitswelle aus den Anwendungsbeispielen sinnvoll gewählt werden. Diese wenigen Passungen (Passungsauswahl DIN 7157) reichen für die meisten Anwendungsfälle aus.
b) Allgemein: $L = l + $ Spiel; Fall 1 (locker): $L_o = l_u + S_o$, Fall 2 (fest): $L_u = l_o + P_u$.

2 Toleranzen, Passungen, Oberflächenbeschaffenheit

2.9 a) Lösungshinweis siehe Lehrbuch 2.2.3 mit Bild 2-10 sowie TB 2-9,
b) allgemein: $a = l + s +$ Spiel; Fall 1 (locker): $a_o = l_u + s_u + S_o$, Fall 2 (fest): $a_u = l_o + s_o + S_u$,
c) Lösungshinweis siehe Lehrbuch TB 2-11; mittlere Anforderungen an die Funktionsfläche.

2.10 a) allgemein: $a = b + s +$ Spiel; Fall 1 (locker): $a_o = b_u + s_u + S_o$, Fall 2 (fest): $a_u = b_o + s_o + S_u$;
b) wie unter a) angegeben jedoch mit anderem Grenzwert für das seitliche Lagerspiel S_o;
c) Lösungshinweis siehe Lehrbuch TB 2-11; mittlere Anforderungen an die Funktionsfläche.

2.11 Allgemein: $l = b + t +$ Spiel; für den Fall 1 (locker): $l_o = b_u + t_u + S_o$, für den Fall 2 (fest): $l_u = b_o + t_o + S_u$.

2.12 Allgemein: $l = L - s -$ Spiel; für den Fall 1 (locker): $l_u = L_u - s_u - S_o$, für den Fall 2 (fest): $l_o = L_o - s_o - S_u$.

2.13 Allgemein: $l = t + s - b$;
Fall 1 (locker): $l_o = t_u + s_o - b_o$ (der Dichtungsring wird minimal zusammengepresst),
Fall 2 (fest): $l_u = t_o + s_u - b_u$ (der Dichtungsring wird auf $s = 1{,}9$ mm maximal zusammengepresst).

2.14 Bei der Lösung dieser Aufgabe kann man ebenfalls von der Extrembetrachtung locker/fest ausgehen. Ganz allgemein ergibt sich der Durchmesser der Eindrehung aus $D = d_w + 2(d_1 - \delta)$.
Fall 1 (locker): $D_o = d_{Wu} + 2(d_{1u} - \delta_{min})$, wobei δ_{min} die kleinstmögliche Pressung darstellt; Fall 2 (fest): $D_u = D_{Wo} + 2(d_{1o} - \delta_{max})$, wobei δ_{max} die größtmögliche Pressung darstellt.

2.15 Allgemein: Das Höchstspiel S_o ergibt sich hier, wenn vom Höchstmaß der Nabenbohrung D_o das Mindestmaß der Welle d_{Wu} und das Mindestmaß der Nadeln $2 \cdot d_{Nu}$ subtrahiert werden: $S_o = D_o - d_{Wu} - 2d_{Nu}$. Aus dieser Beziehung ergibt sich das gesuchte Mindestmaß der Welle $d_{Wu} = D_o - S_o - 2d_{Nu}$.

2.16 Fall 1 (locker): entsteht, wenn der Bohrungsabstand a in den Teilen A und B absolut gleich ist (kein Versatz), für den Stiftdurchmesser d das Mindestmaß, für die Bohrung d_1 das Höchstmaß und das Höchstspiel S_o vorliegt; Höchstmaß der Bohrung d_1 ergibt sich aus der Lösungsskizze $d_{1o} = 2r_{1o}$;
Fall 2 (fest): entsteht, wenn die Bohrungsabstände in den Teilen A und B entgegengesetzte Grenzwerte (Höchst- und Mindestmaße) einnehmen (größter Versatz), für den Stiftdurchmesser d das Höchstmaß, für die Bohrung d_1 das Mindestmaß und das Mindestspiel S_u vorliegt. Mindestmaß der Bohrung $d_{1u} = 2r_{1u}$.

2.17 Nach DIN hat der Schraubenschaft die Toleranzklasse h13; das Durchgangsloch die Toleranzklasse H12. Damit wird für den Schaft das Höchstmaß $d_o = 4$ mm, für das Loch das Mindestmaß $D_u = 4{,}3$ mm. Für den ungünstigsten Fall „fest" (siehe Skizze) muss sein: $(a - A) + (D_u) = (a + A) + d_o$.

2.18 Siehe Lösungshinweise zu den vorstehenden Aufgaben.

3 Festigkeitsberechnung

3.1 Die Normwerte sind aus TB 1-1 zu entnehmen und mit Gl. (3.7) auf die Bauteilgröße umzurechnen. Die Fließgrenzen σ_{bF} und τ_{tF} werden nach Legende zu Bild 3-14 berechnet. Hierbei ist zu beachten, dass σ_{bF} und τ_{tF} ertragbare Zug- bzw. Druckspannungen am Bauteilrand sind, die nur infolge der Stützwirkung über R_e bzw. τ_{tF} liegen (am Rand werden plastische Verformungen zugelassen). Mit zunehmendem Bauteildurchmesser nimmt die Stützwirkung ab (kleineres Spannungsgefälle), damit nähern sich die Fließgrenzen von Biegung und Torsion denen von Zug bzw. Schub, d. h. die berechneten Werte für $d = 150$ mm sind etwas zu groß (genauere Berechnung über die Stützwirkung).
Die Gestaltwechselfestigkeiten σ_{bW} und τ_{tW} sind mit Gl. (3.9a) und Gl. (3.17) zu bestimmen. Der Konstruktionsfaktor K_D nach Bild 3-27 reduziert sich zu $K_D = 1/K_g$ nach TB 3-11c.

3.2 Die Norm-Festigkeitswerte sind TB 1-1 und TB 1-2 zu entnehmen. Die Umrechnung erfolgt mit Gl. (3.7) bzw. (3.9a) auf die Bauteilgröße, wobei K_t für das Hohlprofil mit $d = 2t = d_a - d_i$ für Gusseisen und vergüteten Vergütungsstahl sowie $d = t$ für Baustahl entsprechend TB 3-11e zu bestimmen ist. Bei Gusseisen sind nur R_m und σ_{bW} in TB 1-2 angegeben. Die fehlenden Werte können mit den Gl. (3.18b), (3.19) und (3.8) berechnet werden.

Zugschwellfestigkeit: $\sigma_{zSch} = 2 \cdot \sigma_{zA} = \dfrac{2 \cdot \sigma_{zW}}{1 + \psi_\sigma \cdot \sigma_{mv}/\sigma_a} = \dfrac{2 \cdot f_{W\sigma} \cdot R_m}{1 + \psi_\sigma}$ mit $\sigma_{mv} = \sigma_a$

Torsionswechselfestigkeit: $\tau_{tW} = f_{W\tau} \cdot \sigma_{bW}$
Werte für $\psi_\sigma = a_M \cdot R_m + b_M$ aus TB 3-13, für $f_{W\sigma}$ und $f_{W\tau}$ aus TB 3-2, für K_t aus TB 3-11a/b.

3.3 Siehe Lehrbuch 3.7.1; $R_{p0,2}$ s. TB 1-3.

3.4 Siehe Lehrbuch 3.4. Die Torsionsfließgrenze kann nach Legende zu Bild 3-14 berechnet werden; S_{Fmin} aus TB 3-14a für Gusswerkstoffe, nicht zerstörungsfrei geprüft.

3.5 Lösung zweckmäßig anhand eines Spannungs-Zeit-Diagramms. Allgemein
$\sigma_A = \dfrac{\sigma_O - \sigma_U}{2}$.

3.6 Siehe Lehrbuch Bild 3-7:
a) $\sigma_o = \sigma_m + \sigma_a$, $\sigma_u = \sigma_m - \sigma_a$
b) $\kappa = \dfrac{\sigma_u}{\sigma_o}$.

3.8 Siehe Lehrbuch 3.5 und Bild 3-32. Da rein wechselnde Belastung vorliegt, ist $\sigma_{GA} = \sigma_{GW}$. Die Umrechnung der am Probestab ermittelten Kerbwerte auf das zu berechnende Bauteil kann bei nicht zu großen Bauteildurchmessern und β_k-Werten entfallen (Fehler im Beispiel ca. 2,7 %).

3.9 Die Konstruktionsfaktoren K_B sowie K_{Db} und K_{Dt} sind nach Lehrbuch 3.4 und 3.5 bzw. Bild 3-27 zu ermitteln. Nutabmessungen s. TB 9-7, Nutradius $r \leq 0{,}1\,s$, gerechnet wird mit $r = 0{,}1\,s$, β_k s. TB 3-9c.

3.10 Siehe Gl. (3.15c); Um den Einfluss der Werkstofffestigkeit bei der Bestimmung der Kerbwirkungszahl mit TB 3-9a zu berücksichtigen, ist der R_m-Wert für 40 mm zu verwenden; ebenfalls für die Bestimmung des technologischen Größenfaktors K_t ist der Durchmesser des Rohlings $d = 40$ mm maßgebend. K_α für $d = 30$ mm und $K_{\alpha\text{Probe}}$ für $d_{\text{Probe}} = 15$ mm.

3 Festigkeitsberechnung

3.11 Siehe Gl. (3.15b); Freistich nach TB 3-6f und TB 11-4 berechnen.

3.13 Da nicht ohne weiteres zu erkennen ist, welcher der beiden Querschnitte (Passfedernut-/Ringnutquerschnitt) der kritische Querschnitt ist, muss für beide Querschnitte die Gestaltausschlagfestigkeit ermittelt werden. Für beide Querschnitte liegt rein wechselnde Torsionsbeanspruchung vor. Damit ist $\tau_{mv} = 0$ und $\tau_{tGA} = \tau_{tGW}$. Ringnut s. Hinweis zu Aufgabe 3.9.

3.14 Skizziere den jeweiligen Spannungsverlauf in Anlehnung an Lehrbuch 3.5.1.

3.15 Zu überlegen ist, wie man den Wellenansatz ausführen würde, wenn das aufzunehmende Bauteil einer optimal gestalteten Welle, s. Lehrbuch 3.5.1 und 11.2.1 angepasst werden könnte und führe danach den Wellenabsatz analog aus.

4 Tribologie

4.1 Siehe Lehrbuch 4.3 und Gl. (4.3) einschließlich der zugehörigen Hinweise.

4.2 Siehe Lehrbuch 4.5, Bild 4-9b. Mit zwei bekannten Viskositäten kann eine Gerade in Bild 4-9b eingezeichnet und danach die gesuchte Viskosität abgelesen werden.

4.3 Siehe Lehrbuch 4.5, Bild 4-14.

4.4 Siehe Lehrbuch 4.4, Gl. (4.4).

4.5 Siehe Lehrbuch 4.5, Gl. (4.6).

4.6 Siehe Lehrbuch 4.5, Gl. (4.7).

5 Kleb- und Lötverbindungen

5.1 Unter Bindefestigkeit ist das Verhältnis der Bruchlast zur Klebfugenfläche bei zügiger Belastung (Zug-Scherbeanspruchung) zu verstehen (s. Lehrbuch 5.1.3-1).

5.2 Siehe Hinweis zur Aufgabe 5.1.

5.3 Die Bindefestigkeit errechnet sich aus $\tau_{KBt} = T_B/W_t$, wobei zur Ermittlung von W_t die Klebfuge als Kreisringfläche zu betrachten ist.
Formel für polares Widerstandsmoment der Kreisringfläche s. TB 11-3.

5.4 Der Widerstand gegen Schälbeanspruchung in N je mm Klebfugenbreite wird als Schälfestigkeit $\sigma' = F/b$ bezeichnet, Lehrbuch 5.1.3-1.

5.6 Es ist nachzuweisen, dass $S_{vorh} \geq S_{(üblich)} \approx 1{,}5 \ldots 2{,}5$. Für die Ermittlung der auf den Deckel wirkenden Betriebskraft ist sicherheitshalber mit dem Außendurchmesser des Rohres zu rechnen.

5.8 Bruchgefahr für die Klebverbindung besteht, wenn $\tau_{K\,vorh} > \tau_{KB}/S$ ist. Die vorhandene Schubspannung kann aus $\tau_{K\,vorh} = F_t/A_K$ ermittelt werden, wobei sich die Tangentialkraft (Umfangskraft) F_t ergibt aus $T = F_t \cdot D_i/2$.

5.9 Die Sicherheit ergibt sich durch Umstellung von Gl. (5.5) mit $T_{eq} = 9550 \cdot K_A \cdot P/n$ nach Gl. (11.11).

5.11 Ein Teil der Klebfuge wird auf Zug, der andere auf Abscheren beansprucht. Rechnerisch fasst man beide zu einer zusammen und betrachtet diese als auf Abscheren beansprucht, da hierfür die Bindefestigkeit allgemein am kleinsten ist und somit eine zusätzliche Sicherheit bei der Berechnung gegeben ist. Aus $\tau_K = \dfrac{F}{A_K} \leq \tau_{K\,zul} = \dfrac{\tau_{KB}}{S}$ wird $S = \dfrac{\tau_{KB}}{\tau_K}$ bzw. $S_{Pr} = \dfrac{\tau_{KB}}{\tau_{KPr}}$ mit $F = A \cdot p$ und $A_K = d \cdot \pi \cdot l_{ü} + d_m \cdot \pi \cdot b$.

5.12 Berechnung der vom Stumpfstoß übertragbaren Kraft durch Umformen der Gl. (5.6). Nach Lehrbuch 5.2.4 liegen die Festigkeitswerte an Werkstoffpaarungen zwischen den Werten, die sich aus Lötungen an gleichartigen Grundwerkstoffen ergeben. Zug- und Scherfestigkeit von Hartlötverbindungen s. TB 5-10.

5.13 Der auf die Kappe wirkende Wasserdruck p_e beansprucht die Lötnaht mit der Kraft $F = p_e \cdot A_{Kappe}$ auf Schub.
Damit kann nach Gl. (5.7) die Scherspannung berechnet werden. Der Betriebsfaktor kann $K_A = 1{,}0$ gesetzt werden. Wegen der für Weichlötverbindungen sehr niedrigen Zeitstandfestigkeit soll der in 5.2.4 genannte Richtwert für $\tau_{l\,zul}$ eingehalten werden.

5.15 a) Nach AD2000-Merkblatt B0 ist eine Laschenbreite $\geq 12 t_e$ zu beiden Seiten des Stoßes erforderlich, siehe Lehrbuch 5.2.4. Laschendicke zweckmäßigerweise wie Manteldicke.
b) Die Längskraft aus innerem Überdruck im Behältermantel ist gleich dem Produkt aus Druck p_e und Projektionsfläche $A = \pi \cdot D_i^2/4$, s. Lehrbuch 6.3.4-1.

5.16 a) Berechnung der erforderlichen Wanddicke des zylindrischen Behältermantels nach Lehrbuch 6.3.4, Gl. (6.30a). Nach AD2000-Merkblatt B0 kann für hartgelötete Verbindungen mit $v = 0{,}8$ gerechnet werden, falls nicht in der Verfahrensprüfung ein niedrigerer Wert festgelegt wird, siehe Lehrbuch 5.2.4.
b) Nach Lehrbuch Bild 5-16-6 beträgt die Überlappungslänge $l_ü = (3 \ldots 6)\,t$. Bei bekannten Festigkeitswerten kann sie auch nach Gl. (5.8) ermittelt werden.

5.17 Ermittlung der Überlappungslänge $l_ü$ = Bauteildicke t mittels umgeformter Gl. (5.9). $τ_{lB}$ nach TB 5-10.
Die Wellenschulter dient der Fertigungserleichterung (Lagesicherung während des Lötens). Ihre mittragende Wirkung (kreisringförmige Lötfläche) wird vernachlässigt.

5.19 Der Lötstoß wird durch Umlaufbiegung beansprucht. Ermittlung von d aus umgeformter Biegegleichung oder direkt nach Gl. (11.1), wobei die kleine Längsbohrung vernachlässigt werden darf. Zulässige Biegewechselspannung $σ_{bW\,zul} = σ_{bW}/S$ mit Anhaltswert $σ_{bW} ≈ 160$ N/mm² nach Lehrbuch 5.2.4.

5.20 Die Lötnaht wird auf Schub aus der Längskraft und aus dem Torsionsmoment beansprucht. Die getrennt errechneten Scherspannungen können geometrisch addiert werden. Berechnung der Einzelspannungen nach Lehrbuch 5.2.4, Gln. (5.7) und (9.9), mit $K_A = 1{,}0$. $τ_{lB}'$ nach TB 5-10.

5.21 Berechnung als Steckverbindung entsprechend Lehrbuch 9.3.2. Max. Pressung in der Lötnaht näherungsweise nach Gl. (9.19), siehe Lehrbuch 9.3.2-2. $p_{zul} ≈ σ_{lB}/S$, mit $σ_{lB}$ nach TB 5-10 und $S = 2 \ldots 3$.

6 Schweißverbindungen

6.1 Der Spannungsnachweis ist getrennt für das Bauteil (Flachstab) und die Schweißnaht zu führen, s. Lehrbuch 6.3.1–3.2 und 6.3.1–4.2 mit Gln. (6.1) und (6.18).
Für die auf der ganzen Länge vollwertige Stumpfnaht gilt: rechnerische Nahtdicke $a =$ Bauteildicke t, Nahtlänge $l =$ Bauteilbreite b.
Angaben in der Gabel des Bezugszeichens s. Lehrbuch 6.2.4-5.

6.2 Da die zulässige Spannung in einer zugbeanspruchten nicht durchstrahlten Naht stets unter der zulässigen Bauteilspannung liegt, ergibt sich die Breite b des Flachstahls aus der erforderlichen Länge der Stumpfnaht, kraterfreie Ausführung der Nahtenden vorausgesetzt. Die Nahtlänge kann durch Umformen der Spannungsgleichung ermittelt werden, s. Lehrbuch Gl. (6.18). Abmessungen warmgewalzter Flachstäbe nach DIN EN 10058 s. Lehrbuch TB 1-5. Beachte auch Lösungshinweis zu Aufgabe 6.1.

6.3 Die übertragbare Kraft wird durch Umformen der Spannungsgleichungen ermittelt, s. Lehrbuch Gln. (6.1) und (6.18). Siehe auch Lösungshinweis zu Aufgabe 6.1.

a) Quer zur Nahtrichtung auf Zug beanspruchte Stumpfnähte mit nachgewiesener Fehlerfreiheit brauchen in der Regel nicht berechnet zu werden, da die Nahtfestigkeit der Bauteilfestigkeit entspricht; vgl. zulässige Spannungen für Bauteil und Stumpfnaht mit nachgewiesener Nahtgüte (s. Lehrbuch TB 6-6).

b) Maßgebend $\sigma_{w\,zul}$ nach DIN 18800-1, s. Lehrbuch TB 6-6 für Zug und nicht nachgewiesene Nahtgüte.

6.4 a) Der zweiteilige Stab ist mittig angeschlossen und wird deshalb nur auf Zug beansprucht. Größte Stabkraft mit σ_{zul} nach Lehrbuch 6.3.1–3.2.

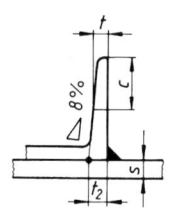

b) Die größte Kehlnahtdicke ist das 0,7fache der zum Verschweißen kommenden kleinsten Profil- bzw. Blechdicke (t_2, s).
Für die Stab- und Formstähle gilt als kleinste Profildicke das theoretische Maß der Flanschen- bzw. Schenkelenden. Für das U-Profil ist die Dicke t_2 des Flansches zu ermitteln und mit der Knotenblechdicke s zu vergleichen, s. Lehrbuch 6.3.1–4.1 mit Bild 6-40g.

c) Die vier Flankenkehlnähte werden auf Schub in Nahtrichtung beansprucht. Schweißnahtlänge aus Gl. (6.18), Lehrbuch. Für die Nahtlänge gilt die Forderung: $150\,a > l \geq 6\,a$ (DIN 18800-1). Die Ausführung dicker Kehlnähte ist durch die Forderung nach kurzen Stabanschlüssen begründet.

d) Für einen überschlägigen Spannungsnachweis darf angenommen werden, dass sich die Stabkraft vom Nahtanfang aus nach beiden Seiten unter 30° ausbreitet. Am Nahtende wird dann ein Blechstreifen der „mittragenden Breite" b und der Dicke t_K gleichmäßig auf Zug beansprucht.
Siehe Lehrbuch 6.3.1–3.4 mit Gl. (6.11).

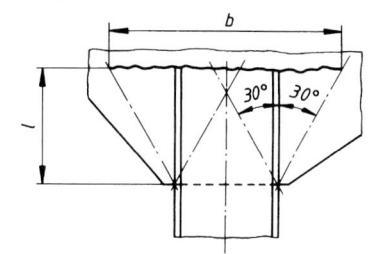

6.5 a) Der zweiteilige Stab (Doppelstab) ist mittig angeschlossen und wird deshalb nur auf Zug beansprucht. Berechnung der größten Stabkraft mit σ_{zul} nach Lehrbuch 6.3.1-3.2.
b) Die Flankenkehlnähte sind auf Schub in Nahtrichtung beansprucht. Soll der Schwerpunkt des Schweißanschlusses auf der Stabschwerachse liegen, so wird die Stabkraft nach dem Hebelgesetz in die anteiligen Stabkräfte zerlegt: $F_{w1} = F \cdot e/b$ und $F_{w2} = F - F_{w1}$ (vgl. Lehrbuch 6.2.5-3.3). Aus Gl. (6.18) ergeben sich die Nahtlängen: $l = F_w/(2a \cdot \tau_{w\,zul})$.
c) Bei verschieden dicken Bauteilen ist die Dicke der Stumpfnaht gleich der kleinsten Bauteildicke: $a = t_{min}$.
Die Stumpfnaht wird quer zur Nahtrichtung auf Zug beansprucht. Keine Biegung, da Wirkungslinie von F in die Schwerlinie des Anschlusses fällt!

6.6 a) Der allgemeine Spannungsnachweis für den Zugstab muss mit dem durch Schlitzen der Gurte und Ausnehmen der Stegblechecken geschwächten Querschnitt (Schnitt $A-B$) erfolgen, s. Lehrbuch 6.3.1-3.2 mit Gl. (6.1).
b) Der Nachweis der Schweißnähte erfolgt getrennt für die anteiligen Steg- und Flanschkräfte mit den jeweils maßgebenden zulässigen Spannungen, s. Lehrbuch 6.3.1-4.2 und Bild 6-25 f. Da Steg- und Nahtquerschnitt die gleiche Beanspruchung erfahren, ist für die Stumpfnaht des Steges lediglich die Bedingung „Stabspannung ($\sigma = F/A) \leq \sigma_{zul}$" zu erfüllen. Mit der anteiligen Stabkraft eines Flansches $F_F = \sigma \cdot A_F$ wird die Schubspannung in den Kehlnähten geprüft: $\tau_\| = F_F/(4 \cdot a \cdot l) \leq \tau_{w\,zul}$.

6.7 a) Die Schwerlinie des Stabes deckt sich mit der Systemlinie des Fachwerkes, daher mittige Kraftübertragung ohne Biegung, vgl. Lehrbuch 6.3.1-3.2.
Die Querschnittschwächung durch das Schlitzen des Stabflansches sollte bei einem Zugstab berücksichtigt werden.
b) Überlege: Mittiger T-Stab-Anschluss an ungestört durchlaufendem Gurtsteg.
c) Siehe Lösungshinweis zu Aufgabe 6.6.
Unter der Bedingung Gurtstegdicke $\geq$ T-Stahl-Stegdicke, darf die rechnerische Fläche der Stumpfnaht der Querschnittsfläche des T-Stahl-Steges gleichgesetzt werden. Dabei kann man die 2 % Neigung des Steges und die Ausrundungsflächen vernachlässigen.

6.8 Zuerst Beanspruchungsart feststellen:
– Der Stab wird durch die Zugkraft F auf Zug und durch das Moment $M = F(e + t/2)$ auf Biegung beansprucht; also Berechnung als außermittig angeschlossener Zugstab nach Lehrbuch 6.3.1-3.2.
– Die parallel zur Kraftrichtung liegenden Flankenkehlnähte werden auf Schub beansprucht; sie können nach Lehrbuch 6.3.1-4.2 berechnet werden.
Die Biegebeanspruchung der Flankenkehlnähte braucht nicht nachgewiesen zu werden. Ihre Biegesteifigkeit reicht aus, wenn die Bedingung $l \geq 6a$ bzw. 30 mm eingehalten wird, vgl. Lehrbuch 6.3.1-4.2.

6.9 a) Für außermittig angeschlossene Zugstäbe aus Einzelwinkeln muss eigentlich ein Festigkeitsnachweis über die Hauptachsen (v, u) geführt werden.
Nach DIN 18801: 1983-09, 6.1.1.3 (Lehrbuch 6.3.1-3.2) darf die Biegespannung unberücksichtigt bleiben, wenn bei Anschlüssen mit Flankenkehlnähten – die mindestens so lang wie die Gurtschenkelbreiten sind – die aus der mittig gedachten Längskraft stammende Zugspannung $0,8 \cdot \sigma_{zul}$ nicht überschreitet. DIN 18801 gilt nur in Verbindung mit DIN 18800-1 bis 4: 1990-11. Mit der Neufassung der DIN 18800 im Nov. 2008 ist DIN 18801 hinfällig. Beim Nachweis nach DIN 18800-1: 2008 (Lehrbuch 6.3.1-3.2) dürfen schenkelparallele Querschnittsachsen (x, y) als Bezugsachsen anstelle der Trägheitshauptachsen benutzt werden, wenn die so ermittelten Beanspruchungen um 30 % erhöht werden.

6 Schweißverbindungen

b) Die Flankenkehlnähte werden nur auf Schub berechnet. Die Außermittigkeit der Stabkraft braucht nicht berücksichtigt zu werden. Mit Rücksicht auf den abgerundeten Winkelschenkel sollte man die Nahtdicke nur gleich der halben Schenkeldicke ausführen, s. Lehrbuch 6.3.1-4.1 und 6.2.5-3.3.

Um die Ausführung der Schweißarbeiten zu vereinfachen, dürfen die Flankenkehlnähte auch bei unsymmetrischen Profilen gleich lang und gleich dick (also symmetrisch) ausgeführt werden. Versuche haben bestätigt, dass die unterschiedliche Beanspruchung der Nähte im elastischen Bereich keinen Einfluss auf die Bruchlast hat. Nach DIN 18800 reicht deshalb der Nachweis: $\tau_\parallel = F/\Sigma(a \cdot l) \leq \tau_{w\,zul}$, s. Lehrbuch 6.3.1-4.2.

6.10 Nach DIN 18800-1 ist zu beachten:

1. Bei der Berechnung der Anschlussnähte braucht man die Außermittigkeit der Stabkraft nicht zu berücksichtigen.
2. Für die längs und quer zur Nahtrichtung auf Schub beanspruchten Kehlnähte darf gleiche Tragwirkung angenommen werden.
3. Die rechnerische Länge der Flankenkehlnähte darf nicht größer als $150a$ und nicht kleiner als 30 mm bzw. $6a$ sein, vgl. Lehrbuch 6.3.1-4.1.

a) Eine Stirnkehlnaht am Knotenblechrand hat eine höhere Bruchlast als eine solche am Winkelende. Sie überträgt bereits einen Kraftanteil aus dem anliegenden Winkelschenkel, wodurch die Kraftumlenkung aus dem abstehenden Winkelschenkel in den anliegenden vor Beginn der Flankenkehlnähte eingeleitet wird.
Die rechnerische Schweißnahtfläche beträgt: $A_w = \Sigma(a \cdot l) = a(b + 2l)$. Aus der nach der Spannungsgleichung (6.18) erforderlichen Schweißnahtfläche A_w folgt dann bei einheitlicher Nahtdicke: $l = 0,5 \cdot (A_w/a - b)$.

b) Eine zusätzliche Stirnkehlnaht am Winkelende ermöglicht kürzesten Nahtanschluss und kommt somit der Forderung nach gedrängten Verbindungen entgegen.
Die rechnerische Schweißnahtfläche beträgt: $A_w = 2a(b + l)$. Aus der erforderlichen Schweißnahtfläche folgt dann bei einheitlicher Nahtdicke: $l = 0,5\, A_w/a - b$.

6.11 Siehe Lösungshinweis zu Aufgabe 6.10

Zur Vereinfachung der Nahtberechnung, und um nicht eine genaue Kenntnis der Nahtbeanspruchung vorzutäuschen, darf nach DIN 18800-1 als Länge der schräg zum Stab verlaufenden (verdeckten) Kehlnaht nur deren Projektion auf die Stabbreite (also b) in die Rechnung eingesetzt werden.

Da die rechnerische Länge von Nähten, die ohne Unterbrechung um einen Querschnitt laufen, dem Umfang des Querschnitts gleichzusetzen sind, gilt hier:

$\Sigma l = l_1 + l_2 + 2b$, mit $l_2 - l_1 = b/\tan\alpha$ und $l_1 \geq$ 30 mm bzw. $6a$.

6.14 a) Der Füllstab wird als zweiteiliger Druckstab mit kleinem Abstand der Einzelstäbe und mittiger Belastung berechnet. Nach grober Vorbemessung mit der Gebrauchsformel (s. Lehrbuch 6.3.1-3.3) wird ein entsprechendes Profil gewählt und mithilfe des Ersatzstab-Verfahrens das Ausknicken in der Fachwerkebene (maßgebend x-Achse mit $l_k = l_S$) und senkrecht zur Fachwerkebene (maßgebend y-Achse mit $l_k = l$) untersucht (s. Lehrbuch 6.3.1-3.3). Bei gleichschenkligen Doppelwinkeln ist stets das Ausknicken um die Stoffachse (also rechtwinklig zur Hauptachse $x - x$ in der Fachwerkebene) maßgebend.

b) Siehe Lösung zu Aufgabe 6.5b und Lehrbuch 6.2.5-3-3.

6.15 a) Der Druckstab ist mit dem Hebel $e + t/2$ außermittig zur Fachwerkebene angeschlossen und erfährt deshalb ein über die Stablänge gleich bleibendes Biegemoment $M_x = F(e + t/2)$. Er kann als außermittig angeschlossener einteiliger Druckstab mit Kraftangriffspunkt auf einer Hauptachse des Profils nach Lehrbuch 6.3.1-3.3 berechnet werden.

Abschließend ist der Stab noch auf Ausknicken rechtwinklig zur Momentenebene (also in der Fachwerkebene) zu untersuchen.

6.16 b) Bei der Festigkeitsberechnung der Flankenkehlnähte braucht die Außermittigkeit der Stabkraft nicht berücksichtigt zu werden. Mit Rücksicht auf die Rundung des Profilflansches sollte die Kehlnahtdicke nicht größer als $a = 0{,}5 \times$ Flanschdicke gesetzt werden.

6.16 Zuerst Beanspruchung feststellen: Der Anschlussquerschnitt des Bauteiles und die Schweißnaht werden durch F auf Schub und infolge $F \cdot l$ auf Biegung beansprucht.

a) Es ist stets nachzuweisen, dass die Normalspannungen $\sigma/\sigma_{zul} \leq 1$ und die Schubspannungen $\tau/\tau_{zul} \leq 1$ und bei gleichzeitiger Wirkung mehrerer Spannungen $\sigma_v/\sigma_{zul} \leq 1$ ist. Die Vergleichsspannung braucht aber nicht nachgewiesen zu werden, wenn $\sigma/\sigma_{zul} \leq 0{,}5$ oder $\tau/\tau_{zul} \leq 0{,}5$ ist.

b) Zur Bestimmung der rechnerischen Nahtfläche denkt man sich die Nahtdicke a in die Anschlussebene geklappt (Bild c). Für die Berechnung der Spannungen sollen hier nur die senkrecht liegenden Nähte herangezogen werden: Sie übertragen alleine die Schubkraft, die Berechnung wird vereinfacht und bleibt auf der sicheren Seite.

Aus der Biegerandspannung $\sigma_\perp$ und der mittleren Schubspannung $\tau_\parallel$ muss der Vergleichswert σ_{wv} gebildet werden, vgl. Lehrbuch 6.3.1-4.2.

6.17 a) Siehe Hinweis zu Aufgabe 6.16a.

b) Für den biegefesten Anschluss gibt es nach DIN 18800-1 zwei Lösungsmöglichkeiten:

1. Vereinfachtes Verfahren (s. Lehrbuch 6.3.1-4.2).
Das Biegemoment [als Kräftepaar $F_F = M/(h - t)$] wird nur den Flanschnähten und die Querkraft nur den Stegnähten zugewiesen. Die Flansche sind mit Gl. (6.21) auf Einhaltung der zulässigen Spannung zu prüfen. Der Vergleichswert braucht nicht ermittelt zu werden. Üblicher Nachweis mit geringem Rechenaufwand.

2. Zusammengesetzte Beanspruchung (6.3.1-4.2).
Die Nähte werden zur gemeinsamen Übertragung von Biegemoment und Querkraft herangezogen. Für die Stegnaht ist mithilfe der Gln. (6.19), (6.20) und (6.17) der Vergleichswert zu bilden. Die Schweißnaht-Anschlussfläche ist so auszuführen, dass ihr Schwerpunkt mit der Schwerlinie des anzuschließenden Bauteils zusammenfällt. Beachte, dass im Stahlbau zur Berechnung der Flächenmomente 2. Grades von Kehlnähten die Schweißnahtflächen-Schwerachsen an den theoretischen Wurzelpunkten anzusetzen sind. Man denkt sich die Fläche im theoretischen Wurzelpunkt konzentriert.

6.20 Für den U-förmigen Schweißanschluss ergeben sich unter der Annahme, dass die Querkraft F allein von der senkrechten Naht und das Biegemoment $M_b = F \cdot l$ allein durch das waagerechte Kräftepaar $F \cdot l/h$ aufgenommen wird, näherungsweise folgende *Nahtspannungen*:

senkrechte Schweißnaht: $\tau_\parallel \approx \dfrac{F}{A_w} = \dfrac{F}{a \cdot h}$,

waagerechte Schweißnaht: $\tau_\parallel \approx \dfrac{F \cdot l}{a \cdot b \cdot h}$.

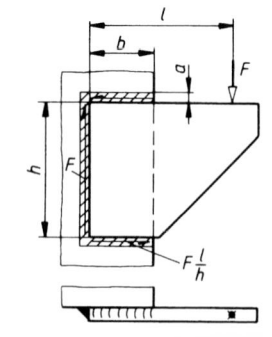

6 Schweißverbindungen

6.21 Die in die Anschlussebene geklappten Kehlnähte bilden einen kastenförmigen, dünnwandigen Hohlquerschnitt, dessen Wanddicke = Nahtdicke durch die Last F auf Querkraftschub und durch das Torsionsmoment $T = F \cdot l$ auf Torsion beansprucht wird. Das Torsionswiderstandsmoment des kastenförmigen Schweißanschlusses kann nach der Bredtschen Formel (Lehrbuch, TB 1-14) bestimmt werden: $W_t = 2 \cdot A_m \cdot a$, mit A_m als von der Nahtmittellinie eingeschlossenen Fläche und a als Nahtdicke = Wanddicke an der zu berechnenden Stelle.

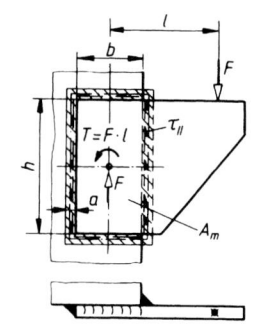

Unter der Annahme, dass die Querkraft allein von den senkrechten Nähten, und das Torsionsmoment durch gleichmäßigen Schubfluss vom Schweißanschluss aufgenommen wird, ergibt sich in der *vorderen senkrechten Naht* die resultierende *Schubspannung*:

$$\tau_{\parallel} \approx \frac{F}{2 \cdot h \cdot a} + \frac{F \cdot l}{2 \cdot A_m \cdot a} \approx \frac{F}{2 \cdot a \cdot h} \cdot \left(1 + \frac{l}{b}\right).$$

6.22 Zuerst werden Art und Größe der Nahtbeanspruchung ermittelt. Dazu werden unter Berücksichtigung des Anwendungsfaktors K_A für den Lastausschlag $\pm F_a$ die Grenzwerte der rechnerischen Belastung bestimmt: $F_{eq\,max} = F_m + K_A F_a$ bzw. $F_{eq\,min} = F_m - K_A F_a$. Beachte bei der Spannungsermittlung, dass bei vollwertig ausgeführten (endkraterfreien) Nähten die nutzbare Nahtlänge l gleich der ausgeführten Nahtlänge L ist. Das für die Art der Beanspruchung und somit auch für die Höhe der zulässigen Spannungen maßgebende Grenzspannungsverhältnis kann nun aus $\kappa = \sigma_{min}/\sigma_{max} = F_{min}/F_{max}$ gebildet werden (Lehrbuch 6.3.3-1). Zur Bestimmung der zulässigen Spannung wird mithilfe der Beispiele ausgeführter Schweißverbindungen die zutreffende Spannungslinie (Kerbfall) festgelegt (Lehrbuch, TB 6-12) und dann die zulässige Spannung in Abhängigkeit vom Grenzspannungsverhältnis an der entsprechenden Spannungslinie abgelesen (Lehrbuch, TB 6-13). Bei Wanddicken über 10 mm ist die zulässige Spannung mit dem für t_{max} geltenden Dickenbeiwert b abzumindern (Lehrbuch 6.3.3-5 mit TB 6-14). Abschließend sind die vorhandene und die zulässige Spannung zu vergleichen; das Schweißteil ist dann dauerfest ausgelegt, wenn $\sigma_{\perp} \leq \sigma_{w\,zul}$.

6.23 a) Die Nahtfläche entspricht der Querschnittsfläche des Rohres. Die zulässige Spannung wird ermittelt, indem man die dem Kerbfall entsprechende Spannungslinie sucht und auf dieser beim Grenzspannungsverhältnis abliest, s. Lehrbuch 6.3.3-5 mit TB 6-12 und TB 6-13.

b) Durch die im Querschnitt C–D endende Naht (Kerbe) wird die Dauerfestigkeit sehr stark herabgesetzt. Maßgebend ist Linie F! Zur Verbesserung der Dauerfestigkeit müssten die Nähte bearbeitet und auf Risse geprüft werden. Merke: An dynamisch beanspruchten Bauteilen möglichst nicht Schweißen.

6.24 Da Rohrwanddicke gleich Nahtdicke ist, kann mit der zulässigen Spannung für die festigkeitsmäßig schwächere Naht unter Berücksichtigung des Anwendungsfaktors die erforderliche Wanddicke aus dem Torsionswiderstandsmoment bestimmt werden, s. Lehrbuch 6.3.3-3. Maßgebend ist die Wechselfestigkeit für Schubverbindungen nach Linie H und Werkstoffpaarung E235/GE240 entsprechend S235, s. Lehrbuch, TB 6-12 und TB 6-13. Maße von Präzisionsstahlrohren s. TB 1-13c.

6.25 Denkt man sich die Dicke der Kehlnähte in die Ebene des Hebels umgeklappt, so entsteht ein kreisringförmiger Nahtquerschnitt. Die Wurzellinie entspricht dem Wellendurchmesser, die Ringdicke der Nahtdicke a (Lehrbuch Bild 6-47c und d). Die durch die Querkraft $F_q = F$ hervorgerufenen Spannungen dürfen vernachlässigt werden.
Berechnung der Schubspannungen:

1. Nach der im Lehrbuch unter 6.3.3-3 angegebenen Gleichung kann das polare Widerstandsmoment errechnet werden. Daraus ergibt sich nach Gl. (6.26) die Verdrehspannung.
2. Man rechnet das Drehmoment in eine am Hebelarm $d/2$ wirkende Umfangskraft um und bestimmt daraus die Schubspannungen:

$$F_u = \frac{2K_A T}{d}, \quad A_w \approx a \cdot \pi \cdot d$$

Für Entwurfsberechnungen reicht dieser einfache Ansatz aus.

Siehe auch Berechnungsbeispiel 6.3 im Lehrbuch. Die zulässige Schub-(Verdreh-)Spannung wird nach der Linie H mit dem Grenzspannungsverhältnis $\kappa = \tau_{min}/\tau_{max} = T_{min}/T_{max}$ unter Beachtung der Vorzeichen (hier $\kappa = -T_{min}/+T_{max}$) ermittelt, s. Lehrbuch 6.3.3-4 mit TB 6-12 und TB 6-13. Dickenbeiwert b für $d_{max} = 60$ mm nach TB 6-14.

6.26 Durch Freimachen von Rolle und Gabel erkennt man, dass die Rundnaht (Ringnaht) auf Zug, Biegung und Schub beansprucht wird. Die Schubbeanspruchung ist bei derartigen Verbindungen ohne Einfluss und darf vernachlässigt werden.

6.27 Naht A: Die umlaufende, rahmenförmige Naht (entsprechend Bild 6-47b im Lehrbuch) ist auf Biegung und Schub beansprucht (zusammengesetzte Beanspruchung nach Lehrbuch 6.3.3-4). Für die Berechnung der Schubspannung dürfen nur diejenigen Anschlussnähte herangezogen werden, die infolge ihrer Lage vorzugsweise Schubspannungen übertragen können, hier also die Stegnähte (vgl. Lehrbuch 6.3.1-4.2). Der Einfachheit halber wird die Vergleichsspannung aus der Biegerandspannung und der mittleren Schubspannung $\tau_\parallel = F/A_w$ gebildet. Genaue Verteilung der Schubspannungen s. Lehrbuch 6.3.1-3.5.
Naht B: Die umlaufende, rahmenförmige Naht wird auf Biegung und Zug bzw. Druck beansprucht. Die Berechnung erfolgt als zusammengesetzte Beanspruchung nach Lehrbuch 6.3.3-4.
Die zulässige Spannung wird mit $\kappa = -1,0$ mit der maßgebenden Spannungslinie F ermittelt.

6.28 Naht A: Endliche Naht, sicherheitshalber mit Endkraterabzug, beansprucht auf Biegung, Zug und Schub.
Naht B: Umlaufende Naht, beansprucht auf Biegung, Zug und Schub.
Naht C: Umlaufende Naht, beansprucht auf Biegung und Schub.
Zunächst Zerlegung von F_1 in ihre waagerechte und senkrechte Komponente und Bestimmung von F_2. Nahtberechnung für zusammengesetzte Beanspruchung nach Lehrbuch 6.3.3-4.

6.31 a) Die Wanddicke eines gewölbten Bodens mit ausreichend verstärktem Ausschnitt (Stutzen) im Scheitelbereich $0,6 D_a$ wird mit dem Berechnungsbeiwert β bestimmt, s. Lehrbuch 6.3.4-2. Die so ermittelte Wanddicke ist eigentlich nur im Bereich der hochbeanspruchten Krempe erforderlich und dürfte im Kalottenteil unterschritten werden. Zur Bestimmung des von der Wanddicke abhängigen Berechnungsbeiwertes muss zunächst eine Wanddicke angenommen und mit dem so gefundenen Beiwert unter Berücksichtigung der Zuschläge die rechnerische Wanddicke bestimmt werden. Die Rechnung muss so lange wiederholt werden, bis angenommene und berechnete Wanddicke übereinstimmen. Abschließend muss noch geprüft werden, ob der Ausschnitt im Scheitelbereich des Bodens durch den eingeschweißten Rohrstutzen ausreichend verstärkt ist, s. Lehrbuch 6.3.4-4.

6 Schweißverbindungen

b) Die Berechnung der ebenen Böden beruht auf den Kirchhoffschen Gleichungen für die Platte unter näherungsweiser Berücksichtigung der Einspannbedingungen, s. Lehrbuch 6.3.4-3. Ebene Vorschweißböden werden zur Entlastung der Naht und wegen der besseren Schweißmöglichkeit mit einer gerundeten Ringnut versehen. Mit tiefer werdender Entlastungsnut ergibt sich eine immer kleinere Randeinspannung der Platte, so dass sich ihre Beanspruchung der lose aufliegenden Kreisplatte nähert. Der verbleibende Querschnitt im Nutgrund muss ausreichen, um die Scherkraft (Querkraft) zu übertragen. Nach AD2000-Merkblatt B5 müssen die Bleche in der Umgebung des Anschlusses an den Mantel mit Ultraschall auf Dopplungsfreiheit geprüft sein, auch dürfen nur beruhigt vergossene Stähle verwendet werden.

c) Siehe AD2000-Merkblatt B5 bzw. Lehrbuch, TB 6-18:
$r \geq 0{,}2 \cdot t$ und $t_R \geq p_e \, (0{,}5\,D - r) \cdot 1{,}3 \cdot S/K$, beidesmal jedoch mindestens 5 mm.

6.32 a) Für den geschweißten Behältermantel kann die Wanddicke nach Lehrbuch 6.3.4-1 bestimmt werden. Für unbeheizte Behälterwandungen gilt als Berechnungstemperatur die höchste Temperatur des Beschickungsgutes (Lehrbuch, TB 6-16). Für diese Temperatur ist der Festigkeitskennwert des warmfesten Druckbehälterstahles zu bestimmen, s. auch Berechnungsbeispiel 6.4 im Lehrbuch; beachte TB 6-15a, Interpolation.
Bei warmgewalztem Stahlblech DIN EN 10029 ist das untere Grenzmaß zur Bestimmung von c_1 von der Klasse abhängig, s. TB 1-7.

b) Gewölbte Vollböden werden mit dem Berechnungsbeiwert β nach Lehrbuch 6.3.4-2 berechnet. Da der Berechnungsbeiwert bereits von der Wanddicke abhängt, kann diese nur iterativ ermittelt werden, d. h. die Berechnung ist mit angenommenen Wanddicken so lange zu wiederholen, bis die Annahme zutrifft, s. auch Beispiel 6.4c im Lehrbuch.

c) Die Berücksichtigung der Verschwächung erfolgt meist durch Verschwächungsbeiwerte, sie kann aber auch mithilfe der Festigkeitsbedingung $\sigma_v = p_e \left(A_p/A_\sigma + \frac{1}{2}\right) \leq K/S$ durchgeführt werden, die auf einer Gleichgewichtsbetrachtung zwischen der druckbelasteten Fläche und der tragenden Querschnittsfläche beruht (Lehrbuch 6.3.4-4).

6.33 Siehe Berechnungsbeispiel 6.4 im Lehrbuch. Alle am Behälter vorhandenen Ausschnitte seien ausreichend verstärkt.

6.35 Die zweischnittige Verbindung ist auf Abscheren und Lochleibungsdruck nachzuprüfen, s. Lehrbuch 6.3.1-5. Es ist zu kontrollieren, ob die Bedingung $d \leq 5\sqrt{t}$ erfüllt ist.

6.36 a) Nach der Bestimmung des Schweißpunktdurchmessers (rechnerisch nach $d \leq 5\sqrt{t}$ bzw. nach Richtwerten) und der zulässigen Spannungen kann die Anzahl der Schweißpunkte durch Umformen der Spannungsgleichungen für τ_w und σ_{wl} berechnet werden (Lehrbuch 6.3.1-5). Eine gleichmäßige Übertragung der äußeren Kraft durch die einzelnen Schweißpunkte darf nur angenommen werden, wenn deren Wirkungslinie durch den Schwerpunkt des Schweißanschlusses geht.

b) Für die Anordnung (Abstände) der Schweißpunkte gelten die Richtwerte nach DIN 18801 (Lehrbuch 6.2.5-6, Grenzwerte s. TB 6-4).

6.37 Aus dem Drehmoment ist zunächst die am Schweißpunktkreis wirkende Umfangskraft zu bestimmen. Die einschnittige Verbindung ist dann auf Abscheren und Lochleibungsdruck zu prüfen (Lehrbuch 6.3.1-5), wobei die beiden 3 mm dicken Scheibenbleche rechnerisch wie ein 6 mm dickes Blech zu betrachten sind. Bei Berücksichtigung der von den Schweißpunkten gleichmäßig aufzunehmenden Wellen-(Achs-)Kraft $F_w \approx 2F_t = 4T/d_w$ ergibt sich eine höhere Beanspruchung.

7 Nietverbindungen

7.1 a) Bei Blechen wird der Rohnietdurchmesser in Abhängigkeit der kleinsten zu verbindenden Blechdicke nach den Richtwerten in TB 7-4 oder nach der Näherungsformel (7.1) gewählt, s. Lehrbuch 7.5.3-1. Danach Berechnung der Rohnietlänge nach Gl. (7.2), Lehrbuch.
b) Siehe Lehrbuch 7.2.3. Mit der Werkstoffangabe „St" gilt nach der Produktnorm (DIN 124) ein Nietwerkstoff mit $R_{m\,min} = 290\,\text{N/mm}^2$.
DIN 18800-1 verweist auf die Produktnorm (bisher Werkstoffe mit $R_{m\,min} = 330$ bzw. $370\,\text{N/mm}^2$).
c) Unter Beachtung der Schnittigkeit lässt sich die übertragbare Kraft eines Niets aus den nach F umgeformten Bemessungsgleichungen berechnen, s. Lehrbuch 7.5.3-3. Maßgebend ist die kleinere Kraft. Mithilfe der Grenzblechdicke t_{lim} kann die maßgebende Beanspruchungsart unmittelbar bestimmt werden, s. Lehrbuch 7.5.3-4 mit TB 7-4.

7.2 a) d_1 ergibt sich aus dem Größtdurchmesser d für die Schenkellänge $a = 80$ mm nach Lehrbuch, TB 1-8;
b) Berechnung nach Lehrbuch 8.4.3-4;
c) Berechnung nach Lehrbuch 7.5.3-5;
d) s. Lehrbuch 7.5.3-2 und 7.2.3;
e) Gestaltung der Nietverbindung nach Lehrbuch 7.5.4. Für die Darstellung und Maßeintragung im Metallbau ist die von den Regeln der allgemeinen Zeichnungsnormen abweichende DIN ISO 5845-1 zu beachten.
f) Beim geschweißten Anschluss werden die Stäbe nicht durch Löcher geschwächt. Berechnung der Anschlusslänge = Nahtlänge nach Lehrbuch 6.3.1-4.2 und 6.3.2.

7.3 Bemessung der *Nietanschlüsse* nach Lehrbuch 7.5.3. Der leichteren Herstellung wegen ist anzustreben, am gesamten Knoten mit einem Nietdurchmesser auszukommen. Da der Stab $S_1 - S_4$ ungeteilt durchgeführt ist, haben die Niete nur die Differenz der Stabkräfte $F_1 - F_4$ zu übertragen, wobei die lotrechte Knotenlast F (Eigengewicht) außer Betracht bleibt.
Der *Zugstab* S_2 ist im geschwächten Querschnitt festigkeitsmäßig nachzuprüfen.
Die *Gestaltung* des Knotenpunktes erfolgt nach Lehrbuch 7.5.4. Wegen unvermeidlicher Herstellungsungenauigkeiten sollen die Kanten und Ecken der Knotenbleche um einige mm von den Stabkanten zurücktreten (hässliche Überstände werden vermieden) und die Stäbe untereinander einen Abstand ≥ 5 mm aufweisen. Als tragende Bauteile sind die Knotenbleche sorgfältig zu gestalten. Sie werden zweckmäßig mit 2 parallelen Kanten ausgeführt, so dass sie von Blechstreifen ohne Verschnitt abgeschnitten werden können. *Darstellung und Maßeintragung* erfolgt nach DIN ISO 5261 und DIN ISO 5845-1. Symbole für eingebaute Niete s. TB 7-1.

7.5 Es handelt sich um einen momentbelasteten Nietanschluss nach Lehrbuch 7.5.3-7 bzw. 8.4.4, denn die Wirkungslinie der äußeren Kraft geht in großem Abstand am Schwerpunkt der Nietverbindung vorbei. Bei Anschlüssen mit nur wenigen, geometrisch einfach angeordneten Nieten, wird die größte Nietkraft, meist ohne Benutzung der Gleichungen nach Lehrbuch 8.4.4, durch Freimachen des Konsolbleches bestimmt.

7.6 Siehe Lösungshinweis zur Aufgabe 7.5.

7 Nietverbindungen

7.8 Nach der Wahl des Nietdurchmessers (Richtwerte s. Lehrbuch 7.6.4-2) kann mit den zulässigen Spannungen (TB 3-4) unter Berücksichtigung des Kriecheinflusses nach Lehrbuch 7.5.3-5 die erforderliche Nietzahl bestimmt werden.
Beachte, dass bei Aluminiumkonstruktionen wegen des Kriecheinflusses der Lastfall H_S zu berücksichtigen ist. Überschreitet das Verhältnis der Spannungen σ_{H_S}/σ_H aus den Lastfällen H_S und H den Wert 0,5, so sind die im Lehrbuch, TB 3-4, angegebenen Werte mit dem Faktor c abzumindern (Lehrbuch 7.6.4-1).
Die Gestaltung der Nietverbindung erfolgt mit den Richtwerten nach Lehrbuch 7.6.5.
Niete und Bauteile sollen wegen der möglichen Zerstörung durch elektrochemische Korrosion unbedingt aus gleichen oder zumindest gleichartigen Werkstoffen bestehen (Lehrbuch 7.6.3 und 7.6.6). Um Staucharbeit zu vermeiden und eine gute Lochfüllung zu erreichen, wird der Lochdurchmesser meist nicht nach Norm, sondern nur ein Zehntel mm größer als der Nenndurchmesser ausgeführt. Mit hinreichender Genauigkeit werden τ_a und σ_l mit dem Nenndurchmesser d_1 (statt d) bestimmt (Lehrbuch 7.6.4-1 und 7.6.4-2).

7.10 a) und b) Berechnung der resultierenden Nietkraft für die am weitesten außen liegenden Niete (s. Lehrbuch 8.4.4) mit anschließender Spannungskontrolle (s. Lehrbuch 7.5.3-3). Bei der Bestimmung der zulässigen Spannung ist der Kriecheinfluss zu beachten, s. Lehrbuch 7.6.4-1.

c) Für die maßgebenden Querschnitte zur Ermittlung der *Biegespannungen von gelochten Bauteilen* gilt nach den Normen allgemein:

$$W_d = \frac{I}{e_d}, \qquad W_z = \frac{I - \Delta I}{e_z}$$

I Flächenmoment 2. Grades des ungelochten Querschnitts
ΔI Summe der Flächenmomente 2. Grades der in die ungünstigste Risslinie fallenden Löcher im *Biegezugbereich*, bezogen auf die Schwerachse des ungelochten Querschnitts
e_d Abstand der Randfaser am Druckrand von der Schwerachse des ungelochten Querschnitts
e_z Abstand der Randfaser am Zugrand von der Schwerachse des ungelochten Querschnitts
W_d maßgebendes Widerstandsmoment für die Randdruckspannung
W_z maßgebendes Widerstandsmoment für die Randzugspannung

Als Lochabzug ΔI vom Flächenmoment 2. Grades I von Biegeträgern werden meist nur die ungünstigsten Löcher des gezogenen Gurtes eingesetzt (DIN 18800-1, DIN 4113).

7.11 Die Nietverbindung ist dynamisch (schwellend) belastet. Maßgebend ist deshalb der Betriebsfestigkeitsnachweis nach Lehrbuch 7.7.3. Die zulässigen Spannungen nach TB 7-5 entsprechen bei einer Sicherheit $S_D = \frac{4}{3}$ den ertragbaren Spannungen bei 90 % Überlebenswahrscheinlichkeit. Für das gelochte Bremsband gelten bei $S_D = 3$ und schwellender Beanspruchung die $1{,}\bar{6} \cdot \frac{4}{3} \cdot \frac{1}{3}$ fachen Tabellenwerte. Daraus können dann die zulässigen Scher- und Leibungsspannungen ermittelt werden. Mit dem gewählten Nietdurchmesser kann nun nach Lehrbuch 7.5.3-5 die erforderliche Nietzahl bestimmt werden. Für die Gestaltung der Nietverbindung gelten die Richtwerte nach Lehrbuch 7.5.4. Der kleinen Blechdicken wegen können diese Werte allerdings nur teilweise eingehalten werden.

7.12 Die am Wirkdurchmesser d_w der Scheibe angreifenden unterschiedlich großen Trumkräfte des Riemens belasten das Nietfeld durch die aus dem Drehmoment $T = 9550 \, P/n$ herrührende Umfangskraft $F_u = T/($Nietkreishalbmesser $0{,}5 \, d_t)$ und die Wellenkraft $F_W \approx 2 \cdot T/(0{,}5 \cdot d_w)$. Unter der Annahme einer gleichmäßigen Kraftverteilung auf alle Niete lässt sich die maximale Nietkraft durch Überlagerung dieser Kraftwirkungen bestimmen (s. Skizze). Beim Spannungsnachweis nach Lehrbuch 7.5.3-3 ist zu beachten, dass

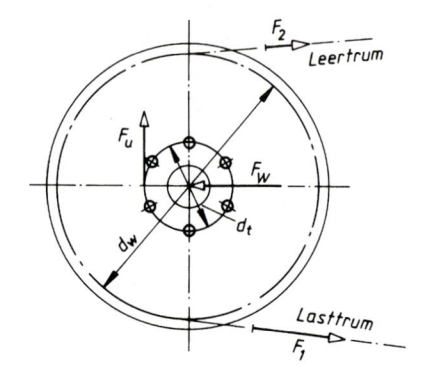

- die beiden Scheibenbleche als einheitliches Bauteil zu betrachten sind,
- Naben- und Scheibenwerkstoff unterschiedliche Dicke und Festigkeit aufweisen.

7.13 Die Nietverbindung ist dynamisch (schwellend) belastet. Maßgebend ist deshalb der Betriebsfestigkeitsnachweis nach Lehrbuch 7.7.3. Nach Ermittlung der Umfangskraft können unter Vernachlässigung der Wellenbelastung (Kettenzug) die im Niet auftretenden Spannungen bestimmt und mit den zulässigen Werten nach TB 7-5 verglichen werden. Maßgebend ist der Werkstoff S235.
Im Übrigen s. Berechnungsbeispiel 7.2 im Lehrbuch.

7.14 Unter der Voraussetzung, dass die Umfangskräfte – analog den Torsionsspannungen beim Rundstab – von der Mitte aus linear zunehmen, folgt

$$T = F_{ua} \cdot \frac{d_a}{2} + F_{ui} \cdot \frac{d_i}{2}, \quad \text{wobei} \quad \frac{F_{ua}}{F_{ui}} = \frac{d_a}{d_i}.$$

Daraus ergibt sich die größte Umfangskraft

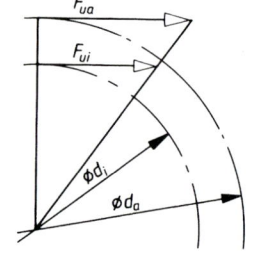

$$F_{ua} = \frac{T}{0{,}5 \cdot d_a \left[1 + \left(\frac{d_i}{d_a}\right)^2\right]}.$$

Berechnung der auftretenden Spannungen im Niet nach Lehrbuch 7.5.3-3.

7.16 Berechnung im Prinzip wie Metallnietung nach Lehrbuch 7.7. Durch Umformen der Gln. (7.3) und (7.4) im Lehrbuch kann der erforderliche Nietschaftdurchmesser unmittelbar bestimmt werden.

7.17 Berechnung als Nietverbindung aus thermoplastischem Kunststoff nach Lehrbuch 7.7.3. Die am Hebel angreifende Kraft F belastet das Nietfeld mit dem Drehmoment $\cos \alpha \cdot F \cdot l$ und die Niete mit der Umfangskraft $F_u = \cos \alpha \cdot F \cdot l/(0{,}5 \cdot d_L)$. Der Zentrierbund nimmt die radialen Kräfte auf. Die erforderliche Nietzahl kann mit den Gln. (7.5a) und (7.5b) ermittelt werden.

8 Schraubenverbindungen

8.1 Die nicht vorgespannte, ruhend belastete Schraube, wird mit der Sicherheit S gegen die Streckgrenze R_{eL} bemessen, s. Lehrbuch 8.3.9-1.

8.2 Die axiale Belastbarkeit richtet sich nach der Festigkeit der Anschweißenden. Über die Tragfähigkeit der Spannschlossmutter aus Stahl mit $R_m > 330$ N/mm² enthält die Norm keine Angaben.

a) Berechnung als nicht vorgespannte, ruhend belastete Verbindung, die unter Last angezogen wird ($S = 1{,}5$), s. Lehrbuch 8.3.9-1.

b) Berechnung als zugbeanspruchte Schraubenverbindungen im Stahlbau entsprechend Lehrbuch 8.4.3-1. Setzt man die Anschweißenden festigkeitsmäßig den rohen Schrauben gleich, so gilt bei günstiger Auslegung von DIN 18800 T1 (s. Erläuterungen zu DIN 1480 und Lehrbuch 8.4.5) eine zulässige Zugspannung $\sigma_{z\,zul} = R_{p0,2}/(1{,}1 \cdot S_M)$ mit $S_M = 1{,}1$.

c) Berechnung als dynamisch-schwellend beanspruchte Schraube mit der Ausschlagkraft $F_a = F/2$ auf Dauerhaltbarkeit nach Lehrbuch 8.3.9-1 bzw. 8.3.3.

8.3 a) Im Prinzip handelt es sich um eine nicht vorgespannte Schraube mit dynamisch-schwellender Belastung (s. Lehrbuch 3.2 und 8.3.3), verursacht durch das betriebsmäßige Be- und Entlasten des Hakens.

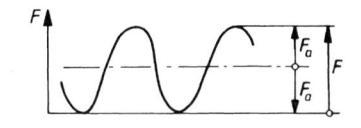

Die durch die Ausschlagkraft $F_a = F/2$ hervorgerufene Ausschlagspannung σ_a darf die zulässige Ausschlagfestigkeit σ_A des Gewindes nicht überschreiten. Die Ausschlagfestigkeit des Hakenwerkstoffes StE 285 entspricht den für die Festigkeitsklasse 4.6 angegebenen Werten. Im Übrigen Berechnung nach Lehrbuch 8.3.9-1.

b) Mit der Scherfläche eines Gewindeganges $A_a \approx \pi \cdot d_3 \cdot 0{,}5 \cdot P$, wobei die Höhe der Scherfläche mit der halben Gewindesteigung angenommen wurde, beträgt die Scherspannung im ersten Gewindegang

$$\tau \approx \frac{0{,}5 \cdot F}{\pi \cdot d_3 \cdot 0{,}5 \cdot P} = \frac{F}{\pi \cdot d_3 \cdot P}.$$

c) Anzustreben sind gleichmäßige Kraftverteilung im Gewinde und geringe Kerbwirkung, s. auch Lehrbuch 8.2.1 und 8.2.2 und DIN 15413, Lasthakenmuttern.

8.4 Richtwerte für die Durchmesser-Festigkeits-Kombinationen s. Lehrbuch, TB 8-13. Dehnschrauben bzw. exzentrisch angreifende Betriebskraft führen bei a) und c) zu höheren Laststufen; messende Drehmomentschlüssel ergeben nach TB 8-11 mittlere Anziehfaktoren ($k_A = 1{,}6$ bzw. $1{,}7$) und damit keine Änderung der Richtwerte.

8.5 Um trotz der Ungenauigkeit des Anziehverfahrens, gekennzeichnet durch den Anziehfaktor k_A nach TB 8-11, $F_{V\,min}$ mit Sicherheit zu erreichen, muss die Schraube nach der Montagevorspannkraft $F_{VM} = F_{V\,max} = k_A \cdot F_{V\,min} \leq F_{sp}$ ausgelegt werden (vgl. Lehrbuch 8.3.5). Bestimmung der Schraubengröße über F_{sp} aus TB 8-14 mit der gegebenen Festigkeitsklasse und der maßgebenden niedrigsten Gesamtreibungszahl aus TB 8-12a. Die Schraubenverbindung muss also je nach Anziehverfahren mehr oder weniger stark überdimensioniert werden!

8.6 a) und b) Für Schrauben der Festigkeitsklassen unter 8.8 werden die im Lehrbuch, TB 8-14 (beachte Fußnote), angegebenen Spannkräfte und Spannmomente mit dem Streckgrenzenverhältnis multipliziert. Mit den Streck- bzw. 0,2%-Dehngrenzen nach TB 8-4 beträgt z. B. für eine Schraube der Festigkeitsklasse 5.6 die

Spannkraft $F_{sp(5.6)} = F_{sp(8.8)} \dfrac{R_{eL(5.6)}}{R_{p\,0,2(8.8)}}$. Reibungszahl s. TB 8-12a.

c) Nach Lehrbuch 8.3.5 gilt für die kleinste Vorspannkraft, die sich bei einer nach $F_{V\max} \leq F_{VM90} = F_{sp}$ ausgelegten Schraube infolge der Ungenauigkeit des Anziehverfahrens einstellen kann: $F_{V\min} = F_{V\max}/k_A$, mit k_A nach TB 8-11.

8.7 a) Elastische Nachgiebigkeit nach Gl. (8.7) bzw. (8.8) anhand der Skizze. Gewindelänge b nach TB 8-8.
b) Elastische Nachgiebigkeit nach Gl. (8.10) mit Ersatzquerschnitt nach Gl. (8.9). Beachte bei der Berechnung von A_{ers} stets die seitliche Begrenzung der Druckeinflusszone. Hier gilt: $d_w \leq D_A \leq d_w + l_k$.
c) Kraftverhältnis für Krafteinleitung in Ebenen durch die Schraubenkopf- und Mutterauflage $\Phi_k = \delta_T/(\delta_S + \delta_T)$, s. zu Gln. (8.11) und (8.17).
d) Längenänderungen f_S und f_T unter der Montagevorspannkraft nach Lehrbuch 8.3.1-1, Gln. (8.6) und (8.10), mit F_{sp} nach TB 8-14 entsprechend dem Schmier- und Oberflächenzustand (μ_{ges} nach TB 8-12a).

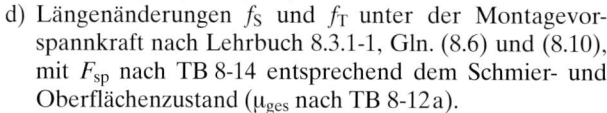

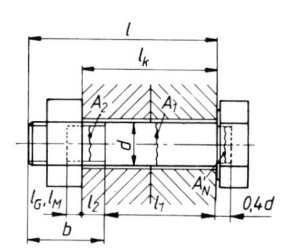

8.8 a) F_{sp} und M_{sp} für Dehnschrauben nach TB 8-14 mit μ_{ges} entsprechend dem Oberflächen- und Schmierzustand nach TB 8-12a.
b) Elastische Nachgiebigkeit δ_S nach Lehrbuch 8.3.1-1, Gl. (8.8). Der Dehnschaftdurchmesser wird mit $d_T = 0{,}9 d_3$ ausgeführt, da nur hierfür die Werte für F_{sp} und M_{sp} in TB 8-14 gelten. Gängig sind auch auf ganze (halbe) mm abgerundete Dehnschaftsdurchmesser bei entsprechend geringerer Tragfähigkeit, z. B. $d_T = 7{,}0$ mm für M10 oder $d_T = 8{,}5$ mm für M12.
c) Elastische Nachgiebigkeit δ_T nach Lehrbuch 8.3.1-1, Gl. (8.10). Zuerst prüfen, ob $D_A \leq d_w + l_k$. *Beachte:* $d_h = d$.
d) Siehe Lösungshinweis zu Aufgabe 8.7c.
e) Vorspannkraftverlust infolge Setzens im Betrieb nach Lehrbuch 8.3.2, Gl. (8.19). Setzbetrag nach TB 8-10a.

8.9 a) δ_S und δ_T nach Lehrbuch 8.3.1-1 mit Gewindelänge b nach TB 8-8. $\Phi_k = \delta_T/(\delta_S + \delta_T)$ nach Lehrbuch 8.3.1-2, s. auch Lösungshinweis zu Aufgabe 8.7.
b) Mit $F_{V\max} = F_{sp}$ nach TB 8-14 gilt nach Lehrbuch 8.3.5: $F_{V\min} = F_{V\max}/k_A$. Anziehfaktor k_A nach TB 8-11 für $\mu_G = \mu_K = 0{,}12$; bei messendem Drehmomentschlüssel kleinerer Wert von k_A.
c) Nach Lehrbuch 8.3.2 kann mit dem Setzbetrag aus TB 8-10a der Vorspannkraftverlust nach Gl. (8.19) berechnet werden.
d) Nach Lehrbuch 8.3.5 gilt nach Gl. (8.29):

$F_B = (F_{sp}/k_A - F_{Kl} - F_Z)/(1 - \Phi)$.

Krafteinleitungsfaktor nach Bild 8-14b geschätzt $n \approx 0{,}7$.
e) Nach Lehrbuch 8.3.1-1, Gl. (8.6), gilt allgemein: $f = \delta \cdot F$. Nach erfolgtem Setzen und unter Berücksichtigung der Krafteinleitung innerhalb der Bauteile gilt nach Bild 8-22: $f_S = F_V[\delta_S + (1-n)\,\delta_T]$ bzw. $f_T = n \cdot \delta_T \cdot F_V$.
f) Siehe Lehrbuch 8.3.8 mit Gl. (8.36) und A_p aus TB 8-8, p_G aus TB 8-10b.

8 Schraubenverbindungen

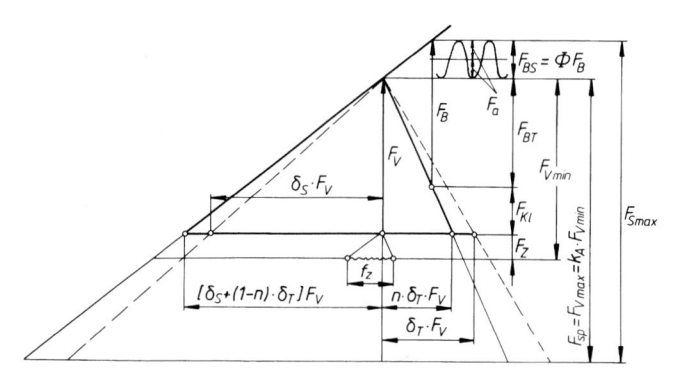

– – – – Montagezustand

g) Siehe Lehrbuch, Gl. (8.11) bis (8.15) mit $F_{Bu} = 0$, da schwellende Belastung. Verspannungsschaubild s. Bild. Ein vollständiges Bild über die Kraft-Verformungsverhältnisse einer Schraubenverbindung im Montage- und Betriebszustand erhält man durch ergänzende Darstellung
 – des Vorspannkraftverlustes infolge Setzens,
 – der Schwankung der Montagevorspannkraft infolge Streuung beim Anziehen,
 – der innerhalb der verspannten Teile eingeleiteten Betriebskraft (Krafteinleitungsfaktor!).

8.10 a) bis c) Siehe Lösungshinweis zu Aufgabe 8.8. Bei drehmomentgesteuertem Anziehen mit wenigen Einstell- und Kontrollversuchen größeren Wert von $k_A = 1{,}4 \ldots 1{,}6$ nehmen.
d) Kontrolle der Dauerhaltbarkeit nach Lehrbuch 8.3.3 mit $n \approx 0{,}5$ für den Normalfall. $F_{Kl} = F_{sp}/k_A - F_Z - F_B(1 - \Phi)$ nach Gl. (8.29) mit F_Z nach Gl. (8.19).
e) Siehe Lösungshinweis zu Aufgabe 8.9e.
f) Siehe Lösungshinweis zu Aufgabe 8.9g.

8.13 a) und b) Berechnungsgang nach Lehrbuch 8.3.9-2, analog Aufgabe 8.11. Weitere Hinweise:
Bei der Bestimmung der Schraubengröße aus TB 8-13 sollte näherungsweise $F_B \approx F_{Bo} - F_{Bu} = 12$ kN angenommen werden, da bei dynamischer Belastung die Betriebskraftschwankung entscheidend ist. Schrauben der Normreihe 2 möglichst vermeiden (hier M12 für M14 wählen). Für die Kopfauflagefläche A_p die Werte aus TB 8-8 verwenden, die den Telleransatz und leichte Fasen der Bohrung berücksichtigen. Aus TB 8-11 für drehmomentgesteuertes Anziehen bei geschätzten Reibzahlen ($\mu = 0{,}08 \ldots 0{,}16$) den kleineren Wert von $k_A = 1{,}7 \ldots 2{,}5$ für messende Drehmomentschlüssel nehmen.
b) Dehnschrauben mit Kopf sind nicht genormt, fehlende Abmessungen wie Sechskantschraube ISO 4014 annehmen. Da der gleiche Gewindedurchmesser wie bei a) verwendet werden soll, muss eine höhere Festigkeitsklasse für die Schraube gewählt werden.

8.14 Vereinfachte Berechnung hochbeanspruchter Schraubenverbindungen nach Lehrbuch 8.2.3, analog Aufgabe 8.12. Bei der Dehnschraube mit gegebenem Gewindedurchmesser Berechnung der erforderlichen Festigkeitsklasse durch nach $R_{p0.2}$ umgeformte Gl. (8.2):

$$R_{p0{,}2} > \kappa \cdot k_A \cdot \left(\frac{F_B + F_{Kl}}{A_T} + \beta \cdot E \cdot \frac{f_z}{l_k} \right).$$

8.15 Berechnungsgang nach Lehrbuch 8.3.9-2, analog Aufgabe 8.11. Der Nachweis mit Gl. (8.34) ist ausreichend. Weitere Hinweise:
Bei nicht hochfesten Schrauben ist die Überprüfung der Flächenpressung nicht erforderlich. Umrechnung der Spannkräfte bei Festigkeitsklassen kleiner 8.8 s. Lösungshinweis zu Aufgabe 8.6. Ermittlung der Stift- und Gewindelänge aus TB 8-8. Bei der Bestimmung der Schraubennachgiebigkeit und des Setzbetrages ist das eingeschraubte Gewinde zweimal zu berücksichtigen.

8.16 a) Druckkraft = Druck × beaufschlagte Fläche.
b) Berechnungsgang nach Lehrbuch 8.3.9-2, analog Aufgabe 8.11. Zweckmäßigerweise zuerst Berechnung der erforderlichen Montagevorspannkraft und danach durch Bedingung $F_{sp} \geq F_{VM}$ Wahl der Festigkeitsklasse nach TB 8-14.
Bei der Überprüfung der Flächenpressung beachten, dass beim motorischen Anziehen (Schlagschrauber) die Grenzflächenpressung bis zu 25 % kleiner sein kann, s. TB 8-10.
Um eine gleichmäßige und sichere Abdichtung zu erreichen, sind die Schrauben möglichst eng zu setzen. So dürfen nach AD-Merkblatt B8, Flansche, die Schraubenabstände nicht größer als $5 \cdot d_h$ sein. Geht man bei Mehrschraubenverbindungen davon aus, dass die Druckübertragungszone der verspannten Teile näherungsweise die Form eines Kegels hat und dass sich diese Druckkegel in der Trennfuge mindestens berühren müssen, so ergibt sich bei Annahme eines halben Öffnungswinkels von ca. 27°:
Schraubenabstand = Außendurchmesser der Kopfauflage + Bauteildicke (vgl. Lehrbuch Bild 8-6, Zeile 9).
c) Die Sicherheiten mit den Gl. (8.20b) bzw. (8.35a) berechnen.

8.17 a) Berechnung der Montagevorspannkraft F_{VM} mit Gl. (8.30), da $F_B = 0$. Mit $F_{VM} = k_A \cdot F_{V\,min} = k_A \cdot F_a$ kann das Anziehdrehmoment nach Lehrbuch 8.3.4-2, Gl. (8.26), ermittelt werden.
b) Nachprüfung des auf Zug und Verdrehung beanspruchten Gewindezapfens nach Lehrbuch 8.3.7, Gl. (8.35), analog Aufgabe 8.11b mit F_{VM} für F_{sp}, $R_e = R_{eN} \cdot K_t$ mit R_{eN} für E295 nach TB 1-1 und K_t nach TB 3-11a, wobei ein Rohteildurchmesser von 50 mm angenommen wird.
Berechnung von $\sigma_{z\,max}$ und τ_t mit $d_s = (d_2 + d_3)/2$.

8.18 a) Von den Schrauben ist eine alleinige Dichtungskraft in Längsrichtung aufzunehmen, daher Berechnungsgang mit Gl. (8.30) nach Lehrbuch 8.3.9-2. Über die erforderliche Mindestvorspannkraft je Schraube $F_{V\,min} = F_{Kl} + F_Z = p_{min} \cdot A/12 + F_Z$ kann die Montagevorspannkraft und damit die Schraubengröße ermittelt werden.
Hinweis: Unter „kritischer Vorpressung" versteht man die Mindestpressung, die zur Anpassung (Verformung) der Dichtung an die Dichtflächen unbedingt vorhanden sein muss, um ein einwandfreies Abdichten zu gewährleisten; sie ist abhängig von der Oberflächengüte der Dichtflächen, vom Medium sowie vom Werkstoff und von den Abmessungen der Dichtung, jedoch nicht vom Innendruck, z. B. dem einer Dampfleitung. Die tatsächliche Pressung muss sicherheitshalber stets höher liegen, darf aber die maximal zulässige nicht überschreiten, um eine Zerstörung der Dichtung zu vermeiden (s. 19.2.2).
b) Ermittlung der Schraubenlänge mit TB 8-15 (erforderliche Einschraublänge $l_e = 1{,}0\,d$) und TB 8-8, Normbezeichnung s. Lehrbuch 8.1.3-4
c) $p_{max} = F_{sp} \cdot 12/A \leq p_{zul}$.

8 Schraubenverbindungen

8.20 Mit der vorgegebenen Schraubengröße und Festigkeitsklasse kann F_{sp} und danach die Anzahl der Schrauben durch Einsetzen von Gl. (8.18) in Gl. (8.30) und Umstellung nach z ermittelt werden:

$$z_{min} = \frac{F_{Q\,ges}}{\mu \left(\dfrac{F_{sp}}{k_A} - F_Z\right)}.$$

Danach prüfen, ob der zum Anziehen erforderliche Mindestabstand der Schrauben ($\approx 3d$) auf dem Lochkreisdurchmesser ausreicht.
Ansonsten Berechnungsgang nach Lehrbuch 8.3.9-2.
Reibwert μ aus TB 4-1a, Setzbetrag aus TB 8-10a für Gewinde und je eine Kopf- und Ersatzmutterauflage, Grenzflächenpressung für die Fläche unter dem Schraubenkopf (die Druckfläche am Zahnkranz ist wesentlich größer) aus TB 8-10b entnehmen.

8.21 Zuerst Berechnung der in der Schraube wirkenden Betriebskräfte (Längskräfte). Hierzu kann vereinfacht der Seilrollenbock um die untere Schraube kippend angenommen werden (linke Skizze). Querkraftberechnung s. rechte Skizze.
Die erforderliche Festigkeitsklasse der Schrauben wird zweckmäßig nach TB 8-13 ermittelt (für die größere Querkraft). Danach Berechnungsgang nach Lehrbuch 8.3.9-2 unter Verwendung von Gl. (8.29) zur Berechnung der Montage-Vorspannkraft F_{VM} anwenden.
Der statische Nachweis kann mit Gl. (8.34) erfolgen. Die zulässige Flächenpressung für GE 300+N muss abgeschätzt werden. Da es sich um einen unlegierten Stahl mit einer Zugfestigkeit größer als bei S355 handelt, wird p_G von S355 für den Nachweis verwendet.
Hinweis: Eine genauere Berechnung der Betriebskräfte ist nach Lehrbuch 8.4.5 mit Gl. (8.48) möglich. Es ergeben sich etwas größere Betriebskräfte, die aber nur zu einer geringfügigen Erhöhung von F_{VM} führen.

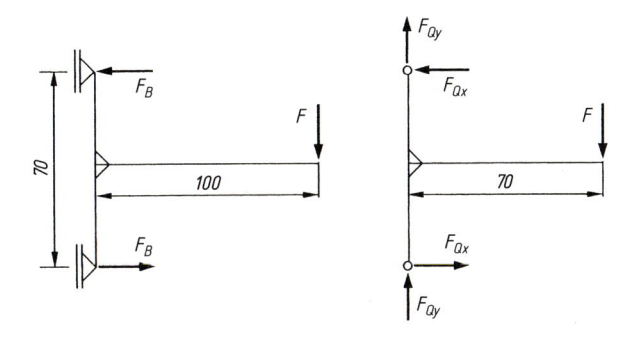

8.22 Für den Nachweis der Tragsicherheit sind Einwirkungskombinationen zu bilden aus
 – den ständigen Lasten G und allen ungünstig wirkenden veränderlichen Einwirkungen Q_i und
 – den ständigen Einwirkungen G und jeweils einer der ungünstig wirkenden veränderlichen Einwirkungen Q_i, siehe Lehrbuch 6.3.1-1.

Die Berechnung der Zugstabanschlüsse erfolgt nach Lehrbuch 8.4.3. Um kurze Anschlüsse zu erhalten, kann nach TB 1-9 der größte Regellochdurchmesser und ggf. eine zweireihige Ausführung mit kurzen Rand- und Lochabständen gewählt werden. Ist der außermittige Anschluss der Stabkraft konstruktiv nicht vermeidbar, muss das entstehende Moment im Anschluss oder im Stab berücksichtigt werden. Bei langen Stäben und steifen Knotenblechen ist das Versatzmoment ausschließlich im Schraubanschluss wirksam. Der biegeweiche Stab bleibt nahezu momentenfrei.
Im vorliegenden Fall soll das Anschlussmoment über ein Kräftepaar über die äußeren Schrauben aufgenommen werden. Diese erhalten zusätzlich noch eine senkrecht zur Stabkraft stehende Komponente F_v = Stabkraft × Exzentrizität/Schraubenabstand. Die

Tragfähigkeit der Verbindung wird bestimmt durch die Summe der Tragfähigkeiten der Schrauben auf Abscheren oder auf Lochleibungsdruck bzw. durch die Tragfähigkeit der anzuschließenden Bauteile (Stab, Knotenblech). Die kleinste Tragfähigkeit ist für die Bemessung maßgebend. In der Praxis erfolgt der Nachweis meist über aufnehmbare Schraubenkräfte und nicht über Spannungen. Obwohl die Grenzabscher- und die Grenzlochleibungskräfte der Schrauben einer Verbindung innerhalb eines Anschlusses addiert werden dürfen, erfolgt der Nachweis meist mit der − auf der sicheren Seite liegenden − Annahme einer gleichmäßigen Aufteilung der Stabkraft auf die einzelnen Schrauben.

Ist bei GV- und GVP-Verbindungen der Netto-(Nutz-)Stabquerschnitt festigkeitsmäßig nicht ausgenutzt, also $\sigma < R_e/S_M$, dürfen erhöhte Lochleibungsspannungen $\sigma_{l\,zul} = \alpha_l \cdot R_e/S_M$ angesetzt werden. Es darf der kleinere der beiden Werte $\alpha_l = 3$ oder $(\alpha_l + 0,5)$ eingesetzt werden.

8.23 Berechnung als zweischnittiger Zugstabanschluss nach Lehrbuch 8.4.3. Die Tragfähigkeit der Verbindung wird bestimmt durch die Tragfähigkeit der Schrauben auf Abscheren oder auf Lochleibungsdruck bzw. durch die Tragfähigkeit der anzuschließenden Bauteile. Der Nachweis erfolgt zweckmäßigerweise über aufnehmbare Schrauben-(Bauteil-)Kräfte; ein Nachweis über Spannungen ist möglich. Die Grenzlochleibungskräfte der Schrauben einer Verbindung dürfen innerhalb eines Anschlusses addiert werden, wenn die einzelnen Schraubenkräfte beim Nachweis auf Abscheren berücksichtigt werden. Mit der Annahme einer gleichmäßigen Aufteilung der Schraubenkräfte liegt man jedoch immer auf der sicheren Seite.

8.24 Berechnung der Stabanschlüsse als einschnittige Scher-Lochleibungsverbindungen nach Lehrbuch 8.4.3 unter Beachtung der Anreißmaße und Lochdurchmesser für Stab- und Formstähle nach TB 1-9 und TB 1-10. Weil die Schwerachsen der Profile erheblich aus der Anschlussebene (= Knotenblechmitte) herausfallen, sind sie als außermittig angeschlossene Zugstäbe auf Biegung und Längskraft zu berechnen, Lehrbuch 6.3.1-3.2.

8.25 Berechnung der Schrauben auf Zug, Abscheren und Lochleibung nach Lehrbuch 8.4.3 und 8.4.5. Die Grenzzugspannung einer Schraube beträgt $\sigma_{z\,zul} = R_e/(1,1 \cdot S_M)$ bzw. $\sigma_{z\,zul} = R_m/(1,25 \cdot S_M)$, mit R_e bzw. R_m als Streckgrenze bzw. Zugfestigkeit des Schraubenwerkstoffes. Der Nachweis erfolgt mit dem Schaft- bzw. dem Spannungsquerschnitt. Der kleinere der beiden Werte ist maßgebend. Bei gleichzeitiger Beanspruchung einer Schraube auf Zug und Abscheren findet eine gegenseitige Beeinflussung der Grenztragfähigkeiten statt. Es ist folgende Interaktionsbedingung zu erfüllen: $(\sigma_z/\sigma_{z\,zul})^2 + (\tau_s/\tau_{s\,zul})^2 \leq 1$. Auf den Interaktionsnachweis darf verzichtet werden, wenn $\sigma_z/\sigma_{z\,zul}$ oder $\tau_s/\tau_{s\,zul}$ kleiner als 0,25 ist.

Die Schraubendurchmesser und das Wurzelmaß w werden nach DIN 997 (siehe TB 1-11) festgelegt. Die Rand- und Lochabstände sind nach Lehrbuch 7.5.4 (TB 7-2) zu überprüfen. Damit die Mutter an der geneigten Flanschfläche eben anliegt, ist eine keilförmige Vierkantscheibe nach DIN 435 zu verwenden.

8 Schraubenverbindungen

8.26 Die Berechnung dieses konsolartigen Anschlusses erfolgt nach Lehrbuch 8.4.5. Sicherheitshalber wird davon ausgegangen, dass sich der aufgelagerte Träger durchbiegt und deshalb an der Vorderkante des Winkels aufliegt.
a) Der Winkel wird durch das Biegemoment $M_b \approx F \cdot (l_a - s/2)$ und die Normalkraft F beansprucht. Die rechnerisch mittragende Breite beträgt überschlägig: $b = b_{1220} + 2 \cdot \tan 30° \cdot (l_a - s/2)$.
b) Die größte Zugkraft F_{max} in einer Schraube ergibt sich aus der Gleichgewichtsbedingung $F \cdot l_a = F_1 \cdot l_1 (F_1 = -F_d, F_{max} = F_1/2)$.

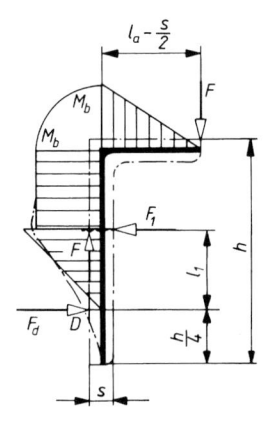

8.28 a) Nachprüfung auf Festigkeit: Wenn an der Lagerung der Spindel im Stößel kein nennenswertes Reibmoment auftritt (z. B. Wälzlagerung) liegt Beanspruchungsfall 1 nach Lehrbuch 8.5.2 vor.

Spindelteil	Beanspruchung Anziehen	Beanspruchung Lösen	Beanspruchungsfall
„Verdrehteil"	große Verdrehspannungen	entgegengesetzt gerichtete kleinere Verdrehspannungen	allgemein-dynamisch, jedoch überwiegend *schwellend*
„Druckteil"	große Druckspannungen	kleine Zugspannungen (Massen- und Losbrechkräfte)	

Nachprüfung auf Knickung: Bei geführten Spindeln kann die rechnerische Knicklänge $l_k \approx 0{,}7 \cdot l$ gesetzt werden.
b) Kontrolle der Flächenpressung nach Lehrbuch 8.5.4.
c) Bei nicht selbsthemmenden Gewinden ist der Steigungswinkel größer als der Reibungswinkel.

8.29 Berechnung als Bewegungsschraube nach Lehrbuch 8.5. Vorwahl des Kerndurchmessers mit Gl. (8.51) für lange, druckbeanspruchte Schrauben mit mittlerer Sicherheit S und Knickfall 3 nach Euler, s. Lehrbuch 6.3.1-3, Bild 6-34.
Da bei derartigen Pressen mit unregelmäßiger Schmierung zu rechnen ist, werden Spindel und Hebel sicherheitshalber für den ungünstigsten Fall der trockenen Gewindereibung berechnet. Eine reichliche Bemessung der Bauteile ist auch deshalb zu empfehlen, weil durch unkontrollierbare Maßnahmen (Betätigung durch zwei Mann, Vergrößerung des Hebelarmes durch Aufstecken eines Rohres) die rechnerische Kraftwirkung überschritten werden kann.

Für die Wahl des Gewindes sind folgende Gesichtspunkte maßgebend:
1. Selbsthemmung zweckmäßig, damit die unbelastete Spindel auf jeder Höhe stehen bleibt, d. h. Steigungswinkel $\varphi <$ Reibungswinkel ϱ'.
2. Trotz Forderung 1 möglichst große Gewindesteigung, um eine mühelose Höhenverstellung zu erreichen.

Mit $\tan \varphi = P_h/(d_2 \cdot \pi) < \tan \varrho = 10°$ (ϱ aus Legende zu Gl. (8.55)) kann die Steigung berechnet werden für vorläufig gewähltes Gewinde aus TB 8-3. Mit den Gleichungen $d_2 = d - 0{,}5 \cdot P$ und $d_3 = d - 2h_3$, s. TB 8-3, die Gewindeabmessungen festlegen. Danach Überprüfung der Selbsthemmung mit Reibwert für geschmierte Mutter sowie Nachprüfung der Spindel auf Festigkeit entsprechend Beanspruchungsfall 1 nach Lehrbuch 8.5.2 und auf Knickung nach 8.5.3, s. auch Lösung zu Aufgabe 8.27.

Die erforderliche Länge der Mutter kann durch Umstellung der Gl. (8.61), Lehrbuch 8.5.4 ermittelt werden, wobei der kleinere Wert für Muttern aus CuSn-Legierungen nach TB 8-18 wegen möglicher Überlastung (s. o.) verwendet wird.

Für die Bestimmung der Abmessungen des Hebels kann der Hebel aufgefasst werden

1. als mittig eingespannter und durch ein Kräftepaar F_H belasteter Träger,
2. als 2 Kragträger der Länge $l_H/2$, belastet durch F_H.

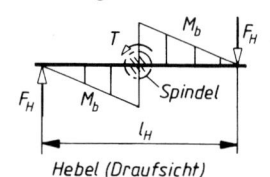

Es gilt:
$$F_H = \frac{T}{l_H}, \quad M_b = \frac{T}{2} = F_H \cdot \frac{l_H}{2}.$$

Der Hebeldurchmesser kann mit Gl. (11.1), s. Lehrbuch 11.2.2-2 ermittelt werden.

8.30 Lösungsweg:
1. Vorwahl des Spindelgewindes: Es liegt der „Knickfall 1" vor. (Ein Spindelende eingespannt, das andere frei beweglich, $l_k = 2l$, s. Lehrbuch 6.3.1-3, Bild 6-34). Es wird vorausgesetzt, dass die Kraft zentrisch angreift. Ein exzentrischer Kraftangriff setzt die Knickspannung herab! Der Entwurfsdurchmesser wird für knickgefährdete Schrauben mit Gl. (8.51) und mittlerem Wert für S berechnet.
2. Es liegt Beanspruchungsfall 2 vor, daher erfolgt der Festigkeitsnachweis mit Gl. (8.54). Hierin kann für $\sigma_{d\,zul}/(\varphi \cdot \tau_{t\,zul}) \approx 1$ und für $\sigma_{d\,zul} = R_e/1{,}5 \approx R_{eN}/1{,}5$ gesetzt werden. Das erforderliche Hebelmoment für die Verdrehspannung in der Spindel ergibt sich aus
$T = F_H \cdot l_H =$ Gewindemoment $M_G +$ Lagerreibungsmoment M_{RA}.
Das Lagerreibungsmoment M_{RA} zwischen drehbarem Kronenstück und Spindel kann analog dem Auflagereibungsmoment unter dem Schraubenkopf, s. Lehrbuch 8.3.4-2, näherungsweise berechnet werden zu

$$M_{RA} = F \cdot \mu \cdot \frac{D+d}{4} \quad \text{mit } \mu \approx 0{,}1.$$

Damit ist

Heben: $T = F_H \cdot l_H = F \cdot \dfrac{d_2}{2} \cdot \tan(\varphi + \varrho') + F \cdot \mu \cdot \dfrac{D+d}{4}$,

Senken: $T = F_H \cdot l_H = F \cdot \dfrac{d_2}{2} \cdot \tan(\varphi - \varrho') - F \cdot \mu \cdot \dfrac{D+d}{4}$.

3. Überprüfung der Spindel auf Knickung nach Lehrbuch 8.5.3 (ggf. bei zu großer Sicherheit Wahl eines kleineren Gewindes) und des eingeschnittenen Muttergewindes auf Flächenpressung nach Lehrbuch 8.5.4 mit mittlerem Wert für p_{zul} nach TB 8-18 und Einhaltung von $l_1 \leq 2{,}5d$.

4. Bei einer Spindelumdrehung beträgt die nutzbare Arbeit $W_n = F \cdot P$ und die aufgewendete Arbeit

$$W_e = F \cdot \tan(\varphi + \varrho') \cdot d_2 \cdot \pi + F \cdot \mu \cdot 2 \frac{D+d}{4} \pi.$$

Daraus ergibt sich der Gesamtwirkungsgrad

$$\eta = \frac{W_n}{W_e} = \frac{F \cdot P}{F \cdot \tan(\varphi + \varrho') \cdot d_2 \cdot \pi + F \cdot \mu \cdot 2 \dfrac{D+d}{4} \pi}$$

$$= \frac{1}{\dfrac{\tan(\varphi + \varrho')}{\tan \varphi} + \dfrac{1{,}57 \cdot \mu \cdot (D+d)}{P}}$$

9 Bolzen-, Stiftverbindungen und Sicherungselemente

9.1 a) Berechnung als Bolzenverbindung mit nicht gleitenden Flächen nach Lehrbuch 9.2.2. Da bei den üblichen Abmessungen meist die Biegebeanspruchung maßgebend ist, wird die zulässige Spannkraft F_A zweckmäßigerweise durch Umformen der Gl. (9.2) ermittelt: $F_A = 0{,}1 \cdot 8 \cdot \sigma_{b\,zul} \cdot d^3 / (K_A \cdot t_S)$. Die Gelenkverbindung muss mit der so ermittelten Spannkraft (Stangenkraft) noch auf Flächenpressung und Schub geprüft werden.
Für das Biegemoment ist der Einbaufall 2 nach Lehrbuch 9.2.2-1 maßgebend. Wegen der häufigen Betätigung der Vorrichtung muss für die zulässigen Spannungen der festigkeitsmindernde Einfluss der Schwellbelastung berücksichtigt werden.
Bei stoßfreiem Spannen (z. B. Anziehen mittels Sternmutter) kann der Anwendungsfaktor $K_A = 1$ gesetzt werden.
b) Unter Vernachlässigung der Reibung und bei gleichen Hebelarmen ergibt sich für das Gelenk B eine größte resultierende Kraft $F_{res} = F_B = \sqrt{2} \cdot F_A$.
Die Gelenkverbindung muss nach Lehrbuch 9.2.3 auf Biegung (Einbaufall 3), Schub und Flächenpressung geprüft werden.

9.3 Siehe Berechnungsbeispiel 9.1 im Lehrbuch.

9.5 Der in den biegeweichen Gabelwangen mit einer leichten Übergangspassung sitzende Bolzen stellt idealisiert einen frei aufliegenden Träger auf 2 Stützen dar. Die Kurbelstangenkraft F belastet den Bolzen auf der Breite des Lager-Innenringes wechselnd als Streckenlast ($M_b = 0{,}125 F(2l - c)$). Ermittlung der Sicherheit gegen Dauerbruch vereinfachend mit der Gestaltfestigkeit σ_{GD} nach Bild 11-23 und der Biegenennspannung nach Lehrbuch 9.2.3 unter Berücksichtigung des Anwendungsfaktors (Mittelwert). Bei der Spannungsermittlung darf der Einfluss der Querbohrung auf das Bolzen-Widerstandsmoment vernachlässigt werden. Auch die Beanspruchungen auf Schub und Flächenpressung sind ohne Einfluss.
Hinweis: Meist ist es konstruktiv möglich, die Querbohrung in die Bolzenschwerachse zu legen. Die Biegerandfaser wird dadurch kerbfrei ($\beta_k = 1$), was zu einer beträchtlichen Steigerung der Tragfähigkeit bzw. Dauerhaltbarkeit führt!

9.6 Ermittlung der Hauptabmessungen durch Entwurfsberechnung nach Lehrbuch 9.2.2-2. Anschließend nachprüfen der Verbindung auf Flächenpressung, sie ist bei gleitenden Flächen erfahrungsgemäß maßgebend, und auf Schub. Legt man die Schmierloch-Querbohrung in die Biegeschwerachse ($\sigma_b = 0$!), so ist sie als Kerbe unwirksam. Der Einfluss der Schmierlöcher auf das Widerstandsmoment darf bei größeren Bolzen vernachlässigt werden.

9.7 Nachprüfung der Bolzenverbindung nach Lehrbuch 9.2.3 unter Beachtung des dortigen Hinweises für Hohlbolzen. Da der Bolzen im betriebswarmem Zustand in der Kolbennabe schwimmend gelagert ist (keine einseitige Abnutzung!), kann das Biegemoment entsprechend Einbaufall 1 bestimmt werden (Lehrbuch 9.2.2-1).
Beachte bei der Spannungsberechnung, dass bei der angegebenen Kraft die Betriebsverhältnisse bereits berücksichtigt sind, sie also $K_A \cdot F$ umfasst!

9.8 a) Nachprüfung der schwellend beanspruchten Bolzenverbindung nach Lehrbuch 9.2.3 auf Biegung, Schub und Flächenpressung. Bei Handbetätigung kann als Anwendungsfaktor $K_A = 1$ gesetzt werden. Richtwerte für die zulässige mittlere Flächenpressung bei niedrigen Gleitgeschwindigkeiten (Schwenkbewegung) nach Lehrbuch, TB 9-1.
b) Passungsauswahl nach Lehrbuch 2.2.3 mit TB 2-9 und TB 2-5 bzw. TB 2-3.

9.9 a) Nachprüfung der Bolzenverbindung nach Lehrbuch 9.2.3 auf Biegung, Schub und Flächenpressung.
b) Überschlägige Festigkeitskontrolle der für den Augenstab maßgebenden Wangenquerschnitte nach Lehrbuch 9.2.3 mit Gl. (9.5).
Bei der Gabel wird davon ausgegangen, dass beide Wangen gleichmäßig tragen.

9.10 a) Die Bolzen sind so zu bemessen, dass sie bei der dem höchstzulässigen Drehmoment entsprechenden Umfangskraft zu Bruch gehen. Ist die Scherfestigkeit τ_B des Bolzenwerkstoffes nicht bekannt, so kann $\tau_B \approx 0{,}8 \cdot R_m$ gesetzt werden. Dabei ist zu beachten, dass die Festigkeit einer Stahlsorte sehr vom jeweiligen Behandlungszustand abhängt und selbst innerhalb dieses beträchtlich schwankt.
Festigkeitswerte für S235 s. TB 1-1 und Normblatt DIN EN 10025-2.
b) Vgl. Lehrbuch 13.4.2.

9.11 b) Die erforderliche Laschendicke kann aufgrund der zul. Flächenpressung nach Lehrbuch 9.2.3 mithilfe der Gl. (9.4) ermittelt werden. Die Verbindung wird mit einem Lochspiel von 1 bis 2 mm ausgeführt. Ermittlung der Wangenbreite nach Gl. (9.5) und damit der Laschenbreite $b = d_L + 2c$.
Da die Traglaschen sehr selten beansprucht werden (Montage), wären auch höhere zul. Spannungen zu rechtfertigen, z. B. nach den Stahlbauvorschriften.

9.13 a) Ermittlung der Grenzabmessungen der Augenstäbe für Scheitelhöhe a und Wangenbreite c nach Lehrbuch 9.2.4-1 mit Hilfe der Gln. (9.6) und (9.7).
b) Festigkeitsnachweis der Bolzen auf Abscheren, Biegung, Interaktion Abscheren und Biegung und Lochleibung nach Lehrbuch 9.2.5.
c) Auswahl von Bolzen mit zugehörigen Splinten und Scheiben nach Lehrbuch, TB 9-2.

9.14 Die Querstift-Verbindung wird nach Lehrbuch 9.3.2-1 auf Abscheren und Flächenpressung nachgeprüft. Bei Kegelstiften ist der rechnerische Durchmesser = Nenndurchmesser = kleiner Stiftdurchmesser.

9.15 Entweder Wahl des Stiftdurchmessers nach Erfahrungswerten, z. B. $d = (0{,}2 \ldots 0{,}3)\, d_W$ bei normaler Beanspruchung, und Nachprüfung der Verbindung auf Flächenpressung und Abscheren nach Lehrbuch 9.3.2-1, oder direkte Bestimmung des Stiftdurchmessers mit den zulässigen Beanspruchungen durch Umformen der Gln. (9.15) bis (9.17) nach d. Der größte so ermittelte Stiftdurchmesser ist dann maßgebend und auf den nächstgrößeren Normdurchmesser zu runden.

9.17 Berechnung als Steckstift-Verbindung nach Lehrbuch 9.3.2-2. Siehe auch Berechnungsbeispiel 9.3 im Lehrbuch. Passkerbstifte mit Hals und gerundeter Nut nach DIN 1469: 2011-02 sind nicht international genormt.

9.18 Die Tangentialkraft F_t beansprucht die Stifte auf Biegung. Berechnung als Steckstift-Verbindung nach Lehrbuch 9.3.2-2. Berücksichtigung der stoßartigen Belastung durch Anwendungsfaktor nach Lehrbuch, TB 3-5, wegen fehlender weiterer Angaben als Mittelwert. Beachte auch Berechnungsbeispiel 9.3 im Lehrbuch.

9 Bolzen-, Stiftverbindungen und Sicherungselemente   175

9.19 Das horizontale Kräftepaar $F = G \cdot a/b$ beansprucht die Stifte auf Biegung. Berechnung als Steckstift-Verbindung nach Lehrbuch 9.3.2-2. Es kann mit ruhender, stoßfreier Belastung (Eigengewicht) gerechnet werden. Beachte auch Berechnungsbeispiel 9.3 im Lehrbuch.

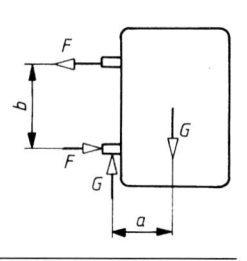

9.20 a) Vergleiche Herstellungsaufwand und Art der Kraftübertragung (Kraftfluss) bei Rundkeilverbindungen mit anderen lösbaren Welle-Nabe-Verbindungen.
b) Beachte Lösbarkeit der Verbindung. Geeignete Stiftformen s. Lehrbuch 9.3.1-1.
c) Berechnung als Rundkeilverbindung nach Lehrbuch 9.3.2-3. Bei großen Drehmomenten ist die Anordnung mehrerer Stifte am Umfang zweckmäßig.

9.21 Berechnung als Längsstiftverbindung nach Lehrbuch 9.3.2-3. Unmittelbare Bestimmung der zulässigen Handkraft durch Umformen der Gl. (9.20) nach T. Der festigkeitsmäßig schwächere Werkstoff ist für p_{zul} maßgebend. Wegen Handbetätigung kann mit $K_A = 1,0$ gerechnet werden.

10 Elastische Federn

10.1 a) Siehe Lehrbuch 10.3.1, Angabe zu Bild 10-6, $L_1 = t/2 + 15 \cdot b + 14 \cdot t + t/2$.
b) Beachte Angabe unter Bild 10-6.

10.2 a) Siehe Lehrbuch 10.3.2-1 „Berechnung", Gl. (10.7). $\sigma_{b\,zul}$ mit R_m-Angabe unter b).
b) Siehe Lehrbuch 10.3.2.-1 „Berechnung", Gl. (10.9); $\sigma_{b\,zul}$ siehe Hinweis TB 10-1.
c) Siehe Lehrbuch 10.3.2-1 „Berechnung", Federrate aus $R = F/s$.

10.3 a) Normzahlen siehe TB 1-16.
b) Siehe Lehrbuch 10.3.2-1 „Berechnung", Gl. (10.9); $\sigma_{b\,zul}$ siehe Hinweis TB 10-1.
c) Federvolumen V siehe zu Gl. (10.10).

10.4 a) Siehe Lehrbuch 10.3.2-1 „Berechnung". Die größte Dicke h_{max} aus Gl. (10.9), b_{max} mit Gl. (10.7).
b) Nachrechnung der maximalen Durchbiegung s_{max} mit Gln. (10.8).
c) Federrate aus $R = F/s$.

10.5 a) Siehe Lehrbuch 10.3.2-1 „Berechnung". Ein direkter Lösungsweg ist nicht gegeben; mehrere Lösungen sind möglich. $F_{max} > F_1$ zunächst abschätzen und später Schätzwert evtl. neu annehmen. Dicke h überschlägig aus Gl. (10.7); $\sigma_{b\,zul}$ siehe Hinweis in TB 10-1.
b) Für die lineare Kennlinie gilt $F_{max}/s_{max} = F_1/s_1$, wenn $s_{max} = s_1 + \Delta s$ mit s_1 aus Gl. (10.8) bestimmt wird bzw. Bestimmung F_{max} mit s_{max} aus Gl. (10.8).

10.6 a) Siehe Lehrbuch 10.3.2-3; Drahtdurchmesser d überschlägig nach Gl. (10.11); Bezeichnung des Federstahldrahtes beachte TB 10-2a.
b) Siehe Lehrbuch 10.3.2-3; Windungszahl überschlägig nach Gl. (10.12); $n = \ldots, 5$ festlegen.
c) L_{K0} (ohne Federschenkel) nach Gl. (10.13);
d) σ_q aus Gl. (10.15) mit $w = D/d$ für q aus TB 10-4 und σ_{zul} aus TB 10-3, R_m s. TB 10-2c.

10.8 a) Siehe Lehrbuch 10.3.2-3; Vorwahl von d bei gegebenem D_i nach Gl. (10.11). Wahl des Nennmaßes für d nach TB 10-2a; $D_i \approx 1{,}25 \cdot d_B$.
b) Aus $\varphi^\circ_{max}/\Delta\varphi^\circ = F_2/(F_2 - F_1)$ und $\varphi_1 = \varphi_{max} - \Delta\varphi$ die Werte für φ_{max} und φ_1 ermitteln;
c) siehe Lehrbuch 10.6.3-2. Windungszahl n mit φ°_{max} oder φ°_1 errechnen und runden; L_{K0} für anliegende Windungen bestimmen, den rechnerischen Wert sinnvoll runden;
d) Spannungsnachweis führen mit den festgelegten Daten; $\sigma_{q2} < \sigma_{zul}$ mit σ_{q2} nach Gl. (10.15) und σ_{zul} nach TB 10-3.

10.9 a) Siehe Lehrbuch 10.3.2-4 σ_i für $M = F \cdot r_e$ mit σ_{zul} aus TB 10-1.
b) Die gestreckte Federlänge l aus φ° mit σ_i mit Gl. (10.18) errechnen und für l den äußeren Radius r_e aus Gl. (10.19) bestimmen, so dass die gerundete Federkraft F aus M ermittelt werden kann, s. hierzu Gl. (10.17).
c) Die Anzahl der Windungen n aus Gl. (10.19) mit r_e bestimmen.

10.10 a) siehe Lehrbuch 10.3.2-5 mit TB 10-6a (Tellerfedern der Reihe A haben eine fast lineare Kennlinie). Maximale Gesamtfederkraft F_{ges} und maximaler Gesamtfederweg s_{ges} für die Federsäule nach Gl. (10.23) für $s_{0{,}75}$ und $F_{0{,}75}$.
b) L_0 und L für die Federsäule nach Gl. (10.23).

10.11 Siehe Lehrbuch 10.3.2-5 mit TB 10-6b; L_0 und L für die Federsäule nach Gl. (10.23).

10 Elastische Federn

10.12 a) Siehe Lehrbuch 10.3.2-5 mit TB 10-6c; maximale Gesamtfederkraft F_{ges} und maximaler Gesamtfederweg s_{ges} für die Federsäule nach Gl. (10.23) für $s_{0,75}$ und $F_{0,75}$.
b) Siehe Lehrbuch 10.3.2-5 mit Bild 10-16 und L_0, L_0' für die Federsäule nach Gl. (10.23).

10.13 a) Es ist davon auszugehen, dass jede Säule die Hälfte der Gesamtbelastung aufnimmt. *Hinweis:* $F_L \approx 10 \text{ m/s}^2 \cdot m_L$ und $F_G \approx 10 \text{ m/s}^2 \cdot m_G$.
b) Auswahl nach Tabelle 10-6, für Einzelteller ergibt sich die Einschränkung aufgrund von F_{max} auf Reihe A (notwendiges Spiel am Bolzen s. Lehrbuch 10.3.2-5).
c) Die Bestimmung des Federwegs eines Einzeltellers erfolgt mit TB 10-8c. Dazu muss die Federkraft bei Planlage F_C nach Gl. (10.26) und das Verhältnis F/F_C bestimmt werden. Benötigte Abmessungen und Faktoren s. TB 10-6a und TB 10-8a, Hinweise s. Lehrbuch 10.3.2-5, Berechnung i nach Gl. (10.23).
d) S. Hinweis zu c), Abmessungen s. TB 10-6b.

10.14 a) und b) siehe Lehrbuch 10.3.2-5 mit TB 10-6b, c; rechnerische Federkraft nach Gl. (10.24); K_1-Werte aus TB 10-8.

10.15 a) Siehe Lehrbuch 10.3.2-5. Mit dem Verhältnis F/F_C wird aus TB 10-8c das Verhältnis s/h_0 ermittelt und daraus s errechnet; vgl. Lehrbuch 10.4, Beispiel 10.2; F_C aus Gl. (10.26).
b) Überwiegend statische Beanspruchung; vgl. Lehrbuch 10.3.2-5 mit Gl. (10.30); $K_4 = 1$ (Feder der Gruppe 2), $K_1 \ldots K_3$ nach TB 10-8a, b.

10.16 Siehe Lehrbuch 10.3.2-5 mit Gln. (10.24), (10.28) und (10.31), mittlerer Wert für w_R nach TB 10-7.
a) Federkraft F nach Gl. (10.24), anschließend Federkraft F_R für die Einzelfeder ($n = 1$) bei Belastung nach Gl. (10.31) $F_R = F/(1 - w_R)$;
b) Federkraft F_C nach Gl. (10.26) mit $s = h_0$; $K_4 = 1$ (Feder ohne Auflagefläche); danach F_{CR} für die Einzelfeder ($n = 1$) bei Belastung nach Gl. (10.31) $F_{CR} = F_C/(1 - w_R)$;
c) Federungsarbeit W nach Gl. (10.28) ohne Reibung ermitteln und unter Berücksichtigung der Reibung wird für die Einzelfeder $W_R = W/(1 + w_R)$ mit dem Reibungsfaktor w_R nach TB 10-7.

10.18 a) Es ist nachzuweisen, dass für s_1 je Teller die Druckspannung $\sigma_{d1} \geq 600 \text{ N/mm}^2$ ist. Für $s_1 = 0{,}2 \cdot h_0$ mit Gl. (10.30) σ_1 an der Stelle I errechnen.
b) Federkraft F_C nach Gl. (10.26) bestimmen. Beachte, dass je Teller $F_2 = F_{2ges}/n$ ist. Mit F_2/F_c wird durch Ablesung s_2/h_0 aus TB 10-8c der Federweg s_2 bestimmt und der Hubweg $\Delta s = s_2 - s_1$ bzw. Δs_{ges} ermittelt.
c) σ_1 mit s_1 und σ_2 mit s_2 nach Gl. (10.30) für die Stelle III errechnen; nachzuweisen ist für $N = 2 \cdot 10^6$ nach TB 10-9c mit $\sigma_U \stackrel{\wedge}{=} \sigma_1$, dass für t die Dauerhubfestigkeit $\sigma_H = \sigma_O - \sigma_U > \sigma_h = \sigma_2 - \sigma_1$ wird.

10.19 a) Siehe $F_{0,75}$ nach TB 10-6a und Gl. (10.22).
b) Die Federwege s_1 und s_2 mit dem Verhältnis $s/h_0 = f(F/F_C)$ aus TB 10-8c.
c) und d) siehe Lehrbuch 10.3.2-5 mit Gln. (10.22) und (10.23).
e) mit $\sigma_1 \stackrel{\wedge}{=} \sigma_U$ und $\sigma_2 \stackrel{\wedge}{=} \sigma_O$ (siehe Lehrbuch 10.3.2-5 mit Gl. (10.30)) entsprechend der rechnerischen Zugspannung werden bei begrenzter Lebensdauer mit $\sigma_O > \sigma_2$ für $\sigma_U = \sigma_1$ aus TB 10-9d die Lastspiele N bestimmt.

10.20 a) Vgl. Lehrbuch 10.3.3; mit Gl. (10.33) den Verdrehwinkel φ errechnen.
b) Vgl. Lehrbuch 10.3.3; mit Gl. (10.32) die statische Schubspannung ermitteln.
c) Vgl. Lehrbuch 10.3.3 mit Gl. (10.35).

10.21 a) Siehe Lehrbuch 10.1.1 mit Gl. (10.1);
b) Siehe Lehrbuch 10.3.3-2 mit Gln. (10.42), (10.46), (10.36); bei der Wahl $d = 2,0$ (statt $d = 1,9$) ist $R_{soll} = R_{ist}$.
c) Siehe Lehrbuch 10.3.3-2 mit Gl. (10.40); $F_{max} = F_n$, $R_{soll} = R_{ist}$, d. h. $s_{max} = s_n$.

10.22 1. Drahtdurchmesser d überschlägig ermitteln nach Gl. (10.42); d nach DIN 2076 zunächst festlegen und anschließend mit Gl. (10.42) $\tau_{max} \triangleq \tau_n$ auf Zulässigkeit prüfen; Federdrahtsorte nach TB 10-2c wählen (evt. Neufestlegung von d und der Drahtsorte).
2. Windungszahl n überschlägig mit Gl. (10.45); n_t auf ..., 5 festlegen [siehe Hinweis zur Gl. (10.36)].
3. Summe der Mindestabstände S_a und die Abmessungen des Federkörpers nach Gln. (10.37) bis (10.40) ermitteln und sinnvoll festlegen (Auswahl: Federenden angelegt und geschliffen).
4. Nach Festlegen der Federgeometrie ist die Knicksicherheit zu überprüfen (auch wenn die Feder in einer Hülse geführt wird, sollte dieser Nachweis möglichst erbracht werden). Maßgebend ist der größte Federweg; Nachweis nach Angaben zu TB 10-12, Annahme: Fall 2 (ungünstigster Knickfall für Führung in Hülse).

10.23 a) Federrate R nach Gl. (10.2), siehe Lehrbuch 10.1.1 mit Bild 10-2a; für jede Feder $F_2 = F_{2ges}/z$, wenn z die Anzahl der parallel geschalteten Federn ist; Federabmessungen nach Angaben siehe Lehrbuch 10.3.3-2 *Druckfedern*. Nach Festlegung von d, D Nachrechnung von d mit τ_{zul} und danach n (n_t) aus R sowie L_0 ermitteln; für die gewählte Drahtsorte mit $F_C = R_{ist} \cdot s_c$ muss sein $\tau_c \leq \tau_{czul}$ nach TB 10-2c. S. auch Hinweise zu Aufgabe 10.22.
b) Knicksicherheit überprüfen nach Angaben zu TB 10-12 (auch wenn die Feder in einer Hülse geführt wird, sollte dieser Nachweis möglichst erbracht werden). Maßgebend ist der größte Federweg s_{max}.

10.24 Siehe Lehrbuch 10.1.1 und 10.3.3-2 *Druckfedern*, Gl. (10.42), Spannungsnachweis mit Gl. (10.43); Festlegung von D nach DIN 323 nach TB 1-16 (darauf achten, dass $D_i \geq 78$ mm sein muss). L_0 nach Gl. (10.40). S. auch Hinweise zu Aufgabe 10.23.

10.25 a) Aus $T = F_t \cdot d_R/2$ mit $d_R = (d_a + d_i)/2$ wird die erforderliche Anpresskraft $F = F_t/\mu$ und damit die Kraft auf die Druckscheibe $F_d = F/(n-1)$ gerundet ermittelt. Die Betriebskraft je Feder wird bei z Federn $F_2 = F/z$.
b) Siehe Lehrbuch 10.1.1 mit Bild 10-2a (parallel geschaltete Federn); Federabmessungen nach Angaben siehe Lehrbuch 10.3.3-2 *Druckfedern*. Nach Festlegung von d, D Festigkeitsnachweis mit τ_{zul} und abschließend Windungszahl n (n_t) aus R sowie L_0 ermitteln; für die gewählte Drahtsorte mit $F_C = R_{ist} \cdot s_c$ muss sein $\tau_c \leq \tau_{czul}$ nach TB 10-11b. Knicksicherheit überprüfen nach Angaben zu TB 10-12. Maßgebend ist der größte Federweg s_{max}. S. auch Hinweise zu Aufgabe 10.23.

10.26 a) Beachte 1 bar $\approx$ 10 N/cm²; es gilt $F_1 = 1,1 \cdot p_e \cdot d_1^2 \cdot \pi/4$ und $F_2 = R \cdot s_2$ mit $s_2 = s_1 + \Delta s$; zunächst angenähert d nach Gl. (10.42); Sicherheitsventilfedern überwiegend statisch beansprucht; Festigkeitsnachweis τ_2 nach Gl. (10.43) mit τ_{zul} aus TB 10-11a für den nach TB 10-2 gewählten Federdraht; danach n (n_t), L_0, L_1 ermitteln; für die gewählte Drahtsorte wird mit $F_c = R \cdot s_c$ die Blockspannung τ_c nach Gl. (10.43) nachgerechnet. S. auch Hinweise zu Aufgabe 10.23.
b) Knicksicherheit überprüfen nach Angaben zu TB 10-12. Maßgebend ist der größte Federweg s_{max}.

10 Elastische Federn

10.28 a) Siehe Lehrbuch 10.3.3-2 *Druckfedern* mit Gl. (10.44); überschlägig d nach Gl. (10.42) bestimmen und endgültig nach DIN 2076 (siehe TB 10-2) d und D wählen; es gilt $F_2/s_2 = \Delta F/\Delta s$ und $s_1 = s_2 - \Delta s$; n (n_t) errechnen aus Gl. (10.45); L_0 nach Gl. (10.40); Nachweis $\tau_c \leq \tau_{c\,zul}$ nach Gl. (10.43) und TB 10-11b führen.
b) Nachweis der Dauerfestigkeit aus $\tau_{kh} = \tau_{ko} - \tau_{ku} \leq \tau_{kH}$ bzw. $\tau_{kh} = \tau_{k2} - \tau_{k1} \leq \tau_{kH}$ nach TB 10-13a ($\tau_{k1} \mathrel{\widehat{=}} \tau_{kU}$).
c) Knicksicherheit mit den Angaben zu TB 10-12 prüfen.
d) Die niedrigste Eigenfrequenz nach Gl. (10.50) ermitteln.

10.29 a) Siehe Lehrbuch 10.3.3-2 *Zugfedern* mit Gl. (10.42). Festlegung nach DIN EN 10270-1 siehe TB 10-2, Bild 10-24 und Bild 10-27; beachte $F_{max} \mathrel{\widehat{=}} F_2 = F$;
b) Überschlägig n' nach Gl. (10.45) mit $R_{soll} = F_{max}/s_h$, $n = n_t$ sinnvoll festlegen;
c) Federlängen nach Gl. (10.41);
d) Festigkeitsnachweis nach Gl. (10.43).

10.30 Siehe Lehrbuch 10.3.3-2 *Zugfedern* mit Gl. (10.52) mit $s_1 = L_1 - L_0$; Nachweis, dass $\tau_0 \leq \tau_{0\,zul}$ nach Gln. (10.43) und (10.53).

10.31 a) $F_{max} \mathrel{\widehat{=}} F_2$, $s_{max} \mathrel{\widehat{=}} s_2$; parallele Anordnung der Ösen bedeutet Windungszahl auf ..., 5 bzw. ..., 0 endend. Wahl von d nach DIN EN 10270-1 siehe TB 10-2; D als Rundwert nach DIN 323 nach TB 1-16 festlegen.
b) Mit F_0 ist $\tau_{0\,zul} > \tau_0$ und $\tau_2 < \tau_{zul}$ mit F_2 nach Gl. (10.55) nachzuweisen.

10.32 a) Beachte $F_{ges} \approx 10 \cdot m$; $F = F_{ges}/z$ für z Federn; siehe Lehrbuch 10.3.4 *Druckfeder*. Für die Wahl der Abmessungen wird zunächst ein mittlerer statischer Wert für $\sigma_{d\,zul}$ aus TB 10-1 gewählt.
b) Siehe Lehrbuch 10.3.4 mit Bild 10-31 und Gl. (10.61).

10.33 a) Ermittle τ aus c_s und τ_{zul} (statisch bzw. dynamisch) aus TB 10-1.
b) Beachte $F_G \approx 10 \cdot m$; Zahl der Federelemente $z = F_G/F$ mit F für Schub-Hülsenfeder nach Gl. (10.58).
c) G aus Gleichung für Schub-Hülsenfeder ermitteln und aus Lehrbuch 10.3.4-1 Bild 10-31 die Shore-Härte ablesen (Wert gilt eigentlich für $d/h \approx 1$).

11 Achsen, Wellen und Zapfen

11.1 Siehe Abschnitt 11.2.2-2 „Darstellung der M_b- und der F_q-Fläche". Wo ist der gefährdete Querschnitt und welche Beanspruchung tritt hier auf? Bei Vernachlässigung der Schubbeanspruchung wird die Achse nur auf Biegung beansprucht. Der für die Festigkeitsberechnung maßgebende Lastfall ist somit der Lastfall der Biegung.

11.2 Siehe LH zur Aufgabe 11.1.

11.3 Siehe LH zur Aufgabe 11.1, zusätzlich ist die Torsion mit dem entsprechenden Lastfall zu berücksichtigen.

11.4 Das Drehmoment T nach Lehrbuch Gl. (11.10) bzw. Gl. (11.11) mit der Abtriebsdrehzahl $n_{ab} = n_{an}/i_{ges}$; $i_{ges} = i_1 \cdot i_2 \cdot i_3$.

11.5 Gegenüber dem ermittelten Drehmoment der Aufgabe 11.4 wird sich das für die Berechnung maßgebende Drehmoment für die Abtriebswelle um den Anwendungsfaktor erhöhen und um den Gesamtwirkungsgrad des Getriebes vermindern.

11.6 Die Zahnkräfte wirken in zwei senkrecht aufeinanderstehenden Ebenen. Man kann entweder beide Zahnkräfte einzeln betrachten, das jeweilige Biegemoment einzeln ermitteln (Träger auf zwei Stützen mit einer Punktlast) und dann damit das resultierende maximale Moment bestimmen oder beide Zahnkräfte zu einer resultierenden Zahnkraft F_b zusammenfassen und mit dieser Kraft das maximale Biegemoment berechnen, s. auch Lehrbuch, Abschnitt 11.2.2-2.

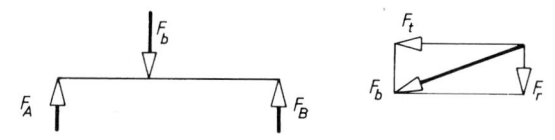

11.7 Siehe Lehrbuch Abschnitt 11.2.2-2 mit Bild 11-19. Im Gegensatz zur Aufgabe 11.6 werden die Radial- und Tangentialkräfte nicht zu resultierenden Kräften zusammengefasst (resultierende Kräfte liegen nicht in einer Ebene), sondern die zwei senkrechten Ebenen einzeln betrachtet. In einer Ebene wirken dabei die Kräfte F_{t2} und F_{r3}, in der dazu senkrechten Ebene die Kräfte F_{r2} und F_{t3}.

11.9 Die Lösung erfolgt nach Bild 11-21, Gl. (11.16) im Lehrbuch. Das Biegemoment ist mit den gemachten Angaben zu errechnen. Die umlaufende Achse wird wechselnd auf Biegung beansprucht, so dass die Biegewechselfestigkeit nach Lehrbuch TB 1-1 maßgebend ist.

11.10 Lösung nach Bild 11-21 im Lehrbuch. Der Zapfen wird nur auf Verdrehen beansprucht, so dass Gl. (11.13a) in Betracht kommt. Da das Drehmoment schwellend übertragen wird, ist die Verdrehschwellfestigkeit nach Lehrbuch TB 1-1 für den Werkstoff S275JR einzusetzen. Hinsichtlich der genormten Zapfendurchmesser siehe Lehrbuch TB 11-1.

11.11 Alle drei Wellen werden sowohl auf Verdrehen als auch auf Biegung und Schub (vernachlässigbar) beansprucht. Da die Biegemomente aufgrund fehlender Angaben noch nicht bestimmt werden können, sind die Richtdurchmesser z. B. nach Lehrbuch Gln. (11.14a) bzw. (11.15a) zu ermitteln. Aufgrund der konstruktiven Gestaltung des Getriebes erfolgt dann die Wahl des Durchmessers für einen mittleren Lagerabstand (M_V zwischen $1,17T$ und $2,1T$). Für die Welle 2 ist $n_2 = n_1/i_1$ bzw. für die Welle 3 $n_3 = n_1/i_{ges}$ maßgebend. Da die Biegebeanspruchung wechselnd wirkt, ist die Wechselfestigkeit nach TB 1-1 zu verwenden.

11 Achsen, Wellen und Zapfen

11.12 a) Da die Abmessungen konstruktiv bereits vorgegeben sind, kann das Biegemoment bestimmt und der Durchmesser entweder überschlägig nach Lehrbuch Gl. (11.16) oder nach Gl. (11.1) ermittelt werden. Da die Biegebeanspruchung wechselnd wirkt, ist die Wechselfestigkeit nach TB 1-1 zu verwenden. Die höheren Festigkeitswerte der kaltgezogenen Halbzeuge gelten nur bei unbeschädigten Oberflächen. Im vorliegenden Fall wird der günstige Einfluss des Kaltziehens im Bereich der maximalen Biegebeanspruchung durch den Eindruck der Befestigungsschraube zunichte gemacht, gerechnet wird deshalb für E295 nach DIN 10025.
b) Nabenabmessungen nach Lehrbuch TB 12-1a.
c) Es ist zu berücksichtigen, dass das Ausgangshalbzeug kaltgezogen ist (siehe hierzu Abschnitt 11.2.2-1 des Lehrbuches).

11.13 Die Welle wird auf Verdrehen, Biegung und Schub (vernachlässigbar) beansprucht. Überschlägige Berechnung des Durchmessers nach Lehrbuch, Bild 11-21, Gl. (11.16). Abstandsmaße sind bereits bekannt, somit kann das Biegemoment als auch das Vergleichsmoment bestimmt werden, s. Bild 11-21. Da die Biegebeanspruchung wechselnd auftritt, ist die Biegewechselfestigkeit maßgebend (für die Festigkeitswerte gelten die Hinweise wie bei 11.12).

11.14 Die Radkraft F wird über die Wälzlager und die Hülsen auf die Achse übertragen. Wenn auch die Hülse eine versteifende Wirkung hat, kann sie der Einfachheit halber bei der Berechnung unberücksichtigt bleiben. Somit kann für die Achse der Belastungsfall „Träger auf zwei Stützen mit zwei gleichgroßen Kräften" im Abstand l_1 angenommen werden. Der Kraftangriff an den Stützen wird in der Mitte von Blech und U-Träger (s. TB 1-10) angesetzt.
Vereinfachend wird von einer schwellenden Biegebeanspruchung ausgegangen, Biegeschwellfestigkeit s. TB 1-1.
Die Querbohrung wird konstruktiv in die biegeneutrale Zone gelegt. Die Querschnittsminderung durch die Längsbohrung kann erfahrungsgemäß vernachlässigt werden.

11.15 Siehe Lehrbuch, Abschnitt 11.3. Die umlaufende Achse wird wechselnd auf Biegung beansprucht. Für den Festigkeitsnachweis sind zwei Querschnitte maßgebend: a) Wellenabsatz (Übergangsstelle von d_1 auf d_2), b) Übergangsstelle zum festsitzenden Lager. Da die Kerbwirkungszahl an der Stelle b) deutlich größer ist, reicht ein dynamischer Festigkeitsnachweis für diese Stelle. Der statische Nachweis erfolgt am Absatz, wo das größere Biegemoment auftritt. Bestimmung der Sicherheiten s. Bild 11-23.

11.17 Siehe Hinweise zur Aufgabe 11.1 und Lehrbuch Abschnitt 11.2.2-3 und 11.3.1.
Die festsitzende Achse wird schwellend auf Biegung und Schub (Einfluss vernachlässigbar) beansprucht. Die Kraft F wird über die Lager (Lagerkräfte $F_1 + F_2 = F$) auf die Achse übertragen. Ermittlung des Biegemoments aus $M = F_1 \cdot l_1 + F_2 \cdot l_2$ oder einfacher $M = F \cdot l$ mit $l \approx 25$ mm. Die Lager sind auf der Achse verschiebbar, so dass keine zusätzliche Kerbwirkung durch den festsitzenden Innenring zu erwarten ist. Bei der konstruktiven Festlegung des Achsdurchmessers ist auf die genormten Innendurchmesser der Wälzlager zu achten. Für die Festlegung der ISO-Toleranzen siehe Lehrbuch TB 2-9.
Kontrolle der Sicherheit und übliche Sicherheiten wie bei 11.16, s. auch Bild 11-23.
Die unter b) benötigte Kerbwirkungszahl β_{kb} wird nach TB 3-9a ermittelt. Da hier der Rauheitseinfluss mit $Rz = 10\,\mu\text{m}$ schon enthalten ist, wird mit einem Rauheitsfaktor $K_{O\sigma} = 1$ gerechnet (s. hierzu Bild 3-10a).

11.18 Nachweis der Sicherheit gegen Dauerbruch und übliche Sicherheiten wie bei 11.16, bei schwellend wirkender Biegebeanspruchung; Festigkeitswerte s. TB 1-1c.

11.19 Der Zapfen wird nur auf Torsion beansprucht. Die häufigen An- und Abschaltungen führen zu einer dynamischen Torsionsbeanspruchung, welche durch die einseitige Drehrichtung schwellend wirkt. Bei der Ermittlung des von der Welle zu übertragenden Drehmoments ist die Getriebeübersetzung und der Wirkungsgrad des Getriebes zu berücksichtigen. Der Zapfen-Richtdurchmesser kann nach Bild 11-21, Gl. (11.13a), Lehrbuch, berechnet werden. Die anschließende Nachprüfung des gefährdeten Querschnitts (Übergangsquerschnitt von d_1 auf d_2) kann nach Bild 11-23, Lehrbuch, durchgeführt werden.
Die höheren Festigkeitswerte der kaltgezogenen Halbzeuge gelten nur bei „unbeschädigten" Oberflächen. Im vorliegenden Fall wurde der günstige Einfluss des Kaltziehens durch das Abdrehen der Welle auf d_1 zunichte gemacht. Die Wahl der Passung erfolgt mit TB 12-2b.

11.21 Siehe LH zur Aufgabe 11.20. Angenommen wird, das durch entsprechende Wahl des Übergangsradius R von d_2 auf d_1 (bzw. d_3) die Kerbwirkung durch die Passfedernut größer ist (Nachrechnung für diese Stelle). Vereinfachend wird bei Abstand 80 mm gerechnet (größtes Biegemoment, Kerbwirkungszahlen nach TB 3-9b). Zu beachten ist das an der nachzurechnenden Stelle wirkende Kippmoment (bedingt durch die Axialkraft). Dieses führt, je nachdem, von welcher Lagerseite aus das Biegemoment berechnet wird, zu einer sprunghaften Erhöhung bzw. Abminderung des Biegemomentes.

11.22 Entsprechend der Fördergeschwindigkeit ist zunächst eine geeignete Getriebeübersetzung festzulegen.
    a) und b) Siehe LH zur Aufgabe 11.21. Maßgebend für die Wellenberechnung ist das von der Welle zu übertragende Drehmoment $T \approx 9550 \cdot P_1 \cdot i_{Getr}/n_1$. Es wird ein mittlerer Lagerabstand angenommen (M_V zwischen $1{,}17T$ und $2{,}1T$). Die Ermittlung der Dauerbruchsicherheit nach Lehrbuch, Bild 11.23, s. vergleichsweise Lehrbuch 11.4 Lehrbeispiel 11.1. Die Torsion wird schwellend wirkend angenommen (durch An- und Abschaltungen). Das maximale Anlaufmoment soll nur selten auftreten, ist damit nur für den statischen Nachweis relevant.
Der Durchmesser des Wellenrohlings ist $d \approx d_1$.
Die Kerbwirkungszahl β_{kt} wird für b) nach TB 3-9a ermittelt. Enthalten ist hier bereits eine Rauheit $Rz = 10\,\mu\text{m}$, deshalb wird bei $Rz \approx 12{,}5\,\mu\text{m}$ mit $K_{O\sigma} \approx 1$ gerechnet; s. Bild 3-10a.
    c) Nabenabmessungen s. Lehrbuch TB 12-1a, Kettenrad aus Stahlguss.
    d) Siehe Lehrbuch TB 12-2.

11.23 Siehe Lehrbuch, Abschnitt 11.3.3. Vereinfacht kann der Abstand zwischen den beiden aufgeschrumpften Zahnrädern als der auf Verdrehen beanspruchte Bereich angenommen werden.

11.24 Lösung nach Lehrbuch, Gl. (11.29), mit Durchbiegung f nach TB 11-6 (Fall Nr. 4). Belastung $F' = F_G/l$ entsteht durch Eigengewicht ($F_G = m \cdot g = \varrho \cdot V \cdot g$).

11.25 Rechnerische Ermittlung der Durchbiegung nach Lehrbuch 11.3.3-2, Gl. (11.29), mit der Durchbiegung f nach Lehrbuch TB 11-6 mit einem idealisierten Wellendurchmesser $d \approx 60$ mm.

11.26 Lösung nach Lehrbuch Gl. (11.31) mit $\omega = \pi \cdot n/30$, wobei n die jeweilige biegekritische Drehzahl der masselos gedachten Welle mit der zugehörigen Einzelmasse bzw. der Welle allein (s. hierzu Hinweise zu 11.24) ist.

11 Achsen, Wellen und Zapfen

11.27 Siehe Lehrbuch, Abschnitt 11.3.3-3. Es liegt ein Drehschwingungssystem „Welle mit zwei Massen" vor, so dass Gl. (11.34) maßgebend ist mit $c = G \cdot I_p/l$. Die Ordnungszahlen der Erregerfrequenzen bzw. der Erregerdrehzahlen hängen von der Anzahl der Zündungen pro Umdrehung ab, im vorliegenden Fall $3/2 = 1{,}5$ Zündungen/Umdrehung. Damit ergibt sich die Haupterregerordnung $1{,}5-3-4{,}5-6-7{,}5-\ldots$ und somit die kritischen Drehzahlen $n'_k = 1{,}5 \cdot n$, $3 \cdot n$, $4{,}5 \cdot n$ usw.

11.28 Siehe Lehrbuch 11.3.2-2, Rechnung mit Gln. (11.23) ... (11.27b), Abmessungen nach Bild 11-27.

12 Elemente zum Verbinden von Wellen und Naben

12.2 Lösungshinweise:
a) Zunächst ist die Passfederlänge konstruktiv festzulegen. Damit die Passfeder nicht übersteht (Verletzungsgefahr) wird nach TB 12-2a $l = 80$ mm gewählt. Die auftretende Flächenpressung in der Nabe (i. R. schwächstes Bauteil), Welle und Passfeder nach Lehrbuch 12.2.1-2, Gl. (12.1), ist der zulässigen nach TB 12-1b gegenüberzustellen. Beachte, dass die Rohteildicke über den Größeneinflussfaktor K_t nach TB 3-11a bzw. b Einfluss auf die Werkstoff-Streckgrenze hat ($R_e = R_{eN} \cdot K_t$ nach Gl. (3.7)), wobei der gleichwertige Durchmesser d nach TB 3-11e zu ermitteln ist, z. B. für die Passfeder nach der letzten Spalte.
b) Bei der Flächenpressung ist der Lastverteilungsfaktor K_λ für Naben der Form c, s. Bild 12-4 in Lehrbuch 12.2.1-1, nach TB 12-2c zu berücksichtigen, bei der zulässigen Flächenpressung der Stützfaktor f_S und der Härteeinflussfaktor f_H nach TB 12-2d.
c) Für die Wahl der ISO-Toleranzen s. Lehrbuch 2.2.3 und TB 12-2b.

12.3 Die Länge L kann durch Umstellung von Gl. (12.2), s. Lehrbuch 12.2.2-2, mit dem kleineren Wert von p_{zul} für Nabe bzw. Welle berechnet werden. Der Größeneinflussfaktor ist bei den Werkstoff-Streckgrenzen zu berücksichtigen ($R_e = R_{eN} \cdot K_t$), wobei der gleichwertige Durchmesser d nach TB 3-11e zu ermitteln ist. Bei der Keilwellenverbindung bedeuten: 6 Anzahl der „Keile", 26 und 30 Innen- und Außendurchmesser des Profils; s. TB 12-3.

12.4 Maßgebend ist das Mindestübermaß $Ü_u$; Berechnung s. Lehrbuch 12.3.1-2, Gln. (12.8)...(12.15) bzw. Bild 12-16. Bei der Fugenlänge $l_F \approx 25$ mm wird eine leichte Fase von beidseitig 0,5 mm berücksichtigt.

12.6 Die Aufgabe kann nach Lehrbuch 12.3.1-2, Bild 12-16, in folgender Reihenfolge gelöst werden: Rutschkraft F_{R1} in Längsrichtung unter Berücksichtigung der stoßartig auftretenden Belastung ermitteln – die kleinste erforderliche Fugenpressung p_{Fk} – das kleinste Haftmaß Z_k – das kleinste erforderliche Übermaß $Ü_u$. Danach die kleineren Werte der größten zulässigen Fugenpressungen von Hohlwelle bzw. Nabe p_{Fg} bestimmen – das größte Haftmaß Z_g – das größte Übermaß $Ü_o$ und daraus die Passtoleranz $P_T = Ü_o - Ü_u$. Nach Festlegung der Passtoleranz für die Bohrung Wahl der Toleranzklasse; anschließend die Abmessungen für die Welle errechnen und damit die Wellentoleranz festlegen. Bei der Fugenlänge wurde eine leichte Fase von 1 mm berücksichtigt. Bei den Werkstoffgrenzwerten ist der Einfluss des Größeneinflussfaktors zu berücksichtigen ($R_e = R_{eN} \cdot K_t$), wobei der gleichwertige Durchmesser d nach TB 3-11e zu ermitteln ist.

12.7 a) Lösungsweg wie zu Aufgabe 12.6. Aufgrund der wechselnd wirkenden Belastung auf die Kupplung (ungünstigste Belastung) wird für die Haftsicherheit der größte und für den Haftbeiwert der kleinste Wert angenommen. Für die Sicherheit gegen plastische Verformung der Nabe kann $S_{FA} = 1{,}0$ angenommen werden, da eine elastisch-plastische Verformung bei Pressverbänden zulässig ist. Das gilt nicht für Vollwellen und spröde Werkstoffe! Aufgrund der viel größeren Festigkeitswerte des Wellenwerkstoffes gegenüber der Nabe muss nur die Nabe auf zulässige Fugenpressung geprüft werden.
b) Berechnung der Fügetemperatur s. Lehrbuch 12.3.1-3, Gl. (12.22) mit α_A für Stahl aus TB 12-6b. Kontrolle der zulässigen Fügetemperatur nach TB 12-6c.

12 Elemente zum Verbinden von Wellen und Naben

12.9 Zweckmäßig ist die Berechnung des für die Verbindung erforderlichen Mindest- und des zulässigen Höchstübermaßes nach Lehrbuch 12.3.1-2, Bild 12-16 (s. auch Lösungshinweise zu Aufgabe 12.6) und der Vergleich der Werte mit dem Mindest- und Höchstübermaß der vorgegebenen Verbindung. Hinsichtlich der Gültigkeit der Berechnungsgleichungen s. Lösung zu Aufgabe 12.8. Im vorliegenden Fall kann vereinfacht der Teilkreisdurchmesser als Außendurchmesser des Außenteils (Zahnkranz) gesetzt werden. Das Innenteil (Radkranz) könnte in 3 Teilbereiche mit jeweils $D_{Ia} = D_F = 190$ mm und $D_{Ii} = 140$ mm (mit $l_F \approx 25$ mm) und 30 mm (mit $l_F \approx 10$ mm) aufgeteilt werden, s. Lehrbuch Bild 12-17. Zur Vereinfachung werden hier in a) und b) die zwei Grenzbereiche betrachtet und die Passung so gewählt, dass die Bedingungen in a) und b) erfüllt sind.

Für die Berechnung ist nur die Umfangskraft am Fugendurchmesser $F_t' = F_t \cdot 190$ mm/160 mm von Interesse, da die Radialkraft kein Verrutschen der Verbindung verursacht und die Axialkraft vom Bund des Radkörpers aufgenommen wird. (Beim Richtungswechsel des Drehsinns muss auch die Axialkraft F_a berücksichtigt werden, dann ist die resultierende Kraft aus F_t und F_a maßgebend, s. Lehrbuch, Bild 12-13).

12.11 Siehe Lehrbuch 12.3.2-2 und Beispiel 12.2.
a) Berechnung der mindestens erforderlichen Einpresskraft mit Gl. (12.29) mit mittleren Haftbeiwert für Längspressverband Gusseisen trocken nach TB 12-6a.
b) Berechnung des Mindestaufschubweges a_{min} zur Erzeugung des erforderlichen Fugendruckes und des maximal zulässigen Aufschubes a_{max} mit Gl. (12.27) und (12.28) sowie des kleinsten erforderlichen und größten zulässigen Fugendruckes mit Gl. (12.9) und (12.16). Für p_{Fg} ist der kleinere Wert von Nabe bzw. Welle zu verwenden. Bei den Werkstoff-Streckgrenzen ist der Größeneinflussfaktor zu berücksichtigen ($R_e = R_{eN} \cdot K_t$ bzw. $R_m = R_{mN} \cdot K_t$), wobei der gleichwertige Durchmesser d nach TB 3-11e zu ermitteln ist. Für die Sicherheiten, E-Module und andere Beiwerte sind die mittleren Tabellenwerte den Lösungen zugrunde gelegt.

12.12 a) Siehe Lehrbuch 12.3.3-1 unter Berechnung sowie Beispiel 12.3. Gl. (12.33) nach f_n auflösen und danach n entsprechend Legende zu Gl. (12.34) festlegen. Mit Gl. (12.35) ist zu prüfen, ob die zum Erreichen von T_{Tab} erforderliche Fugenpressung nicht die zulässigen Werte von Nabe bzw. Welle überschreitet. Für die Nabe gilt: $f_n \geq T_{eq}/T_{Tab} \cdot p_N/p_{Fg}$ mit p_N aus TB 12.9 und p_{Fg} nach Gl. (12.16). Die unterstützende Wirkung der Stegscheibe kann ggf. mit einbezogen werden. Bei der Welle wird der Querschnitt durch die Spannschrauben geschwächt. Bei überschlägig 4 Schrauben M10-10.9 zum Verspannen kann die Schwächung mit $D_{Ii} \approx 20$ mm berücksichtigt werden.
b) Spannkraft F_S' nach Gl. (12.35): $F_S' \leq p_{Fg}/p_N \cdot F_S$.

12.13 Entsprechend Gl. (12.33) muss T_{Tab} aus TB 12-9 größer als T sein ($f_n = 1$ bei einem Spannsatz). Mit Gl. (12.36) wird der erforderliche Nabendurchmesser ermittelt. Hierbei ist $C \approx 1$, $d = 0$, p_N aus TB 12-9. Analog kann auch mit Gl. (12.16) p_{Fg} überprüft werden. Auf Grund der hohen Festigkeitswerte ist eine Überprüfung der Welle nicht erforderlich.

12.14 Das in TB 12-9 bzw. Firmenkatalog enthaltene übertragbare Moment muss größer sein als das zu übertragende Moment. Mit Gl. (12.35) ist zu prüfen, ob die zum Erreichen von T_{Tab} erforderliche Fugenpressung p_W bzw. p_N aus TB 12-9 nicht die zulässigen Werte von Nabe bzw. Welle überschreitet. Berechnung der zulässigen Fugenpressung mit Gl. (12.16).

12.15 Berechnung der erforderlichen Fugenpressung nach Lehrbuch 12.3.4-2, Gl. (12.37) und maximal zulässigen Pressung nach Gl. (12.16). Bei den Werkstoff-Streckengrenzen ist der Größeneinflussfaktor zu berücksichtigen ($R_e = R_{eN} \cdot K_t$ bzw. $R_m = R_{mN} \cdot K_t$), mit dem gleichwertigen Durchmesser d nach TB 3-11e.

12.16 Berechnung der mindestens erforderlichen Klemmkraft nach Lehrbuch 12.3.4-2, Gl. (12.41). Die maximal zulässige Klemmkraft verhält sich zur erforderlichen Klemmkraft wie die Grenzwerte der Fugenpressung: $F_{Kl\,max}/F_{Kl} = p_{Fg}/p_{Fk}$. Mit Gl. (12.42) und $F_{VM} = F_{Kl}$ ergibt sich die kleinste erforderliche Fugenpressung, mit Gl. (12.16) die maximal zulässige Fugenpressung. Siehe auch Lösungshinweis zur Aufgabe 12.15.

12.17 Siehe Lösungshinweise zu Aufgabe 12.16.

13 Kupplungen und Bremsen

13.1 Für aus einfachen Teilkörpern zusammengesetzte Werkstücke, wie diese mehrfach abgesetzte Spindel, erhält man das Trägheitsmoment J des ganzen Körpers als Summe der auf dieselbe Achse bezogenen Trägheitsmomente J_1, J_2 usw. der Teilkörper,

also $J = J_1 + J_2 + J_3 + J_4 + J_5$.

Da die Welle gegenüber dem Schleifkörper ein kleines Trägheitsmoment hat ($J \sim d^2$), wäre eine aufwändige „genaue" Berechnung desselben ohne praktischen Wert. Es können deshalb folgende Vereinfachungen getroffen werden:

1. Die mit der Welle umlaufenden Wälzlagerinnenringe, Zwischenringe, Labyrinthringe und Nutmuttern werden bei der Berechnung der Teilkörper 2 und 4 durch Annahme eines größeren Außendurchmessers ≙ Ringdurchmesser berücksichtigt.
2. Die Gewindezapfen und Muttern an den Spindelenden werden bei den kegelstumpfförmigen Teilkörpern 1 und 5 berücksichtigt, indem man diese als Zylinder mit dem großen Durchmesser berechnet.

Das Trägheitsmoment der Baugruppe ergibt sich durch Addition der Einzelträgheitsmomente von Spindel, Schleifkörper und Keilriemenscheibe.
Schnell und bequem kann gerechnet werden, wenn man Teilkörper gleichen Durchmessers zusammenfasst (z. B. Teilkörper 1 und 5 zu ⌀ 85 × 240) und für die Berechnung der Massen Tabellen („Metergewichte") benutzt. Für alle Stahlarten gilt $\varrho = 7850$ kg/m³.
Siehe auch Lehrbuch 13.2.2.

13.2 Das Zahnrad besteht aus 4 einfachen Teilkörpern. Für die Hohlzylinder (Nabe, Scheibe und Kranz) gilt mit $m = \rho\pi(r_a^2 - r_i^2)b$ für das Trägheitsmoment $J = 0{,}5\,m\,(r_a^2 + r_i^2) = m\,(d_a^2 + d_i^2)/8$ und für die im Schwerpunktsabstand e von der Drehachse sitzenden Rippen (Quader) wird mit $m = \rho btl$ nach dem Verschiebesatz (Satz von Steiner) $J = m(l^2 + t^2)/12 + me^2$.
Die auf die Radachse bezogenen Einzelträgheitsmomente können nun zum Gesamtträgheitsmoment zusammengefasst werden. Siehe auch Lehrbuch 13.2.2 und Lösungshinweis zur Aufgabe 13.1.

13.3 Das auf die Kupplungswelle (Motorwelle) reduzierte Trägheitsmoment der Arbeitsmaschine (Tischantrieb) wird nach Lehrbuch 13.2.2, Gl. (13.4)

$$J_{\text{red}} = J_0 + J_1\left(\frac{\omega_1}{\omega_0}\right)^2 + J_2\left(\frac{\omega_2}{\omega_0}\right)^2 + m\left(\frac{v}{\omega_0}\right)^2$$

und, da z. B. $J_{\text{red}\,1} = J_1\left(\frac{\omega_1}{\omega_0}\right)^2 = J_1\left(\frac{n_1}{n_0}\right)^2 = \frac{J_1}{i_{01}^2}$ hier zweckmäßigerweise

$$J_{\text{red}} = J_0 + \frac{J_1}{i_{01}^2} + \frac{J_2}{i_{02}^2} + m\left(\frac{v}{\omega_0}\right)^2, \quad \text{mit } i_{02} = i_1 \cdot i_2\,.$$

13.4 a) Die Auslegung der Kupplung erfolgt hinreichend genau nach der Baugröße des Drehstrommotors, Zuordnung s. Kupplungskataloge oder Lehrbuch 13.2.5-1 und TB 16-21.
b) Beachte Abmessungen und Verbindungsmöglichkeiten von Wellenende und Nabe. Hauptmaße und Auslegungsdaten der Kupplungen s. Lehrbuch, TB 13-3 und TB 13-4.

13.5 Um die Schwingungen des Dieselmotors zu dämpfen und um montagebedingte Wellenverlagerungen auszugleichen, sollte eine nachgiebige Kupplung (Ausgleichskupplung) gewählt werden. Die systematische Auswahl erfolgt nach Lehrbuch Bild 13-3 bzw. Bild 13-58. Die Kupplungsgröße wird mithilfe des Anwendungsfaktors nach Lehrbuch 13.2.5-2 und TB 3-5b bestimmt. In derartigen Antrieben mit periodischer Drehmomentschwankung kann die Anlage zu Drehschwingungen angeregt werden, welche zur Zerstörung der Antriebselemente führen können. Der überschlägigen Auslegung muss noch eine Schwingungsberechnung folgen, vgl. Lehrbuch 13.2.4-4 und 13.2.5-3.3

13.6 a) Zum Ausgleich der unvermeidbaren Wellenverlagerungen ist eine Ausgleichskupplung zu wählen. Die systematische Auswahl erfolgt nach Lehrbuch Bild 13-3a. Nach den Anhaltswerten zur Kupplungsauswahl (Lehrbuch Bild 13-58) kann nun eine marktgängige Bauart festgelegt werden. Hauptmaße und Auslegungsdaten s. Lehrbuch TB 13-2 bis TB 13-5 bzw. Kupplungskataloge.
b) Da keine genauen Betriebsdaten (z. B. Lastdrehmoment, Trägheitsmomente) bekannt sind, muss die Kupplungsgröße mithilfe von Anwendungsfaktoren bestimmt werden, s. Lehrbuch 13.2.5-2 mit TB 3-5b.
Abschließend ist zu prüfen, ob die Nabenbohrungen der gewählten Kupplung zu den Wellenzapfen passen.
Im Übrigen sei auf Berechnungsbeispiel 13.1 im Lehrbuch verwiesen.

13.8 a) Systematische Auswahl nach Lehrbuch Bild 13-3 und Bild 13-58. Da es sich um einen gleichförmigen Antrieb ohne Schwingungserregung handelt und eine Bauweise mit Zwischenhülse vorgeschrieben ist, wird zweckmäßigerweise eine biegenachgiebige Ganzmetallkupplung (TB 13-2) gewählt. Sie ist wartungsfrei und ermöglicht kleinste Bauabmessungen.
b) Die Baugröße wird nach der ungünstigsten Lastart (DIN 740 T2) über fiktive Drehmomente nach Gl. (13.12) bestimmt, s. Lehrbuch 13.2.5-3. Der Temperaturfaktor ist $S_t = 1$, da keine gummielastischen Teile. Danach ist zu prüfen, ob die Nabe der ermittelten Kupplungsgröße auch auf das Wellenende des Drehstrommotors passt. Falls nein Kupplungsgröße nach erforderlicher Nabengröße ($d_{1\,max} \geq d_{Welle}$) wählen. Die Daten des Drehstrommotors sind aus TB 16-21 oder aus Motorkatalogen, die der Kupplung aus TB 13-2 zu entnehmen. Die gewählte Baugröße ist auf Belastung durch antriebsseitige Drehmomentstöße nach Gl. (13.13a) zu prüfen, die durch das Kippdrehmoment des Drehstrommotor ($T_{AS} = T_{ki}$) verursacht werden, s. Lehrbuch 13.2.4-2. Lastseitige Stöße und Wechseldrehmomente treten nicht auf. Bei der Berechnung der Trägheitsmomente ist jeweils das halbe Kupplungsmoment der Antriebs- und Lastseite zuzurechnen. Der Stoßfaktor wird mit $S_A = 1{,}8$ angenommen, S_z aus TB 13-8b ermittelt.
c) Die Nachprüfung auf zulässige Verlagerung ist nach Gl. (13.16), die Ermittlung der Rückstellkraft nach Gl. (13.17) vorzunehmen mit S_f aus TB 13-8c für $\omega = 2\pi \cdot n_N$.

13.9 Für gleichförmige Antriebe mit antriebsseitigem Drehmomentstoß durch das Kippdrehmoment des Drehstrommotors eignen sich gummielastische Kupplungen mittlerer Elastizität, z. B. Hadeflex-Kupplung XW1 (s. Lehrbuch 13.3.2-2.2, Kupplungsdaten s. TB 13-4).
Auswahl der Baugröße und Nachrechnung s. Lösungshinweise zur Aufgabe 13.8. Näherungsweise wird hier das Nenndrehmoment der Lastseite T_{LN} gleich dem Nenndrehmoment des Drehstrommotors gesetzt. Temperaturfaktor für Vulkollan s. Anmerkung zu TB 13-8b.

13 Kupplungen und Bremsen

13.10 a) Da bei Antrieben mit Drehstrommotoren antriebsseitige Drehmomentstöße auftreten, sollte eine genaue Nachprüfung der Kupplungsbeanspruchung nach der ungünstigsten Lastart (DIN 740 T2) mit Gl. (13.13a) erfolgen, s. Lehrbuch 13.2.5-3.2.
Die Laufkatze mit angehängter Last ist als mit der Fahrgeschwindigkeit geradlinig bewegte Masse zu betrachten und durch ein gleichwertiges Trägheitsmoment an der Kupplungswelle zu berücksichtigen, s. Lehrbuch 13.2.2, Gl. (13.4).

b) Bei gleichmäßig beschleunigter Drehbewegung aus dem Stillstand gilt nach Lehrbuch 13.2.2 für die Anfahrzeit: $t_a = J\omega/T_a$ mit $\omega = \omega_0$, $J = J_A + J_L$ und $T_a = T_{an} - T_L$.
Die Wirkung des Auspendelns der freihängenden Last bleibt unberücksichtigt.

c) Für die gleichmäßig beschleunigte, geradlinige Bewegung aus dem Stillstand gilt einfach: $s = v \cdot t/2$.

13.11 a) Aus Gl. (13.3) ergibt sich die Winkelbeschleunigung für Anfahren ohne Last ($T_L = 0$) zu $\alpha = T_a/J \approx T_{am}/J_A$, s. Lehrbuch Bild 13.6.
Mit dem Drehspiel $\varphi_s = \omega \cdot t_a/2$ in rad und $\alpha = \omega/t_a$ bei gleichmäßiger Beschleunigung folgt die Winkelgeschwindigkeit am Ende des freien Weges zu $\omega = \sqrt{2\alpha\varphi_s}$.
Das Eigenträgheitsmoment der Kupplung ist sehr gering und wird deshalb vernachlässigt.

b) Ein Geschwindigkeitsstoß entsteht, wenn die Winkelgeschwindigkeit der zu kuppelnden Wellen unterschiedlich groß ist, vgl. Lehrbuch 13.2.4-3.
Mit der Differenz der Winkelgeschwindigkeiten der beiden Wellen $\Delta\omega$, den Trägheitsmomenten der Antriebs- und der Lastseite J_A und J_L und der Drehfedersteife C_{Tdyn} erfahren elastische Kupplungen beim Geschwindigkeitsstoß eine Belastung von:

$$T_{KS} = \Delta\omega \sqrt{C_{Tdyn} \frac{J_A \cdot J_L}{J_A + J_L}}.$$

Das Stoßmoment ist umso geringer, je kleiner die Drehfedersteife ist. Kupplungen mit kleiner Drehfedersteife, also hochelastische Kupplungen, dämpfen Geschwindigkeitsstöße deshalb sehr wirksam!

13.12 a) Für stark ungleichförmige Antriebe mit periodischer Drehmomentschwankung muss eine gummielastische Kupplung hoher Elastizität gewählt werden, z. B. eine hochelastische Wulstkupplung, s. Lehrbuch 13.2.2-2.3 und Bild 13-58, sowie Berechnungsbeispiel 13.4.

b) Die Baugröße wird nach der ungünstigsten Lastart (DIN 740 T2) nach Gl. (13.12) bestimmt mit $T_{LN} = T_N$, s. Lehrbuch 13.2.5-3. Die gewählte Baugröße ist auf Belastung durch antriebsseitige Wechseldrehmomente nach Gl. (13.14a) und (13.15a) nachzurechnen. Es treten keine Stoßdrehmomente auf. Davor ist zu prüfen, ob die kritische Kreisfrequenz außerhalb des Betriebs-Kreisfrequenz-Bereiches (möglichst $\omega/\omega_k > \sqrt{2}$) liegt. Das Eigenträgheitsmoment der Kupplung ist vernachlässigbar klein. Kupplungsdaten s. TB 13-5.

13.13 Es handelt sich um die Auslegung einer nachgiebigen Kupplung bei periodischem Wechseldrehmoment. Eine zutreffende Berechnung ist nur nach der ungünstigsten Lastart möglich (DIN 740 T2), s. Lehrbuch 13.2.5-3. Das Trägheitsmoment der Kupplung wird berücksichtigt, indem es je zur Hälfte zu J_A und J_L addiert wird. Im Übrigen s. Lösungshinweis zur Aufgabe 13.12 und Berechnungsbeispiel 13.4 im Lehrbuch.

13.15 Beim Schalten der Kupplung zieht die Spule des dauernd umlaufenden Spulenkörpers die stillstehende (bisher gebremste) Ankerscheibe an. Über Reibring und Reibbelag beginnt die Antriebsseite die Lastseite mit der Differenz zwischen dem schaltbaren Drehmoment der Kupplung und dem Lastdrehmoment zu beschleunigen: $T_a = T_{KNs} - T_L$. Während der Rutschzeit gleiten die aufeinander gepressten Reibungsflächen mit der Differenz der Winkelgeschwindigkeiten $\omega_A - \omega_L$ aufeinander und erwärmen sich, s. Lehrbuch 13.2.6-1, Anlaufvorgang.

Bei schwerem Schaltbetrieb (Dauerschaltung) müssen die Kupplungen nach der Schaltarbeit (Erwärmung) ausgelegt werden: Über die auftretende Rutschzeit t_R nach Gl. (13.19) lässt sich die anfallende Schaltarbeit mit Gl. (13.20) bestimmen, welche mit der zulässigen Schaltarbeit zu vergleichen ist, s. Lehrbuch 13.2.6-3.

13.16 Für die Bestimmung der Kupplungsgröße sind hier die geforderte Beschleunigungszeit (Rutschzeit unter Vernachlässigung des Ansprechverzugs) und wegen der hohen Schaltzahl (Dauerschaltung) auch die zulässige Erwärmung maßgebend, s. Lehrbuch 13.2.6-3. Um das erforderliche schaltbare Drehmoment mit Gl. (13.18) und damit die Kupplungsgröße aus TB 13-7 bestimmen zu können, müssen zuerst das Trägheitsmoment der Lastseite und das Lastdrehmoment, beide bezogen auf die Kupplungswelle, berechnet werden. Für das Trägheitsmoment der Lastseite braucht hier nur die geradlinig bewegte Wagenmasse berücksichtigt zu werden (s. Lehrbuch 13.2.2), die Trägheitsmomente der Kupplung und des Getriebes sind dagegen verschwindend klein. Das Lastdrehmoment an der Kupplungswelle kann, unter Vernachlässigung des Wirkungsgrades, aus dem Fahrwiderstand des Wagens (Kettenzugkraft), dem halben Durchmesser des Kettenrades und der Übersetzung des Getriebes bestimmt werden: $T_L = F_w \cdot d_K / (2 \cdot i)$.

Nach der Wahl der Kupplungsgröße kann die bei einmaliger Schaltung (Gl. (13.20)) und die pro Stunde anfallende Schaltarbeit (Gl. (13.21)) bestimmt und mit den zulässigen Werten verglichen werden. Die Berechnung wird zweckmäßigerweise für Vor- und Rücklauf getrennt vorgenommen.

13.17 a) und b) Vergleiche die Drehmoment-Drehzahl-Kennlinien von Antriebsmaschinen und Anlaufkupplungen (Lehrbuch 13.4.3). Beachte, dass Verbrennungsmotoren erst oberhalb ihrer Leerlaufdrehzahl ein Drehmoment abgeben können, also lastfrei anlaufen müssen, um nicht abgewürgt zu werden.

c) und d) Die üblichen Fliehkörperkupplungen mit Rückholfedern (s. Lehrbuch 13.4.3) übertragen erst dann ein Drehmoment, wenn die Einschaltdrehzahl überschritten wird. Durch Verändern der Anzahl und Vorspannung der Federn können Einschaltdrehzahl und schaltbares Drehmoment meist stufenweise eingestellt werden.

Das schaltbare Drehmoment der Kupplung wächst oberhalb der Einschaltdrehzahl mit dem Quadrat der Drehzahl an und erreicht bei der Nenndrehzahl das Nenndrehmoment. Während des Anlaufvorgangs beschleunigt die bereits mit der Nenndrehzahl laufende Antriebsmaschine die Lastseite aus dem Stillstand mit dem Beschleunigungsdrehmoment $T_a = T_{Ks} - T_L$, s. Lehrbuch 13.2.6-1.

Die Fliehkraftkupplung kann also als schaltbare Reibkupplung mit der Rutschzeit nach Gl. (13.19) und der Schaltarbeit nach Gl. (13.20) berechnet werden, s. Lehrbuch 13.2.6-3.

13 Kupplungen und Bremsen

13.18 a) und b) Siehe Lösungshinweis zur Aufgabe 13.17c) und d) und Lehrbuch 13.2.6-3. Die im Verhältnis zu den umlaufenden Massen der Zentrifuge verschwindend kleinen Eigenträgheitsmomente des lastseitigen Kupplungsteiles und des Riementriebs dürfen ebenso vernachlässigt werden wie das Lastdrehmoment der Zentrifuge. Wegen der eingebauten Riemenübersetzung ins Schnelle muss das Trägheitsmoment der Zentrifuge J_z auf die Kupplungs-(Motor-)Welle reduziert werden: $J_{red} = J_z \left(\dfrac{\omega_z}{\omega_0}\right)^2 = J_z/i^2$. Die angegebene zulässige Schaltarbeit gilt bei freiliegendem Kupplungsmantel (Wärmeabfuhr!). Wenn die Riemen unmittelbar auf dem Kupplungsmantel laufen, gelten nur die halben Werte.

c) Bei fehlendem Lastdrehmoment und Beschleunigung der Arbeitsmaschine aus dem Stillstand ($\omega_{L0} = 0$) wird das notwendige Beschleunigungsdrehmoment $T_a = 2{,}2 \cdot T_N = J_L \cdot \omega_A/t_R$. Aus $P_N = T_N \cdot \omega_A$ lässt sich dann die Nennleistung des Motors bestimmen. Während des Anlaufs nimmt der Motor dabei den 7-fachen Nennstrom auf. Vergleiche anhand einer Preisliste die Kosten der mit und ohne Anlaufkupplung erforderlichen Drehstrommotoren!

13.19 Berechnung als schaltbare Reibkupplung nach Lehrbuch 13.2.6-3 mit der Rutschzeit nach Gl. (13.19) und der Schaltarbeit nach Gl. (13.20).

13.20 a) Werden zwei unter dem Ablenkungswinkel α zueinander geneigte Wellen (1) und (3) durch ein Kreuzgelenk (2) verbunden, so wird der Drehwinkel φ_2 der getriebenen Welle mit jeder Viertelumdrehung abwechselnd größer oder kleiner als der Drehwinkel φ_1 der treibenden Welle (Kardanfehler). Es gilt: $\tan \varphi_2 = \tan \varphi_1/\cos \alpha$.

b) Die Drehzahl (Winkelgeschwindigkeit) der Abtriebswelle verläuft sinusförmig. Sie ist abhängig vom Ablenkungswinkel α und bewegt sich zwischen den Grenzwerten $n_{2\,max} = n_1/\cos \alpha$ bzw. $n_{2\,min} = n_1 \cdot \cos \alpha$.

c) Das Drehmoment der Antriebswelle (3) schwankt zwischen den Grenzwerten $T_{2\,max} = T_1/\cos \alpha$ bzw. $T_{2\,min} = T_1 \cdot \cos \alpha$, s. auch Lehrbuch 13.3.2-1 „Gelenke und Gelenkwellen".

13.21 a) und b) Siehe Lösungshinweis zur Aufgabe 13.20.

c) Durch die Umlenkung des Drehmomentes T entstehen in den Gelenken Momentenkomponenten, welche die Wellen (1) und (3) auf Wechselbiegung beanspruchen und Lagerkräfte hervorrufen. Diese leistungslosen Biegemomente M ändern sich periodisch und erreichen den Größtwert $M = T \cdot \tan \alpha$.

d) Die Auflagerkräfte betragen $F_A = F_B = M/a$, s. auch Lehrbuch 13.3.2-1 „Gelenke und Gelenkwellen".

14 Wälzlager

14.2 C_{erf} mit Gl. (14.5a) nach Lehrbuch 14.3.2-2 durch Umstellung nach C berechnen und hierin $P = F_r$ setzen, mit $X = 1$ nach TB 14-3a. Aus TB 14-2 bzw. Katalog Lager mit $C \geq C_{erf}$ auswählen, Hauptabmessungen aus TB 14-1 entnehmen (Maßreihen s. Lehrbuch 14.1.4-5).

14.3 Siehe Lösungshinweise zu Aufgabe 14.2. C_{erf} mit Gl. (14.1) nach Lehrbuch 14.2.6 berechnen.

14.4 Zur Lagerung der Welle eignen sich Stehlagergehäuse (s. Lehrbuch 14.5-1, Bild 14-45) mit Pendelkugel- oder Pendelrollenlagern (aufgrund der großen Durchbiegung) auf Spannhülsen (zur axialen Befestigung).
Zur Auswahl der Lagergröße zunächst C_{erf} (für Pendelkugellager) mit Gl. (14.1) bestimmen. Hierzu aus TB 14-7 $L_{10h} = 7800\ldots21\,000$ h für Förderbandrollen, allgemein wählen und $P = F_r = F/2$ nach Bild einsetzen. Aus TB 14-2 oder Katalog Lager mit $C > C_{erf}$ auswählen.
Beachte, dass bei Lagern mit Spannhülsen der Lagerdurchmesser d zuerst aus TB 14-1d (Spannhülsen) zu bestimmen ist.

14.5 a) Für die Berechnung von P nach Gl. (14.6) ist zuerst X und Y aus TB 14-3a zu bestimmen. Mit $F_a/F_r = 0{,}2 < e = 0{,}33\ldots 0{,}36$ (Werte von e und Y_1 aus TB 14-2) ist $X = 1$ und $Y_1 = 1{,}86\ldots 2{,}07$. Zunächst wird $Y = Y_1 = 2{,}0$ geschätzt und hiermit P und C_{erf} nach Gl. (14.1) berechnet. Mit C_{erf} kann die geeignete Lagergröße und damit d aus TB 14-2 bzw. Katalog bestimmt werden.
b) Die wirkliche Lebensdauer L_{10h} mit Gl. (14.5) berechnen, hierbei für P die Werte X und Y aus TB 14-2 entnehmen.

14.7 a) Berechnung von L_{10} nach Lehrbuch 14.3.2-2 Gl. (14.5a). Für nur radial beanspruchte Lager ($F_a = 0$) ist $P = F_r$ ($X = 1$ nach TB 14-3a). C aus TB 14-2 bzw. Katalog entnehmen.
b) Gl. (14.5a) nach P umstellen und $P = F_{r\,zul}$ setzen.

14.8 Siehe Lösungshinweise zu Aufgabe 14.7. Bei c) Gl. (14.5a) nach n umstellen.

14.9 a) Siehe Lösungshinweis zu Aufgabe 14.7. Hierzu das Zylinderrollenlager mit Bohrungskennzahl 10 und annähernd der dynamischen Tragzahl des Kugellagers aus den Maßreihen 10, 02, 03, 22 bzw. 23 auswählen.
b) C für Zylinderrollenlager NU, Bohrungskennzahl 10 und Maßreihe 03 verwenden. Lagerabmessungen aus TB 14-1a bzw. Katalog entnehmen.

14.10 Siehe Lösung zu Aufgabe 14.6. Festlager s. Lehrbuch 14.2.1. Es ist zu prüfen, ob die errechnete Lebensdauer im Bereich der Tabellenwerte von TB 14-7 liegt.

14.11 Für Lager aus TB 14-2 bzw. Katalog Tragzahl C entnehmen und danach P entsprechend Lehrbuch 14.3.2-3 Gl. (14.6) mit X und Y aus TB 14-3a bestimmen. L_{10h} mit Gl. (14.5) berechnen und prüfen, ob der Wert im Bereich der Tabellenwerte von TB 14-7 liegt. Beachte Anmerkung 1) zu TB 14-2: Lager der Reihe 32 haben bis Kennzahl 16 den Zusatzbuchstaben B.

14.12 L_{10h} mit Gl. (14.5) berechnen. Hierbei für P die Werte X und Y aus TB 14-3a mit $F_a/F_r = 0{,}1 < e = 0{,}34$ (e und Y für gegebenes Lager aus TB 14-2) und n aus $v = \pi \cdot d \cdot n$ bestimmen. L_{10h} mit den Richtwerten aus TB 14-7, Nr. 13 vergleichen.

14 Wälzlager

14.13 a) Bezeichnung und Abmessungen aus TB 14-2 und TB 14-1 bzw. Katalog
b) L_{10h} nach Gl. (14.5) berechnen mit $P = F_r = F$ und C aus TB 14-2 bzw. Katalog. Vergleich mit Richtwert aus TB 14-7, Nr. 19.

14.14 a) Berechnung der Lebensdauer für Rillenkugellager s. Lösung zu Aufgabe 14.6. Da die geforderte Lebensdauer nicht erreicht wird andere Kugellager in TB 14-2 auswählen, die möglichst größere dynamische Tragzahl C haben. In Frage kommen zweireihige Schrägkugellager DIN 628, paarweise Schrägkugellager DIN 628 in X- bzw. O-Anordnung (vgl. Lehrbuch Bild 14-23) oder Vierpunktlager; letztere nur bedingt, da bei $F_a < 1{,}2 F_r$ die Reibung im Lager zu hoch ansteigen kann.
b) Rillenkugellager bzw. Schrägkugellager, zweireihig, aus TB 14-2 auswählen mit gleicher Durchmesserreihe (gleichem Außendurchmesser) wie bei Lager A.
c) Zunächst ist zu prüfen, welcher Lagerring Punkt- und Umfangslast hat, s. Lehrbuch 14.2.3-1, danach Wahl der Toleranzklasse nach TB 14-8 bzw. Katalog. Abmessungen nach TB 14-1a und TB 14-9a.

14.16 a) Für Maßreihe MR02 bzw. Durchmesserreihe DR2 Abmessungen aus TB 14-1a entnehmen; Paarungsbreite $2 \times B$.
b) Lebensdauer nach Gl. (14.5) berechnen. Hierbei für P die Werte X und Y aus TB 14-3a bestimmen und $C = 1{,}625 \cdot C_{\text{Einzel}}$ für Lagerpaar entsprechend Fußnote zu TB 14-2 setzen. C_{Einzel} aus TB 14-2 bzw. Katalog. Vergleich mit Richtwert aus TB 14-7, Nr. 7.
c) DR2 ergibt Reihe 32B, s. TB 14-2 Fußnote, Lebensdauer wie bei b) prüfen.

14.17 a) Es gilt: $F_{r1} \cdot 420 + F_K \cdot 200 - F_W \cdot 210 - (F_V + F_U) \cdot 660 = 0$ bzw.
$F_{r2} \cdot 420 + F_K \cdot 620 + F_W \cdot 210 - (F_V + F_U) \cdot 240 = 0$
b) Berechnung von P_1 und P_2 mit Gl. (14.6) und TB 14-3a, der Lebensdauer L_{10h1} und L_{10h2} mit Gl. (14.5). Hierbei C_1 für das Zylinderrollenlager und C_{Einzel} mit $C_2 = 1{,}625 \cdot C_{\text{Einzel}}$ für das Schrägkugellagerpaar aus TB 14-2 bzw. Katalog nehmen. Vergleich mit Richtwerten aus TB 14-7, Nr. 20.

14.19 Siehe Lösung zur Aufgabe 14.18. Da $F_a = 0$ ist entsprechend Lehrbuch Bild 14-36 $F_{aII} = 0{,}5\, F_{rI}/Y_I$ (Zeile 3).

14.20 Nach Lehrbuch 14.3.2-4 Gl. (14.8) die mittlere Drehzahl n_m und Gl. (14.7) P berechnen mit Wirkungsdauer $q_n = t_n/t \cdot 100$ in % und $p = 10/3$. Danach C_{erf} mit Gl. (14.1) ermitteln und Lager aus TB 14-2 oder Katalog mit $C \geq C_{\text{erf}}$ auswählen. Abmessungen aus TB 14-1 oder Katalog. L_{10h} mit Gl. (14.5) berechnen.

14.21 a) F_{a1}, F_{a2} aus 0,2 kN/kW
b) P wie bei Aufgabe 14.20 ermitteln, wobei $P_1 = X \cdot F_{r1} + Y \cdot F_{a1}$ und $P_2 = X \cdot F_{r2} + Y \cdot F_{a2}$ nach Gl. (14.6) sind mit $F_{r1} = F_{r2} \approx 0$; Y aus TB 14-2 (s. Fußnote) bzw. Katalog für $F_a/F_r > e$, da F_r sehr klein.
c) L_{10h} mit Gl. (14.5) ermitteln für n_m nach Gl. (14.8) und C aus TB 14-2.

14.23 Berechnung der modifizierten Lebensdauer L_{nmh} nach Lehrbuch 14.3.4 Gl. (14.11). Zunächst Verunreinigungsbeiwert e_c (für typische Verunreinigungen durch Abrieb von anderen Maschinenelementen) aus TB 14-11 (Mittelwert gewählt) und Viskositätsverhältnis $\varkappa$ aus TB 14-10 sowie C_u aus TB 14-2 für das entsprechende Lager bestimmen. Danach Lebensdauerbeiwert a_{ISO} aus TB 14-12 ablesen und Faktor a_1 aus Tabelle unter Gl. (14.11) entnehmen. Vgl. auch Lösung zu Aufgabe 14.22.

14.24 a) Siehe Lehrbuch 14.2.1 Festlager, Loslager und Verwendung der Lager in Lehrbuch 14.1.4-3 und 14.2.2.
b) Siehe Lehrbuch 11.2.2-2 zu Bild 11-20; Ermittlung der Lagerkräfte zweckmäßig in senkrecht aufeinanderstehenden Ebenen (Horizontalebene x, Vertikalebene y). Wirksame Kräfte (schematisch) ergeben resultierende Lagerkräfte $F_{Ar} = \sqrt{F_{Ax}^2 + F_{Ay}^2}$ bzw. $F'_{Ar} = \sqrt{F'^2_{Ax} + F^2_{Ay}}$ und $F_{Br} = \sqrt{F_{Bx}^2 + F_{By}^2}$ bzw. $F'_{Br} = \sqrt{F'^2_{Bx} + F^2_{By}}$; maßgebend größte Lagerkräfte $F_{Ar} \triangleq F_r$ mit F_a und $F'_{Br} \triangleq F_r$ für Lagerstelle A und B, s. Skizze.

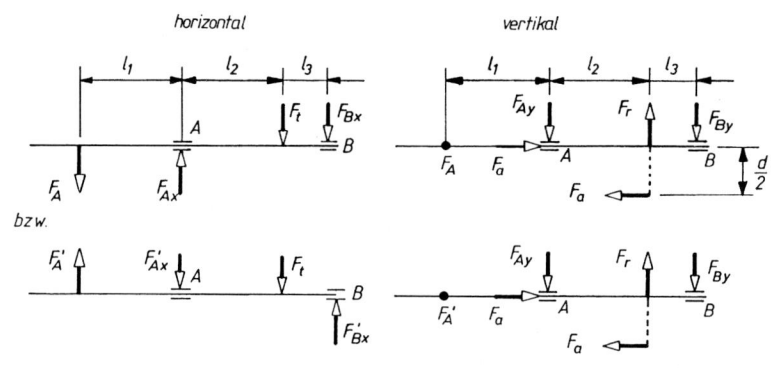

c) Zunächst Berechnung von P mit Gl. (14.6) und TB 14-3a, Werte aus TB 14-2. Danach Berechnung von L_{10h} mit Gl. (14.5), Richtwert für L_{10h} aus TB 14-7.
d) Berechnung der erreichbaren (modifizierten) Lebensdauer mit Gl. (14.11), Lehrbuch 14.3.4. Vorgehensweise s. Lösung zu Aufgabe 14.22 und Lösungshinweise zu Aufgabe 14.23. Beiwert $e_c = 0{,}5$ wählen.
e) Hauptabmessungen TB 14-1a, Anschlussmaße s. Lehrbuch 14.2.3-2 und TB 14-9. Für Toleranzen zunächst prüfen, welcher Lagerring Punkt- und Umfangslast hat, s. Lehrbuch 14.2.3-1, danach Wahl der Toleranzklasse nach TB 14-8 bzw. Katalog.

14.25 Die Wagen dienen zum Beschicken von Tunnelöfen, z. B. beim Glühen von Teilen; ihre Fahrgeschwindigkeit und damit die Achsendrehzahl ist gering (0,1 ... 1 m/h im Ofen, außerhalb bis Schrittgeschwindigkeit), d. h. maßgebend ist die statische Tragfähigkeit, s. Lehrbuch 14.3.1. Zuerst C_0 bestimmen mit Gl. (14.2). Bei Berücksichtigung eines Temperaturfaktors f_T (s. Lehrbuch 14.3.3) wird $C_{0\,erf} \geq P_0 \cdot S_0 / f_T$ mit $P_0 = F_{r0} = F/2$ je Lager und $F = 9{,}81 \cdot m$; $S_0 = 1$ für normale Betriebsweise und normale Anforderungen an die Laufruhe bei diesen Radlagern.

14.26 Für die Lagerkräfte gilt: $F_{Ar} \cdot 30 = F \cdot 60$ und $F_{Ar} = F_{Br} = F_{r0}$; $F_a = F = F_{a0}$ wird an Lagerstelle A aufgenommen. Berechnung von S_0 nach Gl. (14.3) mit P_0 nach Gl. (14.4) und TB 14-3b, C_0 aus TB 14-2, $S_0 = 1$ für gering stoßbelasteten Betrieb bei nicht umlaufenden Kugellagern.

15 Gleitlager

15.1 Siehe TB 15-9; beachte 1 Ns/m² = 1 Pa s und 1 mPa s = 10^{-3} Pa s; vgl. Lehrbuch 15.1.4, Schmierstoffeinflüsse, $\eta = \varrho \cdot \nu$ mit η nach Gl. (15.2).

15.2 a) Siehe Gl. (15.1),
b) Siehe Lehrbuch 15.1.4, η nach Gl. (15.2), $\eta = \varrho \cdot \nu$, mit SI-Einheiten Pa s (Ns/m²) der dyn. Viskosität, kg/m³ der Dichte und m²/s der kinematischen Viskosität. Praktische Zahlenwertgleichung: $\eta = \varrho \cdot \nu$, wobei η in mPa s und ν in mm²/s.

15.3 Ermittle mit $p_L \leq p_{L\,zul}$ nach Gl. (15.4), η_{eff} bei ϑ_{eff} für ISO VG 46 aus TB 15-9, ω_{eff} bzw. u_W und $\psi_B = s/d_L \cdot 10^{-3}$ die Sommerfeldzahl So nach Gl. (15.9), womit $\varepsilon = f(So, b/d_L)$, aus TB 15-13b angenähert bestimmt ist. Danach ist $h_0 \geq h_{0\,zul}$ nach Gl. (15.8) zu errechnen und mit dem Wert aus TB 15-16 zu vergleichen. Die Beurteilung erfolgt nach Lehrbuch 15.4.1-1c.

15.4 a) Ermittle mit $p_L \leq p_{L\,zul}$ nach Gl. (15.4), η_{eff} bei $\vartheta_{eff} = \vartheta_m$ für ISO VG 220 aus TB 15-9, ω_{eff} sowie $\psi_B = s/d_L \cdot 10^{-3}$ und die Sommerfeldzahl So nach Gl. (15.9), womit $\varepsilon = f(So, b/d_L)$, aus TB 15-13b angenähert ablesbar ist. Danach errechne h_0 nach Gl. (15.8) und vergleiche $h_0 \geq h_{0\,zul}$ aus TB 15-16; s. auch Lehrbuch 15.4.1-4, Berechnungsgang c.
b) Siehe Lehrbuch 15.3.2 unter „Hinweis" zur Übergangsdrehzahl $n'_{ü}$ mit TB 15-9 für η_{eff} in mPa s.

15.5 a) Nach TB 15-3 ist bei Bauform lang $b_1/d_1 \cong b/d_L = 1$. Aus nach $d_L = \sqrt{F/p_{L\,zul}}$ umgestellter Gl. (15.4) mit $p_{L\,zul} = 5$ N/mm² (s. TB 15-7) d_L berechnen und nach TB 15-3 so wählen, dass $p = F/(b \cdot d_2) \leq p_{zul}$ für Bauform kurz erfüllt ist. Normbezeichnung s. Beispiel in TB 15-3.
b) Siehe TB 2-11;
c) Siehe Lehrbuch 15.4.1-1a, relatives Lagerspiel nach Kleindruck „Hinweis", Abmaße für Passung aus TB 2-4; α_W aus TB 12-6b, α_L aus TB 15-6; desgl. gilt für relatives Einbau-Lagerspiel $\psi_E = (s_{E\,max} + s_{E\,min})/(2 \cdot d_L)$ und relative Spieländerung $\Delta\psi = (\alpha_L - \alpha_W) \cdot (\vartheta_{eff} - 20\,°C)$, so dass das mittlere relative Betriebslagerspiel $\psi_B = \psi_E + \Delta\psi$ wird.

15.6 a) Siehe Lehrbuch 15.4.1-1a, unter „Hinweis": $\psi_E = (s_{E\,max} + s_{E\,min})/(2 \cdot d_L)$ Abmaße für Passung aus TB 2-1 bis 2-3,
b) Siehe a); Betriebsspiel aus $\psi_B = \psi_E + \Delta\psi$ mit $\Delta\psi = (\alpha_L - \alpha_W) \cdot (\vartheta_{eff} - 20°)$ bzw. $\psi_B = (s_{B\,max} + s_{B\,min})/(2 \cdot d_L)$; α_W aus TB 12-6b, α_L laut Text,
c) ε durch Umstellung aus Gl. (15.8) mit $h_0 \approx 1{,}3 \cdot h_{0\,zul}$; $h_{0\,zul}$ aus TB 15-16 abhängig von $u_W = \pi \cdot d_W \cdot n_W$,
d) η_{eff} durch Umstellung aus Gl. (15-9) mit $p_L = p_{L\,zul}$ aus TB 15-7, So aus TB 15-13 für $b/d_L = b_1/d_L$ aus TB 15-1d (Bild 15-25d, Lehrbuch); Schmieröl für η_{eff} aus TB 15-8 und TB 15-9 wählen.

15.8 a) Siehe Lehrbuch Gl. (15.4) mit TB 15-7; $d_L = 100$ mm;
b) s. TB 15-8a und TB 15-9 bei $\vartheta_{eff} = 60\,°C$;
c) s. Lehrbuch 15.4.1c, Gl. (15.9);
d) s. TB 15-13a, b [vgl. Lehrbuch nach Gl. (15.9) über „Hinweis" kursiv, darunter Verhalten des Lagers];
e) s. Lehrbuch 15.4.1-1b Gl. (15.8) mit TB 15-16 und $\beta°$ darunter erläutert nach TB 15-15b, s. Lehrbuch 15.4.1-1c, Hinweis kursiv.

15.9 a) Nach Lehrbuch 15.3.4-1 (Bild 15-24c) ist für das ungeteilte Loslager ohne Schmiertaschen mit Ölbohrung ψ_B nach Gl. (15.6) festzulegen. Damit wird entsprechend Gl. (15.5) s_B bestimmt. Maße s. TB 15-3.

b) Zunächst ist mit Gl. (15.4) $p_L < p_{L\,zul}$ nach TB 15-7 zu prüfen; danach mit $\vartheta_0 = \vartheta_{eff}$ und für ISO VG 100 (s. TB 15-8a η_{eff} aus TB 15-9 abgelesen; für ω_{eff} wird So nach Gl. (15.9) errechnet und damit entsprechend b/d_L aus TB 15-13a angenähert ε abgelesen, so dass der Verlagerungswinkel $\beta°$ aus TB 15-15a schätzbar wird. Aus Lehrbuch 15.4.1-1d ist für das 360°-Lager μ/ψ_B errechenbar, womit $\mu = \psi_B \cdot \mu/\psi_B$ und nach Gl. (15.10) P_R bestimmbar sind.

Nach Gl. (15.14) ist die Lagertemperatur $\vartheta_L \cong \vartheta_m$ ermittelbar bis iterativ $|\vartheta_m - \vartheta_0| \leq 2\,°C$ und $\vartheta_L < \vartheta_{L\,zul}$.

c) Nach Gl. (15.8) $h_0 > h_{0\,zul}$ aus TB 15-16 nachzuweisen.

d) Nach Gl. (15.16) $\dot{V}_D$ mit $\dot{V}_{D\,rel}$ (über der Gl.) errechnet.

15.10 Für die vorhandene p_L (d_L und b s. TB 15-3) nach Gl. (15.4), ω_{eff}, η_{eff} bei $\vartheta_0 \cong \vartheta_{eff}$ abgelesen für ISO VG 220 (s. TB 15-8a) und ψ_B wird So nach Gl. (15.9) errechnet und damit entsprechend b/d_L aus TB 15-13a angenähert ε abgelesen, so dass der Verlagerungswinkel β aus TB 15-15a schätzbar ist.

Aus Lehrbuch 15.4.1-1d ist für das 360°-Lager μ/ψ_B errechenbar, womit nach Gl. (15.10) P_R mit $\mu = \psi_B \cdot \mu/\psi_B$ bestimmbar wird.

Nach Gl. (15.14) ist die Lagertemperatur $\vartheta_L \cong \vartheta_m$ ermittelbar. Ist $\vartheta_L > \vartheta_0$, muss mit jeweils $\vartheta_{0\,neu} = 0{,}5\,(\vartheta_{0\,alt} + \vartheta_m)$ solange gerechnet werden, bis $|\vartheta_m - \vartheta_0| \leq 2\,°C$ und $\vartheta_L < \vartheta_{L\,zul}$ ist. Dabei muss auch für die Berechnung von So jeweils $\psi_B = \psi_E + \Delta\psi$ ermittelt werden (vgl. Aufgabe 15.6), mit ψ_E aus Angabe und Spieländerung aus $\Delta\psi = (\alpha_L - \alpha_W)(\vartheta_{eff} - 20\,°C)$.

15.11 a) Entsprechend zum Hinweis unter Gl. (15.15) wird für $\vartheta_0 \cong \vartheta_{a0}$ festgelegt und damit $\vartheta_{eff} = 0{,}5\,(\vartheta_e + \vartheta_{a0})$ ermittelt und danach η_{eff} aus TB 15-9 für ISO VG 220 abgelesen. Mit $\psi_B = \psi_E + \Delta\psi$ bei ϑ_{eff} (vgl. Lösungshinweis 15.5c), p_L und ω_{eff} wird So nach Gl. (15.9) errechnet und $\varepsilon = f(b/d_L, So)$ aus TB 15-13a abgelesen; $\beta°$ aus TB 15-15a geschätzt ergibt rechnerisch μ/ψ_B, so dass P_R nach Gl. (15.10) errechenbar ist. Die Lagertemperatur $\vartheta_L \cong \vartheta_a$ wird jeweils mit Gl. (15.14) ermittelt. Die Iteration wird eingestellt, wenn der absolute Wert $|\vartheta_{a0} - \vartheta_a| \leq 2\,°C$ und $\vartheta_L \leq \vartheta_{L\,zul}$ ist. Bei geringer Abweichung von 2 °C kann sich eine weitere Iteration erübrigen, da die übrigen Betriebsgrößen sich kaum verändern (vgl. Lösung, Rechenschritt 2). Lagermaße und -bezeichnung s. TB 15.3.

b) Für ε ist $h_0 \geq h_{0\,zul}$ zu ermitteln.

c) Beurteilung nach Lehrbuch 15.4.1-1c unter Hinweis kursiv.

15.13 a) Stehlagergehäuse ohne Kühlrippen ($d_L = 100$ mm), Lagerschale ohne Schmierringschlitz; nach Gl. (15.4) $p_L < p_{L\,zul}$ nach TB 15-7.

b) Mit $\vartheta_{a0} = \vartheta_e + \Delta\vartheta$ wird $\vartheta_{eff} = 0{,}5\,(\vartheta_e + \vartheta_{a0})$ und η_{eff} aus TB 15-9 abgelesen; ψ_B = konst., So mit Gl. (15.9) und $\varepsilon = f(b/d_L, So)$ aus TB 15-13a, $\beta°$ aus TB 15-15a geschätzt; μ/ψ_B rechnerisch s. Lehrbuch 15.4.1-1d bzw. angenäherte Ablesung aus TB 15-14, damit P_R mit Gl. (15.10); Lagertemperatur $\vartheta_L \cong \vartheta_a$ nach Gl. (15.15), wenn $\dot{V}$ nach Gl. (15.18) mit $\dot{V}_D$ nach Gl. (15.16) und $\dot{V}_{pZ}$ nach Gl. (15.17) ermittelt werden. Iteration mit $\vartheta_{a0\,neu} = 0{,}5\,(\vartheta_{a0\,alt} + \vartheta_a)$ und $\eta_{eff} = 0{,}5\,(\vartheta_e + \vartheta_{a0\,neu})$ usw. bis $|\vartheta_{a0} - \vartheta_a| \leq 2\,°C$ und $\vartheta_L \leq \vartheta_{L\,zul}$ aus TB 15-17 für u_W.

c) Siehe Gl. (15.8).

15.14 a) Beachte: ψ_E nach Gl. (15.5) und $\psi_B = \psi_E + \Delta\psi$ mit $\Delta\psi = (\alpha_L - \alpha_W) \cdot 10^{-6} \cdot (\vartheta_{eff} - 20\,°C)$, wobei $\vartheta_{eff} = \vartheta_0 = \vartheta_U + \Delta\vartheta$ ist: $p_L < p_{L\,zul}$, Rechengang s. Lösungshinweis Aufgabe 15.9b bzw. 15.10.

b) Siehe Lösungshinweis Aufgabe 15.13b bzw. Lösung zu 15.12.

c) s. Gl. (15.8).

15 Gleitlager

15.16 a) Siehe Lehrbuch 15.4.2-1 Ringspurlager, p_T aus Gl. (15.22); beachte: 1 bar = 10 N/cm².
b) Mit Gl. (15.21) aus TB 15.9 η_{eff} in Ns/cm² bei ϑ_{eff}, h_0 mit Gl. (15.20).
c) Beachte Gln. (15.23) und (15.24) mit TB 15-8c; ϱ_{15} nach Gl. (15.1).

15.17 Allgemein siehe Lehrbuch 15.4.2-2 Einscheiben- und Segment-Spurlager und 15.5 (Beispiel 15.4)
a) s. Angaben zu Gl. (15.26) und unter Gl. (15.28); p_L mit Gl. (15.30); d_m nach Gl. (15.29); Dicke h_{seg} siehe unter Gl. (15.34).
b) Nach Gl. (15.31) und aus TB 15-9 mit η_{eff} bei ϑ_{eff}, beachte Belastungskennzahl k_1 aus Bild 15-44a nach Angaben l/b, h_0/t.
c) Beachte Bild 15-44a für k_2 mit Gl. (15.32) für $u_m = d_m \cdot \pi \cdot n_W$ in m/s.
d) Beachte für ϱ bei ϑ_{eff} spezifische Wärmekapazität c in Nm/(kg °C) aus TB 15-8c mit $2 \cdot \dot{V}_{ges}$ nach Gl. (15.34) mit Gl. (15.33) berechnen (mit k_1 und k_2 wird $2 \cdot 0{,}7 = 1{,}4$ in Gl. eingesetzt).

16 Riemengetriebe

16.1 Lösung der Aufgabe erfolgt anhand einer Arbeitsskizze (s. u. Ergebnisse 16.1).
a) Der Umschlingungswinkel ergibt sich aus $\beta_1 (= \beta_k) = 180° - 2\alpha$; der Winkel α in dem Dreieck M_1M_2C aus $\alpha = \arccos(d_2 - d_1)/(2\,e)$, wobei $\sin(90° - \beta_1/2) = \cos(\beta_1/2)$ ist.
b) Die Riemenlänge L wird zweckmäßig aufgeteilt in die Teillängen $L_1 \ldots L_8$. Bei gleichen Scheibendurchmessern wird $L = 2\,e + (d_2 + d_1) \cdot \pi/2$. Im vorliegenden Fall werden die Teillängen: $L_1 = \overline{P_1P_2} = L_2 = \overline{P_3P_4} = e \cdot \sin(\beta_1/2)$; $L_3 = P_1P_5 = L_4 = P_3P_6 = d_1 \cdot \pi \cdot \alpha°/360°$, $L_5 = L_6 = P_4P_7 = P_2P_8 = d_2 \cdot \pi \cdot \alpha°/360°$, $L_7 = d_1 \cdot \pi/2$, $L_8 = d_2 \cdot \pi/2$.

16.2 Siehe Lösungshinweise zur Aufgabe 16.1.
Die Zusammenhänge zwischen Wellenabstand e, der Differenz der Scheibendurchmesser $(d_2 - d_1)$ und dem Umschlingungswinkel $\beta_1 (= \beta_k)$ an der kleinen Scheibe anhand einer Arbeitsskizze herstellen. Nach Gl. (16.24) wird $\beta_1 = 2 \cdot \arccos[(d_2 - d_1)/(2e)]$.

16.3 a) Siehe Lehrbuch 16.3.1-1. Ermittlung des Umschlingungswinkels $\beta_1 (= \beta_k)$ an der kleinen Scheibe nach Gl. (16.24) κ und m s. TB 16-4, μ s. TB 16-1, F_t nach Gl. (16.27).
b) Die Wellenbelastung F_W nach Gl. (16.6).

16.4 Siehe Lehrbuch 16.3.1-4. Die übertragbare Leistung ergibt sich allgemein aus $P = F \cdot v = \sigma_N \cdot S \cdot v$ mit der Nutzspannung σ_N nach Gl. (16.16) und dem Riemenquerschnitt $S = b \cdot t$. Die in σ_N enthaltene Fliehkraftspannung steigt mit zunehmender Riemengeschwindigkeit und wird die Nutzspannung im Grenzfall vollständig aufheben, so dass keine Leistung mehr übertragen werden kann.
Nach Gl. (16.17) ist die Leistung $P = f(v)$ zu ermitteln und in einem Diagramm in Abhängigkeit von der Geschwindigkeit aufzutragen. Die optimale Riemengeschwindigkeit v_{opt} nach Lehrbuch, Gl. (16.18).

16.5 Bei Getrieben ins Schnelle ($i < 1$) gilt anstatt der Gl. (16.19) $i = n_{an}/n_{ab} \approx d_{ab}/d_{an} = d_k/d_g$. Ferner ist zu beachten, dass die Riemenhersteller in ihren Katalogen die übertragbaren Leistungswerte für eine Übersetzung $i = 1$ angeben. Bei $i < 1$ verringern sich die Werte, so dass der Trieb mehr nach der sicheren Seite auszulegen ist. In Zweifelsfällen beim Hersteller anfragen.
a) Nach Herstellerangaben gegeben: $d_{1\,min} = 280$ mm für den Motor 180 L bei $n_s = 1500$ min^{-1}.
b) c), d) Siehe Lehrbuch 16.3.2. Es ist zu beachten, dass die unter Gl. (16.37) angegebene Formel nur für den Flachriemen Extremultus, Bauart 80/85 gilt; allgemein $f_{B\,max}$ nach TB 16-1.

16.6 Die Berechnung des Antriebs erfolgt nach Lehrbuch 16.3.2 und dem im Bild 16-18 dargestellten Ablaufplan unter Zugrundelegung der Herstellerangaben für den Extremultusriemen. S. auch Beispiel 16.1.
Hinweis: Durch die spezielle Forderung für d_g wird $d_{1\,min}$ nach Herstellerangaben ($d_{k\,min} = 280$ mm) unterschritten. In diesem Falle ist speziell die Motorwellenbelastung zu überprüfen bzw. Rücksprache mit dem Motorenhersteller zu nehmen.

16.8 Siehe Lösungshinweise zur Aufgabe 16.7. Herstellerangabe für $f_{B\,zul} = 12$ s^{-1}.

16 Riemengetriebe

16.9 Siehe Lösungshinweise zu Aufgabe 16.5.

a) Motorwahl nach TB 16-21. Beachten, dass die kleine Scheibe auf der Maschinenwelle sitzt, somit anschließende Kontrolle, ob nach Herstellerangaben (TB 16-7) der kleine Durchmesser nicht unterschritten wird.
Hinweis: $d_{min} = 224$ mm für Motor 132 S

b) Bei der Wahl der Riemenbauart die entsprechenden Umwelteinflüsse beachten. Im vorliegenden Fall ist mit Staubentwicklung zu rechnen. Die nach DIN 111 angegebene kleinste Scheibenbreite wählen; K_A nach TB 3-5b abschätzen;

c) Aufgrund der baulichen Gegebenheiten wird es sinnvoll sein, die erforderliche Vorspannung des Riemens durch entsprechende Riemenkürzung zu erhalten. Eine zusätzliche Möglichkeit der Vergrößerung des Wellenabstandes durch die Motorspannschienen kann dennoch gegeben sein.

16.10
a) Siehe Lehrbuch 16.3.2 und TB 16-21;

b) Der Wellenabstand nach Gl. (16.22). Der maximale Wellenabstand e_{max} ergibt sich aus $e_{max} = e + x$.

c) Zweckmäßig ermittelt man für die vorliegenden Verhältnisse die erforderliche Mindestanzahl der Keilriemen nach Gl. (16.29) und stellt sie der vorgesehenen Keilriemenanzahl gegenüber.

a) ... c) Siehe auch Lehrbuch Beispiel 16.2.

16.12 Lösung allgemein nach Lehrbuch, Bild 16-14, K_A nach TB 3-5b. Bei der Berechnung die Betriebsdrehzahl des Motors zugrundelegen ($n_1 < n_s$; $n_1 \approx 1475$ min^{-1}). Siehe auch Lehrbuch, Beispiel 16.2 (ausführliche Lösung).

16.13 Siehe Lösungshinweise zur Aufgabe 16.12 ($d_{dk} = 90$ mm).

16.14 Siehe Lehrbuch 16.3.2 und Gln. (16.19), (16.20), (16.22), (16.24), (16.30).

16.15 In der Größenangabe 50-T20/2600 bedeutet 50 die Riemenbreite b in mm, 2600 die Richtlänge L_d in mm und T20 der Riementyp mit der Teilung $p = 20$ mm. Siehe Lösungshinweise zu Aufgabe 16.14 und Gl. (16.31); F_t nach Gl. (16.27).

16.17 Lösung nach Lehrbuch Abschnitt 16.3.2, Bild 16-18 bzw. Beispiel 16.4.
Die Zähnezahl der Synchronriemenscheiben ist in den nach TB 16-19b) angegebenen Grenzen z_{min} und z_{max} frei wählbar, wobei kleine Zähnezahlen eine stärkere Krümmung des Riemens und somit höhere Biegespannungen bewirken.
Die Ermittlung der Riemenbreite b erfolgt mit der übertragbaren spezifischen Nennleistung P_{spez}.

16.18 Siehe Hinweise zur Aufgabe 16.16, K_A nach TB 3-5b. Beachte, dass $i = \dfrac{d_k}{d_g}$ bzw. $\dfrac{z_k}{z_g} < 1$ (Übersetzung ins Schnelle), $\beta_2 = \beta_g = 360° - \beta_1$.

16.19
a) Lösung nach Lehrbuch, Abschnitt 16.3.2 bzw. Beispiel 16.1. Riemenausführung nach TB 16-6a; Einfluss von Fett und Öl ist nicht zu erwarten; Scheibendurchmesser d_k nach TB 16-6 mit $P = 4$ kW und $n = 1440$ min^{-1} bzw. Angaben des Motorenherstellers (in diesem Falle $d_{min} = 160$ mm). Bei der Ermittlung von d_g ist i_{Getr} zu berücksichtigen ($n_g = n_3 \cdot i_{Getr}$);

b) Lösung nach Lehrbuch, Abschnitt 16.3.2 bzw. Beispiel 16.2. Scheibendurchmesser d_{dk} nach TB 16-21, Scheibenbreite nach TB 16-13.

16.20 Siehe Lösungshinweise zu den Aufgaben 16.16 und 16.19.

17 Kettengetriebe

17.1 a) Die Profilabmessungen der Kettenräder für Rollenketten nach DIN 8187 sind genormt nach DIN 8196-1, s. Lehrbuch 17.2.1.
b) Für die Nabenabmessungen sind die Erfahrungswerte nach TB 12-1a zugrundezulegen unter Berücksichtigung der nach DIN 748 vorgegebenen Wellenzapfenlänge. Für die vorgesehene Befestigungsart muss die Nabenlänge $L > l$ (l Zapfenlänge) ausgeführt werden. Toleranzklasse für die Nabenbohrung nach TB 12-2b1 festlegen.
c) Passfederabmessungen nach DIN 6885; s. TB 12-2a; Toleranzklasse für die Nutbreite s. TB 12-2b2.

17.2 a) Ermittlung der Kettengliederzahl nach Lehrbuch Gl. (17.9). Mit der festgelegten Gliederzahl den Achsabstand nach Lehrbuch Gl. (17.10) errechnen.
b) Zum Einstellen des Kettengetriebes ist es vorteilhaft, für das Kettenrad einen Verschiebeweg von $s \approx 1{,}5 \cdot p$ bzw. bei schräger Anordnung entsprechend $s = 1{,}5p/\cos \delta$ vorzusehen (s. Hinweis im Lehrbuch 17.2.5).
c) Da sich beim Lauf der Kette infolge der Vieleckwirkung der Kettenräder auch die Trumlängen periodisch ändern, ist ein Durchhang des Leertrums der Kette erforderlich, s. Lehrbuch 17.2.7. Nach Gl. (17.13) f mit l_T aus Bild 17-18 ermitteln.

17.3 Siehe Lehrbuch 17.3. Die Trumlänge l_T kann nach den Angaben zum Bild 17-18, Lehrbuch, ermittelt werden.

17.4 Die Kettenwahl ist nach dem Leistungsdiagramm DIN ISO 10823 (s. TB 17-3) zu treffen. Da die hier aufgeführten Leistungskennwerte nur unter ganz bestimmten Voraussetzungen gelten (s. Lehrbuch, Abschnitt 17.2.4), ist zunächst die Diagrammleistung P_D überschlägig zu ermitteln. Nach Vorliegen aller Kettendaten ist unter Berücksichtigung der Abweichungen gegenüber der dem Diagramm zugrundeliegenden Einsatzbedingungen die vorgewählte Kette zu kontrollieren.
Bei der Ermittlung der Gliederzahl ist zunächst von dem günstigen Achsabstand $a \approx (30 \ldots 50) \cdot p$ auszugehen. Keine ungerade Gliederzahl wählen, um gekröpfte Glieder zu vermeiden. Mit der festgelegten Gliederzahl den Achsabstand nach Lehrbuch Gl. (17.10) ermitteln.

17.5 Siehe Lösungshinweise zur Aufgabe 17.4. Die geeignete Schmierungsart für die Kette ist abhängig von der Kettengröße und der Kettengeschwindigkeit, s. TB 17-8. Mehrfach-Rollenketten ermöglichen die Übertragung hoher Drehmomente bei großen Drehzahlen und platzsparender Bauweise, Lehrbuch 17.2.4. Sie laufen leiser und ruhiger.

17.6 a) Da alle Betriebsdaten bekannt sind, kann die Frage mithilfe der Gl. (17.7) beantwortet werden. Hinsichtlich des Korrekturfaktors f_3 wird davon ausgegangen, dass eine gerade Kettengliederzahl vorliegt.
b) Aufgrund des vorläufigen Wellenmittenabstandes, der vorgegebenen Teilung und der Zähnezahlen ergibt sich die Kettengliederzahl nach Gl. (17.9). Bei der Festlegung der Gliederzahl auf eine gerade Anzahl achten!
c) Siehe hierzu Lehrbuch 17.2.9.

17.7 Siehe Lösungshinweise zur Aufgabe 17.4. Hinsichtlich der Entscheidung für eine Einfach-, Zweifach- oder Dreifach-Rollenkette siehe Lehrbuch unter 17.2.4.

18 Elemente zur Führung von Fluiden (Rohrleitungen)

18.1 a) Berechnung der Rohrlängskraft nach Lehrbuch 18.3.3, Gl. (18.1).
b) Wandtemperatur aus Einbautemperatur $+\Delta\vartheta$, mit $\Delta\vartheta$ aus der Beziehung $\sigma_\vartheta = E \cdot \alpha \cdot \Delta\vartheta = R_e$, nach Lehrbuch 18.3.3.

18.2 a) Da die thermische Ausdehnung proportional den Schenkellängen ist, bewegt sich das freie Ende B auf der Verbindungslinie $\overline{AB}$.
b) Thermische Längenausdehnung $\Delta l = \alpha \cdot l \cdot \Delta\vartheta \cdot \alpha$ für Kupfer wie zu Gl. (18.1). Dabei ist die Wärmedehnung identisch der Dehnung der Verbindungslinie $\overline{AB}$.

18.3 Die zulässige Stützweite für Stahlrohre kann bei Begrenzung der Durchbiegung in Abhängigkeit von d_a, t und der Massenkräfte (Füllung, Dämmung, Rohr) aus TB 18-12 entnommen werden. Für die mittleren Felder einer ohne Einbauten durchlaufenden Rohrleitung kann mit einer größeren Stützweite gerechnet werden.

18.4 Da die Reynolds-Zahl und damit die Rohrreibungszahl von der gesuchten Größe abhängt, ist eine geschlossene Lösung durch Umformen der Gl. (18.5) nicht möglich. Praktisch wird so verfahren, dass mit der wirtschaftlichen Strömungsgeschwindigkeit (s. TB 18-5) nach Gl. (18.4) ein Rohrinnendurchmesser ermittelt und damit eine genormte Nennweite (TB 18-4) festgelegt wird. Nach Gl. (18.8) kann dann die Reynolds-Zahl, nach TB 18-8 die Rohrreibungszahl und somit nach Gl. (18.7) der zu erwartende Druckverlust ermittelt werden. Deckt sich dieser nicht mit dem geforderten Grenzwert, so wird die Rechnung mit einer anderen Nennweite wiederholt. Dabei ist die starke Abhängigkeit des Druckverlustes vom Leitungsdurchmesser zu beachten.

18.5 Siehe Lösungshinweis zu Aufgabe 18.4.

18.6 Siehe Lösungshinweis zu Aufgabe 18.4.
Sicherheitshalber wird die Rauheitshöhe in die Druckverlustberechnung eingesetzt, die sich erfahrungsgemäß nach mehrjährigem Betrieb einstellt.
Da die Dichte von Erdgas geringer ist als die von Luft, ergibt sich für eine steigende Leitung infolge des spezifischen Auftriebs ein Druckgewinn.

18.8 Berechnung als Rohrleitung mit vorwiegend ruhender Beanspruchung durch Innendruck nach 18.4.2-1. Die erforderliche Wanddicke kann für dünnwandige Rohre ($d_a/d_i \leq 1{,}7$) nach Gl. (18.13) bestimmt werden. Für die angegebene Nennweite DN ist ein genormter Rohraußendurchmesser d_a nach DIN EN 10216 bzw. DIN EN 10220 (Reihe 1) zu wählen, s. TB 1-13b und d.
Grenzabmaße für die Wanddicke (c_1') aus TB 1-13d. Da bei der vorliegenden Berechnungstemperatur sowohl Warmstreckgrenze $R_{p0{,}2/\vartheta}$ als auch Zeitstandfestigkeit $R_{m/t/\vartheta}$ relevant sind, ist aus beiden die jeweils zulässige Spannung zu berechnen und der kleinere Wert zu verwenden.

18.9 Der maximale zulässige Prüfdruck wird mit der umgeformten Gl. (18.13) ermittelt: $p_{e,\text{zul}} = 2 \cdot \sigma_{\text{prüf,zul}} \cdot t_v / (d_a - t_v)$. Festigkeitskennwerte s. TB 18-10. Für die zulässige Spannung bei der Druckprüfung gilt Gl. (18.17).

18.10 a) Mit der gewählten Strömungsgeschwindigkeit (TB 18-5) Berechnung des erforderlichen Rohrinnendurchmessers mit Gl. (18.4). Danach Wahl der nächstliegenden DN nach TB 18-4.
b) Wahl eines der gewählten Nennweite nächstliegenden Rohraußendurchmessers nach TB 1-13b.
c) Berechnung der Wanddicke gegen Innendruck nach Lehrbuch 18.4.2-1 für Rohrleitungen bei vorwiegend ruhender Beanspruchung mit der maßgebenden Gl. (18.13). Vorzugsmaße für d_a und t nahtloser und geschweißter Stahlrohre nach DIN EN 10 220, TB 1-13b.
Festigkeitskennwerte nach TB 18-10. $v_N = 1$ für genormte geschweißte Stahlrohre für Druckbeanspruchung nach DIN EN 10217-1.

18.11 Wenn die dynamische Beanspruchung auf Druckschwankungen beruht, ist nach DIN EN 13 480-3 eine vereinfachte Auslegung auf Wechselbeanspruchung zulässig. Dazu werden die Auslegungskriterien für statische Beanspruchung verwendet und nach Gl. (18.15) eine fiktive pseudoelastische Spannungsschwingbreite berechnet mit der dann nach Gl. (18.16) die zulässige Lastspielzahl bestimmt werden kann. Der Ersatzdruck p_r wird als zulässiger Druck bei voller Ausnutzung der Auslegungsspannung $\sigma_{zul,20}$ aus den Gleichungen zur Berechnung der Abmessungen (18.13) bzw. (18.14) ermittelt, die nach p aufgelöst werden.

18.13 a) Die für den Weg vom Ventil zum Speicherbehälter (Reflexionspunkt) benötigte Reflexionszeit kann mit Gl. (18.20) bestimmt werden. Bei kurzen Leitungslängen $l < a \cdot t_S / 2$ kann mit einer Abminderung des Druckstoßes nach Gl. (18.22) gerechnet werden.
b) Mit $t_R = t_S$ lässt sich der Reflexionsweg der Druckwelle nach Gl. (18.20) berechnen.

20 Zahnräder und Zahnradgetriebe (Grundlagen)

20.1 a) Die Gesamtübersetzung allgemein $i_{ges} = i_1 \cdot i_2 \cdot \ldots i_n$
b) die Abtriebsdrehzahl aus $n_{ab} = n_{an}/i_{ges}$ mit $i_{ges} = i_1 \cdot i_2$
c) das am Abtrieb zu erwartende Drehmoment wird gegenüber dem Antriebsmoment entsprechend der Übersetzung größer sein. Geringe Verluste werden durch den Wirkungsgrad η berücksichtigt. Allgemein errechnet sich das Drehmoment T aus der Grundgleichung $P = T \cdot 2 \cdot \pi \cdot n$ und das Abtriebsmoment aus $T_{ab} = T_{an} \cdot i_{ges} \cdot \eta$.

20.2 a) Die Abtriebsdrehzahl ist vorgegeben; die Gesamtübersetzung errechnet sich aus $i_{ges} = n_{an}/n_{ab}$
b) bei einem zweistufigen Getriebe wird die Gesamtübersetzung $i_{ges} = i_1 \cdot i_2$ bzw. $i_{ges} = (z_2/z_1) \cdot (z_4/z_3)$. Mit den aus der Abbildung bekannten Zähnezahlen lässt sich die Zähnezahl z_4 des Rades der zweiten Getriebestufe ermitteln aus $z_4 = i_{ges} \cdot z_3/(z_2/z_1)$. Der errechnete Wert ist sinnvoll zu runden.
c) aus $P_{ab} = P_{an} \cdot \eta_{ges}$; $T_{ab} = T_{an} \cdot i_{ges} \cdot \eta$; $T = P/(2 \cdot \pi \cdot n)$ kann die Leistung ermittelt werden.

20.3 Allgemein errechnet sich der Gesamtwirkungsgrad aus Gl. (20.4) bzw. aus Gl. (20.5). Zu beachten sind die 2 Verzahnungsstufen, 3 Wellenlagerungen und 3 Wellendichtungen (Angaben hierzu siehe zu Gl. (20.5)).

21 Außenverzahnte Stirnräder

Geradverzahnte Stirnräder (Verzahnungsgeometrie)

21.1 a) Teilkreisdurchmesser aus Gl. (21.1) $d = z \cdot m$, Grundkreisdurchmesser aus Gl. (21.2) $d_b = d \cdot \cos \alpha = z \cdot m \cdot \cos \alpha$, Kopfkreisdurchmesser aus Gl. (21.6) $d_{a1,2} = m \cdot (z_{1,2} + 2)$, Fußkreisdurchmesser aus Gl. (21.7) $d_{f1,2} = m \cdot (z_{1,2} - 2,5)$; Zahnhöhe $h = 0,5 \cdot (d_a - d_f)$.
b) Zahnkopfhöhe $h_a = m$ Zahnfußhöhe $h_f = 1,25 \cdot m$ (durch das Bezugsprofil festgelegt).
c) Teilkreisteilung aus Gl. (21.1) $p = m \cdot \pi$, die Grundkreisteilung aus Gl. (21.3) $p_b = p_e = (d_b \cdot \pi)/z = p \cdot \cos \alpha$; das Nennmaß der Zahndicke = Nennmaß der Zahnlücke auf dem Teilkreis gemessen gleich Nennmaß der Zahnlücke aus $s = e = p/2$ (siehe zu Gl. (21.1)).

21.2 a) Aus der Beziehung für den Fußkreisdurchmesser nach Gl. (21.7) lässt sich der Modul m bestimmen und damit auch alle anderen gesuchten Größen.
b) und c) siehe Lösungshinweise zur Aufgabe 21.1

21.3 a) Aus der Gl. (21.8) ergibt sich nach Umstellung für beide Achsabstände die Zähnezahlsumme der gesuchten Radpaarung aus $(z'_1 + z'_2) = (m/m') \cdot (z_1 + z_2)$. Da das Übersetzungsverhältnis gleich bleiben soll, können aus dieser Bedingung die Zähnezahlen für Ritzel und Rad bestimmt werden. Aus der Zähnezahlsumme und dem Zähnezahlverhältnis lassen sich die Zähnezahlen ermitteln.
b) Teilkreisdurchmesser aus Gl. (21.1), und Kopfkreisdurchmesser aus Gl. (21.6), Fußkreisdurchmesser aus Gl. (21.7);
c) aus der Gl. (21.8) kann der Achsabstand mit z' anstelle z ermittelt werden;
d) das vorhandene Zähnezahlverhältnis aus der Gl. (21.10) $u = z_{\text{Großrad}}/z_{\text{Kleinrad}}$ mit z' anstelle z. Die prozentuale Abweichung aus $\Delta u = 100\,\% \cdot (u - u')/u$

21.4 a) Die Abtriebsdrehzahl aus Gl. (21.9), anschließend die Zähnezahl z_2 aus Gl. (21.9);
b) Mit dem Modul m und den Zähnezahlen $z_{1,2}$ sind der Teilkreisdurchmesser aus Gl. (21.1), der Kopfkreisdurchmesser aus Gl. (21.6), der Fußkreisdurchmesser aus Gl. (21.7) und die Zahnhöhe $h = 0,5 \cdot (d_a - d_f)$ zu bestimmen;
c) der Null-Achsabstand aus Gl. (21.8);
d) das Kopfspiel aus $c = a_d - (d_{a1} + d_{f2})/2$.

21.5 a) Zunächst die Zähnezahlsumme Σz aus Gl. (21.8), dann aus $z_1 = \Sigma z/(1 + i)$ die Ritzelzähnezahl z_1 bestimmen; $z_2 = i \cdot z_1$.
b) die Teilkreisdurchmesser aus Gl. (21.1); die Grundkreisdurchmesser aus Gl. (21.2).
c) die Profilüberdeckung näherungsweise aus TB 21-2a; rechnerisch aus Gl. (21.13) mit den Kopfkreisdurchmessern nach Gl. (21.6) und den Grundkreisdurchmessern aus Gl. (21.2).

21.6 a) siehe Lehrbuch Gln. (21.9) und (21.8). Für die Ermittlung der Zähnezahlen z_5 und z_6 der letzten Getriebestufe ist die Bedingung einzuhalten, dass der Teilkreisdurchmesser des letzten Rades z_6 möglichst gleich dem des 4. Rades ist. Somit ist für die 3. Stufe zunächst $d_4 \approx d_6$ sowie a_{d2} der zweiten Getriebestufe zu bestimmen. Mit dem Modul m_3 wird die Zähnezahl des Rades 6 bestimmt aus $z_6 = d_6/m_3$ und mit $i_3 = i_{\text{ges}}/(i_1 \cdot i_2) = (n_{\text{an}}/n_{\text{ab}})/(i_1 \cdot i_2)$ die Ritzelzähnezahl z_5 aus $z_5 = z_6/i_3$.
b) Siehe Lehrbuch Gl. (21.9), $i = n_1/n_2$; $i_{\text{ges}} = n_{\text{an}}/n_{\text{ab}}$
c) Anordnung siehe Bild.

21 Außenverzahnte Stirnräder

21.7 Für Innenräder sind die Zähnezahl, die Durchmesser und der Achsabstand negativ! In den Fertigungszeichnungen sind die Absolutwerte angegeben.
a) z_2 aus Gl. (21.10). Kontrolle durchführen, ob $|z_2| - z_1 \geq 10$.
b) $d_{1,2}$ aus Gl. (21.1), $d_{a1,2}$ aus Gl. (21.6), $d_{f1,2}$ aus Gl. (21.7).
c) a_d aus Gl. (21.8).

21.8 Zähnezahl des Rades aus $z_2 = z_1 \cdot i$, damit Achsabstand a_d errechnen; Profilverschiebungsfaktoren Σx nach Gl. (21.32) mit $\alpha = 20°$ und α_w aus Gl. (21.19); die Aufteilung der Σx nach Gl. (21.33) bzw. überschlägig nach TB 21-6; Werte sinnvoll festlegen. Zur Einhaltung des Kopfspiels c wird bei V-Getrieben eine Kopfkürzung k nach Gl. (21.23) zu berücksichtigen sein. Der Kopfkreisdurchmesser ist nach Gl. (21.24) zu ermitteln. Bei der Ermittlung des Fußkreisdurchmessers nach Gl. (21.15) ist das Kopfspiel c (siehe Aufgabenstellung) zu berücksichtigen.
Der Betriebswälzkreis wird nach Gl. (21.22a) bestimmt. Die Zahnhöhe h ergibt sich aus $h = (d_a - d_f)/2$; Die Profilüberdeckung ε_α ist nach Gl. (21.26) mit den Grundkreisdurchmessern nach Gl. (21.2) zu berechnen.

21.9 a) Ausführung als V-Null-Getriebe ist möglich, da $(z_1 + z_2) > 2 \cdot z_{grenz}$, s. Lehrbuch 21.1.4-4 unter *V-Null-Getriebe*;
b) der Mindestwert (Grenzwert) für den Profilverschiebungsfaktor x_1 aus Gln. (21.15). Die Mindestprofilverschiebung nach Gl. (21.16);
c) während die Teil- und Grundkreisdurchmesser unverändert bleiben, ist beim Kopfkreisdurchmesser die Verzahnungskorrektur zu berücksichtigen (eine Kopfkürzung zur Einhaltung des üblichen Kopfspiels c ist lt. Aufgabenstellung nicht vorgesehen). Die Teilkreisdurchmesser aus Gl. (21.1), die Grundkreisdurchmesser aus Gl. (21.2), die Kopfkreisdurchmesser aus Gl. (21.24);
d) Profilüberdeckung aus Gl. (21.26) mit $\alpha_w = \alpha = 20°$ und $a = a_d$, da *V-Null-Getriebe*.

21.10 a) Da sowohl der Achsabstand, der Modul und die Übersetzung vorgegeben ist, lassen sich die Zähnezahlen mit den Gln. (21.8) und (21.9) ermitteln. Wenn dabei $z_1 < 14$, dann die Mindestprofilverschiebung x_{1min} mit Gl. (21.16) errechnen und zur Verbesserung der Betriebseigenschaften des Getriebes zweckmäßig Aufteilung der Profilverschiebungsfaktoren $\Sigma x = 0$ (V-Null-Getriebe) entsprechend Lehrbuch 21.1.4-5 nach TB 21-6 bzw. nach Gl. (21.33);
b) die Teilkreisdurchmesser aus Gl. (21.1); die Grundkreisdurchmesser aus Gl. (21.2) $d_b = d \cdot \cos \alpha$, die Kopfkreisdurchmesser aus Gl. (21.24) mit $k = 0$ da $\Sigma x = 0$, die Fußkreisdurchmesser aus Gl. (21.25);
c) die Profilüberdeckung rechnerisch nach Gl. (21.26) mit $\alpha_w = \alpha = 20°$ und $a = a_d$ für $\Sigma x = 0$.

21.11 a) Beide Räder können ohne Unterschnitt hergestellt werden; dennoch empfiehlt es sich aus Gründen einer besseren Tragfähigkeit das Ritzel positiv zu korrigieren. Dabei kann die Verschiebung in weiten Grenzen gewählt werden. Nach Gl. (21.33) mit $x_1 + x_2 = 0$ und $z = z_n$ wird ein praktischer Wert für x_1 empfohlen, der entsprechend sinnvoll zu runden ist.
b) der Achsabstand wird nach Gl. (21.1) ermittelt, da $a = a_d$ und $\alpha_w = \alpha$ (*V-Null-Getriebe*);
c) die Zahndicke am Kopfkreis kann aus Gl. (21.28) ermittelt werden mit s aus Gl. (21.17) und α_a aus $\cos \alpha_a = d \cdot \cos \alpha / d_a$.

21.12 a) die Aufteilung Σx nach TB 21-6 oder nach Gl. (21.33); die Profilverschiebung $V = x \cdot m$;
b) die Teilkreisdurchmesser aus Gl. (21.1), die Grundkreisdurchmesser aus Gl. (21.2), die Kopfkreisdurchmesser aus Gl. (21.24), die Fußkreisdurchmesser aus Gl. (21.25).
c) Profilüberdeckung aus Gl. (21.26) mit α_w aus Gl. (21.19).

21.13 a) Die Aufteilung kann nach der Empfehlung DIN 3992 (TB 21-6) für z_m und x_m oder mithilfe der Gl. (21.33) $x_1 \approx \dfrac{x_1 + x_2}{2} + \left(0,5 - \dfrac{x_1 + x_2}{2}\right) \cdot \dfrac{\lg u}{\lg (z_1 \cdot z_2/100)}$ vorgenommen werden;
b) der Achsabstand für das korrigierte Radpaar nach Gl. (21.19) mit dem Null-Achsabstand a_d aus Gl. (21.8);
c) das vorhandene Kopfspiel nach Angaben zur Gl. (21.22b) und (21.23) ermitteln. Um das Kopfspiel $c \approx 0{,}25 \cdot m$ einzuhalten, ist für die korrigierten Räder eine Kopfkürzung nach Gl. (21.23) vorzusehen; die Kopfkreisdurchmesser unter Berücksichtigung der Profilverschiebung V und der Kopfkürzung k nach Gl. (21.24) mit $V = x \cdot m$, die Fußkreisdurchmesser nach Gl. (21.25).

21.14 a) Die Aufteilung kann nach der Empfehlung DIN 3992 (TB21-6) für z_m und x_m oder mithilfe der Gl. (21.33) vorgenommen werden; das Kopfspiel nach Angaben zur Gl. (21.21b) $c = a - 0{,}5 \cdot (d_{a1} + d_{f2})$ mit dem Kopfkreisdurchmesser aus Gl. (21.24) wenn die Kopfkürzung unberücksichtigt bleibt, anderenfalls unter Berücksichtigung der Kopfkürzung mit k nach Gl. (21.23);
b) Die Profilüberdeckung des Radpaares aus Gl. (21.26) mit $d_{a1,2}$ nach Gl. (21.24) (vergl. mit der überschlägigen Ermittlung von ε_α nach TB21-2a und TB21-2b für Null- und V-Getriebe). Die prozentuale Erhöhung des Überdeckungsgrades aus $x = 100\,\% \cdot (\varepsilon_2 - \varepsilon_1)/\varepsilon_1$.

21.15 Den Null-Achsabstand aus Gl. (21.8) errechnen. Eine *Null-Verzahnung* kann ausgeführt werden, wenn $a_d = a$; anderenfalls ist eine Korrektur erforderlich. Die Summe der Profilverschiebungsfaktoren Σx nach Gl. (21.32) mit dem Betriebswinkel α_w aus Gl. (21.19). Die Aufteilung Σx erfolgt nach TB 21-6 oder zweckmäßig x_1 aus Gl. (21.33).

21.16 a) Den Null-Achsabstand aus Gl. (21.8) errechnen. Die Summe der Profilverschiebungsfaktoren Σx nach Gl. (21.32) mit dem Betriebseingriffswinkel α_w aus Gl. (21.19). Die Aufteilung Σx erfolgt nach TB21-6 oder x_1 aus Gl. (21.33). Die maximal mögliche Korrektur des Ritzels aus $V_{\max} = x_{\max} \cdot m$ mit aus TB21-12 ($x_{\max}$ gibt den Grenzwert bei Spitzenbildung an).
b) Um das Kopfspiel $c = 0{,}25 \cdot m$ einzuhalten, ist für die Räder eine Kopfkürzung nach Gl. (21.23) erforderlich. Die Teilkreisdurchmesser aus Gl. (21.1), die Kopfkreisdurchmesser aus Gl. (21.24).

21.17 a) Σx aus TB 21-5 gemäß den Angaben der Aufgabenstellung wählen; anschließend Aufteilung von Σx in x_1 und x_2 nach TB 21-6 bzw. nach Gl. (21.33). Kontrolle der Spitzbildung nach TB 21-12.
b) Um das Kopfspiel $c = 0{,}25 \cdot m$ einzuhalten, ist für die Räder eine Kopfkürzung mit $k = a - a_d - m \cdot (x_1 + x_2)$ erforderlich. Die Teilkreisdurchmesser aus Gl. (21.1), Kopfkreisdurchmesser aus Gl. (21.24), die Fußkreisdurchmesser aus Gl. (21.15), den Achsabstand aus Gl. (21.19) mit α_w aus Gl. (21.31).

21.18 Die 1. Stufe soll als *Null-Getriebe* ausgeführt werden. Somit wird für beide Stufen der Achsabstand $a_{1,3} = a_{d1,2}$; die 2. Getriebestufe $z_{1,3}$ muss korrigiert werden ($x_1 = 0$, da hier das Ritzel der 1. Stufe mit $x_1 = 0$ und $k = 0$ unverändert bleibt und damit maßgebend ist!).
1. *Getriebestufe*: Achsabstand aus Gl. (21.8); die Teilkreisdurchmesser aus Gl. (21.1), die Kopfkreisdurchmesser aus Gl. (21.6), die Fußkreisdurchmesser aus Gl. (21.7), Abtriebsdrehzahl aus Gl. (21.9).
2. *Getriebestufe*: Betriebseingriffswinkel aus Gl. (21.19) mit $a = a_{d1,2}$ der 1. Stufe. Da das Ritzel nicht korrigiert wird, muss die ganze Korrektur vom Rad z_3 aufgenommen werden. $\Sigma x_{1,3}$ aus Gl. (21.32) mit $x_1 = 0$ und $z_2 \cong z_3$. Da eine Kopfkürzung für das Ritzel z_1 nicht vorgesehen ist (Stufe $z_{1,2}$ wird als *Null-Getriebe* ausgeführt); wird das Kopfspiel der Stufe $z_{1,3}$ kleiner sein als das der Stufe $z_{1,2}$. Die Kopfkürzung für das Rad z_3 aus Gl. (21.23) mit $a \cong a_{d1,2}$, $x_2 \cong x_3$. Die Teilkreisdurchmesser aus Gl. (21.1), die Grundkreisdurchmesser aus Gl. (21.2), die Kopfkreisdurchmesser aus Gl. (21.6), die Fußkreisdurchmesser aus Gl. (21.7).

21.19 a) Für beide Radpaarungen ist der Achsabstand gleich. Vorgegeben ist der Achsabstand $a = a_{d2}$. Das Radpaar $z_{1,2}$ muss korrigiert werden. Σx aus Gl. (21.32) mit dem Betriebseingriffswinkel aus Gl. (21.19). Hierin ist $a_d = a_{d1}$ und $a = a_{d2}$ zu setzen. Kontrolle der Spitzbildung und Festlegung von x_1 für $s_{a1} \approx 0,3 \cdot m$ nach TB 21-12.
b) Die Teilkreisdurchmesser $d_{1,2,3,4}$ aus Gl. (21.1), die Kopfkreisdurchmesser $d_{a1,2}$ aus Gl. (21.24) mit $V = x \cdot m$ und $k = a - a_d - m \cdot (x_1 + x_2)$, für $d_{a3,4}$ wird $V = 0$ und $k = 0$; die Fußkreisdurchmesser $d_{f1,2}$ aus Gl. (21.25), für $d_{f3,4}$ wird $V = 0$; das Kopfspiel c nach Angaben zur Gl. (21.22b) aus $c = a - 0,5 \cdot (d_{a1} + d_{f2})$ bzw. aus $c = a - 0,5 \cdot (d_{a3} + d_{f4})$.

Schrägverzahnte Stirnräder (Verzahnungsgeometrie)

21.20 a) Mit dieser Aufgabe sollen die Zusammenhänge von Normal- und Stirnansicht näher gebracht werden. Die Normal- und Stirnteilung aus Gl. (21.34). Die Normaleingriffs- und Stirneingriffsteilung kann aus Gl. (21.37) mit α_t aus Gl. (21.35) ermittelt werden. Die Normal- und Stirnzahndicke auf dem Teilkreis aus $s_n = p_n/2$ bzw. $s_t = p_t/2$.
b) Die Teilkreisdurchmesser aus Gl. (21.38), die Kopfkreisdurchmesser aus Gl. (21.40), die Fußkreisdurchmesser aus Gl. (21.41), der Achsabstand aus Gl. (21.42), die Grundkreisdurchmesser aus Gl. (21.39), die Zahnhöhe aus $h = (d_a - d_f)/2$. Den Grundschrägungswinkel aus Gl. (21.36).

21.21 a) Die Teilkreisdurchmesser aus Gl. (21.38), die Kopfkreisdurchmesser aus Gl. (21.40), die Fußkreisdurchmesser aus Gl. (21.41), die Grundkreisdurchmesser aus Gl. (21.39), die Zahnhöhe aus $h = (d_a - d_f)/2$. Den Grundschrägungswinkel erhält man aus Gl. (21.36).
b) Die Gesamtüberdeckung aus Gl. (21.46) mit der Profilüberdeckung aus Gl. (21.45) und der Sprungüberdeckung aus Gl. (21.44). α_t aus Gl. (21.35), den Modul im Stirnschnitt aus Gl. (21.34).

21.22 a) Beim Null-Getriebe sind beide Räder nicht profilverschoben. Ein vorgegebener Achsabstand kann in vielen Fällen auch erreicht werden durch einen entsprechenden Schrägungswinkel β, der aus Gl. (21.42) zu ermitteln ist, wenn $a_d = a$ gesetzt wird.
b) Die Teilkreisdurchmesser aus Gl. (21.38), die Kopfkreisdurchmesser aus Gl. (21.40), die Fußkreisdurchmesser aus Gl. (21.41), die Grundkreisdurchmesser aus Gl. (21.39), die Zahnhöhe aus $h = (d_a - d_f)/2$. Den Grundschrägungswinkel erhält man aus Gl. (21.36).
c) Die Gesamtüberdeckung aus Gl. (21.46) mit der Profilüberdeckung aus Gl. (21.45) und der Sprungüberdeckung aus Gl. (21.44). α_t aus Gl. (21.35), den Modul im Stirnschnitt aus Gl. (21.34).

21.23 DIN 3966 beinhaltet „Angaben für Verzahnungen in Zeichnungen"; die Angabe „Verzahnungsqualität und Toleranzfeld 8e26" ist eine fertigungstechnisch relevante Angabe und hat auf die vorliegende Berechnung keinen Einfluss.
a) Der Teilkreisdurchmesser aus Gl. (21.38); der Kopfkreisdurchmesser aus Gl. (21.24) mit $m = m_n$, $V = x \cdot m_n$ und $k = 0$; die Zahnhöhe aus Gl. (21.5) mit $c = 0{,}25 \cdot m_n$ und der Grundkreisdurchmesser aus Gl. (21.39) mit dem Stirneingriffswinkel aus Gl. (21.35).
b) Das Nennmaß der Normalzahndicke aus Gl. (21.52).

21.24 a) Die Profilverschiebung aus Gl. (21.49);
b) Der Betriebseingriffswinkel aus Gl. (21.55) mit dem Stirneingriffswinkel aus Gl. (21.35);
c) Die Teilkreisdurchmesser aus Gl. (21.38), die Grundkreisdurchmesser aus Gl. (21.39), die Kopfkreisdurchmesser aus Gl. (21.24) mit $m = m_n$, $V = x \cdot m_n$, die Kopfkürzung $k = 0$ („ohne" Kopfkürzung), die Fußkreisdurchmesser aus Gl. (21.25) mit $m = m_n$ und $c = 0{,}25 \cdot m$
d) das vorhandene Kopfspiel aus $c = (d_{a1} + d_{f2})/2$; für $c = 0{,}25 \cdot m$ (DIN 3972-II) wird Kopfkürzung um k aus Gl. (21.23) erforderlich sein mit a aus Gl. (21.54);
e) Gesamtüberdeckung aus $\varepsilon_\gamma = \varepsilon_\alpha + \varepsilon_\beta$, mit der Profilüberdeckung aus Gl. (21.57) und der Sprungüberdeckung aus Gl. (21.46).

21.25 Das Ritzel mit $z < z_{min}$ muss zur Vermeidung von Zahnunterschnitt *positiv* profilverschoben werden; bei Ausführung des Radpaares als V-Null-Getriebe muss das Rad entsprechend um den gleichen Betrag *negativ* korrigiert werden.
a) Der Mindest-Profilverschiebungsfaktor für das Ritzel aus Gl. (21.50) mit der Zähnezahl des virtuellen Ersatzrades aus Gl. (21.47);
b) die Teilkreisdurchmesser aus Gl. (21.38); die Kopfkreisdurchmesser aus Gl. (21.24) mit $k = 0$, da $(x_1 + x_2) = 0$ und $a = a_d$; der Achsabstand aus Gl. (21.54) mit $\alpha_t = \alpha_{wt}$ (*V-Null-Getriebe*);
c) das Nennmaß der Zahndicken im Normalschnitt aus Gl. (21.52), das Nennmaß der Zahndicken im Stirnschnitt aus Gl. (21.51) mit $m_t = m_n/\cos \beta$.

21.26 a) Es muss sichergestellt sein, dass die Übersetzung genau eingehalten und die Bedingung $|z_2| - z_1 \geq 10$ eingehalten wird, siehe Lehrbuch unter **20.1.3-3**.
b) Modulbestimmung nach Lehrbuch, Bild 21-21. Da sowohl der Wellendurchmesser zur Aufnahme des Ritzels als auch die Werkstoffe beider Räder bekannt sind, kann der Modul zunächst überschlägig aus Gln. (21.63), (21.65) ermittelt werden; der größere Wert wird nach DIN 780 festgelegt. Die endgültige Festlegung des Moduls kann erst bei der Tragfähigkeitsberechnung erfolgen.
c) Teilkreisdurchmesser nach Gl. (21.38), Kopfkreisdurchmesser nach Gl. (21.40), Fußkreisdurchmesser nach Gl. (21.41). Die Breiten mit den Erfahrungswerten ψ_d und ψ_m aus TB 21-14.
d) Achsabstand für das schrägverzahnte Null-Getriebe aus Gl. (21.42).

21 Außenverzahnte Stirnräder

21.27 Bei Vorgabe des Achsabstandes und des Schrägungswinkels ist eine Profilverschiebung erforderlich, wenn $a_d \neq a$.
a) Die Summe der Profilverschiebungsfaktoren aus Gl. (21.56) mit α_{wt} aus Gl. (21.54) und Null-Achsabstand aus Gl. (21.42).
b) die Aufteilung von $(x_1 + x_2)$ erfolgt nach Gl. (21.33) mit $z = z_n$ nach Gl. (21.47) $z_n \approx z/\cos^3 \beta$;
c) rechnerische Profilüberdeckung aus Gl. (21.57) mit α_t aus Gl. (21.35), dem Kopfkreisdurchmesser d_a aus Gl. (21.24) und dem Grundkreisdurchmesser d_b aus Gl. (21.39).

21.28 a) Zähnezahl der Räder $z_{2,4}$ aus Gl. (21.9). Festlegen der Profilverschiebungsfaktoren x_1 und x_2 nach TB21-6; die Profilverschiebung $V_{1,2}$ nach Gl. (21.49). Den Achsabstand aus Gl. (21.54) mit dem Stirneingriffswinkel α_t aus Gl. (21.35) und dem Betriebseingriffswinkel α_{wt} aus Gl. (21.55).
b) Die Summe der Profilverschiebungsfaktoren Σx aus Gl. (21.56) mit α_{wt} aus Gl. (21.54) und $a = a_{1,2}$; die Aufteilung von Σx erfolgt nach Gl. (21.33) mit $z = z_n$.

21.29 a) Die 1. Getriebestufe wird als Null-Getriebe ausgeführt. Null-Achsabstand der 1. Stufe aus Gl. (21.42), die Gesamtübersetzung aus Gl. (21.9) und mit den Zähnezahlen z_1 und z_2 kann i_2 ermittelt werden. Für die 2. Getriebestufe wird $(z_3 + z_4)$ $= 2 \cdot a_{d3,4} \cdot (\cos \beta / m_n)$ und mit $z_4 = i_2 \cdot z_3$ und $a_{d3,4} \approx a_{d1,2}$ wird $z_3' \approx \dfrac{2 \cdot a_{d1} \cdot \cos \beta}{m_n \cdot (1 + i_2)}$.
b) Mit dem Stirneingriffswinkel aus Gl. (21.35) und dem Betriebseingriffswinkel im Stirnschnitt aus Gl. (21.54) wird die Summe der Profilverschiebungsfaktoren aus Gl. (21.56). Mit den Zähnezahlen der Ersatzräder z_{n3} und z_{n4} aus Gl. (21.47) kann der Faktor x_3 aus Gl. (21.33) $x_3 \approx \dfrac{x_3 + x_4}{2} + \left(0,5 - \dfrac{x_3 + x_4}{2}\right) \cdot \dfrac{\lg(z_{n4}/z_{n3})}{\lg(z_{n3} \cdot z_{n4}/100)}$ ermittelt werden.
Das Kopfspiel c wird für die 2. Stufe nur mit der Kopfhöhenänderung der Räder $z_{3,4}$ nach Gl. (21.23) den üblichen Wert $c = 0,25 \cdot m_n$ betragen; die 1. Stufe ist als Nullgetriebe ausgeführt. Die Kopfkreisdurchmesser aus Gl. (21.24) mit $m = m_n$ und den Teilkreisdurchmessern aus Gl. (21.38).

Verzahnungsqualität, Toleranzen

21.30 Für stirnverzahnte Räder ergibt sich aus den Zahndickenabmaßen A_{sne}, A_{sni} (Normalschnitt), bzw. A_{ste}, A_{sti} (Stirnschnitt) und den Achsabstandsabmaßen A_a der Radpaarung das *maximale* bzw. *minimale theoretische Drehflankenspiel* aus Gl. (21.58) und mit dem Zahndickenabmaß A_{sne} aus TB21-8a. Die *unteren Zahndickenabmaße* aus $A_{sni} = T_{sn} - A_{sne}$ mit der Zahndickentoleranz T_{sn} aus TB21-8b. Die *Spieländerung durch die Achsabstandstoleranz* aus Gl. (21.59). Die *Messzähnezahl* aus Gl. (21.61) mit der Zähnezahl aus Gl. (21.1); das Nennmaß für die *Zahnweite* aus Gl. (21.60) mit $\alpha_t = \alpha_n = 20°$ und $x = 0$ (keine Verzahnungskorrektur vorgesehen). Zur Erzielung des Flankenspiels wird W_k um das untere bzw. das obere *Zahnweitenabmaß* $A_{wi} = A_{sni} \cdot \cos \alpha_n$ bzw. $A_{we} = A_{sne} \cdot \cos \alpha_n$ verringert (Prüfmaße W_{ki} bzw. W_{ke})

21.31 Das Nennmaß der Zahndicke für das geradverzahnte Ritzel aus Gl. (21.17). Festlegung des oberen Zahndickenabmaßes A_{sne} nach TB21-8 mit Teilkreisdurchmesser aus Gl. (21.1). Die maximale Zahndicke aus $s_{max} = s + A_{ne}$. Mit dem unteren Zahndickenabmaß aus $A_{sni} = A_{sne} - T_{sn}$ wird die minimale Zahndicke $s_{min} = s + A_{ni}$ mit T_{sn} aus TB21-8b. Das Nennmaß der Lückenweite e auf dem Teilkreis aus Gl. (21.18).

21.32 Da die Zähnezahl des Ritzels < 14 beträgt, muss eine positive Korrektur vorgenommen werden (V-Getriebe). Da die Achsabstandsabmaße A_a sich auf den Achsabstand a beziehen, ist bei korrigierten Getrieben dieser vorerst aus Gl. (21.54) mit α_{wt} aus Gl. (21.55) zu ermitteln.

Für stirnverzahnte Räder ergibt sich aus den Zahndickenabmaßen A_{sne}, A_{sni} (Normalschnitt), bzw. A_{ste}, A_{sti} (Stirnschnitt) und den Achsabstandsabmaßen A_a der Radpaarung das *maximale* bzw. *minimale theoretische Drehflankenspiel* j_t aus Gl. (21.58) mit dem Zahndickenabmaß A_{sne} aus TB21-8a entsprechend der Abmaßreihe c und des Teilkreisdurchmessers. Die unteren Zahndickenabmaße aus $A_{sni} = T_{sn} - A_{sne}$ mit der Zahndickentoleranz T_{sn} entsprechend der Toleranzreihe 26 und des Teilkreisdurchmessers aus TB21-8b.

21.33
a) Ritzel muss positiv korrigiert werden, da $z_1 < 14$. Der Betrag der Mindest-Profilverschiebung aus Gl. (21.15) mit dem Profilverschiebungsfaktor aus Gl. (21.50) mit der Zähnezahl des Ersatzrades aus Gl. (21.47). Da Ausführung als V-Null-Getriebe, wird $x_2 = -x_1$ ausgeführt.
b) Kopfkreisdurchmesser aus Gl. (21.24) mit $k = 0$ (V-Null-Getriebe); Achabstand aus Gl. (21.54) mit $d_w = d$.
c) Normalzahndicke aus Gl. (21.52).

Zahnradkräfte, Drehmomente

21.34
a) Die Zahnkraftkomponenten aus Gl. (21.67) bzw. Gl. (21.68) mit $\alpha_w = \alpha = 20°$ und $d_w = d$. Die Lösung ist zweckmäßig anhand einer Skizze vorzunehmen.
b) Die Stützkräfte ergeben sich als Resultierende aus den jeweiligen x- und y-Kräften an den Lagerstellen A bzw. B (Belastungsskizzen siehe Ergebnisteil).

21.35
a) siehe Lehrbuch 21.5.2-2 mit Bild 21-25.
b) die einzelnen Kraftkomponenten aus den Gln. (21.70) bis (21.72). Da keine Verzahnungskorrektur vorliegt, ist $d_w = d$ zu setzen.
c) und d) siehe Lehrbuch Kapitel 11; die Wirkebenen x und y sind nebeneinander zu skizzieren, wobei zu beachten ist, dass F_{r2} und F_{a2} im Abstand $d_2/2$ stets in der gleichen Wirkebene liegen; Belastungsskizzen siehe Ergebnisteil. Kippmoment durch F_a beachten!
d) durch Kippmoment $F_a \cdot l_1$ ergeben sich an der Stelle des Ritzels zwei Biegemomente (links- und rechtsseitig) aus $M_1 = F_{Ares} \cdot l_1$ bzw. $M_2 = F_{Bres} \cdot l_2$. Das größere Moment ist für die Auslegung der Welle maßgebend.

21.36 a) bis d) siehe Lösungshinweise zur Aufgabe 21.35.

Tragfähigkeitsnachweis (geradverzahnte Stirnräder)

21.37 Die Berechnung ist zweckmäßig in nachfolgender Reihenfolge durchzuführen:
a) Nennbelastung aus Gl. (21.67) mit dem Nenndrehmoment T aus Gl. (21.66),
b) Festlegung der Verzahnungsqualität nach TB21-7b,
c) Stirnfaktor vereinfacht aus TB21-19 für $K_A \cdot F_t/b \leq 100 N/mm$;
d) Gesamtbelastungseinfluss für die Zahnfußtragfähigkeit nach Gl. (21.81),
e) die örtliche Zahnfußspannung aus Gl. (21.82) mit den Korrekturfaktoren aus TB21-20 und nach Gl. (21.83) die Zahnfußspannung unter Berücksichtigung der Belastungseinflussfaktoren.
f) den Grenzwert für den Ritzelwerkstoff aus Gl. (21-84a) errechnen unter Berücksichtigung diverser Faktoren nach TB21-21;
g) die Tragsicherheit aus dem Verhältnis Zahnfußgrenzfestigkeit und Zahnfußspannung aus Gl. (21.85) ermitteln.

21 Außenverzahnte Stirnräder   211

21.38 Im Einzelnen sind zu ermitteln bzw. festzulegen:
a) die vom Rad weiterzuleitende Nenn-Umfangskraft F_{t2} aus Gl. (21.67) mit dem Nenndrehmoment aus Gl. (21.66),
b) den Nennwert der Flankenpressung im Wälzpunkt C aus Gl. (21.88) mit dem Zonenfaktor Z_H nach TB21-22a,
c) die Flankenpressung am Wälzkreis aus Gl. (21.89) unter Berücksichtigung des Balastungsfaktors (s. Aufgabenstellung),
d) die Flankengrenzfestigkeit aus Gl. (21.90) mit den Einflussfaktoren aus TB21-23a, b, c, d, e und TB21-21d,
e) die Flankentragsicherheit aus Gl. (21.91).

21.39 a) Die Modulwahl wird nach Gl. (21.63) und (21.65) vorgenommen, da einerseits die Leistungsdaten und die Zahnradwerkstoffe, andererseits der Schaftdurchmesser zur Aufnahme des Ritzels bekannt sind. Der größere Wert ist zur Festlegung der Modulgröße nach TB21-1 zu Grunde zu legen. Das Durchmesser/Breitenverhältnis nach TB21-14 festlegen (fliegendes Ritzel, flammgehärtet). Für die Geometriedaten siehe Lösungshinweise zu den Aufgaben 21.1ff.
b) und c) siehe Lösungshinweise zu den Aufgaben 21.37 und 21.38.

21.40 a) Aus der Fördergeschwindigkeit und dem Kettenraddurchmesser die Drehzahl n_3 und damit i_{ges} und $i_{1,2}$ bestimmen. Mit z_1 und $i_{1,2}$ Zähnezahl z_2 ermitteln. Modul aus r_2 und der Achshöhe errechnen und nach TB21-1 sinnvoll festlegen. Für die Ausführung als Ritzelwelle ist nach Gl. (21.63) der Mindestmodul zu bestimmen und dem gewählten Modul gegenüber zu stellen;
b) Zahnbreiten zweckmäßig mit Ψ_d und Ψ_m nach TB21-14 festlegen; die Verzahnungsqualität nach TB21-7.
c) und d) siehe Lösungshinweise zu den Aufgaben 21.37 und 21.38. Umfangskraft unter Berücksichtigung des Riementriebes ermitteln; da für beide Räder der gleiche Werkstoff vorgesehen ist, wird nur das Ritzel auf ausreichende Tragfähigkeit untersucht.

Tragfähigkeitsnachweis (schrägverzahnte Stirnräder)

21.41 a) Teilkreisdurchmesser nach Gl. (21.38) $d = z \cdot m_t = z \cdot m_n / \cos \beta$, Grundkreisdurchmesser nach Gl. (21.39) $d_b = d \cdot \cos \alpha_t = z \cdot m_n \cdot \cos \alpha_t / \cos \beta$ mit α_t aus Gl. (21.35) $\cos \beta = \tan \alpha_n / \tan \alpha_t$, Kopfkreisdurchmesser nach Gl. (21.40), Fußkreisdurchmesser Gl. (21.41), Null-Achsabstand Gl. (21.42). Die Überdeckungsfaktoren nach Gl. (21.44) bis (21.46).
b) Siehe Lehrbuch 21.5.3, Dynamikfaktor K_v nach Gl. (21.73); Flankenlinienabweichung durch Verformen nach Gl. (21.75), herstellungsbedingte Flankenlinienabweichung nach Gl. (21.76); Stirnfaktoren ($K_{H\alpha}$, $K_{F\alpha}$) zweckmäßig nach TB 21-19.

21.43 a) Aufteilung $(x_1 + x_2)$ nach Gl. (21.33) mit z_n anstelle z; Rad- und Getriebeabmessungen siehe Lösungshinweise zur Aufgabe 21.37ff. Den Betriebseingriffswinkel aus Gl. (21.56) bestimmen.
b) siehe Lösungshinweise zur Aufgabe 21.41
c) siehe Lösung zur Aufgabe 21.42.

22 Kegelräder, Kegelradgetriebe

22.1 a) Teilkegelwinkel δ nach Lehrbuch 22.2.1, Gl. (22.4) $\tan \delta_1 = \dfrac{\sin \Sigma}{u + \cos \Sigma}$

b) Teilkreisdurchmesser nach Gl. (22.6) $d_e = z \cdot m_e$, Kopfkreisdurchmesser nach Gl. (22.13) $d_{ae} = m_e \cdot (z + 2 \cdot \cos \delta)$,

c) siehe Lehrbuch 22.2.1, Gl. (22.8) $R_e = \dfrac{d_e}{2 \cdot \sin \delta}$, die Zahnradbreite entsprechend den Empfehlungen Gl. (22.11) kontrollieren,

d) Die Kopfkegelwinkel nach Lehrbuch Gl. (22.14) $\delta_a = \delta + \vartheta_a$ mit *Kopfwinkel* ϑ_a aus $\tan \vartheta_a = m_e/R_e$, und Fußkegelwinkel nach Gl. (22.15) $\delta_f = \delta - \vartheta_f$ mit *Fußwinkel* gleich Winkel zwischen Mantellinie des Teil- und des Fußkegels aus $\tan \vartheta_f \approx 1{,}25 \cdot m_e/R_e$ (Kopfwinkel und Kopfkegelwinkel sowie Fußwinkel und Fußkegelwinkel sind zu unterscheiden).

22.2 a) Ausführung als Nullgetriebe ist möglich, wenn die Bedingung $z_1 \geq z'_{gK1}$ erfüllt ist, s. Angaben zu Gl. (22.17).

b) Zähnezahl z_1 aus Gl. (22.2), Teilkegelwinkel aus Gl. (22.4) bzw. aus Gl. (22.1); äußere Teilkegellänge aus Gl. (22.9) mit d_e aus Gl. (22.6); mittlere Teilkegellänge aus Gl. (22.9); für die festgelegte Zahnbreite Angaben zu Gl. (22.11) beachten; h_{ae} und h_{fe} aus Gl. (22.12), $d_{ae1,2}$ aus Gl. (22.13), $\delta_{a1,2}$ aus Gl. (22.14), $\delta_{f1,2}$ aus Gl. (22.15).

22.3 Für die Berechnung der Radabmessungen wird im Gegensatz zu den geradverzahnten Kegelrädern bei schrägverzahnten Kegelrädern vielfach der mittlere Modul im Normalschnitt m_{mn} (bei geradverzahnten Kegelrädern $m_e = m$) als Nenngröße zugrunde gelegt, siehe auch zu den Gln. (22.7) und (22.21).
Zähnezahl des Rades aus Gl. (22.2) $i = z_2/z_1$; die Radbreite mit dem Breitenverhältnis ψ_d nach TB22-1 ermitteln und sinnvoll festlegen; Teilkegelwinkel aus Gl. (22.4); mittlerer Teilkreisdurchmesser aus Gl. (22.21); Teilkegellänge R_m aus Gl. (22.9), R_e aus Gl. (22.8); mittlerer Kopfkreisdurchmesser aus Gl. (22.24) mit $h_{am} = m_{nm}$, äußerer Kopfkreisdurchmesser aus Gl. (22.25), mittlerer Fußkreisdurchmesser aus Gl. (22.26) mit $h_{fm} = 1{,}25 \cdot m_{nm}$, äußerer Fußkreisdurchmesser aus Gl. (22.27).

22.4 a) Das Übersetzungsverhältnis $i' = n_{an}/n_{ab}$ mit der Kettengeschwindigkeit v und dem Rollendurchmesser D aus $n_{ab} = n_2 = v/(D \cdot \pi)$;

b) die Ritzelzähnezahl z_1 nach TB22-1 für das Übersetzungsverhältnis festlegen, die Zähnezahl z_2 für das Rad aus Gl. (22.2); die Übersetzung i_{vorh} aus Gl. (22.2);

c) den Modul m_{mn} mit Gl. (22.32) überschlägig ermitteln und nach TB21-1 festlegen (Ritzel und Welle sind getrennt); die Zahnkopf- und Zahnfußhöhe nach Gl. (22.23);

d) die Radbreite mit dem Breitenverhältnis ψ_d nach TB22-1 ermitteln und sinnvoll festlegen; Teilkegelwinkel $\delta_{1,2}$ aus Gl. (22.4); mittlerer Teilkreisdurchmesser aus Gl. (22.21); Teilkegellänge R_m aus Gl. (22.9), R_e aus Gl. (22.8); mittlerer Kopfkreisdurchmesser $d_{am1,2}$ aus Gl. (22.24), äußerer Kopfkreisdurchmesser $d_{ae1,2}$ aus Gl. (22.25), mittlerer Fußkreisdurchmesser $d_{fe1,2}$ aus Gl. (22.27).

22 Kegelräder, Kegelradgetriebe

22.5 a) Nach Lehrbuch TB 22-1 wird für $i = 2{,}05$ der Bereich $z_1 \approx 15\ldots30$ empfohlen; die Ritzelzähnezahl so festlegen, das die geforderte Übersetzung möglichst genau eingehalten wird.

b) den Modul m_{mn} mit Gl. (22.32) überschlägig ermitteln und nach TB21-1 festlegen; die Zahnkopf- und Zahnfußhöhe nach Gl. (22.23);

c) die Radbreite mit dem Breitenverhältnis ψ_d nach TB22-1 ermitteln und sinnvoll festlegen; Teilkreiswinkel $\delta_{1,2}$ aus Gl. (22.4); mittlerer Teilkreisdurchmesser aus Gl. (22.21); Teilkegellänge R_m aus Gl. (22.9), R_e aus Gl. (22.8); mittlerer Kopfkreisdurchmesser $d_{am1,2}$ aus Gl. (22.24), äußerer Kopfkreisdurchmesser $d_{ae1,2}$ aus Gl. (22.25), mittlerer Fußkreisdurchmesser $d_{fm1,2}$ aus Gl. (22.26), äußerer Fußkreisdurchmesser $d_{fe1,2}$ aus Gl. (22.27).

Tragfähigkeitsnachweis

22.6 $K_A = 1$ da maximale Leistung angegeben ist. Für den Tragfähigkeitsnachweis sind die Werte des virtuellen Ersatz-Stirnrades mit z_v nach Gl. (22.16) maßgebend. Die Profilübereckung $\varepsilon_{v\alpha}$ überschlägig nach TB21-2a, den Überdeckungsfaktor Y_ε aus TB22-3; Einflussfaktor (Stirnfaktor) $K_{F\alpha}$ und $K_{H\alpha}$ nach TB22-19 für die gewählte Qualität mit $Z_\varepsilon = \sqrt{(4-\varepsilon_\alpha)/3}$ nach Text zu Gl. (21.88); $K_{F\beta}$ nach Angaben zur Gl. (22.42). Nach Festlegung aller Einflussfaktoren, siehe zu den Gl. (22.42) bis (22.47), die jeweils vorhandene Sicherheit aus Gl. (22.44) $S_{F\,vorh} = \sigma_{FG}/\sigma_F$ mit $\sigma_{FG} = \sigma_{F\,lim} \cdot Y_{St} \cdot Y_{\delta\,rel\,T} \cdot Y_{R\,rel\,T} \cdot Y_x$ und $S_{H\,vor} = \sigma_{HG}/\sigma_H$ mit $\sigma_{HG} = \sigma_{H\,lim} \cdot Z_L \cdot Z_v \cdot Z_R \cdot Z_x$. Erläuterungen zu den einzelnen Einflussfaktoren siehe Kapitel 21 unter 21.5.3 und 21.5.4.

22.7 Mit den gegebenen Zahnraddaten die Kegelradabmessungen d_{m1} und d_{m2} ermitteln. Anwendungsfaktor $K_A = 1$, da $P = 12$ kW als „Maximalleistung" gegeben. Zur Ermittlung der Auflagerkräfte siehe Lehrbuch 22.5 (Berechnungsbeispiel 22.3). Die Auflagerkräfte F_A und F_B sind für den Rechts- und Linkslauf zwar gleich groß, ihre Richtungen dagegen ändern sich.

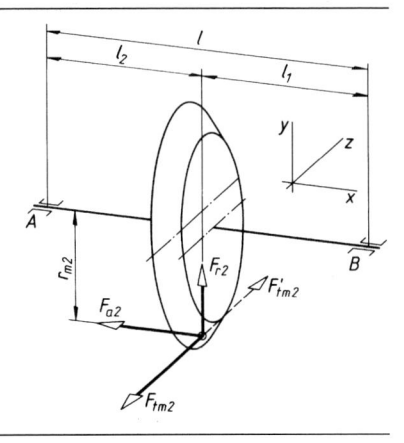

22.8 Siehe Lösungshinweise zu den vorstehenden Aufgaben.

23 Schraubrad- und Schneckengetriebe

Schraubradgetriebe

23.1 Die Radabmessungen der Schraubräder werden teilweise wie die der Schrägstirnräder bestimmt.
a) Zähnezahl aus Gl. (23.1),
b) die Teilkreisdurchmesser d aus Gl. (21.38), die Kopfkreisdurchmesser d_a aus Gl. (21.40); bei der Festlegung der Radbreiten kann allgemein $b_1 = 10 \cdot m_n$ gesetzt werden (Lehrbuch 23.1.5 – Fall 1),
c) der (Null)-Achsabstand aus Gl. (23.4) mit $\beta_s \approx \beta$.

23.2 Die Aufteilung des Achsenwinkels Σ in β_1 und β_2 wird von der Verzahnungsgeometrie nicht zwingend vorgeschrieben und kann somit frei erfolgen. Da jedoch der Wirkungsgrad der Verzahnung η_z, der Achsabstand a und andere Verzahnungsdaten von der Größe der Schrägungswinkel β_1 und β_2 beeinflusst werden, sind für β_1 und somit auch für β_2 nur ganz bestimmte Bereiche als sinnvoll anzunehmen. Durch Auftragen des Wirkungsgrades η_z [nach Lehrbuch Gl. (20.6)] über dem Schrägungswinkel β_1 kann der günstige Bereich für β_1 abgelesen werden.

23.3 a) Günstige Wirkungsgrade ergeben sich, wenn $\beta_1 = (\Sigma + \varrho')/2$ gewählt wird, s. Lehrbuch 20.4.
b) Zähnezahl des treibenden Rades wird in Abhängigkeit von der Übersetzung i festgelegt, s. Lehrbuch TB 23-1; die Teilkreisdurchmesser aus Gl. (21.38), die Kopfkreisdurchmesser aus Gl. (21.40), der Achsabstand aus Gl. (23.4) mit $\beta_s \approx \beta$.
c) Der Wirkungsgrad ist abhängig von den Schrägungswinkeln und dem Keilreibungswinkel, s. Lehrbuch 20.4, Gl. (20.6) für $\Sigma < 90°$.
d) Die Gleitgeschwindigkeit der Flanken zueinander aus Gl. (23.3) mit $\beta_s \approx \beta$ und $v = d \cdot \pi \cdot n$.

23.4 a) Siehe Lehrbuch 23.1.5 – *Fall 1*. Die Zähnezahl des Rades aus Gl. (23.1); mit den Hinweisen zu Gl. (23.11) können die Schrägungswinkel β für Ritzel und Rad ermittelt werden. Der Modul kann aus der Gl. (23.11) annähernd ermittelt werden, wenn für $d'_1 = z_1 \cdot m_n/\cos\beta_1$ gesetzt wird, der Anwendungsfaktor ist mit $K_A = 1$ anzusetzen, da P_{max} bekannt ist; der Modul ist nach TB20-1 sinnvoll festzulegen. Die Teilkreisdurchmesser aus Gl. (21.38), die Kopfkreisdurchmesser aus Gl. (21.40), die Radbreiten nach Angaben zu Gl. (23.11); der Achsabstand aus Gl. (23.4) mit $\beta_s \approx \beta$.
b) Die Zahnkräfte aus den Gln. (23.5)...(23.10).
c) S. Lehrbuch 20.4. „Getriebewirkungsgrad", η_z aus Gl. (20.6) für den Achsenwinkel $\Sigma = 90°$.

23.5 a) Da $\Sigma = 90°$ (siehe Bild), $i = i_{ges}/i_1$ und P_1 bekannt sind, kann die Ermittlung der Abmessungen der Schraubräder nach Lehrbuch 23.1.5 – *Fall 1* erfolgen. Die Hauptabmessungen mit den Gln. (21.38) ff ermitteln.
b) $P_2 = \eta_{ges} \cdot P$, wobei sich η_{ges} zusammensetzt aus den Einzelwirkungsgraden der Stirnradverzahnung, der Lagerung der Welle I, Dichtung einschließlich Schmierung der Welle I, Stirnrad-Schraubgetriebes, s. Lehrbuch 20.4 zu Gl. (20.5).

23 Schraubrad- und Schneckengetriebe

23.6 Da es sich im vorliegenden Fall um kein Leistungsgetriebe handelt, wird aus wirtschaftlichen Gründen nach Lehrbuch 23.2.1 ein Zylinderschnecken-Getriebe mit einer ZK-Schnecke und einem Globoidschneckenrad vorgesehen.

a) Da der Achsabstand vorgegeben ist, wird die Zähnezahl der Schnecke zweckmäßig aus Gl. (23.33) errechnet und sinnvoll gerundet. Die Zähnezahl des Schneckenrades sollte möglichst (wegen des gleichmäßigeren Verschleißes) eine ungerade Zahl sein, s. Lehrbuch 23.2.1.

b) Bei der Ermittlung der Abmessungen für Schnecke und Schneckenrad ist nach Lehrbuch 23.2.5, *Fall 1* vorzugehen. Es ist zu beachten, dass der Mittenkreisdurchmesser der Schnecke d_{m1} zwar frei gewählt werden kann; aber zweckmäßig ist eine zunächst überschlägige Größenbestimmung mit Gl. (23.34). Der vorläufige Teilkreisdurchmesser des Schneckenrades d_2 aus Gl. (23.35) und damit der Modul $m = d_2/z_2$ [siehe Text zu Gl. (23.35)]; anschließend mit dem nach DIN 780 T2 (Lehrbuch TB23-4) sinnvoll festgelegten Modul die weiteren Abmessungen ermitteln.

c) d_{m1} aus Gl. (23.34), γ_m aus Gl. (23.36), d_{a1} aus Gl. (23.18), d_{f1} aus Gl. (23.19), b_1 aus Gl. (23.20),

d) d_2 aus Gl. (23.35), $\beta = \gamma_m$ aus Gl. (23.36), d_{a2} aus Gl. (23.24), d_{f2} aus Gl. (23.25), b_2 aus Gl. (23.27),

e) der Achsabstand a aus Gl. (23.28).

23.7 Da das zu übertragende Drehmoment bekannt ist und ein bestimmter Achsabstand nicht vorgegeben ist, kann die Berechnung nach Lehrbuch 23.2.5 – *Fall 2*, erfolgen, s. auch die Lösungshinweise zur Aufgabe 23.6. Der ungefähre Achsabstand a aus Gl. (23.37) überschlägig ermitteln und nach DIN 323 sinnvoll festlegen, die Zähnezahl z_1 aus Gl. (23.33), Mittenkreisdurchmesser d_{m1} der Schnecke ungefähr aus Gl. (23.34) und sinnvoll aufrunden. Teilkreisdurchmesser aus Gl. (23.38), Modul aus $m = d_2/z_2$, Kopfkreisdurchmesser d_{a1} aus Gl. (23.18), Fußkreisdurchmesser d_{f1} aus Gl. (23.19), Zahnbreite = Schneckenlänge b_1 aus Gl. (23.20); der Wert ist sinnvoll aufzurunden. Der Mittensteigungswinkel γ_m aus Gl. (23.36).

23.8 a) Das äquivalente Drehmoment aus $T_{eq} = T_{nenn} \cdot K_A$,

b) für die Ermittlung der Lagerkräfte A und B sind die Zahnkräfte der Schnecke F_{t1}, F_{a1}, F_{r1}, für C und D die Zahnkräfte des Schneckenrades F_{t2}, F_{a2}, F_{r2}, maßgebend. Diese lassen sich ermitteln aus den Gln. (23.30) bis (23.32c) mit dem Mittensteigungswinkel γ_m aus Gl. (23.36) und dem Keilreibungswinkel ρ' aus TB23-8.

c) Mit den Zahnkräften F_{t1}, F_{a1}, F_{r1} aus der Bedingung $\Sigma F_{(A)} = 0$ die Teil-Kräfte des Lagers B berechnen; ebenso $\Sigma F_{(B)} = 0$ für die Teilkräfte des Lagers A. Die Kräfte in x- und in y-Richtung zusammenfassen und geometrisch addieren; dsgl. für die Lagerkräfte C und D mit den Zahnkräften F_{t2}, F_{a2}, F_{r2}.

23.9 Um bei gegebenen Bedingungen die Leistung übertragen zu können, ist nachzuweisen, dass $S_H \geq 1$ ist, s. Lehrbuch 23.2.6.

a) die minimale mittlere Herz'sche Pressung p_m^* aus Gl. (23.38). Für die Formzahl der Schnecke ist der Vorzugswert $q = 10$ anzunehmen.

b) σ_{Hm} aus Gl. (23.39) mit $T_{2\,eq} = T_{2\,nenn} \cdot K_A$. Da der Achsabstand nicht vorgegeben ist, kann dieser überschlägig aus Gl. (23.37) ermittelt und sinnvoll festgelegt werden.

c) $\sigma_{H\,grenz}$ aus Gl. (23.40)

d) S_H aus Gl. (23.41)

Ergebnisse und ausführliche Lösungswege

1 Konstruktive Grundlagen, Normzahlen

1.1 a) 140 200 280 400 560 800 1120 1600; $q_{20/3} = 1{,}12^3 \approx 1{,}4$
b) 200 315 500 800 1250 2000; $q_{10/2} = 1{,}25^2 \approx 1{,}6$
c) 0,16 1,0 6,3 40 250; $q_{5/4} = 1{,}6^4 \approx 6{,}3$
d) 11,8 14 17 20 23,6 28; $q_{40/3} = 1{,}06^3 \approx 1{,}18$
e) 1600 1250 1000 800 630 500; $q_{20/-2} = 1/1{,}12^2 = 1/1{,}25 = 0{,}8$
f) 400 200 100 50; $q_{10/-3} = 1/1{,}25^3 = 0{,}5$

1.2 a) R10/2(5...) mit 5 Größen (bzw. R20/4 bzw. ausnahmsweise R40/8); $q_{10/2} = 1{,}6$ (bzw. $q_{20/4}$ bzw. $q_{40/8}$).
b) R40/5(0,053...) mit 4 Gliedern; $q_{40/5} = 1{,}32$.
c) R5/4(6,3...) mit 4 Größen (bzw. R10/8 bzw. R20/16); $q_{5/4} = 6{,}3$ (bzw. $q_{10/8}$ bzw. $q_{20/16}$).
d) R20/−3(200...) mit 5 Gliedern (bzw. ausnahmsweise R40/−6); $q_{20/-3} = 1/1{,}4$ (bzw. $q_{40/-6}$).
e) R'20/3(18...) mit 5 Größen (bzw. ausnahmsweise R'40/6); $q_{20/3} = 1{,}4$.
f) R'20/−2(560...) mit 6 Gliedern (bzw. ausnahmsweise R'40/−4); $q_{20/-2} = 1/1{,}25$.

1.3 $d = 20$ 28 40 56 80 112 mm nach R20/3 mit $q_{20/3} = 1{,}4$;
$A = 3{,}15$ 6,3 12,5 25 50 100 cm² nach R20/6 mit $q_A = q_L^2 = q_{20/6} = 1{,}4^2 = 2$.

1.4 $V = 2$ 4 8 10 ℓ nach Volumen Rr/3p = R10/3 ($p = 1$); $q_{10/3} = 2$
$d = 125$ 160 200 250 mm nach Länge Rr/p = R10 ($p = 1$); $q_{10} = 1{,}25$
$h = 160$ 200 250 315 (bzw. 320) mm nach Länge Rr/p = R10 (bzw. R'10).
($V = \pi \cdot d^2 \cdot h/4$, $h/d = q_{10}$, $d = \sqrt[3]{(4 \cdot V)/(q_{10} \cdot \pi)}$,
$d_1 = \sqrt[3]{(4 \cdot 2 \text{ dm}^3)/(1{,}25 \cdot \pi)} = 1{,}26$ dm ≈ 125 mm, $h_1 = q_{10} \cdot d_1 = 1{,}25 \cdot 125$ mm ≈ 160 mm)
Proberechnung: $V_3 = (2 \text{ dm})^2 \cdot (\pi/4) \cdot 2{,}5$ dm $= 8$ dm³.

1.5 a) R'40/12 ($p = 4$); $q_{40/12} = 2$
b) R'40/4
c) $h/d = 1{,}12$ ($q_{40} = 1{,}06$; $q_{40}^2 = 1{,}12$)

V in ℓ	3	6	12	24
d in mm	150	190	240	300
h in mm	170	210	260	340

1.6 Leistung P nach R''20/4 = Rr/2p ($p = 2$); $P = 5$ 8 12 20 30 kW
Länge (Durchmesser D) nach Rr/p = R20/2; $D = 900$ 1120 1400 1800 2240 mm
Drehzahl n nach Rr/−p = R20/−2 (fallend); $n = 560$ 450 355 280 224 min⁻¹
Proberechnung mit D_1 und n_1 bzw. D_4 und n_4 ergibt $v_1 = 0{,}9$ m $\cdot \pi \cdot 560/60$ s $= 26{,}4$ m/s bzw. $v_4 = 1{,}8$ m $\cdot \pi \cdot 280/60$ s $= 26{,}4$ m/s, also $v_1 = v_4$.

1.7 Kräfte F nach Rr/2p, Widerstandsmomente W_x nach Rr/3p, somit Abmessungen l, b, h nach Rr/p. Da $W_{x1} \approx 600$ cm^3 (errechnet) und $F_1 = 2$ kN (gegeben), wird die Rundwertreihe R'40 festgelegt. Damit werden F nach R'40/4 ($p = 2$), W_x nach R40/6, Abmessungen l, b, h nach R'40/2 gestuft.

F in kN	**2**	2,5	3,2	4
W_x in cm^3	**600**	850	1180	1700
l_1 in mm	**1400**	1600	1800	2000
l_2 in mm	**900**	1000	1100	1250
b_1 in mm	**125**	140	160	180
h_1 in mm	**200**	220	250	280
b_2 in mm	**100**	110	125	140
h_2 in mm	**140**	160	180	200

1.8

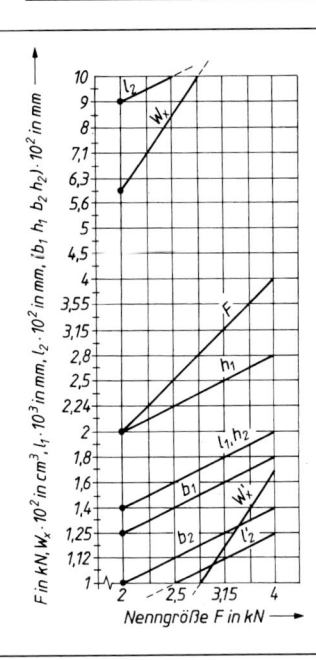

1.9 a) Lösung über statische Ähnlichkeit

Die entstehenden Knicklinien sind ähnlich im Sinne des Längenmaßstabes $q_L = 10$, s. Lehrbuch 1.3.3 und TB 1-15.

Längenänderung des Stabes allgemein: $\Delta l = \dfrac{\sigma}{E} l = \dfrac{\Delta F}{\Delta A} \cdot \dfrac{l}{E}$

Großausführung: $\Delta l_1 = \dfrac{\sigma_1}{E_1} l_1 = \dfrac{\Delta F_1}{\Delta A_1} \cdot \dfrac{l_1}{E_1}$

Modell: $\Delta l_0 = \dfrac{\sigma_0}{E_0} l_0 = \dfrac{\Delta F_0}{\Delta A_0} \cdot \dfrac{l_0}{E_0}$

$\dfrac{\Delta l_1}{\Delta l_0} = \dfrac{l_1}{l_0} = q_L = \dfrac{\Delta F_1}{\Delta F_0} \cdot \dfrac{l_1}{l_0} \cdot \dfrac{\Delta A_0}{\Delta A_1} \cdot \dfrac{E_0}{E_1} = \dfrac{F_{K1}}{F_{K0}} \cdot q_L \cdot \dfrac{1}{q_L^2} \cdot \dfrac{E_0}{E_1} \rightarrow$

$F_{K1} = \dfrac{q_L \cdot F_{K0} \cdot q_L^2 \cdot E_1}{q_L \cdot E_0} = F_{K0} \cdot q_L^2 \cdot \dfrac{E_1}{E_0}$

$F_{K1} = 280 \text{ N} \cdot 10^2 \cdot \dfrac{2{,}1 \cdot 10^5 \text{ N/mm}^2}{0{,}7 \cdot 10^5 \text{ N/mm}^2} = 84$ kN

1 Konstruktive Grundlagen, Normzahlen

b) Lösung mit Knickformel $F_K = \pi^2 \cdot E \cdot I / l^2$

$$\frac{F_{K1}}{F_{K0}} = \frac{\pi^2 \cdot E_1 \cdot I_1 \cdot l_0^2}{l_1^2 \cdot \pi^2 \cdot E_0 \cdot I_0} = \frac{E_1}{E_0} \frac{I_1}{I_0} \frac{l_0^2}{l_1^2} = \frac{E_1}{E_0} \cdot q_L^4 \cdot \frac{1}{q_L^2}; \quad \text{mit} \quad q_I = \frac{I_1}{I_0} = q_L^4, \frac{l_0}{l_1} = \frac{1}{q_L}, \; q_L = 10$$

$$F_{K1} = F_{K0} \cdot \frac{E_1}{E_0} \cdot q_L^2 = 280 \, \text{N} \cdot \frac{2{,}1 \cdot 10^5 \, \text{N/mm}^2}{0{,}7 \cdot 10^5 \, \text{N/mm}^2} \cdot 10^2 = 84 \, \text{kN}$$

1.10 a) Mit $n = 5(z-1)$ Größenstufen und der Bereichszahl $B = \dfrac{160 \, \text{cm}^3/\text{U}}{5 \, \text{cm}^3/\text{U}} = 32$ erhält man den Stufensprung $q = \sqrt[n]{B} = \sqrt[5]{32} \approx 2$, was der abgeleiteten Reihe $R_{10/3}$ mit $q_{10/3} = 1{,}25^3$ entspricht.

Nach TB 1-16 betragen die Fördervoluminas in cm³/U der sechs Baugrößen nach der abgeleiteten Reihe $R_{10/3}$ (5 ...): 5 10 20 40 80 160.

In der in der Hydraulik für $\dot{V}$ üblichen Einheit l/min sind das für die sechs Baureihen bei $n = 1400 \, \text{min}^{-1}$ nach R20/6(7,1 ...): 7,1 14 28 56 112 224. ($\dot{V} = \dot{V}_u \cdot n/1000$ in l/min, mit $\dot{V}_u$ in cm³/U und n in min^{-1})

Die Fördervolumina in cm³/U sollen zur Bezeichnung der Baugrößen benutzt werden, also z. B. P5.

b) Das sich aus der Zahngeometrie ergebende Fördervolumen beträgt näherungsweise $\dot{V} \approx 2 \cdot \pi \cdot d \cdot m \cdot b$.

Von Baugröße zu Baugröße wächst das Fördervolumen $q_V = q_d \cdot q_m \cdot q_b = q_L^3 = 2 = 1{,}25^3$

Teilkreisdurchmesser, Modul und Breite der Zahnräder werden also nach R10 mit $q_{10} = 1{,}25$ gestuft.

Teilkreisdurchmesser d in mm nach R'10 (32...): 32 40 50 63 80 100

Moduln m in mm nach R10 (2...): 2 2,5 3,15 4 5 6,3

Zahnradbreiten b in mm nach R10 (12,5...): 12,5 16 20 25 31,5 40

Die Pumpenleistung $P = \Delta p \cdot \dot{V}$ ergibt sich mit dem Stufensprung $q_P = q_{\Delta p} \cdot (q_V/q_t)$, mit $q_{\Delta p} = 1$, $q_V = q_L^3$ und $q_t = q_L$ nach TB 1-15 zu $q_P = q_L^3 = 1{,}25^3 = 2$.

Pumpenleistung P in kW nach R20/6 (1,8...): 1,8 3,55 7,1 14 28 56

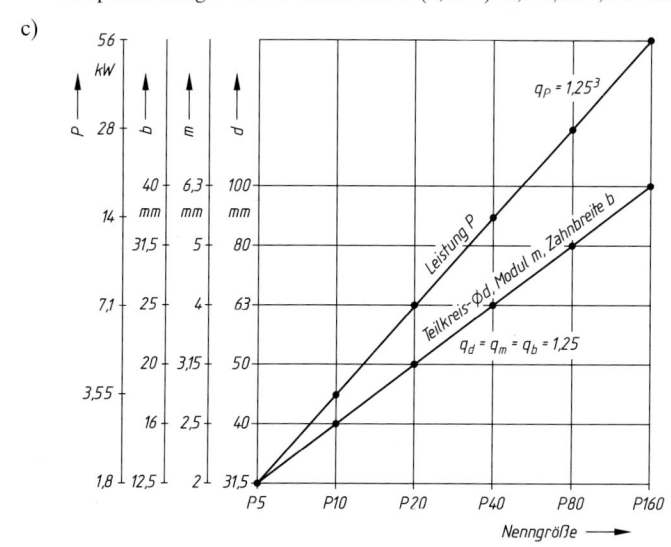

c)

Datenblatt einer Baureihe von Zahnradpumpen (Benennung nach dem Fördervolumen in cm³/U)

2 Toleranzen, Passungen, Oberflächenbeschaffenheit

2.1 a) H7/r6, b) H7/k6, c) H7/n6, d) H7/h6

2.2 Toleranzfeldlage H: $EI = 0$;

Toleranzfeldlage K: $ES = -3 + \delta$ ($\delta = 5, 7, 13, 19$ μm je nach Toleranzgrad, siehe TB 2-3);

Toleranzfeldlage f: $es = -36$ μm (TB 2-2);

Toleranzfeldlage m: $ei = 13$ μm (TB 2-2)

Toleranzgrad IT ...	5	6	7	8	9	11
Grundtoleranz IT in μm	15	22	35	54	87	220

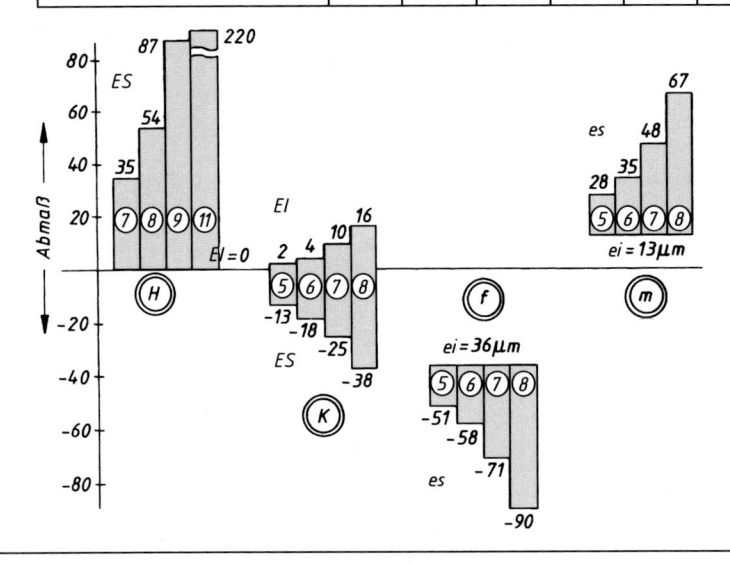

2.3 a) Welle Ø 50 k6: $es = 18$ μm, $ei = 2$ μm;
Bohrung Ø 50 H7: $ES = 25$ μm, $EI = 0$;

b) $G_{oW} = 50{,}018$ mm, $G_{uW} = 50{,}002$ mm;
$G_{oB} = 50{,}025$ mm, $G_{uB} = 50{,}000$ mm;

c) $P_o = 23$ μm, $P_u = -18$ μm, $P_T = 41$ μm (Übergangspassung, da $P_o > 0$ und $P_u < 0$; es ist sowohl Spiel als auch Übermaß möglich)

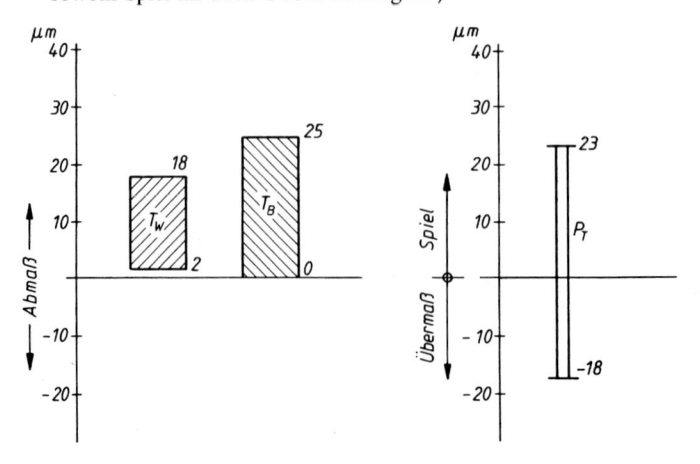

2 Toleranzen, Passungen, Oberflächenbeschaffenheit

2.4 $\varnothing$ 30 H7: $ES = 21\,\mu m$, $EI = 0$.

in µm	s6	r6	n6	k6	j6	h6	g6	f7
es	48	41	28	15	9	0	-7	-20
ei	35	28	15	2	-4	-13	-20	-41
P_o	-14	-7	6	19	25	34	41	62
P_u	-48	-41	-28	-15	-9	0	7	20

2.5
a) $P_T = 49\,\mu m$;

b) $T'_B \approx 30\,\mu m$; $T'_W \approx 19\,\mu m$;

c) H7 (Toleranzklasse mit dem Toleranzgrad 7) mit $EI = 0$, $ES = 30\,\mu m$, $T_B = 30\,\mu m$;

d) $ei' = 123\,\mu m$, $es' = 142\,\mu m$;

e) x6 mit $ei = 122\,\mu m$, $es = 141\,\mu m$ und damit $T_W = 19\,\mu m$.

2.6 Für die Passung 25 H8/e8 sind die Grenzpassungen $P_u = 40\,\mu m$ und $P_o = 106\,\mu m$ (Sollwerte).
Für die Passung 25 D9/k6 sind die Grenzpassungen $P_u = 50\,\mu m$ und $P_o = 115\,\mu m$ (Istwerte).
D9 mit $ES = 117\,\mu m$, $EI = 65\,\mu m$.

2.7
a) H7/f7;

b) $N = 30$ mm, $T_1 = 0,2$ mm ($l_o = 29,7$ mm, $l_u = 29,6$ mm)

$$30 {-0,3 \atop -0,4}$$

2.8 a) Hebelbohrung: F7, Rollenbohrung: M7(N7)

b) $N = 10$ mm; $T_L = 0,1$ mm ($L_o = 10,3$ mm, $L_u = 10,2$ mm).

$$10^{+0,3}_{+0,2}$$

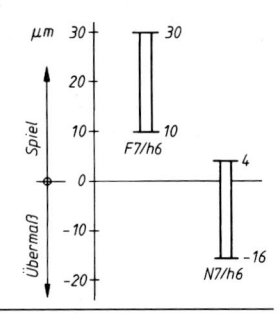

2.9 a) H7/f7; $P_o = 43$ µm, $P_u = 13$ µm ($ES = 15$ µm, $EI = 0$; $es = -13$ µm, $ei = -28$ µm);

b) $N = 10$ mm, $T_a = 0,06$ mm ($a_o = 17,28$ mm, $a_u = 17,22$ mm); die sinnvolle Maßeintragung wäre damit

$$17^{+0,3}_{+0,2} \quad \text{oder} \quad 17+0,3/+0,2$$

c) $Rz = 6,3$ µm (Toleranzgrad 7, Nennmaß $N = 10$ mm, mittelwertige Funktionsfläche)

$\sqrt{Rz\ 6,3}$

2.10 a) $N = 29$ mm, $T_a = 0,03$ mm ($a_o = 29,03$ mm, $a_u = 29$ mm).

$$29^{+0,03}_{0}$$

b) die Bedingung des seitlichen Lagerspiels von 0 bis höchstens 0,1 mm ist nicht zu erfüllen!

c) $Rz = 6,3$ µm (Toleranzgrad 6, Nennmaß $N = 50$ mm, mittelwertige Funktionsfläche)

$\sqrt{Rz\ 6,3}$

2.11 $N = 26$ mm, $T_l = 0,1$ mm ($l_o = 26,5$ mm, $l_u = 26,4$ mm).

$$26^{+0,5}_{+0,4}$$

2.12 $N = 45$ mm, $T_l = 0,2$ mm ($l_o = 44,75$ mm, $l_u = 44,55$ mm).

$$45^{-0,25}_{-0,45}$$

2.13 $N = 7$ mm, $T_l = 0,1$ mm ($l_o = 7,2$ mm, $l_u = 7,1$ mm).

$$7^{+0,2}_{+0,1}$$

2.14 $N - 102$ mm, $T_D - 0,515$ mm ($D_o = 102,079$ mm, $D_u = 101,564$ mm).

$$\varnothing 102^{+0,08}_{-0,44}$$

2.15 $N = 40$ mm, $d_{wo} = 39,95$ mm, $d_{wu} = 39,925$ mm, $es' = -0,05$ mm, $ei' = -0,075$ mm; e8 ($es = -0,05$ mm, $ei = -0,089$ mm).

2.16 $N_i = 10$ mm, $d_{1o} = 10,086$ mm, $d_{1u} = 10,035$ mm; festgelegt D9 ($ES = 76$ µm, $EI = 40$ µm)

2.17 $60 \pm 0,15$ ($2A = T_a = 4,3$ mm $- 4,0$ mm, $A_o = A_u = 0,15$ mm, $N = 60$ mm, 4h13: $0/-0,18$ mm, 4,3H12: $+0,12$ mm$/0$, $D_u = 4,3$ mm, $d_o = 4,0$ mm)

$$60 \pm 0,15$$

2.18 $N = 16$ mm, $d_o = 15,9$ mm, $d_u = 15,727$ mm.

$$\varnothing 16^{-0,10}_{-0,27}$$

3 Festigkeitsberechnung

3.1 Spannungswerte in N/mm²

	K_t	$d = 32$ mm S235	S275	E335	K_t	$d = 150$ mm S235	S275	E335
a) $R_m = K_t \cdot R_{mN}$	1,0	360	430	590	0,96	346	413	566
b) $R_e = K_t \cdot R_{eN}$	1,0	235	275	335	0,825	194	227	276
c) R_e/R_m	–	0,65	0,64	0,57	–	0,56	0,55	0,49
d) $\sigma_{bF} = 1{,}2 \cdot R_e$	1,0	282	330	402	0,825	233	272	332
e) $\tau_{tF} = 1{,}2 \cdot R_e/\sqrt{3}$	1,0	163	191	232	0,825	134	157	191
f) $\sigma_{bGW} = K_t \cdot \sigma_{bWN}/K_{Db}$ [1]	1,0	162	172	261	0,96	138	165	223
g) $\tau_{tGW} = K_t \cdot \tau_{tWN}/K_{Dt}$ [1]	1,0	94	112	162	0,96	81	96	138

[1] $K_g = 0{,}9$ ($d = 32$ mm), $K_g = 0{,}8$ ($d = 150$ mm)

3.2 Spannungswerte in N/mm²

	K_t	$d = 10$ mm S275	E335	K_t	$d = 20$ mm C45E	30CrNiMo8	K_t	$d = 20$ mm EN-GJL-250	EN-GJS-400-18
a) $R_m = K_t \cdot R_{mN}$	1,0	430	590	0,975	682	1219	1,0	250	400
b) $\sigma_{zSch} = K_t \cdot \sigma_{zSchN}$	1,0	270	335	0,975	478	780	1,0	100	223
c) $\sigma_{bW} = K_t \cdot \sigma_{bWN}$	1,0	215	290	0,975	341	609	1,0	120	195
d) $\tau_{tW} = K_t \cdot \tau_{tWN}$	1,0	125	180	0,975	205	366	1,0	102	127

3.3 $\sigma_{zul} = 160$ N/mm² ($R_{p0,2} = 240$ N/mm², $S_{F\,min} \approx 1{,}5$)

3.4 $\tau_{tF} = 166$ N/mm² ($R_{p0,2N} = 240$ N/mm², $K_t = 1{,}0$), $S_{F\,min} = 2{,}1$)

3.5 $\sigma_A = \dfrac{\sigma_{Sch}}{2} = \dfrac{360\,\text{N/mm}^2}{2} = 180\,\text{N/mm}^2$

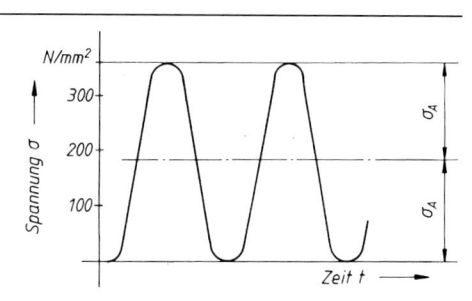

3.6 a) $\sigma_o = 220$ N/mm², $\sigma_u = -80$ N/mm²
b) $\kappa = -0{,}36$

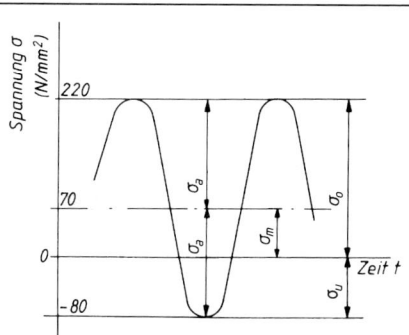

3.7 **a) Bestimmung der Ausschlagfestigkeit σ_{bGA} für σ_m = konst.**

$$\sigma_{bGA} = \sigma_{bGW} - \psi_\sigma \cdot \sigma_{mv}(=\sigma_{bm}) \qquad (3.18a)$$

$$= 450 \text{ N/mm}^2 - 0{,}215 \cdot 400 \text{ N/mm}^2 = \mathbf{364 \text{ N/mm}^2}$$

mit $\quad \psi_\sigma = a_M \cdot R_m + b_M \qquad (3.19)$

$$= 0{,}00035 \cdot \frac{\text{mm}^2}{\text{N}} \cdot 900 \text{ N/mm}^2 - 0{,}1 = \mathbf{0{,}215}$$

mit $R_m = R_{mN}$ und $\sigma_{bGW} = \sigma_{bW}$ (Normabmessung; glatter und polierter Stab) nach TB 1-1, a_M und b_M nach TB 3-13

Bestimmung der maximalen Ausschlagspannung σ_{ba}

$$S_D = \frac{\sigma_{bGA}}{\sigma_{ba}} = 1 \Rightarrow \sigma_{ba} = \sigma_{bGA} = \mathbf{364 \text{ N/mm}^2}$$

b) Bestimmung der ertragbaren Oberspannung σ_O bzw. Unterspannung σ_U

$$\sigma_O(=\sigma_{bGO}) = \sigma_{bm} + \sigma_{bGA} = 400 \frac{\text{N}}{\text{mm}^2} + 364 \frac{\text{N}}{\text{mm}^2} = \mathbf{764 \frac{\text{N}}{\text{mm}^2}}$$

$\left(\text{Überprüfung: } \sigma_O \le \sigma_{bF} \approx 1{,}2 \cdot R_{p0,2} = 1{,}2 \cdot 700 \frac{\text{N}}{\text{mm}^2} = 840 \frac{\text{N}}{\text{mm}^2}, \text{ d. h.} \right.$
$\left. \sigma_O = 764 \text{ N/mm}^2 \right)$

$$\sigma_U(=\sigma_{bGU}) = \sigma_{bm} - \sigma_{bGA} = 400 \frac{\text{N}}{\text{mm}^2} - 364 \frac{\text{N}}{\text{mm}^2} = \mathbf{36 \frac{\text{N}}{\text{mm}^2}}$$

c) Bestimmung des Grenzspannungsverhältnis κ für σ_m = konst.

$$\kappa = \frac{\sigma_{bu}(=\sigma_U)}{\sigma_{bo}(=\sigma_O)} = \frac{36}{764} = \mathbf{0{,}047}$$

d) Bestimmung der Ausschlagspannung σ_{ba} für κ = konst.

$$\sigma_{bGA} = \frac{\sigma_{bGW}}{1 + \psi_\sigma \sigma_{mv}/\sigma_{ba}} = \frac{450 \text{ N/mm}^2}{1 + 0{,}215 \dfrac{400 \text{ N/mm}^2}{250 \text{ N/mm}^2}} = \mathbf{335 \frac{\text{N}}{\text{mm}^2}} \qquad (3.18b)$$

$\sigma_{ba} = \sigma_{bGA} = 335 \text{ N/mm}^2 \quad$ (s. Hinweise unter a))

Hinweis: Die Lösungen können auch graphisch mit TB 3-1b ermittelt werden

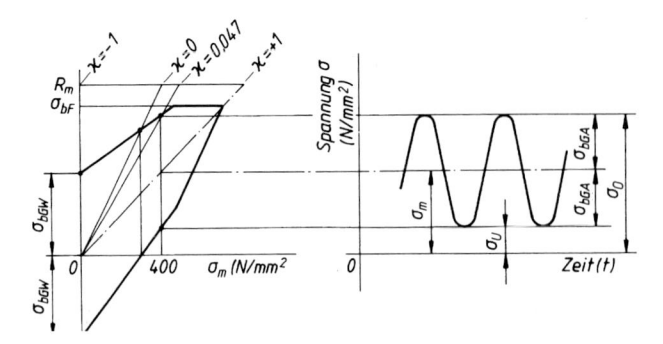

3.8 $\sigma_{bGA} = 160 \text{ N/mm}^2$ ($\sigma_{bGW} = 160 \text{ N/mm}^2$; $\sigma_{bW} = 468 \text{ N/mm}^2$; $K_t = 0{,}85$; $\sigma_{bWN} = 550 \text{ N/mm}^2$; $K_{Db} = 2{,}93$; $\beta_{kb} = 2{,}37$; $\beta_{kb\,\text{Probe}} = 2{,}3$; $K_\alpha = 0{,}95$ ($d = 55$ mm); $K_{\alpha\,\text{Probe}} = 0{,}98$ ($d_{\text{Probe}} = 15$ mm); $R_m = 935 \text{ N/mm}^2$; $R_{mN} = 1100 \text{ N/mm}^2$; $K_g = 0{,}86$; $K_{O\sigma} = 0{,}85$; $K_V = 1$).

3 Festigkeitsberechnung

3.9 $K_B = 0{,}59$ ($n_{b\,pl} = 1{,}98 > \alpha_{bp} = 1{,}7$, $R_{p0,2} = 268 \text{ N/mm}^2$; $R_{p0,2N} = 295 \text{ N/mm}^2$; $K_t = 0{,}91$)
$K_{Db} = 3{,}25$ ($\beta_{kb} = 2{,}73$, $r_f = 0{,}49$ mm, $r = 0{,}2$ mm; $K_g = 0{,}87$, $K_{O\sigma} = 0{,}90$, $K_V = 1$, $R_m = R_{mN} = 490 \text{ N/mm}^2$; $K_t = 1$).
$K_{Dt} = 2{,}67$ ($\beta_{kt} = 2{,}27$, $K_g = 0{,}87$, $K_{O\tau} = 0{,}94$, $K_V = 1$)
als Richtwerte sind üblich $\beta_{kt} = 2{,}2\ldots 3$.

3.10

	R/d	K_t	R_m	$\beta_{k(2,0)}$	D/d	c_b	$\beta_{k\,\text{Probe}}$	$K_{\alpha\,\text{Probe}}$	K_α	β_k
	1	1	N/mm²	1	1	1	1	1	1	1
S235		1,0	360	1,8			1,32	0,99	0,99	1,32
C60E	0,033	0,90	765	2,35	1,167	0,4	1,54	0,99	0,98	1,55
50CrMo4|	0,90	990	2,75				1,70	0,99	0,98	1,72

Hinweis: Da d und β_k nicht sehr groß sind, ist $\beta_{k\,\text{Probe}} \approx \beta_k$.
Mit zunehmender Zugfestigkeit des Werkstoffes wird β_k größer.

3.11

	d	D	D/d	R	R/d	α_k	φ	G'	n	β_k
	mm	mm	1	mm	1	1	1	mm⁻¹	1	1
C60E	30	35	1,167	1	0,033	2,2	0,12	2,58	1,14	1,93
				1,6	0,053	1,85	0,14	1,64	1,11	1,67
				2,5	0,083	1,65	0,17	1,08	1,09	1,51
	29,6	35	1,182	1	0,034	2,37	0,12	2,58	1,14	2,07

$R_m = K_t \cdot R_{mN} = 0{,}90 \cdot 850 \text{ N/mm}^2 \approx 765 \text{ N/mm}^2$;
$R_{p0,2} = K_t \cdot R_{p0,2N} = 0{,}90 \cdot 580 \text{ N/mm}^2 \approx 520 \text{ N/mm}^2$;
Bei Freistich: $D_1 = 30$ mm, $\alpha_A = 2{,}2$, $\alpha_R = 2{,}8$.
Je kleiner der Rundungsradius, desto größer wird die Kerbwirkung; durch den Freistich wird zusätzlich der Durchmesser geschwächt, was über den β_k-Wert berücksichtigt wird.

3.12 a) **Bestimmung der vorhandenen Spannungen σ_{ba}, τ_{ta}, σ_{bm}, τ_{tm} (s. auch Bild 3-32)**

$\sigma_{ba} = K_A \cdot \sigma_{b\,\text{nenn}} = 1{,}5 \cdot 46{,}7 \text{ N/mm}^2 = \mathbf{70\ N/mm^2}$

$\sigma_{bm} = 0$ (rein wechselnde Beanspruchung)

$$\tau_{ta} = \frac{1}{2} \cdot K_A \cdot \frac{T_{\text{nenn}}}{W_t} = \frac{1}{2} \cdot K_A \cdot \frac{T_{\text{nenn}}}{\frac{\pi}{16} \cdot d^3}$$

$$= \frac{1}{2} \cdot 1{,}5 \cdot \frac{100 \cdot 10^3 \text{ N\,mm}}{\frac{\pi}{16} \cdot 30 \text{ mm}^2} = \mathbf{14{,}1\ N/mm^2}$$

(Schalthäufigkeit $> 10^3$, d. h. Torsionsbeanspruchung ist dynamisch und schwellend wirkend)

$\tau_{tm} = \tau_{ta} = \mathbf{14{,}1\ N/mm^2}$

Bestimmung der Bauteil-Wechselfestigkeiten σ_{bW}, τ_{tW}

$\sigma_{bW} = K_t \cdot \sigma_{bWN} = 0{,}93 \cdot 250 \text{ N/mm}^2 = \mathbf{233\ N/mm^2}$

$\tau_{tW} = K_t \cdot \tau_{tWN} = 0{,}93 \cdot 150 \text{ N/mm}^2 = \mathbf{140\ N/mm^2}$

mit σ_{bWN}, τ_{tWN} nach TB 1-1, K_t nach TB 3-11a für $d = 30$ mm.

Bestimmung der Konstruktionsfaktoren K_{Db}, K_{Dt}

$$K_{Db} = \left(\frac{\beta_{kb}}{K_g} + \frac{1}{K_{O\sigma}} - 1\right)\frac{1}{K_V} = \left(\frac{1{,}9}{0{,}91} + \frac{1}{0{,}95} - 1\right) = \mathbf{2{,}14} \qquad (3.16)$$

mit $\beta_{kb} \approx \beta_{kb\,Probe}$ nach TB 3-9b (Bild oben links) mit

$R_m = K_t \cdot R_{mN} = 0{,}93 \cdot 500 \text{ N/mm}^2 = 465 \text{ N/mm}^2$, K_g nach TB 3-11c für $d = 30$ mm, $K_{O\sigma}$ nach TB 3-10a für $Rz = 4\,\mu\text{m}$ und $K_V = 1$ (keine Oberflächenverfestigung).

$$K_{Dt} = \left(\frac{\beta_{kt}}{K_g} + \frac{1}{K_{O\tau}} - 1\right)\frac{1}{K_V} = \left(\frac{1{,}3}{0{,}91} + \frac{1}{0{,}97} - 1\right) = \mathbf{1{,}46} \qquad (3.16)$$

mit $K_{O\tau} = 0{,}575 K_{O\sigma} + 0{,}425$ (TB 3-10a), ansonsten s. Hinweise zu K_{Db}.

Bestimmung der Bauteil-Gestaltwechselfestigkeiten σ_{bGW}, τ_{tGW}

$$\sigma_{bGW} = K_t \cdot \frac{\sigma_{bWN}}{K_{Db}} = \frac{\sigma_{bW}}{K_{Db}} = \frac{233 \text{ N/mm}^2}{2{,}14} = \mathbf{109 \text{ N/mm}^2} \qquad \text{(Bild 3-32)}$$

$$\tau_{tGW} = K_t \cdot \frac{\tau_{tWN}}{K_{Dt}} = \frac{\tau_{tW}}{K_{Dt}} = \frac{140 \text{ N/mm}^2}{1{,}46} = \mathbf{96 \text{ N/mm}^2}$$

Bestimmung der Ausschlagfestigkeiten σ_{bGA}, τ_{tGA} (Überlastungsfall 2)

$$\sigma_{bGA} = \frac{\sigma_{bGW}}{1 + \psi_\sigma \sigma_{mv}/\sigma_{ba}} = \frac{109 \text{ N/mm}^2}{1 + 0{,}063 \cdot \dfrac{24{,}4 \text{ N/mm}^2}{70 \text{ N/mm}^2}} = \mathbf{107 \ \dfrac{N}{mm^2}} \qquad (3.18b)$$

$$\text{mit} \quad \sigma_{mv} = \sqrt{\sigma_{bm}^2 + 3\tau_{tm}^2} = \sqrt{0 + 3(14{,}1 \text{ N/mm}^2)^2} = \mathbf{24{,}4 \ \dfrac{N}{mm^2}} \qquad (3.20)$$

$$\text{und} \quad \psi_\sigma = a_M \cdot R_m + b_M = 0{,}00035 \ \dfrac{\text{mm}^2}{\text{N}} \cdot 465 \ \dfrac{\text{N}}{\text{mm}^2} - 0{,}1 = \mathbf{0{,}063} \qquad (3.19)$$

a_M und b_M nach TB 3-13.

$$\tau_{tGA} = \frac{\tau_{tGW}}{1 + \psi_\tau \cdot \tau_{mv}/\tau_{ta}} = \frac{96 \text{ N/mm}^2}{1 + 0{,}036 \dfrac{14{,}2 \text{ N/mm}^2}{14{,}2 \text{ N/mm}^2}} = \mathbf{92{,}7 \text{ N/mm}^2} \qquad (3.18b)$$

$$\text{mit} \quad \tau_{mv} = f_\tau \cdot \sigma_{mv} = 0{,}58 \cdot 24{,}4 \ \dfrac{\text{N}}{\text{mm}^2} = \mathbf{14{,}2 \text{ N/mm}^2} \qquad (3.20)$$

$$\text{und} \quad \psi_\tau = f_\tau \cdot \psi_\sigma = 0{,}58 \cdot 0{,}063 = \mathbf{0{,}036}$$

f_τ nach TB 3-2a

Bestimmung der Gesamtsicherheit gegen Dauerbruch S_D

$$S_D = \sqrt{\dfrac{1}{\left(\dfrac{\sigma_{ba}}{\sigma_{bGA}}\right)^2 + \left(\dfrac{\tau_{ta}}{\tau_{tGA}}\right)^2}} = \sqrt{\dfrac{1}{\left(\dfrac{70 \text{ N/mm}^2}{107 \text{ N/mm}^2}\right)^2 + \left(\dfrac{14{,}1 \text{ N/mm}^2}{92{,}7 \text{ N/mm}^2}\right)^2}} = \mathbf{1{,}49} \qquad (3.29)$$

b) Bestimmung der vorhandenen Spannungen σ_{ba}, τ_{ta}, σ_{bm}, τ_{tm}

$\sigma_{ba} = K_A \cdot \sigma_{b\,nenn} = 1 \cdot 46{,}7 \text{ N/mm}^2 = \mathbf{46{,}7 \text{ N/mm}^2}$

$\sigma_{bm} = 0$ (rein wechselnde Beanspruchung)

$\tau_{ta} = 0$ (quasistatische Belastung)

$$\tau_{tm} = \frac{T_{nenn}}{W_t} = \frac{T_{nenn}}{\dfrac{\pi}{16}d^3} = \frac{100 \cdot 10^3 \text{ Nmm}}{\dfrac{\pi}{16} \cdot 30^3 \text{ mm}^3} = \mathbf{18{,}9 \text{ N/mm}^2}$$

3 Festigkeitsberechnung

Bestimmung der Gesamtsicherheit gegen Dauerbruch S_D

$$\sigma_{bGA} = \frac{\sigma_{bGW}}{1 + \psi_\sigma \sigma_{mV}/\sigma_{ba}} = \frac{109 \text{ N/mm}^2}{1 + 0{,}063 \dfrac{32{,}7 \text{ N/mm}^2}{46{,}7 \text{ N/mm}^2}} = 104 \; \frac{\text{N}}{\text{mm}^2} \tag{3.18b}$$

mit $\sigma_{mv} = \sqrt{\sigma_{mb}^2 + 3\tau_{mt}^2} = \sqrt{0 + 3(18{,}9 \text{ N/mm}^2)^2} = 32{,}7 \; \dfrac{\text{N}}{\text{mm}^2}$ \hfill (3.20)

σ_{bGW}, ψ_σ s. unter a).

$$S_D = \frac{1}{\sqrt{\left(\dfrac{\sigma_{ba}}{\sigma_{bGA}}\right)^2}} = \frac{\sigma_{bGA}}{\sigma_{ba}} = \frac{104 \text{ N/mm}^2}{46{,}7 \text{ N/mm}^2} = 2{,}22 \tag{3.29}$$

c) Bestimmung der vorhandenen Spannungen σ_{ba}, τ_{ta}, σ_{bm}, τ_{tm}

$\sigma_{ba} = K_A \cdot \sigma_{n\,nenn} = 1{,}5 \cdot 46{,}7 \text{ N/mm}^2 = \mathbf{70 \text{ N/mm}^2}$

$\sigma_{bm} = 0$ (rein wechselnde Beanspruchung)

$$\tau_{ta} = (K_A - 1) \cdot \frac{T_{nenn}}{W_t} = (K_A - 1) \cdot \frac{T_{nenn}}{\dfrac{\pi}{16} \cdot d^3} = (1{,}5 - 1) \cdot \frac{100 \cdot 10^3 \text{ Nmm}}{\dfrac{\pi}{16} \cdot 30^3 \text{ mm}^3} = 9{,}43 \; \frac{\text{N}}{\text{mm}^2}$$

$\boldsymbol{\tau_{tm} = 18{,}9 \text{ N/mm}^2}$ s. unter b)

(Nennbeanspruchung ist quasistatisch, dynamisch überlagert wirkt der Anteil $(K_A - 1)$)

Bestimmung der Gesamtsicherheit gegen Dauerbruch S_D

$$\sigma_{bGA} = \frac{\sigma_{bGW}}{1 + \psi_\sigma \sigma_{mv}/\sigma_{ba}} = \frac{109 \text{ N/mm}^2}{1 + 0{,}063 \dfrac{32{,}7 \text{ N/mm}^2}{70 \text{ N/mm}^2}} = 106 \; \frac{\text{N}}{\text{mm}^2} \tag{3.18b}$$

mit $\sigma_{mv} = 32{,}7 \text{ N/mm}^2$ s. unter b).

$$\tau_{tGA} = \frac{\tau_{tGW}}{1 + \psi_\tau \cdot \dfrac{\tau_{mv}}{\tau_{ta}}} = \frac{96 \text{ N/mm}^2}{1 + 0{,}036 \cdot \dfrac{18{,}9 \text{ N/mm}^2}{9{,}43 \text{ N/mm}^2}} = 89{,}5 \; \frac{\text{N}}{\text{mm}^2}$$

mit $\tau_{mv} = f_\tau \cdot \sigma_{mv} = 0{,}58 \cdot 32{,}7 \text{ N/mm}^2 = \mathbf{18{,}9 \text{ N/mm}^2}$ \hfill (3.20)

σ_{bGW}, τ_{tGW}, ψ_σ, ψ_τ s. unter a).

$$S_D = \sqrt{\frac{1}{\left(\dfrac{\sigma_{ba}}{\sigma_{bGA}}\right)^2 + \left(\dfrac{\tau_{ta}}{\tau_{tGA}}\right)^2}} = \sqrt{\frac{1}{\left(\dfrac{70 \text{ N/mm}^2}{106 \text{ N/mm}^2}\right)^2 + \left(\dfrac{9{,}43 \text{ N/mm}^2}{89{,}5 \text{ N/mm}^2}\right)^2}} = \mathbf{1{,}49} \tag{3.29}$$

3.13 Passfedernut: $\tau_{tGA} \approx 98 \text{ N/mm}^2$ ($\tau_{tGW} \approx 98 \text{ N/mm}^2$; $\tau_{tW} = 162 \text{ N/mm}^2$; $K_t = 0{,}85$; $\tau_{tWN} = 190 \text{ N/mm}^2$; $K_{Dt} = 1{,}65$; $\beta_{kt} \approx \beta_{kt\,Probe} \approx 1{,}4$; $R_m \approx 536 \text{ N/mm}^2$; $R_{mN} = 630 \text{ N/mm}^2$; $K_g = 0{,}89$; $K_{O\tau} = 0{,}93$ für $R_z = 20 \; \mu\text{m}$; $K_V = 1$).

Sg-Ring-Nut: $\tau_{tGA} \approx 59 \text{ N/mm}^2$ (τ_{tW}, K_t, R_m, K_g, $K_{O\tau}$, K_V wie oben $K_{Dt} = 2{,}74$; $\beta_{kt} = 2{,}37$, $r = 0{,}175$ mm, $r_f = 0{,}32$ mm).

Bei der Ringnut ist die Gestaltausschlagfestigkeit aufgrund der sehr hohen Kerbwirkung wesentlich kleiner. Außerdem ist bei der Ringnut der Kerndurchmesser, bei der Passfeder der Wellendurchmesser, für die Spannungsberechnung zu verwenden (s. TB 3-9b und c).

Die Ringnut ist somit für die Festigkeitsberechnung maßgebend.
Erkenntnis: Sicherungsringe in den beanspruchten Bereichen vermeiden!

228 3 Festigkeitsberechnung

3.14 a) $\sigma_z = \frac{F}{A}$, $\sigma_{z\,max}$, $\sigma_{z\,max}$

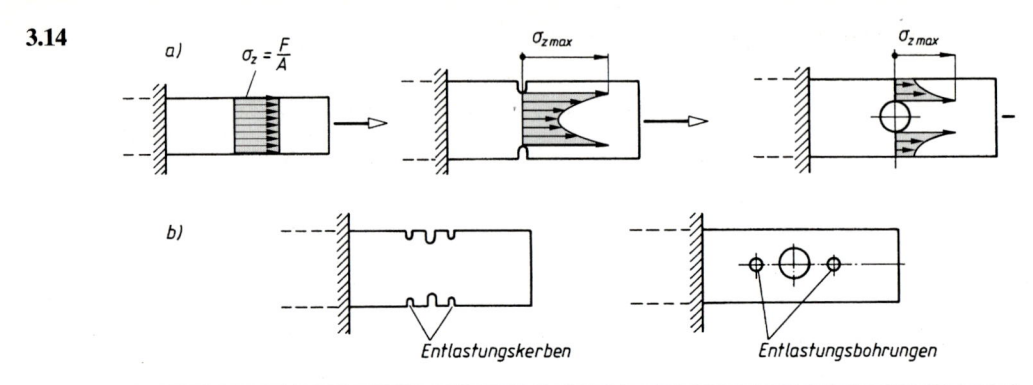

b) Entlastungskerben, Entlastungsbohrungen

3.15 a) Eindrehung b) Freistich n. DIN 509 c) Hinterdrehung mit Entlastungskerbe d) Stützr

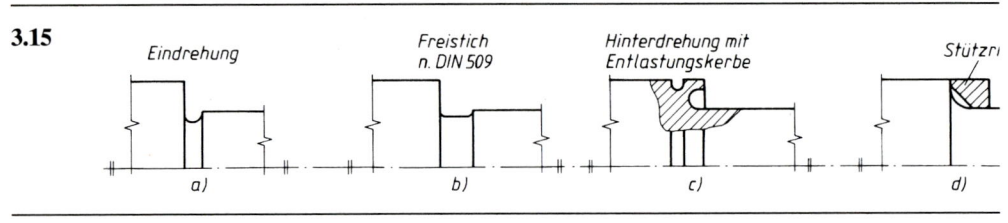

4 Tribologie

4.1 $\lambda = 1{,}4$ ($R_a = 1{,}75$ μm), d. h. im Kontakt liegt der Zustand der Mischreibung vor (beide Bauteile werden nicht vollständig durch den Schmierfilm getrennt, in Teilbereichen berühren sich die Oberflächenrauheiten).

4.2 $\nu_{-20} = 30$ mm²/s.

4.3
a) ISO VG 32
b) ISO VG 460
c) SAE 80W
d) SAE 140
e) SAE 20
f) SAE 50

4.4 $p_H = 232$ N/mm² ($E = 230\,770$ N/mm² mit $E_1 = E_2 = 210\,000$ N/mm² und $\nu_1 = \nu_2 = 0{,}3$, $\varrho = 17{,}1$ mm).

4.5 $\nu_{90} = 6{,}42$ mm²/s.

4.6 $\eta_p = 6034$ mPas.

5 Kleb- und Lötverbindungen

5.1 $\tau_{KB} = 26$ N/mm^2 ($A_K \approx 200$ mm^2).

5.2 $\sigma_{KB} = 52$ N/mm^2 ($A_K \approx 707$ mm^2).

5.3 $\tau_{KBt} \approx 26$ N/mm^2 ($T_B = 185 \cdot 10^3$ N mm, $W_t = 7053$ mm^3).

5.4   a) $\sigma'_{abs} \approx 15$ N/mm ($F_1 = 450$ N, $b = 30$ mm),
       b) $\sigma'_{rel} \approx 6$ N/mm ($F_2 = 180$ N, $b = 30$ mm).

5.5   a) **Bestimmung der Bruchsicherheit der Flachstäbe**

$$\sigma_z = \frac{F_z}{A} \leq \sigma_{zul} = \frac{R_m}{S} \rightarrow S_1 = \frac{A \cdot R_m}{F_z} \tag{6.1}$$

$$S_1 = \frac{600 \text{ mm}^2 \cdot 440 \text{ N/mm}^2}{15\,000 \text{ N}} = \mathbf{17{,}6}$$

mit $R_m = 440$ N/mm^2, $F_z = 15$ kN, $A \triangleq A_{min} = 2 \cdot 50$ mm $\cdot 6$ mm $= 600$ mm^2

b) **Bestimmung der Bruchsicherheit der Klebnaht des Überlappstoßes**

$$\tau_K = \frac{F}{b \cdot l_\text{ü}} \leq \frac{\tau_{KB}}{S} \rightarrow S_2 = \frac{b \cdot l_\text{ü} \cdot \tau_{KB\,(60)}}{F} \tag{5.4}$$

$$S_2 = \frac{2 \cdot 50 \text{ mm} \cdot 60 \text{ mm} \cdot 26 \text{ N/mm}^2}{15\,000 \text{ N}} \approx \mathbf{10{,}4}$$

mit $b = 50$ mm, $l_\text{ü} = 60$ mm, $F = 15$ kN, $\tau_{KB\,(10)} = 40$ N/mm^2, 2 Klebflächen,

$$\tau_{KB\,(60)} \approx \tau_{KB\,(10)} \cdot \left(\frac{100 - 8}{100}\right)^5 \approx 26 \text{ N/mm}^2$$

$$\left(\tau_{KB\,(20)} = 40 \, \frac{100 - 8}{100} = 36{,}8 \text{ N/mm}^2, \, \tau_{KB\,(30)} = 36{,}8 \, \frac{100 - 8}{100} = 33{,}9 \text{ N/mm}^2 \text{ usw.}\right)$$

5.6 $S \approx 25$ ($F_{vorh} = F_{max} \approx 1{,}25$ kN, $A_D \approx 3117$ mm^2; $F_{Grenz} \approx 31{,}6$ kN, $A_K \approx 3958$ mm^2).

5.7   **Bestimmung der zulässigen Zugkraft für das Rohr**

$$\sigma_z = \frac{F}{A} \leq \sigma_{zul} \rightarrow F = A \cdot \sigma_{zul} = A \cdot \frac{R_m}{S} \tag{Bild 3-2}$$

$$F = 302 \text{ mm}^2 \cdot \frac{240 \text{ N/mm}^2}{2} = \mathbf{36{,}2 \text{ kN}}$$

mit $A = \frac{\pi}{4}(50^2 - 46^2)$ mm$^2 = 302$ mm^2, $R_m = 240$ N/mm^2 (TB 1-3b), $S = 2$

Bestimmung der Überlappungslänge

$$\tau_K = \frac{F}{A_K} = \frac{F}{\pi \cdot d \cdot l_\text{ü}} \leq \frac{\tau_{KB}}{S} \tag{5.4}$$

$$\rightarrow l_\text{ü} = \frac{F \cdot S}{\pi \cdot d \cdot \tau_{KB}} = \frac{36\,200 \text{ N} \cdot 2}{\pi \cdot 50 \text{ mm} \cdot 20 \text{ N/mm}^2} = \mathbf{23 \text{ mm}}$$

mit $F = 36{,}2$ kN, $\tau_{KB} = 20$ N/mm^2, $S = 2$, $d = 50$ mm

5 Kleb- und Lötverbindungen

5.8 Bruchgefahr besteht nicht, da $\tau_{K\,vorh} \approx 1,4\,\text{N/mm}^2 \ll \tau_{KB}/S \approx 7,5\,\text{N/mm}^2$
($F_t = 25 \cdot 10^3\,\text{N}$, $A_K = 18 \cdot 10^3\,\text{mm}^2$, $S \approx 2$).

5.9 $S = 8,2$ ($T_{eq} = 10,74\,\text{Nm}$, $\tau_{KW} = 0,3 \cdot 12\,\text{N/mm}^2 = 3,6\,\text{N/mm}^2$, $d = 25\,\text{mm}$, $b = 25\,\text{mm}$, $K_A = 1,5$)

5.10 **Bestimmung des in Umfangsrichtung übertragbaren Drehmomentes**

$$\tau_K = \frac{2 \cdot T}{\pi \cdot d^2 \cdot b} \leq \frac{\tau_{K\,Sch}}{S} \to \quad (5.5)$$

$$T = \frac{\pi \cdot b \cdot d^2 \cdot \tau_{K\,Sch}}{2 \cdot K_A \cdot S} = \frac{\pi \cdot 30\,\text{mm} \cdot 20^2\,\text{mm}^2 \cdot 12\,\text{N/mm}^2}{2 \cdot 1,5 \cdot 2} = 75\,398\,\text{N\,mm}$$
$$\approx 75,4\,\text{Nm}$$

mit $b = 30\,\text{mm}$, $d = 20\,\text{mm}$, $K_A = 1,5$, $S = 2$, $\tau_{K\,Sch} = 0,8 \cdot 15\,\text{N/mm}^2 = 12\,\text{N/mm}^2$ (Gl. 5.1)

Bestimmung der übertragbaren Leistung bei $n = 125\,\text{min}^{-1}$

$$T = \frac{P}{2 \cdot \pi \cdot n} \to P = 2 \cdot \pi \cdot n \cdot T \quad (11.10)$$

$$P = 2 \cdot \pi \cdot \frac{125}{60}\,\text{s}^{-1} \cdot 75,4\,\text{Nm} = 987\,\text{W} \approx \mathbf{1\,kW}$$

mit $n = 125/60\,\text{s}^{-1}$, $T = 75,4\,\text{Nm}$

5.11 $S = 7$; $S_{Pr} \approx 4,3$ ($F \approx 11,3 \cdot 10^3\,\text{N}$, $F_{Pr} \approx 18,1 \cdot 10^3\,\text{N}$, $A_K \approx 7850\,\text{mm}^2$, $\tau_K \approx 1,44\,\text{N/mm}^2$, $\tau_{K\,Pr} \approx 2,3\,\text{N/mm}^2$).

5.12 $F = 9,6\,\text{kN}$ (S235JR: $\sigma_{lB} = 370\,\text{N/mm}^2$, CuZn37: $\sigma_{lB} = 210\,\text{N/mm}^2$, S235JR/CuZn37: $\sigma_{lB} \approx 290\,\text{N/mm}^2$, $S = 3$, $\sigma_{l\,zul} \approx 95\,\text{N/mm}^2$, $A_l = 100\,\text{mm}^2$, $K_A = 1,0$).

5.13 $\tau_l = 1,1\,\text{N/mm}^2 < \tau_{l\,zul} \approx 2\,\text{N/mm}^2$ ($F = 1832\,\text{N}$, $A_l = 1696\,\text{mm}^2$).

5.14 a) **Bestimmung der Wanddicke des Behältermantels**

$$t = \frac{D_a \cdot p_e}{2\dfrac{K}{S} v + p_e} + c_1 + c_2 = \frac{315\,\text{mm} \cdot 0,6\,\text{N/mm}^2}{2\dfrac{200\,\text{N/mm}^2}{4} \, 0,8 + 0,6\,\text{N/mm}^2} + 0,3\,\text{mm} = 2,64\,\text{mm} \quad (6.30a)$$

mit $K = R_m = 200\,\text{N/mm}^2$ (TB 6-15b), $S = 4$ (TB 6-17), $c_1 = 0,3\,\text{mm}$, $c_2 = 0$ (NE-Metall), $D_a = 315\,\text{mm}$, $p_e = 0,6\,\text{N/mm}^2$

ausgeführt: $t_e = \mathbf{3\,mm}$

b) Überlappungslänge $l_{\ddot{u}} = \mathbf{30\,mm}$ (Lehrbuch 5.2.4: $l_{\ddot{u}} \geq 10 \cdot t_e$)

c) Alle drei Bedingungen für überlappte weichgelötete Rundnähte an Kupfer sind erfüllt (Lehruch 5.2.4): 1. $l_{\ddot{u}} = \mathbf{30\,mm} \geq 10 \cdot t_e$, 2. $t_e = \mathbf{3\,mm} \leq 6\,mm$, 3. $D_a \cdot p_e = \mathbf{315\,mm \cdot 6\,bar} = \mathbf{1890\,mm \cdot bar} \leq \mathbf{2500\,mm \cdot bar}$

d) **Bestimmung der Längs-Scherspannung in der Rundnaht**

$$\tau_l = \frac{F}{A_l} = \frac{(\pi \cdot D_i^2/4) \cdot p_e}{\pi \cdot D_a \cdot l_{\ddot{u}}} \approx \frac{D_i \cdot p_e}{4 \cdot l_{\ddot{u}}} = \frac{309\,\text{mm} \cdot 0,6\,\text{N/mm}^2}{4 \cdot 30\,\text{mm}} = \mathbf{1,5\,N/mm^2}$$

mit $D_i = 309\,\text{mm}$, $p_e = 0,6\,\text{N/mm}^2$, $l_{\ddot{u}} = 30\,\text{mm}$

5.15 a) Laschenbreite $\geq 2 \cdot 12 \cdot 2$ mm $= 48$ mm, Laschendicke 2 mm,

b) $\tau_l = 0.7$ N/mm^2 ($F = 19.7$ kN, $A_l = 30\,159$ mm^2).

5.16 a) $t_e = 2.0$ mm ($D_a = 355$ mm, $p_e = 0.6$ N/mm^2, $K = 235$ N/mm^2, $S = 1.5$, $v = 0.8$, $c_1 = 0.12$ mm, $c_2 = 1.0$ mm, $t = 1.97$ mm),

b) ausgeführt z. B. $l_ü = 3 \cdot 2$ mm $= 6$ mm (nach Gl. (5.8) reichen $l_ü = 3.6$ mm, mit $R_m = 360$ N/mm^2, $\tau_{lB} = 200$ N/mm^2).

5.17 $l_ü = 1.9$ mm ($\tau_{lB} = 205$ N/mm^2, $d = 10$ mm, $S = 5$, $T_{nenn} = 8000$ Nmm, $K_A = 1.5$).

Tatsächlich ausgeführte Hebeldicke nach konstruktiven Erfordernissen.

5.18 **a) Bestimmung der Bruchsicherheit der Lötnaht**

$$\tau_l = \frac{2 \cdot K_A \cdot T_{nenn}}{\pi \cdot d^2 \cdot l_ü} \leq \frac{\tau_{lB}}{S} \rightarrow S = \frac{\pi \cdot d^2 \cdot l_ü \cdot \tau_{lB}}{2 \cdot K_A \cdot T_{nenn}} \tag{5.9}$$

$$S = \frac{\pi \cdot 8^2 \text{ mm}^2 \cdot 8 \text{ mm} \cdot 240 \text{ N/mm}^2}{2 \cdot 1.3 \cdot 7000 \text{ N mm}} \approx \mathbf{21}$$

mit $d = 8$ mm, $l_ü = 8$ mm, $K_A = 1.3$, $T_{nenn} = 7$ Nm, $\tau_{lB} = 240$ N/mm^2 für E 335/AG 306 (TB 5-10)

b) Bestimmung der bei gleicher Tragfähigkeit von Welle und Lötnaht erforderlichen Nahtlänge

Bruchdrehmoment

– Welle: $T_B = \tau_{tB} \cdot W_t = \dfrac{\pi \cdot d^3 \cdot \tau_{tB}}{16}$ z. B. aus (11.5)

– Lötnaht: $T_B = \dfrac{\pi \cdot l_ü \cdot d^2 \cdot \tau_{lB}}{2}$ aus (5.9)

Gleichsetzen: $\dfrac{\pi \cdot d^3 \cdot \tau_{tB}}{16} = \dfrac{\pi \cdot l_ü \cdot d^2 \cdot \tau_{lB}}{2} \rightarrow l_ü = \dfrac{d \cdot \tau_{tB}}{8 \cdot \tau_{lB}} = \dfrac{8 \text{ mm} \cdot 342 \text{ N/mm}^2}{8 \cdot 240 \text{ N/mm}^2} = \mathbf{1{,}4 \text{ mm}}$

mit $d = 8$ mm, $\tau_{tB} = 0{,}58 \cdot 590$ N/mm$^2 = 342$ N/mm^2 für E 335 mit $R_m = K_t \cdot R_{mN} = 590$ N/mm^2 (TB 1-1 mit $K_t = 1$) und $f_\tau = 0{,}58$ (TB 3-2), $\tau_{lB} = 240$ N/mm^2 (TB 5-10)

Die Nahtlänge wird nach konstruktiven Erfordernissen ausgeführt.

5.19 $d = 20$ mm ($M_b = 61\,152$ N mm, $K_A = 1{,}3$, $\sigma_{bw\,zul} = 80$ N/mm^2, $S = 2$).

5.20 $S_B \approx 11$ ($\tau_{l\,res} = 19$ N/mm^2, aus F_{nenn}: $\tau_l = 15$ N/mm^2, aus T_{nenn}: $\tau_l = 12$ N/mm^2, $A_l = 302$ mm^2, $\tau_{lB} = 205$ N/mm^2, $K_A = 1{,}0$).

5.21 $p_{max} \approx 154$ N/mm$^2 < p_{zul} \approx 180$ N/mm^2 ($F = 1600$ N, $l = 40$ mm, $s = 15$ mm, $d = 18$ mm, $K_A = 1{,}3$, $\sigma_{lB} = 540$ N/mm^2, $S \approx 3$).

6 Schweißverbindungen

6.1 Bauteil: $\sigma_z = 195$ N/mm² $< \sigma_{z\,zul} = 218$ N/mm² ($A = 80$ mm $\cdot$ 8 mm $= 640$ mm²).
Schweißnaht: $\sigma_\perp = 195$ N/mm² $< \sigma_{w\,zul} = 207$ N/mm² ($A_w = 640$ mm²; $\sigma_{w\,zul} = 207$ N/mm², da Güte der Stumpfnaht nicht nachgewiesen).
Der Zugstab ist nach DIN 18800-1 ausreichend bemessen.

6.2 $b = 60$ mm ($\sigma_{w\,zul} = 207$ N/mm², $b \geq 57$ mm)

6.3 a) $F_{max} = 327$ N/mm² $\cdot$ 3000 mm² $= 981$ kN ($A_w = A = 200$ mm $\cdot$ 15 mm $= 3000$ mm², $\sigma_{zul} = \sigma_{w\,zul} = 360$ N/mm²/1,1 $= 327$ N/mm², $R_e = 360$ N/mm² für S355, $S_M = 1$, Bauteilfestigkeit maßgebend).
b) $F_{max} = 262$ N/mm² $\cdot$ 3000 mm² $= 786$ kN ($\sigma_{w\,zul} = 0{,}8 \cdot 360$ N/mm²/1,1 $= 262$ N/mm², bei Zugbeanspruchung und nicht nachgewiesener Nahtgüte, $\alpha_w = 0{,}8$).
Die zulässige Stabkraft ist um 20 % kleiner ($\hat{=} \alpha_w = 0{,}8$) als mit Durchstrahlungsprüfung. Bei längeren Stäben wiegt der eingesparte Werkstoff die Prüfkosten auf.

6.4 a) $F_{max} = 2 \cdot 3220$ mm² $\cdot 218$ N/mm² $= 1403{,}92$ kN $\approx 1{,}4$ MN
($A = 3220$ mm², $\sigma_{zul} = 218$ N/mm²).
b) $a_{max} = 9$ mm ($t_2 = 115$ mm $+ 0{,}5 \cdot 75$ mm $\cdot 0{,}08 = 14{,}5$ mm, maßgebend $s = 14$ mm, $a \leq 0{,}7 \cdot 14$ mm $= 9{,}8$ mm, $b = 75$ mm, Flanschneigung 8 %).
c) $l = 190$ mm ($l = 1\,403\,920$ N/(4 $\cdot$ 9 mm $\cdot$ 207 N/mm²) $= 188$ mm, $\tau_{w\,zul} = 207$ N/mm², $l = 21a$, $6a < 21a < 150a$).
d) $\sigma = 239$ N/mm² $> \sigma_{zul} = 218$ N/mm², Knotenblechdicke wird auf $t_K = 16$ mm erhöht ($b = 200$ mm $+ 2 \cdot \tan 30° \cdot 190$ mm $= 419$ mm, $t_K = 14$ mm, bei $t_K = 16$ mm: $\sigma = 209$ N/mm²).

6.5 a) $F_{max} = 313{,}48$ kN ($\sigma_{zul} = 218$ N/mm², $A = 2 \cdot 719$ mm²).
b) $l_1 = 85$ mm, $l_2 = 130$ mm ($\tau_{w\,zul} = 207$ N/mm², $c_x = e = 24{,}4$ mm, $F_1 = 313{,}48$ kN $\cdot 24{,}4$ mm/75 mm $= 102$ kN, $F_2 = 211{,}5$ kN, $a_1 = 3$ mm, $a_2 = 4$ mm).
c) $l = 190$ mm (T80: $s = t = 9$ mm, $t_K = 8$ mm, $a = 8$ mm, $\sigma_{zul} = 207$ N/mm², da Nahtgüte nicht nachgewiesen).

6.6 a) $\sigma = 176$ N/mm² $< \sigma_{zul} = 218$ N/mm² ($A = A_S + 2A_F$
$= 8$ mm $\cdot$ 90 mm $+ 2 \cdot 8$ mm $\cdot$ (80 mm $- 8$ mm) $= 720$ mm² $+ 2 \cdot 576$ mm² $= 1872$ mm²).
b) Stumpfnaht (Steg): $\sigma_\perp = 176$ N/mm² $< \sigma_{w\,zul} = 207$ N/mm², Nachweis der Nahtgüte nicht erforderlich.
Kehlnähte: $\tau_\| = 101\,500$ N/(4 $\cdot$ 3 mm $\cdot$ 50 mm) $= 169$ N/mm² $< \tau_{w\,zul} = 207$ N/mm²
($F_F = 330\,000$ N $\cdot$ 576 mm²/1872 mm² $= 101{,}5$ kN). Schubspannungen im Trägerflansch neben den Kehlnähten: $\tau = 101\,500$ N/(2 $\cdot$ 8 mm $\cdot$ 50 mm) $= 127$ N/mm² $\approx \tau_{zul}$
$= 240$ N/mm²/(1,1 $\cdot \sqrt{3}$) $= 126$ N/mm².

6.7   a) $\sigma_z = 202$ N/mm^2 < $\sigma_{zul} = 218$ N/mm^2 ($A_n = 794$ mm^2 − 7,5 mm · 7 mm = 742 mm^2; T60: $A = 794$ mm^2, $s = t = 7$ mm; 1/2 I200: $t = 7{,}5$ mm).

b) Der Steg des T-Stahls wird entsprechend der Stabneigung zugeschnitten und der Flansch so weit geschlitzt, dass er auf den Steg des durchlaufenden Gurtstabes geschoben werden kann.

c) Stumpfnaht: $\sigma_\perp \approx 202$ N/mm^2 < $\sigma_{w\,zul} = 207$ N/mm^2 (Nachweis der Nahtgüte nicht erforderlich, $a = 7$ mm).
Kehlnähte: 2 Doppelkehlnähte $a = 3$ mm, $l = 45$ mm ($F_F = 150$ kN · 368 mm^2/742 mm^2 = 74,4 kN, $A_F \approx 60$ mm · 7 mm − 7,5 mm · 7 mm ≈ 368 mm^2,
$\tau_\parallel = 74\,400$ N/(4 · 45 mm · 3 mm) = 138 N/mm^2 < $\tau_{w\,zul} = 207$ N/mm^2, $l = 45$ mm = 15a > 30 mm bzw. 6a. Schubspannungen im Trägerflansch neben den Kehlnähten:
$\tau = 74\,400$ N/(2 · 7 mm · 45 mm) = 118 N/mm^2 < $\tau_{zul} = 240$ N/mm^2/(1,1 · $\sqrt{3}$) = 126 N/mm^2.

6.8   Stab: $\sigma_{max} = 82$ N/mm^2 + 131 N/mm^2 = 213 N/mm^2 < $\sigma_{zul} = 218$ N/mm^2 ($\sigma_z = 82$ N/mm^2, $\sigma_{bz} = 131$ N/mm^2, $A = 1100$ mm^2, $e_y = e = 14{,}5$ mm, $I_y = 19{,}4 \cdot 10^4$ mm^4).
Kehlnähte: $\tau_\parallel = 113$ N/mm^2 < $\tau_{w\,zul} = 207$ N/mm^2 ($a = 5$ mm, $l = 80$ mm > 30 mm bzw. 6a).
Stab und Schweißanschluss sind ausreichend bemessen.

6.9   a) Nachweis nach DIN 18801 erfüllt: $\sigma_z = 162$ N/mm^2 < $0{,}8 \cdot 218$ N/mm^2 = 174 N/mm^2 ($A = 691$ mm^2, $b = 60$ mm, Bedingung $l > b$, 90 mm > 60 mm, erfüllt)

Nachweis nach DIN 18800-1 nicht erfüllt: Randspannung

− am abstehenden Schenkel: $\sigma = 112\,000$ N/691 mm^2 − 112 000 N · 20,9 mm · 43,1 mm/228 000 mm^4 = +162 − 442 = −280 N/mm^2, 1,3 · 280 N/mm^2 = 364 N/mm^2 > σ_{zul} = 218 N/mm^2

− am anliegenden Schenkel:
$\sigma = 112\,000$ N/691 mm^2 + 112 000 N · 20,9 mm · 16,9 mm/228 000 mm^4 = 162 + 174 = 336 N/mm^2, 1,3 · 336 N/mm^2 = 436 N/mm^2 > σ_{zul} = 218 N/mm^2
($I_x = I_y = 22{,}8$ cm^4, $c_x = c_y = 16{,}9$ mm, $e_x = 43{,}1$ mm, $e = 16{,}9$ mm + 0,5 · 8 mm = 20,9 mm, $M_x = 112\,000$ N · 20,9 mm)

b) $a = 3$ mm, $l = 90$ mm ($\tau_{w\,zul} = 207$ N/mm^2, erforderliche Nahtlänge $l = 112\,000$ N/(2 · 3 mm · 207 N/mm^2) = 90 mm, $a = 0{,}5 \cdot t = 0{,}5 \cdot 6$ mm = 3 mm mit Rücksicht auf gerundete Profilkante gewählt, 30 mm < l = 90 mm < 150 · 3 mm, $a \geq \sqrt{8} - 0{,}5$ mm = 2,3 mm).

6.10   a) $l = 65$ mm ($\tau_{w\,zul} = 207$ N/mm^2, $A_{w\,erf} = 556$ mm^2, 30 mm < 65 mm (21,7a) < 150a).

b) $l = 35$ mm (30 mm < 35 mm (11,7a) < 150a). Ohne Stirnkehlnähte wäre eine Überlapplänge von 95 mm erforderlich.

6.11 $l_1 = 30$ mm, $l_2 = 72$ mm ($\tau_{w\,zul} = 207$ N/mm^2, $\Sigma l_{erf} = 193$ mm, $l_1 \geq 30$ mm bzw. 6a, $a = 3$ mm, $l_1 + l_2 \geq 193$ mm − 2 · 60 mm = 73 mm, $l_2 - 60$ mm/tan 55° + 30 mm = 72 mm, ausgeführt $\Sigma l = 222$ mm > $\Sigma l_{erf} = 193$ mm, $\tau_w = 180$ N/mm^2).

6 Schweißverbindungen

6.12 a) **Nachweis der einzuhaltenden Grenzwerte der Schlankheit (Lehrbuch 6.3.1-3.1)**

Steg: $b/t = [120 - 2(11 + 13)]$ mm/$6{,}5$ mm $= 11 < (b/t)_{\text{grenz}} = 38$

Flansch: $b/t = (120/2 - 6{,}5/2 - 13)$ mm/11 mm $= 4 < (b/t)_{\text{grenz}} = 11$

Flansche und Steg sind beulsicher!

Bestimmung der maßgebenden Ausweichrichtung

Querschnittswerte IPB 120 (TB 1-11): $h = b = 120$ mm, $s = 6{,}5$ mm, $t = 11$ mm, $R_1 = 13$ mm, $A = 34{,}0$ cm^2, $I_y = 318$ cm^4, $i_y = 3{,}06$ cm, $i_x = 5{,}04$ cm

Wegen $l_{kx} = l_{ky}$ und $i_x > i_y$ ist Ausweichen senkrecht zur y-Achse maßgebend.

Bestimmung des Schlankheitsgrades

$$\lambda_{ky} = l_{ky}/i_y = 4000 \text{ mm}/30{,}6 \text{ mm} = 130{,}7 \tag{6.5b}$$

$$\bar{\lambda}_{ky} = \lambda_{ky}/\lambda_a = 130{,}7/92{,}9 = 1{,}41 \tag{6.7b}$$

mit $\lambda_a = 92{,}9$ für S 235 und $t = \leq 40$ mm

TB 6-8: gewalzte I-Profile, $h/b = 1 < 1{,}2$, Ausweichen $\perp$ zur y-Achse $\rightarrow$ Knickspannungslinie c mit $\alpha = 0{,}49$

Bestimmung des Abminderungsfaktors

$$\bar{\lambda}_k > 0{,}2 : \kappa = \frac{1}{k + \sqrt{k^2 - \bar{\lambda}_k^2}} = \frac{1}{1{,}79 + \sqrt{1{,}79^2 - 1{,}41^2}} = 0{,}346 \tag{6.8b}$$

wobei $k = 0{,}5\left[1 + \alpha(\bar{\lambda}_k - 0{,}2) + \bar{\lambda}_k^2\right] = 0{,}5\left[1 + 0{,}49(1{,}41 - 0{,}2) + 1{,}41^2\right] = 1{,}79$

$\kappa \approx 0{,}34$ auch aus TB 6-9 ablesbar.

Nachweis der Tragsicherheit

$$F_{pl} = A \cdot R_e/S_M = 3400 \text{ mm}^2 \cdot 240 \text{ N/mm}^2/1{,}1 = 741{,}8 \text{ kN}$$

$$\frac{F}{\kappa \cdot F_{pl}} = \frac{200 \text{ kN}}{0{,}346 \cdot 741{,}8 \text{ kN}} = \mathbf{0{,}78} < 1 \tag{6.9b}$$

Der Stab ist knicksicher!

b) **Grobe Vorbemessung des Hohlprofils (Lehrbuch 6.3.1-3.3)**

$$A_{\text{erf}} \approx \frac{F}{12} \ldots \frac{F}{10} = \frac{200}{12} \ldots \frac{200}{10} = 16{,}7 \ldots 20 \text{ cm}^2 \tag{6.4a}$$

$$I_{\text{erf}} \approx 0{,}12 \cdot F \cdot l_k^2 = 0{,}12 \cdot 200 \cdot 4^2 = 384 \text{ cm}^4 \tag{6.4b}$$

gewählt nach TB 1-13: quadratisches warmgefertigtes **Hohlprofil HFRHS-EN 10210-S235 JRH-120 × 5**, mit $A = 22{,}7$ cm^2, $I = 498$ cm^4, $i = 4{,}68$ cm

Bestimmung des Schlankheitsgrades

$$\lambda_k = l_k/i = 4000 \text{ mm}/46{,}8 \text{ mm} = 85{,}5 \tag{6.5}$$

$$\bar{\lambda}_k = \lambda_k/\lambda_a = 85{,}5/92{,}9 = 0{,}92 \tag{6.7}$$

Knickspannungslinie a für warm gefertigtes Hohlprofil (TB 6-8), mit $\alpha = 0{,}21$ (Gl. (6.8c))

Bestimmung des Abminderungsfaktors

$$\bar{\lambda}_k > 0{,}2 : \kappa = \frac{1}{k + \sqrt{k^2 - \bar{\lambda}_k^2}} = \frac{1}{1 + \sqrt{1^2 - 0{,}92^2}} = 0{,}718 \tag{6.8b}$$

wobei $k = 0{,}5[1 + \alpha(\bar{\lambda}_k - 0{,}2) + \bar{\lambda}_k^2] = 0{,}5[1 + 0{,}21(0{,}92 - 0{,}2) + 0{,}92^2] = 1{,}0$

$\kappa \approx 0{,}71$ auch aus TB 6-9 ablesbar.

Nachweis der Tragsicherheit

$$F_{pl} = A \cdot R_e / S_M = 2270 \text{ mm}^2 \cdot 240 \text{ N/mm}^2 / 1{,}1 = 495{,}3 \text{ kN}$$

$$\frac{F}{\kappa \cdot F_{pl}} = \frac{200 \text{ kN}}{0{,}718 \cdot 495{,}3 \text{ kN}} = \mathbf{0{,}56 < 1} \tag{6.9b}$$

Das gewählte Hohlprofil ist knicksicher!

6.13 a) **Grobe Vorbemessung des Rahmenstabes (Lehrbuch 6.3.1-3.3)**

$$A_{erf} \approx \frac{F}{12} \ldots \frac{F}{10} = \frac{100}{12} \ldots \frac{100}{10} = 8{,}3 \ldots 10 \text{ cm}^2 \tag{6.4a}$$

$I_{erf} \approx 0{,}12 \cdot F \cdot l_k^2 = 0{,}12 \cdot 100 \cdot 3{,}3^2 = 130{,}7 \text{ cm}^4$

$l_{kx} = 0{,}5 \, (l_s + l) = 0{,}5 \, (3200 + 3402) \text{ mm} = 3301 \text{ mm}$

gewählt nach TB 1-8: warmgewalzte gleichschenklige **Winkel EN 10056 – 70 × 70 × 6** mit $A = 8{,}13 \text{ cm}^2$, $I_x(I_u) = 58{,}5 \text{ cm}^4$ ($I_{x\,ges} = 117 \text{ cm}^4$), $i_x(i_u) = 2{,}68 \text{ cm}$, $i_1(i_v) = 1{,}37 \text{ cm}$

Es muss nur das Ausweichen senkrecht zur Stoffachse $(x - x)$ untersucht werden $(i_y > i_x)$.

Bestimmung des Schlankheitsgrades

$$\lambda_{kx} = \frac{l_{kx}}{i_x} = \frac{3301 \text{ mm}}{26{,}8 \text{ mm}} = 123{,}2 \tag{6.5a}$$

$$\bar{\lambda}_{kx} = \frac{\lambda_{kx}}{\lambda_a} = \frac{123{,}2}{92{,}9} = 1{,}33 \tag{6.7a}$$

mit $\lambda_a = 92{,}9$ für S235 und $t \leq 40$ mm

Bestimmung des Abminderungsfaktors

$$\bar{\lambda}_k > 0{,}2 : \kappa = \frac{1}{k + \sqrt{k^2 - \bar{\lambda}_k^2}} = \frac{1}{1{,}66 + \sqrt{1{,}66^2 - 1{,}33^2}} = 0{,}377 \tag{6.8b}$$

wobei $k = 0{,}5[1 + \alpha(\bar{\lambda}_k - 0{,}2) + \bar{\lambda}_k^2] = 0{,}5[1 + 0{,}49(1{,}33 - 0{,}2) + 1{,}33^2] = 1{,}66$

Knickspannungslinie c (TB 6-8) mit $\alpha = 0{,}49$

Nachweis der Tragsicherheit

$$F_{pl} = A \cdot R_e / S_M = 2 \cdot 813 \text{ mm}^2 \cdot 240 \text{ N/mm}^2 / 1{,}1 = 354{,}8 \text{ kN}$$

$$\frac{F}{\kappa \cdot F_{pl}} = \frac{100 \text{ kN}}{0{,}377 \cdot 354{,}8 \text{ kN}} = \mathbf{0{,}75 < 1} \tag{6.9b}$$

Der Rahmenstab ist knicksicher!

b) **Bestimmung des Abstandes der Bindebleche**

Die Felderzahl muss $n \geq 3$ sein.

Gewählt werden **4 Felder** mit $l_1 = \dfrac{3200 \text{ mm}}{4} = \mathbf{800 \text{ mm}}$

Einzelstab: $\lambda_1 = \dfrac{l_1}{i_1} = \dfrac{800 \text{ mm}}{13{,}7 \text{ mm}} = 58 < 70$

Bemessung der 3 Bindebleche und deren Schweißanschlüsse s. DIN 18800-2.

6 Schweißverbindungen

c) Bestimmung der Nahtlänge

Nahtdicke wegen gerundetem Schenkel (Lehrbuch, Bild 6-40g)
$a \approx 0{,}5t = 0{,}5 \cdot 6 \text{ mm} = 3 \text{ mm}$

$$\tau_\| = \frac{F}{\Sigma(a \cdot l)} \leq \tau_{w\,zul} \rightarrow l = \frac{F}{a \cdot \tau_{w\,zul}} \tag{6.18}$$

$l_{ges} = \dfrac{100\,000 \text{ N}}{3 \text{ mm} \cdot 207 \text{ N/mm}^2} = 161 \text{ mm}, \; l = 161 \text{ mm}/4 \approx 40 \text{ mm}$

mit $\tau_{w\,zul} = 207 \text{ N/mm}^2$ (TB 6-6)

ausgeführt: **4 gleiche Flankenkehlnähte a3 ⊳ 40**

Prüfung der ausgeführten Nahtabmessungen

$a = 3 \text{ mm} < 0{,}7 \cdot t_{min} = 0{,}7 \cdot 6 \text{ mm} = 4{,}2 \text{ mm} \; (a_{max})$ (6.16a)

$a \geq \sqrt{t_{max}} - 0{,}5 \text{ mm} = \sqrt{11{,}5} - 0{,}5 = 2{,}9 \text{ mm} \; (a_{min})$ (6.16b)

$l_{max} = 150a = 150 \cdot 3 \text{ mm} = 450 \text{ mm}$

$l_{min} = 6a = 6 \cdot 3 \text{ mm} = 18 \text{ mm}$ bzw. 30 mm (absolut)

6.14 a) 2L EN 10 056-1-70 × 70 × 6 (Vorbemessung: $A_{erf} = 9{,}3 \ldots 11{,}2 \text{ cm}^2$, $I_{erf} \approx 79 \text{ cm}^4$; Tragsicherheitsnachweis: Knicken um x-Achse maßgebend; 112 kN/(0,424 · 354,8 kN) = 0,74 < 1,0; $l_{kx} = l_S = 2420 \text{ mm}$, $\lambda_{kx} = 113{,}6$, $\bar{\lambda}_{kx} = 1{,}22 > 0{,}2$: $k = 1{,}494$, $\kappa = 0{,}424$, Knickspannungslinie c, $\alpha = 0{,}49$, $F_{pl} = 354{,}8 \text{ kN}$, $A = 2 \cdot 813 \text{ mm}^2$, $I_x = 2 \cdot 369\,000 \text{ mm}^4$, $i_x = 21{,}3 \text{ mm}$, $c_x(e) = 19{,}3 \text{ mm}$, $i_{min} = i_1(i_v) = 13{,}7 \text{ mm}$; es werden 11 Flachstahlfutterstücke (z. B. Fl 50 × 15 × 40 und $a = 3$ mm) so eingeschweißt, dass 12 gleiche Felder im Abstand $l_1 \approx 201 \text{ mm}$ entstehen, $l_1 = 201 \text{ mm} < 15 \cdot i_1 = 15 \cdot 13{,}7 \text{ mm} = 205 \text{ mm}$).

b) $a_1 = a_2 = 3 \text{ mm}$, $l_1 = 30 \text{ mm}$, $l_2 = 65 \text{ mm}$ ($a \geq \sqrt{15{,}5} - 0{,}5 \text{ mm} = 3{,}4 \text{ mm}$, $a \approx 0{,}5t = 0{,}5 \cdot 6 \text{ mm} = 3 \text{ mm}$ wegen gerundeter Profilkante, $\tau_{w\,zul} = 207 \text{ N/mm}^2$, $c_x(e) = 19{,}3 \text{ mm}$, $F_1 = 0{,}5 \cdot 112\,000 \text{ N} \cdot 19{,}3 \text{ mm}/70 \text{ mm} = 15{,}44 \text{ kN}$, $F_2 = 40{,}56 \text{ kN}$, $l_{1\,erf} = 25 \text{ mm}$, $l_{2\,erf} = 65 \text{ mm}$, $l_1 \geq 30 \text{ mm}$, $30 \text{ mm} \leq l_2 \; (22a) \leq 150a$).

6.15 a) 98 kN/(0,67 · 456 kN) + 1,1 · 3,21 · 10^6 Nmm/6,12 · 10^6 Nmm + 0,07 = 0,97 < 1, Tragsicherheit nachgewiesen (Maßgebend Ausweichen rechtwinklig zur Fachwerkebene: $\lambda_{kx} = 73{,}6$, $\bar{\lambda}_{kx} = 0{,}79 > 0{,}2$: $k = 0{,}957$, $\kappa = 0{,}67$, Knickspannungslinie c, $\alpha = 0{,}49$, $\lambda_a = 92{,}9$ für S235, $l_{kx} = 2150 \text{ mm}$, $F_{pl} = 2090 \text{ mm}^2 \cdot 240 \text{ N/mm}^2/1{,}1 = 456 \text{ kN}$, $M_{pl} \approx 1{,}14 \cdot 24\,600 \text{ mm}^3 \cdot 240 \text{ N/mm}^2/1{,}1 = 6{,}12 \cdot 10^6 \text{ Nmm}$, $\psi = +1$, $\beta_m = 1{,}1$, Korrekturwert $\Delta n = 0{,}1$ oder Näherungswert $\Delta n = 0{,}25 \cdot 0{,}67^2 \cdot 0{,}79^2 = 0{,}07$; $A = 2090 \text{ mm}^2$, $s = t = 11 \text{ mm}$, $R = 11 \text{ mm}$, $e_x = 27{,}4 \text{ mm}$, $W_x = 24\,600 \text{ mm}^3$, $i_x = 29{,}2 \text{ mm}$, $i_y = 20{,}5 \text{ mm}$. Biegeknicknachweis um y-Achse (Ausweichen in der Fachwerkebene): 98 kN/(0,53 · 456 kN) = 0,41 < 1, $l_{ky} \approx 0{,}9 \cdot l \approx 1935 \text{ mm}$, $\lambda_{ky} = 94{,}4$, $\bar{\lambda}_{ky} = 1{,}02$, Knickspannungslinie c, $\alpha = 0{,}49$, $k = 1{,}22$, $\kappa = 0{,}53$. Biegedrillknicken kann ausgeschlossen werden, $b/t \leq (b/t)_{grenz}$ ist erfüllt.)

b) $a = 5 \text{ mm}$, $l = 50 \text{ mm}$, 2 Nähte ($a \approx 0{,}5 \cdot t \approx 5 \text{ mm}$ wegen gerundeter Profilkante, $\tau_{w\,zul} = 207 \text{ N/mm}^2$, $30 \text{ mm} < 50 \text{ mm} \; (10a) < 150a$).

6.16 a) Randspannung $\sigma = 98 \text{ N/mm}^2 < \sigma_{zul} = 218 \text{ N/mm}^2$, mittlere Schubspannung $\tau_m = 23 \text{ N/mm}^2 < \tau_{zul} = 126 \text{ N/mm}^2$ $F_q = 68 \text{ kN}$, $M_b = 12{,}24 \cdot 10^6 \text{ Nmm}$, $A = 3000 \text{ mm}^2$, $I = 15{,}68 \cdot 10^6 \text{ mm}^4$; Nachweis der Vergleichsspannung nicht erforderlich, da $\tau/\tau_{zul} = 0{,}18 < 0{,}5$).

b) $\sigma_{wv} = 151 \text{ N/mm}^2 < \sigma_{w\,zul} = 207 \text{ N/mm}^2$ (Randspannung $\sigma_\perp = 147 \text{ N/mm}^2$, mittlere Schubspannung $\tau_\| = 34 \text{ N/mm}^2$, $A_w = 2000 \text{ mm}^2$, $I_w = 10{,}42 \cdot 10^6 \text{ mm}^4$).

6.17 a) Randspannung: $\sigma = 84$ N/mm² $< \sigma_{zul} = 218$ N/mm², Steg: $\tau_m = 71$ N/mm² $< \tau_{zul} = 126$ N/mm² (Nachweis der Vergleichsspannung im Steg nicht erforderlich, da $\sigma/\sigma_{zul} < 0{,}5$, $F_q = 100$ kN, $M = 18 \cdot 10^6$ Nmm, $s = 7{,}5$ mm, $t = 11{,}3$ mm, $A = 3340$ mm², $I_x = 21{,}4 \cdot 10^6$ mm⁴; $A_F/A_S \approx 2 \cdot 90$ mm $\cdot 11{,}3$ mm/(177,4 mm $\cdot 7{,}5$ mm) $= 1{,}5 > 0{,}6$, es darf mit τ_m gerechnet werden; $A_s = (200$ mm $- 11{,}3$ mm$) \cdot 7{,}5$ mm $= 1415$ mm²).

b) Nachweis mit vereinfachter Verteilung der Schnittgrößen: $\sigma_\perp = 95\,390$ N$/540$ mm² $= 177$ N/mm² $< \sigma_{w\,zul} = 207$ N/mm², $\tau_\parallel = 100\,000$ N$/1240$ mm² $= 81$ N/mm² $< \tau_{w\,zul} = 207$ N/mm² ($F_F = 18 \cdot 10^6$ Nmm$/(200$ mm $- 11{,}3$ mm$) = 95{,}39$ kN, $A_{wF} = 540$ mm², $A_{wS} = 1240$ mm²).

Flansch: $\sigma = 94$ N/mm² $< \sigma_{zul} = 218$ N/mm² ($A_F \approx 1017$ mm²).

Tragsicherheitsnachweis mit exakter Spannungsverteilung: Randspannung: $\sigma_\perp = 136$ N/mm² $< \sigma_{w\,zul} = 207$ N/mm², Stegnahtende: $\sigma_{wv} = 133$ N/mm² $< \sigma_{w\,zul} = 207$ N/mm² ($I_{wx} = 13{,}28 \cdot 10^6$ mm⁴, $y_F = 100$ mm, $y_s = 155$ mm$/2 = 77{,}5$ mm, $A_{wS} = 1240$ mm², $\sigma_\perp = 105$ N/mm², $\tau_\parallel = 81$ N/mm²).

6.18 a) **Ohne weiteren Tragsicherheitsnachweis** darf der Anschluss nach Lehrbuch Bild 6-43 ausgeführt werden:

$a_S \geq 0{,}5 \cdot t_S = 0{,}5 \cdot 10$ mm $= $ **5 mm** ($a_{min} = \sqrt{22} - 0{,}5 = 4{,}2$ mm, $a_{max} = 0{,}7 \cdot 10$ mm $= 7$ mm)

$a_F \geq 0{,}5 \cdot t_F = 0{,}5 \cdot 20$ mm $= $ **10 mm** ($a_{min} = \sqrt{22} - 0{,}5 = 4{,}2$ mm, $a_{max} = 0{,}7 \cdot 20$ mm $= 14$ mm)

Die schweißtechnischen Bedingungen nach Gln. (6.16a) und (6.16b) sind eingehalten.

b) **Vereinfachter Nachweis nach Lehrbuch Bild 6-44**

Nachweis der Flanschnähte

$a \leq 0{,}7 t_{min} = 0{,}7 \cdot 20$ mm $= 14$ mm (6.16a)

$a \geq \sqrt{t_{max}} - 0{,}5 = \sqrt{22} - 0{,}5 = 4{,}2$ mm (6.16b)

ausgeführt: $a_F = $ **8 mm**

$A_{wF} = 2 \cdot b_F \cdot a + 2 \cdot t_F \cdot a - t_S \cdot a = 2 \cdot a \cdot (b_F + t_F - t_S/2)$

$= 2 \cdot 8$ mm $\cdot (180$ mm $+ 20$ mm $- 10$ mm$/2) = 3120$ mm²

$\sigma_\perp = (F_N/2 + M/h_F)/A_{wF}$ (6.21)

$= (2{,}5 \cdot 10^5$ N$/2 + 1{,}4 \cdot 10^5$ Nm$/0{,}3$ m$)/3120$ mm² $= $ **190 N/mm²** $\leq \sigma_{w\,zul} = $ **207 N/mm²**

Nachweis der Stegnaht

$a \leq 0{,}7 t_{min} = 0{,}7 \cdot 10$ mm $= 7$ mm (6.16a)

$a \geq \sqrt{t_{max}} - 0{,}5 = \sqrt{22} - 0{,}5 = 4{,}2$ mm (6.16b)

ausgeführt: $a_S = $ **5 mm**

$\tau_\parallel = \dfrac{F_q}{A_{wS}} = \dfrac{10^5 \text{ N}}{2800 \text{ mm}^2} = $ **36 N/mm²** $< \tau_{w\,zul} = $ **207 N/mm²** (6.20)

mit $A_{wS} = 2 \cdot 5$ mm $\cdot 280$ mm $= 2800$ mm², $F = 100$ kN, $\tau_{w\,zul} = 207$ N/mm² (TB 6-6)

6 Schweißverbindungen

c) **Bestimmung der Querschnittswerte**

Länge der Wurzellinie:

$\Sigma l = 2 \cdot 280 \text{ mm} + 2 \cdot (2 \cdot 180 \text{ mm} + 2 \cdot 20 \text{ mm} - 10 \text{ mm}) = 1340 \text{ mm}$

$A_w = \Sigma(a \cdot l) = 6 \text{ mm} \cdot 1340 \text{ mm} = 8040 \text{ mm}^2$

$I_{wx} = 2 \cdot 180 \text{ mm} \cdot 6 \text{ mm} \cdot (160 \text{ mm})^2 + 4 \cdot 85 \text{ mm} \cdot 6 \text{ mm} \cdot (140 \text{ mm})^2$

$\quad + 4 \cdot 20 \text{ mm} \cdot 6 \text{ mm} \cdot (150 \text{ mm})^2 + \dfrac{(280 \text{ mm})^3 \cdot 2 \cdot 6 \text{ mm}}{12} = 1{,}28 \cdot 10^8 \text{ mm}^4$

(Die Eigenträgheitsmomente aller Flanschnähte werden wegen Geringfügigkeit vernachlässigt. Für die Kehlnähte ist die Schweißnahtfläche konzentriert in der Wurzellinie anzunehmen.)

Bestimmung der Randspannung

$\sigma_{\perp b} = \dfrac{M}{I_w} \cdot y = \dfrac{1{,}4 \cdot 10^8 \text{ N mm}}{1{,}28 \cdot 10^8 \text{ mm}^4} \cdot 160 \text{ mm} = 175 \text{ N/mm}^2$ (6.19)

$\sigma_{\perp z,d} = \dfrac{F_N}{A_w} = \dfrac{250\,000 \text{ N}}{8040 \text{ mm}^2} = 31 \text{ N/mm}^2$ (6.18)

$\sigma_\perp = \sigma_{\perp b} + \sigma_{\perp z,d} = 175 \text{ N/mm}^2 + 31 \text{ N/mm}^2 = \mathbf{206 \text{ N/mm}^2} < \sigma_{w\,zul} = \mathbf{207 \text{ N/mm}^2}$

mit $\sigma_{w\,zul} = 207 \text{ N/mm}^2$ (TB 6-6)

Bestimmung des Vergleichswertes am Stegrand (Trägerhals)

$\tau_\| = \dfrac{F_q}{A_{wS}} = \dfrac{10^5 \text{ N}}{3360 \text{ mm}^2} = 30 \text{ N/mm}^2$ (6.20)

mit $A_{wS} = 2 \cdot 6 \text{ mm} \cdot 280 \text{ mm} = 3360 \text{ mm}^2$

$\sigma_{\perp b} = \dfrac{M}{I_w} \cdot y = \dfrac{1{,}4 \cdot 10^8 \text{ N mm}}{1{,}28 \cdot 10^8 \text{ mm}^4} \cdot 140 \text{ mm} = 153 \text{ N/mm}^2$ (6.19)

$\sigma_\perp = \sigma_{\perp b} + \sigma_{\perp z,d} = 153 \text{ N/mm}^2 + 31 \text{ N/mm}^2 = 184 \text{ N/mm}^2$

$\sigma_{wv} = \sqrt{\sigma_\perp^2 + \tau_\|^2} = \sqrt{(184 \text{ N/mm}^2)^2 + (30 \text{ N/mm}^2)^2}$ (6.17)

$\quad = \mathbf{186 \text{ N/mm}^2} < \sigma_{w\,zul} = \mathbf{207 \text{ N/mm}^2}$

6.19 Nachweis des Schottanschlusses (1-1)

Bestimmung der Kehlnahtdicke

$a_1 \leq 0{,}7 \cdot t_{min} = 0{,}7 \cdot 6 \text{ mm} = 4{,}2 \text{ mm}$ (6.16a)

$a_1 \geq \sqrt{t_{max}} - 0{,}5 = \sqrt{12} - 0{,}5 = 3{,}0 \text{ mm}$ (6.16b)

ausgeführt: $a_1 = \mathbf{3 \text{ mm}}$

Tragsicherheitsnachweis der hohlkastenförmigen Naht (TB 1-14)

$W_{wt} \approx 2 \cdot A_m \cdot t = 2 \cdot 37\,500 \text{ mm}^2 \cdot 3 \text{ mm} = 225\,000 \text{ mm}^3$, mit $A_m = 250 \text{ mm} \cdot 150 \text{ mm}$
$\quad = 37\,500 \text{ mm}^2$

Infolge Querkraft: $\tau_{\| q} = F_q/A_{wS} = 90\,000 \text{ N}/1464 \text{ mm}^2 = 61 \text{ N/mm}^2$ (6.20)

Infolge Torsion: $\tau_{\| t} = T/W_{wt} = 18 \cdot 10^6 \text{ Nmm}/0{,}225 \cdot 10^6 \text{ mm}^3 = 80 \text{ N/mm}^2$ (6.26)

mit $F_q = 90 \text{ kN}$, $T = F \cdot l = 9 \cdot 10^4 \text{ N} \cdot 200 \text{ mm} = 18 \cdot 10^6 \text{ Nmm}$, $A_{wS} = 2 \cdot (250 - 6) \text{ mm} \cdot 3 \text{ mm}$
$\quad = 1464 \text{ mm}^2$

$\tau_\| = \tau_{\| q} + \tau_{\| t} = 61 \text{ N/mm}^2 + 80 \text{ N/mm}^2 = \mathbf{141 \text{ N/mm}^2} < \tau_{w\,zul} = \mathbf{207 \text{ N/mm}^2}$ ($\sigma = 0$)

mit $\tau_{w\,zul} = 207 \text{ N/mm}^2$ (TB 6-6)

Nachweis des Flanschanschlusses (2-2)

Bestimmung der Kehlnahtdicke

$$a_2 \leq 0{,}7 t_{min} = 0{,}7 \cdot 6 \text{ mm} = 4{,}2 \text{ mm} \tag{6.16a}$$

$$a_2 \geq \sqrt{t_{max}} - 0{,}5 = \sqrt{20} - 0{,}5 = 4{,}0 \text{ mm} \tag{6.16b}$$

ausgeführt: $a_2 = $ **4 mm**

Bestimmung der statischen Werte (hohlkastenförmige Naht, s. TB 1-14)

$$W_x = \frac{B \cdot H^3 - b \cdot h^3}{6H} = \frac{154 \text{ mm} \cdot (254 \text{ mm})^3 - 146 \text{ mm} \cdot (246 \text{ mm})^3}{6 \cdot 254 \text{ mm}} = 229\,734 \text{ mm}^4$$

mit $B = 150 \text{ mm} + 4 \text{ mm} = 154 \text{ mm}$, $H = 250 \text{ mm} + 4 \text{ mm} = 254 \text{ mm}$,
$b = 150 \text{ mm} - 4 \text{ mm} = 146 \text{ mm}$, $h = 250 \text{ mm} - 4 \text{ mm} = 246 \text{ mm}$

$$W_{wt} \approx 2 \cdot A_m \cdot t = 2 \cdot 37\,500 \text{ mm}^2 \cdot 4 \text{ mm} = 3 \cdot 10^5 \text{ mm}^3$$

$$A_{wS} \approx 2 \cdot 250 \text{ mm} \cdot 4 \text{ mm} = 2000 \text{ mm}^2$$

Bestimmung der maßgebenden Eckspannung (Stelle 3)

$$\sigma_\perp = \frac{M_x}{W_x} = \frac{45 \cdot 10^6 \text{ N mm}}{229\,734 \text{ mm}^3} = 196 \text{ N/mm}^2$$

mit $M_x = 90 \text{ kN} \cdot 0{,}5 \text{ m} = 45 \text{ kNm}$

$$\tau_{\|q} = F_q / A_{wS} = 90\,000 \text{ N} / 2000 \text{ mm}^2 = 45 \text{ N/mm}^2 \tag{6.20}$$

$$\tau_{\|t} = T / W_{wt} = 18 \cdot 10^6 \text{ N mm} / 3 \cdot 10^5 \text{ mm}^3 = 60 \text{ N/mm}^2 \tag{6.26}$$

$$\tau_{\|ges} = \tau_{\|q} + \tau_{\|t} = 45 \text{ N/mm}^2 + 60 \text{ N/mm}^2 = 105 \text{ N/mm}^2$$

$$\sigma_{wv} = \sqrt{\sigma_\perp^2 + \tau_\|^2} = \sqrt{(196 \text{ N/mm}^2)^2 + (105 \text{ N/mm}^2)^2} \tag{6.17}$$

$$= \mathbf{222 \text{ N/mm}^2} > \sigma_{w\,zul} = \mathbf{207 \text{ N/mm}^2}$$

Spannungsüberschreitung ca. 7 %

6.20 a) $\sigma = 81 \text{ N/mm}^2 < \sigma_{zul} = 218 \text{ N/mm}^2$, $\tau_m = 18 \text{ N/mm}^2 < \tau_{zul} = 126 \text{ N/mm}^2$ bzw. $< 0{,}5 \cdot \tau_{zul}$, also Nachweis der Vergleichsspannung nicht erforderlich ($M_b = 10{,}8 \cdot 10^6 \text{ N mm}$, $W = 133\,333 \text{ mm}^3$, $A = 4000 \text{ mm}^2$, $F_q = 72 \text{ kN}$).

b) senkrechte Kehlnähte: $\tau_\| \approx 36 \text{ N/mm}^2 < \tau_{w\,zul} = 207 \text{ N/mm}^2$,
waagerechte Kehlnähte: $\tau_\| \approx 90 \text{ N/mm}^2 < \tau_{w\,zul} = 207 \text{ N/mm}^2$.

Das Konsol ist ausreichend bemessen.

6.21 a) $\sigma = 146 \text{ N/mm}^2 > \sigma_{zul} = 218 \text{ N/mm}^2$, $\tau = 29 \text{ N/mm}^2 < \tau_{zul} = 126 \text{ N/mm}^2$ bzw. $< 0{,}5 \cdot \tau_{zul}$, also Nachweis der Vergleichsspannung nicht erforderlich ($M_b = 4{,}2 \cdot 10^6 \text{ N mm}$, $W = 28\,800 \text{ mm}^3$, $F_q = 42 \text{ kN}$, $A = 1440 \text{ mm}^2$).

b) $a = 4 \text{ mm}$ ($a_{erf} = 2{,}3 \text{ mm}$, aber $a_{min} \geq (\sqrt{20} - 0{,}5) = 4 \text{ mm}$, $\tau_{w\,zul} = 207 \text{ N/mm}^2$).

6.22 Naht dauerfest, da $\sigma_\perp = 139 \text{ N/mm}^2 < \sigma_{w\,zul} \approx 174 \text{ N/mm}^2$ ($F_{eq\,max} = +150 \text{ kN}$, $F_{eq\,min} = +10 \text{ kN}$, $\kappa = +0{,}0\bar{6}$, $A_w = 1080 \text{ mm}^2$, Spannungslinie B (1), $b \approx 0{,}94$, für $t_{max} = 18 \text{ mm}$, $\sigma_{w\,zul} \approx 0{,}94 \cdot 185 \text{ N/mm}^2 \approx 174 \text{ N/mm}^2$, $K_A = 1{,}4$).

6.23 a) Naht dauerfest: $\sigma_\perp = \pm 61 \text{ N/mm}^2 < \sigma_{w\,zul} = \pm 62 \text{ N/mm}^2$
($A_w = 1020 \text{ mm}^2$, $F_{eq\,max} = 1{,}3 \cdot 48 \text{ kN} = \pm 62{,}4 \text{ kN}$, $\kappa = -1$, Linie E1 (5), $b \approx 0{,}95$ für $t_{max} = 16 \text{ mm}$, $\sigma_{w\,zul} = 0{,}95 \cdot 65 \text{ N/mm}^2$);

b) Bauteil nicht dauerfest: $\sigma = \pm 61 \text{ N/mm}^2 > \sigma_{zul} \approx \pm 40 \text{ N/mm}^2$ ($A = 1020 \text{ mm}^2$, $F_{max} = \pm 62{,}4 \text{ kN}$, $\kappa = -1$, Linie F (2), $b = 1{,}0$).

6 Schweißverbindungen

6.24 Erforderliche Rohrwanddicke $s = 5$ mm, also z. B. Rohr–$50 \times$ ID40–EN 10305-1–E235+N ($\tau_w = 43$ N/mm$^2 = \tau_{w\,zul} = 0{,}84 \cdot 51$ N/mm$^2 = 43$ N/mm^2, $T_{eq} = 2 \cdot 315$ Nm $= 630\,000$ N mm, $W_t = \pi \cdot (50^4 - 40^4)$ mm$^4/(16 \cdot 50$ mm$) = 14\,490$ mm^3, $\tau_{w\,zul\,TB} = 51$ N/mm^2 für S235, Linie H (Schub), $\kappa = -1$ (wechselnde Belastung), $b \approx 0{,}84$ für $d_{max} = 50$ mm).

6.25
1. Berechnung über polares Widerstandsmoment
Naht dauerfest: $\tau_{\|t} = 61$ N/mm$^2 \approx \tau_{w\,zul} = 60$ N/mm^2 ($T_{eq\,max} = 1{,}6 \cdot 320$ mm $\cdot 6300$ N $= 3{,}23 \cdot 10^6$ N mm, $W_p = 2\pi(65^4$ mm$^4 - 55^4$ mm$^4)/(16 \cdot 65$ mm$) = 52\,560$ mm^3, $\kappa = -0{,}32$, Linie H, $b \approx 0{,}83$ (für $\varnothing$ 60 mm), $\tau_{w\,zul} = 0{,}83 \cdot 72$ N/mm$^2 = 60$ N/mm^2).

2. Berechnung über Umfangskraft
Naht dauerfest: $\tau_{\|t} = 57$ N/mm$^2 < \tau_{w\,zul} = 60$ N/mm^2
($F_{u\,eq} = 2 \cdot 1{,}6 \cdot 6300$ N $\cdot 320$ mm$/60$ mm $= 107{,}5$ kN, $A_w = 2 \cdot 5$ mm $\cdot \pi \cdot 60$ mm $= 1885$ mm^2).

6.26 Naht nicht dauerfest: $\sigma_\perp = 126$ N/mm$^2 > \sigma_{w\,zul} \approx 50$ N/mm^2 ($\sigma_{wz} = 10$ N/mm^2, $\sigma_{wb} = 116$ N/mm^2, Länge der Wurzellinie: $l = \pi \cdot 45$ mm $= 141{,}4$ mm, $A_w = \pi \cdot 45$ mm $\cdot 5$ mm $= 707$ mm^2, $W = \pi(50^4$ mm$^4 - 40^4$ mm$^4)/(32 \cdot 50$ mm$) = 7245$ mm^3, $\kappa = 0$, $K_A = 1{,}35$, $F_{z\,eq} = 1{,}35 \cdot 5$ kN $= 6{,}75$ kN, $M_{b\,eq} = 1{,}35 \cdot 5000$ N $\cdot 125$ mm $= 843\,750$ N mm, Linie F (5), $b = 0{,}85$ (für $\varnothing$ 45 mm), $\sigma_{w\,zul} = 0{,}85 \cdot 60$ N/mm$^2 \approx 50$ N/mm^2).

6.27 Naht A ist dauerfest: $\sigma_{wv} = 27$ N/mm$^2 < \sigma_{w\,zul} = 32$ N/mm^2 ($a \geq \sqrt{80} - 0{,}5$ mm $= 8$ mm, $a \leq 0{,}7 \cdot t_{min} = 0{,}7 \cdot 12$ mm $= 8{,}4$ mm, in Abhängigkeit von den Schweißbedingungen $a = 5$ mm erlaubt: $\sigma_\perp = 24$ N/mm^2, $\tau_\| = 9$ N/mm^2, $M_{b\,eq} = 1{,}1 \cdot 5600$ N $\cdot 40$ mm $= 246\,400$ N mm, $F_{q\,eq} = 1{,}1 \cdot 5600$ N $= 6160$ N, $A_{w\,Steg} = 2 \cdot 65$ mm $\cdot 5$ mm $= 650$ mm^2, $W = (17$ mm $\cdot 70^3$ mm$^3 - 7$ mm $\cdot 60^3$ mm$^3)/(6 \cdot 70$ mm$) = 10\,280$ mm^3, Linie F (5), $\kappa = -1$, $b = 0{,}8$ (für $\square$ 80 mm), $\sigma_{w\,zul} = 0{,}8 \cdot 40$ N/mm$^2 = 32$ N/mm^2).

Naht B ist dauerfest: $\sigma_\perp = 38$ N/mm$^2 \leq \sigma_{w\,zul} = 38$ N/mm^2 ($a \geq \sqrt{16} - 0{,}5$ mm $= 3{,}5$ mm, $a \leq 0{,}7 \cdot 12$ mm $= 8{,}4$ mm, ausgeführt $a = 6$ mm; $\sigma_{\perp z,d} = 5$ N/mm^2, $\sigma_{\perp b} = 33$ N/mm^2, $M_{b\,eq} = 1{,}1 \cdot 5600$ N $\cdot (70$ mm $+ 0{,}5 \cdot 90$ mm$) = 708\,400$ N mm, $F_{eq} = 1{,}1 \cdot 5600$ N $= 6160$ N, $A_w = 2 \cdot 6$ mm $(12$ mm $+ 90$ mm$) = 1224$ mm^2, $W = (18$ mm $\cdot 96^3$ mm$^3 - 6$ mm $\cdot 84^3$ mm$^3)/(6 \cdot 96$ mm$) = 21\,474$ mm^3, Linie F (5), $\kappa = -1$, $b = 0{,}96$ (für $t = 16$ mm), $\sigma_{w\,zul} = 0{,}96 \cdot 40$ N/mm$^2 = 38$ N/mm^2).

6.28 $F_{1x} = \sin 40° \cdot 2500$ N $= 1607$ N, $F_{1y} = \cos 40° \cdot 2500$ N $= 1915$ N, $F_2 = 1915$ N $\cdot 200$ mm$/120$ mm $= 3192$ N

Naht A dauerfest: $\sigma_{wv} = 42$ N/mm$^2 < \sigma_{w\,zul} = 60$ N/mm^2 ($\sigma_{\perp z} = 5$ N/mm^2, $\sigma_{\perp b} = 36$ N/mm^2, $\sigma_\perp = 41$ N/mm^2, $\tau_\| = 6$ N/mm^2, $F_{z\,eq} = 1{,}35 \cdot 1607$ N $= 2169$ N, $F_{q\,eq} = 1{,}35 \cdot 1915$ N $= 2585$ N, $M_{eq} = 1{,}35 \cdot 1915$ N $\cdot 50$ mm $= 129\,263$ N mm, $A_w = 2 \cdot 4$ mm $\cdot 52$ mm $= 416$ mm^2, $W = 3605$ mm^3, Linie F (5), $\kappa = 0$, $b \approx 1{,}0$).

Naht B nicht dauerfest: $\sigma_{wv} = 52$ N/mm$^2 > \sigma_{w\,zul} = 48$ N/mm^2 ($a \geq \sqrt{80} - 0{,}5$ mm $= 8$ mm, $a \leq 0{,}7 \cdot 10$ mm $= 7$ mm, in Abhängigkeit von den Schweißbedingungen $a = 5$ mm erlaubt; ($\sigma_\perp = 3$ N/mm$^2 + 49$ N/mm$^2 = 52$ N/mm^2, $\tau_\| = 4$ N/mm^2, $F_{z\,eq} = 2169$ N, $F_{q\,eq} = 2572$ N, $M_{eq} = 1{,}35 \cdot 1915$ N $\cdot 160$ mm $= 413\,640$ N, $A_w = 700$ mm^2, $A_{w\,Steg} = 600$ mm^2, $W_w = (15$ mm $\cdot 65^3$ mm$^3 - 5$ mm $\cdot 55^3$ mm$^3)/(6 \cdot 65$ mm$) = 8429$ mm^3, Linie F (5), $\kappa = 0$, $b = 0{,}8$ (für $\square$ 80 mm), $\sigma_{w\,zul} = 0{,}8 \cdot 60$ N/mm$^2 = 48$ N/mm^2).

Naht C dauerfest: $\sigma_{wv} = 42$ N/mm$^2 < \sigma_{w\,zul} = 48$ N/mm^2 ($\sigma_\perp = 41$ N/mm^2, $\tau_\| = 7$ N/mm^2, $F_{q\,eq} = 1{,}35 \cdot 3192$ N $= 4309$ N, $M_{b\,eq} = 1{,}35 \cdot 3192$ N $\cdot 80$ mm $= 344\,736$ N mm).

6.29 a) **Bestimmung der maximalen Randspannung**

$$\sigma_z = F_v/A = 16\,000\,\text{N}/5600\,\text{mm}^2 = +3\,\text{N/mm}^2 \tag{6.1}$$

mit $A = 200\,\text{mm} \cdot 100\,\text{mm} - 180\,\text{mm} \cdot 80\,\text{mm} = 5600\,\text{mm}^2$

$$\sigma_b = \frac{M_{\text{beq}}}{I_x} \cdot y = \frac{7{,}371 \cdot 10^6\,\text{Nmm}}{27{,}78 \cdot 10^6\,\text{mm}^4} \cdot 100\,\text{mm} = \pm 27\,\text{N/mm}^2 \tag{6.19}$$

mit $I_x = 2 \cdot 200^3\,\text{mm}^3 \cdot 10\,\text{mm}/12 + 2 \cdot 80\,\text{mm} \cdot 10\,\text{mm} \cdot 95^2\,\text{mm}^2 = 27{,}78 \cdot 10^6\,\text{mm}^4$
(TB 1-14),
$M_{\text{beq}} = 1{,}3 \cdot 18\,000\,\text{N} \cdot 315\,\text{mm} \doteq \pm 7{,}37 \cdot 10^6\,\text{N mm}$, $y = 100\,\text{mm}$
$\sigma_{\max} = +\,3\,\text{N/mm}^2 + 27\,\text{N/mm}^2 = +\,30\,\text{N/mm}^2$,
$\sigma_{\min} = +\,3\,\text{N/mm}^2 - 27\,\text{N/mm}^2 = -\,24\,\text{N/mm}^2$

Bestimmung der zulässigen Spannung

mit $\kappa = \dfrac{\sigma_{\min}}{\sigma_{\max}} = \dfrac{-24\,\text{N/mm}^2}{+30\,\text{N/mm}^2} = -0{,}8$, Linie F (TB 6-12), $\sigma_{\text{zul Tab}} = 42\,\text{N/mm}^2$ (TB 6-13a),

$b = 1{,}0$ (TB 6-14, $t_{\max} = 10\,\text{mm}$), $\sigma_{\text{zul}} = 1{,}0 \cdot 42\,\text{N/mm}^2 = 42\,\text{N/mm}^2$

$\sigma_{\max} = \mathbf{30\,N/mm^2} < \sigma_{\text{zul}} = \mathbf{42\,N/mm^2}$

Nachweis erfüllt!

b) **Bestimmung der Nahtschubspannung**

$$\tau_\| = \frac{F_{\text{q eq}} \cdot H}{I_x \cdot 2a} = \frac{1{,}3 \cdot 18\,000\,\text{N} \cdot 76\,000\,\text{mm}^3}{27{,}78 \cdot 10^6\,\text{mm}^4 \cdot 2 \cdot 3\,\text{mm}} = 11\,\text{N/mm}^2 \tag{6.13}$$

$H = A_F \cdot y_F = 80\,\text{mm} \cdot 10\,\text{mm} \cdot 95\,\text{mm} = 76\,000\,\text{mm}^3$

Bestimmung der Vergleichsspannung

$$\sigma_{wv} = 0{,}5 \cdot (\sigma_\| + \sqrt{\sigma_\|^2 + 4\tau_\|^2}) = 0{,}5(30\,\text{N/mm}^2 + \sqrt{(30\,\text{N/mm}^2)^2 + 4 \cdot (11\,\text{N/mm}^2)^2}) \tag{6.27}$$

$= \mathbf{34\,N/mm^2} < \sigma_{w\,\text{zul}} = \mathbf{90\,N/mm^2}$

mit $\sigma_{w\,\text{zul}} = 90\,\text{N/mm}^2$ nach Linie B und $\kappa = 0{,}8$ (TB 6-12, TB 6-13), $b = 1{,}0$
Nachweis erfüllt!

c) **Bestimmung der geeigneten Schweißnahtdicke**

$a \leq 0{,}7 \cdot t_{\min} = 0{,}7 \cdot 10\,\text{mm} = 7\,\text{mm}$ \hfill (6.16a)

$a \geq \sqrt{t_{\max}} - 0{,}5 = \sqrt{20} - 0{,}5 = 4\,\text{mm}$ \hfill (6.16b)

ausgeführt: $a = \mathbf{7\,mm}$

Bestimmung der maximalen Randspannung

$$\sigma_\perp = F_v/A_w = 16\,000\,\text{N}/4200\,\text{mm}^2 = +4\,\text{N/mm}^2 \tag{6.18}$$

mit $A_w = \Sigma(l \cdot a) = 2 \cdot 7\,\text{mm} \cdot (200\,\text{mm} + 100\,\text{mm}) = 4200\,\text{mm}^2$

$$\sigma_\perp = \frac{M_{\text{b eq}}}{I_w} \cdot y = \frac{7{,}371 \cdot 10^6\,\text{N mm}}{23{,}373 \cdot 10^6\,\text{mm}^4} \cdot 100\,\text{mm} = \pm 32\,\text{N/mm}^2 \tag{6.19}$$

mit $I_w = 207^3\,\text{mm}^3 \cdot 107\,\text{mm}/12 - 193^3\,\text{mm}^3 \cdot 93\,\text{mm}/12 = 23{,}373 \cdot 10^6\,\text{mm}^4$ (TB 1-14),
$M_{\text{b eq}} = 1{,}3 \cdot 18\,000\,\text{N} \cdot 315\,\text{mm} = \pm 7{,}37 \cdot 10^6\,\text{N mm}$, $y = 100\,\text{mm}$
$\sigma_{\perp\,\max} = +4\,\text{N/mm}^2 + 32\,\text{N/mm}^2 = +36\,\text{N/mm}^2$,
$\sigma_{\perp\,\min} = +4\,\text{N/mm}^2 - 32\,\text{N/mm}^2 = -28\,\text{N/mm}^2$

6 Schweißverbindungen

Bestimmung der Nahtschubspannung

$$\tau_S \approx F_q/A_{ws} = 1{,}3 \cdot 18\,000 \text{ N}/2800 \text{ mm}^2 = \pm 8 \text{ N/mm}^2 \qquad (6.20)$$

mit $A_{ws} = 2 \cdot 200 \text{ mm} \cdot 7 \text{ mm} = 2800 \text{ mm}^2$

Bestimmung der Vergleichsspannung

$$\sigma_{wv} = 0{,}5 \cdot (\sigma_\perp + \sqrt{\sigma_\perp^2 + \cdot 4 \cdot \tau_\parallel^2}) \qquad (6.27)$$

$$= 0{,}5 \cdot (36 \text{ N/mm}^2 + \sqrt{(36 \text{ N/mm}^2)^2 + 4 \cdot (8 \text{ N/mm}^2)^2}) = \mathbf{38 \text{ N/mm}^2} < \sigma_{zul} = \mathbf{40 \text{ N/mm}^2}$$

mit $\sigma_{w\,zul} = 0{,}94 \cdot 42 \text{ N/mm}^2 = 40 \text{ N/mm}^2$ für Linie F und $\kappa = 0{,}8$ (TB 6-12, TB 6-13a), $b = 0{,}94$, $\sigma_{wzul\,Tab} = 42 \text{ N/mm}^2$

Nachweis erfüllt!

6.30   Bestimmung der statischen Werte

$$I_x = \frac{t \cdot h^3}{12} + 2 \cdot A_G \cdot e_y^2 = \frac{6 \text{ mm} \cdot 150^3 \text{ mm}^3}{12} + 2 \cdot 80 \text{ mm} \cdot 10 \text{ mm} \cdot 80^2 \text{ mm}^2 = 11{,}93 \cdot 10^6 \text{ mm}^4$$

(TB 1-14)

$$H = A_F \cdot y_F = 80 \text{ mm} \cdot 10 \text{ mm} \cdot 80 \text{ mm} = 64 \cdot 10^3 \text{ mm}^3 \qquad (6.13)$$

Bestimmung der vorhandenen Spannungen

Randfaser:

$$\sigma = \frac{M_{x\,eq}}{I_x} \cdot y = \frac{1{,}2 \cdot 5{,}85 \cdot 10^6 \text{ N mm}}{11{,}93 \cdot 10^6 \text{ mm}^4} \cdot 85 \text{ mm} = \mathbf{50 \text{ N/mm}^2} < \sigma_{zul} = \mathbf{67 \text{ N/mm}^2} \qquad (6.12)$$

mit $\sigma_{zul} = 67 \text{ N/mm}^2$ nach Linie F (1) und $\kappa = +0{,}24$ (TB 6-12, TB 6-13), $b = 1{,}0$ (TB 6-14, $t_{max} = 10$ mm)

Halsnaht:

$$\sigma_\parallel = \frac{M_{x\,eq}}{I_x} \cdot y = \frac{1{,}2 \cdot 5{,}85 \cdot 10^6 \text{ N mm}}{11{,}93 \cdot 10^6 \text{ mm}^4} \cdot 75 \text{ mm} = 44 \text{ N/mm}^2 \qquad (6.12)$$

$$\tau_\parallel = \frac{F_{q\,eq} \cdot H}{I_x \cdot 2a} = \frac{1{,}2 \cdot 32 \cdot 10^3 \text{ N} \cdot 64 \cdot 10^3 \text{ mm}^3}{11{,}93 \cdot 10^6 \text{ mm} \cdot 2 \cdot 3 \text{ mm}} = \mathbf{34 \text{ N/mm}^2} < \tau_{w\,zul} = \mathbf{94 \text{ N/mm}^2} \qquad (6.13)$$

mit $\tau_{w\,zul} = 94 \text{ N/mm}^2$ nach Linie H und $\kappa = +0{,}24$, $b = 1{,}0$

Bestimmung der Vergleichsspannung der Halsnähte

$$\sigma_{wv} = 0{,}5(\sigma_\parallel + \sqrt{\sigma_\parallel^2 + 4 \cdot \tau_\parallel^2}) \qquad (6.27)$$

$$= 0{,}5(44 \text{ N/mm}^2 + \sqrt{(44 \text{ N/mm}^2)^2 + 4 \cdot (34 \text{ N/mm}^2)^2}) = \mathbf{62 \text{ N/mm}^2} < \sigma_{w\,zul} = \mathbf{150 \text{ N/mm}^2}$$

mit $\sigma_{w\,zul} = 150 \text{ N/mm}^2$ nach Linie B, $\kappa = +0{,}24$, $b = 1{,}0$

Der Eckstoß ist dauerfest!

6.31 a) $t_e = 8$ mm ($\beta = 2{,}47$, $y = 0{,}0165$, $D_a = 406{,}4$ mm, $p_e = 2{,}5$ N/mm², $K = 161$ N/mm², $S = 1{,}5$, $v = 1{,}0$, $c_1 = 0{,}3$ mm, $c_2 = 1{,}0$ mm). Der Ausschnitt (Stutzen) muss noch auf ausreichende Verstärkung überprüft werden.

b) $t = 26$ mm ($C = 0{,}4$, $D = 388{,}8$ mm, $p_e = 2{,}5$ N/mm², $K = 161$ N/mm², $S = 1{,}5$, $c_1 = 0{,}8$ mm, $c_2 = 1{,}0$ mm).

c) Ausgeführt: $r = 6$ mm, $t_R = 6$ mm ($r \geq 0{,}2 \cdot 26$ mm $= 5{,}2$ mm, $t_R \geq 2{,}5 \, (0{,}5 \cdot 388{,}8 - 6) \cdot 1{,}3 \cdot 1{,}5/161 = 5{,}7$ mm).

6.32 a) $t_e = 13$ mm ($D_a = 1600$ mm, $p_e = 16$ N/mm², $K = 176$ N/mm² bei 360 °C, $S = 1{,}5$, $v = 1{,}0$, $c_1 = 0{,}3$ mm, $c_2 = 1{,}0$ mm);

b) $t_e = 13$ mm ($\beta = 2{,}1$, $y = 0{,}00719$, $c_1 = 0{,}5$ mm, sonst wie unter a);

c) $\sigma_v = 96$ N/mm² < 117 N/mm² ($A_p \approx 264\,120$ mm², $A_\sigma \approx 4434$ mm², $t_A - c_1 - c_2 = 11{,}7$ mm, $t_S - c_1 - c_2 = 23{,}4$ mm, $b = 136$ mm, $l_S = 109{,}6$ mm, $D_i = 1574$ mm, $d_i = 305$ mm, $K = 176$ N/mm², $S = 1{,}5$, $p_e = 1{,}6$ N/mm²).

Der Ausschnitt ist ausreichend verstärkt.

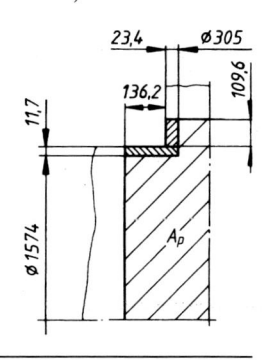

6.33 a) Mit $D_i \approx 1280$ mm (vorläufig angenommen) und $p_e = 12$ bar wird $D_i \cdot p_e = 15\,360 < 20\,000$, die Baustahlsorte S235 JR + N ist also zulässig;

b) $t_e = 8$ mm ($D_a = 1300$ mm, $p_e = 1{,}2$ N/mm², $K = 235$ N/mm² für S235 JR + N bis 50 °C, $S = 1{,}5$, $v = 0{,}85$, $c_1 = 0{,}5$ mm, $c_2 = 1{,}0$ mm);

c) $t_e = 9$ mm ($\beta = 3{,}08$, $y = 0{,}00592$, $v = 1{,}0$, $c_1 = 0{,}3$ mm, übrige Werte wie unter a);

d) $S' = 1{,}17 > S'_{\text{erf}} = 1{,}05$ ($p' = 1{,}43 \cdot p_e = 1{,}716$ N/mm², übrige Werte wie unter a).

6.34 a) **Bestimmung der erforderlichen Wanddicke des Druckbehältermantels**

$$t = \frac{D_a \cdot p_e}{2 \cdot \dfrac{K}{S} \cdot v + p_e} + c_1 + c_2 = \frac{1800 \text{ mm} \cdot 1{,}2 \text{ N/mm}^2}{2 \cdot \dfrac{167 \text{ N/mm}^2}{1{,}5} \cdot 1{,}0 + 1{,}2 \text{ N/mm}^2} + 0 + 0 = 9{,}65 \text{ mm}$$

(6.30a)

mit $D_a = 1800$ mm, $p_e = 12$ bar $= 1{,}2$ N/mm², $K = R_{p1,0} = 167$ N/mm² aus TB 6-15b für X5CrNiMo17-12-2 bei $\vartheta = 250$ °C, $S = 1{,}5$ nach TB 6-17 für Walzstähle, $v = 1{,}0$, $c_1 = c_2 = 0$ für austenitische Stähle

ausgeführt: $t_e = $ **10 mm**

Kontrolle des Geltungsbereichs: $\dfrac{D_a}{D_i} = \dfrac{1800 \text{ mm}}{1800 \text{ mm} - 2 \cdot 10 \text{ mm}} = 1{,}01 < 1{,}2$

b) **Bestimmung der erforderlichen Wanddicke der Klöpperböden**

$$t = \frac{D_a \cdot p_e \cdot \beta}{4 \cdot \dfrac{K}{S} \cdot v} + c_1 + c_2$$

(6.31)

6 Schweißverbindungen

Berechnungsbeiwert für Klöpperböden

$$\beta = 1{,}9 + \frac{0{,}0325}{y^{0{,}7}}, \quad \text{wobei } y = (t_e - c_1 - c_2)/D_a \tag{6.31}$$

β ist von der Wanddicke abhängig, also iterative Ermittlung der Wanddicke erforderlich.

1. Annahme: $t = 12$ mm, mit $y = 12$ mm/1800 mm $= 0{,}00\overline{6}$

$$\beta = 1{,}9 + \frac{0{,}0325}{0{,}00\overline{6}^{0{,}7}} = 2{,}99$$

$$t = \frac{1800 \text{ mm} \cdot 1{,}2 \text{ N/mm}^2 \cdot 2{,}99}{4 \cdot \frac{167 \text{ N/mm}^2}{1{,}5} \cdot 1{,}0} = 14{,}5 \text{ mm} \ne 12 \text{ mm}$$

2. Annahme: $t = 14$ mm, mit $y = 14$ mm/1800 mm $= 0{,}00\overline{7}$

$$\beta = 1{,}9 + \frac{0{,}0325}{0{,}00\overline{7}^{0{,}7}} = 2{,}87$$

$$t = \frac{1800 \text{ mm} \cdot 1{,}2 \text{ N/mm}^2 \cdot 2{,}87}{4 \cdot \frac{167 \text{ N/mm}^2}{1{,}5} \cdot 1{,}0} = 13{,}92 \text{ mm} \approx 14 \text{ mm}$$

ausgeführt: $t_e = \mathbf{14 \text{ mm}}$

6.35 Die Punktschweißverbindung ist ausreichend bemessen: $\tau_w = 38 \text{ N/mm}^2 < \tau_{w\,zul} = 63 \text{ N/mm}^2$ und $\sigma_{wl} = 150 \text{ N/mm}^2 < \sigma_{wl\,zul} = 273 \text{ N/mm}^2$ ($A = 19{,}6 \text{ mm}^2$, $n = 4$, $m = 2$, $\tau_{w\,zul} = 63 \text{ N/mm}^2$, $\sigma_{wl\,zul} = 273 \text{ N/mm}^2$, $d = 5 \text{ mm} < 5\sqrt{1{,}5} = 6 \text{ mm}$, $R_e = 240 \text{ N/mm}^2$).

6.36 a) $n = 3$ ($d = 8$ mm, $n_{erf} = 2{,}4$ bzw. 1,1, $\tau_{w\,zul} = 126 \text{ N/mm}^2$, $\sigma_{wl\,zul} = 545 \text{ N/mm}^2$, $m = 2$, $t_{min} = 6$ mm, $A = 50 \text{ mm}^2$);

b) $e_1 = 30$ mm ($3 \cdot 8$ bis $6 \cdot 8$), $l = 60$ mm, $e_3 = 20$ mm ($2 \cdot 8$ bis $4 \cdot 8$), $L = 100$ mm, $e_2 = 20$ mm ($2{,}5 \cdot 8$ bis $5 \cdot 8$), $b = 40$ mm.

6.37 Die Punktschweißverbindung ist ausreichend bemessen: $\tau_w = 11 \text{ N/mm}^2 < \tau_{w\,zul} = 63 \text{ N/mm}^2$ und $\sigma_{wl} = 7 \text{ N/mm}^2 < \sigma_{wl\,zul} = 196 \text{ N/mm}^2$ ($F_u = 1250$ N, $A = 19{,}6 \text{ mm}^2$, $m = 1$; $n = 6$, $R_e = 240 \text{ N/mm}^2$).

7 Nietverbindungen

7.1 a) $d_1 = 20$ mm, $l = 55$ mm ($d_1 = \sqrt{50 \cdot 12} - 2$ mm $= 22,5$ mm ≈ 22 mm, dieser Durchmesser soll vermieden werden, deshalb gewählt $d_1 = 20$ mm, $l = 2 \cdot 8$ mm $+ 12$ mm $+ 4/3 \cdot 20$ mm ≈ 55 mm).

b) Niet DIN 124 $-20 \times 55-$ St.

c) $F = 328$ kN (Abscheren maßgebend, da $t_{min} = 12$ mm $> t_{lim} = 7,9$ mm, $F = \tau_{a\,zul} \cdot n \cdot m \cdot A$, mit $\tau_{a\,zul} = 158$ N/mm^2, $n = 3$, $m = 2$, $A = 346$ mm^2, $d = 21$ mm).

7.2 a) $d_1 = 22$ mm ($d = 23$ mm), soll ausgeführt werden, obwohl keine Vorzugsgröße.

b) $F_{max} = 334,7$ kN ($A_n = 2(1230 - 23 \cdot 8)$ mm$^2 = 2092$ mm^2, $\sigma_{z\,zul} = 160$ N/mm^2).

c) $n = 5$ ($t_{min} < t_{lim}$: 12 mm $< 14,4$ mm, also Lochleibungsdruck maßgebend, $n_l = 4,3$, $\sigma_{l\,zul} = 280$ N/mm^2, $d = 23$ mm, $t_{min} = 12$ mm, $m = 2$).

d) $l \approx 58$ mm, Niet DIN 124$-22 \times 58-$St (QSt 36-3)

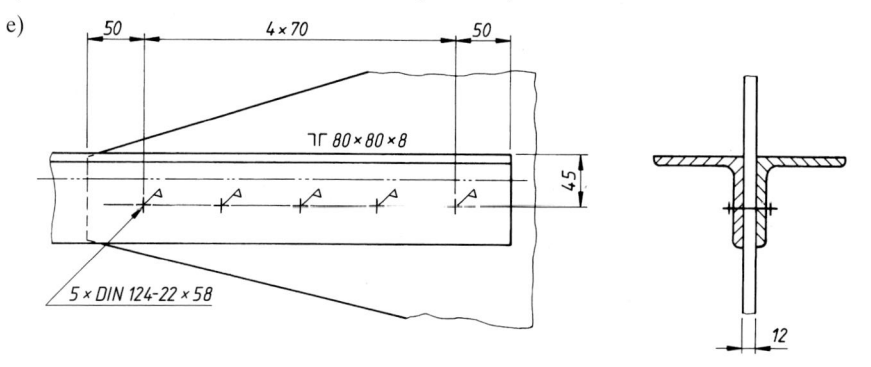

e)

Abstände: $e_1 = 50$ mm ($\geq 2 \cdot 23$ mm, $\leq 4 \cdot 23$ mm oder $8 \cdot 8$ mm), $e = 70$ mm ($\geq 3 \cdot 23$ mm, $\leq 6 \cdot 23$ mm oder $12 \cdot 8$ mm), unversteifter Rand: $e_2 = 35$ mm ($\leq 6 \cdot 8$ mm, $\leq 1,5 \cdot 23$ mm)

f) $F_{max} = 393,6$ kN ($A = 2 \cdot 1230$ mm$^2 = 2460$ mm^2, $\sigma_{z\,zul} = 160$ N/mm^2), $l = 175$ mm, $\tau_{w\,zul} = 113$ N/mm^2. Die Schweißausführung ermöglicht eine um 18 % höhere Stabkraft und einen knapp halb so langen Anschluss!

7.3 Stab S_2: 3 Niete $d_1 = 12$ mm, $\sigma_z = 134$ N/mm² $< \sigma_{z\,zul} = 180$ N/mm² ($d \le 13$ mm für 45 mm Schenkelbreite; $t_{min} = 9$ mm $> t_{lim} = 8{,}2$ mm, also Abscheren maßgebend, $n_a = 2{,}6$, $\tau_{a\,zul} = 128$ N/mm², $A = 133$ mm², $m = 2$, $A_n = 2(390 - 13 \cdot 4{,}5) = 663$ mm², $w = 25$ mm, $e = 40$ mm, $e_1 = 30$ mm).

Stab S_3: 2 Niete $d_1 = 12$ mm, ($d \le 13$ mm für 50 mm Schenkelbreite, $n_a = 1{,}5$, $w = 30$ mm, $e = 40$ mm, $e_1 = 30$ mm).

Stab $S_1 - S_4$: 2 Niete $d_1 = 16$ mm + 1 Füllniet um vorgeschriebenen Lochabstand einzuhalten ($d \le 23$ mm für 75 mm Schenkelbreite, $t_{min} = 10$ mm $< t_{lim} = 10{,}7$ mm, also Lochleibungsdruck maßgebend; $n_l = 1{,}3$, $A = 227$ mm², $d = 17$ mm, $\sigma_{l\,zul} = 320$ N/mm², $F_{1-4} = 85$ kN $-$ 14,5 kN $= 70{,}5$ kN; $e \approx 100$ mm ($\le 14t = 112$ mm), da Spannungen in den Nieten unter 50 % der zul. Werte, $w = 40$ mm).

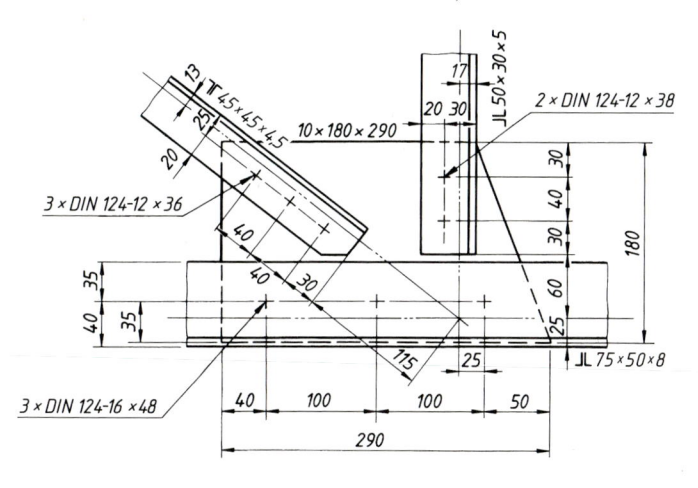

7.4 **Nachweis des Zugstabes**

Der Querschnitt der Laschen ist gleich dem des Zugstabes, ihr Nachweis also nicht erforderlich.

$$\sigma_z = \frac{F}{A_n} = \frac{5{,}6 \cdot 10^5 \text{ N}}{2{,}6 \cdot 10^3 \text{ mm}^2} = \mathbf{215 \text{ N/mm}^2} < \sigma_{z\,zul} = \mathbf{218 \text{ N/mm}^2} \tag{8.44}$$

mit $A_n = A - d \cdot t \cdot z = 180$ mm $\cdot$ 20 mm $-$ 25 mm $\cdot$ 20 mm $\cdot$ 2 $= 2600$ mm², $\sigma_{z\,zul} = 240$ N/mm²/1,1 $= 218$ N/mm², wobei $R_e = 240$ N/mm² für S235 (TB 6-5), $S_M = 1{,}1$

Nachweis der Niete auf Abscheren

$$\tau_a = \frac{F}{n \cdot m \cdot A} = \frac{5{,}6 \cdot 10^5 \text{ N}}{4 \cdot 2 \cdot 491 \text{ mm}^2} = \mathbf{143 \text{ N/mm}^2} < \tau_{a\,zul} = \mathbf{158 \text{ N/mm}^2} \tag{7.3}$$

mit $A = 25^2$ mm² $\cdot \pi/4 = 491$ mm², $\tau_{a\,zul} = 158$ N/mm², $n = 4$, $m = 2$

Nachweis der Niete auf Lochleibung

maßgebend randnahe Niete (a) mit $e_1/d = 40$ mm/25 mm $= 1{,}6 < 3$

$$\sigma_l = \frac{F}{n \cdot d \cdot t_{min}} = \frac{560\,000 \text{ N}}{4 \cdot 25 \text{ mm} \cdot 20 \text{ mm}} = \mathbf{280 \text{ N/mm}^2} < \sigma_{l\,zul} = \mathbf{318 \text{ N/mm}^2} \tag{7.4}$$

mit $e_2 \ge 1{,}5d$ und $e_3 \ge 3d$ (zu Gl. 8.40), also 40 mm $>$ 37,5 mm und 100 mm $>$ 75 mm und maßgebenden Randabstand in Kraftrichtung $e_1 = 40$ mm wird $\alpha_l = 1{,}1 \cdot e_1/d - 0{,}3$ $= 1{,}1 \cdot 40$ mm/25 mm $- 0{,}3 = 1{,}46$ und damit $\sigma_{l\,zul} = \alpha_l \cdot R_e/S_M = 1{,}46 \cdot 240$ N/mm²/1,1 $= 319$ N/mm² (Gl. 8.40); $n = 4$, $d = 25$ mm, $t_{min} = 20$ mm.

7.5 Anordnung nach Bild b beanspruchsmäßig günstiger!

$\Bigg($ Größte Nietkraft bei Anordnung nach

Bild a: $F_{res} = \dfrac{12\,\text{kN}}{2} + \dfrac{12\,\text{kN} \cdot 120\,\text{mm}}{60\,\text{mm}} = 30\,\text{kN}$,

Bild b: $F_{res} = \sqrt{20^2 + 6^2} = 20{,}88\,\text{kN}$ mit $F_x = \dfrac{12\,\text{kN} \cdot 100\,\text{mm}}{60\,\text{mm}} = 20\,\text{kN}$

und $F_y = 12\,\text{kN}/2 = 6\,\text{kN} \Bigg)$.

$\tau_a = 92\,\text{N/mm}^2 < \tau_{a\,zul} = 158\,\text{N/mm}^2$, $\sigma_l = 154\,\text{N/mm}^2 < \sigma_{l\,zul} = 428\,\text{N/mm}^2$ ($A = 227\,\text{mm}^2$, $d = 17\,\text{mm}$, $t_{min} = 8\,\text{mm}$, $n = 1$, $m = 1$, $e_2/d = 2{,}05 > 1{,}5$, $e_1/d = 2{,}05 < 3$, $e_3/d = 3{,}5 > 3$, $\alpha_l = 1{,}1 \cdot 2{,}05 - 0{,}3 = 1{,}96$, $\sigma_{l\,zul} = 1{,}96 \cdot 240\,\text{N/mm}^2/1{,}1 = 428\,\text{N/mm}^2$, $R_e = 240\,\text{N/mm}^2$, $S_M = 1{,}1$, $e_1 = e_2 = 35\,\text{mm}$, $e_3 = 60\,\text{mm}$).

7.6 a) Nietanordnung nach Bild a:

$F_1 = \dfrac{35\,\text{kN} \cdot 145\,\text{mm}}{4 \cdot 55\,\text{mm}} = 23{,}07\,\text{kN}$

$F_2 = \dfrac{35\,\text{kN}}{4} = 8{,}75\,\text{kN}$

$F_{res} = 23{,}07\,\text{kN} + 8{,}75\,\text{kN} = 31{,}8\,\text{kN}$

Niete: $\tau_a = 92\,\text{N/mm}^2 > \tau_{a\,zul} = 84\,\text{N/mm}^2$
(Spannungsüberschreitung);
$\sigma_l = 189\,\text{N/mm}^2 < \sigma_{l\,zul} = 210\,\text{N/mm}^2$
($A = 346\,\text{mm}^2$, $d = 21\,\text{mm}$, $t_{min} = 8\,\text{mm}$, $m = 1$).

Der linke äußere Niet ist am höchsten beansprucht.
$D = $ gedachter Drehpunkt (Schwerpunkt).

Nietanordnung nach Bild b:

$F_1 = \dfrac{35\,\text{kN} \cdot 145\,\text{mm}}{4 \cdot \sqrt{2} \cdot 55\,\text{mm}} = 16{,}31\,\text{kN}$

$F_1/\sqrt{2} = 11{,}53\,\text{kN}$

$F_2 = \dfrac{35\,\text{kN}}{4} = 8{,}75\,\text{kN}$

$F_{res} = \sqrt{(8{,}75 + 11{,}53)^2 + 11{,}53^2} = 23{,}3\,\text{kN}$

Niete: $\tau_a = 67\,\text{N/mm}^2 < \tau_{a\,zul} = 84\,\text{N/mm}^2$;
$\sigma_l = 139\,\text{N/mm}^2 < \sigma_{l\,zul} = 210\,\text{N/mm}^2$

Die beiden linken Nieten sind am höchsten beansprucht.

b) Die Nietanordnung nach Bild b ist beanspruchungsmäßig günstiger.

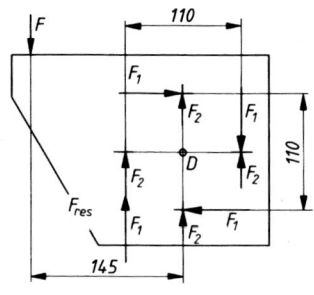

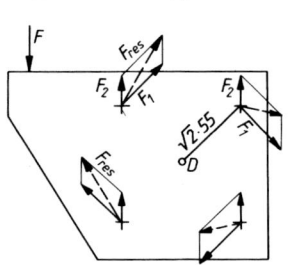

7.7 Einreihige Ausführung (Bild a)

Bestimmung der maßgebenden Nietkräfte

$$F_{max} = \frac{M_S \cdot r_{max}}{\Sigma(x^2 + y^2)} = \frac{35{,}7 \cdot 10^6 \text{ Nmm} \cdot 120 \text{ mm}}{2 \cdot 2(40^2 \text{ mm}^2 + 120^2 \text{ mm}^2)} = 66{,}94 \text{ kN} \tag{8.46}$$

mit $M_S = 85\,000 \text{ N} \cdot 420 \text{ mm} = 35{,}7 \cdot 10^6 \text{ N mm}$ für 2 Nietfelder,
$r_{max} = 3 \cdot 80 \text{ mm}/2 = 120 \text{ mm}$, $y_1 = 40 \text{ mm}$, $y_2 = 120 \text{ mm}$, $x = 0$

$$F_{x\,ges} = F_{max} \frac{y_{max}}{r_{max}} + \frac{F_x}{n} = F_{max} = 66{,}94 \text{ kN} \tag{8.47a}$$

mit $y_{max} = r_{max}$, $F_x = 0$

$$F_{y\,ges} = F_{max} \frac{x_{max}}{r_{max}} + \frac{F_y}{n} = \frac{F_y}{n} = \frac{85 \text{ kN}}{8} = 10{,}63 \text{ kN} \tag{8.47b}$$

mit $x_{max} = 0$, $n = 2 \times 4$, $F_y = 85 \text{ kN}$

$$F_{res} = \sqrt{F_{x\,ges}^2 + F_{y\,ges}^2} = \sqrt{(66{,}94 \text{ kN})^2 + (10{,}63 \text{ kN})^2} = 67{,}78 \text{ kN} \tag{8.47c}$$

Tragsicherheitsnachweis der Niete auf Abscheren

$$\tau_a = \frac{F}{n \cdot m \cdot A} = \frac{67\,780 \text{ N}}{1 \cdot 1 \cdot 346 \text{ mm}^2} = 196 \text{ N/mm}^2 > \tau_{a\,zul} = 158 \text{ N/mm}^2 \tag{7.3}$$

mit $F = F_{res} = 67{,}78 \text{ kN}$, $n = 1$, $m = 1$, $d = 21 \text{ mm}$, $A = 346 \text{ mm}^2$ (TB 7-4),
$\tau_{a\,zul} = 158 \text{ N/mm}^2$ (QSt36-3)

Nachweis gegen Abscheren ist nicht erfüllt.

Tragsicherheitsnachweis der Niete auf Lochleibung

$$\text{Stegblech: } \sigma_l = \frac{F}{n \cdot d \cdot t_{min}} = \frac{67\,780 \text{ N}}{1 \cdot 21 \text{ mm} \cdot 8{,}5 \text{ mm}} = 380 \text{ N/mm}^2 < \sigma_{l\,zul} = 655 \text{ N/mm}^2 \tag{7.4}$$

$$\text{Konsolblech: } \sigma_l = \frac{67\,780 \text{ N}}{1 \cdot 21 \text{ mm} \cdot 10 \text{ mm}} = 323 \text{ N/mm}^2 < \sigma_{l\,zul} = 447 \text{ N/mm}^2 \tag{7.4}$$

Zulässiger Lochleibungsdruck nach den Angaben zu Gl. (8.40)

– *U-Profil 200*, mit Stegdicke $t = 8{,}5$ mm; durch entsprechend große Rand- und Lochabstände

$(e_1 = 100/21 = 4{,}7d > 3d, e_3 = 80/21 = 3{,}8d > 3d)$ im Trägersteg gilt: $\sigma_{l\,zul} = 655 \text{ N/mm}^2$

– Konsolbleche, $t = 10$ mm; mit den Randabständen $e_1 = 45 \text{ mm} = 2{,}14d < 3d$,
$e_2 = 45 \text{ mm} = 2{,}14d > 1{,}5d$ und $e_3 = 80 \text{ mm} = 3{,}8d > 3d$ ist maßgebend:
$\alpha_1 = 1{,}1 \cdot e_1/d - 0{,}3 = 1{,}1 \cdot 2{,}14 - 0{,}3 = 2{,}05$. $\sigma_{l\,zul} = 2{,}05 \cdot 240 \text{ N/mm}^2/1{,}1 = 447 \text{ N/mm}^2$,
mit $R_e = 240 \text{ N/mm}^2$ und $S_M = 1{,}1$.

Nachweis gegen Lochleibung ist erfüllt.

Tragsicherheitsnachweis der Konsolbleche

Bestimmung der Biegebeanspruchung

$$\sigma_b = M_b/W_z = 17{,}85 \cdot 10^6 \text{ Nmm}/161{,}1 \cdot 10^3 \text{ mm}^3 = 111 \text{ N/mm}^2 < \sigma_{zul} = 218 \text{ N/mm}^2$$

Für 1 Knotenblech: $M_b = F \cdot l = 0{,}5 \cdot 85\,000 \text{ N} \cdot 420 \text{ mm} = 17{,}85 \cdot 10^6 \text{ Nmm}$,
$A = 330 \text{ mm} \cdot 10 \text{ mm} = 3300 \text{ mm}^2$, $A_n = 10 \text{ mm} \cdot (330 \text{ mm} - 4 \cdot 21 \text{ mm}) = 2460 \text{ mm}^2$,
$A/A_n = 3300 \text{ mm}^2/2460 \text{ mm}^2 = 1{,}34 > 1{,}2$, für den Bauteilwerkstoff S235 ist damit der Lochabzug im Zugbereich zu berücksichtigen (s. Angaben zu Gl. (8.44)).
$I = h^3 \cdot t/12 = (330^3 \text{ mm}^3 \cdot 10 \text{ mm})/12 = 29{,}95 \cdot 10^6 \text{ mm}^4$, $W_z = (I - \Delta I)/e_z$,
$W_z = (29{,}95 \cdot 10^6 \text{ mm}^4 - 210 \text{ mm}^2 \cdot (120^2 \text{ mm}^2 + 40^2 \text{ mm}^2)/165 \text{ mm} = 161{,}1 \cdot 10^3 \text{ mm}^3$
(s. LH 7.10), $\sigma_{zul} = R_e/S_M = 240 \text{ N/mm}^2/1{,}1 = 218 \text{ N/mm}^2$

Bestimmung der Schubbeanspruchung

$$\tau_m = F_q/A = 42\,500\text{ N}/3300\text{ mm}^2 = \mathbf{13\text{ N/mm}^2} < \tau_{zul} = \mathbf{126\text{ N/mm}^2} \tag{6.14}$$

mit $A = 3300\text{ mm}^2$ (kein Lochabzug, da die Löcher mit Nieten ausgefüllt sind), $\tau_{zul} = R_e/(S_M \cdot \sqrt{3}) = 240\text{ N/mm}^2/(1{,}1 \cdot \sqrt{3}) = 126\text{ N/mm}^2$, $R_e = 240\text{ N/mm}^2$ (TB 6-5); da $\tau_m/\tau_{zul} = 13\text{ N/mm}^2/126\text{ N/mm}^2 = 0{,}1 < 0{,}5$ ist kein Vergleichsspannungsnachweis erforderlich (DIN 18800-1 (747))

Nachweis des Konsolbleches ist erfüllt.

Zweireihige Ausführung (Bild b)

Bestimmung der maßgebenden Nietkräfte

$$F_{max} = \frac{M_S \cdot r_{max}}{\Sigma(x^2+y^2)} = \frac{35{,}7 \cdot 10^6 \text{ N mm} \cdot 130\text{ mm}}{2 \cdot (6 \cdot 50^2\text{ mm}^2 + 4 \cdot 120^2\text{ mm}^2)} = 31{,}96\text{ kN} \tag{8.46}$$

mit $M_S = 35{,}7 \cdot 10^6$ Nmm, 2 Nietfelder, $r_{max} = \sqrt{(120\text{ mm})^2 + (50\text{ mm})^2} = 130\text{ mm}$, $x_1 \ldots x_6 = 50$ mm, $y_1 = y_2 = y_5 = y_6 = 120$ mm, $y_3 = y_4 = 0$

$$F_{x\,ges} = F_{max} \cdot \frac{y_{max}}{r_{max}} + \frac{F_x}{n} = 31{,}96\text{ kN} \cdot \frac{120\text{ mm}}{130\text{ mm}} = 29{,}5\text{ kN} \tag{8.47a}$$

mit $y_{max} = 120$ mm und $F_x = 0$

$$F_{y\,ges} = F_{max} \cdot \frac{x_{max}}{r_{max}} + \frac{F_y}{n} = 31{,}96\text{ kN} \cdot \frac{50\text{ mm}}{130\text{ mm}} + \frac{85\text{ kN}}{2 \cdot 6} = 19{,}38\text{ kN} \tag{8.47b}$$

mit $x_{max} = 50$ mm, $F_y = 85$ kN, $n = 2 \cdot 6$

$$F_{res} = \sqrt{F_{x\,ges}^2 + F_{y\,ges}^2} = \sqrt{(29{,}50\text{ kN})^2 + (19{,}38\text{ kN})^2} = 35{,}3\text{ kN} \tag{8.47c}$$

Tragsicherheitsnachweis der Niete auf Abscheren

$$\tau_a = \frac{F}{n \cdot m \cdot A} = \frac{35\,300\text{ N}}{1 \cdot 1 \cdot 346\text{ mm}^2} = \mathbf{102\text{ N/mm}^2} < \tau_{a\,zul} = \mathbf{158\text{ N/mm}^2} \tag{7.3}$$

mit $F = F_{res} = 35{,}3$ kN, $n = 1$, $m = 1$, $d = 21$ mm, $A = 346\text{ mm}^2$ (TB 7-4), $\tau_{a\,zul} = 158\text{ N/mm}^2$ (QSt36-3)

Tragsicherheitsnachweis der Niete auf Lochleibung

$$\text{Stegblech:}\ \sigma_l = \frac{F}{n \cdot d \cdot t_{min}} = \frac{35\,300\text{ N}}{1 \cdot 21\text{ mm} \cdot 8{,}5\text{ mm}} = \mathbf{198\text{ N/mm}^2} < \sigma_{l\,zul} = \mathbf{655\text{ N/mm}^2} \tag{7.4}$$

$$\text{Konsolblech:}\ \sigma_l = \frac{35\,300\text{ N}}{1 \cdot 21\text{ mm} \cdot 10\text{ mm}} = \mathbf{168\text{ N/mm}^2} < \sigma_{l\,zul} = \mathbf{447\text{ N/mm}^2} \tag{7.4}$$

mit n, m, d, t_{min} und $\sigma_{l\,zul}$ wie für einreihige Ausführung, $F = 35{,}3$ kN

Nachweis gegen Lochleibung ist erfüllt.

Tragsicherheitsnachweis der Konsolbleche

Bestimmung der Biegebeanspruchung

$$\sigma_b = M_b/W_b = 15{,}73 \cdot 10^6 \text{ Nmm}/163{,}2 \cdot 10^3 \text{ mm}^3 = \mathbf{96\text{ N/mm}^2} < \sigma_{zul} = \mathbf{218\text{ N/mm}^2}$$

Für den gelochten Querschnitt eines Konsolbleches gilt: $M_b = F \cdot l = 0{,}5 \cdot 85\,000\text{ N} \cdot 370$ mm $= 15{,}73 \cdot 10^6$ N mm, $A = 330\text{ mm} \cdot 10\text{ mm} = 3300\text{ mm}^2$, $A_n = 10\text{ mm} \cdot (330\text{ mm} - 3 \cdot 21\text{ mm})$ $= 2670\text{ mm}^2$, $A/A_n = 3300\text{ mm}^2/2670\text{ mm}^2 = 1{,}24 > 1{,}2$, für den Bauteilwerkstoff S235 ist damit der Lochabzug zu berücksichtigen (s. Angaben zu Gl. (8.44)).

$I = h^3 \cdot t/12 = (330^3\text{ mm}^3 \cdot 10\text{ mm})/12 = 29{,}95 \cdot 10^6\text{ mm}^4$, $W_z = (I - \Delta I)/e_z$ $= (29{,}95 \cdot 10^6\text{ mm}^4 - 210\text{ mm}^2 \cdot 120^2\text{ mm}^2)/165\text{ mm} = 163{,}2 \cdot 10^3\text{ mm}^3$ (s. LH 7.10),

$\sigma_{zul} = R_e/S_M = 240\text{ N/mm}^2/1{,}1 = 218\text{ N/mm}^2$

7 Nietverbindungen

Bestimmung der Schubbeanspruchung

$$\tau_m = F_q/A = 42\,500 \text{ N}/3300 \text{ mm}^2 = \mathbf{13 \text{ N/mm}^2} < \tau_{zul} = \mathbf{126 \text{ N/mm}^2} \tag{6.14}$$

mit $A = 3300 \text{ mm}^2$, $\tau_{zul} = R_e/(S_M \cdot \sqrt{3}) = 240 \text{ N/mm}^2/(1{,}1 \cdot \sqrt{3}) = 126 \text{ N/mm}^2$, $R_e = 240 \text{ N/mm}^2$ (TB 6-5); da $\tau_m/\tau_{zul} = 13 \text{ N/mm}^2/126 \text{ N/mm}^2 = 0{,}1 < 0{,}5$ ist kein Vergleichsspannungsnachweis erforderlich (DIN 18 800-1 (747)).

Nachweis des Konsolbleches ist erfüllt.

7.8 Niete: $d_1 \approx 6 + 2 = 8$ mm, $d = 8{,}1$ mm, Niet DIN 660–8 × 25–AlMgSi1F25, $n_a = 5{,}7$, $n_1 = 4$, ausgeführt $n = 6$ ($\tau_{czul} = 0{,}925 \cdot 60 = 56 \text{ N/mm}^2$, $\sigma_{czul} = 0{,}925 \cdot 180 = 167 \text{ N/mm}^2$, $c = 0{,}925$ wegen $\sigma_{H_s}/\sigma_H = F_{H_s}/F_H = 0{,}688 > 0{,}5$, $A = 50 \text{ mm}^2$, $m = 2$).

Bauteil: $\sigma_z = 84 \text{ N/mm}^2 < \sigma_{czul} = 0{,}925 \cdot 115 = 106 \text{ N/mm}^2$ ($A_n = 383 \text{ mm}^2$).

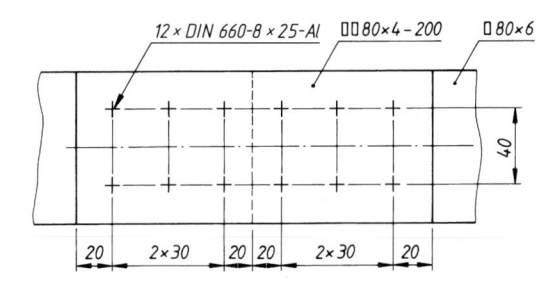

Abstände: $e = 3 \cdot 8 \text{ mm} \ldots 15 \cdot 4 \text{ mm} = 24 \ldots 60 \text{ mm}$, $e_1 = 2 \cdot 8 \text{ mm} \ldots 10 \cdot 4 \text{ mm} = 16 \ldots 40 \text{ mm}$, $e_2 = 1{,}5 \cdot 8 \text{ mm} \ldots 10 \cdot 4 \text{ mm} = 12 \ldots 40 \text{ mm}$.

7.9 **a) Bestimmung der Tragsicherheit des Nietanschlusses (Stab D_1)**

$$\tau_a = \frac{F}{n \cdot m \cdot A} = \frac{26\,000 \text{ N}}{3 \cdot 2 \cdot 79 \text{ mm}^2} = \mathbf{55 \text{ N/mm}^2} < \tau_{czul} = \mathbf{63 \text{ N/mm}^2} \tag{7.3}$$

Stab: $\sigma_l = \dfrac{F}{n \cdot d \cdot t_{min}} = \dfrac{26\,000 \text{ N}}{3 \cdot 10 \text{ mm} \cdot 8 \text{ mm}} = \mathbf{108 \text{ N/mm}^2} < \sigma_{czul} = \mathbf{180 \text{ N/mm}^2}$ (7.4)

Knotenblech: $\sigma_l = \dfrac{26\,000 \text{ N}}{3 \cdot 10 \text{ mm} \cdot 6 \text{ mm}} = \mathbf{144 \text{ N/mm}^2} < \sigma_{czul} = \mathbf{151 \text{ N/mm}^2}$

mit $F = 26$ kN, $n = 3$, $m = 2$, $A = 10^2 \text{ mm}^2 \cdot \pi/4 = 79 \text{ mm}^2$, $d = 10$ mm, $t = 2 \cdot 4 \text{ mm} = 8 \text{ mm}$ (Stab) bzw. 6 mm (Knotenblech); Lastfall H: $\tau_{azul} = 75 \text{ N/mm}^2$ (TB 3-4b), $\tau_{czul} = c \cdot \tau_{azul} = 0{,}84 \cdot 75 \text{ N/mm}^2 = 63 \text{ N/mm}^2$; $\sigma_{lzul} = 180 \text{ N/mm}^2$ für ENAW-6082T5 (TB3-4a), $\sigma_{czul} = c \cdot \sigma_{lzul} = 0{,}84 \cdot 180 \text{ N/mm}^2 = 151 \text{ N/mm}^2$; $\sigma_{lzul} = 215 \text{ N/mm}^2$ für ENAW-6082T6 (TB3-4a), $\sigma_{czul} = 0{,}84 \cdot 215 \text{ N/mm}^2 = 180 \text{ N/mm}^2$; $c = 0{,}84$ (Kriechfaktor)

Der Nietanschluss ist ausreichend bemessen.

b) Bestimmung der Tragsicherheit des Knotenbleches

$$\sigma = \frac{F}{b \cdot t_K} = \frac{26\,000 \text{ N}}{69 \text{ mm} \cdot 6 \text{ mm}} = \mathbf{62 \text{ N/mm}^2} < \sigma_{czul} = \mathbf{97 \text{ N/mm}^2} \tag{6.11}$$

mit $F = 26$ kN, $b = 2 \cdot 60 \text{ mm} \cdot \tan 30° = 69 \text{ mm}$, $t_K = 6 \text{ mm}$, $\sigma_{zul} = 115 \text{ N/mm}^2$ (TB 3-4a), $\sigma_{czul} = 0{,}84 \cdot 115 \text{ N/mm}^2 = 97 \text{ N/mm}^2$

Die Knotenblechdicke ist ausreichend.

c) Bestimmung der Tragsicherheit des Zugstabes D_2

Zugstabanschluss von Winkelprofilen entsprechend Lehrbuch 8.4.3-4.

$$\sigma_z = \frac{F}{A_n} = \frac{15\,000\,\text{N}}{202\,\text{mm}^2} = 74\,\text{N/mm}^2 < \sigma_{c\,zul} = 97\,\text{N/mm}^2 \qquad (8.44)$$

mit $A_n = A - d \cdot t = 232\,\text{mm}^2 - 10\,\text{mm} \cdot 3\,\text{mm} = 202\,\text{mm}^2$, $d = 10\,\text{mm}$, $t = 3\,\text{mm}$, $\sigma_{zul} = 145\,\text{N/mm}^2$ (TB 3-4a); wegen außermittiger Zugkraft nur $0{,}8 \cdot \sigma_{zul}$ und durch Kriecheinfluss $\sigma_{c\,zul} = 0{,}8 \cdot 0{,}84 \cdot 145\,\text{N/mm}^2 = 97\,\text{N/mm}^2$

Der Zugstab ist ausreichend bemessen.

d) Bestimmung der Tragsicherheit des Nietanschlusses (Stab D_2)

$$\tau_a = \frac{F}{n \cdot m \cdot A} = \frac{15\,000\,\text{N}}{3 \cdot 1 \cdot 79\,\text{mm}^2} = 63\,\text{N/mm}^2 = \tau_{c\,zul} \qquad (7.3)$$

$$\sigma_l = \frac{F}{n \cdot d \cdot t_{min}} = \frac{15\,000\,\text{N}}{3 \cdot 10\,\text{mm} \cdot 3\,\text{mm}} = 167\,\text{N/mm}^2 < \sigma_{c\,zul} = 180\,\text{N/mm}^2$$

mit $F = 15\,\text{kN}, n = 3, m = 1, A = 79\,\text{mm}^2, d = 10\,\text{mm}, t_{min} = 3\,\text{mm}, \tau_{a\,zul} = 75\,\text{mm}^2$ (TB 3-4b), $\tau_{c\,zul} = 0{,}84 \cdot 75\,\text{N/mm}^2 = 63\,\text{N/mm}^2$, $\sigma_{l\,zul} = 215\,\text{N/mm}^2$ (TB 3-4a), $\sigma_{c\,zul} = 0{,}84 \cdot 215\,\text{N/mm}^2 = 180\,\text{N/mm}^2$

Der Nietanschluss ist ausreichend bemessen.

7.10 $c = 1{,}0$, da $\sigma_{Hs}/\sigma_H \cong F_{Hs}/F_H < 0{,}5$.

a) $\tau_a = 59\,\text{N/mm}^2 < \tau_{a\,zul} = 75\,\text{N/mm}^2$, $\sigma_l = 93\,\text{N/mm}^2 < \sigma_{l\,zul} = 240\,\text{N/mm}^2$ ($F_{res} = F_{x\,ges} = 2{,}56\,\text{kN} + 0{,}4\,\text{kN} = 2{,}96\,\text{kN}$, $M_s = 0{,}512 \cdot 10^6\,\text{N mm}$, $\Sigma x^2 = 9000\,\text{mm}^2$; $d \approx d_1 = 8\,\text{mm}$, $A \approx 50\,\text{mm}^2$, $t_{min} = 4\,\text{mm}$, $m = 1$, $n = 1$).

b) $\tau_a = 69\,\text{N/mm}^2 < \tau_{a\,zul} = 75\,\text{N/mm}^2$, $\sigma_l = 108\,\text{N/mm}^2 < \sigma_{l\,zul} = 240\,\text{N/mm}^2$ ($F_{res} = 3{,}45\,\text{kN}$, $F_{x\,ges} = 3{,}43\,\text{kN}$, $F_{y\,ges} = 0{,}4\,\text{kN}$, $M_s = 08 \cdot 10^6\,\text{Nmm}$, $\Sigma y^2 = 12\,250\,\text{mm}^2$).

c) $\sigma_{bz} = 25\,\text{N/mm}^2 < \sigma_{zul} = 160\,\text{N/mm}^2$, τ vernachlässigbar ($M_b = 0{,}8 \cdot 10^6\,\text{N mm}$, $W_z \approx 31\,580\,\text{mm}^3$, $I = 2{,}54 \cdot 10^6\,\text{mm}^4$, $\Delta I = 0{,}25 \cdot 10^6\,\text{mm}^4$, $e_z = 72{,}5\,\text{mm}$).

7.11 4 Niet DIN 660–6×14–St ($n_a = 1{,}6$, $n_l = 3{,}2$; $\sigma_{w\,zul} = 100\,\text{N/mm}^2$ bei $S_D = 4/3$, $\sigma_{Sch\,zul} = 100\,\text{N/mm}^2 \cdot 1{,}\overline{6} \cdot 4/3 \cdot 1/3 \approx 75\,\text{N/mm}^2$ bei $S_D = 3$, $\tau_{a\,zul} = 0{,}8 \cdot 75\,\text{N/mm}^2 = 60\,\text{N/mm}^2$, $\sigma_{l\,zul} = 2 \cdot 75\,\text{N/mm}^2 = 150\,\text{N/mm}^2$; $d = 6{,}3\,\text{mm}$, $A \approx 31\,\text{mm}^2$, $t_{min} = 2\,\text{mm}$, $m = 2$).

Bremsband: $\sigma_z = 52\,\text{N/mm}^2 < \sigma_{z\,zul} = 75\,\text{N/mm}^2$ ($A_n = 115\,\text{mm}^2$, $\sigma_{z\,zul} = \sigma_{Sch\,zul}$).

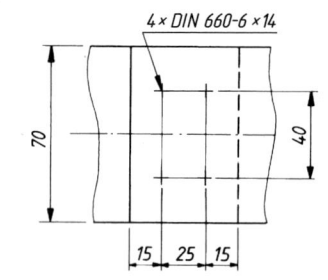

Abstände: $e = 25\,\text{mm}$, $e_1 = 15\,\text{mm}$, $e_2 = 15\,\text{mm}$ und $e_3 = 40\,\text{mm}$

7 Nietverbindungen

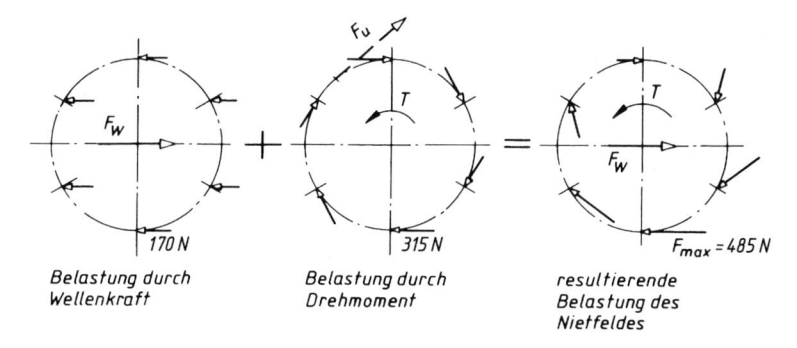

7.12 $\tau_a = 17$ N/mm² $< \tau_{a\,zul} = 0.75 \cdot 65$ N/mm² $= 49$ N/mm², Nabe: $\sigma_l = 10$ N/mm² $< \sigma_{l\,zul} = 0.75 \cdot 54$ N/mm² $= 40$ N/mm², Scheibe: $\sigma_l = 13$ N/mm² $< \sigma_{l\,zul} = 0.75 \cdot 72$ N/mm² $= 54$ N/mm² ($T = 84.9$ Nm, $F_t = 84.9$ Nm $\cdot 2/0.25$ m $= 679$ N, $d_d = 250$ mm, $F_W \approx 1.5 \cdot 679$ N $= 1019$ N, $F_u = 84.9$ Nm $\cdot 2/0.09$ m $= 1887$ N für 6 Nieten, $F_{max} = (1887$ N $+ 1019$ N$)/6 = 485$ N/Niet, $d = 6$ mm, $A = 28$ mm², $\tau_{a\,zul} = 65$ N/mm², $\sigma_{l\,zul} = 72$ N/mm² für ENAW-5049, $\sigma_{l\,zul} = 54$ N/mm² für ENAC-51300, $m = 1$, $t_{min} = 6$ mm bzw. 8 mm)

Belastung durch Wellenkraft	Belastung durch Drehmoment	resultierende Belastung des Nietfeldes
170 N	315 N	$F_{max} = 485$ N

7.13 Die Verbindung ist dauerfest: $\tau_a = 52$ N/mm² $< \tau_{a\,zul} = 100$ N/mm², $\sigma_l = 86$ N/mm² $< \sigma_{l\,zul} = 250$ N/mm² ($T = T_{eq} = 9550 \cdot 1.8 \cdot 0.25/18 = 238.75$ Nm, $K_A \approx 1.8$, $P = 0.25$ kW, $n = 18$ min^{-1}, $F_u = 238.75$ Nm$/0.0275$ m $= 8680$ N; $d \approx d_1 = 6$ mm, $A = 28$ mm², $n = 6$, $m = 1$; TB 7-5: mittlere Häufigkeit der Höchstlast – regelmäßige Benutzung im Dauerbetrieb – Werkstoff S235 $\rightarrow \sigma_{w\,zul} = 100$ N/mm², für schwellende Belastung $\sigma_{Sch\,zul} = 1,\bar{6} \cdot 100$ N/mm² $= 167$ N/mm²; einschnittige Verbindung: $\tau_{a\,zul} = 0.6 \cdot 167$ N/mm² $= 100$ N/mm², $\sigma_{l\,zul} = 1.5 \cdot 167$ N/mm² $= 250$ N/mm²)

7.14 $\tau_a = 21$ N/mm², $\sigma_l = 54$ N/mm² ($F_{ua} = 6.68$ kN, $F = 1.11$ kN/Niet, $A \approx 52$ mm², $d = 8.2$ mm, $t_{min} = 2.5$ mm, $m = 1$).

7.15 **a) Bestimmung der maßgebenden Nietkräfte**

$$F_{max} = \frac{M_S \cdot r_{max}}{\Sigma(x^2 + y^2)} = \frac{278\,545 \text{ N mm} \cdot 29{,}15 \text{ mm}}{3850 \text{ mm}^2} = 2109 \text{ N} \qquad (8.46)$$

mit $F_y = 4000$ N $\cdot \cos 35° = 3277$ N, $F_x = 4000$ N $\cdot \sin 35° = 2294$ N, $M_S = 3277$ N $\cdot 85$ mm $= 278\,545$ N mm, $r_{max} = \sqrt{15^2 \text{ mm}^2 + 25^2 \text{ mm}^2} = 29{,}15$ mm, $x = 25$ mm (4-mal), $y = 15$ mm (6-mal), Σ (4 $\cdot 25^2$ mm² + 6 $\cdot 15^2$ mm²) = 3850 mm²

$$F_{x\,ges} = F_{max} \cdot \frac{y_{max}}{r_{max}} + \frac{F_x}{n} = 2109 \text{ N} \cdot \frac{15 \text{ mm}}{29{,}15 \text{ mm}} + \frac{2294 \text{ N}}{6} = 1468 \text{ N} \qquad (8.47a)$$

$$F_{y\,ges} = F_{max} \cdot \frac{x_{max}}{r_{max}} + \frac{F_y}{n} = \frac{2109 \text{ N} \cdot 25 \text{ mm}}{29{,}15 \text{ mm}} + \frac{3277 \text{ N}}{6} = 2355 \text{ N} \qquad (8.47b)$$

$$F_{res} = \sqrt{F_{x\,ges}^2 + F_{y\,ges}^2} = \sqrt{(1468 \text{ N})^2 + (2355 \text{ N})^2} = 2775 \text{ N} \qquad (8.47c)$$

Bestimmung der Sicherheit gegen Abscheren

$S = F_s/F_{res} = 6000$ N$/2775$ N $=$ **2,2**

mit Mindestscherkraft $F_s = 6000$ N nach TB 7-7

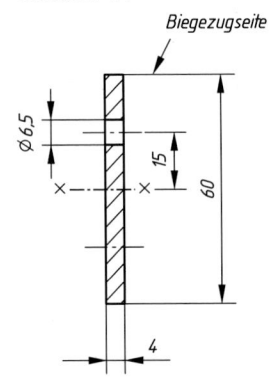

b) Bestimmung der vorhandenen Randspannung im Querschnitt 1-1

$$\sigma_{ges} = \frac{M_1}{W_x} + \frac{F_x}{A_n} = \frac{196{,}6 \cdot 10^3 \text{ N mm}}{2205 \text{ mm}^3} + \frac{2294 \text{ N}}{188 \text{ mm}^2}$$

$$= 89 \text{ N/mm}^2 + 12 \text{ N/mm}^2 = 101 \text{ N/mm}^2$$

mit $A_n = 60 \text{ mm} \cdot 4 \text{ mm} - 2 \cdot 6{,}5 \text{ mm} \cdot 4 \text{ mm} = 188 \text{ mm}^2$, als Lochabzug ΔI sind nur die Löcher auf der Biegezugseite anzusetzen, $I_x = (h^3 \cdot t)/12 - d_L \cdot t \cdot y_L^2$
$= (60^3 \text{ mm}^3 \cdot 4 \text{ mm})/12 - 6{,}5 \text{ mm} \cdot 4 \text{ mm} \cdot 15^2 \text{ mm}^2$
$= 66\,150 \text{ mm}^4$, $W_x = 66\,150 \text{ mm}^4/30 \text{ mm} = 2205 \text{ mm}^3$,
$M_1 = 3277 \text{ N} \cdot 60 \text{ mm} = 196{,}6 \cdot 10^3 \text{ N mm}$ ($\tau_m \approx 10 \text{ N/mm}^2$ vernachlässigbar)

Bestimmung der Sicherheit gegen die Streckgrenze

$S = R_e/\sigma_{ges} = 190 \text{ N/mm}^2 / 101 \text{ N/mm}^2 = \mathbf{1{,}9}$

Mit $R_e = 190 \text{ N/mm}^2$ für X5CrNi18-10 (TB 1-1i)

7.16 $d = 4$ mm (aus Abscheren: $d_{erf} = 3{,}6$ mm; $\tau_{a\,zul} = 0{,}9 \cdot 8 \text{ N/mm}^2 = 7{,}2 \text{ N/mm}^2$, $\sigma_{l\,zul} = 0{,}9 \cdot 20 \text{ N/mm}^2 = 18 \text{ N/mm}^2$, $n = 4$, $m = 1$, $t_{min} = 4$ mm).

7.17   6 Nietschäfte $\varnothing$ 5 mm ($F_u = \cos 30° \cdot 280 \text{ N} \cdot 60 \text{ mm}/(0{,}5 \cdot 36 \text{ mm}) = 808 \text{ N}$, $F = 280$ N, $\alpha = 30°$, $1 = 60$ mm, $d_L = 36$ mm; $n_a = 5{,}7$, $m = 1$, $d = 5$ mm, $t = 5$ mm, $A = 19{,}6$ mm^2, $\tau_{a\,zul} = 0{,}9 \cdot 8 \text{ N/mm}^2 = 7{,}2 \text{ N/mm}^2$, $\sigma_{l\,zul} = 0{,}9 \cdot 20 \text{ N/mm}^2 = 18 \text{ N/mm}^2$)

8 Schraubenverbindungen

8.1 Augenschraube DIN 444−BM 16×l−5.6 ($A_s = 157$ mm² > 117 mm², $\sigma_{z\,zul} = 240$ N/mm², $R_{el} = 300$ N/mm², $S = 1{,}25$; für die Schraubenbezeichnung Produktklasse B (Form B) angenommen).

8.2 a) M12 ($A_s = 84{,}3$ mm² > 79 mm², $\sigma_{z\,zul} = 127$ N/mm², $R_{eL} = 190$ N/mm², $S = 1{,}5$).
  b) M12 ($A_s = 84{,}3$ mm² > 67,2 mm², $\sigma_{z\,zul} = 149$ N/mm², $R_{p\,0{,}2} = 180$ N/mm², $S_M = 1{,}1$).
  c) M16 ($A_s = 157$ mm² > 156 mm², $F_a = 5$ kN).

8.3 a) Gewindeverbindung ist dauerfest ($\sigma_a \approx 18$ N/mm² $< \sigma_A = 32$ N/mm², $A_s = 1121$ mm², $F_a \approx 20$ kN).
  b) $\tau \approx 78$ N/mm² $< \tau_{zul} \approx 165$ N/mm² ($F \approx 40$ kN, $d_3 = 36{,}5$ mm, $P = 4{,}5$ mm, $\tau_{zul} = 0{,}7 \cdot 235$ N/mm² $= 165$ N/mm²)
  c) Zug- oder Stulpmutter (Eindrehen einer Entlastungskerbe in die Mutter), übergreifende Muttergewinde, Rundgewinde (kerbfrei), Gewinde Rollen statt Schneiden, Nachdrücken des Gewindegrundes u. a.

8.4 a) M27 (Dehnschraube: nächsthöhere Laststufe wählen),
  b) M16, 8.8,
  c) M24, 5.8 (exzentrisch: nächsthöhere Laststufe wählen).

8.5 a) M8 ($F_{V\,max} = F_{V\,min} = 16$ kN, $\mu_{ges} = 0{,}12$), s. Bemerkungen in TB 8-11
  b) M10 ($F_{V\,max} = 27{,}2$ kN, $k_A = 1{,}7$),
  c) M12 ($F_{V\,max} = 40$ kN, $k_A = 2{,}5$),
  d) M16 ($F_{V\,max} = 64$ kN, $k_A = 4{,}0$),
  e) M12 ($F_{V\,max} = 40$ kN, $k_A = 2{,}5$),
  f) M16 ($F_{V\,max} = 64$ kN, $k_A = 4{,}0$).

8.6 a) $F_{sp} = 39{,}7$ kN ($\mu_{ges} = 0{,}08$, $F_{sp(8.8)} = 84{,}7$ kN, $R_{p0{,}2(8.8)} = 640$ N/mm², $R_{eL(5.6)} = 300$ N/mm²),
  b) $M_{sp} = 71{,}7$ Nm ($M_{sp(8.8)} = 153$ Nm),
  c) $F_{V\,min} = 9{,}9$ kN ($k_A = 4{,}0$).

8.7 a) $\delta_S = 2{,}77 \cdot 10^{-6}$ mm/N ($l_1 = 25$ mm, $l_2 = 15$ mm, $b = 30$ mm, $l_K = l_M \approx 4{,}8$ mm, $l_G \approx 6$ mm, $A_N = 113$ mm², $A_3 = 76{,}25$ mm², $E_S = 210\,000$ N/mm²),
  b) $\delta_T = 0{,}433 \cdot 10^{-6}$ mm/N ($A_{ers} \approx 440$ mm², $x = 0{,}766$, $D_A = 40$ mm, $l_K = 40$ mm, $d_w \approx 18$ mm (ISO 4014: $d_{w\,min} = 16{,}63$ mm), $d_h = 13{,}5$ mm, $E_T = 210\,000$ N/mm², $D_A < d_w + l_k$),
  c) $\Phi_k \approx 0{,}135$ ($\delta_S = 2{,}77 \cdot 10^{-6}$ mm/N, $\delta_T = 0{,}433 \cdot 10^{-6}$ mm/N).
  d) $f_S = 0{,}119$ mm, $f_T = 0{,}019$ mm ($F_{sp} = F_{VM90} = 43{,}1$ kN, $\mu_{ges} = 0{,}12$).

8.8 a) $F_{sp} = 44{,}7$ kN, $M_{sp} = 86{,}8$ Nm ($\mu_{ges} \approx 0{,}12$),

b) $\delta_S = 7{,}328 \cdot 10^{-6}$ mm/N ($\varnothing$ 12 mm: $\Sigma l = 20$ mm, $\varnothing$ 8,87 mm: $\Sigma l = 70$ mm, $l_K = l_M \approx 4{,}8$ mm, $l_G \approx 6$ mm, $A_N = 113$ mm², $A_T = 61{,}8$ mm², $A_3 = 76{,}25$ mm², $E_S = 210\,000$ N/mm²),

c) $\delta_T = 0{,}51 \cdot 10^{-6}$ mm/N ($A_{ers} \approx 888$ mm², $x = 0{,}644$, $D_A = 80$ mm, $l_k = 95$ mm, $d_w \approx 18$ mm (ISO 4014 und 4032: $d_{w\,min} = 16{,}6$ mm), $d_h = 12$ mm, $E_T = 210\,000$ N/mm², $D_A < d_w + l_k$),

d) $\Phi_k \approx 0{,}065$ ($\delta_S = 7{,}328 \cdot 10^{-6}$ mm/N, $\delta_T = 0{,}51 \cdot 10^{-6}$ mm/N),

e) $F_Z \approx 1{,}4$ kN ($f_Z = 0{,}011$ mm bei $Rz = (10 \ldots < 40)$ μm).

8.9 a) $\delta_S \approx 1{,}92 \cdot 10^{-6}$ mm/N, $\delta_T \approx 0{,}47 \cdot 10^{-6}$ mm/N, $\Phi_k \approx 0{,}20$ ($b = 38$ mm, $l_1 = 32$ mm, $l_2 = 18$ mm, $A_N = 201$ mm², $A_3 = 144{,}1$ mm², $E_S = 210\,000$ N/mm²; $d_w \approx 24$ mm (ISO 4014 und 4032: $d_{w\,min} = 22{,}5$ mm), $l_k = 50$ mm, $D_A = 70$ mm, 70 mm < 24 mm + 50 mm: $A_{ers} \approx 925$ mm², $E_T \approx 115\,000$ N/mm², $d_h \approx 17{,}5$ mm),

b) $F_{V\,max} = F_{sp} = 80{,}9$ kN, $F_{V\,min} = 47{,}6$ kN ($\mu_{ges} \approx 0{,}12$, $k_A = 1{,}7$),

c) $F_Z \approx 4{,}6$ kN ($f_Z \approx 0{,}011$ mm, $\delta_S \approx 1{,}92 \cdot 10^{-6}$ mm/N, $\delta_T \approx 0{,}47 \cdot 10^{-6}$ mm/N),

d) $F_B = 44{,}2$ kN ($F_{sp} = F_{V\,max} = 80{,}9$ kN, $k_A = 1{,}7$, $F_{Kl} = 5{,}0$ kN, $F_Z \approx 4{,}6$ kN, $\Phi = 0{,}14$, $\Phi_k = 0{,}20$, $n \approx 0{,}7$),

e) $f_S = 0{,}089$ mm, $f_T = 0{,}014$ mm ($F_V = 43$ kN, $n \approx 0{,}7$, $\delta_S \approx 1{,}92 \cdot 10^{-6}$ mm/N, $\delta_T \approx 0{,}47 \cdot 10^{-6}$ mm/N),

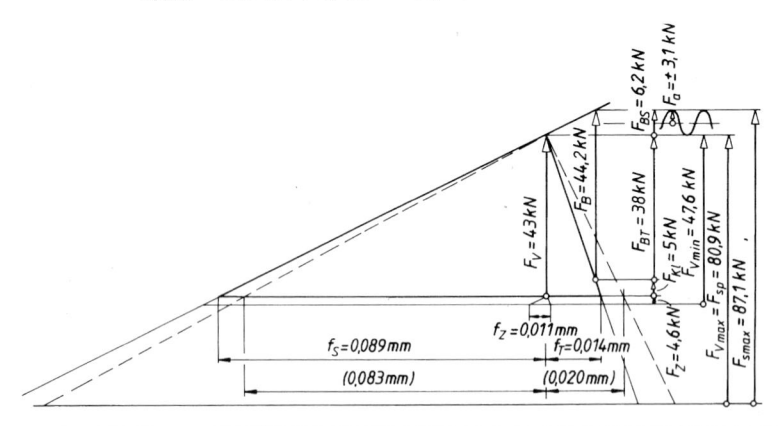

f) $p = 555$ N/mm² $< p_G = 850$ N/mm² ($F_{sp} = 80{,}9$ kN, $F_B = 44{,}2$ kN, $\Phi = 0{,}14$, $A_p = 157$ mm²),

g) $F_{BS} = 0{,}14 \cdot 44{,}2$ kN $= 6{,}2$ kN, $F_a = \pm 3{,}1$ kN, $F_{BT} = (1 - 0{,}14) \cdot 44{,}2$ kN ≈ 38 kN, $F_{S\,max} = 80{,}9$ kN $+ 6{,}2$ kN $\approx 87{,}1$ kN.

8.10 a) $\delta_S \approx 9{,}39 \cdot 10^{-6}$ mm/N, $\delta_T \approx 0{,}62 \cdot 10^{-6}$ mm/N, $\Phi_k \approx 0{,}062$ ($A_N = 50{,}3$ mm², $A_3 = 32{,}84$ mm², $A_T = 26{,}6$ mm², $d_w \approx 13$ mm, $d_h = 8{,}0$ mm, $l_k = 50$ mm, $D_A = 45$ mm, $E_S = E_T = 210\,000$ N/mm², $\varnothing$ 8 mm: $\Sigma l = 8$ mm, $\varnothing = 5{,}82$ mm: $\Sigma l = 40$ mm, M8: $l = 2$ mm, $l_K = l_M \approx 3{,}2$ mm, $l_G \approx 4$ mm, $A_{ers} \approx 383$ mm², $D_A < d_w + l_k$),

b) $F_{sp} = 20{,}3$ kN ($\mu_{ges} \approx 0{,}08$),

c) $F_{V\,min} = 12{,}7$ kN ($k_A = 1{,}6$),

d) $\sigma_a = 3$ N/mm² $< \sigma_A = 54$ N/mm², $F_{Kl} = 4{,}8$ kN ($F_a = 109$ N, $A_s = 36{,}6$ mm², $\Phi \approx 0{,}031$, $n \approx 0{,}5$, $f_Z = 0{,}011$ mm, $F_Z = 1{,}1$ kN),

e) $f_S = 0{,}113$ mm, $f_T = 0{,}004$ mm ($F_V = 11{,}6$ kN, $n \approx 0{,}5$, $\delta_S \approx 9{,}39 \cdot 10^{-6}$ mm/N, $\delta_T \approx 0{,}62 \cdot 10^{-6}$ mm/N),

8 Schraubenverbindungen

f) $F_{BS} = 0{,}031 \cdot 7$ kN $= 0{,}22$ kN, $F_{S\,max} = 20{,}3$ kN $+ 0{,}22$ kN $\approx 20{,}5$ kN

Diagramm mit Werten: $F_{BS} = 2 F_G = 0{,}22$ kN; $F_V = 11{,}6$ kN; $F_B = 7$ kN; $F_{Kl} = 4{,}8$ kN; $F_Z = 1{,}1$ kN; $F_{Vmin} = 12{,}7$ kN; $F_{Vmax} = F_{sp} = 20{,}3$ kN; $(0{,}109\,\text{mm})$; $f_S = 0{,}113$ mm; $f_z = 0{,}011$ mm; $f_T = 0{,}004$ mm; $(0{,}007\,\text{mm})$

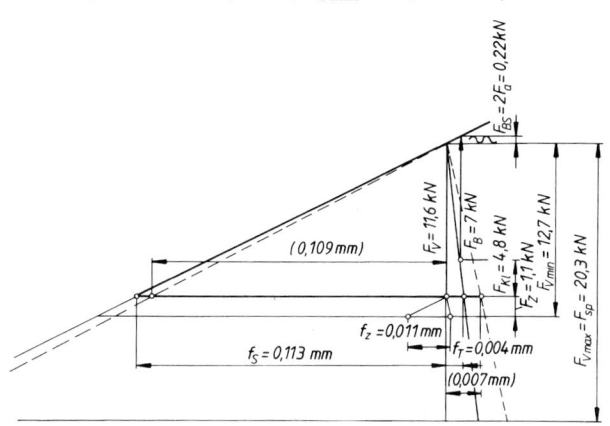

8.11 **a) Berechnungsgang nach Lehrbuch 8.3.9-2, da vorgespannte Befestigungsschraube**

1) Vorwahl der Schraubengröße nach TB 8-13

– statische axiale Belastung $F_{Bo} = $ **28 kN** und 8.8: M16

– dynamische axiale Belastung $F_B \approx F_{Bo} - F_{Bu} = $ **20 kN** und 8.8: M16 (bei dynamischer Belastung ist Lastschwankung entscheidend, daher hier $F_B \approx F_{Bo} - F_{Bu}$ gewählt)

Bestimmung der Schraubenlänge

$l \geq l_k + l_e = 50$ mm $+ 16$ mm $= 66$ mm mit Mindest-Einschraublänge $l_e = 1{,}0d = 16$ mm aus TB 8-15 für GJL 250, $d/P = 16$ mm/2 mm $= 8$ (P aus TB 8-1) und 8.8.

gewählt: $l = $ **70 mm** (Normlängen s. TB 8-9 Fußnote)

überschlägige Bestimmung der Flächenpressung p

$$p \approx \frac{F_{sp}/0{,}9}{A_p} = \frac{80{,}9 \cdot 10^3/0{,}9}{181} \frac{\text{N}}{\text{mm}^2} = \mathbf{497\ \text{N/mm}^2} < p_G = 850\ \text{N/mm}^2 \quad (8.4)$$

mit F_{sp} aus TB 8-14 für M16-8.8, $\mu_{ges} = 0{,}12$ aus TB 8-12a; A_p aus TB 8-9, p_G aus TB 8-10b

2) Bestimmung der Montagevorspannkraft

$$F_{VM} = k_A[F_{Kl} + F_B(1 - \Phi) + F_Z] \quad (8.29)$$

Bestimmung des Anziehfaktor k_A

$k_A = 1{,}7$ bis **2,5** aus TB 8-11 (drehmomentgesteuertes Anziehen bei geschätzter Reibungszahl $\mu_G = \mu_K = 0{,}12$ nach TB 8-12a für geschwärzte und leicht geölte Schrauben – größerer Wert für Signal gebende Drehmomentschlüssel)

Bestimmung der Nachgiebigkeit der Bauteile δ_T

$$\delta_T = \frac{l_k}{A_{ers} \cdot E_T} = \frac{50\ \text{mm}}{520\ \text{mm}^2 \cdot 115 \cdot 10^3\ \text{N/mm}^2} = \mathbf{0{,}836 \cdot 10^{-6}\ \text{mm/N}} \quad (8.10)$$

mit

$$A_{ers} = \frac{\pi}{4}(d_w^2 - d_h^2) + \frac{\pi}{8} d_w(D_A - d_w)[(x+1)^2 - 1]$$

$$= \frac{\pi}{4}(24^2 - 17{,}5^2)\ \text{mm}^2 + \frac{\pi}{8} 24(35 - 24)\ \text{mm}^2 \cdot [1{,}993^2 - 1] = 520\ \text{mm}^2 \quad (8.9)$$

$$x = \sqrt[3]{l_k \cdot d_w/D_A^2} = \sqrt[3]{50\ \text{mm} \cdot 24\ \text{mm}/35^2\ \text{mm}^2} = 0{,}993 \quad \text{für} \quad d_w < D_A < d_w + l_k$$

D_A aus Zeichnung; $d_w = s$ nach TB 8-9 und d_h nach TB 8-8 (Reihe mittel)

Bestimmung der Nachgiebigkeit der Schraube δ_S

$$\delta_S = \frac{1}{E_S}\left(\frac{0{,}4d}{A_N} + \frac{l_1}{A_1} + \frac{l_3}{A_3} + \frac{0{,}5d}{A_3} + \frac{0{,}4d}{A_N}\right)$$

$$= \frac{1}{210 \cdot 10^3}\left(\frac{0{,}4 \cdot 16}{\pi \cdot 16^2/4} + \frac{26}{\pi \cdot 16^2/4} + \frac{24}{144} + \frac{0{,}5 \cdot 16}{144} + \frac{0{,}4 \cdot 16}{\pi \cdot 16^2/4}\right)\frac{\text{mm}}{\text{N}}$$

$$= \mathbf{1{,}98 \cdot 10^{-6}\,\frac{\text{mm}}{\text{N}}} \tag{8.8}$$

Schaftlänge $l_1 = l - b_1 = (70 - 44)$ mm $= 26$ mm; Gewindelänge b_1 nach TB 8-9; Gewindelänge $l_3 = l_k - l_1 = (50 - 26)$ mm $= 24$ mm mit Kernquerschnitt A_3 nach TB 8-1;

Bestimmung des Kraftverhältnisses Φ

$$\Phi = n \cdot \Phi_k = n\frac{\delta_T}{\delta_T + \delta_S} = 0{,}7\,\frac{0{,}836\ \text{mm/N}}{(0{,}836 + 1{,}98)\ \text{mm/N}} = \mathbf{0{,}21} \tag{8.17}$$

n nach Lehrbuch Bild 8-14b gewählt

Bestimmung der Betriebskraft in Längsrichtung der Schraube F_B

$F_B = F_{Bo}$ maximale statische Betriebskraft

Bestimmung der Klemmkraft in der Trennfuge F_{Kl}

$F_{Kl} = 0{,}1 F_{Bo} = \mathbf{2{,}8}$ **kN** (entspricht 10 % der Betriebskraft lt. Aufgabenstellung)

Bestimmung der Vorspannkraft infolge Setzens F_Z

$$F_Z = \frac{f_Z}{\delta_S + \delta_T} = \frac{9 \cdot 10^{-3}\ \text{mm}}{(1{,}98 + 0{,}836) \cdot 10^{-6}\ \text{mm/N}} \approx \mathbf{3{,}2 \cdot 10^3\ N} \tag{8.19}$$

mit $f_Z = 9$ μm aus TB 8-10a für Längskraft, $Rz = 10 < 40$ μm; $1 \times$ Gewinde $+\ 1 \times$ Kopf- und $1 \times$ Mutterauflage (Bauteil mit Gewinde wird Mutter gleichgesetzt)

Bestimmung der Montagevorspannkraft F_{VM} – Spannkraft F_{sp}

$$F_{VM} = k_A[F_{Kl} + F_B(1 - \Phi) + F_Z] \leq F_{sp} \tag{8.29}$$

$$F_{VM} = 2{,}5[2{,}8 + 28(1 - 0{,}21) + 3{,}2]\ \text{kN} = \mathbf{70{,}3\ kN} < F_{sp} = 80{,}9\ \text{kN}$$

Weiterrechnung mit F_{sp}

3) **Bestimmung des Montage-Anziehdrehmoments M_A – Spannmoments M_{sp}**

$M_A = M_{sp} = \mathbf{206\ Nm}$ aus TB 8-14

4) **Statischer Nachweis:**

$$F_{BS} = \Phi \cdot F_B = 0{,}21 \cdot 28\ \text{kN} = 5{,}9\ \text{kN} < 0{,}1 \cdot R_{p0{,}2} \cdot A_s = 0{,}1 \cdot 640\ \text{N/mm}^2 \cdot 157\ \text{mm}^2$$

$$= \mathbf{10{,}1\ kN} \tag{8.34a}$$

$R_{p0{,}2}$ aus TB 8-4, A_s aus TB 8-1

Ergebnis: Schraubenverbindung hält

Dynamischer Nachweis

$$\sigma_a = F_a/A_s \leq \sigma_{A(SV)} \tag{8.20a}$$

$$\sigma_a = \pm\frac{\Phi \cdot (F_{Bo} - F_{Bu})}{2 \cdot A_s} = \pm\frac{0{,}21 \cdot (28 - 8) \cdot 10^3}{2 \cdot 157}\,\frac{\text{N}}{\text{mm}^2} = \pm\mathbf{13{,}4}\,\frac{\mathbf{N}}{\mathbf{mm^2}} \tag{8.15}$$

$$\sigma_{A(SV)} \approx \pm 0{,}85 \cdot \left(\frac{150}{d} + 45\right) = \pm 0{,}85 \cdot \left(\frac{150}{16} + 45\right)\frac{\text{N}}{\text{mm}^2} = \pm\mathbf{46{,}2}\,\frac{\mathbf{N}}{\mathbf{mm^2}} \tag{8.21}$$

Ergebnis: Schraubenverbindung ist dauerfest

8 Schraubenverbindungen

5) Bestimmung der Flächenpressung unter Schraubenkopf p

$$p = \frac{F_{sp} + \Phi \cdot F_B}{A_p} = \frac{(80{,}9 + 0{,}21 \cdot 28) \cdot 10^3}{181} \frac{N}{mm^2} \approx 480 \frac{N}{mm^2} < p_G = 850 \frac{N}{mm^2} \quad (8.36)$$

Ergebnis: Flächenpressung zulässig (Grenzflächenpressung p_G aus TB 8-10b)

b) Berechnung der Sicherheiten

Bestimmung der reduzierten Spannung in der Schraube

$$\sigma_{red} = \sqrt{\sigma_{z\,max}^2 + 3 \cdot (k_\tau \cdot \tau_t)^2} = \sqrt{553^2 + 3 \cdot (0{,}5 \cdot 195)^2}\ N/mm^2 = \mathbf{578\ N/mm^2} \quad (8.35b)$$

$$\sigma_{z\,max} = \frac{F_{S\,max}}{A_s} = \frac{F_{sp} + \Phi \cdot F_B}{A_s} = \frac{(80{,}9 + 0{,}21 \cdot 28) \cdot 10^3}{157} \frac{N}{mm^2} = 553\ N/mm^2 \quad (8.35b)$$

Bestimmung der Torsionsspannung in der Schraube

$$\tau_t = \frac{M_G}{W_t} = \frac{F_{sp} \cdot (0{,}159 \cdot P + 0{,}577 \cdot \mu_G \cdot d_2)}{W_t}$$

$$= \frac{80{,}9 \cdot 10^3\ N \cdot (0{,}159 \cdot 2 + 0{,}577 \cdot 0{,}12 \cdot 14{,}7)\ mm}{553\ mm^3} = \mathbf{195\ \frac{N}{mm^2}} \quad (8.35b)$$

mit

$$W_t = \frac{\pi}{16} d_s^3 = \frac{\pi}{16}\left(\frac{d_2 + d_3}{2}\right)^3 = \frac{\pi}{16}\left(\frac{14{,}701 + 13{,}546}{2}\right)^3\ mm^3 = 553\ mm^3$$

d_2, d_3, A_s und P aus TB 8-1; $\mu_G = \mu_{ges}$ aus TB 8-12a; $k_\sigma = 0{,}5$ s. Lehrbuch Gl. (8.35b)

Bestimmung der statischen Sicherheit

$$S_F = \frac{R_{p0,2}}{\sigma_{red}} = \frac{640\ N/mm^2}{578\ N/mm^2} \approx \mathbf{1{,}1} \geq S_{F\,erf} = 1{,}0 \quad (8.35a)$$

Bestimmung der dynamischen Sicherheit

$$S_D = \frac{\sigma_A}{\sigma_a} = \frac{46{,}2\ N/mm^2}{13{,}4\ N/mm^2} = \mathbf{3{,}4} \geq S_{D\,erf} = 1{,}2 \quad (8.20b)$$

8.12 Vereinfachtes Verfahren

Bestimmung des Spannungsquerschnittes A_s – Wahl der Schraubengröße

$$A_s \geq \frac{F_B + F_{Kl}}{\dfrac{R_{p0,2}}{\kappa \cdot k_A} - \beta \cdot E \cdot \dfrac{f_Z}{l_k}} = \frac{(28 + 2{,}8) \cdot 10^3\ N}{\dfrac{660\ N/mm^2}{1{,}19 \cdot 2{,}5} - 1{,}1 \cdot 210 \cdot 10^3\ \dfrac{N}{mm^2} \cdot \dfrac{0{,}009\ mm}{50\ mm}} = \mathbf{171\ mm^2} \quad (8.2)$$

mit:

$F_{Kl} = 0{,}1\ F_{Bo} = 2{,}8\ kN$ (10 % der Betriebskraft lt. Aufgabenstellung)

$R_{p0,2}$ aus TB 8-4 (Mindestwert in ( ) nehmen)

$\varphi = 1{,}19$ für Schaftschraube und $\mu_G = 0{,}12$ aus TB 8-12a (s. Legende zu Gl. 8.2)

$\beta = 1{,}1$ (s. Legende zu Gl. 8.2)

$k_A = 1{,}7$ bis $\mathbf{2{,}5}$ aus TB 8-11 (drehmomentgesteuertes Anziehen bei geschätzter Reibungszahl $\mu_G = \mu_K = 0{,}12$ nach TB 8-12a für geschwärzte und leicht geölte Schrauben – größerer Wert für Signal gebende Drehmomentschlüssel)

$f_Z = 9\ \mu m$ aus TB 8-10a für Längskraft, $R_z = 10 < 40\ \mu m$; $1 \times$ Gewinde + $1 \times$ Kopf- und $1 \times$ Mutterauflage (Bauteil mit Gewinde wird Mutter gleichgesetzt)

gewählt: Zylinderschraube DIN EN ISO 4762-M20-8.8 (TB 8-1) mit $A_s = \mathbf{245\ mm^2}$

Bestimmung der Schraubenlänge

$l \geq l_k + l_e = 50$ mm $+ 20$ mm $= 70$ mm mit Mindest-Einschraublänge $l_e = 1{,}0\,d = 20$ mm aus TB 8-15 für GJL 250, $d/P = 20$ mm$/2{,}5$ mm $= 8$ (P aus TB 8-1) und 8.8.

gewählt: $l = \mathbf{70\ mm}$ (Normlängen s. TB 8-9 Fußnote)

Dynamischer Nachweis

$$\sigma_a \approx \pm k \frac{F_{Bo} - F_{Bu}}{A_s} \leq \sigma_{A(SV)} \approx \pm 0{,}85\left(\frac{150}{d} + 45\right) \qquad (8.3)$$

$$\sigma_a \approx \pm 0{,}125 \frac{(28-8)\cdot 10^3\,\text{N}}{245\,\text{mm}^2} = \pm\mathbf{10{,}2\ N/mm^2} < \pm 0{,}85\left(\frac{150}{20} + 45\right) = \pm\mathbf{44{,}6\ N/mm^2}$$

Ergebnis: Schraubenverbindung hält

Bestimmung der Flächenpressung unter Schraubenkopf p

$$p \approx \frac{F_{sp}/0{,}9}{A_p} = \frac{130 \cdot 10^3\,\text{N}/0{,}9}{274\,\text{mm}^2} = \mathbf{527\ N/mm^2} < p_G = 850\ \text{N/mm}^2 \qquad (8.4)$$

mit F_{sp} aus TB 8-14 und Grenzflächenpressung aus TB 8-10b für EN-GJL-250

Ergebnis: Flächenpressung zulässig

Das vereinfachte Verfahren führt wegen des hohen Kraftverhältnisses Φ zu einer Überdimensionierung (M20 anstatt M16).

8.13 a) Sechskantschraube ISO 4014 – M12 × 55 – 8.8

Längsbelastete Schraube nach Gl. (8.29):

1. M14 (dynamisch axial $F_B \approx 16$ kN $- 4$ kN $= 12$ kN < 16 kN – 8.8). Da M14 zu vermeidendes Gewinde wird M12 vorgewählt.
   $p \approx 654$ N/mm$^2 > p_G = 630$ N/mm^2 ($F_{sp} = 43{,}1$ kN, $A_p = 73{,}2$ mm^2, $\mu_{ges} \approx 0{,}12$). Flächenpressung liegt knapp über zul. Wert, daher hier noch keine Änderung, z. B. des Bauteilwerkstoffs, erforderlich.

2. $F_{VM} = 35{,}8$ kN $< F_{sp} = 43{,}1$ kN ($k_A = 1{,}7$, $F_{Kl} = 3$ kN, $F_B = 16$ kN, $\Phi_k \approx 0{,}159$, $\Phi \approx 0{,}08$, $n \approx 0{,}5$, $F_Z = 3{,}34$ kN; $\delta_S \approx 2{,}77 \cdot 10^{-6}$ mm/N, wobei $b = 30$ mm, $\varnothing\,12$ mm: $l = 25$ mm, M12: $l = 15$ mm, $A_N = 113$ mm^2, $A_3 = 76{,}2$ mm^2, $E_S = 210\,000$ N/mm^2; $\delta_T \approx 0{,}522 \cdot 10^{-6}$ mm/N, wobei $A_{ers} \approx 365$ mm^2, $d_w \approx 18$ mm, $d_h = 13{,}5$ mm, $D_A = 32$ mm, $l_k = 40$ mm, $E_T = 210\,000$ N/mm^2, $d_w < D_A < d_w + l_k$; $\mu_{ges} = 0{,}12$, $f_Z \approx 0{,}011$ mm, für Bauteiloberfläche $Rz = 25$ µm).

3. $M_A = M_{sp} = 83{,}6$ Nm.

4. $0{,}08 \cdot 16$ kN $< 0{,}1 \cdot 640$ N/mm$^2 \cdot 84{,}3$ mm^2, $1{,}28$ kN $< 5{,}40$ kN ($\Phi = 0{,}08$, $F_B = 16$ kN, $R_{p0{,}2} = 640$ N/mm^2, $A_s = 84{,}3$ mm^2). $\sigma_a = \pm 5{,}7$ N/mm$^2 < \sigma_{A(SV)} = \pm 49$ N/mm^2 ($F_a = \pm 480$ N, $A_s = 84{,}3$ mm^2, $F_{Bo} = 16$ kN, $F_{Bu} = 4$ kN, $\Phi = 0{,}08$).

5. $p \approx 606$ N/mm$^2 < p_G = 630$ N/mm^2 ($F_{sp} = 43{,}1$ kN, $\Phi = 0{,}08$, $F_B = 16$ kN, $A_p = 73{,}2$ mm^2).

b) Dehnschraube M12 – 10.9 mit $d_T = 0{,}9 \cdot d_3 = 8{,}87$ mm und Sechskantmutter ISO 4032 – M12 – 10.

1. 12.9 (dynamisch axial mit nächsthöherer Laststufe – M12).

2. $F_{VM} = 35{,}0$ kN $\ll F_{sp} = 52{,}3$ kN, M12 – 12.9 nicht ausgelastet ($k_A = 1{,}7$, $F_{Kl} = 3$ kN, $F_B = 16$ kN, $\Phi_k = 0{,}121$, $n \approx 0{,}5$, $\Phi = 0{,}06$, $F_Z = 2{,}55$ kN, $f_Z \approx 0{,}011$ mm; $\delta_S \approx 3{,}79 \cdot 10^{-6}$ mm/N, wobei $\varnothing\,8{,}87$ mm: $l_T = 35$ mm, M12: $l = 5$ mm, $A_N = 113$ mm^2, $A_T = 61{,}8$ mm^2, $A_3 = 76{,}2$ mm^2, $E_S = 210\,000$ N/mm^2, $\delta_T \approx 0{,}522 \cdot 10^{-6}$ mm/N).
   Korrektur der Festigkeitsklasse auf 10.9: $F_{sp} = 44{,}7$ kN $> F_{VM} = 35{,}0$ kN.

8 Schraubenverbindungen

3. $M_A = M_{sp} = 86{,}8$ Nm.

4. $0{,}06 \cdot 16$ kN $< 0{,}1 \cdot 940$ N/mm² $\cdot 61{,}8$ mm², 960 N < 5810 N ($\Phi = 0{,}06$, $F_B = 16$ kN, $R_{p0,2} = 940$ N/mm², $A_T = 61{,}8$ mm²). $\sigma_a = \pm 4{,}3$ N/mm² $< \sigma_{A(SV)} = \pm 49$ N/mm² ($F_a = \pm 360$ N, $A_3 = 84{,}3$ mm², $F_{Bo} = 16$ kN, $F_{Bu} = 4$ kN, $\Phi = 0{,}06$).

5. $p \approx 624$ N/mm² $< p_G = 630$ N/mm² ($F_{sp} = 44{,}7$ kN, $\Phi = 0{,}06$, $F_B = 16$ kN, $A_p = 73{,}2$ mm²).

8.14 a) Sechskantschraube ISO 4014 – M12 × 55 – 8.8:
($A_s \geq 75{,}2$ mm², gewählt M12 mit $A_s = 84{,}3$ mm²; $F_B = 16$ kN, $F_{Kl} = 3$ kN, $R_{p0,2} = 640$ N/mm², $E = 210\,000$ N/mm², $f_Z \approx 0{,}011$ mm, $l_k = 40$ mm, $k_A = 1{,}7$, $\beta = 1{,}1$, $\kappa = 1{,}19$ für $\mu_G \approx 0{,}12$ und Schaftschraube).
$\sigma_a \approx \pm 14$ N/mm² $< \sigma_A = \pm 49$ N/mm² ($k = 0{,}1$, $A_s = 84{,}3$ mm²).

b) Dehnschraube M12 – 10.9 mit $d_T = 0{,}9 \cdot d_3 = 8{,}87$ mm und Sechskantmutter ISO 4032 – M12 – 10. ($R_{p0,2} \geq 727$ N/mm², gewählt Festigkeitsklasse 10.9 mit $R_{p0,2} = 940$ N/mm²; $F_B = 16$ kN, $F_{Kl} = 3$ kN, $E = 210\,000$ N/mm², $f_Z \approx 0{,}011$ mm, $l_k = 40$ mm, $k_A = 1{,}7$, $\beta = 0{,}6$, $\kappa = 1{,}25$ für $\mu_G \approx 0{,}12$ und Dehnschraube, $A_T = 61{,}8$ mm²).

Ausführliches und vereinfachtes Rechenverfahren führte zu den gleichen Abmessungen. Anziehdrehmoment und überschlägige Kontrolle der Flächenpressung wie in Aufgabe 8.13.

8.15 Stiftschraube DIN 939 – M16 × 50 – 5.6
Längsbelastete Schraube nach Gl. (8.29):

1. M16 (statisch axial bis 16 kN – 5.6)

2. $F_{VM} = 38{,}2$ kN $\approx F_{sp} = 37{,}9$ kN ($k_A = 1{,}7$, $F_{Kl} = 4$ kN, $F_B = 14$ kN, $\Phi_k = 0{,}223$, $n \approx 0{,}3$, $\Phi \approx 0{,}07$, $F_Z = 5{,}45$ kN; $f_Z = 0{,}012$ mm; $\mu_{ges} \approx 0{,}12$; $\delta_S = 1{,}71 \cdot 10^{-6}$ mm/N wobei $b = 38$ mm, $\varnothing$ 16 mm: $l = 12$ mm, M16: $l = 18$ mm, $A_N = 201$ mm², $A_3 = 144{,}1$ mm², $E_S = 210\,000$ N/mm²; $d_w \approx s = 24$ mm (ISO 4032: $d_{w\,min} = 22{,}5$ mm), $l_k = 30$ mm, $D_A = 40$ mm, $\delta_T = 0{,}491 \cdot 10^{-6}$ mm/N wobei $A_{ers} \approx 531$ mm², $d_h = 17{,}5$ mm, $E_T = 115\,000$ N/mm², $d_w < D_A < d_w + l_k$; $F_{sp(5.6)} = 80{,}9$ kN $\cdot 300$ N/mm²/640 N/mm² $= 37{,}9$ kN, $R_{p0,2(8.8)} = 640$ N/mm², $R_{eL(5.6)} = 300$ N/mm², $F_{sp(8.8)} = 80{,}9$ kN).

3. $M_A = M_{sp} = 96{,}5$ Nm ($M_{sp(5.6)} = 206$ Nm $\cdot 300$ N/mm²/640 N/mm² $= 96{,}5$ Nm, $M_{sp(8.8)} = 206$ Nm).

4. $0{,}07 \cdot 14 \cdot 10^3$ N $< 0{,}1 \cdot 300$ N/mm² $\cdot 157$ mm², 980 N $< 4{,}71$ kN, d. h. die max. Schraubenkraft wird nicht überschritten ($\Phi = 0{,}07$, $F_B = 14$ kN, $R_{eL} = 300$ N/mm², $A_s = 157$ mm²).

5. entbehrlich.

8.16 a) $F = 6{,}16$ kN ($A = 2463$ mm², $p_e = 2{,}5$ N/mm²).

b) Festigkeitsklasse 10.9

Längsbelastete Schraube nach Gl. (8.29):

1. entfällt.

2. $F_{VM} = 14{,}1$ kN $< F_{sp} = 14{,}9$ kN ($k_A = 4$, $F_{Kl} = 1{,}5$ kN, $F_B = 1{,}03$ kN, $\Phi \approx 0{,}09$, $\Phi_k = 0{,}172$, $n \approx 0{,}5$, $F_Z = 1{,}1$ kN; $f_Z = 0{,}0095$ mm; $\delta_S \approx 7{,}18 \cdot 10^{-6}$ mm/N wobei $b = 24$ mm, $\varnothing$ 6 mm: $l = 11$ mm, M6: $l = 14$ mm, $A_N = 28{,}3$ mm², $A_3 = 17{,}89$ mm², $E_S = 210\,000$ N/mm²; $\delta_T = 1{,}49 \cdot 10^{-6}$ mm/N wobei $A_{ers} \approx 140$ mm², $d_w \approx d_K = 10$ mm (ISO 4762: $d_{w\,min} = 9{,}38$ mm), $d_h = 6{,}6$ mm, $D_A = 20$ mm, $l_k = 25$ mm, $E_T = 120\,000$ N/mm², $\mu_{ges} \approx 0{,}12$, $d_w < D_A < d_w + l_k$).

3. $M_A = M_{sp} = 14{,}9$ Nm.

4. $0,09 \cdot 1030$ N $< 0,1 \cdot 940$ N/mm$^2 \cdot 20,1$ mm^2, 93 N < 1889 N, d. h. die max. Schraubenkraft wird nicht überschritten ($\Phi = 0,09$, $F_B = 1,03$ kN, $R_{p0,2} = 940$ N/mm^2, $A_s = 20,1$ mm^2). $\sigma_a = \pm 2,3$ N/mm$^2 < \sigma_A = \pm 59,5$ N/mm^2 ($F_a = \pm 46$ N, $A_s = 20,1$ mm^2, $F_{Bo} = 1,03$ kN, $\Phi = 0,09$).

5. $p \approx 430$ N/mm$^2 < p_G \approx 700$ N/mm$^2 \cdot 0,75 = 525$ N/mm^2 ($F_{sp} = 13,7$ kN, $\Phi = 0,09$, $F_B = 1,03$ kN, $A_p = 34,9$ mm^2). Schraubenabstand $l_a \approx 34$ mm $\approx 5,1 \cdot d_h \approx d_w + l_k$ $= (10$ mm $+ 25$ mm$)$, also gute Abdichtung gewährleistet.

c) $S_F = 1,19$ ($R_{p0,2} = 940$ N/mm^2, $\sigma_{red} = 793$ N/mm^2, $\sigma_{z\,max} = 746$ N/mm^2, $F_{sp} = 14,9$ kN, $\Phi \approx 0,09$, $F_B = 1,03$ N, $\tau_t \approx 310$ N/mm^2, $M_G = 7,89$ Nm, $k_\tau \approx 0,5$, $P = 1$ mm, $\mu_G = 0,12$, $d_2 = 5,35$ mm, $d_s = 5,062$ mm, $W_t = 25,5$ mm^3); $S_D = 25,9$.

8.17 a) $M_A = 508$ Nm ($F_{VM} = 110$ kN, $k_A = 2,5$, $d_2 = 28,7$ mm, $\mu_G = \mu_K = \mu_{ges} \approx 0,12$, $P = 2$ mm, $d_w \approx s = 46$ mm (ISO 8675: $d_{w\,min} = 42,75$ mm), $d_h = 31$ mm).

b) $S_F = 1,52$ ($\sigma_{red} = 184$ N/mm^2, $\sigma_{z\,max} = 177$ N/mm^2, $\tau_t = 58,1$ N/mm^2, $k_\tau = 0,5$, $M_G = 253$ Nm, $d_s = 28,12$ mm, $d_3 = 27,546$ mm, $d_2 = 28,70$ mm, $W_t = 4366$ mm^3, $P = 2$ mm, $\mu_G = 0,12$, $A_s = 621$ mm^2, $F_{VM} = 110$ kN, $R_{eN} = 295$ N/mm^2, $K_t = 0,95$).

8.18 a) M10. Längsbelastete Schraube nach Gl. (8.30)

1. entfällt

2. $F_{VM} = 25,6$ kN $< F_{sp} = 29,6$ kN ($k_A = 1,7$, $F_{Kl} = 11,1$ kN, $\mu_{ges} \approx 0,12$).

3. $M_A \approx M_{sp} = 47,8$ Nm.

b) Sechskantschraube ISO 4017–M10 × 16–8.8 ($l_e = 10$ mm)

c) $p_{max} = 37,4$ N/mm$^2 < p_{zul} = 70$ N/mm^2.

8.19 Berechnungsgang nach Lehrbuch 8.3.9-2 da vorgespannte Befestigungsschraube (Übertragung des Drehmomentes erfolgt allein durch Reibschluss zwischen den ringförmigen Stirnflächen der Flansche)

1) Vorwahl der Schraubengröße nach TB 8-13

Querkraft $F_{Q\,ges} = T/d/2 = 2240 \cdot 10^3$ Nmm/130 mm/2 $= 34,46$ kN

Querkraft pro Schraube $F_Q = F_{Q\,ges}/12 = 34,46$ kN/12 $= \mathbf{2,87}$ **kN**

gewählt: M10×10.9

überschlägige Bestimmung der Flächenpressung p

$$p \approx \frac{F_{sp}/0,9}{A_p} = \frac{42,3 \cdot 10^3/0,9}{72,3} \frac{\text{N}}{\text{mm}^2} = \mathbf{650} \frac{\textbf{N}}{\textbf{mm}^2} \approx p_G = 630 \frac{\text{N}}{\text{mm}^2} \quad (8.4)$$

mit F_{sp} aus TB 8-14 für M10–10.9, $\mu_{ges} \approx 0,14$, p_G aus TB 8-10b für C45E

2) Bestimmung der Montagevorspannkraft

$$F_{VM} = k_A[F_{Kl} + F_B(1 - \Phi) + F_Z] \leq F_{sp} \quad (8.29)$$

Bestimmung des Anziehfaktors k_A

$k_A = \mathbf{1,7}$ bis 2,5 aus TB 8-11 (drehmomentgesteuertes Anziehen bei geschätzter Reibungszahl $\mu_G = \mu_K = 0,14$ – kleinerer Wert für messende Drehmomentschlüssel)

Bestimmung der Nachgiebigkeit der Bauteile δ_T

$$\delta_T = \frac{l_k}{A_{ers} \cdot E_T} = \frac{20 \text{ mm}}{275 \text{ mm}^2 \cdot 210 \cdot 10^3 \text{ N/mm}^2} = \mathbf{0,346 \cdot 10^{-6}} \text{ \textbf{mm/N}} \quad (8.10)$$

mit

$$A_{ers} = \frac{\pi}{4}(d_w^2 - d_h^2) + \frac{\pi}{8} d_w(D_A - d_w)[(x+1)^2 - 1]$$
$$= \frac{\pi}{4}(16^2 - 11^2) \text{ mm}^2 + \frac{\pi}{8} 16(30-16) \text{ mm}^2 \cdot [1{,}708^2 - 1] = 275 \text{ mm}^2 \quad (8.9)$$

$$x = \sqrt[3]{l_k \cdot d_w / D_A^2} = \sqrt[3]{20 \text{ mm} \cdot 16 \text{ mm}/30^2 \text{ mm}^2} = 0{,}708 \quad \text{für} \quad d_w < D_A < d_w + l_k$$

D_A aus Zeichnung; $d_w = s$ nach TB 8-8 und d_h nach TB 8-8 (Reihe mittel)

Bestimmung der Nachgiebigkeit der Schraube δ_S

$$\delta_S = \frac{1}{E_S}\left(\frac{0{,}4d}{A_N} + \frac{l_3}{A_3} + \frac{0{,}5d}{A_3} + \frac{0{,}4d}{A_N}\right)$$
$$= \frac{1}{210 \cdot 10^3}\left(\frac{0{,}4 \cdot 10}{\pi \cdot 10^2/4} + \frac{20}{52{,}3} + \frac{0{,}5 \cdot 10}{52{,}3} + \frac{0{,}4 \cdot 10}{\pi \cdot 10^2/4}\right) \frac{\text{mm}}{\text{N}} = 2{,}76 \cdot 10^{-6} \text{ mm/N} \quad (8.8)$$

mit $l_3 = l_k = 20$ mm ($l_1 = l_2 = 0$; Gewinde bis Schraubenkopf nach TB 8-8)

Bestimmung der Klemmkraft in der Trennfuge F_{Kl}

$$F_{Kl} = F_Q/\mu = 2{,}87 \text{ kN}/0{,}1 = \mathbf{28{,}7 \text{ kN}} \quad (8.18)$$

mit $\mu = 0{,}1$ aus TB 4-1a für Stahl auf Stahl, geschmiert

Bestimmung des Vorspannkraftverlustes infolge Setzens F_Z

$$F_Z = \frac{f_Z}{\delta_S + \delta_T} = \frac{11 \cdot 10^{-3} \text{ mm}}{(2{,}76 + 0{,}346) \cdot 10^{-6} \text{ mm/N}} = \mathbf{3{,}54 \text{ kN}} \quad (8.19)$$

mit $f_Z = 11$ µm aus TB 8-10a für Querkraft, $R_z = <10$ µm; $1 \times$ Gewinde $+ 2 \times$ Kopf- oder Mutterauflage $+ 1 \times$ innere Trennfuge

Bestimmung der Montagevorspannkraft F_{VM} – Spannkraft F_{sp}

$$F_{VM} = k_A[F_{Kl} + F_B(1-\Phi) + F_Z] \leq F_{sp} \quad (8.29)$$

$$F_{VM} = 1{,}7[28{,}7 + 0 + 3{,}54] \text{ kN} = \mathbf{54{,}8 \text{ kN}} > F_{sp} = 42{,}3 \text{ kN}$$

Ergebnis: M10 nicht ausreichend

Korrektur auf M12 – 10.9

- $\delta_S = \dfrac{1}{210 \cdot 10^3 \text{ N/mm}^2}\left(\dfrac{0{,}4 \cdot 12}{\pi \cdot 12^2/4} + \dfrac{20}{76{,}25} + \dfrac{0{,}5 \cdot 12}{76{,}25} + \dfrac{0{,}4 \cdot 12}{\pi \cdot 12^2/4}\right) \dfrac{\text{mm}}{\text{mm}^2} = \mathbf{2{,}03 \cdot 10^{-6} \text{ mm/N}}$

- $\delta_T = \dfrac{20 \text{ mm}}{282 \text{ mm}^2 \cdot 210 \cdot 10^3 \text{ N/mm}^2} = \mathbf{0{,}338 \cdot 10^{-6} \text{ mm/N}}$

mit

$$A_{ers} = \frac{\pi}{4}(18^2 - 13{,}5^2) \text{ mm}^2 + \frac{\pi}{8} 18(30-18) \text{ mm}^2 \cdot [1{,}737^2 - 1] = 282 \text{ mm}^2$$

$$x = \sqrt[3]{l_k \cdot d_w / D_A^2} = \sqrt[3]{20 \text{ mm} \cdot 18 \text{ mm}/30^2 \text{ mm}^2} = 0{,}737$$

- $F_Z = \dfrac{f_Z}{\delta_S + \delta_T} = \dfrac{11 \cdot 10^{-3} \text{ mm}}{(2{,}03 + 0{,}338) \cdot 10^{-6} \text{ mm/N}} = \mathbf{4{,}65 \text{ kN}}$

- $F_{VM} = 1{,}7[28{,}7 + 0 + 4{,}65] \text{ kN} = \mathbf{56{,}7 \text{ kN}} < F_{sp} = 61{,}6 \text{ kN}$

3) **Bestimmung des Montage-Anziehdrehmoments M_A – Spannmoments M_{sp}**

$M_A = M_{sp} = \mathbf{137 \text{ Nm}}$ aus TB 8-14

4) **Statischer und dynamischer Nachweis:** entfällt

5) Bestimmung der Flächenpressung unter Schraubenkopf p

$$p = \frac{F_{sp} + \Phi \cdot F_B}{A_p} = \frac{(61{,}6 + 0) \cdot 10^3}{73{,}2} \frac{\text{N}}{\text{mm}^2} = \mathbf{842 \text{ N/mm}^2} > p_G = 630 \text{ N/mm}^2 \qquad (8.36)$$

Ergebnis: Flächenpressung zu groß (Grenzflächenpressung p_G aus TB 8-10b)

Werkstoff der Hohlwelle ändern z. B. in 34CrMo4 ($p_G = 870$ N/mm²); Schrauben mit Flansch DIN EN 1665 ($A_p = 301{,}7$ mm²) oder Unterlegscheiben verwenden.

8.20 Ausführung mit mindestens 6 Schrauben

Querbelastete Schraube nach Gl. (8.30) und (8.18):

2. $z = 8 > z_{\min} = 6{,}7$ ($k_A = 1{,}6$, $F_{Q\,\text{ges}} = 7857$ N, $F_{sp} = 18{,}1$ kN, $\mu_{\text{ges}} \approx 0{,}14$, Trennfuge sicherheitshalber $\mu = 0{,}15$ (Haftreibungszahl, geschmiert), $F_Z = 3{,}44$ kN, $f_Z = 0{,}012$ mm; $\delta_S = 2{,}64 \cdot 10^{-6}$ mm/N wobei $l = 10$ mm, $A_N = 50{,}3$ mm², $A_3 = 32{,}84$ mm², $E_S = 210\,000$ N/mm²; $\delta_T = 0{,}844 \cdot 10^{-6}$ mm/N wobei $A_{\text{ers}} = 103$ mm², $d_w \approx s = 13$ mm (ISO 4017: $d_{w\,\min} = 11{,}63$ mm), $d_h = 9$ mm, $l_k = 10$ mm, $E_T \approx 115\,000$ N/mm², $d_w < D_A < d_w + l_k$). Schraubenabstand: $\pi \cdot D/z = 55$ mm $> 3d = 24$ mm ($D = 140$ mm, $z = 8$, $d = 8$ mm).

3. $M_A \approx M_{sp} = 27{,}3$ Nm.

4. entfällt.

5. $p \approx 431$ N/mm² $< p_G = 850$ N/mm² ($F_{sp} = 18{,}1$ kN, $A_p = 42$ mm²).

8.21 Schraubenkräfte: $F_{Bo} = 7{,}14$ kN, $F_{Bu} = 2{,}86$ kN, $F_Q = 5{,}59$ kN ($F_{Qx} = 5$ kN, $F_{Qy} = 2{,}5$ kN).

Festigkeitsklasse 10.9

1. 8.8 ($F_Q < 8$ kN).

2. $F_{VM} = 89{,}8$ kN $> F_{sp} = 80{,}9$ kN ($k_A = 1{,}7$, $F_{K1} = 37{,}3$ kN, $\Phi = 0{,}081$, $n \approx 0{,}5$, $F_Z = 8{,}94$ kN, $f_Z = 0{,}0145$ mm; $\delta_S = 1{,}36 \cdot 10^{-6}$ mm/N wobei $b = l$, M16: $l = 24$ mm, $A_N = 201{,}1$ mm², $A_3 = 144{,}1$ mm², $E_S = 210\,000$ N/mm²; $\delta_T = 0{,}262 \cdot 10^{-6}$ mm/N wobei $A_{\text{ers}} = 436$ mm², $d_w \approx s = 24$ mm (ISO 4017: $d_{w\,\min} = 22{,}5$ mm), $d_h = 17{,}5$ mm, $D_A \approx 35$ mm, $l_k = 24$ mm, $E_T = 210\,000$ N/mm², $\mu_{\text{ges}} = 0{,}12$, $d_w < D_A < d_w + l_k$). Korrektur der Festigkeitsklasse auf 10.9: $F_{sp} = 119$ kN $> F_{VM} = 89{,}8$ kN.

3. $M_A = M_{sp} = 302$ Nm.

4. $0{,}081 \cdot 7140$ N $< 0{,}1 \cdot 940$ N/mm² $\cdot 157$ mm² ($\Phi = 0{,}081$, $F_{Bo} = 7{,}14$ kN, $R_{p0{,}2} = 940$ N/mm², $A_s = 157$ mm²). $\sigma_a = \pm 1{,}1$ N/mm² $< \sigma_A = \pm 46{,}2$ N/mm² ($F_a = \pm 173$ N).

5. $p = 762$ N/mm² $\approx p_G \approx 760$ N/mm² ($F_{sp} = 119$ kN, $A_p = 157$ mm²).

8.22 Grundkombination 1: $F = 1{,}35 \cdot 190$ kN $+ 1{,}5 \cdot 0{,}9 \cdot (320$ kN $+ 80$ kN$) = 796{,}5$ kN (maßgebend).

Grundkombination 2: $F = 1{,}35 \cdot 190$ kN $+ 1{,}5 \cdot 320$ kN $= 736{,}5$ kN.

a) 5 Sechskantschraube DIN 7990 $-$ M27 $\times$ 80 $-$ Mu $-$ 4.6, 5 Scheibe DIN 7989 $-$ 27 $-$ A $-$ HV100; $w_1 = 60$ mm, $w_2 = 105$ mm, $e_1 = 60$ mm, $e_2 = 45$ mm ($e = 2 \cdot 50$ mm), Anschlusslänge 320 mm, $\Delta d = 2$ mm.

(Maßgebend ist die äußere Schraube:

$\tau_s = 196\,800$ N$/(2 \cdot 573$ mm²$) = 172$ N/mm² $< \tau_{s\,\text{zul}} = 0{,}6 \cdot 400$ N/mm²$/1{,}1 = 218$ N/mm²;

$\sigma_1 = 196\,800$ N$/(27$ mm $\cdot 20$ mm$) = 364$ N/mm² $< \sigma_{1\,\text{zul}} = 1{,}73 \cdot 240$ N/mm²$/1{,}1$

$= 377$ N/mm² (Knotenblech); bei Annahme einer einreihigen Anordnung mit schrägem Lochabstand $e = \sqrt{(50\text{ mm})^2 + (45\text{ mm})^2} = 67{,}3$ mm gilt mit

$e/d = 67{,}3$ mm$/29$ mm $= 2{,}32$ und $e_2 > 1{,}5d$: $\alpha_1 = 1{,}1 \cdot 60$ mm$/29$ mm $- 0{,}3 = 1{,}98$ bzw.

$\alpha_1 = 1{,}08 \cdot 67{,}3$ mm$/29$ mm $- 0{,}77 = 1{,}73$; Exzentrizität des Kraftangriffs

$e \approx [(60 - 49) \text{ mm} \cdot 3 + (105 - 49) \text{ mm} \cdot 2]/5 \approx 29$ mm, Anschlussmoment:
$M \approx 796\,500$ N $\cdot 29$ mm $= 23{,}1 \cdot 10^6$ Nmm, Kräftepaar $F \approx 23{,}1 \cdot 10^6$ N/mm/200 mm
$= 115{,}5$ kN, resultierende äußere Schraubenkraft: $F = \sqrt{(796{,}5 \text{ kN}/5)^2 + (115{,}5 \text{ kN})^2}$
$= 196{,}8$ kN; Werkstoff S235: $R_e = 240$ N/mm², Schraubenwerkstoff 4.6: $R_m = 400$ N/mm²,
$S_M = 1{,}1$, $\alpha_a = 0{,}6$, $A_S = 573$ mm², $t = 20$ mm bzw. $2 \cdot 12$ mm, $d = 29$ mm,
$A = 2 \cdot 28{,}7$ cm², $c_x = 48{,}9$ mm. Tragsicherheitsnachweis Zugstab:
$\sigma = 796\,500$ N/5740 mm² $= 139$ N/mm² $< \sigma_{zul} = 240$ N/mm²/1,1 $= 218$ N/mm²; Schnitt
durch 1 Loch: $A_n = 2 \cdot 2870$ mm² $- 2 \cdot 29$ mm $\cdot 12$ mm $= 5044$ mm², Schnitt durch
2 Löcher: $A_n = 2 \cdot 2870$ mm² $+ 2 \cdot 12$ mm $\cdot (67{,}3$ mm $- 45$ mm$) - 4 \cdot 29$ mm $\cdot 12$ mm
$= 4883$ mm², $A/A_n = 2 \cdot 2870$ mm²/4883 mm² $= 1{,}18 < 1{,}2$, Lochabzug entfällt).

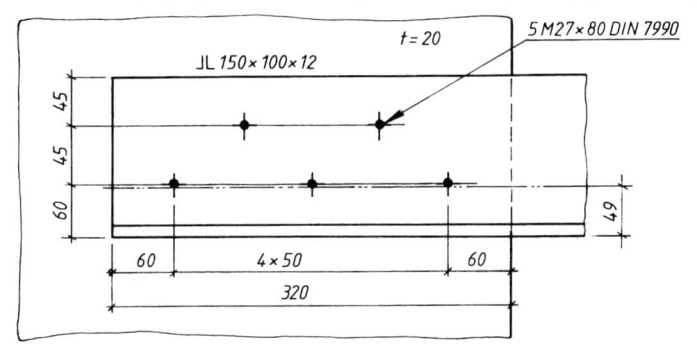

8.23 $F \approx 280$ kN (maßgebend Lochleibung)

(Tragsicherheitsnachweis für den Stab: Grenzzugkraft $F_G = 2 \cdot 890$ mm² $\cdot 360$ N/mm²/
$(1{,}25 \cdot 1{,}1) = 466$ kN, $A = 2 \cdot 110$ mm $\cdot 10$ mm $= 2200$ mm², $A_n = 2 \cdot 10$ mm
$(110$ mm $- 21$ mm$) = 2 \cdot 890$ mm², $A/A_n = 2200$ mm²/1780 mm² $= 1{,}24 > 1{,}2$, Nettoquerschnitt maßgebend, $\Delta d = 1$ mm, $d = 21$ mm, $R_m = 360$ N/mm². Tragsicherheitsnachweis
für Knotenblech: Grenzzugkraft $F_G = 2520$ mm² $\cdot 240$ N/mm²/1,1 $= 549{,}8$ kN,
$A = 180$ mm $\cdot 14$ mm $= 2520$ mm², $A_n = 14$ mm $\cdot (180$ mm $- 21$ mm$) = 2226$ mm²,
$A/A_n = 2520$ mm²/2226 mm² $= 1{,}13 < 1{,}2$. Tragsicherheitsnachweis der Schrauben.
Abscheren: Grenzabscherkraft $F_G = 314$ mm² $\cdot 2 \cdot 0{,}6 \cdot 400$ N/mm²/1,1 $= 137{,}1$ kN/Schraube,
gesamter Anschluss: $F_G = 3 \cdot 137{,}1$ kN ≈ 411 kN, $A_S = \pi \cdot (20$ mm$)^2/4 = 314$ mm², Schraubenwerkstoff 4.6: $R_m = 400$ N/mm², $\alpha_a = 0{,}6$, $S_M = 1{,}1$, glatter Teil des Schaftes in der
Scherfuge. Lochleibung: Grenzlochleibungskraft für äußere Schraube
$F_G = 14$ mm $\cdot 20$ mm $\cdot 1{,}53 \cdot 240$ N/mm²/1,1 $= 93{,}5$ kN, bei gleichmäßiger Schraubenkraftverteilung $F_G = 3 \cdot 93{,}5$ kN ≈ 280 kN, $e/d = 55$ mm/21 mm $= 2{,}62 < 3{,}5$, $e_1/d = 35$ mm/21 mm
$= 1{,}67 < 3{,}0$, $e_2/d = 55$ mm/21 mm $= 2{,}62 > 1{,}5$, $\alpha_1 = 1{,}1 \cdot 35$ mm/21 mm $- 0{,}3 = 1{,}53$ maßgebend, $\alpha_1 = 1{,}08 \cdot 55$ mm/21 mm $- 0{,}77 = 2{,}06$; bei Addition der Grenzlochleibungskräfte:
$F_G = 93{,}5$ kN $+ 2 \cdot 14$ mm $\cdot 20$ mm $\cdot 2{,}06 \cdot 240$ N/mm²/1,1 ≈ 345 kN).

8.24 a) 2 Sechskantschraube DIN 7990–M20 $\times$ 50–Mu–4.6, 2 Scheibe DIN 7989–20–A–HV100,
$e_1 = 35$ mm, $e = 50$ mm, $w_1 = 45$ mm, Anschlusslänge $l = 120$ mm, $m' = 7{,}07$ kg/m

(Tragsicherheitsnachweis des Stabes: $\sigma = 85\,000$ N/733 mm² $= 116$ N/mm² $< \sigma_{zul}$
$= 0{,}8 \cdot 360$ N/mm²/$(1{,}25 \cdot 1{,}1) = 209$ N/mm², $A = 901$ mm², $A_n = 901$ mm² $- 21$ mm
$\cdot 8$ mm $= 733$ mm², $A/A_n = 901$ mm²/733 mm² $= 1{,}23 > 1{,}2$ Lochabzug erforderlich,
$\Delta d = 1$ mm, $d = 21$ mm. Nach DIN 18801 darf die Außermittigkeit unberücksichtigt bleiben, wenn der Stab nur zu 80 % ausgenutzt wird. Tragsicherheitsnachweis der Schrauben. Abscheren: $\tau_s = 85\,000$ N/$(2 \cdot 314$ mm²$) = 135$ N/mm² $< \tau_{s\,zul} = 0{,}6 \cdot 400$ N/mm²/1,1
$= 218$ N/mm², Schraubenwerkstoff 4.6: $R_m = 400$ N/mm², $\alpha_a = 0{,}6$, $S_M = 1{,}1$,
$A_S = 314$ mm², $m = 1$, $n = 2$, glatter Teil des Schaftes in der Scherfuge. Lochleibung:
$\sigma_1 = 85\,000$ N/$(2 \cdot 8$ mm $\cdot 20$ mm$) = 266$ N/mm² $< \sigma_{1\,zul} = 1{,}53 \cdot 240$ N/mm²/1,1 $= 334$ N/mm²,

$e_1/d = 35$ mm$/21$ mm $= 1{,}67 < 3{,}0$, $e/d = 50$ mm$/21$ mm $= 2{,}38 < 3{,}5$, $e_2/d = 35$ mm$/$
21 mm $= 1{,}67 > 1{,}5$, $\alpha_1 = 1{,}1 \cdot 35$ mm$/21$ mm $- 0{,}3 = 1{,}53$ maßgebend,
$\alpha_1 = 1{,}08 \cdot 50$ mm$/21$ mm $- 0{,}77 = 1{,}80$).

b) 2 Sechskantschraube DIN 7990$-$M20 $\times$ 45$-$Mu$-$4.6, 2 Scheibe DIN 7989$-$20$-$A$-$HV100, $e_1 = 40$ mm, $e = 50$ mm, Anschlusslänge $l = 130$ mm, $m' = 10{,}6$ kg/m
(Tragsicherheitsnachweis des Stabes: Zugspannung $\sigma_z = 85\,000$ N$/1350$ mm^2
$= 63$ N/mm^2, Biegezugspannung $\sigma_{bz} = 85\,000$ N $\cdot$ $(15{,}5$ mm $+ 0{,}5 \cdot 10$ mm$)$ $\cdot 15{,}5$ mm$/$
$293\,000$ mm$^4 = 92$ N/mm^2,
$\sigma_{max} = 63$ N/mm$^2 + 92$ N/mm$^2 = 155$ N/mm$^2 < \sigma_{zul} = 240$ N/mm$^2/1{,}1 = 218$ N/mm^2,
$A = 1350$ mm^2, $A_n = 1350$ mm$^2 - (21$ mm $\cdot 6$ mm$) = 1224$ mm^2, $A/A_n = 1350$ mm$^2/$
1224 mm$^2 = 1{,}1 < 1{,}2$ Lochabzug nicht erforderlich, $A = 1350$ mm^2, $e_y = 15{,}5$ mm,
$I_y = 293\,000$ mm^4, $\Delta d = 1$ mm, $d = 21$ mm, $t_K = 10$ mm, $s = 6$ mm, $R_e = 240$ N/mm^2,
$S_M = 1{,}1$. Tragsicherheitsnachweis der Schrauben. Abscheren:
$\tau_s = 85\,000$ N$/(2 \cdot 314$ mm$^2) = 135$ N/mm$^2 < \tau_{s\,zul} = 0{,}6 \cdot 400$ N/mm$^2/1{,}1 = 218$ N/mm^2,
Schraubenwerkstoff 4.6: $R_m = 400$ N/mm^2, $\alpha_a = 0{,}6$, $A = 314$ N/mm^2, $m = 1$, $n = 2$,
glatter Teil des Schaftes in der Scherfuge. Lochleibung: $\sigma_l = 85\,000$ N$/$
$(2 \cdot 20$ mm $\cdot 6$ mm$) = 354$ N/mm$^2 < \sigma_{l\,zul} = 1{,}80 \cdot 240$ N/mm$^2/1{,}1 = 393$ N/mm^2,
$e/d = 50$ mm$/21$ mm $= 2{,}38 < 3{,}5$, $e_1/d = 40$ mm$/21$ mm $= 1{,}90 < 3{,}0$, $e_2/d = 50$ mm$/$
21 mm $= 2{,}38 > 1{,}5$, $\alpha_1 = 1{,}1 \cdot 40$ mm$/21$ mm $- 0{,}3 = 1{,}80$, $\alpha_1 = 1{,}08 \cdot 50$ mm$/$
21 mm $- 0{,}77 = 1{,}80$, $d_S = 20$ mm, $t = 6$ mm).

8.25 8 Sechskantschraube DIN 7990$-$M16$\times$55$-$Mu$-$4.6 ($l_{s\,min} = 28$ mm, $l_{g\,max} = 34$ mm), 8 I-Scheibe DIN 435$-$18 (mittlere Dicke 5 mm), $e = 80$ mm, $e_1 = 40$ mm, $e_2 = 33{,}5$ mm, $e_3 = w = 82$ mm.
($F_{max} = 0{,}5 \cdot 16{,}8 \cdot 10^6$ Nmm $\cdot (230$ mm$/(70^2$ mm$^2 + 150^2$ mm$^2 + 230^2$ mm$^2)) = 24{,}06$ kN,
$A_{S\,erf} = 24\,060$ N $\cdot 1{,}1 \cdot 1{,}1/240$ N/mm$^2 = 121$ mm^2 (M16, maßgebend) bzw.
$A_{sp} = 24\,060$ N $\cdot 1{,}25 \cdot 1{,}1/400$ N/mm$^2 = 83$ mm^2 (M12); $M_b = 140\,000$ N $\cdot 120$ mm
$= 16{,}8 \cdot 10^6$ Nmm, $a = 360$ mm$/4 = 90$ mm, $l_1 = 230$ mm, $l_2 = 150$ mm, $l_3 = 70$ mm, Schraubenwerkstoff 4.6: $R_e = 240$ N/mm^2, $R_m = 400$ N/mm^2; $\tau_s = 17\,500$ N$/201$ mm$^2 = 87$ N/mm^2
$< \tau_{s\,zul} = 0{,}6 \cdot 400$ N/mm$^2/1{,}1 = 218$ N/mm^2,
$\sigma_l = 140\,000$ N$/(8 \cdot 16$ mm $\cdot 13{,}7$ mm$) = 80$ N/mm$^2 < \sigma_{l\,zul} = 2{,}29 \cdot 240$ N/mm$^2/1{,}1$
$= 500$ N/mm^2, $\alpha_1 = 1{,}1 \cdot 40$ mm$/17$ mm $- 0{,}3 = 2{,}29$, $e/d = 4{,}7 > 3{,}5$, $e_1/d = 2{,}35 < 3$,
$e_2/d = 1{,}97 > 1{,}5$, $e_3/d = 4{,}8 > 3$, $\Delta d = 1$ mm, $d = 17$ mm. Interaktionsnachweis:
$(120$ N/mm$^2/198$ N/mm$^2)^2 + (87$ N/mm$^2/218$ N/mm$^2)^2 = 0{,}53 < 1$, Tragsicherheit nachgewiesen, $\sigma_z = 24\,060$ N$/201$ mm$^2 = 120$ N/mm^2).

8.26 a) $\sigma_{ges} = -322\,000$ Nmm$/1610$ mm$^3 - 7000$ N$/1208$ mm$^2 = -206$ N/mm$^2 < \sigma_{zul} = 240$ N/mm$^2/$
$1{,}1 = 218$ N/mm^2 (mittragende Breite $b = 98$ mm $+ 2 \cdot \tan 30° \cdot 46$ mm $= 151$ mm,
$A = 151$ mm $\cdot 8$ mm $= 1208$ mm^2, $W = 8^2$ mm$^2 \cdot 151$ mm$/6 = 1610$ mm^3,
$M = 7000$ N $\cdot (50$ mm $- 4$ mm$) = 322\,000$ Nmm, Nachweis der Tragsicherheit auf Lochleibung entfällt wegen Geringfügigkeit)

b) $\sigma_z = 8750$ N$/201$ mm$^2 = 44$ N/mm$^2 < \sigma_{z\,zul} = 240$ N/mm$^2/(1{,}1 \cdot 1{,}1) = 198$ N/mm^2,
$\tau_s = 7000$ N$/(2 \cdot 201$ mm$^2) = 17$ N/mm$^2 < \tau_{s\,zul} = 0{,}6 \cdot 400$ N/mm$^2/1{,}1 = 218$ N/mm^2, auf den Interaktionsnachweis darf verzichtet werden, da sowohl $\sigma_z/\sigma_{z\,zul}$ als auch $\tau_s/\tau_{s\,zul}$
kleiner als 0,25 sind ($\Delta d = 1$ mm, $d_S = 16$ mm, $w = 55$ mm, $l_a = 50$ mm, $s = 8$ mm,
$l_1 = 20$ mm, Schraubenwerkstoff 4.6: $R_m = 400$ N/mm^2, $R_e = 240$ N/mm^2, $S_M = 1{,}1$,
$F_{max} = 8{,}75$ kN/Schraube, $A_S = 201$ mm^2).

8 Schraubenverbindungen

8.27

1) Vorwahl des Spindelgewindes

Die größte Belastung der Spindel erfolgt durch das Losdrehmoment. In dieser Stellung ist der Druckteil der Spindel klein (keine Knickgefahr). Außerdem ist die Druckkraft auf die Spindel noch unbekannt. Daher wird der Entwurf mit Gl. (8.52) durch Umstellung nach d_3 vorgenommen.

$$d_3 = \sqrt[3]{\frac{16}{\pi} \frac{T}{\tau_{t\,zul}}} = \sqrt[3]{\frac{16}{\pi} \frac{140 \cdot 10^3 \text{ Nmm}}{136 \text{ N/mm}^2}} = \mathbf{17{,}4 \text{ mm}} \quad (8.52)$$

mit $T = 2 \cdot (F_H \cdot l_H/2) = 2 \cdot (400 \text{ N} \cdot 350 \text{ mm}/2) = 140$ Nm und

$$\tau_{t\,zul} = \frac{\tau_{tF}}{1{,}5} = \frac{1{,}2 \cdot R_{p0{,}2}/\sqrt{3}}{1{,}5} = \frac{1{,}2 \cdot 295 \text{ N/mm}^2/\sqrt{3}}{1{,}5} = 136 \text{ N/mm}^2$$

Bei Entwurf $R_{p0{,}2} = R_{p0{,}2\,N} = 295$ N/mm² nach TB 1-1 setzen; Gl. für τ_{tF} s. Lehrbuch Bild 3-14,

gewählt: Trapezgewinde **Tr24 × 5** (DIN 103 s. TB 8-3)

Kontrolle auf Selbsthemmung

Für diese Anwendung sollte im geschmierten Zustand Selbsthemmung vorliegen.
Nach Lehrbuch 8.5.5 liegt Selbsthemmung vor, wenn:

$\varphi = \arctan(n \cdot P/d_2/\pi) = \arctan(1 \cdot 5 \text{ mm}/21{,}5 \text{ mm}/\pi) = \mathbf{4{,}23°} < \varrho' = 6°$

$\varrho' \approx 6°$ für geschmiertes Gewinde; s. Legende zu Gl. (8.55)

2) Bestimmung der Druckkraft in der Spindel

Ermittlung der mit dem gewählten Gewinde erzeugbaren größten Druckkraft („Anziehen") unter Berücksichtigung der Stirnflächenreibung der Spindel $M_{RA} = 0{,}25 M_G$:

$$T = F_H \cdot l_H = M_G + M_{RA} = (1 + 0{,}25)\, M_G = (1 + 0{,}25) \cdot F \frac{d_2}{2} \cdot \tan(\varphi + \varrho')$$

(8.24) bzw. (8.55)

$$F = \frac{T}{1{,}25 \cdot \tan(\varphi + \varrho)} \frac{2}{d_2} = \frac{140 \cdot 10^3 \text{ N mm}}{1{,}25 \cdot \tan(4{,}23 + 6)°} \frac{2}{21{,}5 \text{ mm}} = \mathbf{57{,}7 \text{ kN}}$$

3) Nachprüfung auf Festigkeit des „Druckteils"

Es tritt Druck und Verdrehen durch das Reibmoment an der Spindelstirnfläche $M_{RA} = 0{,}25 M_G = 0{,}25\,(T/1{,}25)$ auf.

$$\sigma_{vorh} = \sigma_v = \sqrt{\sigma_d^2 + 3\left(\frac{\sigma_{d\,zul}}{\varphi \cdot \tau_{t\,zul}} \cdot \tau_t\right)^2}$$

$$= \sqrt{\left(215 \frac{\text{N}}{\text{mm}^2}\right)^2 + 3\left(\frac{197 \text{ N/mm}^2}{1{,}73 \cdot 137 \text{ N/mm}^2} \cdot 22{,}5 \frac{\text{N}}{\text{mm}^2}\right)^2} = \mathbf{217\,\frac{\text{N}}{\text{mm}^2}} > \sigma_{d\,zul} = 197 \frac{\text{N}}{\text{mm}^2}$$

(8.54)

mit

$$\sigma_d = \frac{F}{A_3} = \frac{57{,}7 \cdot 10^3 \text{ N}}{269 \text{ mm}^2} \approx 215 \frac{\text{N}}{\text{mm}^2} > \sigma_{d\,zul} = \frac{R_{p0{,}2}}{1{,}5} = \frac{295 \text{ N/mm}^2}{1{,}5} = 197 \frac{\text{N}}{\text{mm}^2} \quad (8.53)$$

$$\tau_t = \frac{M_{RA}}{W_t} = \frac{0{,}25 M_G \cdot 16}{\pi \cdot d_3^3} = \frac{0{,}25\,(T/1{,}25) \cdot 16}{\pi \cdot d_3^3} = \frac{28 \cdot 10^3 \text{ N mm} \cdot 16}{\pi \cdot (18{,}5 \text{ mm})^3} = 22{,}5 \frac{\text{N}}{\text{mm}^2} < \tau_{t\,zul}$$

(8.52)

Ergebnis: Die Druckspannung ist zu groß. Wahl eines größeren Gewindes

Korrektur des Gewindes auf Tr 28 × 5

$$F = \frac{T}{1{,}25 \cdot \tan(\varphi + \varrho)} \frac{2}{d_2} = \frac{140 \cdot 10^3 \text{ N mm}}{1{,}25 \cdot \tan(3{,}57 + 6)°} \frac{2}{25{,}5 \text{ mm}} = \mathbf{52{,}1 \text{ kN}}$$

mit $\tan\varphi = P_h/(d_2 \cdot \pi) = 5 \text{ mm}/(25{,}5 \text{ mm} \cdot \pi) = 0{,}0624 \Rightarrow \varphi = 3{,}57° < \varrho' = 6°$

$$\sigma_{\text{vorh}} = \sigma_v = \sqrt{\left(131 \frac{\text{N}}{\text{mm}^2}\right)^2 + 3\left(\frac{197 \text{ N/mm}^2}{1{,}73 \cdot 137 \text{ N/mm}^2} \cdot 12{,}5 \frac{\text{N}}{\text{mm}^2}\right)^2} = \mathbf{132 \text{ N/mm}^2} < \sigma_{d\,\text{zul}}$$

mit

$$\sigma_d = \frac{F}{A_3} = \frac{52{,}1 \cdot 10^3 \text{ N}}{398 \text{ mm}^2} = 131 \text{ N/mm}^2 \quad \text{und} \quad \tau_t = \frac{28 \cdot 10^3 \text{ N mm} \cdot 16}{\pi \cdot (22{,}5 \text{ mm})^3} = 12{,}5 \text{ N/mm}^2$$

4) Nachprüfung auf Festigkeit des „Verdrehteils"

$$\tau_t = \frac{T}{W_t} = \frac{T \cdot 16}{\pi \cdot d_3^3} = \frac{140 \cdot 10^3 \text{ N mm} \cdot 16}{\pi \cdot (22{,}5 \text{ mm})^3} = \mathbf{62{,}6 \text{ N/mm}^2} < \tau_{t\,\text{zul}} = 137 \text{ N/mm}^2 \qquad (8.52)$$

5) Nachprüfung auf Knickung

Weil Spindelende nicht sicher geführt „Knickfall 1" (ein Spindelende eingespannt, das andere frei beweglich) mit $l_k = 2l$ angenommen (Lehrbuch 6.3.1-3, Bild 6-34)

Bestimmung des Schlankheitsgrades der Spindel λ_{vorh}

$$\lambda_{\text{vorh}} = \frac{4 \cdot l_k}{d_3} = \frac{4 \cdot 2 \cdot l}{d_3} = \frac{8 \cdot 200 \text{ mm}}{22{,}5 \text{ mm}} = \mathbf{71} < \lambda_0 = 89 \qquad (8.56)$$

mit $\lambda_0 = 89$ für E295, s. bei Gl. (8.57)

Bestimmung der Knickspannung nach Tetmajer σ_K

$$\sigma_K = 335 - 0{,}62 \cdot \lambda_{\text{vorh}} = 335 - 0{,}62 \cdot 71 = \mathbf{291 \text{ N/mm}^2} \qquad (8.59)$$

Bestimmung der Sicherheit gegen Knicken S

$$S = \frac{\sigma_K}{\sigma_{\text{vorh}}} = \frac{291 \text{ N/mm}^2}{132 \text{ N/mm}^2} = \mathbf{2{,}2} \qquad (8.60)$$

Ergebnis: Mit $S_{\text{erf}} = 4 \ldots 2$ ist S noch vertretbar, da in Stellung l_{max} die Kraft $F \ll F_{\text{max}}$ ist.

6) Nachprüfung des Führungsgewindes

$$p = \frac{F \cdot P}{l_1 \cdot d_2 \cdot \pi \cdot H_1} = \frac{52{,}1 \cdot 10^3 \text{ N} \cdot 5 \text{ mm}}{70 \text{ mm} \cdot 25{,}5 \text{ mm} \cdot \pi \cdot 2{,}5 \text{ mm}} = \mathbf{18{,}6 \frac{\text{N}}{\text{mm}^2}} > p_{\text{zul}} = 10 \frac{\text{N}}{\text{mm}^2} \qquad (8.61)$$

mit $l_1 = 2{,}5 \cdot d$ gewählt, $H_1 = 0{,}5 \cdot P$ (s. TB 8-3) und p_{zul} nach TB 8-18 (größter Wert gewählt)

Ergebnis: Flächenpressung nicht zulässig; Führungsmutter aus z. B. CuSn in Traverse einsetzen.

7) Nachprüfung der Halteschrauben

Berechnung nach Lehrbuch 8.3.9 – Nicht vorgespannte Schrauben

$$A_s \geq \frac{F}{\sigma_{z\,\text{zul}}} = \frac{52{,}1 \cdot 10^3 \text{ N}/2}{200 \text{ N/mm}^2} = \mathbf{130 \text{ mm}^2} \qquad (8.38)$$

mit $\sigma_{z\,\text{zul}} = R_{p0,2}/S = 300 \text{ N/mm}^2/1{,}5 = 200 \text{ N/mm}^2$ ($R_{p0,2}$ aus TB 8-4 für Festigkeitsklasse 5.6, $S = 1{,}5$ für „Anziehen unter Last")

gewählt: M16 mit $A_s = 157 \text{ mm}^2$

8 Schraubenverbindungen

8.28 a) $\tau_t = 26{,}8$ N/mm² $< \tau_{t\,zul} \approx 115$ N/mm², $\sigma_d = 42$ N/mm² $< \sigma_{d\,zul} \approx 167$ N/mm², $S = 4{,}3$ $\approx S_{erf}$ ($T = 312{,}3 \cdot 10^3$ N mm, $\varphi = 9{,}85°$, $\varrho' = 6°$, $W_t = 11\,647$ mm³, $\tau_{t\,Sch} = \tau_{t\,Sch\,N}$ $= 230$ N/mm², $P_h = 24$ mm; $A_3 = 1195$ mm², $\sigma_{z\,Sch} = \sigma_{z\,Sch\,N} = 335$ N/mm², $K_t = 1{,}0$ für $d \approx 50$ mm, $\lambda = 108 > \lambda_0 = 89$, also elastische Knickung, $\sigma_K \approx 180$ N/mm²).

b) $p \approx 7$ N/mm² $< p_{zul} \approx 10$ N/mm² ($P = 8$ mm, $H_1 = 4$ mm, $l_1 = 100$ mm).

c) Gewinde nicht selbsthemmend, da $\varphi = 9{,}85° > \varrho' = 6°$ ($\eta = 0{,}6 > 0{,}5$).

8.29 1. Vorwahl des Gewindedurchmessers: Tr40 × 10 ($d_{3\,erf} \approx 29$ mm, $d_2 = d - 0{,}5P = 35$ mm, $d_3 = d - 2h_3 = 29$ mm, $H_1 = 0{,}5P = 5$ mm, $l_k \approx 0{,}7l = 560$ mm, $S = 7$).

2. Nachprüfen auf Festigkeit (Beanspruchungsfall 1, Schwellbelastung). $T \approx 150 \cdot 10^3$ Nmm ($\varphi = 5{,}2°$, Mutter aus CuSn-Legierung, trocken: $\varrho' = 10°$). „Verdrehteil": $\tau_t = 31{,}3$ N/mm² $< \tau_{t\,zul} \approx 102$ N/mm² ($W_t = 4789$ mm³, $\tau_{t\,Sch} = 205$ N/mm²). „Druckteil": $\sigma_d \approx 48$ N/mm² $< \sigma_{d\,zul} \approx 147$ N/mm² ($\sigma_{z\,Sch} = 295$ N/mm², $A_3 = 661$ mm²). Gewinde selbsthemmend, da $\varphi = 5{,}2° < \varrho' \approx 6°$ (geschmiert, $\eta \approx 0{,}46 < 0{,}5$).

3. Nachprüfung auf Knickung: $S = 3{,}7 > S_{erf} \approx 3$ ($\lambda = 77$, unelastischer Bereich, $\sigma_K = 287$ N/mm²).

4. Mutterlänge $l_1 \geq 60$ mm (CuSn-Legierung, $p_{zul} \approx 10$ N/mm²).

5. Hebel $l_H \approx 750$ mm, $d_H \approx 18$ mm ($M_b \approx 75 \cdot 10^3$ N mm, $\sigma_{b\,zul} \approx \sigma_{b\,Sch}/2 = 270$ N/mm²/2 $= 135$ N/mm²).

8.30 Tr60 × 9 ($d_3 = 50$ mm, $d_{3\,erf} = 47{,}2$ mm mit $F = 50$ kN, $S = 7$, $l_k = 2l = 1200$ mm, $E = 210\,000$ N/mm²); Selbsthemmung da $\varphi \approx 3° < \varrho' = 6°$ ($d_2 = 55{,}5$ mm, $P_h = 9$ mm); $T = 315$ Nm ($M_G = 220$ N m, $M_{RA} = 95$ N m); „Druckteil" $\sigma_v = \sigma_{vorh} = 33{,}8$ N/mm² $< \sigma_{d\,zul} = 197$ N/mm² ($\sigma_d \approx 25{,}5$ N/mm², $A_3 = 1963$ mm², $\tau_t = 12{,}8$ N/mm², $W_t = 24\,544$ mm³, $\sigma_{d\,zul}/(\varphi \cdot \tau_{t\,zul}) \approx 1$, $\sigma_{d\,zul} = 295$ N/mm²/1,5); Knickung $S \approx 6{,}7 > S_{erf} = 4 \ldots 2$ ($\lambda = 96 > \lambda_0 = 89$, $\sigma_K = 225$ N/mm²); Gewinde nicht ausgelastet.

Korrektur des Gewindes auf Tr52 × 8: $\varphi = 3°$, $T = 285$ Nm ($M_G = 190$ Nm, $M_{RA} = 95$ Nm); „Druckteil" $\sigma_v = \sigma_{vorh} = 46{,}7$ N/mm² $< \sigma_{d\,zul} = 197$ N/mm² ($\sigma_d \approx 34{,}4$ N/mm², $A_3 = 1452$ mm², $\tau_t = 18{,}2$ N/mm², $W_t = 15\,611$ mm³); Knickung $S \approx 3{,}5 > S_{erf} = 3$ ($\lambda = 112 > \lambda_0 = 89$, $\sigma_K = 165$ N/mm²); $l_1 = 130$ mm $\stackrel{\wedge}{=} 2{,}5$ d ($p_{zul} \approx 5$ N/mm², $H_1 = 4$ mm, $P = 8$ mm, $d_2 = 48$ mm); Heben: $F_H = 400$ N, Senken: $F_H \approx -220$ N, Gesamtwirkungsgrad $\eta = 0{,}22$.

9 Bolzen-, Stiftverbindungen und Sicherungselemente

9.1 a) $F_{A\,max} = 7{,}9$ kN ($\sigma_{b\,zul} = 0{,}2 \cdot 400$ N/mm$^2 = 80$ N/mm^2, $R_m \approx 400$ N/mm^2 für ungehärteten Normstift, $\tau_{max} = 46$ N/mm$^2 < \tau_{a\,zul} = 0{,}15 \cdot 400$ N/mm$^2 = 60$ N/mm^2, $p = 47$ N/mm^2 $< p_{zul} = 0{,}25 \cdot 360$ N/mm$^2 = 90$ N/mm^2, $K_A = 1{,}0$, $A_S = 113$ mm^2, $A_{proj} \approx 12$ mm $\cdot$ 14 mm $= 168$ mm^2).

b) $\sigma_b = 48$ N/mm$^2 < \sigma_{b\,zul} = 80$ N/mm^2, $\tau_{max} = 37$ N/mm$^2 < \tau_{a\,zul} = 60$ N/mm^2, $p = 66$ N/mm^2 $< 0{,}25 \cdot 360$ N/mm$^2 = 90$ N/mm^2 ($F_B = 11{,}17$ kN, $A_S = 201$ mm^2, $A_{proj} = 2 \cdot 16$ mm $\cdot$ 7 mm $= 224$ mm^2, $K_A = 1{,}0$, S235JR: $R_{mN} = 360$ N/mm^2, $K_t = 1{,}0$). Das Gelenk B ist für die vorgesehene Spannkraft F_A ausreichend bemessen.

9.2 a) **Bolzen 1**

Gewählt $t_{G1} = t_{G2} = t_s/2 = $ **12 mm** (Lehrbuch 9.2.2-2)

Bestimmung des Bolzendurchmessers nach Lehrbuch 9.2.3

Einbaufall 3: $M_{b\,max} = \dfrac{F \cdot t_G}{4} = \dfrac{16\,000\text{ N} \cdot 12\text{ mm}}{4} = 48\,000$ N mm

$$\sigma_b = \frac{K_A \cdot M_{b\,nenn}}{W} = \frac{K_A \cdot M_{b\,nenn}}{\dfrac{\pi}{32} d^3} \leq \sigma_{b\,zul} \Rightarrow \qquad (9.2)$$

$$d_1 = \sqrt[3]{\frac{K_A \cdot M_{b\,nenn}}{(\pi/32) \cdot \sigma_{b\,zul}}} = \sqrt[3]{\frac{1{,}3 \cdot 48\,000 \text{ Nmm}}{(\pi/32) \cdot 80 \text{ N/mm}^2}} = \mathbf{20\text{ mm}}$$

mit $K_A = 1{,}3$ (TB 3-5c), $\sigma_{b\,zul} = 0{,}2 \cdot R_m = 0{,}2 \cdot 400$ N/mm$^2 = 80$ N/mm^2 für Richtwert $R_m = 400$ N/mm^2 und schwellende Belastung

Nachprüfung auf Schub und Flächenpressung

$$\tau_{max} = \frac{4}{3} \cdot \frac{K_A \cdot F_{nenn}}{A_S \cdot 2} = \frac{4}{3} \cdot \frac{1{,}3 \cdot 16\,000 \text{ N}}{314 \text{ mm}^2 \cdot 2} = \mathbf{44\text{ N/mm}^2} < \tau_{a\,zul} = \mathbf{60\text{ N/mm}^2} \qquad (9.3)$$

mit $F_{nenn} = 16$ kN, $A_S = \pi \cdot 20^2$ mm$^2/4 = 314$ mm^2, $\tau_{a\,zul} = 0{,}15 \cdot 400$ N/mm$^2 = 60$ N/mm^2 (schwellende Belastung)

$$p = \frac{K_A \cdot F_{nenn}}{A_{proj}} = \frac{1{,}3 \cdot 16\,000 \text{ N}}{480 \text{ mm}^2} = \mathbf{43\text{ N/mm}^2} < p_{zul} = \mathbf{90\text{ N/mm}^2} \qquad (9.4)$$

mit $A_{proj} = d \cdot t_s = 2 \cdot d \cdot t_G = 20$ mm $\cdot$ 24 mm $= 480$ mm^2, $p_{zul} = 0{,}25 \cdot R_m = 0{,}25 \cdot 360$ N/mm$^2 = 90$ N/mm^2, wobei Stange aus S235 $R_{mN} = R_m = 360$ N/mm^2 mit $K_t = 1{,}0$ maßgebend

Bolzen 2

Bestimmung des Bolzendurchmessers

Einbaufall 1: $M_{b\,max} = \dfrac{F \cdot (t_S + 2t_G)}{8} = \dfrac{16\,000 \text{ N} \cdot (24 \text{ mm} + 2 \cdot 12 \text{ mm})}{8} = 96\,000$ Nmm

$$d_2 = \sqrt[3]{\frac{K_A \cdot M_{b\,nenn}}{(\pi/32) \cdot \sigma_{b\,zul}}} = \sqrt[3]{\frac{1{,}3 \cdot 96\,000 \text{ Nmm}}{(\pi/32) \cdot 80 \text{ N/mm}^2}} = 25{,}1 \text{ mm} \qquad \text{aus (9.2)}$$

ausgeführt: $d_2 = \mathbf{27\text{ mm}}$ (Norm-$\varnothing$)

Auf Nachprüfung von τ und p wird verzichtet, da Beanspruchung geringer als bei Bolzen 1.

b) Geeignete Toleranzklassen nach TB 2-9 und TB 2-5, z. B.

Bolzen 1: **Bolzen h6, Stange N7, Gabel D10**

Bolzen 2: **Bolzen h11, Stange und Gabel D10**

9 Bolzen-, Stiftverbindungen und Sicherungselemente

c) (1) **Bolzen ISO 2340–B–20h6 × 55–St**

(2) **Bolzen ISO 2341–B–27 × 65–St** oder
Bolzen ISO 2341–B–27 × 70 × 58–St ($l_2 = 48 + 5 + 0{,}5 \cdot 6{,}3 + 1 \approx 58$ mm, $w \geq 9$ mm)

(3) **Splint ISO 1234–6,3 × 40–St**

(4) **Scheibe ISO 8738–27–160 HV**

9.3 a) $d = 27$ mm, $t_S = 25$ mm, $t_G = 12{,}5$ mm, $D = 70$ mm (Gabelkopf: ▯ 70 × 50, Stangenkopf: ▯ 70 × 25, $\sigma_{b\,zul} = 0{,}15 \cdot 400$ N/mm² $= 60$ N/mm², $R_m = 400$ N/mm² für Normbolzen, $k = 1{,}6$ für Einbaufall 1, $\sigma_b = 51$ N/mm² < 60 N/mm², $\tau_{a\,max} = 18$ N/mm² $< \tau_{a\,zul} = 0{,}1 \cdot 400$ N/mm² $= 40$ N/mm², $p = 23$ N/mm² $< p_{zul} = 0{,}25 \cdot 360$ N/mm² $= 90$ N/mm², S235JR: $R_{mN} = 360$ N/mm², $K_t = 1{,}0$, $R_m = 360$ N/mm², $A_S = 573$ mm², $A_{proj} = 675$ mm², $M_{b\,max} = 70\,000$ N mm, $W_b = 1932$ mm³, $D \approx (2{,}5 \ldots 3) \cdot d$).

b) H8/f8

c) Bolzen ISO 2341–A–27f8 × 60–St, mit Ringnut: Nutbreite $m = 1{,}3$ mm, Nuttiefe $t = 0{,}7$ mm; Sicherungsring 27 × 1,2 (in DIN 471 nicht aufgeführt)

9.4 Dynamischer Festigkeitsnachweis nach Lehrbuch 3.7.3

Bestimmung der vorhandenen Spannung

$$\sigma_{ba} = \frac{K_A \cdot M_{b\,nenn}}{W} = \frac{1{,}5 \cdot 40\,000 \text{ N mm}}{2650 \text{ mm}^3} = 23 \text{ N/mm}^2 \tag{9.2}$$

mit $M_{b\,nenn} \approx F \cdot t_S/8 = 8000$ N $\cdot 40$ mm$/8 = 40\,000$ Nmm (Einbaufall 2),
$W \approx (\pi/32) \cdot d^3 = (\pi/32) \cdot 30^3$ mm³ $= 2650$ mm³

$$\tau_{sa} = \frac{K_A \cdot F_q}{A} = \frac{1{,}5 \cdot 4000 \text{ N}}{707 \text{ mm}^2} = 8 \text{ N/mm}^2$$

mit $F_q = 8000$ N$/2 = 4000$ N, $A = \pi \cdot d^2/4 = \pi \cdot 30^2$ mm²$/4 = 707$ mm²

Bestimmung des Konstruktionsfaktors

$$K_{Db} = \left(\frac{\beta_{kb}}{K_g} + \frac{1}{K_{O\sigma}} - 1\right) \frac{1}{K_V} = \left(\frac{1{,}7}{0{,}91} + \frac{1}{0{,}97} - 1\right) \frac{1}{1} = 1{,}9 \tag{3.16}$$

mit $K_g = 0{,}91$ (TB 3-11c), $K_{O\sigma} = 0{,}97$ (TB 3-10a), $K_V = 1$ (TB 3-12), $\beta_{kb} \approx 1{,}7$ (TB 3-8, Zeile 4)

$$K_{Ds} = \left(\frac{\beta_{ks}}{K_g} + \frac{1}{K_{O\tau}} - 1\right) \frac{1}{K_V} = \left(\frac{1{,}7}{0{,}91} + \frac{1}{0{,}98} - 1\right) \frac{1}{1} = 1{,}89 \tag{3.16}$$

mit $K_{O\tau} = 0{,}575 \cdot 0{,}97 + 0{,}425 = 0{,}98$ (TB 3-19a)

Bestimmung der Wechselfestigkeit

$$\sigma_{bGW} = K_t \cdot \sigma_{bWN}/K_{Db} = 0{,}93 \cdot 250 \text{ N/mm}^2/1{,}9 = 122 \text{ N/mm}^2 \tag{3.17}$$

$$\tau_{sGW} = K_t \cdot \tau_{sWN}/K_{Ds} = 0{,}93 \cdot 150 \text{ N/mm}^2/1{,}89 = 74 \text{ N/mm}^2 \tag{3.17}$$

mit $\sigma_{bWN} = 250$ N/mm², $\tau_{sWN} = 150$ N/mm² (TB 1-1c)

Vereinfachter Berechnungsalgorithmus ohne Berücksichtigung der Mittelspannung.

Bestimmung der Gesamtsicherheit

$$S_D = \frac{1}{\sqrt{\left(\dfrac{\sigma_{ba}}{\sigma_{bGW}}\right)^2 + \left(\dfrac{\tau_{sa}}{\tau_{sGW}}\right)^2}} = \frac{1}{\sqrt{\left(\dfrac{23\,\text{N/mm}^2}{122\,\text{N/mm}^2}\right)^2 + \left(\dfrac{8\,\text{N/mm}^2}{74\,\text{N/mm}^2}\right)^2}} = 4{,}6 > 1{,}5 \quad (3.29)$$

mit $S_{D\,erf} = S_{D\,min} \cdot S_z = 1{,}5 \cdot 1{,}0 = 1{,}5$, $S_D = 1{,}5$ (TB 3-14a), $S_z = 1{,}0$ (TB 3-14c)

Statischer Festigkeitsnachweis nach Lehrbuch 3.7.2

Bestimmung der vorhandenen Spannung

$$\sigma_{b\,max} = \frac{M_{b\,max}}{W} = \frac{150\,000\,\text{N mm}}{2650\,\text{mm}^3} = 57\,\text{N/mm}^2 \quad (9.2)$$

$$\tau_{s\,max} = \frac{F_q}{A} = \frac{15\,000\,\text{N}}{707\,\text{mm}^2} = 21\,\text{N/mm}^2$$

mit $M_{b\,max} \approx F_{max} \cdot t_s/8 = 30\,000\,\text{N} \cdot 40\,\text{mm}/8 = 150\,000\,\text{N mm}$ (Einbaufall 2),
$W \approx 2650\,\text{mm}^3$, $F_q = 30\,000\,\text{N}/2 = 15\,000\,\text{N}$, $A = 707\,\text{mm}^2$

Bestimmung der Bauteilfestigkeit

$$\sigma_{bF} = 1{,}2 \cdot R_{p0,2N} \cdot K_t = 1{,}2 \cdot 340\,\text{N/mm}^2 \cdot 0{,}93 = 379\,\text{N/mm}^2 \quad (3.10)$$

$$\tau_{sF} = 1{,}2 \cdot R_{p0,2N} \cdot K_t/\sqrt{3} = 1{,}2 \cdot 340\,\text{N/mm}^2 \cdot 0{,}93/\sqrt{3} = 219\,\text{N/mm}^2 \quad (3.10)$$

mit $R_{p0,2N} = 340\,\text{N/mm}^2$ (TB 1-1c), $K_t = 0{,}93$

Bestimmung der Gesamtsicherheit gegen Fließen

$$S_F = \frac{1}{\sqrt{\left(\dfrac{\sigma_{b\,max}}{\sigma_{bF}}\right)^2 + \left(\dfrac{\tau_{s\,max}}{\tau_{sF}}\right)^2}} \quad (3.27)$$

$$= \frac{1}{\sqrt{\left(\dfrac{57\,\text{N/mm}^2}{379\,\text{N/mm}^2}\right)^2 + \left(\dfrac{21\,\text{N/mm}^2}{219\,\text{N/mm}^2}\right)^2}} = 5{,}6 > 1{,}5$$

mit $S_{F\,min} = 1{,}5$ (TB 3-14a)

9.5 $S_D \approx 2{,}6 > S_{D\,erf} = 1{,}5$ ($\sigma_{ba} = 53\,\text{N/mm}^2$, $K_A \approx 1{,}8$,
$M_{b\,nenn} = 0{,}125 \cdot 38\,000\,\text{N}\,(2 \cdot 130\,\text{mm} - 49\,\text{mm}) \approx 10^6\,\text{Nmm}$, $W_b = 33\,674\,\text{mm}^3$,
$\sigma_{bGD} \approx 140\,\text{N/mm}^2$, $\sigma_{bWN} \approx 350\,\text{N/mm}^2$, $K_t = 0{,}83$, $R_{mN} = 700\,\text{N/mm}^2$, $R_m \approx 580\,\text{N/mm}^2$,
$K_{Db} \approx 2{,}08$, $\beta_{kb} \approx 1{,}75$ (wenn radiales Schmierloch im Bereich der Biegerandspannung),
$K_g \approx 0{,}85$, $K_{O\sigma} \approx 0{,}98$, $K_v = 1$, $S_{D\,min} = 1{,}5$, $S_z = 1{,}0$).

9.6 $d = 55\,\text{mm}$, $t_S = 70\,\text{mm}$, z. B. D10/h11 für Stange und H11/h11 für Gabel (Entwurfsrechnung ergibt $d = 60\,\text{mm}$, $t_s = 90\,\text{mm}$, mit $k = 1{,}9$ für Einbaufall 1,
$\sigma_{b\,zul} = 0{,}15 \cdot 700\,\text{N/mm}^2 = 105\,\text{N/mm}^2$, $R_{mN} = 1000\,\text{N/mm}^2$, $K_t = 0{,}7$, $R_m = 700\,\text{N/mm}^2$,
$K_A = 1{,}5$; Nachprüfung der ausgeführten Abmessungen: $\sigma_b = 96\,\text{N/mm}^2$, $\tau_{max} = 29\,\text{N/mm}^2$,
$p = 27\,\text{N/mm}^2$ (Stangennabe), $A_{proj} = 3850\,\text{mm}^2$, $p = 38\,\text{N/mm}^2$ (Gabel), $A_{proj} = 2750\,\text{mm}^2$;
$\tau_{zul} = 0{,}1 \cdot 700\,\text{N/mm}^2 = 70\,\text{N/mm}^2$, $p_{zul} = 0{,}7 \cdot 40\,\text{N/mm}^2 = 28\,\text{N/mm}^2$ (Stangennabe),
$p_{zul} = 0{,}25 \cdot 360\,\text{N/mm}^2 = 90\,\text{N/mm}^2$ (Gabel), $M_{b\,max} = 1{,}05 \cdot 10^6\,\text{Nmm}$, $A_s = 2375\,\text{mm}^2$)

9.7 Kolbenbolzen und Pleuellagerung sind ausreichend bemessen
($\sigma_b = 189\,\text{N/mm}^2 < \sigma_{b\,zul} = 200\,\text{N/mm}^2$, $M_b = 165\,000\,\text{Nmm}$ für Einbaufall 1, $W = 874\,\text{mm}^3$;
$\tau_{max} = 97\,\text{N/mm}^2 < \tau_{a\,zul} = 140\,\text{N/mm}^2$, $A_S = 226\,\text{mm}^2$; Pleuelauge:
$p = 36\,\text{N/mm}^2 < p_{zul} = 40\,\text{N/mm}^2$, $A_{proj} = 616\,\text{mm}^2$; Gefahr des Ovaldrückens des Hohlbolzens besteht nicht, da Bolzenwanddicke $4\,\text{mm} > 22\,\text{mm}/6 = 3{,}67\,\text{mm}$).

9 Bolzen-, Stiftverbindungen und Sicherungselemente

9.8 a) Die Gelenkverbindung ist ausreichend bemessen ($\sigma_b = 31$ N/mm² $< 0{,}2 \cdot 720$ N/mm² ≈ 144 N/mm², $R_m = 720$ N/mm², $M_{b\,max} = 12\,500$ Nmm für Einbaufall 2, $\tau_{max} = 17$ N/mm² $< 0{,}15 \cdot 720$ N/mm² ≈ 110 N/mm², $A_S = 201$ mm²; Exzenternabe: $p = 16$ N/mm² $< 0{,}7 \cdot 25$ N/mm² ≈ 18 N/mm², $A_{proj} = 320$ mm², $R_{mN} = 800$ N/mm², $K_t \approx 0{,}9$).

b) System Einheitswelle, z. B. Bolzen h9 (h6), Exzenterbohrung F8, Gabelbohrung U9 (R7).

9.9 a) $\sigma_b = 127$ N/mm² $> \sigma_{b\,zul} \approx 0{,}15 \cdot 690$ N/mm² ≈ 104 N/mm², Richtwert der zul. Spannung wird etwas überschritten ($M_{b\,max} = 810\,000$ N mm für Einbaufall 1, $K_A = 1{,}0$, $R_{mN} = 900$ N/mm², $K_t \approx 0{,}77$, $R_m \approx 690$ N/mm² für 16MnCr5); $\tau_{max} = 38$ N/mm² $< \tau_{a\,zul} \approx 0{,}1 \cdot 690$ N/mm² $= 69$ N/mm² ($A_S = 1257$ mm², $R_{mN} = 900$ N/mm², $K_t \approx 0{,}77$, $R_m \approx 690$ N/mm²);

Schwenklager: $p = 40$ N/mm² $< p_{zul} \approx 0{,}7 \cdot 80$ N/mm² $= 56$ N/mm² ($p_{zul} = 80$ N/mm² nach TB 9-1 bei niedriger Gleitgeschwindigkeit, wegen dyn. Belastung 0,7fache Werte; $A_{proj} = 1800$ mm²); Gabel: $p = 40$ N/mm² $< p_{zul} \approx 0{,}25 \cdot 590$ N/mm² ≈ 150 N/mm² ($A_{proj} = 1800$ mm², $R_{mN} = 590$ N/mm² für E335);

b) Gabel: $\sigma = 109$ N/mm² $< \sigma_{zul} \approx 0{,}2 \cdot 590$ N/mm² ≈ 115 N/mm² ($F = 40$ kN für 2 Wangen, $c = 25$ mm, $t_G = 22{,}5$ mm, $d_L = 40$ mm, $R_{mN} = 590$ N/mm² für E335, $K_A = 1{,}0$);

Schwenklager (Stangenkopf): $\sigma = 130$ N/mm² $> \sigma_{zul} \approx 0{,}2 \cdot 490$ N/mm² ≈ 100 N/mm², Richtwert der zul. Spannung wird um 30 % überschritten ($F = 50$ kN, $c = 23$ mm, $t_S = 45$ mm, $R_{mN} = 490$ N/mm², $K_A = 1{,}0$).

9.10 a) $d \approx 6$ mm ($F_t = 8000$ N/Bolzen, $R_m = 360\ldots440$ N/mm² für normalgeglühten S235JR, $\tau_B \approx 0{,}8 \cdot R_m = 288\ldots352$ N/mm², $A_{S\,erf} = 28\ldots23$ mm²).

b) 1. Brechmoment nicht genau berechenbar;

2. Anlage muss zum Auswechseln der zerstörten Bolzen stillgesetzt werden;

3. Schwierigkeiten beim Ausbau der verformten Bolzen.

9.11 a) $d = 48$ mm (Nenngröße des Schäkels = zulässige Belastung in t, hier: Schäkel DIN 82101–A10);

b) $t = 18$ mm, $c = 82{,}5$ mm, $b = 215$ mm, $d_L = 50$ mm ($p_{zul} = 035 \cdot 360$ N/mm² ≈ 126 N/mm², $R_{mN} = 360$ N/mm² für S235JR, $\sigma_{zul} \approx 0{,}5 \cdot 235$ N/mm² ≈ 118 N/mm², $\sigma = 115$ N/mm², $R_{eN} = 235$ N/mm² für S235JR, $K_A = 1{,}0$).

9.12 a) Bestimmung der Augenstababmessungen nach Lehrbuch 9.2.4-2, Form B, Geometrie vorgegeben

$$t_M \geq 0{,}7 \cdot \sqrt{\frac{F}{R_e/S_M}} = 0{,}7 \sqrt{\frac{212\,000\text{ N}}{360\text{ N/mm}^2/1{,}1}} = 17{,}8 \text{ mm} \tag{9.8}$$

mit $R_e = 360$ N/mm² (TB 6-5) und $S_M = 1{,}1$

Gewählt: $t_M = 18$ mm, $t_A = 10$ mm

$d = 40$ mm (Normdurchmesser nach TB 9-2)

$d_L = 42$ mm ($\Delta d = 2$ mm)

Kontrolle: $d_L \leq 2{,}5 \cdot t_M = 2{,}5 \cdot 18$ mm $= 45$ mm > 42 mm (9.9)

Augenstababmessungen Form B, Maßbild für Innen- und Außen-Laschen (s. Bild 9-4d)

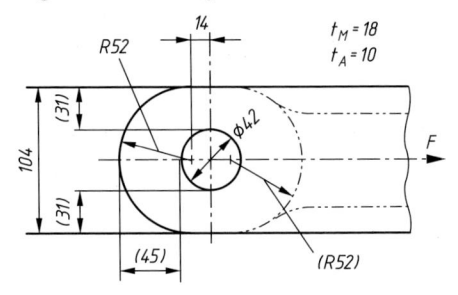

b) **Festigkeitsnachweis der Bolzenverbindung nach Lehrbuch 9.2.5**

Nachweis auf Biegung

$$M_{b\,max} = \frac{F \cdot (t_M + 2 \cdot t_A + 4 \cdot s)}{8} \tag{9.10}$$

$$= \frac{212\,000\,\text{N} \cdot (18\,\text{mm} + 2 \cdot 10\,\text{mm} + 4 \cdot 1\,\text{mm})}{8} = 1{,}113 \cdot 10^6\,\text{Nmm}$$

$$\sigma_b = \frac{M_{b\,max}}{W} \leq \sigma_{b\,zul} \tag{9.11}$$

$$\sigma_b = \frac{1{,}113 \cdot 10^6\,\text{Nmm}}{6283\,\text{mm}^3} = 177\,\text{N/mm}^2 < \sigma_{b\,zul} = 222\,\text{N/mm}^2$$

mit $W = \pi \cdot d^3/32 = \pi \cdot 40^3\,\text{mm}^3/32 = 6283\,\text{mm}^3$, $\sigma_{b\,zul} = 0{,}8 \cdot R_e/S_M$
$= 0{,}8 \cdot 305\,\text{N/mm}^2/1{,}1 = 222\,\text{N/mm}^2$; C45+N: $R_e = 305\,\text{N/mm}^2$ ($16 < t \leq 100$, TB 6-5), $S_M = 1{,}1$

Nachweis auf Abscheren

$$\tau_a = \frac{F}{2 \cdot A_S} \leq \tau_{a\,zul} \tag{9.12}$$

$$\tau_a = \frac{212\,000\,\text{N}}{2 \cdot 1257\,\text{mm}^2} = 84\,\text{N/mm}^2 < \tau_{a\,zul} = 316\,\text{N/mm}^2$$

mit $A_S = \pi \cdot d^2/4 = \pi \cdot 40^2\,\text{mm}^2/4 = 1257\,\text{mm}^2$, $\tau_{a\,zul} = \alpha_a \cdot R_m/S_M = 0{,}6 \cdot 580\,\text{N/mm}^2/1{,}1$
$= 316\,\text{N/mm}^2$; C45+N: $R_m = 580\,\text{N/mm}^2$ ($16 < t \leq 100$, TB 6-5), $\alpha_a = 0{,}6$

Nachweis auf Lochleibung

$$\sigma_l = \frac{F}{d \cdot t_M} \leq \sigma_{l\,zul} \tag{9.13}$$

Mittellasche:

$$\sigma_l = \frac{212\,000\,\text{N}}{40\,\text{mm} \cdot 18\,\text{mm}} = 294\,\text{N/mm}^2 < \sigma_{l\,zul} = 416\,\text{N/mm}^2$$

mit $\sigma_{l\,zul} = 1{,}5 \cdot R_e/S_M = 1{,}5 \cdot 305\,\text{N/mm}^2/1{,}1 = 416\,\text{N/mm}^2$

(Außenlaschen mit $t_A = 10\,\text{mm}$: $\sigma_l = 265\,\text{N/mm}^2 < 416\,\text{N/mm}^2$)

Interaktionsnachweis Biegung und Abscheren

Da nach Bild 9-2b Lehrbuch das größte Biegemoment (Schnitt C-D) und die größte Querkraft (Schnitt A-B) nicht gemeinsam an der gleichen Stelle auftreten, kann der Interaktionsnachweis entfallen.

c) Bolzen ISO 2340-A-40×55-C45+N (keine handelsübliche Bolzenlänge)

Sicherungsring DIN 471-40×1,75 (besser schwere Ausführung 40×2,5)

9 Bolzen-, Stiftverbindungen und Sicherungselemente

9.13 a) $a = 60$ mm, $c = 44$ mm, $b = 135$ mm, $r = 67{,}5$ mm Mittellaschen ($t_M = 20$ mm) und Außenlaschen ($t_A = 10$ mm) mit gleicher Augenform. ($d_L = 47$ mm, S235: $R_e = 240$ N/mm² ($t \leq 40$, TB 6-5), $S_M = 1{,}1$)

b) $M_{b\,max} = 1{,}47 \cdot 10^6$ N/mm, $\sigma_b = 164$ N/mm²,
$W = 8946$ mm³, $\sigma_{b\,zul} = 0{,}8 \cdot 270$ N/mm²/1,1
$= 196$ N/mm², C35+N: $R_e = 270$ N/mm²,
$R_m = 520$ N/mm² ($16 \leq t \leq 100$, TB 6-5);
$\tau_a = 77$ N/mm², $A_s = 1590$ mm²,
$\tau_{a\,zul} = 0{,}6 \cdot 520$ N/mm²/1,1 $= 283$ N/mm²;
$\sigma_l = 272$ N/mm²,
$\sigma_{l\,zul} = 1{,}5 \cdot 240$ N/mm²/1,1 $= 327$ N/mm²; Interaktionsnachweis auf Biegung und Abscheren nicht maßgebend.

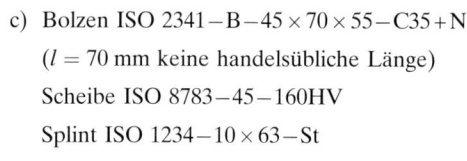

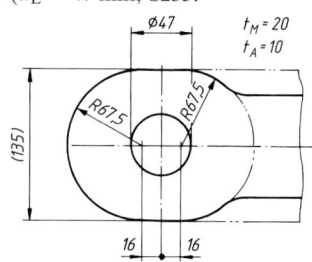

c) Bolzen ISO 2341 − B − 45 × 70 × 55 − C35 + N

($l = 70$ mm keine handelsübliche Länge)

Scheibe ISO 8783 − 45 − 160HV

Splint ISO 1234 − 10 × 63 − St

9.14 Stift reichlich bemessen ($p_N = 31$ N/mm² $< p_{zul} = 0{,}25 \cdot 400$ N/mm² $= 100$ N/mm², $p_W = 70$ N/mm² $< p_{zul} = 100$ N/mm², $\tau_a = 42$ N/mm² $< \tau_{a\,zul} = 0{,}15 \cdot 400$ N/mm² $= 60$ N/mm²; Normstift mit Härte 125 bis 245 HV $\widehat{=} R_m = 400$ N/mm², E295: $R_{mN} = 490$ N/mm², $K_t = 1{,}0$, Gelenk: $R_m \geq 600$ N/mm², $K_A = 1{,}3$, $\varnothing\ 14$ mm in ISO 2339 nicht enthalten; Kegelstift ISO 2339 − B − (14) × 65 − St).

9.15 $d = 10$ mm (maßgebend meist p_W: $d \geq 6 \cdot 1{,}1 \cdot 95\,000$ Nmm/(100 N/mm² $\cdot 25$ mm²) $= 10$ mm), $p_N = 22$ N/mm² $< p_{zul} \approx 0{,}25 \cdot 400$ N/mm² $= 100$ N/mm², $p_W = 100$ N/mm² $= p_{zul}$, $\tau_a = 53$ N/mm² $< \tau_{a\,zul} = 0{,}15 \cdot 400$ N/mm² $= 60$ N/mm²; $K_A \approx 1{,}1$, Normstift mit Härte 125 bis 245 HV $\widehat{=} R_m = 400$ N/mm², E295: $R_{mN} = 490$ N/mm², $K_t = 1{,}0$, Gelenk: $R_m \geq 600$ N/mm², Kegelstift ISO 2339 − B − 10 × 50 − St).

9.16 **Bestimmung des erforderlichen Stiftdurchmessers auf Grund**

– der zulässigen Flächenpressung in der Nabenbohrung

$$p_N = \frac{K_A \cdot T_{nenn}}{d \cdot s \cdot (d_W + s)} \leq p_{zul} \rightarrow d_{erf} = \frac{K_A \cdot T_{nenn}}{p_{N\,zul} \cdot s \cdot (d_W + s)} \quad (9.15)$$

$$d_{erf} = \frac{1{,}0 \cdot 45\,000\ \text{N mm}}{32\ \text{N/mm}^2 \cdot 6{,}5\ \text{mm} \cdot (22\ \text{mm} + 6{,}5\ \text{mm})} = 7{,}6\ \text{mm}$$

– der zulässigen Flächenpressung in der Wellenbohrung

$$p_W = \frac{6 \cdot K_A \cdot T_{nenn}}{d \cdot d_W^2} \leq p_{zul} \rightarrow d_{erf} = \frac{6 \cdot K_A \cdot T_{nenn}}{p_{W\,zul} \cdot d_W^2} \quad (9.16)$$

$$d_{erf} = \frac{6 \cdot 1{,}0 \cdot 45\,000\ \text{N mm}}{85\ \text{N/mm}^2 \cdot 22^2\ \text{mm}^2} = 6{,}6\ \text{mm}$$

– der zulässigen Scherspannung im Stift

$$\tau_a = \frac{4 \cdot K_A \cdot T_{nenn}}{\pi \cdot d^2 \cdot d_W} \leq \tau_{a\,zul} \rightarrow d_{erf} = \sqrt{\frac{4 \cdot K_A \cdot T_{nenn}}{\pi \cdot \tau_{a\,zul} \cdot d_W}} \quad (9.17)$$

$$d_{erf} = \sqrt{\frac{4 \cdot 1{,}0 \cdot 45\,000\ \text{N mm}}{\pi \cdot 48\ \text{N/mm}^2 \cdot 22\ \text{mm}}} = 7{,}4\ \text{mm}$$

mit $T_{nenn} = 45$ Nm, $K_A = 1{,}0$ (stoßfrei), $d_W = 22$ mm. $s = (35 - 22)$ mm/2 $= 6{,}5$ mm; *Nabe* aus EN-GJL-200: $R_m = 0{,}9 \cdot 200$ N/mm² $= 180$ N/mm², wobei $R_{mN} = 200$ N/mm² (TB 1-2a),

$K_t = 0{,}9$ (TB 3-11b), $p_{N\,zul} = 0{,}7 \cdot 0{,}25 \cdot 180 \text{ N/mm}^2 = 32 \text{ N/mm}^2$, Kerbfaktor 0,7, schwellende Belastung $0{,}25\,R_m$; *Welle* aus E295: $R_m = 1{,}0 \cdot 490 \text{ N/mm}^2 = 490 \text{ N/mm}^2$ mit $K_t = 1{,}0$, $p_{W\,zul} = 0{,}7 \cdot 0{,}25 \cdot 490 \text{ N/mm}^2 = 85 \text{ N/mm}^2$; *Kerbstift*: $\tau_{a\,zul} = 0{,}8 \cdot 0{,}15 \cdot 400 \text{ N/mm}^2 = 48 \text{ N/mm}^2$, mit Richtwert $R_m = 400 \text{ N/mm}^2$, schwellender Belastung $0{,}15 R_m$, Kerbfaktor 0,8

gewählt: **Kerbstift ISO 8740−8 × 40−St** ($l > 35$ mm wegen Fase und Kuppe (zus. 3,6 mm))

9.17 Kerbstift mit $d = 14$ mm erforderlich ($\sigma_b = 50 \text{ N/mm}^2 < \sigma_{b\,zul} = 0{,}8 \cdot 0{,}2 \cdot 400 = 64 \text{ N/mm}^2$, $M_{b\,nenn} = 13\,600$ N mm, $K_A = 1{,}0$, $p_{max} = 27 \text{ N/mm}^2 < p_{zul} = 0{,}7 \cdot 0{,}25 \cdot 360 \text{ N/mm}^2 = 63 \text{ N/mm}^2$; S235JR: $R_{mN} = 360 \text{ N/mm}^2$, $K_t = 1{,}0$; Kerbstift DIN 1469−C14 × 40−St, mit gerundeter Nut).

9.18 $d = 10$ mm ($\sigma_b = 43 \text{ N/mm}^2 < \sigma_{b\,zul} = 0{,}8 \cdot 0{,}15 \cdot 400 \text{ N/mm}^2 = 48 \text{ N/mm}^2$, $p_{max} = 21 \text{ N/mm}^2 < p_{zul} = 0{,}7 \cdot 0{,}25 \cdot 160 \text{ N/mm}^2 = 28 \text{ N/mm}^2$, $F_t = 333$ N/Stift, $M_b = 3330$ Nmm, $K_A = 1{,}3$, EN−GJL−200: $R_{mN} = 200 \text{ N/mm}^2$, $K_t \approx 0{,}8$, Normstift mit Härte 125 bis 245 HV30 $\triangleq R_m = 400 \text{ N/mm}^2$, Kerbstift ISO 8745−10 × 35−St).

9.19 Kerbstift ISO 8745−10 × 50−St ($\sigma_b = 54 \text{ N/mm}^2 < \sigma_{b\,zul} = 0{,}8 \cdot 0{,}3 \cdot 400 \text{ N/mm}^2 = 96 \text{ N/mm}^2$, $p_{max} = 11 \text{ N/mm}^2 < p_{zul} = 0{,}7 \cdot 0{,}35 \cdot 150 \text{ N/mm}^2 = 37 \text{ N/mm}^2$; $K_A = 1{,}0$, ruhende Belastung, $F = 389$ N, $M_{b\,nenn} = 5446$ N mm, EN−GJL−150: $R_{mN} = 150 \text{ N/mm}^2$, $K_t = 1{,}0$, Normstift mit Härte 125 bis 245HV30 $\triangleq R_m \approx 400 \text{ N/mm}^2$).

9.20 a) Sehr einfache Herstellung und geringe Kerbwirkung.

b) Kegelstift mit Innengewinde DIN EN 28736 (ungehärtet).

c) z. B. 3 Kegelstifte ISO 8736−B−16 × 80−St ($p_{max} = 86 \text{ N/mm}^2 < p_{zul} = 0{,}25 \cdot 360 \text{ N/mm}^2 = 90 \text{ N/mm}^2$, maßgebend Hebelnabe aus S235JR: $R_{mN} = 360 \text{ N/mm}^2$, $K_t = 1{,}0$, $K_A = 1{,}1$, $l = 80$ mm $- 2 \cdot 2$ mm $= 76$ mm, Fasen- bzw. Kuppenbreite $c = 2$ mm).

9.21 $F_H \approx 210$ N ($T = 52{,}8$ Nm, $p_{zul} = 0{,}7 \cdot 0{,}25 \cdot 350 \text{ N/mm}^2 = 61 \text{ N/mm}^2$, $l = 30 - 1{,}7 - 0{,}63 = 27{,}7$ mm, Kuppen- bzw. Fasenhöhen 0,63 mm bzw. 1,7 mm, EN−GJMW−350−4: $R_{mN} = 350 \text{ N/mm}^2$, $K_t = 1{,}0$, $K_A = 1{,}0$).

10 Elastische Federn

10.1 a) $L_1 = 502{,}5$ mm ($t = 1{,}5$ mm)

b) $s = 9{,}5$ mm

10.2 a) $\sigma_b = 427$ N/mm² $< \sigma_{b\,zul} \approx 980$ N/mm²

b) $h_{max} \approx 12{,}8$ mm $> h_{vorh}$ ($q_2 = 2/3$, $\sigma_{b\,zul} \approx 980$ N/mm², $E = 200 \cdot 10^3$ N/mm², $s = 63{,}6$ mm);

c) $R_{soll} = 4{,}17$ N/mm; $R_{ist} = 3{,}93$ N/mm (relativ gute Übereinstimmung).

10.3 a) gewählt $b' = 16$ mm.

b) $\sigma_b = 427$ N/mm² $< \sigma_{b\,zul} \approx 980$ N/mm²; gegenüber der Aufgabe 10.2 keine Veränderung.

c) $V_{\text{Rechteckfeder}} = 156\,800$ mm³, $V_{\text{Trapezfeder}} = 100\,800$ mm³. Das Volumen (und damit auch das Gewicht) der Trapezfeder beträgt $\approx 64\,\%$ der Rechteckfeder.

10.4 a) Gewählt $h = 1{,}0$ mm, $b = 20$ mm ($R_m = 2000$ N/mm², $E = 206\,000$ N/mm²);

b) $s_{max} = 43{,}7$ mm.

c) $R_{soll} = 1$ N/mm; $R_{ist} = 1{,}03$ N/mm.

10.5 a) Gewählt $h = 0{,}6$ mm, ($\sigma_{b\,zul} \approx 1300$ N/mm², $R_m = 1850$ N/mm²);

b) $\sigma_b = 1140$ N/mm² $< \sigma_{b\,zul} \approx 1300$ N/mm², ($s_1 = 34{,}5$ mm, $s_2 = 39{,}5$ mm, $F_{max} \approx 17{,}1$ N).

10.6 a) $d = 4$ mm; $D = 25$ mm;

b) $n = 4{,}5$;

c) $L_{K0} = 26{,}5$ mm.

d) $\sigma_q = 915$ N/mm² $< \sigma_{zul} = 926$ N/mm² ($w = 6{,}25$, $q = 1{,}15$).

10.7 a) **Bestimmung von Drahtdurchmesser d und Windungsdurchmesser D**

$$d \approx 0{,}23 \cdot \frac{\sqrt[3]{M}}{1-k} = \frac{\sqrt[3]{4000}}{1-0{,}04} = \mathbf{3{,}8\ mm} \qquad (10.11)$$

mit $k = 0{,}06 \cdot \dfrac{\sqrt[3]{M}}{D_i} = 0{,}06 \cdot \dfrac{\sqrt[3]{4000}}{24} = \mathbf{0{,}04}$

gewählt: $d = 3{,}8$ mm (nach TB 10-2a)

$D = D_i + d = 24$ mm $+ 3{,}8$ mm $= \mathbf{27{,}8\ mm}$

gewählt: $D = 28$ mm (DIN 323 s. TB 1-16, R20)

Bestimmung der Windungszahl n

$$n = \frac{\pi/64 \cdot \varphi° \cdot E \cdot d^4}{180° \cdot M \cdot D} = \frac{\pi/64 \cdot 180° \cdot 206\,000\ \text{N/mm}^2 \cdot 3{,}8^4\ \text{mm}^4}{180° \cdot 4000\ \text{N mm} \cdot 28\ \text{mm}} = \mathbf{18{,}83} \qquad (10.12)$$

mit E nach TB 10-1.

gewählt: $\boldsymbol{n = 18{,}75}$

Bestimmung der Länge L_{K0}

$$L_{K0} = (n + 1{,}5) \cdot d = (18{,}75 + 1{,}5) \cdot 3{,}8\ \text{mm} = \mathbf{77\ mm} \qquad (10.13)$$

b) Bestimmung der Biegespannung σ_q

$$\sigma_q = \frac{q \cdot M}{\frac{\pi}{32} \cdot d^3} = \frac{1{,}12 \cdot 4000 \text{ N mm}}{\frac{\pi}{32} \cdot 3{,}8^3 \text{ mm}^3} = \mathbf{832\ N/mm^2} \qquad (10.15)$$

mit $q = 1{,}12$ nach TB 10-4.

$\sigma_{b\,zul} = 0{,}7 \cdot R_m = 0{,}7 \cdot (1720 - 660 \cdot \lg d) = 0{,}7(1720 - 660 \cdot \lg 3{,}8) = \mathbf{936\ N/mm^2}$
(nach TB 10-3 und TB 10-4; R_m s. TB 10-2b)

Wahl Federdraht SL: $\sigma_{b\,zul} > \sigma_q$

10.8 a) Gewählt $d = 0{,}7$ mm, $D = 8$ mm; $D_i = 7{,}3$ mm; ($D_i' = 75$ mm, $k \approx 0{,}02$, $M_{max} \approx 25$ N mm);
b) $\varphi_{max} = 40°$, $\varphi_1 = 24°$;
c) $L_{K0} = 3{,}2$ mm mit $n = 3$ gewählt;
d) $\sigma_{q2} = 802$ N/mm² $< \sigma_{bzul} = 1275$ N/mm² ($w = 11{,}4$, $q = 1{,}08$).

10.9 a) $\sigma_i = 450$ N/mm² $< \sigma_{zul} \approx 800$ N/mm² ($M = 150\,000$ N mm);
b) $F = 2229$ N ($l = 759$ mm, $r_e = 673$ mm);
c) $n = 2{,}8$ Windungen.

10.10 a) $s_{ges} = 585$ mm, $F_{ges} = 8523$ N ($s = 0487$ mm, $h_0 = 065$ mm, $F_{0{,}75} = 2841$ N)
b) $L_0 = 61{,}8$ mm, $L = 55{,}95$ mm ($t = 15$ mm).

10.11 a) $L_0 = 39{,}2$ mm ($h_0 = 2{,}8$ mm, $t = 3{,}5$ mm).
b) $L = 36{,}4$ mm.

10.12 a) $F_{ges} = 3100$ N, $s_{ges} = 21{,}6$ mm ($F_{0{,}75} = 1550$ N, $s_{0{,}75} = 1{,}2$ mm);
b) $L_0 = 73{,}8$ mm, $L_0' = 51{,}3$ mm. Bei einer Auflösung in 2 Teilsäulen zu je 18 Einzeltellern wird die Säule um 22,5 mm kürzer.

10.13 a) je Tellerfedersäule $F_{max} = 25\,200$ N.
b) Möglich sind Tellerfeder DIN 2093 – A80 und A90, gewählt wird: A90 (bessere Ausnutzung bezüglich F_{max}, Spiel am Bolzen: 0,6 mm).
c) Gewählt: $i = 22$ ($D_e = 90$ mm, $D_i = 46$ mm, $t = 5$ mm, $h_0 = 2$ mm, $F_C = 40{,}7$ kN, $K_1 = 0{,}686$, $\delta = 1{,}96$, $K_4 = 1$, $F/F_C = 0{,}62$, $s/h_0 \approx 0{,}6$ abgelesen, $s = 1{,}2$ mm, $i = 22{,}5$).
d) Möglich sind Tellerfeder DIN 2093 – B80 ($n = 3$) und B90 ($n = 2$), gewählt wird: B90 (bessere Ausnutzung bezüglich F_{max} bei Verwendung von Federpaketen mit jeweils zwei Einzeltellern), gewählt: $i = 17$, $n = 2$ ($D_e = 90$ mm, $D_i = 46$ mm, $t = 3{,}5$ mm, $h_0 = 2{,}5$ mm, $F_C = 17{,}5$ kN, $K_1 = 0{,}686$, $\delta = 1{,}96$, $K_4 = 1$, $F = 12{,}6$ kN, $F/F_C = 0{,}72$, $s/h_0 \approx 0{,}63$ abgelesen, $s = 1{,}575$ mm, $i = 17{,}1$).

10.14 a) $F = 8145$ N ($s = 1{,}21$ mm, $K_1 = 0{,}684$ für $\delta = 1{,}95$ oder mit $F_C = 12\,845$ N für $s/h_0 \approx 0{,}53$ wird $F/F_C \approx 064$ abgelesen).
b) $F = 5849$ N ($s = 1{,}55$ mm oder mit $F_C = 6950$ N wird für $s/h_0 = 0{,}53$ $F/F_C \approx 0{,}84$ abgelesen).

10 Elastische Federn

10.15 a) $s = 0{,}75$ mm ($K_1 = 0{,}694$ für $\delta = 2{,}0$, $F_C = 4489$ N, $F/F_C = 0{,}67$, $s/h_0 \approx 0{,}58$ abgelesen).

b) $\sigma \hat{=} \sigma_{dl} = -1712$ N/mm² < -2600 N/mm², $\sigma_{II} = 622$ N/mm, $\sigma_{III} = 927$ N/mm² ($K_2 = 1{,}22$; $K_3 = 1{,}38$).

10.16 a) $F = 5856$ N, $F_R = 5975$ N ($K_1 = 0{,}7$ für $\delta = 2{,}03$, $w_R \approx 0{,}02$).

b) $F_C = 8912$ N, $F_{CR} = 9094$ N ($K_1 = 0{,}7$ für $\delta = 2{,}03$, $w_R \approx 0{,}02$).

c) $W = 3819$ N mm, $W_R = 3745$ N mm ($w_R \approx 0{,}02$).

10.17 **a) Bestimmung der Kraft F_c**

$$F_c = \frac{4 \cdot E}{1 - \mu^2} \cdot \frac{h_0 \cdot t^3}{K_1 \cdot D_e^2} \cdot K_4^2 = \frac{4 \cdot 206\,000 \text{ N/mm}^2}{1 - 0{,}3^2} \cdot \frac{1{,}6 \text{ mm} \cdot 2^3 \text{ mm}^3}{0{,}686 \cdot 56^2 \text{ mm}^2} = \mathbf{5388 \text{ N}} \quad (10.26)$$

mit E nach TB 10-1; h_0, t, D_e nach TB 10-6b, K_1 nach TB 10-8a und $K_4 = 1$ (Feder ohne Auflagefläche)

Bestimmung der Federwege s_1 und s_2

$$\frac{F_1}{F_c} = \frac{1800 \text{ N}}{5388 \text{ N}} = 0{,}33 \Rightarrow \frac{s_1}{h_0} = 0{,}23 \quad \text{(TB 10-8c)}$$

$s_1 = 0{,}23 \cdot h_0 = 0{,}23 \cdot 1{,}6$ mm $= \mathbf{0{,}37}$ **mm**

$$\frac{F_2}{F_c} = \frac{3400 \text{ N}}{5388 \text{ N}} = 0{,}63 \Rightarrow \frac{s_2}{h_0} = 0{,}53 \quad \text{(TB 10-8c)}$$

$s_2 = 0{,}53 \cdot h_0 = 0{,}53 \cdot 1{,}6$ mm $= \mathbf{0{,}85}$ **mm**

Bestimmung der Zugspannungen $\sigma_1(= \sigma_{III1})$ und $\sigma_2(= \sigma_{III2})$

$$\sigma_{1,2} = \sigma_{III1,2} = -\frac{4 \cdot E}{1 - \mu^2} \cdot \frac{t^2}{K_1 \cdot D_e^2} \cdot K_4 \cdot \frac{(s_1 \text{ bzw. } s_2)}{t} \cdot \frac{1}{\delta}$$

$$\times \left[K_4 \cdot (K_2 - 2K_3) \cdot \left(\frac{h_0}{t} - \frac{s_1 \text{ bzw. } s_2}{2 \cdot t} \right) - K_3 \right] \quad (10.30)$$

$$\sigma_{1,2} = -\frac{4 \cdot 206\,000 \text{ N/mm}^2}{1 - 0{,}3^2} \cdot \frac{2^2 \text{ mm}^2}{0{,}686 \cdot 56^2 \text{ mm}^2} \cdot 1 \cdot \frac{0{,}37 \text{ mm bzw. } 0{,}85}{2 \text{ mm}} \cdot \frac{1}{1{,}96}$$

$$\times \left[1 \cdot (1{,}21 - 2 \cdot 1{,}36) \cdot \left(\frac{1{,}6}{2} - \frac{0{,}37 \text{ mm bzw. } 0{,}85 \text{ mm}}{2 \cdot 2 \text{ mm}} \right) - 1{,}36 \right]$$

$\sigma_1(s_1 = 0{,}37 \text{ mm}) = \mathbf{386 \text{ N/mm}^2}$

$\sigma_2(s_2 = 0{,}85 \text{ mm}) = \mathbf{820 \text{ N/mm}^2}$

mit K_2 und K_3 nach TB 10-8b, $\delta = D_e/D_i = 56/28{,}5 = 1{,}96$, sonstigen Werte s. o. Stelle III ist für die Nachrechnung relevant, da die Werte größer sind als an Stelle II.

b) Bestimmung der Vorspann-Druckspannung σ_I:

$$\sigma_I = -\frac{4 \cdot E}{1 - \mu^2} \cdot \frac{t^2}{K_1 \cdot D_e^2} \cdot K_4 \cdot \frac{s_1}{t} \left[K_4 \cdot K_2 \left(\frac{h_0}{t} - \frac{s_1}{2 \cdot t} \right) + K_3 \right] \quad (10.30)$$

$$\sigma_I = -\frac{4 \cdot 206\,000 \text{ N/mm}^2}{1 - 0{,}3^2} \cdot \frac{2^2 \text{ mm}^2}{0{,}686 \cdot 56^2 \text{ mm}^2} \cdot 1 \cdot \frac{0{,}37 \text{ mm}}{2 \text{ mm}} \left[1 \cdot 1{,}21 \cdot \left(\frac{1{,}6}{2} - \frac{0{,}37 \text{ mm}}{2 \cdot 2 \text{ mm}} \right) + 1{,}36 \right]$$

$\sigma_I = |\mathbf{-690 \text{ N/mm}^2}| > |-600 \text{ N/mm}^2| \Rightarrow$ Vorspannung ausreichend

Hinweise zu den Werten s. o. Da $s_1 = 0{,}23 h_0 > 0{,}2 h_0$ hätte auf die Berechnung von σ_I verzichtet werden können.

Bestimmung der Hubspannung σ_h und Hubfestigkeit σ_H

$\sigma_h = \sigma_2 - \sigma_1 = 820 \text{ N/mm}^2 - 386 \text{ N/mm}^2 = \mathbf{434 \text{ N/mm}^2}$

$\sigma_H = \sigma_O - \sigma_u(=\sigma_1) = 940 \text{ N/mm}^2 - 386 \text{ N/mm}^2 = \mathbf{554 \text{ N/mm}^2}$

mit $\sigma_O = 940 \text{ N/mm}^2$ nach TB 10-9c.

$\sigma_H > \sigma_h \Rightarrow$ dauerfeste Auslegung

c) **Bestimmung der Längen der belasteten Federsäulen L_1 und L_2**

$L_0 = i(h_0 + n \cdot t) = 8(1{,}6 \text{ mm} + 1 \cdot 2 \text{ mm}) = \mathbf{28{,}8 \text{ mm}}$ (10.23)

$s_{1\,ges} = i \cdot s_1 = 8 \cdot 0{,}37 \text{ mm} = \mathbf{2{,}96 \text{ mm}}$

$s_{2\,ges} = i \cdot s_2 = 8 \cdot 0{,}85 \text{ mm} = \mathbf{6{,}8 \text{ mm}}$

$L_1 = L_0 - s_{1\,ges} = 28{,}8 \text{ mm} - 2{,}96 \text{ mm} = \mathbf{25{,}84 \text{ mm}}$ (10.23)

$L_2 = L_0 - s_{2\,ges} = 28{,}8 \text{ mm} - 6{,}8 \text{ mm} = \mathbf{22 \text{ mm}}$ (10.23)

10.18 a) Druckspannung $\sigma_1 (\sigma_{II}) = 617 \text{ N/mm}^2 > 600 \text{ N/mm}^2$ ($s_1 = 0{,}35$ mm, $\delta = 203$, $K_1 = 0{,}7$, $K_2 = 1{,}23$, $K_3 = 1{,}39$).

b) $\Delta s_{ges} = 4{,}55$ mm ($F_C = 8912$ N, je Teller $F_2 = 5000$ N, $F_2/F_C = 0{,}56$, $s_2/h_0 \approx 0{,}46$ abgelesen, $s_2 = 0{,}805$ mm, $\Delta s (s_h) = 0455$ mm).

c) $\sigma_H = 578 \text{ N/mm}^2 > \sigma_h = 387 \text{ N/mm}^2$ ($\sigma_O \approx 910 \text{ N/mm}^2$ abgelesen für $\sigma_U (\sigma_{III1}) = 332 \text{ N/mm}^2$ für $s_1 - 0{,}35$ mm; $\sigma_2 (\sigma_{III2}) = 719 \text{ N/mm}^2$ für $s_2 \approx 0{,}805$ mm).

10.19 a) $n = 1$ ($F_{0{,}75} = 2910 \text{ N} > F_2 = 2500 \text{ N}$).

b) $s_1 = 0{,}132$, $s_2 = 0341$ mm ($F_C = 3820$ N, $F_1/F_C = 0{,}26$, $s_1/h_0 \approx 0{,}24$ abgelesen, $F_2/F_C = 0{,}65$, $s_2/h_0 \approx 0{,}62$ abgelesen).

c) Gewählt: $i = 11$ ($\Delta s = 0{,}209$ mm, $i = 10{,}52$).

d) $s_{1\,ges} = 1{,}45$ mm, $s_{2\,ges} = 3{,}75$ mm, $L_1 = 21{,}1$ mm, $L_2 = 18{,}8$ mm ($L_0 = 22{,}55$ mm).

e) $N = 5 \cdot 10^5$ Lastspiele ($\sigma_H = 771 \text{ N/mm}^2 > \sigma_h = 737 \text{ N/mm}^2$ bzw. $\sigma_O \approx 1180 \text{ N/mm}^2$ abgelesen $> \sigma_o (\sigma_{II2}) = 1146 \text{ N/mm}^2$ für $\sigma_U (\sigma_{III1}) = 409 \text{ N/mm}^2$).

10.20 a) $\varphi = 21°$ ($d = 15$ mm, $l_f = 677$ mm, $G = 78\,000 \text{ N/mm}^2$);

b) $\tau_t = 317 \text{ N/mm}^2 < \tau_{t\,zul} = 700 \text{ N/mm}^2$;

c) $p = 95 \text{ N/mm}^2 \ll p_{zul}$.

10.21 a) $R_{soll} \approx 10{,}8$ N/mm;

b) $d = 2$ mm ($K_1 = 015$, überschlägig und nach DIN 2976 festgelegt mit $\tau_{vorh} = 580 \text{ N/mm}^2 < \tau_{zul} = 760 \text{ N/mm}^2$); $n = 5{,}5$ Windungen, $n_t = 7{,}5$ Windungen; $D = 14$ mm; $G = 81500 \text{ N/mm}^2$.

c) $L_0 = 29{,}2$ mm ($S_a = 1{,}9$ mm, $L_c = 15{,}3$ mm, $s_n = 12$ mm).

10.22 $d = 2{,}0$ mm $k_1 = 0{,}15$; $D = 17$ mm; $R_{soll} = 6{,}5$ N/mm; $\tau_{max} = 703 \text{ N/mm}^2$; gewählt Federdraht SL mit $\tau_{zul} = 760 \text{ N/mm}^2$ (TB 10-11a, statische Belastung); $\tau_c = 778 \text{ N/mm}^2 < \tau_{c\,zul} = 850 \text{ N/mm}^2$; $n' = 5{,}1$, festgelegt $n = 5{,}5$ und $n_t = 7{,}5$ ($G = 81\,500 \text{ N/mm}^2$), damit wird $R_{ist} \approx 6{,}03$ N/mm (evtl. mit geänderten Daten günstigere Übereinstimmung von R_{soll} und R_{ist}); Federweg $s = 21{,}55$ mm; $S_a = 2{,}3$ mm; $L_c = 153$ mm; $L_n = 17{,}6$ mm; $L_0 \approx 39{,}1$ mm festgelegt. Die Feder ist knicksicher (Knickfall 2).

10 Elastische Federn

10.23 a) je Feder wird $F_{max} = F_2 = 7400$ N/4 $= 1850$ N, gewählt $d = 8$ mm, $D = 60$ mm (R40 nach DIN 323), Draht DIN EN 10270-1-SM-8,00 mit $\tau_{max} = 552$ N/mm² $< \tau_{zul} = 655$ N/mm² (Nachrechnung bestätigt richtige Wahl), gewählt $n = 9,5$ ($n_t = 11,5$, $S_{a\,ist} = 14$ mm), $L_0 = 197,8$ mm ($L_c = 92,7$ mm, $s_c = 105,1$ mm); mit $F_c = 2134$ N wird $\tau_c = 637$ N/mm² $< \tau_{c\,zul} = 735$ N/mm², $R_{soll} = 20,6$ N/mm $\approx R_{ist} = 20,3$ N/mm, d. h. Drahtwerkstoff mit den festgelegten Federdaten insgesamt gut ausgenutzt.

b) für L_0 knicksicher mit geführten Einspannenden (Knickfall 3 bzw. 4).

10.24 Gewählt $d = 10$ mm, $D = 90$ mm (nach DIN 323 $k_1 = 0,16$, $k_2 \approx 0,72$); mit $R_{soll} = 40$ N/mm wird $n = 3,5$, $n_t = 5,5$; $L_0 = 118,2$ mm ($R_{ist} = 40$ N/mm, $S_a \approx 7,8$ mm, $L_c = 55,3$ mm, $s_c = 67,8$ mm); Draht DIN EN 10270-1-SM-10,00 mit $\tau_{zul} = 620$ N/mm² $> \tau_{max} = 550$ N/mm²; $\tau_c = 622$ N/mm² $< \tau_{c\,zul} = 695$ N/mm² ($F_c \approx 2712$ N). Feder genügt den Anforderungen und ist für alle Fälle knicksicher.

10.25 a) je Feder $F_{max} \triangleq F_2 = 1100$ N ($F_t = 14\,100$ N mit $d_R = 220$ mm, $F = 176\,250$ N, $F_d = 11\,000$ N);

b) Gewählt Draht DIN EN 10270-1-SL-5,00 mit $\tau_{vorh} = 448$ N/mm² $< \tau_{zul} = 625$ N/mm², $D = 20$ mm, $n = 4,5$ ($n_t = 6,5$), $L_0 = 41,8$ mm ($S_a = 2,8$ mm, $F_c = 1593$ N, $\tau_c = 649$ N/mm² $< \tau_{c\,zul} = 700$ N/mm²);

$R_{ist} = 177$ N/mm, $R_{soll} = 183$ N/mm.

Alternative Lösung: DIN EN 10270-1-SM-4,50 mit $\tau_{vorh} = 615$ N/mm² $< \tau_{zul} = 748$ N/mm², $D = 20$ mm, $n = 3$ ($n_t = 5$), $L_0 = 30,8$ mm (gewählt $S_a = 1,8$ mm, $F_c = 1410$ N, $\tau_c = 788$ N/mm² $< \tau_{c\,zul} = 840$ N/mm²);

$R_{ist} = 174$ N/mm, $R_{soll} = 183$ N/mm.

c) für L_0 nach Knickfall 1 ist die Feder für beide Varianten knicksicher (alle Knickfälle mgl.).

10.26 a) $F_1 = 553$ N, $F_2 = 690$ N; gewählt $d = 4,5$ mm, $D = 30$ mm (Draht DIN EN 10270-1-SL-4,50 mit $\tau_{t\,zul} = 644$ N/mm² $> \tau_{max} = 578$ N/mm², $\Delta s = 5$ mm, $s_2 = 25$ mm), gewählt $n = 5,5$, $n_t = 7,5$, $L_0 = 63,2$ mm, $L_1 = 44,5$ mm ($S_{a\,ist} = 4,1$ mm, $L_c = 34,1$ mm), $\tau_c = 687$ N/mm² $< \tau_{c\,zul} = 722$ N/mm² ($F_c = 818$ N). $R_{ist} = 28,1$ N/mm, $R_{soll} = 27,6$ N/mm.

b) für $L_0 = 63,2$ mm ist die Feder nach Knickfall 2 knicksicher.

10.27 a) **Bestimmung von Drahtdurchmesser d und Windungsdurchmesser D**

$$d = k_1 \cdot \sqrt[3]{F_2 \cdot D_e} = 0,17 \sqrt[3]{650 \cdot 37} = \mathbf{4,9\ mm} \tag{10.42}$$

gewählt: $d = 5$ mm (nach TB 10-2a)

$$D \leqq D_e - d = 37\ \text{mm} - 5\ \text{mm} = \mathbf{32\ mm}$$

gewählt: $D = 31,5$ mm (DIN 323 s. TB 1-16, R20)

Bestimmung der Windungszahl n

$$n' = \frac{G}{8} \cdot \frac{d^4}{D^3 \cdot R_{soll}} = \frac{81\,500\ \text{N/mm}^2}{8} \cdot \frac{5^4\ \text{mm}^4}{31,5^3\ \text{mm}^3 \cdot 25\ \frac{\text{N}}{\text{m}}} = \mathbf{8,15} \tag{10.45}$$

mit $G = 81\,500$ N/mm² nach TB 10-1 und

$$R_{soll} = \frac{\Delta F}{\Delta s} = \frac{650\ \text{N} - 300\ \text{N}}{14\ \text{mm}} = \mathbf{25\ \frac{N}{mm}} \tag{10.47}$$

gewählt: $n = 8,5$ (zentrische Auflage)

Nachprüfung Federweg Δs

$$s_1 = F_1/R_{ist} = \frac{300 \text{ N}}{24 \frac{\text{N}}{\text{mm}}} = \mathbf{12{,}5 \text{ mm}}$$

(10.48)

$$s_2 = F_2/R_{ist} = \frac{650 \text{ N}}{24 \frac{\text{N}}{\text{mm}}} = \mathbf{27{,}1 \text{ mm}}$$

$$\text{mit } R_{ist} = \frac{G}{8} \cdot \frac{d^4}{D^3 \cdot n} = \frac{81\,500 \text{ N/mm}^2}{8} \cdot \frac{5^4 \text{ mm}^4}{31{,}5^3 \text{ mm}^3 \cdot 8{,}5} = \mathbf{24 \frac{\text{N}}{\text{mm}}}$$

(10.46)

$$\Delta s = s_2 - s_1 = 27{,}1 \text{ mm} - 12{,}5 \text{ mm} = \mathbf{14{,}6 \text{ mm}} \quad (\text{erfüllt: } \Delta s \approx 14 \text{ mm})$$

Nachprüfung der Maximalspannung τ_{max}

$$\tau_{max} = \tau_2 = \frac{F_2 \cdot D/2}{\pi/16 \cdot d^3} = \frac{650 \text{ N} \cdot 31{,}5/2 \text{ mm}}{\pi/16 \cdot 5^3 \text{ mm}^3} = \mathbf{417 \text{ N/mm}^2} < \tau_{zul}$$

(10.43)

$$\tau_{zul} = 0{,}5 \cdot R_m = 0{,}5(1910 - 520 \lg d) = 0{,}5 \cdot (1910 - 520 \lg 5) = \mathbf{773 \text{ N/mm}^2}$$

nach TB 10-11a und TB 10-2c.

Federlänge der unbelasteten Feder F_0

$$L_0 = s_n + S_a' + L_c = 27{,}1 \text{ mm} + 10{,}2 \text{ mm} + 52{,}9 \text{ mm} = \mathbf{90{,}2 \text{ mm}}$$

(10.40)

mit $s_n = s_2 = 27{,}1$ mm,

$$S_a' = 1{,}5 \cdot S_a = 1{,}5(0{,}0015 D^2/d + 0{,}1 d)\, n$$

(10.37)

$$S_a' = 1{,}5 \left(0{,}0015 \frac{31{,}5^2 \text{ mm}^2}{5 \text{ mm}} + 0{,}1 \cdot 5 \text{ mm} \right) \cdot 8{,}5 = \mathbf{10{,}2 \text{ mm}}$$

und $L_c \leq n_t \cdot d_{max} = 10{,}5 \cdot 5{,}035 = \mathbf{52{,}9 \text{ mm}}$

(10.38)

mit d_{max} nach TB 10-2a

b) Statischer Festigkeitsnachweis $\tau_c \leq \tau_{c\,zul}$

$$\tau_c = \frac{F_c \cdot D/2}{\frac{\pi}{16} \cdot d^3} = \frac{895 \text{ N} \cdot 31{,}5/2 \text{ mm}}{\frac{\pi}{16} \cdot 5^3 \text{ mm}^3} < \tau_{c\,zul} = \mathbf{574 \text{ N/mm}^2}$$

(10.43)

$$\text{mit } F_c = R_{ist} \cdot s_c = R_{ist} \cdot (s_n + S_a') = 24 \frac{\text{N}}{\text{mm}} (27{,}1 + 10{,}2) \text{ mm}$$

(10.47)

$\mathbf{F_c = 895 \text{ N}}$

und $\tau_{c\,zul} = 0{,}56 \cdot R_m = 0{,}56 \cdot (1910 - 520 \lg d)$

$\tau_{c\,zul} = 0{,}56(1910 - 520 \lg 5) = \mathbf{866 \text{ N/mm}^2}$

nach TB 10-11b und TB 10-2c

Dynamischer Festigkeitsnachweis $\tau_h \leq \tau_H$

$$\tau_1 = \frac{F_1 \cdot D/2}{\frac{\pi}{16} \cdot d^3} = \frac{300 \text{ N} \cdot 31{,}5/2 \text{ mm}}{\frac{\pi}{16} \cdot 5^3 \text{ mm}^3} = \mathbf{193 \text{ N/mm}^2}$$

(10.43)

$\tau_2 = \tau_{max} = 417 \text{ N/mm}^2 \quad (\text{s. o.})$

$\tau_{k1} = k \cdot \tau_1 = 1{,}225 \cdot 193 \text{ N/mm}^2 = \mathbf{236 \text{ N/mm}^2}$

$\tau_{k2} = k \cdot \tau_2 = 1{,}225 \cdot 417 \text{ N/mm}^2 = \mathbf{511 \text{ N/mm}^2}$

mit $w = 6{,}3$ und $k = 1{,}225$ nach TB 10-11d (Formel)

10 Elastische Federn

$\tau_{kh} = \tau_{k2} - \tau_{k1} = 511 \text{ N/mm}^2 - 236 \text{ N/mm}^3 = \mathbf{275 \text{ N/mm}^2} < \tau_{KH}$

$\tau_{KH} = \tau_{KO} - \tau_{kn}(= \tau_{k1}) = 670 \text{ N/mm}^2 - 236 \text{ N/mm}^2 = \mathbf{434 \text{ N/mm}^2}$

mit $\tau_{KO} = 670 \text{ N/mm}^2$ nach TB 10-15a).

Überprüfung der Knicksicherheit

$s_2/L_0 = 27{,}1/90{,}2 = \mathbf{0{,}3}$

$\nu \dfrac{L_0}{D} \leq 3{,}3$ (Grenzwert abgelesen aus TB 10-12)

$\nu \leq 3{,}3 \cdot \dfrac{D}{L_0} = 3{,}3 \dfrac{31{,}5}{90{,}2}$

$\mathbf{\nu \leq 1{,}15}$

Nach TB 10-12 sind die Knickfälle 2, 3 und 4 möglich.

10.28 a) Gewählt $d = 4$ mm, $D = 25$ mm; $s_2 = 33{,}7$ mm, $s_1 = 20{,}4$ mm; $L_0 = 84{,}1$ mm, $L_1 = 63{,}7$ mm, $L_2 = 50{,}4$ mm > 50 mm (gewählt $n = 8{,}5$, $n_t = 10{,}5$, $R_{soll} = 20$ N/mm, $R_{ist} = 19{,}6$ N/mm, $L_C = 42{,}3$ mm, $S'_a = 8{,}1$ mm, $s_n = s_2 = 33{,}7$ mm); $\tau_c = 815$ N/mm² $< \tau_{czul} = 1001$ N/mm² ($F_c = 819$ N);

b) $\tau_{kh} = 318$ N/mm² $< \tau_{kH} = 350$ N/mm² ($\tau_{k1} = 490$ N/mm² $\widehat{=} \tau_{kU}$, $\tau_{k2} = 808$ N/mm², $\tau_{kO} = 860$ N/mm², $w = 6{,}25$, $k = 1{,}23$);

c) nach den Angaben zu TB 10-12 ist die Feder mit $L_0 = 84{,}1$ mm und $s_{max} \widehat{=} s_2 = 33{,}7$ mm für den Knickfall 3 bzw. 4 knicksicher.

d) $f_e = 273$ l/s, d. h. würde die Feder bei einer Maschinendrehzahl verwendet, von der ein ganzzahliges Vielfaches gleich ω_e ist, wäre Resonanz zu erwarten.

10.29 a) $d = 2{,}6$ mm, $D = 16$ mm, $D_e = 18{,}6$ mm, $D_i = 13{,}4$ mm;

b) $n = n_t = 5{,}5$ Windungen, $R_{soll} = 20{,}8$ N/mm, $R_{ist} = 20{,}7$ N/mm;

c) $L_K = 17{,}1$ mm, $L_0 = 38{,}5$ mm;

d) die Drahtklasse SL ist zulässig, da $\tau_{max} = 580$ N/mm² $< \tau_{zul} = 651$ N/mm² (F_{max} ist ohne Schaden aufzunehmen).

10.30 Mit $F_0 = 80$ N ($n = n_t = 22{,}5$, $D = 32$ mm, $s_2 = L_2 - L_0 = 83$ mm bzw. $s_1 = L_1 - L_0 = 30$ mm für F_2 bzw. F_1 wird $\tau_0 = 71$ N/mm² $< \tau_{0zul} = 116$ N/mm² ($\tau_{zul} = 580$ N/mm², $\alpha_1 = 0{,}2$, $w = 7{,}1$) und $F_{max} = 649$ N > F_2 also F_2 ist ohne Schaden aufzunehmen, bzw. $\tau_2 = 492$ N/mm² $< \tau_{zul}$.

10.31 a) Gewählt $d = 2{,}5$ mm, $D = 22$ mm, $L_0 = 82$ mm, $L_k = 50{,}7$ mm, $L_H = 15{,}6$ mm, gewählt $n = n_t = 19$;

b) Draht DIN EN 10270-1-SL-2,50 mit $\tau_{zul} = 656$ N/mm², $\tau_0 = 108$ N/mm² $< \tau_{0zul} = 118$ N/mm² ($F_0 = 30$ N, $\alpha_1 = 0{,}18$, $w = 8{,}8$); $\tau_{max} = \tau_2 = 538$ N/mm² $< \tau_{zul}$.

10.32 a) Gewählt $d = 50$ mm, $h = 41$ mm ($F = 5500$ N, $\sigma_{dzul} = 4$ N/mm², $A = 1375$ mm²);

b) $\sigma_d = 2{,}8$ N/mm² $< \sigma_{dzul} \approx 3\ldots 5$ N/mm² ($s = 15{,}95$ mm > $0{,}2 \cdot 41 = 8{,}2$ mm $E = 1{,}25 \cdot 5{,}8$ N/mm² $= 7{,}25$ N/mm² daher neu gewählt: $d = 70$ mm, $h = 41$ mm; $\sigma_d = 1{,}43$ N/mm² $< \sigma_{dzul} = 1\ldots 1{,}5$ N/mm² (dynamisch) und σ_{dzul} (statisch), $s \approx 8{,}1$ mm $< 8{,}2$ mm (wegen σ_{dzul} evtl. größere Abmessungen notwendig).

10.33 a) $\tau = 0{,}4$ N/mm² $< \tau_{zul} = 1\ldots 2$ N/mm² (statisch), $\tau_{zul} = 03\ldots 0{,}8$ N/mm² (dynamisch);

b) $z = 10$ Federelemente ($F = 603$ N, wenn $A_i = d \cdot \pi \cdot h$; $F_G \approx 6000$ N);

c) gewählt Shore-Härte 55 ($G \approx 0{,}64$ N/mm²).

11 Achsen, Wellen und Zapfen

11.1 Die in den Lagern A und B drehbar gelagerte Achse läuft um und wird somit bei konstanter Richtung der Kraft F_W wechselnd auf Biegung (s. M_b-Verlauf) und Schub (s. F_q-Verlauf) beansprucht; im gefährdeten Querschnitt wirkt die Schubkraft $F_q = F_A$ und das innere Biegemoment $M_b = F_A \cdot a$. Die Schubbeanspruchung ist meist vernachlässigbar gering. Die Biegung folgt bei umlaufenden Achsen i. Allg. dem Fall III – wechselnd. Für die Festigkeitsberechnung ist die Gestaltwechselfestigkeit maßgebend.

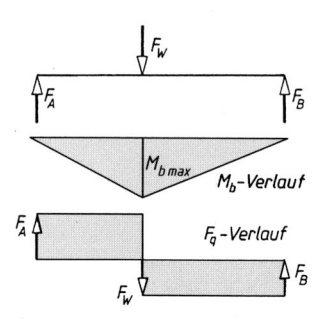

11.2 $M_{b\,max} = (F/2) \cdot (l - l_1)/2$; $M_{b\,max} \approx 1313$ Nm; Beanspruchung und maßgebende Festigkeit wie bei 11.1.

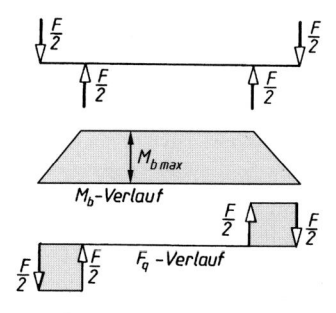

11.3 Querschnitt 1-1: Beanspruchung auf Torsion;

Querschnitt 2-2: Beanspruchung auf Torsion, Biegung und Schub;

Querschnitt 3-3: Beanspruchung auf Biegung und Schub.

Bei Annahme einer konstanten Drehrichtung des Elevators kann für die Torsion der Fall II angenommen werden (durch häufige An- und Abschaltungen); für die Biegung ist der Fall III maßgebend.

Die Schubbeanspruchung kann vernachlässigt werden.

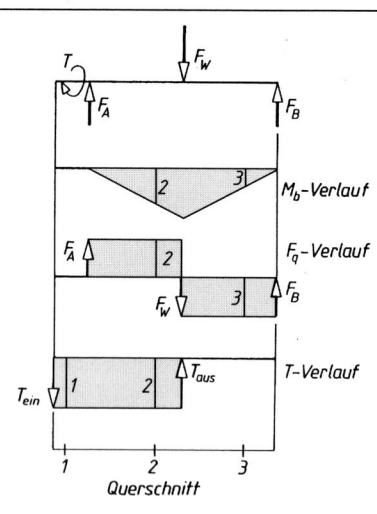

11.4 $T = 10\,640$ Nm; ($i_{ges} = 42{,}336$).

11.5 $T = 11\,341$ Nm.

11.6 $M_{b\,max} = 70{,}3$ Nm; ($F_b = 1{,}6$ kN, $F_B = 0{,}676$ kN, $F_A = 0{,}924$ kN, $M_{b\,max} = F_A \cdot 76 = F_B \cdot 104$).

11.7 $M_{b\,max} = 1852$ Nm; ($M_{b1} = F_A \cdot l_1 = 1242$ Nm, $M_{b2} = F_B \cdot l_2 = 1852$ Nm, $F_A = 15{,}52$ kN, $F_B = 20{,}58$ kN, Ebene 1 (mit F_{t2} und F_{r3}): $F_{Ax} = 10{,}24$ kN, $F_{Bx} = 9{,}34$ kN, Ebene 2 (mit F_{r2} und F_{t3}): $F_{Ay} = 11{,}66$ kN, $F_{By} = 18{,}34$ kN).

11 Achsen, Wellen und Zapfen

11.8 **a) Aufteilung der Kräfte auf zwei Ebenen**

Ebene 1:

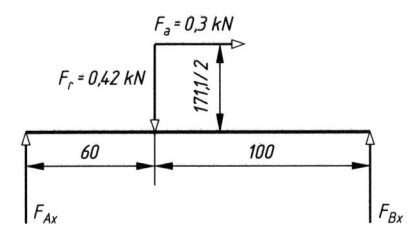

Ebene 2:

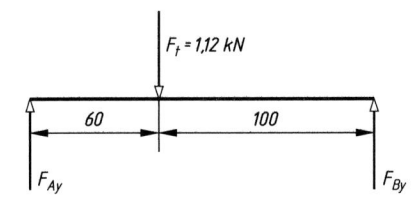

Bestimmung der Lagerkräfte F_A und F_B

Ebene 1: $\quad \Sigma M_A = F_r \cdot 60 + F_a \cdot 171{,}1/2 - F_{Bx} \cdot 160 = 0$

$F_{Bx} = (F_r \cdot 60 + F_a \cdot 171{,}1/2)/160$

$\quad = (0{,}42 \text{ kN} \cdot 60 \text{ mm} + 0{,}3 \text{ kN} \cdot 171{,}1/2 \text{ mm})/160 \text{ mm} = \mathbf{0{,}318 \text{ kN}}$

$\Sigma F_x = F_{Ax} - F_r + F_{Bx} = 0$

$F_{Ax} = -F_{Bx} + F_r = -0{,}318 \text{ kN} + 0{,}42 \text{ kN} = \mathbf{0{,}102 \text{ kN}}$

Ebene 2: $\quad \Sigma M_A = F_t \cdot 60 - F_{By} \cdot 160 = 0$

$F_{By} = F \cdot 60/160 = 1{,}12 \text{ kN} \cdot 60 \text{ mm}/160 \text{ mm} = \mathbf{0{,}42 \text{ kN}}$

$\Sigma F_y = F_{Ay} - F_t + F_{By} = 0$

$F_{Ay} = F_t - F_{By} = 1{,}12 \text{ kN} - 0{,}42 \text{ kN} = \mathbf{0{,}7 \text{ kN}}$

Überlagerung Ebene 1 + 2:

$F_A = \sqrt{F_{Ax}^2 + F_{Ay}^2} = \sqrt{(0{,}102 \text{ kN})^2 + (0{,}7 \text{ kN})^2} = \mathbf{0{,}707 \text{ kN}}$

$F_B = \sqrt{F_{Bx}^2 + F_{By}^2} = \sqrt{(0{,}318 \text{ kN})^2 + (0{,}42 \text{ kN})^2} = \mathbf{0{,}527 \text{ kN}}$

Bestimmung des maximalen Biegemoments $M_{b\,max}$ und des M_b-Verlaufs

$M_{b1} = F_A \cdot l_1 = 0{,}707 \text{ kN} \cdot 60 \text{ mm} = \mathbf{42{,}4 \text{ Nm}}$

$M_{b2} = M_{b\,max} = F_B \cdot l_2 = 0{,}527 \text{ kN} \cdot 100 \text{ mm} = \mathbf{52{,}7 \text{ Nm}}$

M_b-Verlauf
(Hinweis: Es ist ebenfalls möglich, die Biegemomente in den Ebenen 1 und 2 zu bestimmen und diese dann anschließend zu überlagern)

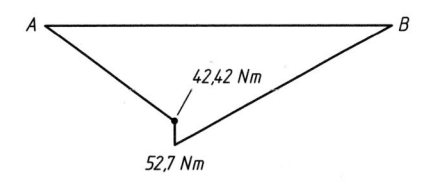

11.9 $d = 65$ mm; ($d' = 65{,}5$ mm; $M = 1{,}75 \cdot 10^6$ N mm; $\sigma_{bWN} = 245$ N/mm^2).

11.10 $d = 25$ mm; ($d' = 253$ mm; $K_A = 1{,}2$; $\tau_{tSchN} = 190$ N/mm^2).

11.11 $d_1 = 50$ mm; (rechnerisch $d_1 = 43{,}4 \ldots 52{,}5$ mm; $\sigma_{bWN} = 350$ N/mm^2),
$d_2 = 75$ mm; (rechnerisch $d_2 = 65{,}8 \ldots 79{,}7$ mm),
$d_3 = 100$ mm; (rechnerisch $d_3 = 86{,}7 \ldots 105{,}0$ mm).

11.12 a) Überschlägig nach Lehrbuch Gl. (11.16) oder Gl. (11.1) $d_1 = 55$ mm; ($M_b = 975 \cdot 10^5$ Nmm; $\sigma_{bWN} = 245$ N/mm^2 oder $\sigma_{bzul} = 70$ N/mm^2 bei einem Mittelwert $S_{D\,min} = 3{,}5$ nach Lehrbuch Gl. (3.26); $d' = 53{,}9$ mm bzw. 52,2 mm).
b) $D = 100$ mm, $L = 75$ mm.
c) h8/H8.

11.13 $d = 517$ mm; ($d' = 53{,}5$ mm; $M = 1{,}08 \cdot 10^6$ N mm; $M_v = 1{,}17 \cdot 10^6$ N mm; $\varphi = 1{,}73$; $F_t = 2200$ N; $\tau_{tSchN} = 290$ N/mm^2; $\sigma_{bWN} = 300$ N/mm^2).

11.14 $d = 70$ mm nach DIN 671 (TB 1-6) festgelegt; ($d' = 68{,}2$ mm, $M \approx 2{,}87 \cdot 10^6$ N mm; $\sigma_{bSchN} = 355$ N/mm^2).

11.15 Dynamischer Nachweis (Übergangsstelle zum festsitzenden Innenring des Lagers):
$S_D = 3{,}0 > S_{Derf} = 1{,}5$ ($M_b = 4{,}8 \cdot 10^6$ N mm; $M_{b\,aeq} = 5{,}76 \cdot 10^6$ N mm; $W_b = 1{,}7 \cdot 10^5$ mm^3; $\sigma_{ba} = 33{,}9$ N/mm^2; $\sigma_{bGW} = 101$ N/mm^2; $K_{Db} = 2{,}3$; $\beta_{kb} \approx 1{,}8$; $K_g \approx 0{,}81$; $K_{O\sigma} \approx 0{,}93$; $K_V = 1$; $\sigma_{bWN} = 245$ N/mm^2; $K_{t\,(Zugfestigkeit)} = 0{,}95$; $S_{D\,min} = 1{,}5$; $S_z = 1{,}0$);

Statischer Nachweis (Achsabsatz): $S_F = 4{,}1 > S_{F\,min} = 1{,}5$; ($M_b = 6 \cdot 10^6$ N mm; $M_{b\,max} = 12 \cdot 10^6$ N mm; $\sigma_{b\,max} = 70{,}7$ N/mm^2; $\sigma_{bF} = 290$ N/mm^2; $R_{p0{,}2N} = 295$ N/mm^2; $K_{t\,(Streckgrenze)} = 0{,}82$).

11.16 **Bestimmung des Biegemomentenverlaufs:**

$$M_b = M_{b\,max\,nenn} = \frac{F}{2}(1000 \text{ mm} - 650 \text{ mm})/2 = \frac{12 \cdot 10^3 \text{ N}}{2}(1000 \text{ mm} - 650 \text{ mm})/2 = \mathbf{1050 \text{ Nm}}$$

$\Rightarrow$ Der Festigkeitsnachweis erfolgt am „Wälzlager-Wellenabsatz" bei $d = 60$ mm

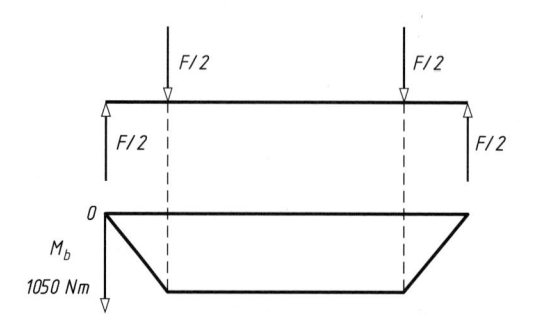

11 Achsen, Wellen und Zapfen

Statischer Festigkeitsnachweis (s. Bild 11-23, nur Biegebeanspruchung)

Maximale Biegespannung:

$$\sigma_{b\,max} = 2{,}5 \cdot \frac{M_{b\,max\,nenn}}{W_b} = 2{,}5 \cdot \frac{M_{b\,max\,nenn}}{\frac{\pi}{32}\,d^3}$$

$$\sigma_{b\,max} = 2{,}5 \cdot \frac{1050 \cdot 10^3\ \text{Nmm}}{\frac{\pi}{32}\,60^3\ \text{mm}^3} = \mathbf{124\ N/mm^2}$$

Biegefließgrenze:

$\sigma_{bF} = 1{,}2 \cdot R_{p0,2N} \cdot K_t$

$\sigma_{bF} = 1{,}2 \cdot 275\ \text{N/mm}^2 \cdot 0{,}91 = \mathbf{300\ N/mm^2}$

mit $R_{p0,2N}$ nach TB 1-1, K_t nach TB 3-11a für $d = 70$ mm

Sicherheit gegen Fließen:

$$S_F = \frac{\sigma_{bF}}{\sigma_{b\,max}} = \frac{300\ \text{N/mm}^2}{124\ \text{N/mm}^2} = \mathbf{2{,}4} > S_{F\,min} = 1{,}5$$

mit $S_{F\,min}$ nach TB 3-14a

Dynamischer Festigkeitsnachweis (s. Bild 11-23, nur Biegebeanspruchung)

Ausschlagspannung (rein wechselnde Beanspruchung):

$$\sigma_{ba} = K_A \cdot \frac{M_{b\,max\,nenn}}{W_b} = K_A \cdot \frac{M_{b\,max\,nenn}}{\frac{\pi}{32}\,d^3}$$

$$\sigma_{ba} = 1{,}25 \cdot \frac{1050 \cdot 10^3\ \text{Nmm}}{\frac{\pi}{32} \cdot 60^3\ \text{mm}^3} = \mathbf{61{,}9\ N/mm^2}$$

Gestaltausschlagfestigkeit (= Gestaltwechselfestigkeit)

$$\sigma_{bGW} = \frac{\sigma_{bWN} \cdot K_t}{K_{Db}} = \frac{215\,\frac{\text{N}}{\text{mm}^2} \cdot 1}{2{,}18} = \mathbf{98{,}6\ N/mm^2}$$

mit K_t nach TB 3-11a für $d = 70$ mm, σ_{bWN} nach TB 1-1 und

$$K_{Db} = \left(\frac{\beta_{kb}}{K_g} + \frac{1}{K_{O\sigma}} - 1\right)\frac{1}{K_V} = \left(\frac{1{,}81}{0{,}86} + \frac{1}{0{,}93} - 1\right) = 2{,}18$$

mit $K_g = 0{,}86$ nach TB 3-11 für $d = 60$ mm, $K_{O\sigma}$ nach TB 3-10a, $R_m = R_{mN} = 430\,\frac{\text{N}}{\text{mm}^2}$

$K_V = 1$ (keine Oberflächenverfestigung, s. TB 3-12) und

$$\beta_{kb} = \frac{\alpha_{kb}}{n} = \frac{2{,}3}{1{,}27} = \mathbf{1{,}81}$$

mit α_{kb} nach TB 3-6d für $r/d = 1{,}5/60 = 0{,}025$ und $D/d = 70/60 = 1{,}17$

und n nach TB 3-7a für $G' = 2{,}3/r(1+\varphi) = 2{,}3/1{,}5(1+0{,}107) = 1{,}7$

und $\varphi = 1/((8(D-d)/r)^{0,5} + 2) = 1/((8(70-60)/1{,}5)^{0,5} + 2) = 0{,}107$

für $R_{p0,2} = K_t \cdot R_{p0,2N} = 0{,}91 \cdot 275\ \text{N/mm}^2 = 250\ \text{N/mm}^2$.

Sicherheit gegen Dauerbruch

$$S_D = \frac{\sigma_{bGW}}{\sigma_{ba}} = \frac{98{,}6 \text{ N/mm}^2}{61{,}9 \text{ N/mm}^2} = \mathbf{1{,}59} > S_{D\,erf} = S_{D\,min} \cdot S_z = 1{,}5 \cdot 1{,}0 = 1{,}5$$

mit $S_{D\,min}$ nach TB 3-14a, S_z nach TB 3-14c, Achse ausreichend bemessen

---

11.17 a) $d_1 = 15$ mm; ($M = 2{,}5 \cdot 10^4$ N mm; $\sigma_{bSchN} = 270$ N/mm^2, $d_1' = 15{,}4$ mm);

b) Statischer Nachweis: $S_F = 3{,}7 > S_{F\,min} = 1{,}5$; ($W_b = 331$ mm^3; $\sigma_{b\,max} = 75{,}5$ N/mm^2; $\sigma_{bF} = 282$ N/mm^2; $R_{p0,2N} = 235$ N/mm^2; $K_{t\,(Streckgrenze)} = 1$ ($d_{max} = d_2 < 32$ mm));
Dynamischer Nachweis: $S_D = 3{,}2 > S_{D\,erf} = 1{,}8$ ($\sigma_{ba} = 37{,}8$ N/mm^2; $\sigma_{bGW} = 122$ N/mm^2; $K_{Db} = 1{,}47$; $\beta_{kb} \approx 1{,}4$; $r/d_1 = 0{,}04$; $d_2/d_1 = 1{,}33$; $\beta_{k(2,0)} \approx 1{,}6$; $c_b \approx 0{,}65$; $K_g \approx 0{,}95$; $K_{O\sigma} = 1$; $K_V = 1$; $\sigma_{bWN} = 180$ N/mm^2; $K_{t\,(Zugfestigkeit)} = 1$; $S_{D\,min} = 1{,}5$; $S_z = 1{,}2$).

c) H7/n6.

11.18 Dynamischer Nachweis: $S_D = 3{,}1 > S_{D\,erf} = 1{,}8$ ($M_{aeq} = 2{,}25 \cdot 10^5$ N mm; $W_b = 6283$ mm^3; $\sigma_{ba} = 35{,}8$ N/mm^2; $\sigma_{bGW} = 110{,}6$ N/mm^2; $K_{Db} = 2{,}91$; $\beta_{kb} = 2{,}5$; $K_g \approx 0{,}89$; $K_{O\sigma} \approx 0{,}91$; $K_V = 1$; $\sigma_{bWN} = 350$ N/mm^2; $K_{t\,(Zugfestigkeit)} = 0{,}92$; $S_{D\,min} = 1{,}5$; $S_z = 1{,}2$).

11.19 a) $d_1 = 45$ mm ($P_1 = 6{,}4$ kW; $n_1 = 66{,}7$ min^{-1}; $\tau_{t\,SchN} = 205$ N/mm^2; $d_1' = 47$ mm);

b) Dauerfestigkeitsnachweis: $S_D = 2{,}6 > S_{D\,erf} = 1{,}8$ ($T_{aeq} = 5{,}48 \cdot 10^5$ N mm; $W_t = 1{,}79 \cdot 10^4$ mm^3; $\tau_{ta} = 30{,}6$ N/mm^2; $\tau_{tGW} = 103$ N/mm^2; $K_{Dt} = 1{,}41$; $\beta_{kt} \approx 1{,}4$; $K_g \approx 0{,}88$; $K_{O\tau} \approx 0{,}96$; $K_V = 1$; $\tau_{tWN} = 145$ N/mm^2; $K_{t\,(Zugfestigkeit)} = 1$; $S_{D\,min} = 1{,}5$; $S_z = 1{,}2$).

c) H7/k6.

11.20 a) **Aufteilung der Kräfte auf zwei Ebenen**

Ebene 1:

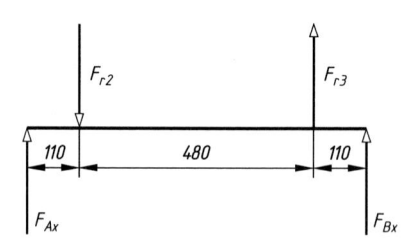

Ebene 2:

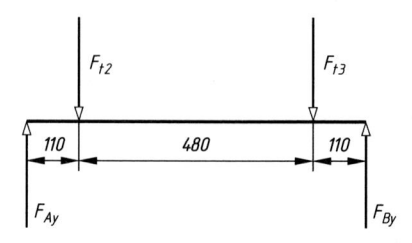

11 Achsen, Wellen und Zapfen

Bestimmung der Lagerkräfte F_{Ax}, F_{Bx} und Biegemomente M_{1x}, M_{2x}

Ebene 1: $\Sigma M_A = -F_{r2} \cdot 110 + F_{r3} \cdot 590 + F_{Bx} \cdot 700 = 0$

$F_{Bx} = (F_{r2} \cdot 110 - F_{r3} \cdot 590)/700$

$\phantom{F_{Bx}} = (2{,}2 \text{ kN} \cdot 110 \text{ mm} - 5{,}75 \text{ kN} \cdot 590 \text{ mm})/700 \text{ mm}$

$\boldsymbol{F_{Bx} = -4{,}5 \text{ kN}}$

$\Sigma F_x = F_{Ax} - F_{r2} + F_{r3} + F_{Bx} = 0$

$F_{Ax} = F_{r2} - F_{r3} - F_{Bx} = 2{,}2 \text{ kN} - 5{,}75 \text{ kN} + 4{,}5 \text{ kN}$

$\boldsymbol{F_{Ax} = 0{,}95 \text{ kN}}$

$M_{b1x} = F_{Ax} \cdot l_1 = 0{,}95 \text{ kN} \cdot 110 \text{ mm} = \boldsymbol{105 \text{ Nm}}$

$M_{b2x} = F_{Bx} \cdot l_2 = |-4{,}5| \text{ kN} \cdot 110 \text{ mm} = \boldsymbol{495 \text{ Nm}}$

Ebene 2: $\Sigma M_A = -F_{t2} \cdot 110 - F_{t3} \cdot 590 + F_{By} \cdot 700 = 0$

$F_{By} = (F_{t2} \cdot 110 + F_{t3} \cdot 590)/700$

$\phantom{F_{By}} = (6 \text{ kN} \cdot 110 \text{ mm} + 15{,}8 \text{ kN} \cdot 590 \text{ mm})/700 \text{ mm}$

$\boldsymbol{F_{By} = 14{,}3 \text{ kN}}$

$\Sigma F_y = F_{Ay} - F_{t2} - F_{t3} + F_{By} = 0$

$F_{Ay} = F_{t2} + F_{t3} - F_{By} = 6 \text{ kN} + 15{,}8 \text{ kN} - 14{,}3 \text{ kN}$

$\boldsymbol{F_{Ay} = 7{,}5 \text{ kN}}$

$M_{b1y} = F_{Ay} \cdot l_1 = 7{,}5 \text{ kN} \cdot 110 \text{ mm} = \boldsymbol{825 \text{ Nm}}$

$M_{b2y} = F_{By} \cdot l_2 = 14{,}3 \text{ kN} \cdot 110 \text{ mm} = \boldsymbol{1573 \text{ Nm}}$

Überlagerung Ebene 1 und Ebene 2:

$F_A = \sqrt{F_{Ax}^2 + F_{Ay}^2} = \sqrt{(0{,}95 \text{ kN})^2 + (7{,}5 \text{ kN})^2} = \boldsymbol{7{,}56 \text{ kN}}$

$F_B = \sqrt{F_{Bx}^2 + F_{By}^2} = \sqrt{(-4{,}5 \text{ kN})^2 + (14{,}3 \text{ kN})^2} = \boldsymbol{15 \text{ kN}}$

$M_{b1} = \sqrt{M_{b1x}^2 + M_{b1y}^2} = \sqrt{(105 \text{ Nm})^2 + (825 \text{ Nm})^2} = \boldsymbol{832 \text{ Nm}}$

$M_{b2} = \sqrt{M_{b2x}^2 + M_{b2y}^2} = \sqrt{(495 \text{ Nm})^2 + (1573 \text{ Nm})^2} = \boldsymbol{1649 \text{ Nm}}$

b) Bestimmung der vorhandenen Maximalspannungen $\sigma_{b\,max}$, $\tau_{t\,max}$ und Ausschlagspannungen σ_{ba}, τ_{ta}

$\sigma_{b1\,nenn} = \dfrac{M_{b1}}{W_{b1}} = \dfrac{M_{b1}}{\dfrac{\pi \cdot d^3}{32}} = \dfrac{832 \cdot 10^3 \text{ Nmm}}{\dfrac{\pi}{32} \cdot 60^3 \text{ mm}^3} = \boldsymbol{39{,}2 \, \dfrac{\text{N}}{\text{mm}^2}}$

$\sigma_{b2\,nenn} = \dfrac{M_{b2}}{W_{b2}} = \dfrac{M_{b2}}{\dfrac{\pi \cdot d^3}{32}} = \dfrac{1649 \cdot 10^3 \text{ Nmm}}{\dfrac{\pi}{32} \cdot 60^3 \text{ mm}^3} = \boldsymbol{77{,}8 \, \dfrac{\text{N}}{\text{mm}^2}}$

$\tau_{t\,nenn} = \dfrac{T}{W_t} = \dfrac{T}{\dfrac{\pi}{16} \cdot d^3} = \dfrac{1500 \cdot 10^3 \text{ Nmm}}{\dfrac{\pi}{16} \cdot 60^3 \text{ mm}^3} = \boldsymbol{35{,}4 \, \dfrac{\text{N}}{\text{mm}^2}}$

$$\sigma_{b1\,max} = 2 \cdot \sigma_{b1\,nenn} = 2 \cdot 39{,}2 \text{ N/mm}^2 = \mathbf{78{,}4 \text{ N/mm}^2}$$

$$\sigma_{b2\,max} = 2 \cdot \sigma_{b2\,nenn} = 2 \cdot 77{,}8 \text{ N/mm}^2 = \mathbf{156 \text{ N/mm}^2}$$

$$\tau_{t\,max} = 2 \cdot \tau_{t\,nenn} = 2 \cdot 35{,}4 \text{ N/mm}^2 = \mathbf{70{,}8 \text{ N/mm}^2}$$

$$\sigma_{ba1} = K_A \cdot \sigma_{b1\,nenn} = 1{,}25 \cdot 39{,}2 \frac{\text{N}}{\text{mm}^2} = \mathbf{49 \text{ N/mm}^2}$$

$$\sigma_{ba2} = K_A \cdot \sigma_{b2\,nenn} = 1{,}25 \cdot 77{,}8 \frac{\text{N}}{\text{mm}^2} = \mathbf{97{,}3 \text{ N/mm}^2}$$

$$\tau_{ta} = \frac{1}{2} \cdot K_A \cdot \tau_{t\,nenn} = \frac{1}{2} \cdot 1{,}25 \cdot 35{,}4 \frac{\text{N}}{\text{mm}^2} = \mathbf{22{,}1} \frac{\text{N}}{\text{mm}^2}$$

$$\sigma_{b1m} = \sigma_{b2m} = 0 \quad \text{(rein wechselnde Beanspruchung)}$$

$$\tau_{tm} = \tau_{ta} = 22{,}1 \text{ N/mm}^2 \quad \text{(rein schwellende Beanspruchung)}$$

c) Bestimmung der Bauteilfließgrenzen σ_{bF}, τ_{tF}

$$\sigma_{bF} = 1{,}2 \cdot R_{p0{,}2\,N} \cdot K_t$$

$$\sigma_{bF} = 1{,}2 \cdot 360 \text{ N/mm}^2 \cdot 0{,}93 = \mathbf{402 \text{ N/mm}^2}$$

$$\tau_{tF} = 1{,}2 \cdot R_{p0{,}2\,N} \cdot K_t / \sqrt{3} =$$

$$\tau_{tF} = 1{,}2 \cdot 360 \text{ N/mm}^2 \cdot 0{,}93 / \sqrt{3} = \mathbf{232 \text{ N/mm}^2}$$

mit σ_{bF}, τ_{tF} nach Bild 3-31, $R_{p0{,}2\,N}$ nach TB 1-1, K_t nach TB 3-11a für $d = 60$ mm

d) Bestimmung der Bauteil-Gestaltwechselfestigkeiten σ_{bGW}, τ_{tGW}

$$K_{Db} = \left(\frac{\beta_{kb}}{K_g} + \frac{1}{K_{O\sigma}} - 1 \right) \frac{1}{K_V} = \left(\frac{2{,}0}{0{,}86} + \frac{1}{0{,}93} - 1 \right) = \mathbf{2{,}4} \qquad (3.16)$$

mit $\beta_{kb} \approx \beta_{kb\,Probe}$ nach TB 3-9b (Bilder links, zweites Bild von oben)

mit $R_m = K_t \cdot R_{mN} = 1 \cdot 690 \text{ N/mm}^2 = 690 \text{ N/mm}^2$, K_g nach TB 3-11c für $d = 60$ mm,

$K_{0\sigma}$ nach TB 3-10a und $K_V = 1$ (keine Oberflächenverfestigung, s. TB 3-12)

$$\sigma_{bGW} = \frac{K_t \cdot \sigma_{bWN}}{K_{Db}} = \frac{1 \cdot 345 \text{ N/mm}^2}{2{,}4} = \mathbf{143{,}8} \frac{\text{N}}{\text{mm}^2} \qquad \text{(Bild 3-32)}$$

mit K_t nach TB 3-11a und σ_{bWN} nach TB 1-1

$$K_{Dt} = \left(\frac{\beta_{kt}}{K_g} + \frac{1}{K_{O\tau}} - 1 \right) \frac{1}{K_V} = \left(\frac{1{,}2}{0{,}86} + \frac{1}{0{,}96} - 1 \right) = \mathbf{1{,}44} \qquad (3.16)$$

mit $K_{O\tau} = 0{,}575 K_{O\sigma} + 0{,}425 = 0{,}96$ (TB 3-10a), ansonsten s. Hinweise zu K_{Db}.

$$\tau_{tGW} = \frac{K_t \cdot \tau_{tWN}}{K_{Dt}} = \frac{1 \cdot 205 \text{ N/mm}^2}{1{,}44} = \mathbf{142{,}4 \text{ N/mm}^2} \qquad \text{(Bild 3-32)}$$

mit K_t nach TB 3-11a und τ_{tWN} nach TB 1-1

11 Achsen, Wellen und Zapfen

e) Bestimmung der Sicherheit gegen Fließen S_F (s. Bild 11-23)

$$S_F = \frac{1}{\sqrt{\left(\dfrac{\sigma_{b2\,max}}{\sigma_{bF}}\right)^2 + \left(\dfrac{\tau_{t\,max}}{\tau_{tF}}\right)^2}} = \frac{1}{\sqrt{\left(\dfrac{156\ \text{N/mm}^2}{402\ \text{N/mm}^2}\right)^2 + \left(\dfrac{70{,}8\ \text{N/mm}^2}{232\ \text{N/mm}^2}\right)^2}}$$

$S_F = \mathbf{2{,}02}$

$S_{F\,min} = 1{,}3 < S_F \Rightarrow$ ausreichende Sicherheit gegen Fließen

$S_{F\,min}$ nach TB 3-14b

Bestimmung der Sicherheit gegen Dauerbruch S_D (s. Bild 11-23)

$$S_D = \frac{1}{\sqrt{\left(\dfrac{\sigma_{ba2}}{\sigma_{bGW}}\right)^2 + \left(\dfrac{\tau_{ta}}{\tau_{tGW}}\right)^2}} = \frac{1}{\sqrt{\left(\dfrac{97{,}3\ \text{N/mm}^2}{143{,}8\ \text{N/mm}^2}\right)^2 + \left(\dfrac{22{,}1\ \text{N/mm}^2}{142{,}4\ \text{N/mm}^2}\right)^2}}$$

$S_D = \mathbf{1{,}44}$

$S_{D\,erf} = S_{D\,min} \cdot S_z = 1{,}3 \cdot 1{,}2 = \mathbf{1{,}56}$

$S_{D\,erf} > S_D \Rightarrow$ keine ausreichende Sicherheit gegen Dauerbruch

$S_{D\,min}$ nach TB 3-14b, S_z nach Tabelle 3-14c

$\Rightarrow$ Durchführung des ausführlichen (exakten) Rechengangs sinnvoll, da Werte für S_D und $S_{D\,erf}$ nahe beieinander liegen.

Bestimmung der Sicherheit gegen Dauerbruch S_D (ausführlich nach Bild 3-32)

$$\sigma_{bGA} = \frac{\sigma_{bGW}}{1 + \psi_\sigma \sigma_{mv}/\sigma_{ba2}} = \frac{143{,}8\ \text{N/mm}^2}{1 + 0{,}142 \cdot \dfrac{38{,}3\ \text{N/mm}^2}{97{,}2\ \text{N/mm}^2}} = \mathbf{136}\ \frac{\textbf{N}}{\textbf{mm}^2} \tag{3.18b}$$

mit $\quad \sigma_{mv} = \sqrt{\sigma_{bm}^2 + 3\tau_{tm}^2} = \sqrt{0 + 3 \cdot (22{,}1\ \text{N/mm}^2)^2} = \mathbf{38{,}3\ \text{N/mm}^2} \tag{3.20}$

und $\quad \psi_\sigma = a_M \cdot R_m + b_M = 0{,}00035\ \dfrac{\text{mm}^2}{\text{N}} \cdot 690\ \dfrac{\text{N}}{\text{mm}^2} - 0{,}1 = \mathbf{0{,}142} \tag{3.19}$

a_M und b_M nach TB 3-13.

$$\tau_{tGA} = \frac{\tau_{tGW}}{1 + \psi_\tau \cdot \tau_{mv}/\tau_{ta}} = \frac{142{,}4\ \text{N/mm}^2}{1 + 0{,}082\ \dfrac{22{,}1\ \text{N/mm}^2}{22{,}1\ \text{N/mm}^2}} = \mathbf{132}\ \frac{\textbf{N}}{\textbf{mm}^2} \tag{3.18b}$$

mit $\quad \tau_{mv} = f_\tau \cdot \sigma_{mv} = 0{,}58 \cdot 38{,}3\ \text{N/mm}^2 = \mathbf{22{,}1\ \text{N/mm}^2} \tag{3.20}$

und $\quad \psi_\tau = f_\tau \cdot \psi_\sigma = 0{,}58 \cdot 0{,}142 = \mathbf{0{,}082} \tag{3.19}$

f_τ nach TB 3-2a

$$S_D = \frac{1}{\sqrt{\left(\dfrac{\sigma_{ba2}}{\sigma_{bGA}}\right)^2 + \left(\dfrac{\tau_{ta}}{\tau_{tGA}}\right)^2}} = \frac{1}{\sqrt{\left(\dfrac{97{,}2\ \text{N/mm}^2}{136\ \text{N/mm}^2}\right)^2 + \left(\dfrac{22{,}1\ \text{N/mm}^2}{132\ \text{N/mm}^2}\right)^2}} = \mathbf{1{,}36} \tag{3.29}$$

$S_{D\,min} = 1{,}3 < S_D \Rightarrow$ ausreichende Sicherheit gegen Dauerbruch (wird erst durch ausführlichen Rechengang nach Bild 3-32 ersichtlich)

$S_{D\,min}$ nach TB 3-14b

11.21 a) $S_D = 4{,}2 > S_{D\,\text{erf}} = 1{,}8$ ($F_A = 1{,}62$ kN; $F_B = 0{,}59$ kN; $M_{\text{max}} = 1{,}3 \cdot 10^5$ N mm; $T = 2{,}86 \cdot 10^5$ N mm; $W_b = 6280$ mm^3; $\sigma_{ba} = 20{,}7$ N/mm^2; $W_t = 12560$ mm^3; $\tau_{ta} = 11{,}4$ N/mm^2; $K_{Db} = 2{,}0$; $\beta_{kb} \approx 1{,}7$; $K_g \approx 0{,}89$; $K_{O\sigma} \approx 0{,}9$; $K_V = 1$; $K_{Dt} = 1{,}5$; $\beta_{kt} \approx 1{,}3$; $K_{O\tau} \approx 0{,}94$, $\sigma_{bGW} = 107$ N/mm^2; $\tau_{tGW} = 83$ N/mm^2; $\sigma_{bWN} = 215$ N/mm^2; $\tau_{tWN} = 125$ N/mm^2; $K_t = 1$; $S_{D\,\text{min}} = 1{,}5$; $S_z = 1{,}2$).

b) $S_D = 3{,}1 > S_{D\,\text{erf}} = 1{,}8$ ($W_t = 5300$ mm^3; $\tau_{ta} = 27$ N/mm^2; $K_{Dt} = 1{,}5$; $\beta_{kt} \approx 1{,}3$; $K_g \approx 0{,}91$; $K_{O\tau} \approx 0{,}94$; $K_V = 1$; $\tau_{tGW} = 83{,}3$ N/mm^2; $\tau_{tWN} = 125$ N/mm^2 $K_t = 1$; $S_{D\,\text{min}} = 1{,}5$; $S_z = 1{,}2$).

11.22 a) $n_{\text{vorh}} = 27$ min^{-1}; $i_{\text{Getr.}} = 35{,}5$; $d_1 = 85$ mm; $S_F = 2{,}9 > S_{F\,\text{min}} = 1{,}5$; $S_D = 2{,}4 > S_{D\,\text{erf}} = 1{,}8$ ($n_{\text{erf}} = 27{,}6$ min^{-1}; $d'_1 = 79{,}2\ldots 96{,}0$ mm, $F_w = 25{,}5$ kN; $T = 2653$ Nm; $T_{\text{max}} = 5306$ Nm; $M = 2231$ Nm; $M_{\text{max}} = 4662$ Nm; $W_b = 60290$ mm^3; $\sigma_{b\,\text{max}} = 74$ N/mm^2; $W_t = 120583$ mm^3; $\tau_{t\,\text{max}} = 44$ N/mm^2; $\sigma_{bF} = 315$ N/mm^2; $\tau_{tF} = 182$ N/mm^2; $R_{p0{,}2N} = 295$ N/mm^2; $K_{t\,(\text{Streckgrenze})} = 0{,}89$; $\sigma_{ba} = 37$ N/mm^2; $\tau_{ta} = 11$ N/mm^2; $\sigma_{bGW} = 109$ N/mm^2; $\tau_{tGW} = 90$ N/mm^2; $K_{Db} = 2{,}25$; $\beta_{kb} \approx 1{,}8$; $K_g \approx 0{,}84$; $K_{O\sigma} \approx 0{,}9$; $K_V = 1$; $K_{Dt} = 1{,}61$; $\beta_{kt} \approx 1{,}3$; $K_{O\tau} \approx 0{,}94$; $\sigma_{bWN} = 245$ N/mm^2; $\tau_{tWN} = 145$ N/mm^2; $K_{t\,(\text{Zugfestigkeit})} = 1$; $S_{D\,\text{min}} = 1{,}5$; $S_z = 1{,}2$);

b) $d_2 = 75$ mm; $S_F = 2{,}8 > S_{F\,\text{min}} = 1{,}5$; $S_D = 5{,}5 > S_{D\,\text{erf}} = 1{,}8$ ($W_t = 82835$ mm^3; $\tau_{t\,\text{max}} = 64$ N/mm^2; $\tau_{tF} = 182$ N/mm^2; $K_{t\,(\text{Streckgrenze})} = 0{,}89$; $\tau_{ta} = 16$ N/mm^2; $K_{Dt} = 1{,}65$; $\beta_{kt} \approx 1{,}4$; $K_g = 0{,}85$; $K_{O\tau} = 1$; $K_V = 1$; $\tau_{tGW} = 87{,}9$ N/mm^2; $\tau_{tWN} = 145$ N/mm^2; $K_{t\,(\text{Zugfestigkeit})} = 1$; $S_{D\,\text{min}} = 1{,}5$; $S_z = 1{,}2$);

c) $D = 160$ mm; $L = 110$ mm;

d) Passfeder DIN 6885 $-22 \times 14 \times 100$.

11.23 Der Verdrehwinkel im Bereich zwischen den Zahnrädern beträgt bei Belastung $\approx 0{,}2°$; ($l = 370$ mm, $G = 81\,000$ N/mm^2, $I_p = 4{,}021 \cdot 10^6$ mm^3).

11.24 $n_{kb} = 36\,100$ min^{-1}; ($f = 0{,}686 \cdot 10^{-3}$ mm, $F' = 0{,}0543$ N/mm, $m = 1{,}66$ kg).

11.25 $n_{kb} = 5210$ min^{-1}; ($d = 60$ mm, $f_{\text{max}} = 0{,}033$ mm, $k = 1$).

11.26 $n_{kb} = 2905$ min^{-1}; ($\omega_0 = 1142$ s^{-1}, $n_{k0} = 10\,909$ min^{-1}, $\omega_1 = 742$ s^{-1}, $n_{k1} = 7090$ min^{-1}, $\omega_2 = 395$ s^{-1}, $n_{k2} = 3772$ min^{-1}, $\omega_3 = 742$ s^{-1}, $n_{k3} = 7090$ min^{-1}.

11.27 Resonanz ist möglich, da die verdrehkritische Drehzahl $n_k \approx 420$ min^{-1} beträgt und diese damit in den gefährlichen Bereich von $n'_k = 3 \cdot 150$ min$^{-1} = 450$ min^{-1} gerät. ($\omega_k = 44$ s^{-1}, $c_t = 21{,}0 \cdot 10^6$ Nm, $I_p = 3{,}83 \cdot 10^{-4}$ m^4), $G = 81\,000$ N/mm^2.

11.28 $f = 0{,}188$ mm; $\tan \alpha = 0{,}00092$; $\tan \beta = 0{,}00106$ ($f_A = 0{,}173$ mm; $f_B = 0{,}203$ mm; $\alpha' = \tan \alpha' = 0{,}00087$; $\beta' = \tan \beta' = 0{,}00111$; $F_A = 8{,}7$ kN; $F_B = 9{,}3$ kN; $a_1 = 40$ mm; $a_2 = 180$ mm; $a_3 = 240$ mm; $a_4 = 310$ mm; $b_1 = 40$ mm; $b_2 = 220$ mm; $b_3 = 290$ mm; $d_{a1} = 60$ mm; $d_{a2} = 80$ mm; $d_{a3} - 100$ mm; $d_{a4} = 80$ mm; $d_{b1} = 60$ mm; $d_{b2} = 75$ mm; $d_{b3} = 80$ mm). Zur Lagerung der Welle können die vorgesehenen Lager eingesetzt werden, da die Schiefstellung in den Lagern jeweils kleiner als die zulässige ist ($\alpha = 3'\,10''$, $\beta = 3'\,38''$).

12 Elemente zum Verbinden von Wellen und Naben

12.1 a) **Berechnung mit Methode C (überschlägig)**

Bestimmung der mittleren vorhandenen Flächenpressung p_m

$$p_m \approx \frac{2 \cdot K_A \cdot T_{nenn}}{d \cdot h' \cdot l' \cdot n \cdot \varphi} = \frac{2 \cdot 1{,}5 \cdot 13{,}4 \cdot 10^3 \text{ N mm}}{35 \text{ mm} \cdot 0{,}45 \cdot 8 \text{ mm} \cdot 22 \text{ mm} \cdot 1 \cdot 1} = \mathbf{14{,}5 \frac{N}{mm^2}} \leq p_{zul} \quad (12.1)$$

mit $T_{nenn} \approx 9550 P/n = 9550 \cdot 4/2850 = 13{,}4$ Nm (11.11)

Passfederhöhe h aus TB 12-2a bzw. aus Angabe A10 × 8 × 32; $l' = l - b = 32$ mm − 10 mm

Bestimmung der zulässigen Flächenpressung p_{zul} des „schwächeren" Bauteils

Nabe	Welle	Passfeder
EN-GJL-200 (TB 1-2a)	E295 (TB 1-1a)	C45+C (TB 1-1h)[1]
technologischer Einflussfaktor K_t (gleichwertigen Durchmesser nach TB 3-11e bestimmen, wenn Rohteil kein Rundstahl)		
$d_{Rohteil} = 2 \cdot t_{max} = 70$ mm	= 45 mm	$= \frac{2 \cdot b \cdot h}{b+h} = \frac{2 \cdot 10 \cdot 8}{10+8} \approx 9$ mm
$K_t = 0{,}79$ (TB 3-11b Kurve 5) $= 0{,}96$ (TB 3-11a Kurve 2)	= 1,0 (TB 3-11a Kurve 3)	Streckgrenze $R_e = K_t \cdot R_{eN}$ bzw. Zugfestigkeit $R_m = K_t \cdot R_{mN}$
$R_m = 0{,}79 \cdot 200$ N/mm²	$= 0{,}96 \cdot 295$ N/mm²	$= 1{,}0 \cdot 500$ N/mm²
Sicherheit nach TB 12-1b (hier Mittelwerte nehmen)		
$S_B = 1{,}5 \ldots 2{,}0 \approx 1{,}75$	$S_F = 1{,}1 \ldots 1{,}5 \approx 1{,}3$	$S_F \approx 1{,}3$
zulässige Flächenpressung $p_{zul} = R_e/S_F$ bzw. $= R_m/S_B$		
$p_{zul} = \mathbf{90{,}3}$ **N/mm²**	= **218 N/mm²**	= **385 N/mm²**

[1] Passfedern werden aus Blankstahl hergestellt, daher TB 1-1h

Ergebnis: Verbindung hält

b) **Berechnung mit Methode B**

Bestimmung der mittleren vorhandenen Flächenpressung p_m

$$p_m \approx \frac{2 \cdot K_A \cdot T_{nenn} \cdot K_\lambda}{d \cdot h' \cdot l' \cdot n \cdot \varphi} = \frac{2 \cdot 1{,}5 \cdot 13{,}4 \cdot 10^3 \text{ N mm} \cdot 1{,}05}{35 \text{ mm} \cdot 0{,}45 \cdot 8 \text{ mm} \cdot 22 \text{ mm} \cdot 1 \cdot 1} = \mathbf{15{,}2 \frac{N}{mm^2}} \leq p_{zul} \quad (12.1)$$

mit $K_\lambda = K'_\lambda = 1{,}05$ aus TB 12-2c für $l'/d = 22$ mm/35 mm $= 0{,}63$ und Form c (Form von Lehrbuch Bild 12-4c)

Bestimmung der zulässigen Flächenpressung p_{zul} des „schwächeren" Werkstoffs

Nabe	Welle	Passfeder
zulässige Flächenpressung $p_{zul} = f_S \cdot f_H \cdot R_e/S_F$ bzw. $= f_S \cdot R_m/S_B$		
$f_S = 2{,}0$ (TB 12-2d)	$f_S = 1{,}2$, $f_H = 1{,}0$	$f_S = 1{,}0$, $f_H = 1{,}0$
$p_{zul} = \mathbf{181}$ **N/mm²**	= **261 N/mm²**	= **385 N/mm²**

Ergebnis: Verbindung hält

12.2 a) Passfeder DIN 6885 – A18 × 11 × 80 möglich: $p_m = 73{,}3$ N/mm² $< p_{zul} = 185$ N/mm²
($l = 80$ mm, $l' = 62$ mm, $b = 18$ mm, $h = 11$ mm, $\varphi = 1$; Nabe: $p_{zul} = 185$ N/mm²,
$R_e = R_{eN} = 240$ N/mm², $K_t = 1$ für $d = t < 100$ mm, $S_F = 1{,}3$; Welle: $p_{zul} = 206$ N/mm²,
$R_e = R_{eN} \cdot K_t = 295$ N/mm² $\cdot 0{,}91 = 268$ N/mm² für $d = 70$ mm; Passfeder:
$p_{zul} = 323$ N/mm², $R_e = R_{eN} = 420$ N/mm², $K_t = 1$ für $d = t = 11$ mm);

b) $p_m = 82{,}8$ N/mm² $< p_{zul} = 248$ N/mm² ($K_\lambda = K'_\lambda = 1{,}13$, $l'/d = 1{,}03$; Nabe:
$p_{zul} = 277$ N/mm², $R_e = 240$ N/mm², $f_S = 1{,}5$, $f_H = 1{,}0$, $S_F = 1{,}3$; Welle:
$p_{zul} = 248$ N/mm², $R_e = 268$ N/mm², $f_S = 1{,}2$, $f_H = 1$; Passfeder: $p_{zul} = 323$ N/mm²,
$R_e = 420$ N/mm², $f_S = 1$, $f_H = 1$);

c) geeignete ISO-Toleranzen: Nabenbohrung H7, Welle m6 (k6).

12.3 $L \approx 22$ mm ($T \approx 72$ Nm, $d_m = 28$ mm, $h' = 1{,}6$ mm, $n = 6$, Nabe: $p_{zul} \approx 67$ N/mm², $K_t = 1{,}0$, $R_{p0{,}2N} = 240$ N/mm², $S_F \approx 3{,}6$; Welle: $p_{zul} \approx 80$ N/mm², $K_t = 0{,}975$, $R_{eN} = 295$ N/mm²).

12.4 $\bar{U}_u \approx 44$ μm ($Z_k \approx 38$ μm, $p_{Fk} \approx 61$ N/mm², $\mu = 0{,}065$, $F_{R1} \approx 14$ kN, $l_F \approx 25$ mm, $K = 2{,}91$, $G \approx 6$ μm).

12.5 a) **Bestimmung einer geeigneten ISO-Übermaßpassung**

- **Berechnung des kleinsten Übermaßes = zum Übertragen der Kräfte/Momente erforderliches Mindestmaß**

Bestimmung der zu übertragenden Kraft $F_{R\,res}$

$$F_{R\,res} = S_H \cdot K_A \cdot F_{res} = 1{,}75 \cdot 1{,}75 \cdot 13{,}76 \text{ kN} = \mathbf{42{,}1 \text{ kN}} \tag{12.8}$$

mit

$$F_{res} = \sqrt{F_{t'}^2 + F_l^2} = \sqrt{(13{,}7 \text{ kN})^2 + (1{,}3 \text{ kN})^2} = 13{,}76 \text{ kN} \tag{Bild 12-13}$$

$$F_{t'} = F_t \frac{d_1/2}{D_F/2} = 7{,}5 \text{ kN} \frac{91{,}4 \text{ mm}/2}{50 \text{ mm}/2} = 13{,}7 \text{ kN}$$

und $S_H = 1{,}5 \ldots 2{,}0$ nach Gl. (12.8), Mittelwert 1,75

Bestimmung der kleinsten erforderlichen Fugenpressung p_{Fk}

$$p_{Fk} = \frac{F_{R\,res}}{A_F \cdot \mu} = \frac{F_{R\,res}}{D_F \cdot \pi \cdot l_F \cdot \mu} = \frac{42{,}1 \cdot 10^3 \text{ N}}{50 \text{ mm} \cdot \pi \cdot (80 \text{ mm} - 2 \cdot 2 \text{ mm}) \cdot 0{,}19} = \mathbf{18{,}6 \frac{N}{mm^2}} \tag{12.9}$$

mit $\mu = 0{,}18 \ldots 0{,}2$ (Haftbeiwert für Stahl auf Stahl trocken, Querpressverband) nach TB 12-6a, Mittelwert 0,19; von Fugenlänge wird Fase abgezogen

Bestimmung der Hilfsgröße K

$$K = \frac{E_A}{E_I} \left(\frac{1 + Q_I^2}{1 - Q_I^2} - \nu_I \right) + \frac{1 + Q_A^2}{1 - Q_A^2} + \nu_A = (1 - 0{,}3) + \frac{1 + 0{,}55^2}{1 - 0{,}55^2} + 0{,}3 = \mathbf{2{,}87} \tag{12.12}$$

mit $E_A = E_I = 210 \cdot 10^3$ N/mm² (TB 1-1); $\nu_A = \nu_I - 0{,}3$ (TB 12-6b); $Q_I = 0$ (Vollwelle) und $Q_A = D_F/D_{Aa} = D_F/d_1 = 50$ mm$/91{,}4$ mm $= 0{,}55$

Bestimmung des kleinsten Haftmaßes Z_k

$$Z_k = \frac{p_{Fk} \cdot D_F}{E_A} \cdot K = \frac{18{,}6 \text{ N/mm}^2 \cdot 50 \text{ mm}}{210 \cdot 10^3 \text{ N/mm}^2} \cdot 2{,}87 = \mathbf{12{,}7 \cdot 10^{-3} \text{ mm}} \tag{12.13}$$

12 Elemente zum Verbinden von Wellen und Naben

Bestimmung des Mindestübermaßes $Ü_u$

$$Ü_u = Z_k + G = (12{,}7 + 10)\,\mu m \approx \mathbf{23\,\mu m} \tag{12.15}$$

mit Glättung G

$$G \approx 0{,}8 \cdot (Rz_{Ai} + Rz_{Ia}) = 0{,}8 \cdot (6{,}3 + 6{,}3)\,\mu m \approx \mathbf{10\,\mu m} \tag{12.14}$$

- **Berechnung des Höchstübermaßes = Grenze der elastisch-plastischen Verformung**

Bestimmung der größten zulässigen Fugenpressung p_{Fg}

Nabe:

$$p_{Fg} = \frac{R_{eA}}{S_{FA}} \frac{1 - Q_A^2}{\sqrt{3}} = \frac{438\,\text{N/mm}^2}{1{,}15} \frac{1 - 0{,}55^2}{\sqrt{3}} = \mathbf{153\,\frac{N}{mm^2}} \tag{12.16}$$

mit

$R_{eA} = K_t \cdot R_{eN} = 0{,}63 \cdot 695\,\text{N/mm}^2 = 438\,\text{N/mm}^2$, K_t aus TB 3-11a, Kurve 4 für $d_{Rohteil} = 2\,t = 2 \cdot 45\,mm = 90\,mm$ (TB 3-11e), R_{eN} aus TB 1-1d

$S_F = 1{,}0 \ldots 1{,}3$ nach Gl. 12-7 Legende, Mittelwert 1,15

Welle:

$$p_{FgI} = \frac{R_{eI}}{S_{FI}} \frac{2}{\sqrt{3}} = \frac{311\,\text{N/mm}^2}{1{,}15} \frac{2}{\sqrt{3}} = \mathbf{312\,\frac{N}{mm^2}} \tag{12.16}$$

mit

$R_{eI} = K_t \cdot R_{eN} = 0{,}93 \cdot 335\,\text{N/mm}^2 = 311\,\text{N/mm}^2$, K_t aus TB 3-11a, Kurve 1 für $d_{Rohteil} = 60\,mm$, R_{eN} aus TB 1-1a

$p_{FgI} \gg p_{Fg}$ Fugenpressung der Nabe ist entscheidend

Bestimmung des größten zulässigen Haftmaßes Z_g

$$Z_g = \frac{p_{Fg} \cdot D_F}{E_A} \cdot K = \frac{153\,\text{N/mm}^2 \cdot 50\,mm}{210 \cdot 10^3\,\text{N/mm}^2} \cdot 2{,}87 = \mathbf{105 \cdot 10^{-3}\,mm} \tag{12.17}$$

Bestimmung des größten zulässigen Übermaßes $Ü_o$

$$Ü_o = Z_g + G = (105 + 10)\,\mu m = \mathbf{115\,\mu m}$$

- **Passungswahl**

  Mit TB 2-2 können verschiedene mögliche Passungen bestimmt werden. Mögliche Passungen mit Einheitsbohrung sind H6/s5...u5, H7/t6...x6 und H8/u8

b) Berechnung der Fügetemperaturen

Zunächst Wahl der Passung **H8/u8** mit vorhandenem Kleinstübermaß $Ü'_u = 31\,\mu m > Ü_u$ und Größtübermaß $Ü'_o = 109\,\mu m < Ü_o$ sowie ohne Unterkühlung der Welle.

Fügetemperatur ϑ_A

$$\vartheta_A \approx \vartheta + \frac{Ü'_o + S_u}{\alpha_A \cdot D_F} + \frac{\alpha_I}{\alpha_A}(\vartheta_I - \vartheta)$$

$$\approx 20\,°C + \frac{(109 + 50) \cdot 10^{-3}\,mm}{11 \cdot 10^{-6}\,\frac{1}{°C} \cdot 50\,mm} = \mathbf{309\,°C} > \vartheta_{zul} = 200\,°C \tag{12.22}$$

mit $S_u \approx D_F/1000 = 50\,\mu m$, α aus TB 12-6b und ϑ_{zul} aus TB 12-6c für einsatzgehärteten Stahl

Ergebnis: Erforderliche Fügetemperatur ist zu hoch

Neue Berechnung für Passung **H7/t6** mit vorhandenem Kleinstübermaß
$Ü''_u = 29\,\mu m > Ü_u$ und Größtübermaß $Ü'_o = 70\,\mu m < Ü_o$

$$\vartheta_A \approx \ldots \approx 20\,°C + \frac{(70+50)\cdot 10^{-3}\,\text{mm}}{11\cdot 10^{-6}\frac{1}{°C}\cdot 50\,\text{mm}} + \frac{8{,}5\cdot 10^{-6}}{11\cdot 10^{-6}}(-78-20)\,°C = \mathbf{162\,°C} < \vartheta_{zul}$$

Bei dieser Passung ist eine Unterkühlung der Welle erforderlich (mit Trockeneis – $\vartheta_A = -78\,°C$), um nicht ϑ_{zul} zu überschreiten.

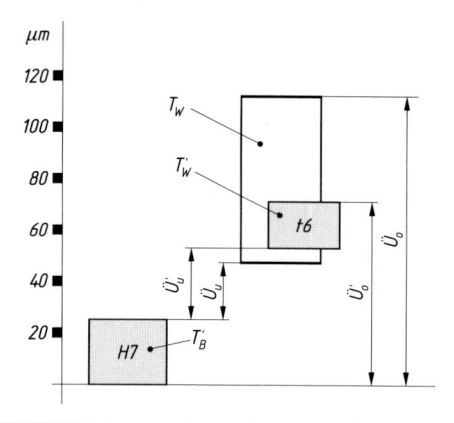

12.6 H8/u7 ($Ü_u \approx 48\,\mu m$, $G \approx 8\,\mu m$, $Z_k \approx 40\,\mu m$, $p_{Fk} \approx 19{,}0\,\text{N/mm}^2$, $K = 4{,}44$, $F_{Rl} \approx 17{,}5\,\text{kN}$, $S_H = 1{,}75$, $\mu = 0{,}065$, $l_F \approx 45\,\text{mm}$, $Ü_o \approx 164\,\mu m$, $Z_g \approx 156\,\mu m$; Nabe: $p_{Fg} \approx 74\,\text{N/mm}^2$, $R_{eN} = 235\,\text{N/mm}^2$, $K_t = 0{,}99$ für $d = t = 36\,\text{mm}$ nach TB 3-11a und e; Hohlwelle $p_{Fg} \approx 97{,}4\,\text{N/mm}^2$, $R_{eN} = 335\,\text{N/mm}^2$, $K_t \approx 0{,}87$ für $d = 105\,\text{mm}$, $S_{FA} = S_{Fl} = 1{,}1$, $P_T \approx 116\,\mu m$), mit der gewählten Passung $Ü''_u = 70\,\mu m$ und $Ü''_o = 159\,\mu m$.

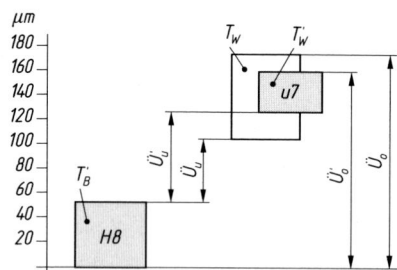

12.7 a) H6/u6 ($Ü_u \approx 245\,\mu m$, $G \approx 10\,\mu m$, $Z_k \approx 235\,\mu m$, $p_{Fk} \approx 68\,\text{N/mm}^2$, $F_t \approx 960\,\text{kN}$, $l_F = 200\,\text{mm}$, $S_H = 2{,}0$, $\mu = 0{,}18$, $Ü_o \approx 422\,\mu m$, $Z_g \approx 412\,\mu m$; Nabe: $p_{Fg} \approx 119\,\text{N/mm}^2$, $R_{pN} = 300\,\text{N/mm}^2$, $K_t \approx 0{,}99$ für $d = t \approx 105\,\text{mm}$ nach TB 3-11a und e, $S_{FA} = 1{,}0$; Welle $p_{Fg} \approx 467\,\text{N/mm}^2$, $R_{eN} = 650\,\text{N/mm}^2$, $K_t = 0{,}685$ für $d = 260\,\text{mm}$ nach TB 3-11a, $S_{Fl} = 1{,}1$, $P_T \approx 177\,\mu m$); mit der gewählten Passung $Ü''_u = 255\,\mu m$ und $Ü''_o = 313\,\mu m$; eine direkte Maßangabe für die Welle ist empfehlenswert, damit die Passung für die Bohrung größer gewählt werden kann.

12 Elemente zum Verbinden von Wellen und Naben

b) $\vartheta_A \approx 225\,°C$; ($S_u \approx 250\,\mu m$, $\alpha_A \approx 11 \cdot 10^{-6}$ 1/K, $\ddot{U}'_o = 313\,\mu m$). Mit dieser Temperatur wird die zulässige Temperatur für Stahlguss $\vartheta_{A\,max} = 350\,°C$ (s. TB 12-6c) nicht überschritten.

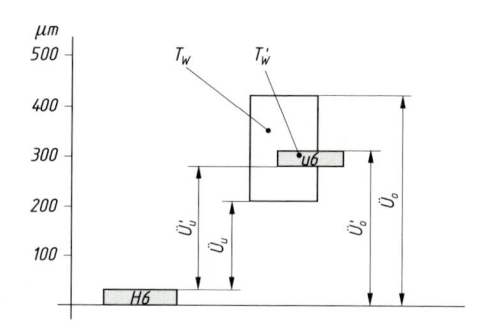

12.8 Für die Berechnung soll der Außenring ohne Versteifung angenommen werden. Diese Vereinfachung ist erforderlich, damit die Berechnungsgleichungen für zylindrische Pressverbände angewendet werden können. Durch die Versteifung ist der Lagerbock insgesamt weniger elastisch und somit unnachgiebiger als nur der Außenring. Die Einpresskraft wird dadurch tendenziell etwas größer.

a) Bestimmung der größten erforderlichen Einpresskraft F_e

$$F_e = A_F \cdot p'_{Fg} \cdot \mu_e \tag{12.21}$$

Bestimmung des Übermaß $\ddot{U}'_o$ für Passung H7/r6

$$\ddot{U}'_o = es - EI = ei + T_W - EI = 43\,\mu m + 19\,\mu m - 0 = \mathbf{62\,\mu m}$$

siehe Bild 12-15 Lehrbuch; Werte aus TB 2-1 bis 2-3

Bestimmung des größten vorhandenen Haftmaßes Z'_g

$$Z'_g = \ddot{U}'_o - G = (62 - 5)\,\mu m = \mathbf{57 \cdot 10^{-3}\,mm} \tag{12.18}$$

mit Glättung G

$$G \approx 0{,}8 \cdot (Rz_{Ai} + Rz_{Ia}) = 0{,}8 \cdot (4 + 2{,}5)\,\mu m \approx 5\,\mu m \tag{12.14}$$

$Rz_{Ai} = 4\,\mu m$, $Rz_{Ia} = 2{,}5\,\mu m$ nach TB 2-11 für hochwertige Flächen

Bestimmung der größten vorhandenen Fugenpressung p'_{Fg}

$$p'_{Fg} = \frac{Z'_g \cdot E_A}{D_F \cdot K} = \frac{57 \cdot 10^{-3}\,mm \cdot 2{,}1 \cdot 10^5\,N/mm^2}{75\,mm \cdot 11{,}86} = \mathbf{13{,}5\,N/mm^2} \tag{12.17}$$

mit Hilfsgröße K

$$K = \frac{E_A}{E_I}\left(\frac{1+Q_I^2}{1-Q_I^2} - v_I\right) + \frac{1+Q_A^2}{1-Q_A^2} + v_A$$

$$= \frac{210 \cdot 10^3\,N/mm^2}{95 \cdot 10^3\,N/mm^2}\left(\frac{1+0{,}8^2}{1-0{,}8^2} - 0{,}36\right) + \frac{1+0{,}625^2}{1-0{,}625^2} + 0{,}3 = 11{,}86 \tag{12.12}$$

mit $E_A = 210 \cdot 10^3\,N/mm^2$ (TB 1-1); $E_I = 95 \cdot 10^3\,N/mm^2$ (TB 1-3a); $\mu_A = 0{,}3$, $\mu_I = (0{,}35\ldots0{,}37)$, Mittelwert 0,36 (TB 12-6b); $Q_I = D_{Ii}/D_F = 60\,mm/75\,mm = 0{,}8$ und $Q_A = D_F/D_{Aa} = 75\,mm/120\,mm = 0{,}625$

Bestimmung der größten erforderlichen Einpresskraft F_e

$$F_e = A_F \cdot p'_{Fg} \cdot \mu_e = D_F \cdot \pi \cdot l_F \cdot p'_{Fg} \cdot \mu_e$$
$$= 75\,mm \cdot \pi \cdot 59\,mm \cdot 13{,}5\,N/mm^2 \cdot 0{,}07 \approx \mathbf{13{,}1\,kN} \tag{12.21}$$

mit $l_F = 63\,mm - 2 \cdot 2\,mm = 59\,mm$ unter Annahme einer 2 mm Fase beidseitig, Haftbeiwert μ_e für Lösen aus TB 12-6a für Cu-Leg. trocken

b) Die größte mögliche Flächenpressung der gewählten Passung darf die zulässige Fugenpressung nicht übersteigen: $p'_{Fg} \leq p_{Fg}$

Bestimmung der größten zulässigen Fugenpressung p_{Fg}

Nabe (aus Rohr $-$ 127 × ID71):

$$p_{Fg} = \frac{R_{eA}}{S_{FA}} \frac{1 - Q_A^2}{\sqrt{3}} = \frac{235 \text{ N/mm}^2}{1,1} \frac{1 - 0,625^2}{\sqrt{3}} = 75,2 \frac{\text{N}}{\text{mm}^2} \qquad (12.16)$$

mit

$R_{eA} = K_t \cdot R_{eN} = 1,0 \cdot 235 \text{ N/mm}^2 = 235 \text{ N/mm}^2$, K_t aus TB 3-11a, Kurve 2 für $d_{Rohteil} = t = 28$ mm (TB 3-11e), R_{eN} aus TB 1-1a

Buchse:

$$p_{FgI} = \frac{R_{eI}}{S_{FI}} \frac{1 - Q_I^2}{\sqrt{3}} = \frac{140 \text{ N/mm}^2}{1,1} \frac{1 - 0,8^2}{\sqrt{3}} = 26,5 \frac{\text{N}}{\text{mm}^2} \qquad (12.16)$$

mit

R_{eI} aus TB 1-3a, kein technologischer Größeneinflussfaktor bei Kupferlegierungen

Ergebnis: $p'_{Fg} < p_{FgI} < p_{Fg}$ Passung ist zulässig

12.9 Vorgesehene Passung H7/r6 ist mit $\ddot{U}'_u = 25$ µm und $\ddot{U}'_o = 90$ µm nicht geeignet, da $\ddot{U}'_u < \ddot{U}_u$

a) ($\ddot{U}_u \approx 42$ µm, $G \approx 8$ µm, $Z_k \approx 34$ µm, $p_{Fk} \approx 2,9$ N/mm², $K = 6,93$, $Q_I \approx 0,19$, $Q_A \approx 0,84$, $\nu_I = 0,25$, $\nu_A = 0,36$, $E_A = 95\,000$ N/mm², $E_I = 100\,500$ N/mm², $F'_t = 6175$ N, $S_H = 1,75$, $\mu = 0,21$, $l_F = 35$ mm; $\ddot{U}_o \approx 249$ µm, $Z_g \approx 241$ µm; Nabe: $p_{Fg} = 20,7$ N/mm², $R_e = R_{eN} = 140$ N/mm², $S_{FA} = 1,15$; Radkörper: $p_{Fg} = 40,1$ N/mm², $R_{mN} = 200$ N/mm², $K_t \approx 0,9$ für $d = 2\,t = 36$ mm nach TB 3-11b, $S_{BI} = 2,5$);

b) ($\ddot{U}_u \approx 74$ µm, $Z_k \approx 66$ µm, $K = 13,35$, $Q_I = 0,875$; $\ddot{U}_o \approx 227$ µm, $Z_g \approx 219$ µm; Radkörper $p_{Fg} \approx 9,74$ N/mm²); mögliche Passung H7/t6 mit $\ddot{U}'_u = 94$ µm > $\ddot{U}_u = 74$ µm und $\ddot{U}'_o = 159$ µm < $\ddot{U}_o = 227$ µm.

12.10 a) Bestimmung der Aufpresskraft

$$F_e \geq \frac{2 \cdot S_H \cdot K_A \cdot T_{nenn}}{D_{mF} \cdot \mu} \frac{\sin(\varrho_e + \alpha/2)}{\cos \varrho_e}$$

$$= \frac{2 \cdot 1,2 \cdot 1,1 \cdot 10^6 \text{ N mm}}{62 \text{ mm} \cdot 0,1} \frac{\sin(6,28 + 5,71)°}{\cos 6,28°} = \mathbf{89,0 \text{ kN}} \qquad (12.29)$$

mit

$D_2 = D_1 - C \cdot l = (70 - 80/5)$ mm $= 54$ mm   (Kegelverhältnis $C = 1:5$) (12.25)

$D_{mF} = (D_1 + D_2)/2 = (70 + 54)$ mm$/2 = 62$ mm   zu Legende (12.28)

$\alpha/2 = \arctan \dfrac{D_1 - D_2}{2 \cdot l} = \arctan \dfrac{(70 - 54) \text{ mm}}{2 \cdot 80 \text{ mm}} = 5,71°$ (12.26)

und $\mu = 0,09 \ldots 0,11$; $\tan \varrho_e = \mu_e = 0,10 \ldots 0,12$ nach TB 12-6a für Gusseisen, trocken, Mittelwert $\mu = 0,1$; $\mu_e = 0,11$; daraus Reibungswinkel $\varrho_e = 6,28°$

b) Berechnung der Aufschubwege a_{min} **und** a_{max}

Bestimmung des kleinsten Haftmaßes Z_k

$$Z_k = \frac{p_{Fk} \cdot D_{mF} \cdot K}{E_A \cdot \cos(\alpha/2)} = \frac{27,2 \text{ N/mm}^2 \cdot 62 \text{ mm} \cdot 2,25}{1,0 \cdot 10^5 \text{ N/mm}^2 \cdot \cos 5,71°} = \mathbf{38,1 \cdot 10^{-3} \text{ mm}} \qquad (12.28)$$

12 Elemente zum Verbinden von Wellen und Naben

mit kleinster erforderlicher Fugenpressung p_{Fk}

$$p_{Fk} = \frac{2 \cdot S_H \cdot T_{eq} \cdot \cos(\alpha/2)}{D_{mF}^2 \cdot \pi \cdot \mu \cdot l} = \frac{2 \cdot 1{,}2 \cdot 1{,}1 \cdot 10^6 \text{ N mm} \cdot \cos 5{,}71°}{(62 \text{ mm})^2 \cdot \pi \cdot 0{,}1 \cdot 80 \text{ mm}} = \mathbf{27{,}2 \, \frac{N}{mm^2}} \quad (12.31)$$

und Hilfsgröße K

$$K = \frac{E_A}{E_I}\left(\frac{1+Q_I^2}{1-Q_I^2} - \nu_I\right) + \frac{1+Q_A^2}{1-Q_A^2} + \nu_A$$

$$= \frac{100 \cdot 10^3 \text{ N/mm}^2}{210 \cdot 10^3 \text{ N/mm}^2}(1-0{,}3) + \frac{1+0{,}5^2}{1-0{,}5^2} + 0{,}25 = 2{,}25 \quad (12.12)$$

mit $E_A = (88 \ldots 113) \cdot 10^3$ N/mm² nach TB 1-2a (Mittelwert: $100 \cdot 10^3$ N/mm); $E_I = 210 \cdot 10^3$ N/mm² (TB 1-1); $\nu_A = 0{,}25$, $\nu_I = 0{,}3$ (TB 12-6b); $Q_I = 0$ Vollwelle und $Q_A = D_{mF}/D_{Aa} = 62 \text{ mm}/125 \text{ mm} = 0{,}5$

Bestimmung des Mindestaufschubweges a_{min}

$$a_{min} = \frac{(Z_k + G)/2}{\tan(\alpha/2)} = \frac{(38{,}1 + 16) \cdot 10^{-3} \text{ mm}/2}{\tan 5{,}71°} = \mathbf{0{,}27 \text{ mm}} \quad (12.27)$$

mit Glättung G

$$G \approx 0{,}8 \cdot (Rz_{Ai} + Rz_{Ia}) = 0{,}8 \cdot (10 + 10) \, \mu m = 16 \, \mu m \quad (12.14)$$

Bestimmung des größten Haftmaßes Z_g

$$Z_g = \frac{p_{Fg} \cdot D_{mF} \cdot K}{E_A \cdot \cos(\alpha/2)} = \frac{34{,}6 \text{ N/mm}^2 \cdot 62 \text{ mm} \cdot 2{,}25}{100 \cdot 10^3 \text{ N/mm}^2 \cdot \cos 5{,}71°} = \mathbf{48{,}5 \cdot 10^{-3} \text{ mm}} \quad (12.28)$$

mit größter zulässiger Fugenpressung p_{Fg}

Nabe:

$$p_{Fg} \leq \frac{R_{mA}}{S_{BA}} \frac{1-Q_A^2}{\sqrt{3}} = \frac{160 \text{ N/mm}^2}{2} \frac{1-0{,}5^2}{\sqrt{3}} = \mathbf{34{,}6 \, \frac{N}{mm^2}} \quad (12.16)$$

mit

$R_{mA} = K_t \cdot R_{mN} = 0{,}8 \cdot 200$ N/mm² $= 160$ N/mm², K_t aus TB 3-11b, Kurve 5 für $d_{Rohteil} = 2\,t = 2 \cdot 32$ mm $= 64$ mm (TB 3-11e), R_{mN} aus TB 1-2a

Welle:

$$p_{FgI} = \frac{R_{eI}}{S_{FI}} \frac{2}{\sqrt{3}} = \frac{340 \text{ N/mm}^2}{1{,}15} \frac{2}{\sqrt{3}} = \mathbf{341 \, \frac{N}{mm^2}} \quad (12.16)$$

mit

$R_{eI} = K_t \cdot R_{eN} = 0{,}81 \cdot 420$ N/mm² $= 340$ N/mm², K_t aus TB 3-11a, Kurve 3 für $d_{Rohteil} = 90$ mm, R_{eN} aus TB 1-1h; $S_F = 1{,}0 \ldots 1{,}3$ nach Gl. 12-7 Legende, Mittelwert 1,15

$p_{FgI} \gg p_{Fg}$ Fugenpressung der Nabe ist entscheidend

Bestimmung des maximal zulässigen Aufschubweges a_{max}

$$a_{max} = \frac{(Z_g + G)/2}{\tan(\alpha/2)} = \frac{(48{,}5 + 16) \cdot 10^{-3} \text{ mm}/2}{\tan 5{,}71°} = \mathbf{0{,}32 \text{ mm}} \quad (12.27)$$

12.11 a) $F_e \approx 6{,}1$ kN ($D_2 = 44$ mm, $D_{mF} = 47$ mm, $\alpha/2 = 2{,}8624°$, $\mu = 0{,}1$, $\mu_e = 0{,}11$, $S_H = 1{,}2$).

b) $a_{min} \approx 0{,}14$ mm, $a_{max} \approx 0{,}48$ mm; ($Z_k = 3{,}7$ μm, $G \approx 10$ μm, $p_{Fk} \approx 4{,}3$ N/mm², $K = 2{,}23$, $Q_A \approx 0{,}47$, $E_A \approx 122\,500$ N/mm², $\nu_A = 0{,}25$, $K_A \cdot F_t = 3191$ N; $Z_g \approx 37{,}9$ μm, Nabe: $p_{Fg} = 44{,}3$ N/mm², $R_{mN} = 300$ N/mm², $K_t = 0{,}82$ für $d = 2\,t = 60$ mm, $S_{BA} = 2{,}5$, Welle: $p_{FgI} \approx 262$ N/mm², $R_{eN} = 295$ N/mm², $K_t = 0{,}88$ für $d = 90$ mm, $S_{FI} = 1{,}15$).

12.12 a) $n = 2$ ($T_{eq} = 1146$ Nm, $T_{Tab} = 1120$ Nm, $f_n = 1{,}02$, Nabe: $p_{Fg} = 74{,}4$ N/mm² > $p_N = 88{,}6$ N/mm², $R_{pN} = 250$ N/mm², $K_t = 1{,}0$ für $d = 2\,t \approx 60$ mm, $S_{FA} = 1{,}1$, Welle: $p_{FgI} = 123$ N/mm² > $p_W = 100$ N/mm², $R_{eN} = 295$ N/mm², $K_t = 0{,}87$ für $d = 100$ mm, $S_{FI} = 1{,}1$, $Q_I \approx 0{,}29$).

b) aufgrund der niedrigeren Nabenpressung wird $F'_S = 148$ kN ($F_S = (31 + 145)$ kN).

12.13 Die Verbindung ist ausreichend bemessen, da $T_{max} = 16\,000$ Nm < $T_{Tab} = 17\,800$ Nm und der vorhandene Nabenaußendurchmesser $D_{Aa} = 200$ mm > $D_{Aa\,erf} = 179$ mm ist ($D = 130$ mm, $R_{eN} = 370$ N/mm², $K_t = 1$ für $d = 2 \cdot t_{max} = 80$ mm, $C = 1$, $p_N = 115$ N/mm²).

12.14 Die Verbindung ist ausreichend, da $T_{Tab} = 312$ Nm > $T_{eq} = 300$ Nm und die zulässige Flächenpressung der Nabe und Welle nicht überschritten werden (Nabe: $p_{Fg} \approx 353$ N/mm² > $p_N = 92$ N/mm², $R_{pN} = 850$ N/mm², $K_t \approx 0{,}55$ für $d = 2\,t \approx 140$ mm, $S_{FA} = 1{,}2$, $Q_A \approx 0{,}37$, Welle: $p_{FgI} = 367$ N/mm² > $p_W = 120$ N/mm², $R_{eN} = 335$ N/mm², $K_t = 0{,}95$ für $d = 50$ mm, $S_{FI} = 1{,}2$). Zum Anziehen der Nutmutter ist für das Spannmoment der Tabellenwert $M_s = 401$ Nm vorzusehen.

12.15 a) $p_{Fk} \approx 12{,}2$ N/mm², $p_{Fg} = 29{,}5$ N/mm², ($S_H = 1{,}75$, $\mu = 0{,}16$, Nabe: $p_{Fg} \approx 29{,}5$ N/mm², $R_{mN} = 200$ N/mm², $K_t = 0{,}83$ für $d = 2\,t = 56$ mm, $Q_A \approx 0{,}48$, $S_{BA} = 2{,}5$, Welle: $p_{FgI} = 139$ N/mm², $R_{eN} = 295$ N/mm², $K_t = 0{,}94$ für $d = 55$ mm, $S_{FI} = 1{,}15$).

b) $F_{Kl} \geq 15{,}0$ kN ($K = \pi^2/8$).

12.16 $F_{Kl} \geq 18{,}1$ kN, $F_{Kl\,max} = 33{,}6$ kN ($p_{Fk} = 21{,}7$ N/mm², $p_{Fg} = 40{,}3$ N/mm², $S_H = 1{,}5$, $\mu = 0{,}16$, $T_{nenn} = 90$ Nm, $l_1 = 22{,}5$ mm, $l_2 = 52{,}5$ mm, Nabe: $p_{Fg} = 40{,}3$ N/mm², $R_{mN} = 200$ N/mm², $K_t = 0{,}93$ für $d = 2\,t = 30$ mm, $Q_A = 0{,}5$, $S_{BA} = 2{,}0$, Welle: $p_{FgI} = 315$ N/mm², $R_{eN} = 300$ N/mm², $K_t = 1{,}0$ für $d = 30$ mm, $S_{FI} = 1{,}1$).

12.17 $F_{Kl} \geq 5{,}54$ kN, $F_{Kl\,max} = 37{,}5$ kN ($p_{Fk} = 9{,}6$ N/mm², $p_{Fg} = 65$ N/mm², $S_H = 1{,}75$, $\mu = 0{,}19$, $T_{eq} = 50$ Nm, $l_1 = 25$ mm, $l_2 = 52$ mm, Nabe: $p_{Fg} = 65$ N/mm², $R_{eN} = 235$ N/mm², $K_t = 1{,}0$ für $d = t = 30$ mm, $Q_A = 0{,}67$, $S_{FA} = 1{,}15$, Welle: $p_{FgI} = 292$ N/mm², $R_{eN} = 300$ N/mm², $K_t = 0{,}97$ für $d = 40$ mm, $S_{FI} = 1{,}15$).

13 Kupplungen und Bremsen

13.1 Trägheitsmoment der Spindel:

Teilkörper Nr.	Abmessungen mm	Masse m kg ($\varrho = 7850$ kg/m³)	Durchmesser d m	Trägheitsmoment in kg m² $J = \frac{1}{8} md^2$
1	⌀ 85 × 125	5,57	0,085	0,0050
2	⌀ 105 × 190	12,91	0,105	0,0178
3	⌀ 120 × 410	36,40	0,12	0,0655
4	⌀ 105 × 140	9,52	0,105	0,0131
5	⌀ 85 × 115	5,12	0,085	0,0046
		69,52 kg		0,106 kg m²

$J_{ges} = (0,106 + 0,07 + 4,7)$ kg m² $= 4,876$ kg m² $= 4,9$ kg m²

13.2

Teilkörper	Abmessungen mm	Masse m kg	Trägheitsmoment J kg m²
Nabe (1)	⌀ 120 × ⌀ 190 × 170	22,74	0,144
Scheibe (2)	⌀ 810 × ⌀ 190 × 12	45,87	3,969
12 Rippen (3)	▭ 60 × 8 × 310	14,02	0,988
Kranz (4)	≈ ⌀ 867 × ⌀ 810 × 160	94,29	16,593 ≅ 76,5 %
		176,92 kg	21,695

13.3 $J_{red} = 0,007 \text{ kg m}^2 + \dfrac{0,02 \text{ kg m}^2}{3,15^2} + \dfrac{0,028 \text{ kg m}^2}{(3,15 \cdot 2,5)^2} + 560 \text{ kg} \left(\dfrac{2,5 \text{ m/s}}{150,8 \text{ s}^{-1}}\right)^2 = 0,164 \text{ kg m}^2$

13.4 a) z. B. N-Eupex-Kupplung Baugröße B80 oder Hadeflex-Kupplung, Bauform XW1, Baugröße 28.

b) Die maximal zulässigen Bohrungsdurchmesser der Kupplungsnaben (30 bzw. 28 mm) sind ≥ dem Durchmesser 28k6 des Wellenendes vom Drehstrommotor. Die Baugrößen sind damit ausreichend.

Die Anordnung der Kupplungsteile auf den zu verbindenden Wellenenden ist in der Regel beliebig. Für die N-Eupex-Kupplung empfiehlt der Hersteller, die Kupplungshälfte mit den Paketen auf die treibende, bei senkrechter Anordnung auf die untere Welle zu setzen.

Die Nabenbefestigung erfolgt normalerweise mit Passfedern und Stellschrauben. Das Wellenende des Motors ist mit 60 mm wesentlich länger als die Kupplungsnaben (30 bzw. 28 mm), Nabenverlängerungen sind grundsätzlich zu vermeiden. Bei Bedarf werden Ausgleichsbuchsen eingesetzt.

13.5 Systematische Wahl nach Lehrbuch Bild 13-3a: nichtschaltbare Kupplung – nachgiebig – formschlüssig – längs-, quer-, winkel-, drehnachgiebig – elastisch. In Frage kommen gummielastische Kupplungen hoher Elastizität, nach Bild 13-58 also z. B. eine hochelastische Wulstkupplung (Radaflex-Kupplung). Gewählt *Radaflex-Kupplung, Baugröße 10* ($T'_K = 38,2$ Nm · 2,4 = 92 Nm < $T_{KN} = 100$ Nm; Antrieb Verbrennungsmotor 1 Zylinder – Anlauf selten – Belastung Vollast, stoßfrei – Kupplung – tägliche Laufzeit 8 h: $K_A \approx 2,4$; $T_N = 38,2$ Nm).

13.6 a) Systematische Auswahl nach Lehrbuch Bild 13-3a: nichtschaltbare Kupplung – nachgiebig – formschlüssig – längs-, quer-, winkel-, drehnachgiebig – elastisch. Geeignet sind gummielastische Kupplungen mittlerer Elastizität, nach Bild 13-58 also z. B. eine elastische Klauenkupplung (N-Eupex-Kupplung).

b) Gewählt *N-Eupex-Kupplung, Baugröße B160* ($T'_K = 276$ Nm · 1,8 = 498 Nm < $T_{KN} = 560$ Nm; Antrieb Elektromotor – Anlauf leicht – Belastung Vollast, mäßige Stöße – Kupplung – tägliche Laufzeit 12 Stunden: $K_A \approx 1,8$; $T_N = 276$ Nm, Bohrungen der Kupplungsnaben ≤ 65 mm passen zu den Wellenzapfen mit $\varnothing$ 38 mm bzw. $\varnothing$ 50 mm).

13.7 Auslegung nach der ungünstigsten Lastart

a) Hadeflex-Kupplung, Baugröße 38

Kupplungsdaten aus TB 13-4; Daten Drehstrommotor aus TB 16-21

Bestimmung der Belastung durch Drehmomentstöße

Nur antriebsseitig treten Stöße (Anfahren mit Drehstrommotor) auf

$$T'_K = \frac{J_L}{J_A + J_L} \cdot T_{AS} \cdot S_A \cdot S_z \cdot S_t \leq T_{K\,max} = 3 \cdot T_{KN}$$

$$= \frac{0,4 \text{ kg m}^2}{(0,0318 + 0,4) \text{ kg m}^2} \cdot 154 \text{ Nm} \cdot 1,8 \cdot 1,0 \cdot 1,4 = \mathbf{359\text{ Nm}} < 3 \cdot 120 \text{ Nm} = 360 \text{ Nm}$$

(13.13a)

mit

$$T_N = 9550 \frac{P}{n} = 9550 \frac{7,5}{1445} = \mathbf{49,6\text{ Nm}}$$

(11.11)

$T_{AS} = T_{ki} = 3,1 \cdot T_N = 3,1 \cdot 49,6$ Nm $= 154$ Nm

T_{ki} und J_M aus TB 16-21; $J_A = J_M + J_K/2 \approx J_M$, $J_L = J_V + J_K/2 \approx J_V$, S_z für ≤ 120 Anläufe aus TB 13-8a, J_K, T_{KN} und T_{Kmax} aus TB 13-4

Prüfung, ob Anlage unter- oder überkritisch läuft

- **kritische Kreisfrequenz**

$$\omega_k = \omega_e / i = 654 \text{ s}^{-1}/2 = \mathbf{327\text{ s}^{-1}}$$

(13.9)

mit

$$\omega_e = \sqrt{C_{T\,dyn} \frac{J_A + J_L}{J_A \cdot J_L}} = \sqrt{12\,600 \frac{\text{Nm}}{\text{rad}} \frac{0,4 \text{ kg m}^2 + 0,0318 \text{ kg m}^2}{0,4 \text{ kg m}^2 \cdot 0,0318 \text{ kg m}^2}} = \mathbf{654\text{ s}^{-1}}$$

(13.8)

$i = 2$, $i =$ Zylinderanzahl (s. Legende zu Gl. (13.9)); $C_{T\,dyn}$ aus TB 13-4

- **Betriebskreisfrequenz**

$$\omega = \pi \cdot n/30 = \pi \cdot 1445/30 \text{ s}^{-1} = \mathbf{151\text{ s}^{-1}}$$

$\omega/\omega_k = 151 \text{ s}^{-1}/327 \text{ s}^{-1} = 0,46 < 1/\sqrt{2} = 0,707$ Anlage läuft unterhalb des Resonanzbereiches. Günstiger ist ein ruhigerer Lauf im überkritischen Bereich

13 Kupplungen und Bremsen

Bestimmung der Belastung durch ein periodisches Wechseldrehmoment

Durch Kolbenverdichter verursacht

- **bei Durchfahren der Resonanz**

  entfällt, da Kupplung beim Anfahren nicht den Resonanzbereich durchläuft

- **bei Betriebsdrehzahl** n

$$T'_K = \frac{J_A}{J_A + J_L} \cdot T_{Li} \cdot V \cdot S_t \cdot S_f \leq T_{KW} = 0{,}5 \cdot T_{KN}$$

$$= \frac{0{,}0318 \text{ kg m}^2}{(0{,}0318 + 0{,}4) \text{ kg m}^2} \cdot 33 \text{ Nm} \cdot 1{,}27 \cdot 1{,}4 \cdot 1{,}55 = \mathbf{6{,}8 \text{ Nm}} < 0{,}5 \cdot 120 \text{ Nm} = 60 \text{ Nm}$$

(13.15b)

mit

$$V \approx \frac{1}{\left|\left(\frac{\omega}{\omega_k}\right)^2 - 1\right|} = \frac{1}{\left|\left(\frac{151 \text{ s}^{-1}}{325 \text{ s}^{-1}}\right)^2 - 1\right|} = 1{,}27 \qquad \text{Legende zu (13.10)}$$

$$S_f = \sqrt{\frac{\omega}{63}} = \sqrt{\frac{151}{63}} = 1{,}55 \quad \text{aus TB 13-8c und } T_{KW} \text{ aus TB 13-4}$$

b) Radaflex-Kupplung, Baugröße 10

Kupplungsdaten aus TB 13-5; Daten Drehstrommotor aus TB 16-21

Bestimmung der Belastung durch Drehmomentstöße

$$T'_K = \frac{0{,}4078 \text{ kg m}^2}{(0{,}0396 + 0{,}4078) \text{ kg m}^2} \cdot 154 \text{ Nm} \cdot 1{,}8 \cdot 1{,}0 \cdot 1{,}4 = \mathbf{354 \text{ Nm}} > 3 \cdot 100 \text{ Nm} = 300 \text{ Nm}$$

mit

$J_A = J_M + J_K/2 = 0{,}0318 \text{ kg m}^2 + 0{,}0156 \text{ kg m}^2/2 = 0{,}0396 \text{ kg m}^2$

$J_L = J_V + J_K/2 = 0{,}4 \text{ kg m}^2 + 0{,}0156 \text{ kg m}^2/2 = 0{,}4078 \text{ kg m}^2$

Kupplung zu klein, Baugröße 16 wählen

Baugröße 16: $T'_K = 347 \text{ Nm} < 3 \cdot 160 = 480 \text{ Nm}$ mit $J_A = 0{,}0501 \text{ kg m}^2$, $J_L = 0{,}4183 \text{ kg m}^2$

Prüfung, ob Anlage unter- oder überkritisch läuft

- **kritische Kreisfrequenz**

$$\omega_k = \omega_e/i = 160 \text{ s}^{-1}/2 = \mathbf{80 \text{ s}^{-1}}$$

(13.9)

mit

$$\omega_e = \sqrt{C_{T\text{dyn}} \frac{J_A + J_L}{J_A \cdot J_L}} = \sqrt{1146 \frac{\text{Nm}}{\text{rad}} \frac{0{,}0501 \text{ kg m} + 0{,}4183 \text{ kg m}}{0{,}0501 \text{ kg m} \cdot 0{,}4183 \text{ kg m}}} = \mathbf{160 \text{ s}^{-1}}$$

(13.8)

$i = 2$, i = Zylinderanzahl (s. Legende zu Gl. (13.9))

- **Betriebskreisfrequenz**

$\omega = \pi \cdot n/30 = \pi \cdot 1445/30 \text{ s}^{-1} = \mathbf{151 \text{ s}^{-1}}$

$\omega/\omega_k = 151 \text{ s}^{-1}/80 \text{ s}^{-1} = 1{,}89 > \sqrt{2} = 1{,}414$ Anlage läuft ruhig oberhalb des Resonanzbereiches

Bestimmung der Belastung durch ein periodisches Wechseldrehmoment

- **bei Durchfahren der Resonanz**

$$T'_K = \frac{J_A}{J_A + J_L} \cdot T_{Li} \cdot V_R \cdot S_z \cdot S_t \leq T_{K\,max} = 3 \cdot T_{KN}$$

$$= \frac{0{,}0501 \text{ kg m}^2}{(0{,}0501 + 0{,}4183) \text{ kg m}^2} \cdot 33 \text{ Nm} \cdot 5{,}24 \cdot 1{,}0 \cdot 1{,}4 = \mathbf{25{,}9} \text{ Nm} < 480 \text{ Nm} \qquad (13.14b)$$

mit $V_R = 2\pi/\psi = 2\pi/1{,}2 = 5{,}24$ (Legende zu (13.10)) und ψ aus TB 13-5

- **bei Betriebsdrehzahl n**

$$T_K = \frac{J_A}{J_A + J_L} \cdot T_{Li} \cdot V \cdot S_t \cdot S_f \leq T_{KW} = 0{,}4 \cdot T_{KN}$$

$$= \frac{0{,}0501 \text{ kg m}^2}{(0{,}0501 + 0{,}4183) \text{ kg m}^2} \cdot 33 \text{ Nm} \cdot 0{,}39 \cdot 1{,}4 \cdot 1{,}55 = \mathbf{2{,}99 \text{ Nm}} < 0{,}4 \cdot 160 \text{ Nm} = 64 \text{ Nm}$$

mit

$$V \approx \frac{1}{\left|\left(\frac{\omega}{\omega_k}\right)^2 - 1\right|} = \frac{1}{\left|\left(\frac{151 \text{ s}^{-1}}{80 \text{ s}^{-1}}\right)^2 - 1\right|} = 0{,}39$$

13.8 a) Biegenachgiebige Ganzmetallkupplung, z. B. Thomas-Kupplung, Bauform 923 mit Zwischenhülse.

b) Gewählt: Thomas-Kupplung, Bauform 923, Baugröße 25 (Auswahl nach $T'_K = 62{,}6 \cdot 1{,}0 = 62{,}6$ Nm und $d_{1\,max} = 50$ mm $> d_{Welle} = 42$ mm, $T_{LN} = 62{,}6$ Nm, $S_t = 1{,}0$). Die kleinste Baugröße wäre festigkeitsmäßig bereits ausreichend, jedoch ist die Nabenbohrung zu klein.

Nachprüfung auf Belastung durch antriebsseitigen Stoß: $T'_K = 340$ Nm $< T_{K\,max} = 2{,}5 \cdot 500 = 1250$ Nm ($J_L \approx 0{,}125 + 0{,}5 \cdot 0{,}0086 = 0{,}129$ kg m^2, $J_A \approx 0{,}045 + 0{,}5 \cdot 0{,}0086 = 0{,}049$ kg m^2, $T_{AS} \approx 72{,}4 \cdot 3{,}6 = 261$ Nm, $S_A \approx 1{,}8$, $S_z = 1$, $S_t = 1$, $T_N = 72{,}4$ Nm, $T_{KN} = 500$ Nm, $T_{ki} \approx 3{,}6 \cdot T_N$, $J_K = 0{,}0086$ kg m^2, $J_M = 0{,}045$ kg m^2).

c) $\Delta W_r = \dfrac{\Delta K_r}{S_f \cdot S_t} = 0{,}84$, $F_r = 546$ N ($C_r = 650$ N/mm, $S_t = 1{,}0$; $S_f = 1{,}55$).

13.9 Hadeflex-Kupplung, Bauform XW1, Baugröße 48 (Auswahl nach $T'_K = 71{,}7 \cdot 1{,}5 = 108$ Nm und $d_{1\,max} = d_{Welle} = 48$ mm, $T_{LN} = 71{,}5$ Nm, $S_t = 1{,}5$).

Nachprüfung auf Belastung durch antriebsseitigen Stoß: $T'_K = 386$ Nm $< T_{K\,max} = 3 \cdot 240$ Nm $= 720$ Nm ($J_A = 0{,}0763$ kg m^2; $J_L = 0{,}151$ kg m^2; $T_{AS} = T_{Ki} = 3 \cdot 71{,}7 = 215$ Nm; $S_A = 1{,}8$; $S_z = 1{,}0$).

13.10 a) $T'_K = 279$ Nm $< T_{K\,max} = 300$ Nm ($T_N = 42{,}4$ Nm, $J_A = 0{,}051 + 0{,}5 \cdot 0{,}0142 = 0{,}058$ kg m^2, $J_L = 0{,}5 \cdot 0{,}0142 + 0{,}040 + 61\,000 \, (0{,}333/94{,}2)^2 = 0{,}809$ kg m^2, $T_{AS} = T_{ki} = 2{,}8 \cdot 42{,}4 = 118{,}8$ Nm, $\omega_0 = 94{,}2$ s^{-1}, $S_A = 1{,}8$, $S_z = 1{,}0$, $S_t = 1{,}4$ für Wellenreifen aus Naturgummi). Die elastische Wulstkupplung ist richtig ausgelegt.

b) $t_a \approx 1{,}1$ s ($T_{am} \approx 2{,}3 \cdot 42{,}4 - 25 = 72{,}6$ Nm, $J_{ges} \approx 0{,}867$ kg m^2).

c) $s \approx 0{,}18$ m.

13 Kupplungen und Bremsen

13.11 a) $\omega \approx 38$ s^{-1} bzw. $n \approx 360$ min^{-1} ($J_A \approx J_M = 0{,}018$ kg m^2, $T_N = 36{,}3$ Nm und $T_{am} \approx 3 \cdot 36{,}3$ Nm $= 109$ Nm; $\alpha \approx 6050$ s^{-2}, $\varphi_s = 0{,}122$ rad).

b) $T_{KS} \approx 228$ Nm ($J_A \approx 0{,}018$ kg m^2, $J_L \approx 0{,}09$ kg m^2, $\Delta\omega \approx 38$ s^{-1}). Das Stoßmoment entspricht also dem 6fachen Nenndrehmoment. Drehspiel in den Übertragungselementen unbedingt vermeiden!

13.12 a) Hochelastische (drehspielfreie) Wulstkupplung, z. B. Radaflex-Kupplung;

b) Radaflex-Kupplung, Bauform 300, Baugröße 10 (Belastung durch das Nenndrehmoment: $T'_K = 55$ Nm $\cdot 1{,}4 = 77$ Nm $< T_{KN} = 100$ Nm, wenn $T_{LN} = T_N$; Schwingungsrechnung: $\omega_e = 45$ s^{-1}, $\omega_k = 45$ s$^{-1}/0{,}5 = 90$ s^{-1}, $n_k = 860$ min^{-1}, $C_{T\,dyn} = 917$ Nm/rad, $i = 0{,}5$; $\omega/\omega_k = 1{,}74 > \sqrt{2}$, Anlage arbeitet ruhig im überkritischen Bereich; Durchfahren der Resonanz: $T'_K = 131$ Nm $< T_{K\,max} = 300$ Nm; Kontrolle des Dauerwechseldrehmomentes: $T'_K = 20$ Nm $< T_{KW} = 40$ Nm; $S_z = 1{,}0$, $S_t = 1{,}4$, $S_f \approx 1{,}6$, $\omega = 157$ s^{-1}, $V_R = 2\pi/1{,}2 = 5{,}2$. $V = 1/(1{,}74^2 - 1) \approx 0{,}5$).

13.13 Hochelastische Wulstkupplung, z. B. Radaflex-Kupplung, Bauform 300, Baugröße 40 (Belastung durch Nenndrehmoment: $T'_K = 150$ Nm $\cdot 1{,}1 = 165$ Nm $< T_{KN} = 250$ Nm entspr. Baugröße 25, mit $S_t = 1{,}1$; Durchfahren der Resonanz: $T'_K \approx 875$ Nm $> T_{K\,max} = 3 \cdot 250$ Nm $= 750$ Nm, mit $J_A = 2{,}3 + 0{,}5 \cdot 0{,}0795 = 2{,}34$ kg m^2, $J_L = 0{,}9 + 0{,}5 \cdot 0{,}0795 = 0{,}94$ kg m^2, $\psi = 1{,}2$, $V_R \approx 2 \cdot \pi/1{,}2 = 5{,}24$, $S_z = 1{,}0$ nicht ausreichend, daher Baugröße 40 mit $T'_K \approx 895$ Nm $< T_{K\,max} = 1200$ Nm und $J_A \approx 2{,}39$ kg m^2, $J_L \approx 0{,}99$ kg m^2, $J_K = 0{,}175$ kg m^2 kritische Kreisfrequenz: $\omega_e = 60{,}7$ s^{-1}, $\omega_k = 60{,}7$ s$^{-1}/2 = 30{,}3$ s^{-1}, $n_k = 290$ min^{-1}, $\omega = 157$ s^{-1}, $C_{T\,dyn} = 2578$ Nm/rad, $\omega/\omega_k = 5{,}2 > \sqrt{2}$, Anlage läuft sehr ruhig weit über der Resonanzdrehzahl; Dauerwechseldrehmoment: $T'_K \approx 11$ Nm $< T_{KW} = 0{,}4 \cdot 400$ Nm $= 160$ Nm, mit $V = 1/(5{,}2^2 - 1) \approx 0{,}04$, $S_f \approx 1{,}6$; max. zul. Drehzahl $n_{max} = 2000$ min^{-1} > 1500 min^{-1}).

13.14 Für die Größenbestimmung einer Reibkupplung kann das schaltbare Drehmoment, das übertragbare Drehmoment, die geforderte Schaltzeit und die zulässige Erwärmung der Kupplung (über Schaltarbeit erfasst) maßgebend sein. Beim übertragbaren Drehmoment brauchen mögliche Stoßdrehmomente nicht berücksichtigt werden, da die Kupplung bei Überschreiben von $T_{KNü}$ durchrutscht. Kupplungswerte aus TB 13-7

Bestimmung der Kupplungsbaugröße über schaltbares Drehmoment der Kupplung T_{Ks}

$$T_{Ks} = J_L \frac{\omega_A - \omega_{L0}}{t_R} + T_L \leq T_{KNs}$$

$$= 0{,}32 \text{ kg m}^2 \frac{152 \text{ s}^{-1} - 0}{0{,}8 \text{ s}} + 30 \text{ Nm} = \mathbf{90{,}7 \text{ Nm}} < 100 \text{ Nm} \tag{13.18}$$

mit

$$\omega_A = \pi \cdot n/30 = \pi \cdot 1450/30 \text{ s}^{-1} = 152 \text{ s}^{-1} \quad \text{und} \quad \omega_{L0} = 0$$

gewählt: BSD-Lamellenkupplung, Bauform 100, Baugröße 10 mit $T_{KNs} = 100$ Nm (nach TB 13-7)

Überprüfung des übertragbaren Nenndrehmoments der Kupplung $T_{KNü}$

Nach dem Schalten wird die Kupplung nur durch das Lastdrehmoment der Arbeitsmaschine belastet, d. h.

$T_{Kü} \approx T'_K = T_L = \mathbf{80 \text{ Nm}} < T_{KNü} = 140$ Nm ($T_{KNü}$ für Baugröße 10 nach TB 13-7)

Überprüfung der auftretenden Rutschzeit ($t_R \leq 0{,}8$ s gefordert)

$$t_R = \frac{J_L}{T_{KNs} - T_L}(\omega_A - \omega_{L0}) = \frac{0{,}32 \text{ kg m}^2}{(100 - 30) \text{ Nm}}(152 \text{ s}^{-1} - 0) = \mathbf{0{,}7 \text{ s}} < 0{,}8 \text{ s} \tag{13.19}$$

Überprüfung der bei einmaliger Schaltung auftretenden zulässigen Schaltarbeit W_{zul}

$$W = 0{,}5 \cdot T_{KNs}(\omega_A - \omega_{L0}) \cdot t_R$$
$$= 0{,}5 \cdot 100 \text{ Nm} \cdot (152 \text{ s}^{-1} - 0) \cdot 0{,}7 \text{ s} = \mathbf{5{,}32 \cdot 10^3 \text{ Nm}} < W_{zul} = 60 \cdot 10^3 \text{ Nm} \quad (13.20)$$

W_{zul} nach TB 13-7

Überprüfung der pro Stunde anfallenden zulässigen Schaltarbeit $W_{h\,zul}$

$$W_h = W \cdot z_h \leq W_{h\,zul}$$
$$= 5{,}32 \cdot 10^3 \text{ Nm} \cdot 120 \text{ h}^{-1} = \mathbf{638 \cdot 10^3 \text{ Nm/h}} < 20 \cdot 60 \cdot 10^3 \text{ Nm/h} = 1200 \cdot 10^3 \text{ Nm/h} \quad (13.21)$$

$W_{h\,zul}$ beträgt 20 W_{zul} nach TB 13-7

Überprüfung der maximal zulässigen Drehzahl

$n = 1450 \text{ min}^{-1} \leq n_{max} = 2500 \text{ min}^{-1}$ (TB 13-7)

13.15 Die Kupplung kann die anfallende Schaltarbeit (Schaltwärme) aufnehmen:
$W_h = 7{,}2 \cdot 10^6$ Nm/h $\approx W_{h\,zul} = 7 \cdot 10^6$ Nm/h ($t_R \approx 0{,}17$ s, mit $J_L = 1{,}85$ kg m², $\omega_A = 47$ s⁻¹, $\omega_{L0} = 0$; $W \approx 10^4$ Nm, $z_h = 720$).

13.16 Elektromagnetisch betätigte BSD-Lamellenkupplung, Bauform 100, Baugröße 16, für Vor- und Rücklauf (Kupplung K_v für den Vorlauf: $T_{Ks} = 124$ Nm $< T_{KNs} = 160$ Nm, mit $J_L = J_{red} \approx 15\,000$ kg $(1 \text{ m/s}/73{,}3 \text{ s}^{-1})^2 \approx 2{,}8$ kg m², $\omega_{L0} = 0$; $\omega_A = 73{,}3$ s⁻¹ und $T_L = 1500$ N $\cdot 0{,}25$ m$/(2 \cdot 2{,}5 \cdot 3{,}55) = 21$ Nm; $t_R \approx 1{,}48$ s < 2 s; $W \approx 8680$ Nm $< W_{zul} = 70 \cdot 10^3$ Nm, $W_h = 8680$ Nm $\cdot 120$ h⁻¹ $= 1{,}04 \cdot 10^6$ Nm/h $< W_{h\,zul} = 1{,}4 \cdot 10^6$ Nm/h. Kupplung K_r für den Rücklauf: $T_{Ks} = 52$ Nm $< T_{KNs} = 160$ Nm, mit $J_L = J_{red} \approx 3000$ kg $(1{,}5 \text{ m/s}/73{,}3 \text{ s}^{-1})^2 \approx 1{,}26$ kg m² und $T_L = 300$ N $\cdot 0{,}25$ m$/(2 \cdot 1{,}7 \cdot 3{,}55) \approx 6$ Nm; Baugröße 6,3 ausreichend, aber aus baulichen Gründen gleiche Größe wie für K_v gewählt).

13.17 a) Verbrennungsmotor und Fliehkraftkupplung haben ihre größte Leistung im oberen Drehzahlbereich. Richtig aufeinander abgestimmt schaltet die Kupplung erst über der Motor-Leerlaufdrehzahl, so dass der Verbrennungsmotor sein volles Drehmoment entwickeln kann, ohne abgewürgt zu werden und bei Leerlaufdrehzahl vollkommen frei (unbelastet) läuft.

b) – Motor kann annähernd unbelastet hochlaufen (geringer Anlaufstrom bei E-Motoren, lastfreies Anlaufen von Verbrennungsmotoren).

– Sanfter Anlauf der Arbeitsmaschine.

– Schweranläufe können mit kleineren Motoren durchgeführt werden, die Antriebsmaschine wird vor Überlastung geschützt.

– Sie können auch als Sicherheitskupplungen eingesetzt werden.

c) Rutschzeit (Anfahrzeit) ca. 23 s ($\omega = 157$ s⁻¹, $T_N = T_{KNs} = 191$ Nm, $J_L = 16{,}7$ kg m², $T_L = 0{,}4 \cdot 191$ Nm $= 76{,}4$ Nm).

d) Die Kupplung weist bei einmaliger Schaltung eine ausreichende Schaltarbeit auf, da $W = 0{,}34 \cdot 10^6$ Nm $< W_{zul} = 0{,}44 \cdot 10^6$ Nm.

13 Kupplungen und Bremsen

13.18 a) Rutschzeit (Anfahrzeit) $t_R \approx 60$ s ($J_{red} = 86$ kg m²$/0{,}8^2 \approx 135$ kg m², $\omega_A = 102$ s^{-1}, $\omega_{L0} = 0$).

b) Einmalige Schaltung: $W = 0{,}70 \cdot 10^6$ Nm $\approx W_{zul} = 0{,}698 \cdot 10^6$ Nm, Dauerschaltung: $W_h = 2{,}8 \cdot 10^6$ Nm $\approx W_{h\,zul} = 2{,}77 \cdot 10^6$ Nm. Die Kupplung ist wärmemäßig ausgelastet.

c) Erforderliche Motornennleistung ca. 64 kW. Der erforderliche Motor, z. B. Baugröße 315 S, ist für diesen Fall 3…4mal teurer als beim Anfahren mit Anlaufkupplung und rechtfertigt die Anschaffung der Kupplung bei weitem ($T_a \approx 1370$ Nm, $T_N = 1370$ Nm$/2{,}2 \approx 623$ Nm, $\omega_A = 102$ s^{-1}).

13.19 a) Rutschzeit $t_R \approx 5{,}9$ s ($T_N = 2590$ Nm, $T_L \approx 0{,}4 \cdot 2590$ Nm $= 1036$ Nm, $J_L \approx 280$ kg m², $\omega_A = 62$ s^{-1}, $\omega_{L0} = 0$).

b) Schaltarbeit $W = 0{,}73 \cdot 10^6$ Nm. Mit dem Kupplungshersteller wäre noch zu klären, ob diese Schaltarbeit zulässig ist.

13.20 a) $\Delta\varphi = 4° 42'$ ($\varphi_2 = 44° 42'$),

b) $n_{2\,max} = 117{,}9$ min^{-1} und $n_{2\,min} = 84{,}8$ min^{-1} bzw. $\omega_{2\,max} = 12{,}35$ s^{-1} und $\omega_{2\,min} = 8{,}88$ s^{-1} ($\omega_1 = 10{,}47$ s^{-1}),

c) $T_{2\,max} = 117{,}9$ Nm und $T_{2\,min} = 84{,}8$ Nm.

13.21 a) $n_{2\,max} = 608$ min^{-1} und $n_{2\,min} = 515$ min^{-1},

b) $T_{2\,max} = 371$ Nm und $T_{2\,min} = 314$ Nm ($T_1 = T_3 = 341$ Nm),

c) $M = 145$ Nm,

d) $F_A = F_B = 580$ N.

14 Wälzlager

14.1 **Lagergröße von Kugellager bestimmen**

a) **Bestimmung der dynamisch äquivalenten Lagerbelastung P des Lagers**

$$P = X \cdot F_r + Y \cdot F_a = 0{,}56 \cdot 4 \text{ kN} + 1{,}5 \cdot 2{,}2 \text{ kN} = \mathbf{5{,}54 \text{ kN}} \tag{14.6}$$

mit $\quad \dfrac{F_a}{F_r} = \dfrac{2{,}2 \text{ kN}}{4 \text{ kN}} = 0{,}55 > e = 0{,}22 \ldots 0{,}44 \quad$ nach TB 14-3a

und damit $X = 0{,}56$; $Y = 2{,}0 \ldots 1{,}0$; zunächst wird ein Wert gewählt (hier $Y = 1{,}5$)

Bestimmung der dynamischen Tragzahl C des Lagers

$$C_{\text{erf}} \geq P \cdot \sqrt[3]{\dfrac{60 \cdot n \cdot L_{10\,h}}{10^6}} = 5{,}54 \text{ kN} \cdot \sqrt[3]{\dfrac{60 \text{ min} \cdot 1000 \text{ min}^{-1} \cdot 10\,000 \text{ h}}{\text{h} \cdot 10^6}} \approx \mathbf{47 \text{ kN}} \tag{14.1}$$

gewählt: Lager **6309** mit $C = 53$ kN, $C_0 = 31{,}5$ kN aus TB 14-2

Überprüfung der Lebensdauer des Lagers

$$L_{10\,h} = \dfrac{10^6}{60 \cdot n} \left(\dfrac{C}{P}\right)^p = \dfrac{10^6}{60 \cdot 1000} \left(\dfrac{53 \text{ kN}}{5{,}74 \text{ kN}}\right)^3 \approx \mathbf{13\,100 \text{ h}} \quad > L_{10\,h\,\text{gefordert}} \tag{14.5a}$$

mit $\quad P = X \cdot F_r + Y \cdot F_a = 0{,}56 \cdot 4 \text{ kN} + 1{,}59 \cdot 2{,}2 \text{ kN} = \mathbf{5{,}74 \text{ kN}} \tag{14.6}$

und $\quad Y \approx 0{,}866 \left(\dfrac{F_a}{C_0}\right)^{-0{,}229} = 0{,}866 \left(\dfrac{2{,}2 \text{ kN}}{31{,}5 \text{ kN}}\right)^{-0{,}229} = 1{,}59 \quad$ nach TB 14-3a

Lager geeignet

Prüfung, ob nächstkleineres Kugellager 6308 auch geeignet

$$L_{10\,h} = \dfrac{10^6}{60 \cdot n} \left(\dfrac{C}{P}\right)^p = \dfrac{10^6}{60 \cdot 1000} \left(\dfrac{42{,}5 \text{ kN}}{5{,}56 \text{ kN}}\right)^3 \approx \mathbf{7400 \text{ h}} \quad < L_{10\,h\,\text{gefordert}} \quad \text{nicht ausreichend}$$

mit $\quad P = X \cdot F_r + Y \cdot F_a = 0{,}56 \cdot 4 \text{ kN} + 1{,}51 \cdot 2{,}2 \text{ kN} = \mathbf{5{,}56 \text{ kN}}$

und $\quad Y \approx 0{,}866 \left(\dfrac{2{,}2 \text{ kN}}{25 \text{ kN}}\right)^{-0{,}229} = 1{,}51$, $C = 42{,}5$ kN, $C_0 = 25$ kN

b) **Abmessungen:**

$d = 45$ mm, $D = 100$ mm, $B = 25$ mm, $r_{1s} = r_{2s} = 1{,}5$ mm $= r_{as} = r_{bs}$ nach TB 14-1a
$h_{\min} = 4{,}5$ mm für Durchmesserreihe 3 nach TB 14-9, somit $d_1 = d + 2h_{\min} = 54$ mm, gewählt $d_1 = 56$ mm, damit realisiertes $h = 5{,}5$ mm $< h_{\max} = 1{,}5 \cdot h_{\min} = 6{,}75$ mm

14.2 a) $C = 39{,}15$ kN ($p = 3$), daher gewählt

Rillenkugellager DIN 625 – 6015 mit $C = 39$ kN, $d = 75$ mm, $D = 115$ mm, $B = 20$ mm
 – 6211 mit $C = 43$ kN, $d = 55$ mm, $D = 100$ mm, $B = 21$ mm
 – 6308 mit $C = 42{,}5$ kN, $d = 40$ mm, $D = 90$ mm, $B = 23$ mm
 – 6407 mit $C = 53$ kN, $d = 35$ mm, $D = 100$ mm, $B = 25$ mm

b) $C = 34{,}15$ kN ($p = 10/3 = 3{,}33$), daher gewählt

Zylinderrollenlager DIN 5412 – NU 1009 mit $C = 40$ kN, $d = 45$ mm, $D = 75$ mm, $B = 16$ mm
 – NU 205E mit $C = 34{,}5$ kN, $d = 25$ mm, $D = 52$ mm, $B = 15$ mm
 – NU 304E mit $C = 36{,}5$ kN, $d = 20$ mm, $D = 52$ mm, $B = 15$ mm

Bei Ausnutzung der Tragfähigkeit, aber unterschiedlicher Maßreihe (MR) ergeben sich verschiedene Lagerabmessungen. Im Allgemeinen nehmen die Kosten mit kleinerer Bohrungskennzahl je nach Lagerkraft und MR ab; preiswerte Lager sind in jedem Fall Rillenkugellager.

14 Wälzlager

14.3 Erforderlich für Kugellager $C \geq 28{,}6$ kN ($p = 3$, $P = F_r$ bzw. $f_L \approx 2{,}52$, $f_n \approx 0{,}41$) gewählt Rillenkugellager DIN 625–6210 mit $C = 36{,}5$ kN, $D = 90$ mm, $B = 20$ mm bzw. Pendelkugellager DIN 630–1310 mit $C = 42$ kN, $D = 110$ mm, $B = 27$ mm; erforderlich für Rollenlager $C \geq 24$ kN ($p = 10/3$ bzw. $f_L \approx 2{,}3$, $f_n \approx 0{,}44$) gewählt Zylinderrollenlager DIN 5412–NU1010 mit $C = 42{,}5$ kN, $D = 80$ mm, $B = 16$ mm. Geringster Einbauraum mit Zylinderrollenlager oder Rillenkugellager; preiswertestes und somit günstigstes Lager ist das Rillenkugellager.

14.4 Stehlager: für $L_{10h} = 7800 \ldots 21\,000$ Betriebsstunden ergibt sich $C_{erf} = 18{,}4 \ldots 25{,}6$ kN; gewählt für Spannhülse DIN 5415–H216 mit $d_1 = 70$ mm, $d = 80$ mm Pendelkugellager DIN 630–1216 K mit $C = 40$ kN, bei MR02 $D = 140$ mm, $B = 26$ mm und Stehlagergehäuse DIN 736–SN516 ($f_L = 2{,}5 \ldots 3{,}5$, $f_n = 0{,}75$, $P = F_r = F/2$).

Nachprüfung: $L_{10h} \approx 80\,000$ Betriebsstunden deutlich über anzustrebenden L_{10h}.

14.5 a) $d = 90$ mm für Pendelrollenlager DIN 635–22318E mit $C = 610$ kN ($F_a/F_r = 0{,}2 < e = 0{,}33 \ldots 0{,}36$, $X = 1$, $Y = 2$ gewählt, $P = 70$ kN, $C_{erf} \geq 549$ kN, $f_n \approx 0{,}47$, $f_L \approx 3{,}73$).

b) $L_{10h} \approx 56\,000$ Betriebsstunden ($P = 70{,}3$ kN, $X = 1$, $Y = 2{,}03$).

14.6 **Nominelle Lebensdauer von Kugellager bestimmen**

Bestimmung der dynamisch äquivalenten Lagerbelastung P des Lagers

$$P = X \cdot F_r + Y \cdot F_a = 0{,}56 \cdot 4 \text{ kN} + 1{,}57 \cdot 1{,}2 \text{ kN} = \mathbf{4{,}12 \text{ kN}} \tag{14.6}$$

für $\dfrac{F_a}{F_r} = \dfrac{1{,}2 \text{ kN}}{4 \text{ kN}} = 0{,}3 > e = 0{,}28$ nach TB 14-3a,

mit $e \approx 0{,}51 \cdot (F_a/C_0)^{0,233} = 0{,}51 \cdot (1{,}2 \text{ kN}/16{,}3 \text{ kN})^{0,233} = 0{,}28$, C_0 aus TB 14-2

und damit $X = 0{,}56$ und $Y \approx 0{,}866 \cdot (F_a/C_0)^{-0{,}229} = 0{,}866 \cdot (1{,}2 \text{ kN}/16{,}3 \text{ kN})^{-0{,}229} = 1{,}57$ nach TB 14-3a

Bestimmung der nominellen Lebensdauer L_{10h} des Lagers

$$L_{10h} = \frac{10^6}{60 \cdot n} \left(\frac{C}{P}\right)^p = \frac{10^6}{60 \cdot 630} \left(\frac{29 \text{ kN}}{4{,}12 \text{ kN}}\right)^3 \approx \mathbf{9200 \text{ h}} \tag{14.1}$$

Bestimmung der Hauptabmessungen

Nach Lehrbuch 14.1.4–5 bedeutet beim Lager 6306: 6 = Kugellager; 3 = Maßreihe 03; 06 = Bohrungskennzahl. Nach TB 14-1a ist $d = 30$ mm, $D = 72$ mm, $B = 19$ mm.

14.7 a) $L_{10} = 24{,}4 \cdot 10^6$ Umdrehungen ($C = 29$ kN, $P = 10$ kN).

b) $F_{r\,zul} \hateq P = 12{,}6$ kN ($L_{10} = 12{,}2 \cdot 10^6$ Umdrehungen). Die radiale Lagerkraft nimmt im Verhältnis zur Abnahme der Lebensdauer nur wenig zu.

14.8 a) $L_{10h} \approx 4000$ Betriebsstunden ($C = 62$ kN);

b) $F_{r\,zul} \hateq P = 7{,}92$ kN ($C/P = 7{,}83$ bei $L_{10h} \approx 8000$ Betriebsstunden, $p = 3$),

c) $n \approx 500$ min^{-1}.

14.9 a) $d = 50$ mm, gewählt Zylinderrollenlager DIN 5412−NU210E mit $C = 75$ kN, $D = 90$ mm, $B = 20$ mm; $L_{10h} \approx 10\,400$ Betriebsstunden (vgl. 14.8).

b) MR 03, daher gewählt Zylinderrollenlager DIN 5412−NU310E mit $C = 130$ kN, $D = 110$ mm, $B = 27$ mm: $L_{10h} \approx 86\,000$ Betriebsstunden.

Die Lagerabmessungen des Rillenkugellagers und des Zylinderrollenlagers sind nur bei gleicher Maßreihe MR dieselben, d. h. Lager austauschbar.

14.10 $L_{10h} \approx 24\,000$ Betriebsstunden > Richtwert $L_{10h} \approx 4000\ldots 14\,000$ Betriebsstunden nach TB 14-7 ($C = 42{,}5$ kN, $C_0 = 25$ kN, $F_a/C_0 = 0{,}06$, $e \approx 0{,}26$, $F_a/F_r = 0{,}5 > e$, $X = 0{,}56$, $Y \approx 1{,}65$, $P \approx 4{,}16$ kN, $f_n \approx 0{,}35$, $f_L = 3{,}62$.

14.11 $L_{10h} \approx 23\,000$ Betriebsstunden > min. Richtwert $L_{10h} \approx 21\,000$ Betriebsstunden. Damit genügt das Schrägkugellager DIN 628−3212 mit $C = 72$ kN ($F_a/F_r = 0{,}45 < 0{,}68$, $X = 1$, $Y = 0{,}92$, $P = 5{,}66$ kN. $f_n = 0{,}28$, $f_L \approx 3{,}6$) den Anforderungen.

14.12 $L_{10h} \approx 99\,000$ Betriebsstunden > $20\,000\ldots 35\,000$ Betriebsstunden ($v \approx 11{,}1$ m/s, $n \approx 470$ min^{-1}, $f_n \approx 0{,}45$; $C = 390$ kN, $e = 0{,}34$, $F_a/F_r = 0{,}1 < e$, $Y = 2$, $P = 36$ kN, $f_L \approx 4{,}9 > 3\ldots 3{,}6$).

14.13 a) Pendelrollenlager DIN 635−22317E1-K mit $C = 455$ kN für $d = 85$ mm, $D = 180$ mm, $B = 60$ mm.

b) $L_{10h} = 34\,600$ h > $L_{10h\,erf} = 10\,000\ldots 20\,000$ h ($f_L = 3{,}56$, $f_n \approx 0{,}53$, $P = F$).

14.14 a) Rillenkugellager DIN 625−6409 nicht ausreichend, da $L_{10h} \approx 16\,500$ Betriebsstunden $< L_{10h\,erf} = 18\,000$ Betriebsstunden ($C = 76{,}5$ kN, $C_0 = 47{,}5$ kN, $f_n \approx 0{,}285$, $F_a/C_0 \approx 0{,}053$, $F_a/F_{Ar} \approx 0{,}556 > e \approx 0{,}253$, $X = 0{,}56$, $Y \approx 1{,}71$, $P = 6{,}8$ kN, $f_L \approx 3{,}21$).
Geeignete Kugellager anderer Bauform:

Schrägkugellager DIN 628−3309B (zweireihig), $L_{10h} \approx 11\,500$ Betriebsstunden nicht ausreichend ($C = 68$ kN, $F_a/F_{Ar} \approx 0{,}556 < e = 0{,}68$, $X = 1$, $Y = 0{,}92$, $P = 6{,}8$ kN, $f_L \approx 2{,}85$)
oder

trotz größerer Einbaubreite paarweise in X- bzw. O-Anordnung: Schrägkugellager DIN 628−7309B (einreihig), $L_{10h} \approx 55\,400$ Betriebsstunden $\gg L_{10h\,erf}$ ($C_{Einzel} = 61$ kN, $C = 99{,}1$ kN, $F_a/F_{Ar} \approx 0{,}56 < e = 1{,}14$, $P = 5{,}88$ kN, $f_L \approx 4{,}8$).

b) Rillenkugellager DIN 625−6309, $L_{10h} \approx 40\,000$ Betriebsstunden ausreichend ($C = 53$ kN, $P = F_{Br}$, $f_L \approx 4{,}32$).

c) Welle k5 (k6); Gehäuse H7; $D = 100$ mm, $r_{1s} = 1{,}5$ mm, $r_{as} = r_{bs} = 1{,}5$ mm, $h_{min} = 4{,}5$ mm ($h_{max} = 6{,}75$ mm).

Schrägkugellager, paarweise $B = 50$ mm, sonst wie vorher.

Rillenkugellager $B = 25$ mm, sonst wie oben.

14.15 Lagerung mit Lagerpaar

Bestimmung der dynamisch äquivalenten Lagerbelastung des Festlagers (Lager A)

$P = 0{,}67 \cdot F_{Ar} + 1{,}68 \cdot Y \cdot F_a = 0{,}67 \cdot 11\text{ kN} + 1{,}68 \cdot 1{,}74 \cdot 4\text{ kN} = \mathbf{19{,}1\text{ kN}}$

nach TB 14-2 Legende

für $\dfrac{F_a}{F_{Ar}} = \dfrac{4\text{ kN}}{11\text{ kN}} = 0{,}364 > e = 0{,}35$ nach TB 14-3a

mit Y und e aus TB 14-2.

14 Wälzlager

Bestimmung der Lebensdauer von Lager A

$$L_{10h} = \frac{10^6}{60 \cdot n}\left(\frac{C_1}{P_I}\right)^p = \frac{10^6}{60 \cdot 1500}\left(\frac{223\text{ kN}}{19{,}1\text{ kN}}\right)^{10/3} \approx \mathbf{40\,000\text{ h}} \tag{14.5a}$$

mit $C = 1{,}715 \cdot C_{\text{Einzel}} = 1{,}715 \cdot 130\text{ kN} = 223\text{ kN}$ nach TB 14-2 Legende

Die für Universalgetriebe anzustrebende Lebensdauer von $L_{10\,h} = (5000\ldots 20\,000)$ h nach TB 14-7 wird erreicht.

14.16 a) $d = 60$ mm, $D = 110$ mm, $B = 44$ mm.

b) $L_{10h} \approx 17\,000$ Betriebsstunden $> L_{10h\,\min} = 14\,000$ Betriebsstunden, ausreichend
($F_a/F_r = 0{,}75 < e = 1{,}14$, $P = 11{,}3$ kN, $C = 91$ kN bei $C_{\text{Einzel}} = 56$ kN, $f_n \approx 0{,}41$, $f_L \approx 3{,}3$).

c) Schrägkugellager DIN 628–3212B mit $C = 72$ kN nicht geeignet, denn $L_{10h} \approx 4700$ Betriebsstunden $< 14\,000\ldots 32\,000$ Betriebsstunden, obwohl $B = 36{,}5$ mm günstiger wäre ($P = 13{,}82$ kN, $X = 0{,}67$, $Y = 1{,}41$, $f_L \approx 2{,}14$).

14.17 a) Lager 1: $F_{r1} = 7{,}23$ kN, $F_a = 0$;

Lager 2: $F_{r2} = 2{,}12$ kN, $F_a = 6$ kN.

b) Zylinderrollenlager DIN 5412–NU213E: $L_{10h} \approx 78\,000$ Betriebsstunden $> L_{10h\,\text{erf}} = 35\,000\ldots 75\,000$ h, ausreichend ($C_1 = 127$ kN, $P_1 = F_{r1}$, $f_n \approx 0{,}26$, $f_L \approx 4{,}55$).

Schrägkugellager DIN 628–7213B: $L_{10h} \approx 20\,000$ Betriebsstunden $< L_{10h\,\text{erf}} = 21\,000\ldots 46\,000$ h, untere Grenze ($C_{\text{Einzel}} = 64$ kN, $C_2 = 104$ kN, $f_n \approx 0{,}22$, $F_a/F_{r2} \approx 2{,}83 > e = 1{,}14$, $P_2 = 6{,}79$ kN, $X = 0{,}57$, $Y = 0{,}93$, $f_L \approx 3{,}42$).

14.18 **Angestellte Lagerung mit zwei Einzellagern**

Im Lager entstehen innere Kräfte, die bei der Axialkraft berücksichtigt werden müssen.

Bestimmung der auf die Lager wirkenden Kräfte (nach Bild 14-36 Lehrbuch)

Als erstes prüfen, welches Lager die äußere Axialkraft aufnehmen kann. Das wird Lager I – hier wird Lager 1 zu Lager I (und Lager 2 zu Lager II)

$$\frac{F_{rI}}{Y_I} = \frac{8{,}5\text{ kN}}{1{,}74} = \mathbf{4{,}89\text{ kN}} > \frac{F_{rII}}{Y_{II}} = \frac{6{,}2\text{ kN}}{1{,}9} = \mathbf{3{,}26\text{ kN}} \tag{Bild 14-36c}$$

$$F_a = 2\text{ kN} > 0{,}5 \cdot \left(\frac{F_{rI}}{Y_I} - \frac{F_{rII}}{Y_{II}}\right) = 0{,}5 \cdot (4{,}89\text{ kN} - 3{,}26\text{ kN}) = \mathbf{0{,}815\text{ kN}}$$

Lager I ist mit $F_{aI} = F_a + 0{,}5\,\dfrac{F_{rII}}{Y_{II}} = 2\text{ kN} + 0{,}5 \cdot 3{,}26\text{ kN} = \mathbf{3{,}63\text{ kN}}$ zu berechnen

(Werte für Y_I und Y_{II} aus TB 14-2)

Bestimmung der dynamisch äquivalenten Lagerbelastung von Lager I

$$P_I = X_I \cdot F_{rI} + Y_I \cdot F_{aI} = 0{,}4 \cdot 8{,}5\text{ kN} + 1{,}74 \cdot 3{,}63\text{ kN} = \mathbf{9{,}72\text{ kN}} \tag{14.6}$$

mit X_I aus TB 14-3a für $\dfrac{F_{aI}}{F_{rI}} = \dfrac{3{,}63\text{ kN}}{8{,}5\text{ kN}} = 0{,}42 > e_I = 0{,}35$ und e_I aus TB 14-2

Bestimmung der Lebensdauer von Lager I

$$L_{10h} = \frac{10^6}{60 \cdot n}\left(\frac{C_I}{P_I}\right)^p = \frac{10^6}{60 \cdot 1500}\left(\frac{92\text{ kN}}{9{,}72\text{ kN}}\right)^{10/3} \approx \mathbf{20\,000\text{ h}} \tag{14.5a}$$

Bestimmung der dynamisch äquivalenten Lagerbelastung von Lager II

$P_{II} = F_{rII} = \mathbf{6{,}2\ kN}$

Bestimmung der Lebensdauer von Lager II

$$L_{10h} = \frac{10^6}{60 \cdot n}\left(\frac{C_{II}}{P_{II}}\right)^p = \frac{10^6}{60 \cdot 1500}\left(\frac{60\ kN}{6{,}2\ kN}\right)^{10/3} \approx \mathbf{21\,400\ h}$$

14.19 Lager I: $L_{10hI} \approx 31\,000$ Betriebsstunden
($F_a = 0$, für $F_{rI}/Y_I = 4{,}89\ kN > F_{rII}/Y_{II} \approx 1{,}32\ kN$ und $F_a < 0{,}5(F_{rI}/Y_I - F_{rII}/Y_{II})$
$\approx 1{,}78$ wird $F_{aII} = 0{,}5\,F_{rI}/Y_I - F_a \approx 2{,}44\ kN$; $P_I \cong F_{rI}$, $C_I = 92\ kN$, $f_{LI} \approx 3{,}45$).

Lager II: $L_{10hII} \approx 29\,000$ Betriebsstunden
($F_{aII} = 2{,}44\ kN$, $F_{aII}/F_{rII} = 0{,}98 \gg e_{II} = 0{,}31$, $X_{II} = 0{,}4$, $Y_{II} = 1{,}9$, $P_{II} = 5{,}64\ kN$,
$C_{II} = 60\ kN$, $f_{LII} = 3{,}4$).

14.20 Zylinderrollenlager DIN 5412–NU1008 mit $C = 33{,}5\ kN$, wirklich $L_{10h} \approx 118\,000$ Betriebsstunden, $d = 40\ mm$, $D = 68\ mm$, $B = 15\ mm$; $r_{1s} = 1\ mm$, $r_{as} = r_{bs} = 1\ mm$, $h_{min} = 2{,}3\ mm$ ($h_{max} = 3{,}45\ mm$) ($n_m \approx 324\ min^{-1}$, $q_1 = 16{,}25\ \%$, $q_2 = 30\ \%$, $q_3 = 10\ \%$, $q_4 = 2{,}5\ \%$, $q_5 = 16{,}25\ \%$, $q_6 = 25\ \%$; $P_i \approx 3{,}29\ kN$, $f_n \approx 0{,}5$, $f_L \approx 5{,}15$) erforderlich für $L_{10h} = 20\,000\ h$ ($f_L = 3$) ist $C \approx 19{,}7\ kN$.

14.21 a) $F_{a1} = 40\ kN$, $F_{a2} = 60\ kN$

b) $P \approx 148{,}5\ kN$ ($Y = Y_2 = 3{,}06$, $P_1 = 122{,}4\ kN$, $P_2 = 183{,}6\ kN$, $n_m = 395\ min^{-1}$, $p = 10/3$)
$L_{10h} \approx 31\,000$ Betriebsstunden ($C = 1080\ kN$, $f_n \approx 0{,}48$, $f_L = 3{,}46$).

14.22 **Erweiterte Lebensdauer**

Bestimmung der dynamisch äquivalenten Lagerbelastung des Festlagers

$P = X \cdot F_r + Y \cdot F_a = 0{,}57 \cdot 5{,}8\ kN + 0{,}93 \cdot 7{,}5\ kN = \mathbf{10{,}3\ kN}$ \hfill (10.6)

mit $\dfrac{F_a}{F_r} = \dfrac{7{,}5\ kN}{5{,}8\ kN} = 1{,}29 > e = 1{,}14$ nach TB 14-3a

Bestimmung der Lebensdauer des Festlagers

$$L_{10h} = \frac{10^6}{60 \cdot n}\left(\frac{C}{P}\right)^p = \frac{10^6}{60 \cdot 1450}\left(\frac{113\ kN}{10{,}3\ kN}\right)^3 \approx \mathbf{15\,200\ h} \tag{14.5a}$$

mit $C = 1{,}625 \cdot C_{Einzel} = 1{,}625 \cdot 69{,}5\ kN = 113\ kN$ nach TB 14-2 Legende

Bestimmung der erweiterten Lebensdauer des Festlagers

$L_{nmh} = a_1 \cdot a_{ISO} \cdot L_{10h} = 1 \cdot 3{,}0 \cdot 15\,200\ h = \mathbf{45\,600\ h}$ \hfill (14.11)

mit $a_1 = 1$ für 10% Ausfallwahrscheinlichkeit und

$a_{ISO} = 3{,}0$ aus TB 14-12a mit

- $e_c \cdot C_u/P = 0{,}2 \cdot 4{,}2\ kN/10{,}3\ kN = 0{,}08$
  $e_c = 0{,}2$ s. Aufgabenstellung und $C_u = 4{,}2\ kN$ aus TB 14-2

- $\kappa = \nu/\nu_1 = 25\ mm^2/s\ /12\ mm^2/s = 2{,}08$
  $\nu_1 = 12\ mm^2/s$ für $d_m = (D + d)/2 = (125 + 70)\ mm/2 = 97{,}5\ mm$ nach TB 14-10b und D aus TB 14-1a für MR 02

Die für Kreiselpumpen anzustrebende Lebensdauer von $L_{10h} = (14\,000 \ldots 46\,000)\ h$ nach TB 14-7, Nr. 21 wird erreicht.

14 Wälzlager

Bestimmung der dynamisch äquivalenten Lagerbelastung des Loslagers

$$P = F_r = 11 \text{ kN} \tag{10.6}$$

Bestimmung der Lebensdauer des Loslagers

$$L_{10h} = \frac{10^6}{60 \cdot n}\left(\frac{C}{P}\right)^p = \frac{10^6}{60 \cdot 1450}\left(\frac{140 \text{ kN}}{11 \text{ kN}}\right)^{10/3} \approx 55\,300 \text{ h} \tag{14.5a}$$

Bestimmung der erweiterten Lebensdauer des Loslagers

$$L_{nmh} = a_1 \cdot a_{ISO} \cdot L_{10h} = 1 \cdot 1,9 \cdot 55\,300 \text{ h} = \mathbf{105\,000 \text{ h}} \tag{14.11}$$

mit d, D, d_m, κ, ν, ν_1, a_1, e_c wie Festlager

$a_{ISO} = 1,9$ nach TB 14-12b mit

- $e_c \cdot C_u/P = 0,2 \cdot 19 \text{ kN}/11 \text{ kN} = 0,345$
  $C_u = 19$ kN aus TB 14-2

Die für Kreiselpumpen anzustrebende Lebensdauer von $L_{10h} = (20\,000 \ldots 75\,000)$ h nach TB 14-7 wird erreicht.

14.23 $L_{nmh} \approx 11\,400$ Betriebsstunden ($C = 163$ kN, $F_r = P$, $L_{10h} \approx 4600$ Betriebsstunden; $d_m = 157,5$ mm, $\nu_1 \approx 11$ mm²/s, $\kappa \approx 2,27$, $e_c \approx 0,3$, $e_c \cdot C_u/P \approx 0,089$, $C_u = 7,4$ kN, $a_{ISO} \approx 4$, $a_1 = 0,62$).

14.24 a) Lagerstelle A – Festlager: Rillenkugellager DIN 625–6310 oder Schrägkugellager DIN 628–3310B

Lagerstelle B – Loslager: Rillenkugellager DIN 625–6209 oder Zylinderrollenlager DIN 5412–NU209E

b) F_A in Richtung F_t: $F_{Ar} \approx 15,23$ kN ($F_{Ax} \approx 15,18$ kN, $F_{Ay} \approx 1,2$ kN)
$F_{Br} \approx 2,82$ kN ($F_{Bx} \approx 2,78$ kN, $F_{By} \approx 0,45$ kN)

F'_A entgegen F_t: $F'_{Ar} \approx 12,31$ kN ($F'_{Ax} \approx 12,25$ kN, $F_{Ay} \approx 1,2$ kN)
$F'_{Br} \approx 8,66$ kN ($F_{Bx} \approx 8,65$ kN, $F_{By} \approx 0,45$ kN)

c) Lagerstelle A mit $F_r \triangleq F_{Ar} = 15,23$ kN, $F_a = 1,2$ kN beansprucht

gewählt: Rillenkugellager $L_{10h} \approx 9000$ Betriebsstunden liegt im mittleren Bereich von $L_{10h\,erf} = 4000 \ldots 14\,000$ Betriebsstunden, Forderung nicht erfüllt ($C = 62$ kN, $C_0 = 38$ kN, $F_a/C_0 \approx 0,03$, $e = 0,23$, $F_a/F_r \approx 0,08 < e$, daher $P = F_{Ar}$, $f_n \approx 0,64$, $f_L \approx 2,6 < 3$)

Schrägkugellager (zweireihig) $L_{10h} \approx 16\,700$ Betriebsstunden genügt ($C = 81,5$ kN, $F_a/F_r < e = 0,68$, $X = 1$, $Y = 0,92$, $P \approx 16,3$ kN, $f_L \approx 3,2$)

Lagerstelle B mit $F_r \triangleq F'_{Br} = 8,66$ kN

gewählt: Rillenkugellager $L_{10h} \approx 6000$ Betriebsstunden liegt an unterer Grenze von $L_{10h\,erf} = 4000 \ldots 14\,000$ Betriebsstunden, nicht ausreichend ($C = 31$ kN, $P = F_r$, $f_L \approx 2,29$)

Zylinderrollenlager $L_{10h} \approx 155\,000$ Betriebsstunden, genügt in jedem Fall ($C = 72$ kN, $f_n \approx 0,67$, $f_L \approx 4,72$)

d) gewählt Lagerstelle A: Schrägkugellager DIN 628–3310B
Lebensdauer $L_{nmh} \approx 5400$ Betriebsstunden $\hat{=}$ unterer Bereich für Universalgetriebe (s. TB 14-7)
($d_m = 80$ mm, $\nu_1 \approx 100$ mm²/s, $\kappa = 0{,}5$, $e_c = 0{,}5$, $C_u = 3{,}45$ kN, $e_c \cdot C_u/P = 0{,}11$, $a_{ISO} = 0{,}52$, $a_1 = 0{,}62$)

Lagerstelle B: Zylinderrollenlager DIN 5412–NU209E
Lebensdauer $L_{nmh} \approx 28\,000$ Betriebsstunden
($d_m = 65$ mm, $\nu_1 \approx 110$ mm²/s, $\kappa = 0{,}45$, $e_c = 0{,}5$, $C_u = 8{,}6$ kN, $e_c \cdot C_u/P = 0{,}5$, $a_{ISO} = 0{,}29$, $a_1 = 0{,}62$)

e) Eingebaut für Lagerstelle A: Schrägkugellager DIN 628–3310B, $d = 50$ mm, $D = 110$ mm, $B = 44{,}4$ mm, $r_{1s} = 2$ mm $= r_{as} = r_{bs}$, $h_{min} = 5{,}5$ mm.

für Lagerstelle B: Zylinderrollenlager DIN 5412–NU209E, $d = 45$ mm, $D = 85$ mm, $B = 19$ mm; $r_{1s} = 1{,}1$ mm, $r_{as} = r_{bs} = 1$ mm, $h_{min} = 3{,}5$ mm.

Toleranzen: Welle k6 (k5), Gehäuse H7 (H6).

14.25 gewählt Rillenkugellager DIN 625–6207 mit $C_0 = 15{,}3$ kN
($F \approx 9{,}81 \cdot m = 14{,}72$ kN, $F_{r0} = P_0 = 7{,}36$ kN, $S_0 = 1$, $f_T = 0{,}6$, erforderlich $C_0 \geq 12{,}3$ kN).

14.26 Rillenkugellager DIN 625–6205 mit $C_0 = 7{,}8$ kN
($F_{r0} \hat{=} F_{Ar} = F_{Br} = 5$ kN, $F_a = F \hat{=} F_{a0} = 2{,}5$ kN, $F_{a0}/F_{r0} = 0{,}5 < e = 0{,}8$, daher $P_0 \hat{=} F_{r0} = 5$ kN, $S_0 = 1$, erforderlich $C_0 = 5$ kN).

15 Gleitlager

15.1 $\nu_{20} \approx 225$ mm²/s ($\eta_{20} \approx 203$ mPa s), $\nu_{40} \approx 68$ mm²/s ($\eta_{40} \approx 61$ mPa s), $\eta_{50} \approx 38$ mPa s ($\nu_{50} \approx 42$ mm²/s), $\eta_{100} \approx 7{,}3$ mPa s ($\nu_{100} \approx 8{,}2$ mm²/s).

15.2 a) $\varrho_{40} \approx 888$ kg/m³ ($\varrho_{15} = 903$ kg/m³)

b) $\eta_{40} \approx 60$ mPa s ($\nu_{40} = 68$ mm²/s)

15.3 $So \approx 0{,}24$ und $\varepsilon \approx 0{,}15$, so dass $h_0 = 85$ µm $\gg h_{0\,\text{zul}} = 9$ µm ($p_L \approx 0{,}44$ N/mm² $< p_{L\,\text{zul}} = 5$ N/mm², $\omega_{\text{eff}} \approx 576$ s^{-1}, $u_W \approx 28{,}8$ m/s, $\eta_{\text{eff}} \approx 12{,}5 \cdot 10^{-9}$ Ns/mm², $\psi_B = 2 \cdot 10^{-3}$). Die Welle läuft trotz relativ großen Lagerspiels nahezu zentrisch im Gleitraum und neigt bei auftretender Unwucht wegen mangelhafter Radialführung bei unregelmäßigem Wellenlauf zur Instabilität und zu Schwingungen. (Empfohlen wird daher ein Mehrflächengleitlager mit $\psi_B < 1$ ‰ zur Stabilisierung der Welle).

15.4 a) $h_0 \approx 42$ µm $\gg h_{0\,\text{zul}} = 9$ µm bei $\varepsilon \approx 0{,}6$ für $b/d_L = 1{,}5$, $So \approx 2$ mit $p_L \approx 3{,}47$ N/mm² $< p_{L\,\text{zul}} = 5$ N/mm² ($\eta_{\text{eff}} = 44$ mPa s $= 44 \cdot 10^{-9}$ Ns/mm², $u_W \approx 3{,}8$ m/s, $\omega_{\text{eff}} \approx 31{,}4$ s^{-1}, $\psi_B \approx 0{,}88 \cdot 10^{-3}$); Welle läuft störungsfrei (Bereich B);

b) $n'_{\text{ü}} \approx 42$ min^{-1}, empfohlen $n_W/n'_{\text{ü}} \approx 7{,}1 > 3{,}8$ für $u_W > 3$ m/s ($V_L \approx 16{,}3$ dm³, $C_{\text{ü}} = 1$), d. h. ausreichend niedrig; bei evtl. Betriebsunterbrechungen und Anlaufen unter Last besser $n'_{\text{ü}}$ noch niedriger, was durch Erhöhen von η_{eff} erreichbar wäre.

15.5 a) Mit $p_{L\,\text{zul}} = 5$ N/mm² für $b = d_L$ errechnet $d_L = 44{,}7$ mm, gewählt Bauform kurz mit $d_L = 56$ mm: Gleitlager DIN 7474 – A56 × 40 – 2K, $p_L \approx 4{,}5$ N/mm².

b) zulässig $Rz_W = Rz_L = 4$ µm.

c) $\psi_B = 1{,}59$ ‰ ($ES = 30$ µm, $EI = 0$, $es = -30$ µm, $ei = -60$ µm, $s_{E\,\text{max}} = 0{,}090$ mm, $s_{E\,\text{min}} = 0{,}030$ mm, $\psi_E = 1{,}07$ ‰, $\Delta\psi = 0{,}52$ ‰, $\alpha_W = 11 \cdot 10^{-6}$ 1/°C, $\alpha_L = 24 \cdot 10^{-6}$ 1/°C, $\Delta s_{\text{max}} = 0{,}0292$ mm, $\Delta s_{\text{min}} = 0{,}0291$ mm, $s_{B\,\text{max}} = 0{,}119$ mm, $s_{B\,\text{min}} = 0{,}059$ mm).

15.6 a) $\psi_E = 1{,}61$ ‰ ($s_{E\,\text{max}} = 0{,}189$ mm, $s_{E\,\text{min}} = 0{,}132$ mm, $ES = 47$ µm, $EI = 12$ µm, $ei = -142$ µm, $es = -120$ µm).

b) $\psi_B = 1{,}75$ ‰, $s_{B\,\text{min}} = 0{,}146$ mm, $s_{B\,\text{max}} = 0{,}203$ mm ($\alpha_W = 11 \cdot 10^{-6}$ 1/°C, $\Delta\psi = 0{,}14 \cdot 10^{-3} = 0{,}14$ ‰ $\Delta s_{\text{min}} = 0{,}014$ mm, $\Delta s_{\text{max}} = 0{,}014$ mm).

c) $\varepsilon = 0{,}9$ ($h_{0\,\text{zul}} = 7$ µm für $d_L = 100$ mm, $h_0 = 9{,}1$ µm, $u_W = 4{,}19$ m/s);

d) $\eta_{\text{eff}} = 32 \cdot 10^{-9}$ Ns/mm² $\cong 32$ mPa s ($p_L = p_{L\,\text{zul}} = 7$ N/mm², $\omega_{\text{eff}} = 83{,}8$ s^{-1}, $So \approx 8$ für $b/d_L = 0{,}95$, ISO-Viskositätsklasse ISO VG 32); gewählt Schmieröl DIN 51517 – C32 ($\nu_{40} = 32$ mm²/s ± 10 %, $\eta_{40} \approx 29$ mPa s).

15.7 a) **Wahl einer Lager-Werkstoffgruppe über die spezifische Lagerbelastung p_L**

$$p_L = \frac{F}{b' \cdot d'_L} = \frac{16 \cdot 10^3}{141{,}4 \cdot 53{,}0} \frac{\text{N}}{\text{mm}^2} = \mathbf{2{,}13\ N/mm^2} < p_{L\,\text{zul}} = 5\ \text{N/mm}^2 \qquad (15.4)$$

mit $d'_L = d_L \cdot \sqrt{2} = 100$ mm $\cdot \sqrt{2} = 141{,}4$ mm und

$b' = (b - b_{\text{Nut}}) \cdot 0{,}5 \cdot \sqrt{2} = (80 - 5)$ mm $\cdot 0{,}5 \cdot \sqrt{2} = 53{,}0$ mm

Als Lager-Werstoffgruppe eignen sich **Sn- und Pb-Legierungen** mit $p_{L\,\text{zul}}$ aus TB 15-7

b) Ermittlung der Lagertemperatur ϑ_L

Bestimmung der Richttemperatur ϑ_0 und effektiven dynamischen Viskosität η_{eff}

erster Rechenschritt	zweiter Rechenschritt
$\vartheta_0 = \vartheta_U + 20\,°C = 40\,°C + 20\,°C = \mathbf{60\,°C}$	$\vartheta_{0\,neu} = \mathbf{82{,}7\,°C}$
$\eta_{eff} = 18 \cdot 10^{-9}\,Ns/mm^2$ aus TB 15-9 für $\vartheta_0 = \vartheta_{eff} = 60\,°C$	$\eta_{eff} = 9 \cdot 10^{-9}\,Ns/mm^2$
(Schmieröl CL 46 entspricht ISO VG 46, s. TB 15-8a)	

Bestimmung der Sommerfeldzahl So

$$So = \frac{p_L \cdot \psi_B^2}{\eta_{eff} \cdot \omega_{eff}} = \frac{2{,}13\,N/mm^2 \cdot (1{,}49 \cdot 10^{-3})^2}{18 \cdot 10^{-9}\,Ns/mm^2 \cdot 157{,}1\,s^{-1}} = \mathbf{1{,}67} \qquad So = \mathbf{3{,}35} \qquad (15.9)$$

mit $\omega_{eff} = 2 \cdot \pi \cdot n_W = 2 \cdot \pi \cdot 1500/60\,s^{-1} = 157{,}1\,s^{-1}$ und ψ_B s. Aufgabenstellung

Bestimmung der Reibungskennzahl μ/ψ_B

$$\frac{\mu}{\psi_B} = \frac{\pi}{So\sqrt{1-\varepsilon^2}} + \frac{\varepsilon}{2}\sin\beta = \frac{\pi}{1{,}67\sqrt{1-0{,}82^2}} + \frac{0{,}82}{2}\sin 31° = \mathbf{3{,}5} \qquad \frac{\mu}{\psi_B} = \mathbf{2{,}24}$$

s. Lehrbuch 15.4.1-1d mit $\varepsilon = 0{,}82$ nach TB 15-13 und $\quad \varepsilon = 0{,}89$

$\beta = 31°$ nach TB 15-15a für $\dfrac{b'}{d'_L} = \dfrac{53\,mm}{141{,}4\,mm} = 0{,}375 \qquad \beta = 24°$

Bestimmung der Reibungsverlustleistung P_R

$$P_R = \frac{\mu}{\psi_B} \cdot \psi_B \cdot F \cdot u_W$$

$$P_R = 3{,}5 \cdot 1{,}49 \cdot 10^{-3} \cdot 16 \cdot 10^3\,N \cdot 7{,}85\,\frac{m}{s} = \mathbf{655\,W} \qquad P_R = \mathbf{419\,W} \qquad (15.10)$$

mit $u_W = \pi \cdot d \cdot n_W = \pi \cdot 0{,}1\,m \cdot 1500/60\,s^{-1} = 7{,}85\,m/s$

Bestimmung der Lagertemperatur ϑ_L

$$\vartheta_L \cong \vartheta_m = \vartheta_U + \frac{P_R}{\alpha \cdot A_G} = 40\,°C + \frac{655\,W}{20\,\frac{W}{m^2 \cdot °C} \cdot 0{,}5\,m^2} = \mathbf{105{,}5\,°C} \qquad \vartheta_m = \mathbf{81{,}9\,°C} \qquad (15.14)$$

mit α und A_G s. Aufgabenstellung

$\vartheta_L > \vartheta_{L\,zul} = 90\,°C \qquad\qquad\qquad\qquad\qquad\qquad\qquad\quad \vartheta_m \cong \vartheta_L < \vartheta_{L\,zul}$

$|\vartheta_m - \vartheta_0| = |105{,}5\,°C - 60\,°C| = 45{,}5\,°C > 2\,°C \qquad |\vartheta_m - \vartheta_{0\,neu}| = 0{,}8\,°C < 2\,°C$

nicht zulässig ($\vartheta_{L\,zul}$ s. TB 15-17) $\qquad\qquad\qquad\qquad\quad$ Bedingung erfüllt

Wahl eines neuen Richtwertes durch Iteration

$$\vartheta_{0\,neu} = \frac{\vartheta_{0\,alt} + \vartheta_m}{2} = \frac{105{,}5\,°C + 60\,°C}{2} = 82{,}7\,°C$$

c) Ermittlung des Schmierstoffdurchsatzes $\dot{V}_D$

$$\dot{V}_D = \left(\frac{d_L}{200}\right)^3 \cdot \psi \cdot \frac{\pi \cdot n_W}{30} \cdot 120[b'/d'_L - 0{,}223(b'/d'_L)^3] \cdot \varepsilon \quad \text{(Lehrbuch 15.4.1-4 – Hinweis)}$$

$$= \left(\frac{100}{200}\right)^3 \cdot 1{,}49 \cdot 10^{-3} \frac{\pi \cdot 1500}{30} \cdot 120[0{,}375 - 0{,}223(0{,}375)^3] \cdot 0{,}89 = \mathbf{1{,}135\,l/min}$$

d) Nachprüfung der Verschleißgefährdung

$$h_0 = 0{,}5 \cdot d_L \cdot \psi_B(1-\varepsilon) \cdot 10^3 = 0{,}5 \cdot 100\,mm \cdot 1{,}49 \cdot 10^{-3}(1-0{,}89) \cdot 10^3 = \mathbf{8{,}2\,\mu m} \qquad (15.8)$$

$h_0 > h_{0\,zul} = 7\,\mu m$

Zulässige kleinste Spalthöhe nach TB 15-16 für $d_W = 100\,mm$ und $u_W = 7{,}85\,m/s$ wird nicht unterschritten

15 Gleitlager   317

15.8 a) $p_L = 2$ N/mm^2 < $p_{Lzul} = 5$ N/mm^2;
b) $\eta_{eff} \approx 9{,}5 \cdot 10^{-9}$ Ns/mm^2 bei $\vartheta_{eff} = 60\,°C$ für ISO VG 22;
c) $So \approx 2{,}23$ ($\omega_{eff} = 209{,}4$ s^{-1}, $\psi_B = 1{,}49 \cdot 10^{-3}$);
d) $\varepsilon \approx 0{,}75$ ($b/d_L = 0{,}8$) für So bei störungsfreiem Betrieb (Bereich B);
e) $h_0 \approx 19$ μm > $h_{0\,zul} = 9$ μm ($u_W \approx 10{,}5$ m/s); $\beta \approx 35°$ (halbumschließend).

15.9 a) $s_B \approx 0{,}09$ mm festgelegt aus $\psi_B = 1{,}12$‰ (errechnet $\psi_B \approx 1{,}11$‰ für $u_W = 3{,}77$ m/s);
b) $p_L \approx 4{,}7$ N/mm^2 < $p_{Lzul} = 5$ N/mm^2; $\eta_{eff} \approx 23 \cdot 10^{-9}$ Ns/mm^2 für $\vartheta_0 = \vartheta_{eff}$, $\omega_{eff} = 94{,}25$ s^{-1}, $So \approx 2{,}72$, somit $\varepsilon \approx 0{,}79$ für $b/d_L = 0{,}75$; rechnerisch $\mu/\psi_B \approx 2{,}12$, $\beta \approx 36°$, $P_R \approx 201$ W ($\mu \approx 2{,}37 \cdot 10^{-3}$), also $\vartheta_L \stackrel{\wedge}{=} \vartheta_m = 70{,}3\,°C$, so dass $|\vartheta_m - \vartheta_0| = 0{,}3\,°C < 2\,°C$ ausreichend genau, d. h. Betrieb möglich, da auch $\vartheta_L < \vartheta_{Lzul}$;
c) $h_0 \approx 9{,}4$ μm > $h_{0\,zul} = 7$ μm;
d) $\dot{V}_D \approx 7$ cm^3/s = 0,42 l/min mit $\dot{V}_{D\,rel} \approx 0{,}13$.

15.10 $p_L = 2{,}59$ N/mm^2, $\omega_{eff} = 78{,}54$ s^{-1}, $u_W = 2{,}36$ m/s, $n_W = 12{,}5$ s^{-1}, $\psi_E = 1 \cdot 10^{-3}$, $b/d_L = 0{,}75$, $\alpha_L = 24 \cdot 10^{-6}$ 1/°C, $\alpha_W = 11 \cdot 10^{-6}$ 1/°C.

Zustandsgröße	Einheit	Rechenschritt (Rundwerte) 1	2	3
$\vartheta_0 \stackrel{\wedge}{=} \vartheta_{eff}$	°C	60	69,7	67
η_{eff}	Ns/mm^2	$70 \cdot 10^{-9}$	$44 \cdot 10^{-9}$	$48 \cdot 10^{-9}$
ψ_B	–	$1{,}52 \cdot 10^{-3}$	$1{,}65 \cdot 10^{-3}$	$1{,}61 \cdot 10^{-3}$
So	–	1,09	2,04	1,78
ε	–	0,63	0,74	0,72
β	°	46	40	42
μ/ψ_B	–	3,94	2,52	2,78
P_R	W	98,9	68,6	73,8
$\vartheta_L \stackrel{\wedge}{=} \vartheta_m$	°C	79,4	64,3	66,9
$|\vartheta_m - \vartheta_0|$	°C	19,4	5,4	0,1

Iteration eingestellt, da $|\vartheta_m - \vartheta_0| = 0{,}1\,°C < 2\,°C$ und $\vartheta_L < \vartheta_{Lzul}$
Das Lager kann noch mit natürlicher Kühlung betrieben werden.

15.11 a) $p_L = 2{,}59$ N/mm^2, $\omega_{eff} = 78{,}54$ s^{-1}, konstant $\dot{V} \approx 8333$ mm^3/s, $u_W \approx 2{,}36$ m/s, $b/d_L = 0{,}75$, $\alpha_L = 24 \cdot 10^{-6}$ 1/°C, $\alpha_W = 11 \cdot 10^{-6}$ 1/°C.

Zustandsgröße	Einheit	Rechenschritt (Rundwerte) 1	2
$\vartheta_0 \stackrel{\wedge}{=} \vartheta_{a0}$ bzw. $\vartheta_{a0\,neu} = 0{,}5\,(\vartheta_{a0\,alt} + \vartheta_a)$	°C	50	48,8
$\vartheta_{eff} = 0{,}5\,(\vartheta_e + \vartheta_{a0})$	°C	40	39,4
η_{eff}	Ns/mm^2	$200 \cdot 10^{-9}$	$210 \cdot 10^{-9}$
$\psi_B = \psi_E + \Delta\psi$	–	$1{,}26 \cdot 10^{-3}$	$1{,}25 \cdot 10^{-3}$
So	–	0,26	0,25
ε	–	0,29	0,28
β	°	69	70
μ/ψ_B rechnerisch	–	12,76	13,22
P_R	W	265	273
$\vartheta_L \stackrel{\wedge}{=} \vartheta_a$	°C	47,6	48,2
$|\vartheta_{a0} - \vartheta_a|$	°C	2,4	0,6

Iteration eingestellt, da $|\vartheta_a - \vartheta_{a0}| < 2\,°C$ und auch $\vartheta_L \leq \vartheta_{Lzul}$
b) $h_0 \approx 27$ μm > $h_{0\,zul} = 4$ μm.
c) Für $So \leq 0{,}3$ kann die Welle im Lager zu Schwingungen angeregt werden, daher wenn möglich, Schmieröl mit niedrigerer η_{eff} wählen, andernfalls MF-Lager verwenden.

15.12 a) Überprüfung der spezifischen Lagerbelastung p_L

$$p_L = \frac{F}{b \cdot d_L} = \frac{9{,}5 \cdot 10^3 \text{ N}}{70 \text{ mm} \cdot 70 \text{ mm}} = \mathbf{1{,}94 \text{ N/mm}^2} < p_{L\,\text{zul}} = 7 \text{ N/mm}^2 \qquad (15.4)$$

mit $p_{L\,\text{zul}}$ aus TB 15-7

b) Berechnung des Lagerspiels ψ

Bestimmung des mittleren relativen Einbaulagerspiels

$$\psi_E \approx 0{,}8 \sqrt[4]{u_W} \cdot 10^3 = 0{,}8 \sqrt[4]{4{,}4 \text{ m/s}} \cdot 10^3 = \mathbf{1{,}16 \cdot 10^{-3}} \qquad (15.6)$$

mit $u_W = \pi \cdot d_W \cdot n_W = \pi \cdot 0{,}07 \text{ m} \cdot 1200/60 \text{ s}^{-1} = 4{,}4 \text{ m/s}$

Bestimmung des mittleren relativen Betriebslagerspiels

$\psi_B = \psi_E + \Delta\psi = (1{,}16 + 0{,}28) \cdot 10^{-3} = \mathbf{1{,}44 \cdot 10^{-3}}$ $\quad\bigg|\;\psi_B = \mathbf{1{,}42 \cdot 10^{-3}}$

mit

$\Delta\psi = (\alpha_L - \alpha_W) \cdot (\vartheta_{\text{eff}} - 20\,°\text{C})$
$= (18 - 11) \cdot 10^{-6} \frac{1}{°\text{C}} \cdot (60 - 20)\,°\text{C} = 0{,}28 \cdot 10^{-3}$ $\quad\bigg|\;\Delta\psi = 0{,}26 \cdot 10^{-3}$

und α_L aus TB 15-6, α_W aus TB 12-6b sowie

$\vartheta_{\text{eff}} = 0{,}5 \cdot (\vartheta_e + \vartheta_{a0}) = 0{,}5 \cdot (50\,°\text{C} + 70\,°\text{C}) = 60\,°\text{C}$ $\quad\bigg|\;\vartheta_{\text{eff}} = 0{,}5 \cdot (50\,°\text{C} + 65{,}8\,°\text{C})$

mit $\vartheta_0 \cong \vartheta_{a0} = \vartheta_e + \Delta\vartheta = 50\,°\text{C} + 20\,°\text{C} = 70\,°\text{C}$ $\quad\bigg|\; = 57{,}9\,°\text{C}$

c) Ermittlung der Schmierstoffaustrittstemperatur ϑ_a

Bestimmung der effektiven dynamischen Viskosität η_{eff}

$\eta_{\text{eff}} = \mathbf{24 \cdot 10^{-9} \text{ Ns/mm}^2}$ aus TB 15-9 für $\vartheta_{\text{eff}} = 60\,°\text{C}$ $\quad\bigg|\;\eta_{\text{eff}} = \mathbf{26{,}5 \cdot 10^{-9} \text{ Ns/mm}^2}$

(Schmieröl C 68 entspricht ISO VG 68, s. TB 15-8a)

Bestimmung der Sommerfeldzahl So

$So = \dfrac{p_L \cdot \psi_B^2}{\eta_{\text{eff}} \cdot \omega_{\text{eff}}} = \dfrac{1{,}94 \text{ N/mm}^2 \cdot (1{,}44 \cdot 10^{-3})^2}{24 \cdot 10^{-9} \text{ Ns/mm}^2 \cdot 125{,}7 \text{ s}^{-1}} = \mathbf{1{,}33}$ $\quad\bigg|\;So = \mathbf{1{,}17}\qquad(15.9)$

mit $\omega_{\text{eff}} = 2 \cdot \pi \cdot n_W = 2 \cdot \pi \cdot 1200/60 \text{ s}^{-1} = 125{,}7 \text{ s}^{-1}$, ($\psi_B$ s. o.)

Bestimmung der Reibungskennzahl μ/ψ_B

$\dfrac{\mu}{\psi_B} = \dfrac{\pi}{So\sqrt{1-\varepsilon^2}} + \dfrac{\varepsilon}{2}\sin\beta = \dfrac{\pi}{1{,}33\sqrt{1-0{,}61^2}} + \dfrac{0{,}61}{2}\sin 50° = \mathbf{3{,}22}$ $\quad\bigg|\;\dfrac{\mu}{\psi_B} = \mathbf{3{,}525}$

s. Lehrbuch 15.4.1-1d mit $\varepsilon = 0{,}61$ (TB 15-13a) und $\quad\bigg|\;\varepsilon = 0{,}58$

$\beta = 50°$ (TB 15-15a) $\quad\bigg|\;\beta = 52°$

Bestimmung der Reibungsverlustleistung P_R

$P_R = \dfrac{\mu}{\psi_B} \cdot \psi_B \cdot F \cdot u_W$

$P_R = 3{,}22 \cdot 1{,}44 \cdot 10^{-3} \cdot 9{,}5 \cdot 10^3 \text{ N} \cdot 4{,}4 \dfrac{\text{m}}{\text{s}} = \mathbf{194 \text{ W}}$ $\quad\bigg|\;P_R = \mathbf{209 \text{ W}}\qquad(15.10)$

mit $u_W = \pi \cdot d_W \cdot n_W = \pi \cdot 0{,}1 \text{ m} \cdot 1200/60 \text{ s}^{-1} = 4{,}4 \text{ m/s}$

15 Gleitlager

Bestimmung des Schmierstoffdurchsatzes $\dot{V}_D$ infolge Förderung durch Wellendrehung

$$\dot{V}_D = \dot{V}_{D\,rel} \cdot d_L^3 \cdot \psi_B \cdot \omega_{eff}$$

$$= 0{,}12 \cdot (70\text{ mm})^3 \cdot 1{,}26 \cdot 10^{-3} \cdot 125{,}7\,\text{s}^{-1} = \mathbf{7448\text{ mm}^3/\text{s}}$$

$\dot{V}_D = \mathbf{6732\text{ mm}^3/\text{s}}$ (15.16)

mit

$$\dot{V}_{D\,rel} = 0{,}25 \cdot \left[\left(\frac{b}{d_L}\right) - 0{,}223 \cdot \left(\frac{b}{d_L}\right)^3\right] \cdot \varepsilon$$

$$= 0{,}25 \cdot [(1) - 0{,}223 \cdot (1)^3] \cdot 0{,}61 = 0{,}12$$

$\dot{V}_{D\,rel} = 0{,}11$

und $b/d_L = 70\text{ mm}/70\text{ mm} = 1$

Bestimmung des Schmierstoffdurchsatzes $\dot{V}_{pZ}$ infolge Zuführdruck

$$\dot{V}_{pZ} = \frac{\dot{V}_{pZ\,rel} \cdot d_L^3 \cdot \psi_B^3}{\eta_{eff}} \cdot p_Z$$

$$= \frac{0{,}223 \cdot (70\text{ mm})^3 \cdot (1{,}44 \cdot 10^{-3})^3}{24 \cdot 10^{-9}\text{ Ns/mm}^2} \cdot 0{,}2\,\frac{\text{N}}{\text{mm}^2} = \mathbf{1903\text{ mm}^3/\text{s}}$$

$\dot{V}_{pZ} = \mathbf{1556\text{ mm}^3/\text{s}}$ (15.17)

mit

$$\dot{V}_{pZ\,rel} = \frac{\pi}{48} \frac{(1+\varepsilon)^3}{\ln(b/b_T) \cdot q_T}$$

$$= \frac{\pi}{48} \frac{(1+0{,}61)^3}{\ln(1/0{,}6) \cdot 2{,}4} = 0{,}223$$

$\dot{V}_{pZ\,rel} = 0{,}21$

und

$$q_T = 1{,}188 + 1{,}582 \cdot (b_T/b) - 2{,}585 \cdot (b_T/b)^2 + 5{,}563 \cdot (b_T/b)^3$$

$$= 1{,}188 + 1{,}582 \cdot 0{,}6 - 2{,}585 \cdot 0{,}6^2 + 5{,}563 \cdot 0{,}6^3 = 2{,}4$$

nach TB 15-18b, Nr. 2; b_T/b s. Aufgabenstellung

Bestimmung des gesamten Schmierstoffdurchsatzes $\dot{V}$

$$\dot{V} = \dot{V}_D + \dot{V}_{pZ} = 7448\text{ mm}^3/\text{s} + 1903\text{ mm}^3/\text{s} = \mathbf{9351\text{ mm}^3/\text{s}}$$

$\dot{V} = \mathbf{8288\text{ mm}^3/\text{s}}$ (15.18)

Bestimmung der Lagertemperatur ϑ_L

$$\vartheta_L \cong \vartheta_a = \vartheta_e + \frac{P_R}{\dot{V} \cdot \varrho \cdot c}$$

$$= 50\,°\text{C} + \frac{194\text{ Nm/s}}{9351 \cdot 10^{-9}\,\frac{\text{m}^3}{\text{s}} \cdot 1{,}8 \cdot 10^6\,\frac{\text{N}}{\text{m}^2 \cdot °\text{C}}} = \mathbf{61{,}5\,°C}$$

$\vartheta_a = \mathbf{64\,°C}$ (15.15)

$|\vartheta_{a0} - \vartheta_a| = |70\,°\text{C} - 61{,}5\,°\text{C}| = 8{,}5\,°\text{C} > 2\,°\text{C}$ nicht zulässig

$|\vartheta_{a0} - \vartheta_a| = 1{,}6\,°\text{C} < 2\,°\text{C}$

Wahl eines neuen Richtwertes durch Iteration

$$\vartheta_{a0\,neu} = \frac{\vartheta_{a0\,alt} + \vartheta_a}{2} = \frac{70\,°\text{C} + 61{,}6\,°\text{C}}{2} = \mathbf{65{,}8\,°C}$$

$\vartheta_a \cong \vartheta_L \leq \vartheta_{L\,zul} = 100\,°\text{C}$

$\vartheta_{L\,zul}$ s. TB 15-17
Bedingungen erfüllt

c) Nachprüfung der Verschleißgefährdung

$$h_0 = 0{,}5 \cdot d_L \cdot \psi_B(1-\varepsilon) \cdot 10^3 = 0{,}5 \cdot 70\text{ mm} \cdot 1{,}42 \cdot 10^{-3}(1-0{,}58) \cdot 10^3 = \mathbf{20{,}9\,\mu m}$$ (15.8)

$h_0 > h_{0\,zul} = 7\,\mu\text{m}$

Zulässige kleinste Spalthöhe nach TB 15-16 für $d_W = 70$ mm und $u_W = 4{,}4$ m/s wird nicht unterschritten.

15.13 a) $p_L = 2$ N/mm² $< p_{L\,zul} = 5$ N/mm².

b) 1. $\vartheta_{a0} = 60\,°C$, $\vartheta_{eff} = 50\,°C$, $\eta_{eff} = 13{,}5 \cdot 10^{-9}$ Ns/mm²; $b/d_L = 0{,}8$,
$So \approx 1{,}05$, ($n_W = 50$ s^{-1}, $\omega_{eff} \approx 314{,}2$ s^{-1}), $\varepsilon \approx 0{,}61$, $\beta \approx 48°$, $\mu/\psi_B \approx 4$,
$P_R \approx 1498$ W ($u_W = 15{,}7$ m/s); $\dot{V}_D \approx 49\,157$ mm³/s ($\dot{V}_{D\,rel} \approx 0{,}105$), $\dot{V}_{pZ} \approx 3455$ mm³/s
($q_T = 2{,}03$, $\dot{V}_{pZ\,rel} \approx 0{,}047$), $\dot{V} = 52\,612$ mm³/s;
$\vartheta_L \cong \vartheta_a = 55{,}8\,°C$, d. h. Iteration, weil $|\vartheta_{a0} - \vartheta_a| = 4{,}2\,°C > 2\,°C$;

2. $\vartheta_{a0\,neu} = 57{,}9\,°C$, $\vartheta_{eff} = 49\,°C$, $\eta_{eff} = 14 \cdot 10^{-9}$ Ns/mm²;
$So \approx 1$, $\varepsilon \approx 0{,}6$, $\beta \approx 49°$, $\mu/\psi_B \approx 4{,}15$,
$P_R \approx 1554$ W; $\dot{V}_D \approx 48\,220$ mm³/s ($\dot{V}_{D\,rel} \approx 0{,}103$), $\dot{V}_{pZ} \approx 3332$ mm³/s ($q_T = 2{,}03$,
$\dot{V}_{pZ\,rel} \approx 0{,}047$), $\dot{V} = 51\,552$ mm³/s; $\vartheta_L \cong \vartheta_a = 56{,}7\,°C$, $|\vartheta_{a0\,neu} - \vartheta_a| = 1{,}2\,°C < 2\,°C$.
Iteration eingestellt, denn auch $\vartheta_L \approx 57° < \vartheta_{L\,zul} = 100\,°C$.

c) $h_0 = 29{,}8$ μm $> h_{0\,zul} = 9$ μm, d. h. Verschleißgefährdung für stationären Betrieb nicht gegeben.

15.14 a) $p_L = 5$ N/mm² $< p_{L\,zul} = 7$ N/mm²; $n_W = 33{,}33$ s^{-1}, $u_W = 12{,}57$ m/s, $\omega_{eff} = 209{,}4$ s^{-1},
$\alpha_W = 11 \cdot 10^{-6}$ 1/°C, $\alpha_L = 18 \cdot 10^{-6}$ 1/°C;

$\vartheta_L \cong \vartheta_m \approx 458\,°C \gg \vartheta_{L\,zul}$ ($\vartheta_0 \cong \vartheta_{eff} = 60\,°C$, $\eta_{eff} \approx 35 \cdot 10^{-9}$ Ns/mm², $\psi_B = 1{,}28 \cdot 10^{-3}$,
wenn $\psi_E = 1 \cdot 10^{-3}$ und $\Delta\psi = 0{,}28 \cdot 10^{-3}$; $So \approx 1{,}12$, $\varepsilon \approx 0{,}73$, $\beta \approx 38°$, $\mu/\psi_B \approx 4{,}33$,
$P_R \approx 2507$ W). Die Rechnung wird nicht weitergeführt, da natürliche Kühlung nicht in Betracht kommt.

b) $\vartheta_e = 50\,°C$, $p_Z = 0{,}5$ N/mm².

Zustandsgröße	Einheit	Rechenschritt (Rundwerte)	
		1	2
$\vartheta_0 \cong \vartheta_{a0}$ bzw.	°C	70	74,8
$\vartheta_{a0\,neu} = 0{,}5\,(\vartheta_{a0\,alt} + \vartheta_a)$			
$\vartheta_{eff} = 0{,}5\,(\vartheta_e + \vartheta_{a0})$	°C	60	62,4
η_{eff}	Ns/mm²	$35 \cdot 10^{-9}$	$32 \cdot 10^{-9}$
$\psi_B = \psi_E + \Delta\psi$	—	$1{,}28 \cdot 10^{-3}$	$1{,}3 \cdot 10^{-3}$
So	—	1,12	1,26
ε	—	0,73	0,76
β	°	38	37
μ/ψ_B rechnerisch	—	4,33	4,07
P_R	W	2507	2394
$\dot{V}_{D\,rel}$	—	0,086	0,09
$\dot{V}_D$	mm³/s	39832	42336
q_L	—	1,24	1,24
$\dot{V}_{pZ\,rel}$	—	0,136	0,143
$\dot{V}_{pZ}$	mm³/s	7041	8483
$\dot{V}$	mm³/s	46873	50819
$\vartheta_L \cong \vartheta_a$	°C	79,7	76,2
$|\vartheta_{a0} - \vartheta_a|$	°C	9,7	1,4

Iteration eingestellt, da $|\vartheta_a - \vartheta_{a0}| < 2\,°C$ und auch $\vartheta_L - 76\,°C < \vartheta_{L\,zul}$.

c) $h_0 \approx 18{,}7$ μm $> h_{0\,zul} = 9$ μm keine Gefährdung.

15.15 Einscheiben-Spurlager

a) Ermittlung der Schmierspalthöhe h_0

$$h_{0\,zul} \approx (5 \ldots 15) \cdot (1 + 0{,}0025 \cdot d_m) = 15 \cdot (1 + 0{,}0025 \cdot 270) = 25 \text{ μm} \quad (15.20)$$

$h_0 = 5 \cdot 25$ m $= \mathbf{0{,}0125}$ **cm**

Lt. Aufgabenstellung 5 × Größtwert von $h_{0\,zul}$ wählen.

15 Gleitlager

b) Ermittlung des Schmierstoffvolumens $\dot{V}$

$$\dot{V} = \frac{\pi \cdot h_0^3 \cdot p_T}{6 \cdot \eta_{\text{eff}} \cdot \ln(r_a/r_i)} = \frac{\pi \cdot 0{,}0125^3 \text{ cm}^3 \cdot 140 \text{ N/cm}^2}{6 \cdot 60 \cdot 10^{-7} \text{ Ns/cm}^2 \cdot \ln(15 \text{ cm}/12 \text{ cm})} = \mathbf{107 \text{ cm}^3/s} = 6{,}42 \text{ l/min}$$
(15.21)

mit Schmierstoff-Zuführdrucks p_Z

$$p_Z \approx p_T = \frac{2 \cdot F}{\pi} \frac{\ln(r_a/r_i)}{r_a^2 - r_i^2} = \frac{2 \cdot 80 \cdot 10^3 \text{ N}}{\pi} \frac{\ln(15 \text{ cm}/12 \text{ cm})}{(15^2 - 12^2) \text{ cm}^2} = \mathbf{140 \text{ N/cm}^2} = 14 \text{ bar}$$
(15.22)

und $\eta_{\text{eff}} = 60 \cdot 10^{-7}$ Ns/cm² aus TB 15-9 für ISO VG 68 und $\vartheta_{\text{eff}} \approx 41\,°$C

c) Bestimmung der Schmierstofferwärmung $\Delta\vartheta$

Bestimmung der Reibungsleistung P_R

$$P_R = \frac{\pi}{2} \frac{\eta_{\text{eff}} \cdot \omega_{\text{eff}}^2}{h_0} \cdot (r_a^4 - r_i^4) = \frac{\pi}{2} \frac{60 \cdot 10^{-7} \text{ Ns/cm}^2 \cdot 45^2 \text{ s}^{-2}}{0{,}0125 \text{ cm}} \cdot (15^4 - 12^4) \text{ cm}^2 = \mathbf{456 \frac{Nm}{s}}$$
(15.23)

mit $\omega_{\text{eff}} = 2 \cdot \pi \cdot n_W = 2 \cdot \pi \cdot 430/60 \text{ s}^{-1} = 45 \text{ s}^{-1}$

Bestimmung der Pumpenleistung P_p

$$P_p = \frac{\dot{V} \cdot p_Z}{\eta_p} = \frac{107 \cdot 10^{-6} \text{ m}^3/\text{s} \cdot 140 \cdot 10^4 \text{ N/m}^2}{0{,}75} = \mathbf{200 \frac{Nm}{s}} \qquad \text{Legende zu (15.24)}$$

Bestimmung der Schmierstofferwärmung $\Delta\vartheta$

$$\Delta\vartheta \stackrel{\wedge}{=} \vartheta_a - \vartheta_e = \frac{P_R + P_p}{c \cdot \varrho \cdot \dot{V}} = \frac{(456 + 200) \text{ Nm/s}}{1{,}8 \cdot 10^6 \dfrac{\text{N}}{\text{m}^2 \cdot °\text{C}} \cdot 107 \cdot 10^{-6} \dfrac{\text{m}^3}{\text{s}}} = \mathbf{3{,}5\,°C}$$
(15.24)

mit $c \cdot \varrho$ nach Legende zu Gl. (15.13).

$\Delta\vartheta < (10 \dots 15)\,°$C, zulässig entspr. Hinweis unter Gl. (15.18)

d) Bestimmung der Reibungszahl μ

$$\mu = \frac{4 \cdot (P_R + P_p)}{F \cdot \omega_{\text{eff}} \cdot (d_a + d_i)} = \frac{4 \cdot (456 + 200) \text{ Nm/s}}{80 \cdot 10^3 \text{ N} \cdot 45 \text{ s}^{-1} \cdot (0{,}3 \text{ m} + 0{,}24 \text{ m})} = \mathbf{1{,}35 \cdot 10^{-3}}$$
(15.25)

15.16 a) $p_T \approx 158$ N/cm² ≈ 16 bar ($r_a = 10$ cm, $r_i = 8$ cm);
b) $\dot{V} \approx 5{,}72$ cm³/s $\approx 0{,}343$ dm³/min ·($h_{0\,\text{zul}} = 14{,}5\,\mu$m $\approx 0{,}0015$ cm, somit $h_0 = 0{,}003$ cm, $p_T \approx 158$ N/cm², $\eta_{\text{eff}} \approx 17{,}5 \cdot 10^{-7}$ Ns/cm²);
c) $\Delta\vartheta \approx 3{,}5\,°$C ($P_R \approx 23{,}7$ Nm/s bzw. W, $P_P \approx 11{,}3$ W mit $p_T \approx 158$ N/cm², $\omega_{\text{eff}} = 20{,}94$ s^{-1}. $c \approx 1980$ Nm/(kg · °C) für $\varrho_{15} \approx 917$ kg/m³ und 60 °C, $\dot{V} \approx 5{,}72 \cdot 10^{-6}$ m³/s).

15.17 a) $b = 63$ mm, $d_m = 315$ mm, $l \approx 66$ mm, somit $l/b \approx 1{,}05$, $p_L \approx 26{,}7 \cdot 10^5$ N/m² $< p_{L\,\text{zul}}$; $h_{\text{seg}} \approx 23$ mm;
b) $h_0 \approx 18\,\mu$m $> h_{0\,\text{zul}} = 9\,\mu$m ($\eta_{\text{eff}} \approx 28 \cdot 10^{-3}$ Ns/m² bei ϑ_{eff}, abgelesen $k_1 \approx 0{,}068$ für $l/b \approx 1$, $u_m = 7{,}09$ m/s); $t \approx 18\,\mu$m;
c) $P_R \approx 3025$ Nm/s ($k_2 \approx 2{,}95$ für $l/b \approx 1$);
d) $\Delta\vartheta \approx 12{,}3\,°$C $< 20\,°$C ($2 \cdot \dot{V}_{\text{ges}} \approx 135 \cdot 10^{-6}$ m³/s, $\varrho_{15} = 883$ kg/m³, $c \approx 2050$ Nm/(kg °C)).

16 Riemengetriebe

16.1 a) $\beta_1(=\beta_k) = 2 \cdot \arccos[(d_2 - d_1)/2e]$, siehe Lehrbuch Gl. (16.24);
b) $L = 2e \cdot \sin(\beta_1/2) + \pi(d_2 + d_1)/2 + \pi[1 - (\beta_1/180)] \cdot (d_2 - d_1)/2$.

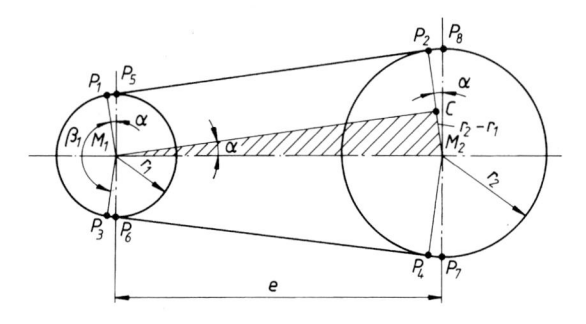

16.2 $\beta_1(=\beta_k) \approx 157°$; ($d_2 = 800$ mm).

16.3 a) $F_1 = 947$ N, $F_2 = 380$ N, ($P = 11$ kW, $T = 71$ Nm, $F_t = 568$ N, $\kappa = 0,6$, $m = 2,47$, $\beta_1(=\beta_k) = 173°$, $\mu = 0,3$);
b) $F_w = 1341$ N; ($k = 2,36$).

16.4 $\mu = 0,7$, $\beta_1(=\beta_k) = 169°$, $m = 7,88$, $\kappa = 0,78$, $E_b = 300$ N/mm^2, $v_{opt} = 45,49$ m/s, $p_{max} = 26,73$ kW.

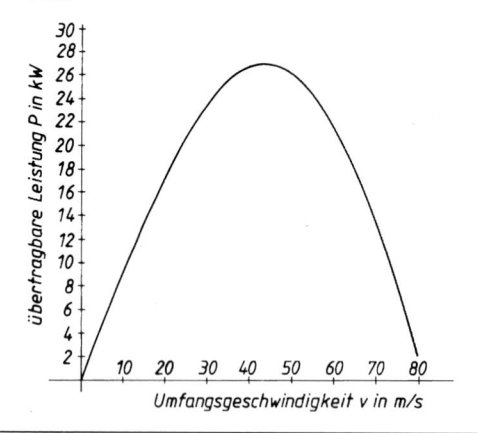

16.5 a) $d_g = 280$ mm, $d_k = 140$ mm; ($d'_k = 137$ mm, $n_k = 2940$ min^{-1});
b) $L = 3150$ mm; ($L' \approx 3064$ mm, Umschlingungswinkel an der kleinen Scheibe $\beta_2(=\beta_k) = 173,5°$);
c) $e = 1243$ mm;
d) $f_B = 13,8$ 1/s $< f_{B\,max} = 40$ 1/s; $v = 21,8$ m/s $< v_{max} = 50$ m/s n. TB 16-1.

16 Riemengetriebe 323

16.6   a) Riemenausführung: 80 LT;

b) $d_k = 200$ mm; $d_g = d_{g\,max} = 400$ mm; ($P = 22$ kW);

c) $L = 2460$ mm; ($\beta_1 \approx 164{,}7°$);

d) gewählter Riementyp: Typ 20; $b = 71$ mm; $B = 80$ mm; ($F_t \approx 1567$ N; $F'_t \approx 23$ N/mm);

e) $F_{w0} \approx 3264$ N; ($\varepsilon_1 \approx 2{,}3$; $\varepsilon_2 \approx 0{,}1$; $k_1 = 20$; $b' = 68$ mm); $f_B = 12{,}8$ s^{-1} < $f_{B\,zul} = 20{,}3$ s^{-1}
($v = 15{,}7$ m/s < $v_{max} = 60$ m/s);

f) $x \approx 74$ mm.

16.7   a) **Bestimmung der Baugröße/Leistung des Motors P**

$$T_{ab} = 9550(P/n_{ab})\, K_A \cdot \eta \tag{11.11}$$

$$\Rightarrow P = \frac{T_{ab} \cdot n_{ab}}{9550 \cdot K_A \cdot \eta} = \frac{2000\,\text{Nm} \cdot 90\,\text{min}^{-1}}{9550 \cdot 1{,}5 \cdot 0{,}85} = \mathbf{14{,}8\ kW}$$

gewählt: $P = 15$ kW   (180 L, nach TB 16-21)

Bestimmung der Riemenscheibendurchmesser d_k und d_g

$d_g = i_1 \cdot d_k = 2{,}52 \cdot 280$ mm $= \mathbf{706\ mm}$

mit $n_2 = n_{ab} \cdot i_2 = 90\,\text{min}^{-1} \cdot 4{,}3 = \mathbf{387\ mm^{-1}}$

und $i_1 = \dfrac{n_1}{n_2} = \dfrac{975\,\text{min}^{-1}}{387\,\text{min}^{-1}} = \mathbf{2{,}52}$

$n_1 = 97{,}5 \cdot n_s = 97{,}5 \cdot 1000\,\text{min}^{-1} = \mathbf{975\ min^{-1}}$

gewählt: $d_g = 710$ mm   (DIN 111, nach TB 16-9)

b) **Bestimmung des Wellenabstands e und der Riemenlänge L**

$$0{,}7(d_g + d_k) \le e' \le 2(d_g + d_k) \tag{16.21}$$

$0{,}7(710\,\text{mm} + 280\,\text{mm}) \le e' \le 2(710\,\text{mm} + 280\,\text{mm})$

$693\,\text{mm} \le e' \le 1980\,\text{mm}$

gewählt: $e' = \mathbf{1336\ mm}$

$$L' = 2 \cdot e' + \frac{\pi}{2}(d_g + d_k) + \frac{(d_g - d_k)^2}{4e'} \tag{16.23}$$

$$L' = 2 \cdot 1336\,\text{mm} + \frac{\pi}{2}(710\,\text{mm} + 280\,\text{mm}) + \frac{(710\,\text{mm} - 280\,\text{mm})^2}{4 \cdot 1336\,\text{mm}}$$

$L' = \mathbf{4262\ mm}$

gewählt: $L = 4000$ mm   (DIN 323 – R20, nach TB 1-16)

$$e \approx \frac{L}{4} - \frac{\pi}{8}(d_g + d_k) + \sqrt{\left[\frac{L}{4} - \frac{\pi}{8}(d_g + d_k)\right]^2 - \frac{(d_g - d_k)^2}{8}} \tag{16.22}$$

$$e \approx \frac{4000\,\text{mm}}{4} - \frac{\pi}{8}(710\,\text{mm} + 280\,\text{mm}) +$$

$$+ \sqrt{\left[\frac{4000\,\text{mm}}{4} - \frac{\pi}{8}(710\,\text{mm} + 280\,\text{mm})\right]^2 - \frac{(710\,\text{mm} - 280\,\text{mm})^2}{8}}$$

$e \approx \mathbf{1203\ mm}$

c) Bestimmung der Riemenbreite b und zugehörigen Kranzbreite B

$$F_t = \frac{P'}{v} = \frac{K_A \cdot P}{d_k \cdot \pi \cdot n_1} = \frac{1{,}5 \cdot 15 \cdot 10^3 \, \text{N m s}^{-1}}{0{,}280 \, \text{m} \cdot \pi \cdot 975/60 \cdot \text{s}^{-1}} \tag{16.27}$$

$F_t = \mathbf{1574 \, N}$

$$b' = F_t/F_t' = \frac{1574 \, \text{N}}{31 \, \text{N/mm}} = \mathbf{50{,}8 \, mm} \tag{16.28}$$

mit F_t' nach TB 16-8 für:

$$\beta_k = 2 \cdot \arccos\left(\frac{d_g - d_k}{2 \cdot e}\right) = 2 \cdot \arccos\left(\frac{710 \, \text{mm} - 280 \, \text{mm}}{2 \cdot 1203 \, \text{mm}}\right) = \mathbf{159°} \tag{16.24}$$

gewählt: $b = 71$ mm, $B = 80$ mm   (evtl. $b = 50$ mm, $B = 63$ mm möglich)

Beachte: Klärung von Sondermaßen für große Scheibe sinnvoll
(Abmessungen möglichst nicht nach DIN 111 wählen)

d) Bestimmung der Wellenbelastung im Ruhezustand F_{w0} und Biegefrequenz f_B

$$F_{w0} = (\varepsilon_1 + \varepsilon_2) \cdot k_1 \cdot b' = (2{,}25 + 0{,}1) \cdot 28 \cdot 50{,}8 \, [\text{mm}] \tag{16.34}$$

$F_{w0} = \mathbf{3356 \, N} > F_{w0 \, \text{zul}}$

mit ε_1 und k_1 ($\triangleq$ Riementyp 28) nach TB 16-8

ε_2 nach TB 16-10 für
$v = d_w \cdot \pi \cdot n_1 = (d + t) \cdot \pi \cdot n_1 = (280 \, \text{mm} + 3{,}6 \, \text{mm}) \cdot \pi \cdot 975/60 \, \text{s} = \mathbf{14{,}5 \, \frac{m}{s}}$

mit t nach TB 16-6b, b' s. unter c)

$F_{w0 \, \text{zul}} = 1950 \, \text{N} \ldots 2350 \, \text{N}$ (anderer Motor bzw. größerer Durchmesser für d_k notwendig)

$$f_B = \frac{v \cdot z}{L} = \frac{14{,}5 \, \text{m/s} \cdot 2}{4 \, \text{m}} = \mathbf{7{,}25 \, s^{-1}} < f_{B \, \text{zul}} \tag{16.37}$$

$$f_{B \, \text{zul}} = k(5800/d_{1N}) \cdot (d_g/d_{1N})^3 \qquad \text{s. unter (16.37)}$$
$$= 0{,}7(5800/280) \cdot (280/280)^3 = \mathbf{14{,}5 \, s^{-1}}$$

mit d_{1N} nach TB 16-6b, k s. Hinweise zu Gl. (16.37).

e) Bestimmung des Verstellwegs x

$$x \geq 0{,}03 \cdot L = 0{,}03 \cdot 4000 \, \text{mm} = \mathbf{120 \, mm} \tag{16.25}$$

16.8 a) $d_k = 355$ mm, $d_g = 1000$ mm, ($d_k' = 333 \ldots 360$ mm, $d_g' = 962$ mm, $n_g' = 532$ mm^{-1});

b) Siegling Extremultus 85 GT;

c) $L = 5000$ mm; ($L' = 5003$ mm, $\beta_1 = 153{,}3°$, $e = 1399$ mm);

d) $b = 160$ mm, $B = 180$ mm; ($F_t = 5957$ N, $b' = 157$ mm, $F_t' = 38$ N/mm);

e) $F_{w0} = 13\,440$ N; ($\varepsilon_1 = 1{,}9$; $\varepsilon_2 = 0{,}2$; $k_1 = 40$); $f_B = 11{,}2$ s^{-1} $< f_{B \, \text{zul}} = 12$ s^{-1};

f) $x = 150$ mm.

16.9 a) Baugröße 132 S mit $P_1 = 5{,}5$ KW bei $n_s = 3000$ min^{-1}; ($n_1 \approx 2880$ min^{-1}); $d_g = 224$ mm, $d_k = 112$ mm; ($n_k \approx 5760$ min^{-1});

b) Riemenausführung 85 GT, Riementyp 14; ($\beta_k = 169{,}3°$, $b = 20$ mm, $b' = 16{,}3$ mm, $B_{erf} = 25$ mm – nach DIN 111 $B_{min} = 63$ mm –, $F_t = 212$ N, $K_A \approx 1{,}3$, $F_t' \approx 13$ N/mm).

c) Bestelllänge $L = 1680$ mm; ($L' \approx 1733$ mm, $x \approx 52$ mm).

16 Riemengetriebe

16.10 a) $d_{dk} = 140$ mm; $d_{dg} = 710$ mm; $n_k = 289$ min^{-1});

b) $e = 1301$ mm; $e_{max} = 1421$ mm; $y = 60$ mm; ($L_d = 4000$ mm; $x = 120$ mm);

c) $z_{erf} = 5 = z_{vorh}$; ($P = 15$ kW; $c_1 = 0{,}94$; $c_2 = 1{,}17$; $\beta_1 = 155°$; $P_N \approx 4{,}1$ kW/Riemen; $Ü_z = 0{,}24$ kW/Riemen).

16.11 **a) Bestimmung des Riemenprofils und des Scheibendurchmessers d_{dg}**

$P' = K_A \cdot P = 1{,}1 \cdot 40\,\text{kW} = \mathbf{44\,kW}$

gewählt: Profil SPB nach TB 16-11b

$d_{dg} = i \cdot d_{dk} = 3{,}5 \cdot 250\,\text{mm} = \mathbf{875\,mm}$ (16.10)

gewählt: $d_{dg} = 900$ mm   (DIN 323 – R20, nach TB 1-16)

b) Bestimmung des Wellenabstands e und der Riemenlänge L_d

$0{,}7(d_{dg} + d_{dk}) \leq e' \leq 2(d_{dg} + d_{dk})$ (16.21)

$0{,}7(900\,\text{mm} + 250\,\text{mm}) \leq e' \leq 2(900\,\text{mm} + 250\,\text{mm})$

$805\,\text{mm} \leq e' \leq 2300\,\text{mm}$

gewählt: $e' = \mathbf{1552\,mm}$

$L_d = 2 \cdot e' + \dfrac{\pi}{2}(d_{dg} + d_{dk}) + \dfrac{(d_{dg} - d_{dk})^2}{4 \cdot e'}$ (16.23)

$L_d = 2 \cdot 1552\,\text{mm} + \dfrac{\pi}{2}(900\,\text{mm} + 250\,\text{mm}) + \dfrac{(900\,\text{mm} - 250\,\text{mm})^2}{4 \cdot 1552\,\text{mm}}$

$L_d = \mathbf{4978\,mm}$

gewählt: $L_d = 5000$ mm   (DIN 323 – R40, nach TB 1-16)

$e \approx \dfrac{L_d}{4} - \dfrac{\pi}{8}(d_{dg} + d_{dk}) + \sqrt{\left[\dfrac{L_d}{4} - \dfrac{\pi}{8}(d_{dg} + d_{dk})\right]^2 - \dfrac{(d_{dg} - d_{dk})^2}{8}}$ (16.22)

$e \approx \dfrac{5000\,\text{mm}}{4} - \dfrac{\pi}{8}(900\,\text{mm} + 250\,\text{mm})$
$+ \sqrt{\left[\dfrac{5000\,\text{mm}}{4} - \dfrac{\pi}{8}(900\,\text{mm} + 250\,\text{mm})\right]^2 - \dfrac{(900\,\text{mm} - 250\,\text{mm})^2}{8}}$

$e = \mathbf{1563\,mm}$

$x \geq 0{,}03 \cdot L_d = 0{,}03 \cdot 5000\,\text{mm} = 150\,\text{mm}$ (16.25)

$e_{max} = e + x = 1563\,\text{mm} + 150\,\text{mm} = \mathbf{1713\,mm}$

c) Bestimmung der Riemenzahl z

$z \geq \dfrac{P'}{(P_N + Ü_z) \cdot c_1 \cdot c_2} = \dfrac{44\,\text{kW}}{(12\,\text{kW} + 0{,}7\,\text{kW}) \cdot 0{,}94 \cdot 1{,}05} = \mathbf{3{,}5}$ (16.29)

gewählt: $z = 4$

mit P_N nach TB 16-15b, $Ü_z$ nach TB 16-16b,

c_2 nach TB 16-17d, c_1 nach TB 16-17a

mit $\beta_k = 2 \arccos(d_{dg} - d_{dk})/2e = \dfrac{2 \arccos(900\,\text{mm} - 250\,\text{mm})}{(2 \cdot 1563\,\text{mm})} = \mathbf{156°}$ (16.24)

16.12 Drehstrom-Norm-Motor nach DIN 42 673 T1, Baugröße 100L; ($K_A \approx 1{,}4$; $P' = 3{,}1$ kW); $d_{dk} = 90$ mm; $d_{dg} = 400$ mm; gewähltes Profil *SPZ*; *Bestellbezeichnung:* Satz Keilriemen DIN 7753 – 2 × SPZ × 2240 ($L'_d \approx 2204$ mm; $e = 718$ mm; $\beta_1 = 155°$; $y = 34$ mm; $x = 68$ mm; $z = 2$; $P_N = 2{,}2$ kW/Riemen; $Ü_z = 0{,}24$ kW/Riemen; $c_1 \approx 0{,}94$; $c_2 \approx 1{,}05$; $f_B = 6{,}25$ s^{-1} < $f_{B\,max} = 100$ s^{-1}; $v = 7$ m/s < $v_{max} = 42$ m/s).

16.13 Drehstrom-Norm-Motor nach DIN 42 673 T1, Baugröße 100L ($K_A \approx 1{,}4$; $P' \approx 3{,}08$ kW); $d_{dk} = 90$ mm, $d_{dg} = 400$ mm; gewähltes Profil *PK*; *Bestellbezeichnung:* Keilrippenriemen DIN 7867 – 7 PK × 2240; ($L_{d'} \approx 2204$ mm; $e \approx 718$ mm; $\beta_1 \approx 155°$; $y \approx 34$ mm; $x \approx 67$ mm; $z = 3$; $P_N = 1{,}1$ kW/Rippe; $Ü_z = 0{,}075$ kW/Rippe; $c_1 \approx 0{,}92$; $c_2 \approx 1{,}08$; $v = 7{,}1$ m/s); $f_B = 6{,}3$ s^{-1} < $f_{B\,zul} = 200$ s^{-1}, $F_{w0} \approx 637$ N < $F_{w0\,zul} = 1060$ N ($F_t \approx 455$ N).

16.14 a) $z_g = 70$; $z_R = 126$;

b) $d_{dk} = 22{,}3$ mm, $d_{dg} = 111{,}4$ mm;

c) $e = 205$ mm;

d) $\beta_1 = 154{,}9°$;

e) $z_e = 6$ Zähne.

16.15 $z_k = 24$ Zähne > $z_{min} = 20$ nach TB 16-19b

Die übertragbare Leistung beträgt $P \approx 24{,}6$ kW > $K_A \cdot P_{nenn} \approx 16{,}8$ kW; ($P_{spez} \approx 20{,}5 \cdot 10^{-4}$ kW/mm), $z_e = 10$ Zähne; $\beta_1 = 159{,}3°$; $e = 816$ mm; $F_{t\,max} = 3333$ N < $F_{t\,zul} = 7750$ N).

16.16 a) **Bestimmung des Rimentyps**

$$P' = K_A \cdot P = 1{,}2 \cdot 2{,}2 \text{ kW} = 2{,}64 \text{ kW}$$

gewählt: T10 nach TB 16-18 (möglich wäre auch T5)

b) Bestimmung der Zähnezahl z_g und der Durchmesser d_{dk} und d_{dg}

$$i = \frac{n_{an}}{n_{ab}} = \frac{1475 \text{ min}^{-1}}{630 \text{ min}^{-1}} = \mathbf{2{,}34} \tag{16.19}$$

$$z_g = i \cdot z_k = 2{,}34 \cdot 20 = \mathbf{46{,}8}$$

gewählt: $z_g = 47$

$$d_{dk} = \frac{p}{\pi} \cdot z_k = \frac{10 \text{ mm}}{\pi} \cdot 20 = \mathbf{63{,}66 \text{ mm}} \tag{16.20}$$

$$d_{dg} = \frac{p}{\pi} \cdot z_g = \frac{10 \text{ mm}}{\pi} \cdot 47 = \mathbf{149{,}61 \text{ mm}}$$

c) Bestimmung der Riemenlänge L_d

$$L'_d = 2 \cdot e' + \frac{\pi}{2}(d_{dg} + d_{dk}) + \frac{(d_{dg} - d_{dk})^2}{4 \cdot e'} \tag{16.23}$$

$$L'_d = 2 \cdot 400 \text{ mm} + \frac{\pi}{2}(149{,}61 \text{ mm} + 63{,}66 \text{ mm}) + \frac{(149{,}61 \text{ mm} - 63{,}66 \text{ mm})^2}{4 \cdot 400 \text{ mm}}$$

$\mathbf{L'_d = 1140 \text{ mm}}$

$$z_R = \frac{L'_d}{p} = \frac{1140 \text{ mm}}{10} = 114, \quad \text{gewählt: } z_R = 114 \text{ (TB 16-19d)}$$

gewählt: $\mathbf{L_d = 1140}$ mm

d) Bestimmung des Wellenabstands e und des Verstellwegs x

$$e \approx \frac{L_d}{4} - \frac{\pi}{8}(d_{dg} + d_{dk}) + \sqrt{\left[\frac{L_d}{4} - \frac{\pi}{8}(d_{dg} + d_{dk})\right]^2 - \frac{(d_{dg} - d_{dk})^2}{8}} \quad (16.22)$$

$$e \approx \frac{1140 \text{ mm}}{4} - \frac{\pi}{8}(149{,}61 \text{ mm} + 63{,}66 \text{ mm})$$

$$+ \sqrt{\left[\frac{1140 \text{ mm}}{4} - \frac{\pi}{8}(149{,}61 \text{ mm} + 63{,}66 \text{ mm})\right]^2 - \frac{(143{,}61 \text{ mm} - 63{,}66 \text{ mm})^2}{8}}$$

$e \approx \mathbf{400\ mm}$

$x = 0{,}005 \cdot L_d = 0{,}005 \cdot 1140 \text{ mm} = \mathbf{5{,}7\ mm}$

e) Bestimmung der Riemenbreite b

$$b \geq \frac{P'}{z_k \cdot z_e \cdot P_{spez}} = \frac{2{,}64 \text{ kW}}{20 \cdot 9 \cdot 7 \cdot 10^{-4} \text{ kW/mm}} = \mathbf{21\ mm} \quad (16.31)$$

mit $\quad z_e = \dfrac{z_k \cdot \beta_k^\circ}{360^\circ} = \dfrac{20 \cdot 168^\circ}{360^\circ} = 9{,}3 \Rightarrow z_e = 9$

und $\quad \beta_k = 2 \cdot \arccos\left[\dfrac{\frac{p}{\pi}(z_g - z_k)}{2e}\right] \quad (16.24)$

$$\beta_k = 2 \cdot \arccos\left[\frac{\frac{10 \text{ mm}}{\pi}(47 - 20)}{2 \cdot 400 \text{ mm}}\right] = \mathbf{168°} \quad (16.24)$$

P_{spez} nach TB 16-20.

gewählt: $b = 25$ mm nach TB 16-19c

f) Überprüfung der Umfangskraft F_t bzw. Biegefrequenz f_B

$$F_t = \frac{P'}{v} = \frac{2{,}64 \cdot 10^3 \text{ Nm} \cdot \text{s}^{-1}}{4{,}92 \text{ m} \cdot \text{s}^{-1}} = \mathbf{537\ N} \quad (16.27)$$

mit $\quad v = d_{dk} \cdot \pi \cdot n_{an} = 63{,}66 \cdot 10^{-3} \text{ m} \cdot \pi \cdot 1475/60 \text{ s}^{-1} = \mathbf{4{,}91\ m/s}$

$F_{t\,zul} = 2000 \text{ N} > F_t, \quad F_{t\,zul}$ nach TB 16-19c

$$f_B = \frac{v \cdot z}{L_d} = \frac{4{,}92 \text{ m} \cdot \text{s}^{-1} \cdot 2}{1{,}14 \text{ m}} = \mathbf{8{,}63\ s^{-1}} \quad (16.37)$$

$f_{B\,zul} = 200 \text{ s}^{-1} > f_B$, $f_{B\,zul}$ nach TB 16-3

$v_{zul} = 60 \text{ m/s} > v = 4{,}92 \text{ m/s}$, v_{zul} nach TB 16-19a

g) Bestimmung der Wellenbelastung F_{w0}

$F_{w0} \approx 1{,}1 \cdot F_t = 1{,}1 \cdot 537 \text{ N} = \mathbf{591\ N} \quad (16.35)$

$F_{w0\,zul} = 1060 \text{ N} \ldots 1310 \text{ N} > F_{w0}$, $F_{w0\,zul}$ nach TB 16-21

16.17 a) Riementyp T10; ($P' = 3$ kW)
b) $z_k = 24$, $z_g = 48$, $d_{dk} = 76{,}39$ mm, $d_{dg} = 152{,}79$ mm;
c) $L_d = 800$ mm; ($z_R = 80$);
d) $e = 217$ mm, $x = 4$ mm;
e) $b = 25$ mm; ($P_{spez} \approx 6{,}5 \cdot 10^{-4}$ kW/mm, $z_e = 10$, $\beta_1 = 159{,}7°$);
f) $F_t = 600$ N $< F_{t\,zul} = 2000$ N, $f_B = 12{,}5$ s^{-1} $< f_{B\,zul} = 100$ s^{-1}; $v = 5$ m/s $< v_{zul} = 60$ m/s);
g) $F_{w0} \approx 660$ N.

16.18 a) Riementyp T20; ($K_A \approx 1{,}7$, $n_2 = n_k \approx 2000$ min^{-1}),
b) $z_g = 24$, $z_k = 17$, $d_{dk} = 152{,}79$ mm, $d_{dk} = 108{,}23$ mm;
c) $L_d = 1260$ mm; ($z_R = 63$); *Bestellbezeichnung:* Synchroflex-Zahnriemen T20/1260;
d) $e = 424$ mm, $x = 6{,}3$ mm;
e) $b = 150$ mm; ($b' = 120$ mm; $P_{spez} \approx 25 \cdot 10^{-4}$ kW/mm, $z_e = 10$, $\beta_1 = 174°$, $\beta_2 = 186°$);
f) $F_t = 4396$ N $< F_{t\,zul} = 24\,500$ N, $f_B = 18{,}4$ s^{-1} $< f_{B\,zul} = 200$ s^{-1};
g) $F_{w0} = 4836$ N.

16.19 a) Riemenausführung: GT; $d_k = 160$ mm; $d_g = 200$ mm; ($P/n = 0{,}0028$ kW · min; $n_g = 1100 \ldots 1200$ min^{-1}; $i = 1{,}2 \ldots 1{,}3$); $L = 1800$ mm; ($\beta = 176°$); $e = 617$ mm, Riementyp 20; $b = 32$ mm; $B = 40$ mm; ($b' = 27{,}2$ mm; $F_t = 531$ N; $K_A = 1{,}6$; $F_t' = 19{,}5$ N/mm); $v = 12{,}2$ m/s; $f_B = 13{,}4$ s^{-1}; $f_{B\,zul} = 14{,}8$ s^{-1}; $F_{w0} = 1120$ N; ($\varepsilon_1 \approx 1{,}95$, $\varepsilon_2 = 0{,}1$); $F_{w\,zul} = (1040) \ldots 1155 \ldots (1270)$ N, $v = 12{,}1$ m/s $< v_{max} = 60$ m/s also Riemen einsetzbar.
Bestellangabe: Extremultus-Flachriemen GT 20−32 × 1800 endlos;

b) Riemenprofil *SPZ*; $d_{dk} = 112$ mm, $d_{dg} = 140$ mm; $L_d = 1600$ mm; ($\beta_1 = 177°$); $e = 602$ mm; $x \geq 48$ mm; $y \geq 24$ mm; $z = 2$; $B = 28$ mm; ($P_N = 3{,}1$ kW/Riemen; $Ü_z \approx 0{,}14$ kW/Riemen; $c_1 = 0{,}99$; $c_2 \approx 1{,}02$); $F_t = 758$ N; $F_{w0} \approx 1061$ N; $F_{w\,zul} = 1040 \ldots 1270$ N, also Riemen einsetzbar; $f_B = 10{,}5$ s^{-1} $< f_{B\,zul} = 100$ s^{-1}; $v = 8{,}4$ m/s $< v_{zul} = 42$ m/s.
Bestellangabe: 1 Satz Schmalkeilriemen DIN 7753−2 × SPZ 1600.

16.20 a) Motor-Baugröße 132 S;
b) Riemenausführung: GT; $d_k = 180$ mm; $d_g = 355$ mm; ($P/n \approx 0{,}0038$ kW · min); $L = 1800$ mm; ($\beta = 159°$); $e = 472$ mm, Riementyp 20; $b = 25$ mm; $B = 32$ mm; ($F_t = 446$ N; $K_A = 1{,}1$; $F_t' = 20$ N/mm); $v = 13{,}8$ m/s $< v_{zul} = 60$ m/s; $f_B \approx 15{,}3$ s^{-1}; $f_{B\,zul} = 21{,}1$ s^{-1}; $F_{w0} \approx 945$ N; $\varepsilon_1 = 1{,}97$, $\varepsilon_2 = 0{,}1$; $k_1 = 20$; $b' = 22{,}5$ mm); $F_{w\,zul} = 1530 \ldots 1940$ N, Riemen also einsetzbar.
Bestellangabe: Extremultus-Flachriemen GT 20−25 × 1800 endlos;

c) Riementyp T10; $z_k = 24$; $z_g = 48$; $d_{dk} = 76{,}4$ mm, $d_{dg} = 152{,}8$ mm; $L_d = 1250$ mm; ($z_R = 125$ Zähne); $e = 443$ mm; $b = 50$ mm ($b' = 32{,}8$ mm) ($P_{spez} \approx 7 \cdot 10^{-4}$ kW/mm; $z_e = 11$; $\beta_1 \approx 170°$); $F_{w0} \approx 1155$ N; Riemen also einsetzbar.
Bestellangabe: Synchroflex-Zahnriemen 50−T10/1250;

d) Riemenprofil *SPZ*; $d_{dk} = 125$ mm, $d_{dg} = 250$ mm; $L_d = 1500$ mm; ($\beta_1 = 164°$); $e = 451$ mm; $z = 2$; ($P_N = 3{,}6$ kW/Riemen; $Ü_z \approx 0{,}2$ kW/Riemen; $c_1 = 0{,}96$; $c_2 \approx 0{,}99$); $F_{w0} = 835 \ldots 963$ N, Riemen also einsetzbar.
Bestellangabe: 1 Satz Schmalkeilriemen DIN 7753−2 × SPZ 1400.

17 Kettengetriebe

17.1 a) $p = 38,1$ mm; $\tau = 9,47°$; $d = 461,37$ mm; $d_f = 435,97$ mm; ($d_1' = 25,4$ mm); $d_a \approx 480$ mm; $d_s \approx 415$ mm mit $F = 23$ mm und $r_4 = 0,8$ mm, $B_1 = 24,1$ h 14;

b) $D = 110$ mm; $L = 112$ mm; H7 für d_1 ($D = 110 \ldots 121$ mm; $L = 88 \ldots 115$ mm, ausgeführt $L = l + 2$ mm).

c) Passfeder DIN 6885 – A $16 \times 10 \times 100$; $t_2 = 4,3$ mm, $b = 16$JS9.

17.2 a) $X = 110$; $a \approx 593,6$ mm; ($X_0 \approx 110,5$);

b) $s \approx 40$ mm;

c) $f \approx 10$ mm; ($f_{rel} \approx 2$ %, $l_T \approx 508$ mm; $\varepsilon_0 \approx 31,14°$, $d_1 = 154,32$ mm, $d_2 = 768,22$ mm).

17.3 a) $F_t \approx 29,47$ kN ($d_1 \approx 244,33$ mm, $p = 50,8$ mm);

b) $F_z \approx 3,5$ N (vernachlässigbar klein, $q = 10,5$ kg/m, $v \approx 0,58$ m/s);

c) $l_T \approx 1768$ mm; ($\varepsilon_0 \approx 10,85°$, $d_2 \approx 922,17$ mm);

d) $F_s \approx 1138$ N;

e) $F_{so} = 1013$ N mit $F_s' = 5$; $F_{su} = 911$ N;

f) $F_{wo} \approx 31,5$ kN; $F_{wu} \approx 31,3$ kN.

17.4 Rollenkette DIN 8187 – 20B – 1 $\times$ 120 ($p = 31,75$ mm, $i = 3$, Standardkettenräder $z_1 = 19$, $z_2 = 57$; $P_D = 4,66$ kW, $K_A \approx 1,6$ aus TB 3-5b: Antrieb: E-Motor – Anlauf: mittel – Belastung: Volllast, mäßige Stöße – Empfindlichkeit: Kette – tgl. Laufzeit: 8 h; $f_1 = 1, f_2 = 1$, $f_3 = 1, f_4 = 1, f_5 = 0,84, f_6 = 0,9$; optimal $a/p = 40$, $a_0 \approx 1270$ mm, $X_0 = 119$, $X = 120$, $a = 1287,4$ mm)

17.5 Rollenkette DIN 8187 – 08B – 2 $\times$ 154, Tauchschmierung mit Getriebe- bzw. Kettenschutzkasten ($p = 12,7$ mm, $z_2 = 95$ (95/19 Vorzugszähnezahlen); $P_D = 5,4$ kW, $K_A \approx 1,9$ aus TB 3-5b: Antrieb: E-Motor – Anlauf: mittel – Belastung: Volllast, starke Stöße – tgl. Laufzeit: 6 h; $f_1 = 1,0$, $f_2 = 1,03; f_3 = 1, f_4 = 1, f_5 = 1,14, f_6 = 0,9; v = 0,0127$ m $\cdot 19 \cdot 947/60$ s$^{-1} = 3,8$ m/s, $a/p = 47$ (günstig 30 bis 50), kompakte Bauweise durch Zweifachkette mit $P_D = 5,4$ kW/1,7 $= 3,2$ kW $\to$ 08B–2, $X_0 = 154,6$, $X = 154$, $a = 596,2$ mm; Schmierbereich 3 für 08B bei 3,8 m/s)

17.6 a) Vorgesehene Rollenkette ist ausreichend, da $P_{D\,erf} = 0,98$ kW $< P_{D\,max} \approx 1,3$ kW; ($f_1 = 1,13, f_2 \approx 1,04, f_3 = f_4 = f_5 = 1, f_6 \approx 0,7$);

b) Rollenkette DIN 8187 – 16B – 1 $\times$ 136; ($X_0 \approx 136,25$, damit $X = 136$); der Achsabstand ergibt sich damit zu $a = 1247$ mm;

c) Schmierbereich 1 (Ölzufuhr durch Kanne oder Pinsel aufgrund der geringen Kettenschwindigkeit $v \approx 0,18$ m/s), Viskositätsklasse ISO VG 100.

17.7 a) Rollenkette DIN 8187 – 32B – 3 $\times$ 58; Dreifach-Rollenkette ergibt kleinste Bauabmessungen. ($p = 50,8$ mm, $P_D = 52,3$ kW, $K_A \approx 1,6$ aus TB 3-5b: Antrieb: E-Motor – Anlauf: mittel – Belastung: Volllast, mäßige Stöße – Empfindlichkeit: Kette – tgl. Laufzeit: 8 h; $f_1 = 1, f_2 = 0,85, f_3 = 1, f_4 = 1, f_5 = 1,08, f_6 = 0,5$; $n = 71,6$ min^{-1}, $v_k = 1,15$ m/s, $a/p \approx 20 < (30 \ldots 50)$; Dreifachkette mit $P_D = 52,3$ kW/2,5 $= 20,9$ kW bei $n = 71,6$ min$^{-1} \to$ Nr. 32B; $X_0 = 58,4$; $X = 58$)

b) $a = 990,6$ mm

c) $F_w = 24,62$ kN ($T = 2000$ Nm, $F_t \approx 13$ kN, $F_s = 1944$ N, $q = 32$ kg/m, $l_T = a = 990,6$ mm, $f_{rel} \approx 0,02$)

17.8 **a) Bestimmung der Zähnezahlen der Kettenräder**

$$i = \frac{n_1}{n_2} = \frac{z_2}{z_1} \rightarrow z_2 = z_1 \cdot \frac{n_1}{n_2} = 19 \cdot \frac{160 \text{ min}^{-1}}{40 \text{ min}^{-1}} = \mathbf{76} \qquad (17.1)$$

mit $n_1 = 160 \text{ min}^{-1}$, $n_2 = 40 \text{ min}^{-1}$ und $z_1 = \mathbf{19}$ als zu bevorzugende Zähnezahl (Lehrbuch 17.2.2)

b) Bestimmung der erforderlichen Kettengröße

$$P_D \approx \frac{K_A \cdot P_1 \cdot f_1}{f_2 \cdot f_3 \cdot f_4 \cdot f_5 \cdot f_6} = \frac{1{,}9 \cdot 55 \text{ kW} \cdot 1}{1 \cdot 1 \cdot 1 \cdot 1 \cdot 1} = \mathbf{104{,}5 \text{ kW}} \qquad (17.7)$$

mit $P_1 = 55$ kW; $K_A \approx 1{,}9$ (TB 3-5b: E-Motor – mittlere Anlaufverhältnisse – Vollast, starke Stöße – Kette – 8 h tgl. Laufzeit); $f_1 = f_2 = f_3 = f_4 = f_5 = f_6 = 1$

gewählt: Rollenkette DIN 8187-**32B-3**

aus TB 17-3 mit $n_1 = 160 \text{ min}^{-1}$ und $P_D = 104{,}5$ kW/2,5 = 41,8 kW (Dreifach-Kette mit Faktor 2,5 wegen kompakter Bauweise und ruhigem Lauf)

c) Bestimmung der Verzahnungsmaße

$$d = \frac{p}{\sin\left(\frac{180°}{z}\right)}, \quad d_1 = \frac{50{,}8 \text{ mm}}{\sin\left(\frac{180°}{19}\right)} = \mathbf{308{,}64 \text{ mm}} \qquad (17.3)$$

$$d_2 = \frac{50{,}8 \text{ mm}}{\sin\left(\frac{180°}{76}\right)} = \mathbf{1229{,}28 \text{ mm}}$$

mit $p = 50{,}8$ mm (TB17-1 für 32B), $z_1 = 19$, $z_2 = 76$

$$d_a \approx d \cdot \cos\frac{\tau}{2} + 0{,}8 \cdot d_1' \qquad (17.5a)$$

$$d_{a1} \approx 308{,}64 \text{ mm} \cdot \cos\frac{18{,}947°}{2} + 0{,}8 \cdot 29{,}21 \text{ mm} = \mathbf{327{,}80 \text{ mm}}$$

$$d_{a2} \approx 1229{,}28 \text{ mm} \cdot \cos\frac{4{,}737°}{2} + 0{,}8 \cdot 29{,}21 \text{ mm} = \mathbf{1251{,}60 \text{ mm}}$$

mit $\tau_1 = 360°/19 = 18{,}947°$, $\tau_2 = 360°/76 = 4{,}737°$, $d_1' = 29{,}21$ mm
TB 17-2: $B_1 = \mathbf{28{,}8 \text{ mm}}$, $B_2 = \mathbf{87{,}4 \text{ mm}}$, $B_3 = \mathbf{145{,}9 \text{ mm}}$, $e = \mathbf{58{,}55 \text{ mm}}$
Bezeichnung: Verzahnung DIN 8196-19 Z bzw. 76 Z-32B-3

d) Bestimmung von Gliederzahl und Wellenabstand

$$X_0 \approx 2 \cdot \frac{a_0}{p} + \frac{z_1 + z_2}{2} + \left(\frac{z_2 - z_1}{2 \cdot \pi}\right)^2 \cdot \frac{p}{a_0} \qquad (17.9)$$

$$X_0 \approx 2 \cdot \frac{1800 \text{ mm}}{50{,}8 \text{ mm}} + \frac{19 + 76}{2} + \left(\frac{76 - 19}{2 \cdot \pi}\right)^2 \cdot \frac{50{,}8 \text{ mm}}{1800 \text{ mm}} = 120{,}7$$

gewählt wird eine gerade Gliederzahl: $X = \mathbf{120}$

$$a = \frac{p}{4} \cdot \left[\left(X - \frac{z_1 + z_2}{2}\right) + \sqrt{\left(X - \frac{z_1 + z_2}{2}\right)^2 - 2 \cdot \left(\frac{z_2 - z_1}{\pi}\right)^2}\right] \qquad (17.10)$$

$$a = \frac{50{,}8 \text{ mm}}{4} \cdot \left[\left(120 - \frac{19 + 76}{2}\right) + \sqrt{\left(120 - \frac{19 + 76}{2}\right)^2 - 2 \cdot \left(\frac{76 - 19}{\pi}\right)^2}\right] = \mathbf{1781{,}9 \text{ mm}}$$

17 Kettengetriebe

e) Bestimmung der Kräfte am Kettengetriebe

Kettenzugkraft

$$F_t = T_1/(d_1/2) = 3282{,}81 \text{ Nm}/(0{,}3086 \text{ m}/2) = \mathbf{21{,}28 \text{ kN}} \qquad (17.14)$$

mit $T_1 = 9550 \cdot P/n = 9550 \cdot 55/160 = 3282{,}81$ Nm nach Gl. (11.11), $d_1 = 0{,}3086$ m

Fliehzug

$$F_z = q \cdot v^2 = 32 \,\frac{\text{kg}}{\text{m}} \cdot 2{,}59^2 \,\frac{\text{m}^2}{\text{s}^2} = \mathbf{215 \text{ N}} \qquad (17.15)$$

mit $q = 32$ kg/m (TB 17-1), $v = 0{,}3086$ m $\cdot \pi \cdot 160/60 \text{ s}^{-1} = 2{,}59$ m/s

Stützzug am oberen Kettenrad

$$F_{so} \approx q \cdot g \cdot l_T \cdot (F'_s + \sin \psi) = 32 \text{ kg/m} \cdot 9{,}81 \text{ m/s}^2 \cdot 1{,}721 \text{ m} \cdot (6{,}2 + \sin 10{,}03°) \qquad (17.17)$$
$$= \mathbf{3{,}44 \text{ kN}}$$

mit arcsin $\varepsilon_0 = (1229{,}38$ mm $- 308{,}64$ mm$)/(2 \cdot 1781{,}9$ mm$) = 14{,}97°$,
$l_T \approx 1781{,}9$ mm $\cdot \cos 14{,}97° = 1721{,}4$ mm, $\psi = 25° - 14{,}97° = 10{,}03°$, $F'_s = 6{,}2$ nach
TB 17-4 für normalen Durchhang

Stützzug am unteren Kettenrad

$$F_{su} \approx q \cdot g \cdot l_T \cdot F'_s = 32 \text{ kg/m} \cdot 9{,}81 \text{ m/s}^2 \cdot 1{,}721 \text{ m} \cdot 6{,}2 = \mathbf{3{,}35 \text{ kN}} \qquad (17.18)$$

resultierende Betriebskraft

$$F_{ges} = F_t \cdot K_A + F_z + F_{so} = 21{,}28 \text{ kN} \cdot 1{,}9 + 0{,}22 \text{ kN} + 3{,}44 \text{ kN} = \mathbf{44{,}09 \text{ kN}} \qquad (17.20)$$

f) Bestimmung der Wellenbelastung

$$F_{wo} \approx F_t \cdot K_A + 2F_{so} = 21{,}28 \text{ kN} \cdot 1{,}9 + 2 \cdot 3{,}44 \text{ kN} = \mathbf{47{,}31 \text{ kN}} \qquad (17.19)$$

$$F_{wu} \approx F_t \cdot K_A + 2F_{su} = 21{,}28 \text{ kN} \cdot 1{,}9 + 2 \cdot 3{,}35 \text{ kN} = \mathbf{47{,}13 \text{ kN}}$$

g) Bestimmung der Kettenspannung und Schmierung

Einstellweg durch Verschieben des Kettenrades

– in Richtung des Achsabstandes (Lehrbuch 17.2.5): $s = 1{,}5 \cdot p = 1{,}5 \cdot 50{,}8$ mm
  $= 76{,}2$ mm $\approx$ **75 mm**
– durch horizontales Verschieben des Antriebes: $s = 1{,}5 \cdot p/\cos \delta = 1{,}5 \cdot 50{,}8$ mm$/\cos 25°$
  $= 84$ mm $\approx$ **85 mm**

Druckumlaufschmierung günstig (TB 17-8: zulässig auch Tauchschmierung im Ölbad evtl.
mit Schleuderscheibe; $v = 2{,}6$ m/s, Ketten-Nr. 32B-3, Bereich 3)

Schmieröl ISO VG 150 (nach Lehrbuch 17.2.9 für Umgebungstemperatur 25 °C bis 45 °C)

17.9 Bestimmung der Zähnezahlen

$$i = \frac{n_1}{n_2} = \frac{z_2}{z_1} = \frac{500 \text{ min}^{-1}}{200 \text{ min}^{-1}} = 2{,}5 \qquad (17.1)$$

erreichbar nach Lehrbuch 17.2.2 mit folgenden Vorzugszähnezahlen z_2/z_1: 38/15, 57/23
gewählt: $z_1 = \mathbf{15}$, $z_2 = \mathbf{38}$

Bestimmung der Kettengröße

$$P_D = \frac{K_A \cdot P_1 \cdot f_1}{f_2 \cdot f_3 \cdot f_4 \cdot f_5 \cdot f_6} = \frac{1{,}2 \cdot 5{,}5 \text{ kW} \cdot 1{,}3}{0{,}94 \cdot 1 \cdot 1 \cdot 1{,}14 \cdot 0{,}5} = \mathbf{16{,}0 \text{ kW}} \qquad (17.7)$$

mit $f_1 = 1{,}3$ (TB 17-5), $f_2 = 0{,}94$ (TB 17-6), geschätzt mit $a/p = 30$), $f_3 = 1$, $f_4 = 1$,
$f_5 \approx (15\,000/L_h)^{1/3} = (15\,000/10\,000)^{1/3} = 1{,}14$, $f_6 = 0{,}5$ (TB 17-7, für $v \leq 4$ m/s)

Aus TB 17-3 mit $n_1 = 500$ min^{-1} und $P_D = 16{,}0$ kW gewählt: Ketten-Nr. **16B-1**

Bestimmung der wesentlichen Verzahnungsmaße

$$d = \frac{p}{\sin\left(\frac{180°}{z}\right)}; \quad d_1 = \frac{25{,}4 \text{ mm}}{\sin\left(\frac{180°}{15}\right)} = \mathbf{122{,}17 \text{ mm}}; \quad d_2 = \frac{25{,}4 \text{ mm}}{\sin\left(\frac{180°}{38}\right)} = \mathbf{307{,}58 \text{ mm}} \qquad (17.3)$$

mit $p = 25{,}4$ mm (TB 17-1 für Kette 16B), $z_1 = 15$, $z_2 = 38$

$$d_a \approx d \cdot \cos\frac{\tau}{2} + 0{,}8 \cdot d_1' \qquad (17.5a)$$

$$d_{a1} \approx 122{,}17 \text{ mm} \cdot \cos\frac{24°}{2} + 0{,}8 \cdot 15{,}88 \text{ mm} = \mathbf{132{,}20 \text{ mm}}$$

$$d_{a2} \approx 307{,}58 \text{ mm} \cdot \cos\frac{9{,}474°}{2} + 0{,}8 \cdot 15{,}88 \text{ mm} = \mathbf{319{,}23 \text{ mm}}$$

mit $\tau_1 = 360°/z_1 = 360°/15 = 24°$, $\tau_2 = 360°/z_2 = 360°/38 = 9{,}474°$, $d_1' = 15{,}88$ mm
$B_1 = \mathbf{16{,}2 \text{ mm}}$, $F = \mathbf{15 \text{ mm}}$, $r_4 = \mathbf{0{,}8 \text{ mm}}$ (TB 17-2)
Bezeichnung: Verzahnung DIN 8196-15Z bzw. 38Z–16B-1

Bestimmung der Gliederzahl und Normbezeichnung

$$X_0 \approx 2\frac{a_0}{p} + \frac{z_1 + z_2}{2} + \left(\frac{z_2 - z_1}{2 \cdot \pi}\right)^2 \cdot \frac{p}{a_0} \qquad (17.9)$$

$$X_0 \approx 2\frac{800 \text{ mm}}{25{,}4 \text{ mm}} + \frac{15 + 38}{2} + \left(\frac{38 - 15}{2 \cdot \pi}\right)^2 \cdot \frac{25{,}4 \text{ mm}}{800 \text{ mm}} = 89{,}9$$

Gewählt wird eine gerade Gliederzahl: $X = \mathbf{90}$
Normbezeichnung: **Rollenkette DIN 8187–16B-1 × 90**

Bestimmung des tatsächlichen Achsabstandes

$$a = \frac{p}{4} \cdot \left[\left(X - \frac{z_1 + z_2}{2}\right) + \sqrt{\left(X - \frac{z_1 + z_2}{2}\right)^2 - 2 \cdot \left(\frac{z_2 - z_1}{\pi}\right)^2}\right] \qquad (17.10)$$

$$a = \frac{25{,}4 \text{ mm}}{4} \cdot \left[\left(90 - \frac{15 + 38}{2}\right) + \sqrt{\left(90 - \frac{15 + 38}{2}\right)^2 - 2 \cdot \left(\frac{38 - 15}{\pi}\right)^2}\right] = \mathbf{801{,}0 \text{ mm}}$$

Bestimmung der Kräfte am Kettengetriebe

Kettenzugkraft

$$F_t = T_1/(d_1/2) = 105 \text{ Nm}/(0{,}1222 \text{ m}/2) = \mathbf{1{,}72 \text{ kN}} \qquad (17.14)$$

mit $T_1 = 9550 \cdot \dfrac{P}{n_1} = 9550 \cdot \dfrac{5{,}5}{500} = 105$ Nm (Gl.11.11), $d_1 = 122{,}2$ mm

Fliehzug

$$F_z = q \cdot v^2 = 2{,}7 \text{ kg/m} \cdot 3{,}2^2 \text{ m}^2/\text{s}^2 = \mathbf{28 \text{ N}} \qquad (17.15)$$

mit $q = 2{,}7$ kg/m (TB 17-1), $v = 0{,}1222$ m $\cdot \pi \cdot 500/60$ s$^{-1} = 3{,}2$ m/s

Stützzug am oberen Kettenrad

$$F_{so} = q \cdot g \cdot l_T \cdot (F_s' + \sin\psi) \qquad (17.17)$$

$$= 2{,}7 \text{ kg/m} \cdot 9{,}81 \text{ m/s}^2 \cdot 0{,}7956 \text{ m} \cdot (5 + \sin 33{,}354°) = \mathbf{117 \text{ N}}$$

mit arcsin $\varepsilon_0 = (d_2 - d_1)/(2 \cdot a) = (307{,}58 \text{ mm} - 122{,}17 \text{ mm})/(2 \cdot 801 \text{ mm}) = 6{,}646°$,
$l_T \approx a \cdot \cos\varepsilon_0 = 801$ mm $\cdot \cos 6{,}646° = 795{,}6$ mm, $\psi = \delta - \varepsilon_0 = 40° - 6{,}646° = 33{,}354°$,
$F_s' = 5$ nach TB 17-4 für normalen Durchhang ($f_{\text{rel}} = 2\%$)

Stützzug am unteren Kettenrad

$$F_{su} \approx q \cdot g \cdot l_T \cdot F'_S = 2{,}7 \text{ kg/m} \cdot 9{,}81 \text{ m/s}^2 \cdot 0{,}7956 \text{ m} \cdot 5 = \mathbf{105\,N} \tag{17.18}$$

Resultierende Betriebskraft

$$F_{ges} = F_t \cdot K_A + F_z + F_{so} = 1720 \text{ N} \cdot 1{,}2 + 28 \text{ N} + 117 \text{ N} = \mathbf{2209\,N} \tag{17.20}$$

Bestimmung der Wellenbelastung

$$F_{wo} = F_t \cdot K_A + 2F_{so} = 1720 \text{ N} \cdot 1{,}2 + 2 \cdot 117 \text{ N} = \mathbf{2298\,N} \tag{17.19}$$

$$F_{wu} = F_t \cdot K_A + 2F_{su} = 1720 \text{ N} \cdot 1{,}2 + 2 \cdot 105 \text{ N} = \mathbf{2274\,N} \tag{17.19}$$

Bestimmung der Kettenspannung und Schmierung

Einstellweg durch Verschieben des Kettenrades

- in Richtung des Achsabstandes (Lehrbuch 17.2.5): $s = 1{,}5 \cdot p = 1{,}5 \cdot 25{,}4$ mm $= 38{,}1$ mm ≈ 40 mm
- durch horizontales Verschieben des Antriebes: $s = 1{,}5 \cdot p/\cos \delta = 1{,}5 \cdot 25{,}4$ mm$/\cos 40°$ $= 49{,}7$ mm $\approx \mathbf{50\,mm}$

Vorgesehene Tropfschmierung (Nadel- oder Tropföler) sorgfältig überwachen (Trockenlauf!) Alternativ **Tauchschmierung** im Ölbad (Schmierempfehlung nach TB 17-8; $v = 3{,}2$ m/s, Ketten-Nr. 16B-1)

18 Elemente zur Führung von Fluiden (Rohrleitungen)

18.1 a) $F_\vartheta \approx 258$ kN ($E = 210\,000$ N/mm^2, $\alpha = 12 \cdot 10^{-6}$ K^{-1}, $\Delta\vartheta = 60$ K, $A = 1710$ mm^2),
b) $113\,°C$ ($R_e = 235$ N/mm^2, $\alpha = 12 \cdot 10^{-6}$ K^{-1}, $E = 210\,000$ N/mm^2, $\Delta\vartheta = 93$ K, $\vartheta_1 = 20\,°C$).

18.2 a) Das Rohrsystem dehnt sich in der Richtung der Verbindungslinie seiner Endpunkte.
b) 5,8 mm ($l = \sqrt{(8000\text{ mm})^2 + (3000\text{ mm})^2} = 8544$ mm, $\alpha = 17 \cdot 10^{-6}$ K^{-1}, $\Delta\vartheta = 40$ K).

18.3 a) 4,4 m, b) 4,4 m $\cdot$ 1,5 = 6,6 m.

18.4 DN 350 (zunächst $\Delta p = 7,5$ bar > 5 bar mit: DN 300, $v = 1,27$ m/s, $Re = 527 < 2320$ (laminar), $\lambda = 0,121$; nach Korrektur auf DN 350: $v = 0,929$ m/s, $Re = 452$ (laminar), $\lambda = 0,142$, $\Delta p = 4,08$ bar).

18.5 DN 200 ($\Delta p \approx 0,43$ bar, $\lambda \approx 0,03$, $Re \approx 483\,300$, $\varrho \approx 992,2$ kg/m^3, $\nu = 0,658 \cdot 10^{-6}$ m^2/s, $v = 1,59$ m/s, $k = 1,0$ mm angenommen, $l = 480$ m, $\Delta h = 6$ m, $d_i/k = 200$, $\Sigma\zeta = 2 \cdot 4 + 4 \cdot 0,23 \cdot 0,7 = 8,64$, $\varrho_{\text{Luft}} \approx 1,3$ kg/m^3).

18.6 DN 150 ($\Delta p = 193$ Pa ≈ 2 mbar, $\varrho = 0,75$ kg/m^3: aus $\varrho_n = 0,78$ kg/m^3, $T = 283,15$ K, $T_n = 273,15$ K; $\eta = 10,73 \cdot 10^{-6}$ Pa s: aus $\eta_n = 10,4 \cdot 10^{-6}$ Pa s, $C = 165$; $v = 2,52$ m/s, $Re = 26\,420$, $k = 0,3$ mm, $d_i/k = 500$, $l = 600$ m, $\Delta h = +16$ m, $\varrho_{\text{Luft}} \approx 1,25$ kg/m^3, $\lambda \approx 0,0285$).

18.7 **Bestimmung der Strömungsgeschwindigkeit**

$$v = \frac{4}{\pi} \cdot \frac{\dot{V}}{d_i^2} = \frac{4}{\pi} \cdot \frac{0,0\overline{5}\text{ m}^3/\text{s}}{0,257^2\text{ m}^2} = 1,07\text{ m/s} \tag{18.3}$$

mit $\dot{V} = 200$ m^3/3600 s $= 0,0\overline{5}$ m^3/s, $d_i = 273$ mm $- 2 \cdot 8$ mm $= 257$ mm $= 0,257$ m

Bestimmung der Strömungsform

$$\text{Re} = \frac{v \cdot d_i}{\nu} \tag{18.8}$$

$\vartheta = 20\,°C : \text{Re} = \dfrac{1,07\text{ m/s} \cdot 0,257\text{ m}}{408 \cdot 10^{-6}\text{ m}^2/\text{s}} = 674$

$\vartheta = 40\,°C : \text{Re} = \dfrac{1,07\text{ m/s} \cdot 0,257\text{ m}}{130 \cdot 10^{-6}\text{ m}^2/\text{s}} = 2115$

$\vartheta = 60\,°C : \text{Re} = \dfrac{1,07\text{ m/s} \cdot 0,257\text{ m}}{45 \cdot 10^{-6}\text{ m}^2/\text{s}} = 6110$

Die Strömung liegt bis ca. 40 °C im laminaren Bereich (Re < 2320).

18 Elemente zur Führung von Fluiden (Rohrleitungen)

Bestimmung der Rohrreibungszahl

Laminare Strömung: $\lambda = \dfrac{64}{\text{Re}}$ (18.9)

$\vartheta = 20\,°\text{C}: \lambda = \dfrac{64}{674} = 0{,}095$

$\vartheta = 40\,°\text{C}: \lambda = \dfrac{64}{2115} = 0{,}030$

Turbulente Strömung bei 60 °C

$\lambda = 0{,}11 \cdot (k/d_i + 68/\text{Re})^{0{,}25}$ Näherung (18.11)

$\lambda = 0{,}11 \cdot (0{,}1\,\text{mm}/257\,\text{mm} + 68/6110)^{0{,}25} = 0{,}036$

Bestimmung des Druckverlustes

$$\Delta p = \dfrac{\varrho \cdot v^2}{2} \cdot \left(\dfrac{\lambda \cdot l}{d_i} + \Sigma \zeta\right) + \Delta h \cdot g \cdot (\varrho - \varrho_{\text{Luft}}) \quad (18.7)$$

$\vartheta = 20\,°\text{C}: \Delta p = \dfrac{956\,\text{kg/m}^3 \cdot 1{,}07^2\,\text{m}^2/\text{s}^2}{2} \cdot \dfrac{0{,}095 \cdot 1600\,\text{m}}{0{,}257\,\text{m}} + 30\,\text{m} \cdot 9{,}81\,\text{m/s}^2 \cdot 956\,\text{kg/m}^3$

$= \mathbf{605\,000\,Pa} \approx 6\,\text{bar}$

$\vartheta = 40\,°\text{C}: \Delta p = \dfrac{942\,\text{kg/m}^3 \cdot 1{,}07^2\,\text{m}^2/\text{s}^2}{2} \cdot \dfrac{0{,}030 \cdot 1600\,\text{m}}{0{,}257\,\text{m}} + 30\,\text{m} \cdot 9{,}81\,\text{m/s}^2 \cdot 942\,\text{kg/m}^3$

$= \mathbf{378\,000\,Pa} \approx 3{,}78\,\text{bar}$

$\vartheta = 60\,°\text{C}: \Delta p = \dfrac{928\,\text{kg/m}^3 \cdot 1{,}07^2\,\text{m}^2/\text{s}^2}{2} \cdot \dfrac{0{,}036 \cdot 1600\,\text{m}}{0{,}257\,\text{m}} + 30\,\text{m} \cdot 9{,}81\,\text{m/s}^2 \cdot 928\,\text{kg/m}^3$

$= \mathbf{392\,000\,Pa} \approx 3{,}92\,\text{bar}$

$\Sigma \zeta$ und ϱ_{luft} bleiben unberücksichtigt

Bestimmung der erforderlichen theoretischen Pumpenleistung

$P = \dot{V} \cdot p$

$\vartheta = 20\,°\text{C}: P = 0{,}0\overline{5}\,\dfrac{\text{m}^3}{\text{s}} \cdot 605\,000\,\dfrac{\text{N}}{\text{m}^2} = \mathbf{33{,}6\,kW}$

$\vartheta = 40\,°\text{C}: P = 0{,}0\overline{5}\,\dfrac{\text{m}^3}{\text{s}} \cdot 378\,000\,\dfrac{\text{N}}{\text{m}^2} = \mathbf{21{,}0\,kW}$

$\vartheta = 60\,°\text{C}: P = 0{,}0\overline{5}\,\dfrac{\text{m}^3}{\text{s}} \cdot 392\,000\,\dfrac{\text{N}}{\text{m}^2} = \mathbf{21{,}8\,kW}$

Kennwert	Formelzeichen	Einheit	Temperatur		
Fördertemperatur	ϑ	°C	20	40	60
Reynolds-Zahl	Re	1	674	2115	6110
Rohrreibungszahl	λ	1	0,095	0,030	0,036
Druckverlust	Δp	Pa	605 000	378 000	392 000
Theoretisch erforderliche Pumpenleistung	P	kW	33,6	21,0	21,8
Art der Strömung			laminar		turbulent

Der geringste Druckverlust tritt bei einer Fördertemperatur von ca. 40 °C auf. Bei weiterer Erwärmung des Öles sinkt die Viskosität und die Reynolds-Zahl steigt an. Dies bedeutet eine Erhöhung der Rohrreibungszahl, des Druckverlustes und erfordert eine größere Pumpenleistung.

18.8 $t = 20$ mm ($d_a = 323{,}9$ mm, $t_v = 15{,}4$ mm, $\sigma_{zul} = 100$ N/mm², nicht austenitischer Stahl: $R_{p0{,}2/450\,°C} = 150$ N/mm², $R_{m/2\cdot 10^5/450\,°C} = 218$ N/mm², $R_m = 450$ N/mm², $S = 1{,}5$ bzw. 2,4, $S_t = 1{,}25$, $v_N = 1$ (nahtlos); $t/d_a = 20$ mm/323,9 mm = 0,062: $c_1' = \pm 12{,}5\%$, $c_2 = 1$ mm; $d_a/d_i = 323{,}9$ mm/283,9 mm = 1,14 < 1,7: Gl. (18.13) maßgebend).

18.9 303 bar ($\sigma_{\text{prüf,zul}} = 0{,}95 \cdot 280$ N/mm² = 266 N/mm², $R_{eH} = 280$ N/mm², $v_N = 1$, $t/d_a = 0{,}06$: $c_1' = \pm 12{,}5\%$, $t = 20$ mm, $c_1 = 2{,}5$ mm, $c_2 = 0$ (neues Rohr), $t_v = 17{,}5$ mm, $d_a = 323{,}9$ mm, $d_a/d_i = 1{,}12 < 1{,}7$).

18.10
a) DN 400 ($\dot{V} = 0{,}222$ m³/s, $v = 2$ m/s),
b) $d_a = 406{,}4$ mm,
c) $t_v = 3{,}3$ mm, $t = 4$ mm ($d_a = 406{,}4$ mm, $p_e = 2{,}5$ N/mm², $R_{eH} = 235$ N/mm², $R_m = 360$ N/mm², $c_1 = 0{,}37$ mm, $c_2 = 0$ (Umhüllung, Auskleidung)).

18.11 $N_{zul} = 526\,900$ ($B = 6300$ N/mm², $m = 3$ (Schweißnaht), $2\sigma_a^* = 78$ N/mm²; $\sigma_{zul,20} = 150$ N/mm², $R_m = 360$ N/mm², $R_{eH} = 235$ N/mm², $t_v = 2{,}6$ mm, $p_e = 250$ bar, $d_a = 33{,}7$ mm, $v_N = 1{,}0$ (nahtlos); $p_r = 250$ bar, $\eta = 1{,}3$, $p_{max} = 250$ bar, $p_{min} = 150$ bar, $F_d = 1$ ($t < 25$ mm), $F_{\vartheta *} = 1$ ($\vartheta = 20\,°$C), $d_a/d_i = 1{,}23 < 1{,}7$, $\vartheta = 20\,°$C).

18.12 Bedingung für die Dauerfestigkeit

$$2 \cdot \sigma_a^* < 2 \cdot \sigma_{a,D} \tag{18.16}$$

mit $2 \cdot \sigma_{a,D} = 63$ N/mm² für Schweißnähte Klasse K1

Bestimmung des Ersatzdruckes

$$2 \cdot \sigma_a^* = \frac{\eta}{F_d \cdot F_{\vartheta *}} \cdot \frac{p_{max} - p_{min}}{p_r} \cdot \sigma_{zul,20} \rightarrow p_r = \frac{\eta}{F_d \cdot F_{\vartheta *}} \cdot \frac{p_{max} - p_{min}}{2 \cdot \sigma_a^*} \cdot \sigma_{zul,20} \tag{18.15}$$

$$p_r = \frac{1{,}3}{0{,}96 \cdot 1} \cdot \frac{16{,}5\,\text{N/mm}^2}{63\,\text{N/mm}^2} \cdot 171\,\text{N/mm}^2 = 60{,}6\,\text{N/mm}^2 = 606\,\text{bar}.$$

mit $\eta = 1{,}3$ für Rundschweißnähte bei gleichen Wanddicken, $F_d = \left(\dfrac{25\,\text{mm}}{30\,\text{mm}}\right)^{0{,}25} = 0{,}96$
(bei Annahme $t = 30$ mm),
$F_{\vartheta *} = 1$ für $\vartheta^* \leq 100\,°$C, $p_{max} - p_{min} = 16{,}5$ N/mm², $\sigma_{zul,20} = \min\left(\dfrac{265\,\text{N/mm}^2}{1{,}5}; \dfrac{410\,\text{N/mm}^2}{2{,}4}\right)$
$= 171$ N/mm², mit $R_{eH} = 265$ N/mm² und $R_m = 410$ N/mm² nach TB 18-10

Bestimmung der erforderlichen Wanddicke

Annahme: $d_a = 168{,}3$ mm (TB 1-13d) für DN 100 und $d_a/d_i \leq 1{,}7$

$$t_v = \frac{p_e \cdot d_a}{2 \cdot \sigma_{zul} \cdot v_N + p_e} = \frac{60{,}6\,\text{N/mm}^2 \cdot 168{,}3\,\text{mm}}{2 \cdot 171\,\text{N/mm}^2 \cdot 1{,}0 + 60{,}6\,\text{N/mm}^2} = 25{,}3\,\text{mm} \tag{18.13}$$

mit $p_e = p_r = 60{,}6$ N/mm², $v_N = 1{,}0$

18 Elemente zur Führung von Fluiden (Rohrleitungen)

Bestimmung der Bestellwanddicke

$$t = t_v + c_1 + c_2 = (t_v + c_2)\frac{100}{100 - c_1'} \tag{18.12}$$

$$t = (25{,}3 \text{ mm} + 1 \text{ mm})\frac{100}{100 - 12{,}5} = 30{,}0 \text{ mm}$$

mit $c_1' = 12{,}5\,\%$ nach TB 1-13d und $c_2 = 1{,}0$ mm
Aus TB 1-13d wird die Bestellwanddicke $t = $ **30 mm** gewählt.
Bestellangabe: Rohr–168,3 × 30–EN 10216-1–P265TR2
Überprüfung der Annahme zum Durchmesserverhältnis:

$$d_a/d_i = 168{,}3 \text{ mm}/(168{,}3 - 2 \cdot 30) \text{ mm} = 1{,}55 < 1{,}7 \tag{18.13}$$

18.13 a) $\Delta p = 4{,}8$ bar ($\varrho \approx 1000$ kg/m³, $a \approx 1000$ m/s, $\Delta v = 2$ m/s, $t_R = 0{,}024$ s, $t_S = 0{,}1$ s, $l = 12$ m)
b) $l = 50$ m ($t_R = t_S = 0{,}1$ s, $a \approx 1000$ m/s)

18.14 a) **Bestimmung der Reflexionszeit**

$$t_R = 2 \cdot l/a = 2 \cdot 1200 \text{ m}/1000 \text{ m/s} = 2{,}4 \text{ s} \tag{18.20}$$

mit $l = 1200$ m und $a = 1000$ m/s
Da $t_S = 0{,}2$ s $< t_R = 2{,}4$ s, tritt der maximale Druckstoß auf.

Bestimmung des maximalen Druckstoßes

$$\Delta p = \varrho \cdot a \cdot \Delta v = 1000 \text{ kg/m}^3 \cdot 1000 \text{ m/s} \cdot 6 \text{ m/s} = 6 \cdot 10^6 \text{ Pa} = \textbf{60 bar} \tag{18.21}$$

mit $\varrho = 1000$ kg/m³ (TB 18-9a) und $\Delta v = 6$ m/s $- 0$ m/s $= 6$ m/s

b) **Bestimmung des reduzierten Druckstoßes**

$$\Delta p = \varrho \cdot a \cdot \Delta v \cdot t_R/t_S = 1000 \text{ kg/m}^3 \cdot 1000 \text{ m/s} \cdot 6 \text{ m/s} \cdot 2{,}4 \text{ s}/24 \text{ s} = 6 \cdot 10^5 \text{ Pa} \tag{18.22}$$
$= \textbf{6 bar}$

mit $t_S = 10 \cdot 2{,}4$ s $= 24$ s

c) Grundsätzlich durch Verkürzung der Reflexionszeit, z. B. durch kurze Rohrführung, Wasserschlösser, Zwischenreflexionsstellen und Nachsaugbehälter oder/und Verlängerung der Schließzeit.

20 Zahnräder und Zahnradgetriebe

20.1   a) Gesamtübersetzung $i_{ges} = 10{,}85$

        b) Abtriebsdrehzahl $n_{ab} = 83{,}87 \text{ min}^{-1}$;

        c) Abtriebsmoment $T_{ab} = 419 \text{ Nm}$

20.2   a) $i = 19{,}4$;

        b) $z_4 = 92$ ($i_{vorh} = 19{,}55$);

        c) $P_1 \approx 5{,}1 \text{ kW}$ ($\eta_{ges} \approx 0{,}82$, $n_3 \approx 0{,}827 \text{ s}^{-1}$).

20.3 $P_{ab} = P_{an} \cdot \eta_{ges} = P_{an} \cdot \eta_Z^2 \cdot \eta_L^3 \cdot \eta_D^3$;

        $P_{ab} \approx 22 \text{ kW}$ ($P_{an} = 25 \text{ kW}$, $\eta_Z \approx 0{,}98$, $\eta_L \approx 0{,}99$, $\eta_D \approx 0{,}98$).

21 Außenverzahnte Stirnräder

Geradverzahnte Stirnräder (Verzahnungsgeometrie)

21.1 a) $d = 150$ mm, $d_b = 140{,}954$ mm, $d_a = 160$ mm, $d_f = 137{,}5$ mm;
b) $h_a = 5$ mm, $h_f = 6{,}25$ mm, $h = 11{,}25$ mm;
c) $p = 15{,}708$ mm, $p_b \cong p_e = 14{,}761$ mm, $s = e = 7{,}854$ mm.

21.2 a) errechnet $m = 4{,}07$ mm, gewählt nach TB 21-1 Modul $m = 4$ mm;
b) $d = 68$ mm, $d_a = 76$ mm, $d_f = 58$ mm;
c) $h_a = 4$ mm, $h_f = 5$ mm, $h = 9$ mm.

21.3 a) $z_1' = 55$, $z_2' = 77$; $z_1' + z_2' = 132$;
b) $d_1 = 165$ mm, $d_{a1} = 171$ mm, $d_{f1} = 157{,}5$ mm;
$d_2 = 231$ mm, $d_{a2} = 237$ mm, $d_{f2} = 223{,}5$ mm;
c) $a = 198$ mm;
d) $u' = 1{,}4$; $u = 1{,}4146$, die Abweichung beträgt $\Delta u \approx 1{,}032$ %.

21.4 a) $n_2 \approx 167$ min^{-1}, $z_2 = 85$;
b) $d_1 = 120$ mm, $d_{a1} = 132$ mm, $d_{f1} = 105$ mm;
$d_2 = 510$ mm, $d_{a2} = 522$ mm, $d_{f2} = 495$ mm, $h = 13{,}5$ mm;
d) $a_d = 315$ mm;
c) $c_{vorh} = 1{,}5$ mm (somit ist $c = 0{,}25 \cdot m$).

21.5 a) $z_1 = 18$, $z_2 = 63$;
b) $d_1 = 72$ mm, $d_{b1} = 67{,}66$ mm; $d_2 = 252$ mm, $d_{b2} = 236{,}80$ mm;
c) angenähert $\varepsilon_\alpha \approx 1{,}66$, dgl. rechnerisch ($d_{a1} = 80$ mm, $d_{a2} = 260$ mm).

21.6 a) $z_2 = 81$; $z_4 = 72$; $z_6 = 64$; $z_5 = 23$ ($d_4 = d_6 = 288$ mm; $i_{ges} = 45$; $i_3 = 2{,}78$);
$a_{d1} = 173{,}25$ mm; $a_{d2} = 184$ mm; $a_{d3} = 195{,}75$ mm;
b) $n_2 = 160$ min^{-1}, $n_3 = 44{,}4$ min^{-1};
c) Ausführung des Getriebes ist unter den geforderten Bedingungen möglich.

21.7 a) $z_2 = -45$, $|z_2| - z_1 = \ldots 27 > 10$; störungsfreier Lauf ist zu erwarten
b) Ritzel: $d_1 = 72$ mm, $d_{a1} = 80$ mm, $d_{f1} = 62$ mm
Hohlrad: $d_2 = -180$ mm, $d_{a2} = -172$ mm, $d_{f2} = -190$ mm.
c) $a_d = -54$ mm.

21.8 $\Sigma x = 0{,}5247$, $x_1 = 0{,}37$, $x_2 = 0{,}1547$, $a_d = 182{,}5$ mm, $\alpha_w = 22{,}029°$, $k = -0{,}124$ mm, $\varepsilon_\alpha = 1{,}5$;
<u>Ritzel z_1:</u> $d_1 = 95$ mm, $d_{a1} = 108{,}452$ mm, $d_{f1} = 86{,}20$ mm, $d_{b1} = 89{,}271$ mm, $d_{w1} = 96{,}301$ mm, $s_{n1} = 9{,}201$ mm, $V_1 = 1{,}85$ mm, $h_1 = 11{,}126$ mm;
<u>Rad z_2:</u> $d_2 = 270$ mm, $d_{a2} = 281{,}302$ mm, $d_{f2} = 259{,}05$ mm, $d_{b2} = 253{,}717$ mm, $d_{w2} = 273{,}699$ mm, $s_{n2} = 8{,}418$ mm, $V_2 = 0{,}775$ mm, $h_2 = 11{,}126$ mm.

21.9 a) ja, die Ausführung als V-Null-Getriebe ist möglich, da $z_1 + z_2 = 42 > 28$;
b) $x_1 = 0{,}235$, $x_2 = -0{,}235$; $V_1 = +0{,}705$ mm, $V_2 = -0{,}705$ mm;
c) $d_1 = 30$ mm, $d_{b1} = 28{,}19$ mm, $d_{a1} = 37{,}41$ mm;
$d_2 = 96$ mm, $d_{b2} = 90{,}21$ mm, $d_{a2} = 100{,}59$ mm, $a = a_d = 63$ mm;
d) $\varepsilon_\alpha = 1{,}47 > 1{,}25$.

21.10 a) $z_1 = 11 < 14$ (Unterschnitt; Profilverschiebung erforderlich!), $z_2 = 33$, daher $z_1 + z_2 = 44 > 28$ V-Null-Getriebe mit praktischen Mindest-Profilverschiebungsfaktoren $x_{1,2} = \pm 0{,}176$; Zur Verbesserung der Betriebseigenschaften wird für $\Sigma x = 0$ nach Gl. (21.33) bzw. nach TB 21-5 $x_{1,2} = \pm 0{,}4$ vorgesehen.
b) Ritzel (V-Plus-Rad): $d_1 = 33$ mm, $d_{b1} = 31{,}01$ mm, $d_{a1} = 41{,}4$ mm, $d_{f1} = 27{,}9$ mm, $h_1 = 6{,}75$ mm;
Rad (V-Minus-Rad): $d_2 = 99$ mm, $d_{b2} = 93{,}03$ mm, $d_{a2} = 102{,}6$ mm, $d_{f2} = 89{,}1$ mm, $h_2 = h_1 = h = 6{,}75$ mm;
c) $\varepsilon_\alpha \approx 1{,}44$.

21.11 a) $x_1 = -x_2 = 0{,}1$ gewählt (empfohlen $x_1 = 0{,}083$); $V_1 = 0{,}3$ mm, $V_2 = -0{,}3$ mm ($x_2 = -0{,}1$);
b) $a = a_d = 45$ mm, $d_1 = 42$ mm, $d_2 = 48$ mm, $d_{a1} = 48{,}6$ mm, $d_{a2} = 53{,}4$ mm ($k = 0$);
$d_{f1} = 35{,}1$ mm, $d_{f2} = 39{,}9$ mm;
c) $s_{a1} = 1{,}79$ mm $\approx 0{,}6 \cdot m > 0{,}2 \cdot m$.

21.12 a) $x_1 = +0{,}27$, $x_2 = +0{,}23$ ($x_m = 0{,}25$, $z_m = 75{,}5$ Linie zwischen L12 und L13);
b) $d_1 = 201$ mm, $d_2 = 252$ mm; $d_{b1} = 188{,}88$ mm, $d_{b2} = 236{,}80$ mm; $a = 227{,}97$ mm ($a_d = 226{,}5$ mm, $\alpha_w = 20{,}99°$); $d_{a1} = 208{,}55$ mm, $d_{a2} = 259{,}32$ mm ($k = k^* \cdot m = -0{,}035$ mm); $d_{f1} = 195{,}12$ mm, $d_{f2} = 245{,}89$ mm; $h_{1,2} = 6{,}72$ mm, ($c = 0{,}75$ mm $\triangleq 0{,}25 \cdot m$);
c) $\varepsilon_\alpha \approx 1{,}74 > 1{,}25$.

21.13 a) $x_1 = +0{,}436$ nach Gl. (21.33), $x_2 = +0{,}364$;
b) $a = 178{,}73$ mm ($\alpha_w = 23{,}06°$, $a_d = 175$ mm);
c) $c = 1{,}25$ mm $\triangleq 0{,}25 \cdot m$ ($d_{a1} = 118{,}82$ mm, $d_{f2} = 236{,}137$ mm; $k = -0{,}273$ mm).

21.14 a) $V_1 = -0{,}15$ mm ($x_1 = -0{,}05$), $V_2 = -0{,}75$ mm ($x_2 = -0{,}25$); $d_1 = 72$ mm, $d_{b1} = 67{,}66$ mm, $d_{a1} = 77{,}70$ mm, $d_{f1} = 64{,}20$ mm; $d_2 = 108$ mm, $d_{b2} = 101{,}49$ mm, $d_{a2} = 112{,}5$ mm, $d_{f2} = 99$ mm; $a = 89{,}06$ mm ($a_d = 90$ mm, $\alpha_w = 18{,}27°$); $c = 0{,}75$ mm $\triangleq 0{,}25 \cdot m$.
b) $\varepsilon_\alpha = 1{,}74$ (Kontrolle $\varepsilon_\alpha = \varepsilon_1 + \varepsilon_2 = 1{,}74$). Nullgetriebe $\varepsilon_\alpha = 1{,}65$ ($d_{a1} = 78$ mm, $d_{a2} = 114$ mm); prozentuale Erhöhung ca. 5,5 %.

21.15 $a_d = 142$ mm $< a = 145$ mm, daher Korrektur erforderlich, V-Radpaar mit positiver Profilverschiebung; $\alpha_w = 23{,}04°$, $\Sigma x = 0{,}81$; $V_1 = 1{,}76$ mm, $V_2 = 1{,}46$ mm ($x_1 \approx +0{,}44$, $x_2 = +0{,}37$).

21.16 a) $V_1 = 2{,}4$ mm, $V_2 = 3{,}293$ mm ($\alpha_w = 25{,}56°$, $\Sigma x = 1{,}4231$, $x_1 = +0{,}6$, $x_2 = +0{,}8231$) $V_{1\max} = 4$ mm $> V_1$ keine Spitzenbildung (Ablesung aus TB 21-12: $x_{1\max} \approx +1$);
b) $d_1 = 64$ mm, $d_{a1} = 75{,}42$ mm, $d_{f1} = 58{,}50$ mm; $d_2 = 176$ mm, $d_{a2} = 189{,}20$ mm, $d_{f2} = 172{,}58$ mm ($k = k^* \cdot m = -0{,}692$ mm).

21 Außenverzahnte Stirnräder

21.17 a) gewählt $\Sigma x = +0{,}9$; Übersetzung ins Langsame $i = u$, $z_2 = 96$; $V_1 = 2$ mm, $V_2 = 1{,}6$ mm (mit $z_m = 58$, $x_m = 0{,}45$ zwischen L_{13} und L_{14} zweckmäßig $x_1 = +0{,}5$, $x_2 = +0{,}4$);

b) $d_1 = 80$ mm, $d_{a1} = 91{,}64$ mm, $d_{f1} = 74$ mm; $d_2 = 384$ mm, $d_{a2} = 394{,}84$ mm, $d_{f2} = 377{,}2$ mm; $a = 235{,}42$ mm ($a_d = 232$ mm, $\alpha_w \approx 22{,}2°$),

$c = 1{,}0$ mm mit Kopfhöhenänderung $k = k^* \cdot m = -0{,}181$ mm.

21.18 *Stufe* $z_{1,2}$: $\Sigma x_{1,2} = 0$; $a_d = 136$ mm, $\alpha_w = 20°$, $k = 0$ mm, $\varepsilon_\alpha = 1{,}68$;

Stufe $z_{1,3}$: $\Sigma x_{1,3} = 0{,}5267$; $x_1 = 0$, $x_2 = 0{,}5267$, $a_d = 134$ mm, $\alpha_w = 22{,}2°$, $k = 0$ mm, $\varepsilon_\alpha = 1{,}58$;

Ritzel z_1: $d_1 = 128$ mm, $d_{a1} = 136$ mm, $d_{f1} = 118$ mm, $d_{b1} = 120{,}281$ mm, $d_{w1} = 128$ mm, $V_1 = 0$ mm;

Rad z_2: $d_2 = 144$ mm, $d_{a2} = 152$ mm, $d_{f2} = 134$ mm, $d_{b2} = 135{,}316$ mm, $d_{w2} = 144$ mm, $V_2 = 0$ mm;

Rad z_3: $d_3 = 140$ mm, $d_{a3} = 152$ mm, $d_{f3} = 134{,}216$ mm, $d_{b3} = 131{,}557$ mm, $d_{w3} = 142{,}089$ mm, $V_3 = 2{,}108$ mm;

$\Delta n = 16$ min^{-1} ($n_2 = 560$ min^{-1}, $n_3 = 576$ min^{-1}).

21.19 a) $a_{d1} = 102$ mm $< a_{d2} = 106{,}5$ mm $= a$ ($\alpha_w = 25{,}84°$), $\Sigma x = 1{,}72$, bei $x_2 = 0$ Spitzenbildung, daher nach TB 21-12 für $s_a \approx 0{,}3 \cdot m$ wird $x_1 = +0{,}7$ und $x_2 = \Sigma x - x_1 = +1{,}02$ abgelesen; $V_1 = 2{,}1$ mm, $V_2 = 3{,}06$ mm;

b) $k = k^* \cdot m = -0{,}66$ mm; $d_1 = 54$ mm, $d_{a1} = 62{,}89$ mm, $d_{f1} = 50{,}70$ mm, $d_2 = 150$ mm, $d_{a2} = 160{,}8$ mm, $d_{f2} = 148{,}61$ mm; $c = 0{,}75$ mm; $d_3 = 87$ mm, $d_{a3} = 93$ mm, $d_{f3} = 79{,}5$ mm, $d_4 = 126$ mm, $d_{a4} = 132$ mm, $d_{f4} = 118{,}5$ mm; $c = 0{,}75$ mm.

Schrägverzahnte Stirnräder (Verzahnungsgeometrie)

21.20 a) $p_n = 14{,}137$ mm, $p_t = 14{,}402$ mm, $p_{en} \stackrel{\wedge}{=} p_{bn} = 13{,}285$ mm, $p_{et} \stackrel{\wedge}{=} p_{bt} = 13{,}503$ mm, $s_n = 7{,}069$ mm, $s_t = 7{,}201$ mm.

b) $d = 371{,}322$ mm, $d_a = 380{,}322$ mm, $d_f = 360{,}072$ mm, $h = 10{,}125$ mm, $d_b = 348{,}160$ mm ($\alpha_t = 20{,}344°$, $\beta_b = 10{,}329°$).

21.21 a) $d_1 = 107{,}67$ mm, $d_{b1} = 100{,}75$ mm ($\alpha_t = 20{,}65°$), $d_{a1} = 115{,}67$ mm, $d_{f1} = 97{,}67$ mm; $d_2 = 356{,}14$ mm, $d_{b2} = 333{,}26$ mm, $d_{a2} = 364{,}14$ mm, $d_{f2} = 346{,}14$ mm; $a_d = 231{,}90$ mm;

b) $\varepsilon_\gamma = 2{,}67$ ($\varepsilon_\alpha = 1{,}64$, $\varepsilon_\beta = 1{,}03$).

21.22 a) $\beta \approx 14{,}07°$;

b) $d_1 = 39{,}175$ mm, $d_{b1} = 36{,}678$ mm ($\alpha_t \approx 20{,}57°$); $d_{a1} = 43{,}175$ mm, $d_{f1} = 34{,}175$ mm; $d_2 = 160{,}825$ mm, $d_{b2} = 150{,}574$ mm, $d_{a2} = 164{,}825$ mm, $d_{f2} = 155{,}825$ mm;

b) $\varepsilon_\gamma = 2{,}77$ ($\varepsilon_\alpha = 1{,}61$, $\varepsilon_\beta = 1{,}16$).

21.23 a) $d = 88{,}056$ mm, $d_a = 95{,}286$ mm ($V = 0{,}615$ mm), $h = 6{,}75$ mm, $d_b = 82{,}271$ mm ($\alpha_t = 20{,}884°$);

b) $s_n = 5{,}16$ mm.

21.24 a) $V_1 = V_2 = 2{,}5$ mm;
  b) $\alpha_{wt} = 25{,}014°$ ($\alpha_d = 158{,}296$ mm, $\alpha = 162{,}888$ mm);
  c) $d_1 = 90{,}455$ mm, $d_{b1} = 84{,}349$ mm ($\alpha_t = 21{,}1728°$), $d_{a1} = 100{,}455$ mm (ohne Kopfkürzung), $d_{f1} = 89{,}205$ mm;
  $d_2 = 226{,}138$ mm, $d_{b2} = 210{,}873$ mm, $d_{a2} = 236{,}138$ mm (ohne Kopfkürzung), $d_{f2} = 224{,}888$ mm;
  d) $c = 0{,}2175 < 0{,}25 \cdot m_n = 0{,}625$ mm, daher $k = k^* \cdot m_n = -0{,}408$ mm, $d_{a1} = 99{,}640$ mm, $d_{a2} = 235{,}323$ mm, so dass $c = 0{,}25 \cdot m_n$;
  e) $\varepsilon_\gamma \approx 3$ ($\varepsilon_\alpha \approx 1{,}27$, $\varepsilon_\beta \approx 1{,}74$).

21.25 a) $x_1 = +0{,}146$, $x_2 = -0{,}146$ ($z_{n1} = 11{,}52$), $V_1 = +0{,}657$ mm, $V_2 = -0{,}657$ mm ($\alpha_{wt} = 20{,}285°$);
  b) $d_1 = 50{,}264$ mm, $d_{a1} = 60{,}578$ mm; $d_2 = 205{,}624$ mm, $d_{a2} = 213{,}310$ mm, $a = 127{,}944$ mm;
  c) $s_{n1} = 7{,}55$ mm, $s_{n2} = 6{,}59$ mm, $s_{t1} = 7{,}67$ mm, $s_{t2} = 6{,}69$ mm.

21.26 a) $z_1 = 20$, $z_2 = -63$; $|z_2| - z_1 = \ldots 43 > 10$, Bedingung erfüllt.
  b) $m_n = 3$ mm ($m_n'' = 2{,}7$ mm, $m_n''' = 2{,}8$ mm; $\psi_d \approx 0{,}6$, $\sigma_{H\lim 1} \approx 680$ N/mm^2)
  c) $d_1 = 62{,}12$ mm, $d_2 = -195{,}67$ mm; $d_{a1} = 68{,}12$ mm, $d_{a2} = -189{,}67$ mm; $d_{f1} = 54{,}62$ mm, $d_{f2} = -203{,}17$ mm, $b_1 = 50$ mm, $b_2 = 52$ mm ($\psi_d \approx 0{,}6$, $\psi_m \approx 20$).
  d) $a_d = -66{,}775$ mm.

21.27 a) $\Sigma x = 0{,}9357$ ($\alpha_t = 20{,}942°$, $\alpha_{wt} = 25{,}442°$, $a_d = 111{,}192$ mm);
  b) $x_1 \approx 0{,}48$, $x_2 = 0{,}4557$; $V_1 = 2{,}16$ mm, $V_2 = 2{,}052$ mm;
  c) $\varepsilon_\alpha \approx 1{,}233$ ($d_1 = 66{,}242$ mm, $d_{b1} = 61{,}866$ mm, $d_{a1} = 78{,}756$ mm, $d_2 = 156{,}142$ mm, $d_{b2} = 145{,}828$ mm, $d_{a2} = 168{,}44$ mm, $k = k^* \cdot m = -0{,}403$ mm, $c = 1{,}125$ mm).

21.28 a) zweckmäßig $x_1 = +0{,}5$, $x_2 = +0{,}5$; $V_1 = V_2 = 2$ mm und $a = 120{,}16$ mm ($z_2 = 37$, $z_{n1} = 21{,}39$, $z_{n2} = 41{,}66$; $a_d = 116{,}514$ mm, $\alpha_t = 20{,}738°$, $\alpha_{wt} = 24{,}922°$);
  b) $\Sigma x = +0{,}409$, $x_3 \approx +0{,}34$, $x_4 = +0{,}069$, $V_3 = 1{,}36$ mm, $V_4 = 0{,}275$ mm ($z_4 = 41$, $z_{n3} = 18{,}01$, $z_{n4} = 46{,}16$, $a_d = 118{,}594$ mm, $\alpha_{wt} = 22{,}621°$).

21.29 a) $a_{d1} = a_2 = 194{,}114$ mm ($i = 7{,}937$, $i_1 = u_1 = 3{,}167$, $i_2 = u_2 = 2{,}506$), $z_3 = 22$, $z_4 = 55$ ($d_3 = 113{,}88$ mm, $a_{d2} = 199{,}291$ mm);
  b) $\Sigma x_{3,4} = -0{,}931$ ($\alpha_w = 16{,}1106°$), $x_3 = -0{,}14$, $x_4 = -0{,}791$, $d_3 = 113{,}88$ mm, $d_{a3} = 121{,}436$ mm, $d_{f3} = 99{,}98$ mm; $d_4 = 284{,}701$ mm, $d_{a4} = 285{,}747$ mm, $d_{f4} = 264{,}291$ mm, $k = -0{,}522$ mm, damit wird $c = 1{,}25$ mm $= 0{,}25 \cdot m_n$.

Verzahnungsqualität, Toleranzen

21.30 $A_{sne1} = -54$ µm, $A_{sne2} = -70$ µm; $T_{sn1} = 50$ µm $> 2 \cdot R_s = 2 \cdot 16$ µm $= 32$ µm, $T_{sn2} = 60$ µm $> 2 \cdot R_s = 2 \cdot 20$ µm $= 40$ µm (aus TB 21-8c für $m = 2$ mm; Verzahnungsqualität richtig gewählt).

$A_{sni1} = -104$ µm, $A_{sni2} = -130$ µm, A_{sne1} bzw. $A_{sne2} < A_{ai}$; $A_{ae} = +23$ µm, $A_{ai} = -23$ µm, $a_{max} = 63{,}023$ mm, $a_{min} = 62{,}977$ mm, $\Delta j_{ai} \approx -17$ µm, $\Delta j_{ae} \approx +17$ µm; $j_{t\min} = 107$ µm, $j_{t\max} = 251$ µm;

Messzähnezahl $k_1 = 2$, $k_2 = 6$; $W_{ki1} = 9{,}179$ mm, $W_{ki2} = 33{,}700$ mm, $W_{ke1} = 9{,}226$ mm, $W_{ke2} = 33{,}752$ mm.

21 Außenverzahnte Stirnräder

21.31 $s = 6,772$ mm ($d = 59,5$ mm);

oberes Abmaß $A_{sne} = -0,040$ mm, unteres Abmaß $A_{sni} = A_{sne} - T_{sn} = -0,100$ mm (somit wird $s_{max} = 6,732$ mm, $s_{min} = 6,672$ mm, $T_{sn} = 60$ µm); Lückenweite $e = 4,224$ mm ($s + e = p = m \cdot \pi$).

21.32 Ausführung als V-Getriebe notwendig, da $z_1 = 11 < 14$, $z_2 = 54$, $V_1 = 1,76$ mm ($x_1 = +0,176$, $x_2 = 0$); $d_1 = 110$ mm, $d_2 = 540$ mm, $a = 326,74$ mm ($a_d = 325$ mm, $\alpha_w = 20,82°$).

$j_{tmin} = 219$ µm, $j_{tmax} = 421$ µm ($A_{sne1} = -85$ µm, $A_{sne2} = -155$ µm; $T_{sn1} = 60$ µm $> 2 \cdot R_s = 44$ µm, $T_{sn2} = 100$ µm $> 2 \cdot R_s = 56$ µm; $A_{sni1} = -145$ µm, $A_{sni2} = -255$ µm; $A_{ae,i} = \pm 28,5$ µm.

21.33 a) $x_1 = +0,146$, $x_2 = -0,146$ ($z_{n1} = 11,52$), $V_1 = +0,657$ mm, $V_2 = -0,657$ mm ($\alpha_{wt} = 20,285°$);

b) $d_1 = 50,264$ mm, $d_{a1} = 60,578$ mm; $d_2 = 205,624$ mm, $d_{a2} = 213,310$ mm, $a = 127,944$ mm;

c) $s_{n1} = 7,55$ mm, $s_{n2} = 6,59$ mm ($A_{sne1} = -125$ µm, $A_{sni1} = -185$ µm; $A_{sne2} = -170$ µm, $A_{sni2} = -250$ µm; $T_{sn1} = 60$ µm $> 2 \cdot R_{s1} = 40$ µm, $T_{sn2} = 80$ µm $> 2 \cdot R_{s2} = 44$ µm);

d) $j_{tmin} = 285$ µm, $j_{tmax} = 457$ µm ($\Sigma A_{sne} = -295$ µm, $\Sigma A_{sni} = -435$ µm; $\Sigma A_{ste} \approx -300$ µm, $\Sigma A_{sti} \approx -442$ µm; $A_{ae} = +20$ µm, $A_{ai} = -20$ µm, wenn $A_{sne1} < A_{ai}$ und $A_{sne2} < A_{ai}$).

Zahnradkräfte, Drehmomente

21.34 a) 1. z_1 im Uhrzeigersinn   2. z_1 entgegen Uhrzeigersinn

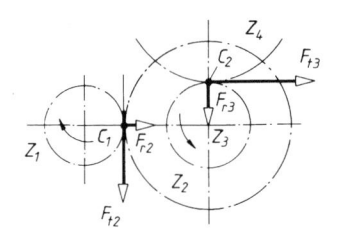

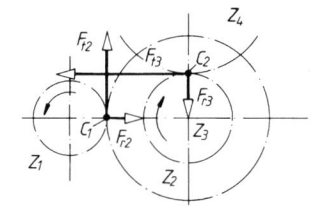

$F_{t2} = 2105$ N, $F_{r2} = 766$ N ($T_2 = 298$ Nm, $d_2 = 283,5$ mm); $F_{t3} = 7460$ N, $F_{r3} = 2715$ N ($d_3 = 80$ mm).

b)

b) zu 1. Skizze

horizontal   vertikal

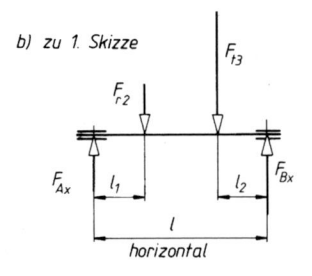

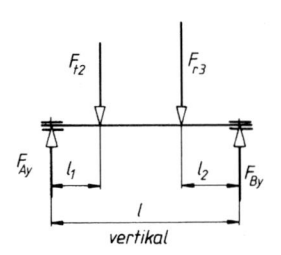

zu 2. Skizze

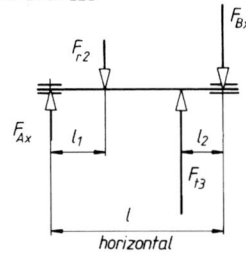

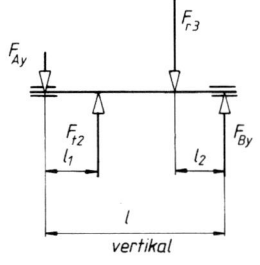

horizontal   vertikal

resultierende Lagerkräfte: $F_{A\,res} = \sqrt{F_{Ax}^2 + F_{Ay}^2}$; $F_{B\,res} = \sqrt{F_{Bx}^2 + F_{By}^2}$

21.35 a)

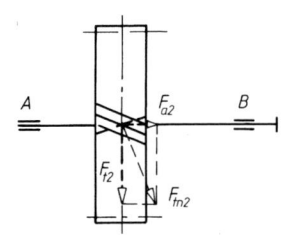

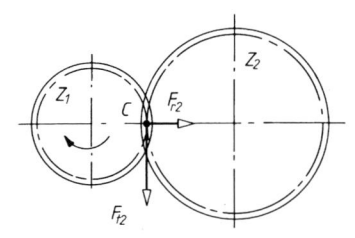

b) $F_{t2} \approx 1103$ N ($T_2 \approx 94{,}742$ kN), $d_2 = 171{,}856$ mm), $F_{r2} \approx 416$ N, $F_{a2} \approx 295$ N.

c) $F_{Ar} \approx 700$ N ($F_{Ax} \approx 102$ N, $F_{Ay} \approx 689$ N); $F_{Br} \approx 520$ N ($F_{Bx} \approx 314$ N, $F_{By} \approx 414$ N).

Hinweis: $F_{Ax} - F_{r2} + F_{Bx} = 0$; $F_{Ay} - F_{t2} + F_{By} = 0$.

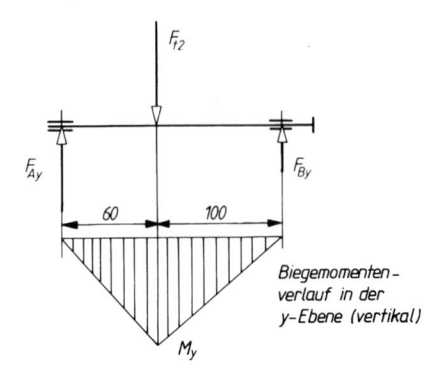

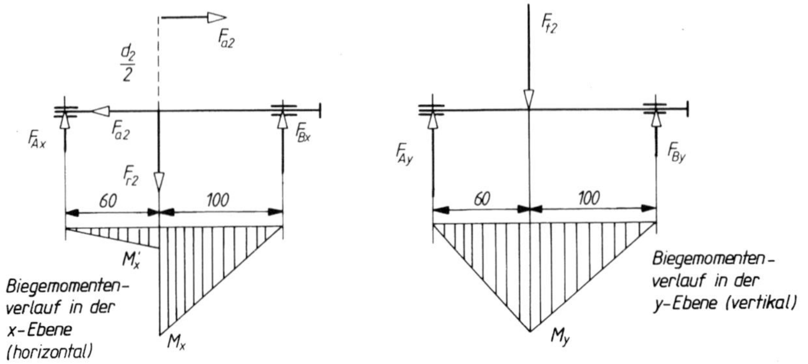

Biegemomentenverlauf in der x-Ebene (horizontal)

Biegemomentenverlauf in der y-Ebene (vertikal)

d) $M' \approx 42$ Nm, $M_{max} = M \approx 52$ Nm

($M'_x \approx 6120$ N mm, $M_x \approx 31\,400$ N mm, $M_y \approx 41\,400$ N mm)

21 Außenverzahnte Stirnräder

21.36 a)

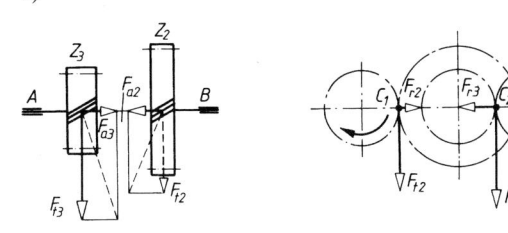

b) $F_{t2} = 2081$ N, ($T_2 = 105{,}05$ Nm, $d_2 = 100{,}94$ mm), $F_{r2} = 784$ N, $F_{a2} = 558$ N; $F_{t3} = 2586$ N, ($d_3 = 81{,}23$ mm), $F_{r3} = 956$ N, $F_{a3} = 456$ N.

c)

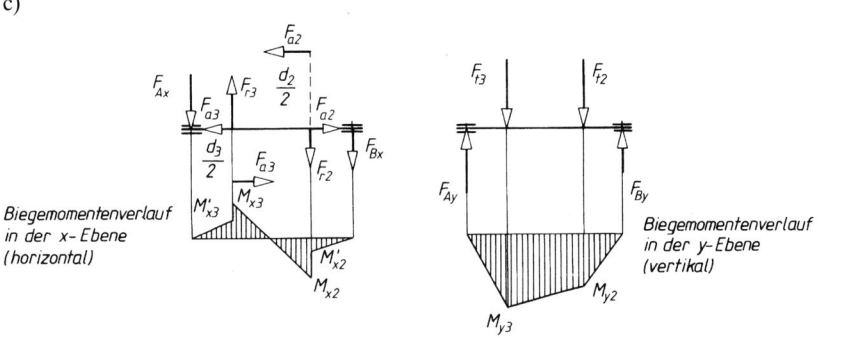

Biegemomentenverlauf in der x-Ebene (horizontal)

Biegemomentenverlauf in der y-Ebene (vertikal)

d)

Biegemomentenverlauf in der x-Ebene (horizontal)

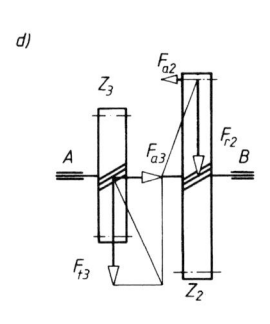

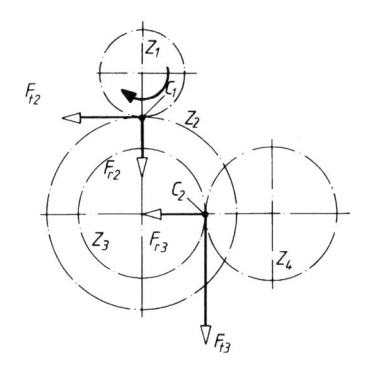

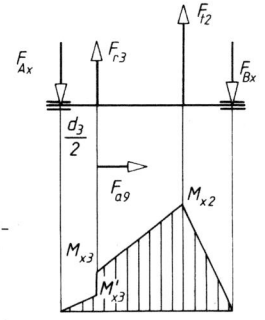

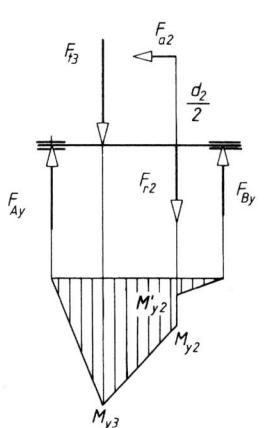

Tragfähigkeitsnachweis (geradverzahnte Stirnräder)

21.37
a) $F_{t1} \approx 3473$ N ($T_1 = 191$ Nm);
b) festgelegt wird die 8. Qualität ($v_t = 4{,}32$ m/s);
c) $K_{F\alpha} = 1{,}1$;
d) $K_{F\,ges} \approx 4{,}16$;
e) $\sigma_{F0} \approx 89$ N/mm^2; $\sigma_F \approx 370$ N/mm^2 ($Y_{Fa} \approx 2{,}4$, $Y_{Sa} \approx 1{,}8$, $Y_\varepsilon \approx 0{,}67$, $Y_\beta \approx 1$);
f) $\sigma_{FG} \approx 742$ N/mm^2 ($Y_{ST} \approx 2$, $Y_{NT} \approx 1$, $Y_{\delta\,relT} \approx 1$, $Y_{R\,relT} \approx 1{,}03$, $Y_X \approx 1$);
g) die Zahnfußtragsicherheit beträgt $S_F \approx 2$ und ist damit größer als $S_{F\,min} = 1{,}5$.

21.38
a) $F_{t1} = 10\,754$ N ($T_1 \approx 216$ Nm);
b) $\sigma_{H0} \approx 1042$ N/mm^2 ($Z_H \approx 2{,}24$, $Z_E = 189{,}8\ \sqrt{(\text{N/mm}^2)}$, $Z_\varepsilon \approx 0{,}95$, $Z_\beta = 1$);
c) $\sigma_H \approx 1459$ N/mm^2;
d) $\sigma_{HG} \approx 1354$ N/mm^2 ($Z_{NT} = 1{,}0$, $Z_L = 1$, $Z_V = 0{,}95$, $Z_R = 0{,}95$, $Z_W = Z_X = 1$);
e) die Zahnflankentragsicherheit beträgt $S_H \approx 0{,}93$, somit keine ausreichende Dimensionierung des Rades.

21.39
a) $i_2 \hat{=} u = 4{,}8$ ($i = 19{,}2$, $i_1 = 4$); $m = 5$ mm, $z_2 = 96$, $d_1 = 100$ mm, $d_2 = 480$ mm, $d_{a1} = 110$ mm, $d_{a2} = 490$ mm, $d_{f1} = 87{,}50$ mm, $d_{f2} = 467{,}50$ mm, $h_1 = h_2 = 11{,}25$ mm, $\varepsilon_\alpha \approx 1{,}70$, ($k = 0$ mm); $b_1 = 60$ mm, $b_2 = 55$ mm ($\psi_m \approx 15$, $\psi_d \approx 0{,}5$);
b) Zahnfußtragfähigkeit ausreichend, $S_{F\,vor1} \approx 3{,}6$, $S_{F\,vor2} \approx 2{,}7$ ($\sigma_{F01} \approx 64$ N/mm^2,), ($\sigma_{F1} \approx 204$ N/mm^2, $Y_{FA1} \approx 2{,}9$, $Y_{Sa1} \approx 1{,}6$, $Y_\varepsilon \approx 0{,}69$, $Y_\beta \approx 1$, $Y_{ST} \approx 2$, $Y_{NT} = Y_{\delta\,relT} = Y_x = 1$, $Y_{r\,relT} \approx 1{,}04$, $\sigma_{F02} \approx 64$ N/mm^2, $\sigma_{F2} \approx 206$ N/mm^2, $Y_{FA2} \approx 2{,}2$, $Y_{Sa2} \approx 1{,}93$);
c) Grübchentragfähigkeit ist für die schwächere Zahnflanke (Rad) nicht ausreichend, $S_{H\,vor1} \approx 0{,}83$, ($\sigma_{H0} \approx 467$ N/mm^2, $\sigma_H \approx 935$ N/mm^2, $\sigma_{HG} \approx 780$ N/mm^2, $Z_H = 2{,}5$, $Z_E = 189{,}8\ \sqrt{(\text{N/mm}^2)}$, $Z_\varepsilon \approx 0{,}86$, $Z_\beta = Z_L = Z_v = Z_R = Z_W = Z_x = Z_{NT} = 1$).

21.40
a) $n_2 = 302{,}1$ min^{-1}, $n_3 \approx 41{,}4$ min^{-1}; $i_2 \hat{=} u = 7{,}3$, aus $d_2' \approx 380$ mm gewählt $m = 3$ mm, $z_2 = 124$, $d_1 = 51$ mm, $d_2 = 372$ mm, $d_{b1} = 47{,}924$ mm, $d_{b2} = 349{,}566$ mm, $d_{a1} = 57$ mm, $d_{a2} = 378$ mm, $d_{f1} = 43{,}50$ mm, $d_{f2} = 364{,}50$ mm, $d_{w1} = 51$ mm, $d_{w2} = 372$ mm, $h_1 = h_2 = 6{,}75$ mm, $\varepsilon_\alpha \approx 1{,}70$; Ausführung als Ritzelwelle möglich, da $m' = 2{,}88 < m_{gewählt} = 3$ mm;
b) $b_1 = 60$ mm, $b_2 = 55$ mm ($\psi_m \approx 22$, $\psi_d \approx 1$); Verzahnungsqualität 7; ($v_t \approx 0{,}81$ m/s);
c) Zahnfußtragfähigkeit ausreichend: $S_{F\,vor1} \approx 2{,}04$, ($\sigma_{F01} \approx 127$ N/mm^2, $\sigma_{F1} \approx 336$ N/mm^2, $\sigma_{FG1} \approx 685$ N/mm^2, $Y_{Fa1} \approx 3{,}1$, $Y_{Sa1} \approx 1{,}56$, $Y_\varepsilon \approx 0{,}69$, $Y_\beta = 1$, $Y_{ST} = 2$, $Y_{NT} = 1$, $Y_{\delta\,relT} \approx 0{,}95$, $Y_x = 1$, $Y_{R\,relT} \approx 1{,}03$);
d) Grübchentragfähigkeit ausreichend: $S_{H\,vor1} \approx 1{,}01$, $\sigma_{H0} \approx 694$ N/mm^2, $\sigma_H \approx 1180$ N/mm^2, $\sigma_{HG1} \approx 1200$ N/mm^2, $Z_H = 2{,}5$, $Z_E = 189{,}8\ \sqrt{(\text{N/mm}^2)}$, $Z_\varepsilon \approx 0{,}88$, $Z_R \approx 0{,}95$, $Z_\beta = Z_L = Z_v = Z_W = Z_x = Z_{NT1} = 1$).

21 Außenverzahnte Stirnräder

Tragfähigkeitsnachweis (schrägverzahnte Stirnräder)

21.41 a) $d_1 = 91{,}625$ mm, $d_2 = 287{,}092$ mm, $d_{a1} = 97{,}625$ mm, $d_{a2} = 293{,}092$ mm, $d_{f1} = 84{,}125$ mm, $d_{f2} = 279{,}592$ mm, $d_{b1} = 85{,}916$ mm, $d_{b2} = 269{,}205$ mm, $h_1 = h_2 = 6{,}75$ mm, $a_d = 189{,}358$ mm, $\varepsilon_\gamma = 2{,}699$, $\varepsilon_\alpha = 1{,}704$, $\varepsilon_\beta = 0{,}995$;

b) $F_{t1} = 6612$ N ($T_1 = 302{,}6$ Nm), $K_A = 1{,}25$, $K_v \approx 1{,}12$ ($K_1 = 8{,}5$, $K_2 = 0{,}0087$, $K_3 \approx 1{,}947$ m/s), $K_{H\beta} \approx 1{,}52$ ($f_{sh} \approx 1{,}5$ μm, $f_{ma} \approx 9{,}5$ μm, $F_{\beta x} \approx 11{,}5$ μm, $y_\beta \approx 1{,}7$ μm, $F_{\beta y} \approx 9{,}8$ μm); $K_{F\beta} \approx 1{,}43$ ($N_F \approx 0{,}87$), $K_{H\alpha} = K_{F\alpha} \approx 1$; $K_{F\,ges} \approx 2$, $K_{H\,ges} \approx 1{,}5$.

21.42 a) **Bestimmung der Profilverschiebungsfaktoren x_1 und x_2**

$$a_d = \frac{m_n}{\cos \beta} \cdot \frac{(z_1 + z_2)}{2} = \frac{6 \text{ mm}}{\cos 15°} \cdot \frac{(20 + 59)}{2} = \mathbf{245{,}36 \text{ mm}} \quad (21.42)$$

Profilverschiebung, d. h. V-Räder notwendig, da Achsabstand $a = 250$ mm gefordert wird.

$$\Sigma x = x_1 + x_2 = \frac{\text{inv } \alpha_{wt} - \text{inv } \alpha_t}{2 \cdot \tan \alpha_n}(z_1 + z_2) = \frac{0{,}024027 - 0{,}016453}{2 \cdot \tan 20°}(20 + 59) = \mathbf{0{,}8219} \quad (21.56)$$

$$\text{mit} \quad \alpha_t = \arctan\left(\frac{\tan \alpha_n}{\cos \beta}\right) = \arctan\left(\frac{\tan 20°}{\cos 15°}\right) = \mathbf{20{,}6469°} \quad (21.35)$$

$$\text{inv } \alpha_t = \tan \alpha_t - \frac{\pi}{180°} \cdot \alpha_t \qquad \text{nach TB 21-4}$$

$$\text{inv } \alpha_t = \tan 20{,}6469° - \frac{\pi}{180°} \cdot 20{,}6469°$$

inv α_t = 0,016453

$$\text{und} \quad \alpha_{wt} = \arccos\left(\cos \alpha_t \cdot \frac{a_d}{a}\right) = \arccos\left(\cos 20{,}647° \cdot \frac{245{,}36 \text{ mm}}{250 \text{ mm}}\right) = \mathbf{23{,}3063°} \quad (21.54)$$

$$\text{inv } \alpha_{wt} = \tan \alpha_{wt} - \frac{\pi}{180°} \cdot \alpha_{wt} \qquad \text{nach TB 21-4}$$

$$= \tan 23{,}3063° - \frac{\pi}{180°} \cdot 23{,}3063°$$

inv α_{wt} = 0,024027

Festlegung: $x_1 = 0{,}45$ nach TB 21-6, d. h. $x_2 = 0{,}3719$

$$\text{mit} \quad z_{n1} = z_1/\cos^3 \beta = 20/\cos^3 15° = \mathbf{22{,}19} \quad (21.47)$$

$$z_{n2} = z_2/\cos^3 \beta = 59/\cos^3 15° = \mathbf{65{,}47} \quad \text{und}$$

$$z_{mn} = (z_{n1} + z_{n2})/2 = (22{,}19 + 65{,}47)/2 = \mathbf{43{,}8}$$

Bestimmung der Zahnraddurchmesser

Teilkreisdurchmesser d: $\quad d_1 = z_1 \cdot m_t = z_1 \cdot \dfrac{m_n}{\cos 15°} = 20 \dfrac{6 \text{ mm}}{\cos 15°}$ \hfill (21.38)

$$d_1 = \mathbf{124{,}233 \text{ mm}}$$

$$d_2 = z_2 \cdot \frac{m_n}{\cos \beta} = 59 \cdot \frac{6 \text{ mm}}{\cos 15°} = \mathbf{366{,}488 \text{ mm}}$$

Grundkreisdurchmesser d_b:

$$d_{b1} = d_1 \cos \alpha_t = 124{,}233 \text{ mm} \cdot \cos 20{,}6469° = \mathbf{116{,}254 \text{ mm}} \qquad (21.39)$$

$$d_{b2} = d_2 \cos \alpha_t = 366{,}488 \text{ mm} \cdot \cos 20{,}6469° = \mathbf{342{,}949 \text{ mm}}$$

Wälzkreisdurchmesser d_w:

$$d_{w1} = \frac{d_1 \cdot \cos \alpha_t}{\cos \alpha_{wt}} \qquad \text{s. Hinweise unter (21.54)}$$

$$d_{w1} = \frac{124{,}233 \text{ mm} \cdot \cos 20{,}6469°}{\cos 23{,}3063°} = \mathbf{126{,}582 \text{ mm}}$$

$$d_{w2} = \frac{d_2 \cdot \cos \alpha_t}{\cos 23{,}3063°} = \frac{366{,}488 \text{ mm} \cdot \cos 20{,}6469°}{\cos 23{,}3063} = \mathbf{373{,}419 \text{ mm}}$$

Fußkreisdurchmesser d_f:

$$d_{f1} = d_1 - 2[(m_n + c) - V_1] \qquad (21.25)$$

$$d_{f1} = 124{,}233 \text{ mm} - 2[(6 \text{ mm} + 1{,}5 \text{ mm}) - 2{,}70 \text{ mm}]$$

$$d_{f1} = \mathbf{114{,}633 \text{ mm}}$$

$$d_{f2} = d_2 - 2[(m_n + c) - V_2]$$

$$d_{f2} = 366{,}488 \text{ mm} - 2[(6 \text{ mm} + 1{,}5 \text{ mm}) - 2{,}2314 \text{ mm}]$$

$$d_{f2} = \mathbf{355{,}951 \text{ mm}}$$

mit $\quad c = 0{,}25 \cdot m_n = 0{,}25 \cdot 6 \text{ mm} = 1{,}5 \text{ mm}, \quad V_1 = x_1 \cdot m_n = 0{,}45 \cdot 6 \text{ mm} = \mathbf{2{,}70 \text{ mm}}$

$V_2 = x_2 \cdot m_n = 0{,}3719 \cdot 6 \text{ mm} = \mathbf{2{,}2314 \text{ mm}}$

Kopfkreisdurchmesser d_a:

$$d_{a1} = d_1 + 2[(m_n + V_1 + k] \qquad (21.24)$$

$$d_{a1} = 124{,}233 \text{ mm} + 2(6 \text{ mm} + 2{,}7 \text{ mm} - 0{,}291 \text{ mm})$$

$$d_{a1} = \mathbf{141{,}051 \text{ mm}}$$

$$d_{a2} = d_2 + 2[(m_n + V_2 + k]$$

$$d_{a2} = 366{,}488 \text{ mm} + 2(6 \text{ mm} + 2{,}2314 \text{ mm} - 0{,}291 \text{ mm})$$

$$d_{a2} = \mathbf{382{,}370 \text{ mm}}$$

21 Außenverzahnte Stirnräder

mit $k = a - a_\text{d} - m_\text{n}(x_1 + x_2)$ (21.23)

$k = 250 \text{ mm} - 245{,}36 \text{ mm} - 6 \text{ mm}(0{,}45 + 0{,}3719)$

$k = -0{,}291$ mm

V_1, V_2 s. Fußkreisdurchmesser.

b) Bestimmung des Drehmoments T und der Umfangskraft F_t

$$T = \frac{P \cdot 30}{\pi \cdot n} = \frac{500 \cdot 10^3 \text{ W} \cdot 30}{\pi \cdot 1500 \text{ min}^{-1}} = \mathbf{3183 \text{ Nm}}$$

$$F_\text{t} = \frac{2 \cdot T}{d_\text{w1}} = \frac{2 \cdot 3183 \cdot 10^3 \text{ N mm}}{126{,}582 \text{ mm}} = \mathbf{50\,292 \text{ N}} \quad (21.67)$$

Bestimmung der örtlichen Zahnfußspannungen σ_F01, σ_F02

$$\sigma_\text{F01} = \frac{F_\text{t}}{b_1 \cdot m_\text{n}} \cdot Y_\text{Fa} \cdot Y_\text{Sa} \cdot Y_\varepsilon \cdot Y_\beta \quad (21.82)$$

$$\sigma_\text{F01} = \frac{50\,292 \text{ N}}{100 \text{ mm} \cdot 6 \text{ mm}} \cdot 2{,}25 \cdot 1{,}9 \cdot 0{,}75 \cdot 0{,}88 = \mathbf{236{,}5 \text{ N/mm}^2}$$

mit Y_Fa nach TB 21-20a für $z_\text{n1} = 22{,}19$ und $x_1 = 0{,}45$,

Y_Sa nach TB 21-20b, $Y_\varepsilon = 0{,}25 + 0{,}75 \cos^2 \beta / \varepsilon_\alpha = 0{,}25 + 0{,}75 \dfrac{\cos^2 15°}{1{,}4} = 0{,}75$

mit

$$\varepsilon_\alpha = \frac{0{,}5 \cdot \left(\sqrt{d_\text{a1}^2 - d_\text{b1}^2} + \dfrac{z_2}{|z_2|} \cdot \sqrt{(d_\text{a2}^2 - d_\text{b2}^2)} \right) - a \cdot \sin \alpha_\text{wt}}{\pi \cdot m_\text{t} \cdot \cos \alpha_\text{t}} \quad (21.57)$$

$$\varepsilon_\alpha = \frac{0{,}5 \left(\sqrt{(141{,}051 \text{ mm})^2 - (116{,}254 \text{ mm})^2} + 1 \sqrt{(382{,}370 \text{ mm})^2 - (342{,}949)^2} \right) - 250 \text{ mm} \cdot \sin 23{,}3063°}{\pi \cdot \dfrac{6 \text{ mm}}{\cos 15°} \cdot \cos 20{,}6469°}$$

$\varepsilon_\alpha = 1{,}4$

Y_β nach TB 21-20c mit

$$\varepsilon_\beta = \frac{b_2 \cdot \sin \beta}{\pi \cdot m_\text{n}} = \frac{98 \text{ mm} \cdot \sin 15°}{\pi \cdot 6 \text{ mm}} = \mathbf{1{,}35} \quad (21.44)$$

mit b_2 da $b_2 < b_1$

$$\sigma_\text{F02} = \frac{F_\text{t}}{b_2 \cdot m_\text{n}} \cdot Y_\text{Fa} \cdot Y_\text{Sa} \cdot Y_\varepsilon \cdot Y_\beta$$

$$\sigma_\text{F02} = \frac{50\,292 \text{ N}}{98 \text{ mm} \cdot 6 \text{ mm}} \cdot 2{,}13 \cdot 2{,}03 \cdot 0{,}75 \cdot 0{,}88 = \mathbf{244 \dfrac{\text{N}}{\text{mm}^2}}$$

Werte für Y_Fa, Y_Sa, Y_ε, Y_β, s. Hinweise zu σ_F01

Bestimmung der maximalen Zahnfußspannungen σ_F1, σ_F2

$\sigma_\text{F1} = \sigma_\text{F01} \cdot K_\text{F ges} = 236{,}5 \text{ N/mm}^2 \cdot 1{,}37 = \mathbf{324 \text{ N/mm}^2}$ (21.83)

$\sigma_\text{F2} = \sigma_\text{F02} \cdot K_\text{F ges} = 244 \text{ N/mm}^2 \cdot 1{,}37 = \mathbf{334 \text{ N/mm}^2}$

Bestimmung der Zahnfußgrenzfestigkeiten σ_{FG1}, σ_{FG2}

$$\sigma_{FG1} = \sigma_{F\lim 1} \cdot Y_{ST} \cdot Y_{NT} \cdot Y_{\delta\,relT} \cdot Y_{R\,relT} \cdot Y_X \tag{21.84a}$$

$$= 500 \text{ N/mm}^2 \cdot 2 \cdot 1 \cdot 1 \cdot 1 \cdot 0{,}98 = \mathbf{980 \text{ N/mm}^2}$$

$$\sigma_{FG2} = \sigma_{F\lim 2} \cdot Y_{St} \cdot Y_{NT} \cdot Y_{\delta\,relT} \cdot Y_{R\,relT} \cdot Y_X \tag{21.84a}$$

$$= 500 \text{ N/mm}^2 \cdot 2 \cdot 1 \cdot 1 \cdot 1 \cdot 0{,}98 = \mathbf{980 \text{ N/mm}^2}$$

mit Y_{St}, $Y_{\delta\,relT}$, $Y_{R\,relT}$ s. Hinweise unter (21.84a), Y_{NT} nach TB 21-21a, Y_X nach TB 21-21d

Bestimmung der Sicherheit für die Zahnfußtragfähigkeit S_{F1}, S_{F2}

$$S_{F1} = \frac{\sigma_{FG1}}{\sigma_{F1}} = \frac{980 \text{ N/mm}^2}{324 \text{ N/mm}^2} = \mathbf{3} > S_{F\min} = 1{,}5 \tag{21.85}$$

$$S_{F2} = \frac{\sigma_{FG2}}{\sigma_{F2}} = \frac{980 \text{ N/mm}^2}{334 \text{ N/mm}^2} = \mathbf{2{,}9} > S_{F\min} = 1{,}5$$

$S_{F\min}$ s. Hinweise zu Gl. (21.85)

c) Bestimmung der nominellen Pressung am Wälzpunkt C σ_{H0}

$$\sigma_{H0} = \sqrt{\frac{F_t}{b \cdot d_1} \cdot \frac{u+1}{u}} \cdot Z_H \cdot Z_E \cdot Z_\varepsilon \cdot Z_\beta \tag{21.88}$$

$$\sigma_{H0} = \sqrt{\frac{50\,292 \text{ N}}{98 \text{ mm} \cdot 124{,}233 \text{ mm}} \cdot \frac{2{,}95 + 1}{2{,}95}} \cdot 2{,}28 \cdot 189{,}8 \sqrt{\frac{\text{N}}{\text{mm}^2}} \cdot 0{,}845 \cdot 0{,}983$$

$\sigma_{H0} = \mathbf{845{,}4 \text{ N/mm}^2}$

mit $u = z_2/z_1$, Z_H nach TB 21-22a für
$(x_1 + x_2)/(z_1 + z_2) = (0{,}45 + 0{,}3719)/(20 + 59) = 0{,}1$; Z_E nach TB 21-22b, Z_ε nach TB 21-22c für $\varepsilon_\alpha = 1{,}4$ und $\varepsilon_\beta = 1{,}35$, $Z_\beta = \sqrt{\cos \beta} = \sqrt{\cos 15°} = 0{,}983$ nach Hinweisen zu Gl. (21.88)

Bestimmung der maximalen Pressung am Wälzpunkt σ_H

$$\sigma_H = \sigma_{H0} \cdot K_{H\,ges} = 845{,}4 \text{ N/mm}^2 \cdot 1{,}2 = \mathbf{1015 \text{ N/mm}^2} \tag{21.89}$$

Bestimmung der Zahnflankengrenzfestigkeit σ_{HG}

$$\sigma_{HG} = \sigma_{H\lim} \cdot Z_{NT} \cdot (Z_L \cdot Z_V \cdot Z_R) \cdot Z_W \cdot Z_X \tag{21.90}$$

$$\sigma_{HG} = 1500 \text{ N/mm}^2 \cdot 1 \cdot (0{,}92) \cdot 1 \cdot 1 = \mathbf{1380 \text{ N/mm}^2}$$

mit Z_{NT} nach TB 21-23d, $(Z_L \cdot Z_V \cdot Z_R)$ s. Hinweise zu Gl. (21.90), Z_W nach TB 21-23e und Hinweise zu Gl. (21.90), Z_X nach TB 21-21d

Bestimmung der Sicherheit für die Grübchentragfähigkeit S_H

$$S_{H1,2} = \frac{\sigma_{HG1,2}}{\sigma_H} = \frac{1380 \text{ N/mm}^2}{1015 \text{ N/mm}^2} = \mathbf{1{,}36} > S_{H\min} \approx 1{,}3 \tag{21.90a}$$

$S_{H\min}$ s. Hinweise zu Gl. (21.90a)

21 Außenverzahnte Stirnräder

21.43 a) $x_1 = 0{,}55$, $x_2 = 0{,}742$; $d_1 = 202{,}914$ mm, $d_2 = 884{,}126$ mm, $d_{a1} = 243{,}104$ mm, $d_{a2} = 929{,}692$ mm, $d_{f1} = 183{,}314$ mm, $d_{f2} = 869{,}902$ mm, $d_{b1} = 189{,}881$ mm, $d_{b2} = 827{,}340$ mm, $d_{w1} = 209{,}066$ mm, $d_{w2} = 910{,}933$ mm, $V_1 = 7{,}7$ mm, $V_2 = 10{,}388$ mm, $k = -1{,}605$ mm, $h_1 = h_2 = 29{,}895$ mm, $a_d = 543{,}520$ mm, $\alpha_t = 20{,}647°$, $\alpha_{wt} \approx 24{,}738°$, $\varepsilon_\gamma = 2{,}258$, $\varepsilon_\alpha = 1{,}258$, $\varepsilon_\beta = 1$;

b) $F_{t1} \approx 179\,670$ N ($T_1 \approx 18\,780$ Nm), $K_A = 1{,}25$, $K_v \approx 1$ ($K_1 = 8{,}5$, $K_2 = 0{,}0087$, $K_3 = 0{,}0224$ m/s, $v_t \approx 0{,}164$ m/s), $K_{H\beta} \approx 1{,}45$ ($f_{sh} \approx 40$ μm, $f_{ma} \approx 11$ μm, $F_{\beta x} \approx 66$ μm, $y_\beta \approx 6$ μm, $F_{\beta y} \approx 60$ μm); $K_{F\beta} \approx 1{,}35$ ($N_F \approx 0{,}83$); $K_{H\alpha} = K_{F\alpha} = 1$, $K_{F\,ges} \approx 1{,}7$, $K_{H\,ges} \approx 1{,}35$.

c) *Zahnfußtragfähigkeit:* $S_{F1} \approx 2{,}45$ ($\sigma_{FG1} \approx 950$ N/mm², $\sigma_{F1} \approx 385$ N/mm², $\sigma_{F01} \approx 225$ N/mm², $Y_{Fa1} \approx 2{,}26$, $Y_{Sa1} \approx 1{,}92$ bei $z_{n1} \approx 15{,}53$, $Y_\varepsilon \approx 0{,}78$, $Y_\beta \approx 0{,}88$, $Y_x \approx 0{,}94$), $S_{F2} \approx 2{,}1$ ($\sigma_{FG2} \approx 850$ N/mm², $\sigma_{F2} \approx 410$ N/mm², $\sigma_{F02} \approx 240$ N/mm², $Y_{Fa2} \approx 2{,}03$, $Y_{Sa2} \approx 2{,}18$ bei $z_{n2} \approx 67{,}69$);

Grübchentragfähigkeit: $S_{H1} \approx 1{,}42$ ($\sigma_{HG} \approx 1750$ N/mm², $\sigma_H \approx 1230$ N/mm², $\sigma_{H0} \approx 910$ N/mm², $Z_H = 2{,}2$, $Z_E = 189{,}8\ \sqrt{\text{(N/mm}^2\text{)}}$, $Z_\varepsilon \approx 0{,}89$, $Z_\beta = 0{,}98$, $Z_{NT1} = 1{,}36$, $Z_L = Z_v = Z_R = 1$, $Z_W = 1$, $Z_x = 0{,}92$).

22 Kegelräder, Kegelradgetriebe

22.1 a) $\delta_1 = 28{,}775°$, $\delta_2 = 46{,}225°$;

b) $d_{e1} = 77$ mm, $d_{e2} = 115{,}5$ mm ($z_2 = 33$); $d_{ae1} = 83{,}136$ mm, $d_{ae2} = 120{,}344$ mm ($m_e = 3{,}5$ mm);

c) $R_{e1} = R_{e2} = 79{,}98$ mm;

d) $\delta_{a1} = 31{,}281°$, $\delta_{f1} = 25{,}644°$; $\delta_{a2} = 48{,}731°$, $\delta_{f2} = 43{,}094°$ ($\vartheta_a = 2{,}51°$, $\vartheta_f = 3{,}13°$).

22.2 a) Ausführung als Geradzahn-Kegelrad-Nullgetriebe möglich, da $z_1 > z'_{gK1}$ ($z_1 = 12$, $z'_{gK1} = 11$) für $\delta \approx 38°$);

b) $z_2 = 15$, $R_e = 57{,}627$ mm, $b = 15$ mm, $h_{ae} = 6$ mm, $h_{fe} = 7{,}5$ mm;
$\delta_1 = 38{,}66°$, $d_{e1} = 72{,}00$ mm, $d_{ae1} = 81{,}37$ mm, $\delta_{a1} = 44{,}604°$, $\delta_{f1} = 31{,}245°$,
$\delta_2 = 51{,}34°$, $d_{e2} = 90{,}00$ mm, $d_{ae2} = 97{,}496$ mm, $\delta_{a2} = 57{,}284°$, $\delta_{f2} = 43{,}925°$,
($\vartheta_a = 5{,}944°$, $\vartheta_f = 7{,}415°$).

22.3 $z_2 = 63$, $b = 65$ mm ($\psi_d = 0{,}65$); $\delta_1 = 12{,}53°$, $\delta_2 = 77{,}47°$

Ritzel: $d_{m1} = 104{,}29$ mm, $d_{e1} = 118{,}39$ mm, $d_{am1} = 117{,}96$ mm, $d_{ae1} = 133{,}90$ mm, $d_{fm1} = 87{,}21$ mm, $d_{fe1} = 99$ mm;

Rad: $d_{m2} = 469{,}30$ mm, $d_{e2} = 536{,}20$ mm, $d_{am2} = 472{,}34$ mm, $d_{ae2} = 536{,}20$ mm, $d_{fm2} = 465{,}51$ mm, $d_{fe2} = 528{,}44$ mm.

22.4 a) $n_1/n_2 \approx 1{,}77$ ($n_2 = 1592$ min^{-1})

b) $z_1 = 20$, $z_2 = 36$; $i_{vorh} = 1{,}8$;

c) $m_{mn} = 3{,}0$ mm, $h_{am} = 3$ mm, $h_{fm} = 3{,}75$ mm;

d) $b = 20$ mm ($\psi_d = 0{,}3$, $d_{m1} = 69{,}28$ mm), $R_m = 71{,}33$ mm, $R_e = 81{,}33$ mm;
Ritzel: $\delta_1 = 29{,}05°$, $d_{m1} = 69{,}28$ mm, $d_{am1} = 74{,}53$ mm, $d_{ae1} = 84{,}98$ mm, $d_{fe1} = 71{,}52$ mm;
Rad: $\delta_2 \approx 60{,}95°$, $d_{m2} = 124{,}71$ mm, $d_{am2} = 127{,}62$ mm, $d_{ae2} = 145{,}51$ mm, $d_{fe2} = 138{,}04$ mm.

22.5 a) $z_1 = 20$, $z_2 = 41$, ($i = 2{,}05$);

b) $m_{mn} = 5{,}0$ mm, $h_{am} = 5$ mm, $h_{fm} = 6{,}25$ mm;

c) $b = 38$ mm ($\psi_d \approx 0{,}34$, $d_{m1} = 110{,}34$ mm), $R_m = 125{,}83$ mm, $R_e = 144{,}83$ mm;
Ritzel: $\delta_1 \approx 26°$, $d_{m1} = 110{,}34$ mm, $d_{am1} = 119{,}33$ mm, $d_{ae1} = 137{,}34$ mm, $d_{fm1} = 99{,}10$ mm, $d_{fe1} = 114{,}07$ mm;
Rad: $\delta_2 \approx 64°$, $d_{m2} = 226{,}19$ mm, $d_{am2} = 230{,}58$ mm, $d_{ae2} = 265{,}39$ mm, $d_{fm2} = 220{,}71$ mm, $d_{fe2} = 254{,}04$ mm.

Tragfähigkeitsnachweis

22.6 a) $K_A \approx 1$, $b_e \approx 35{,}7$ mm, $F_{mt} \approx 4550$ N, $\varepsilon_{v\alpha} \approx 1{,}63$, $Y_\varepsilon \approx 0{,}71$, $Y_\beta = 1$, $Y_K = 1$, $K_{F\alpha} = 1{,}41$, $K_{H\alpha} \approx 1{,}29$, $K_{F\beta} \approx K_{H\beta} \approx 2{,}25$;

$S_F \approx 1{,}77$ ($\sigma_{FG} \approx 470$ N/mm^2, $\sigma_F \approx 266$ N/mm^2, $\sigma_{F0} \approx 83$ N/mm^2, $z_{vn1} = 22{,}82$, $Y_{Fa} = 2{,}8$, $Y_{Sa} = 1{,}63$, $Y_\beta = 1$, $Y_K = 1$, $Y_{\delta relt} \approx 0{,}96$, $Y_{R relT} \approx 1$, $Y_X \approx 0{,}98$;

$S_H \approx 1{,}1$ ($\sigma_{HG} \approx 900$ N/mm^2, $\sigma_H \approx 820$ N/mm^2, $Z_H = 2{,}5$, $Z_E = 189{,}8$ $\sqrt{\text{(N/mm}^2\text{)}}$, $Z_K = 1$, $Z_\beta = 1$, $Z_v \approx 0{,}95$, $Z_L \approx 1$, $Z_R \approx 0{,}85$, $Z_X \approx 1$).

22 Kegelräder, Kegelradgetriebe

22.7 $F_A \approx 3475$ N ($F_{Ax} \approx 3255$ N, $F_{Ay} \approx 1213$ N, $F_{mt2} \approx 5900$ N, $F_{a2} \approx 1950$ N, $F_{r2} \approx 885$ N, $T_1 \approx 143,25$ Nm, $d_{m1} = 48,76$ mm, $d_{e1} = 57$ mm, $\delta_1 = 24,34°$);

$F_B \approx 2665$ N ($F_{Bx} \approx 2645$ N, $F_{By} \approx 328$ N);

$M_{max} = M_1 = F_A \cdot l_2 \approx 226 \cdot 10^3$ Nmm, $M_2 = F_B \cdot l_1 \approx 214 \cdot 10^3$ Nmm.

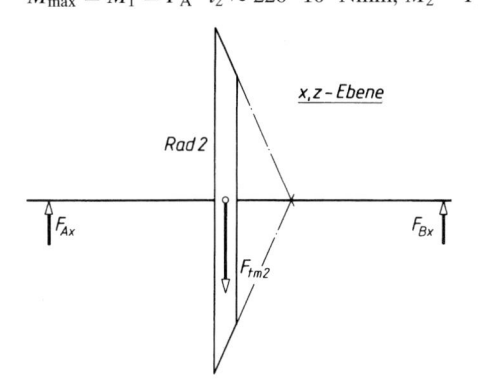

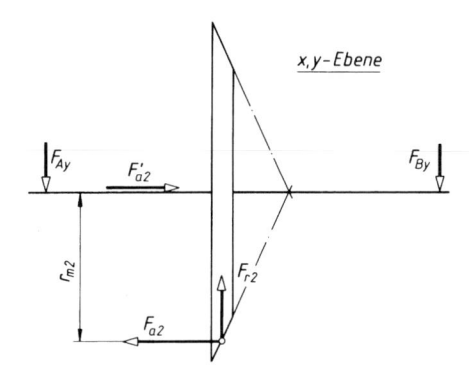

22.8 *Verzahnungsgeometrie:* $m_{mn} = 2,5$ mm ($d_{m1} \approx 58\ldots62$ mm), $z_1 = 20$, $z_2 = 36$, $i_{vorh} = 1,8$ ($n_1/n_2 \approx 1,77$), $b = 20$ mm, $R_m = 59,44$ mm, $R_e = 69,44$ mm, $h_{ae} = 2,92$ mm, $h_{fe} = 3,65$ mm;

Ritzel: $d_{m1} = 57,74$ mm, $d_{e1} = 67,45$ mm, $d_{ae1} = 72,55$ mm, $d_{fe1} = 60,15$ mm, $\delta_1 = 29,06°$, $\delta_{a1} \approx 31,46°$, $\delta_{f1} \approx 26,05°$;

Rad: $d_{m2} = 103,92$ mm, $d_{e2} = 121,41$ mm, $d_{ae2} = 124,24$ mm, $d_{fe2} = 114,11$ mm, $\delta_2 \approx 60,95°$, $\delta_{a2} \approx 63,35°$, $\delta_{f2} \approx 57,94°$;

Tragfähigkeitsnachweis: $K_A \approx 1,25$, $b_e \approx 17$ mm, $F_{mt} \approx 176$ N, $\varepsilon_{v\alpha} \approx 1,74$, $Y_\varepsilon \approx 0,68$, $Y_\beta = 1$, $Y_K = 1$, 7. Qualität, $K_1 = 15,34$, $K_2 = 1,065$, $K_3 = 0,0193$, $K_4 \approx 1,49$, $K_v \approx 1,22$, $K_{F\alpha} \approx 1$, $K_{H\alpha} \approx 1$, $K_{F\beta} \approx K_{H\beta} \approx 1,88$;

$Z_H = 2,5$, $Z_E = 189,8 \sqrt{(N/mm^2)}$, $Z_K = 1$, $Z_\beta = 0,87$, $Z_v \approx 0,95$, $Z_L \approx 1$, $Z_R \approx 0,85$, $Z_X \approx 1$;

Ritzel: $S_F \approx 7,88$, $\sigma_{FG} \approx 274$ N/mm^2, $\sigma_F \approx 35$ N/mm^2, $\sigma_{F0} \approx 12$ N/mm^2, $z_{vn1} = 35,22$, $Y_{Fa} = 2,5$, $Y_{Sa} = 1,72$, $Y_{\delta\,relT} \approx 0,98$, $Y_{R\,relT} \approx 1$, $Y_X \approx 1$, $S_H \approx 2,91$, $\sigma_{HG} \approx 808$ N/mm^2, $\sigma_H \approx 278$ N/mm^2;

Rad: $S_F \approx 8,17$, $\sigma_{FG} \approx 286$ N/mm^2, $\sigma_F \approx 35$ N/mm^2, $\sigma_{F0} \approx 12$ N/mm^2, $z_{vn2} = 114,13$, $Y_{Fa} = 2,16$, $Y_{Sa} = 2$, $Y_{\delta\,relT} \approx 1,02$, $Y_{R\,relT} \approx 1$, $Y_X \approx 1$, $S_H \approx 2,91$, $\sigma_{HG} \approx 808$ N/mm^2, $\sigma_H \approx 278$ N/mm^2.

23 Schraubrad- und Schneckengetriebe

23.1 a) $z_2 = 32$, $\beta_2 = 40°$;

b) $d_1 = 124{,}46$ mm, $d_2 = 208{,}87$ mm, $d_{a1} = 134{,}46$ mm, $d_{a2} = 218{,}87$ mm, $b_1 = b_2 = 50$ mm;

c) $a = 166{,}66$ mm.

23.2 Günstige Wirkungsgrade ergeben sich für $45° < \beta_1 < 50°$.

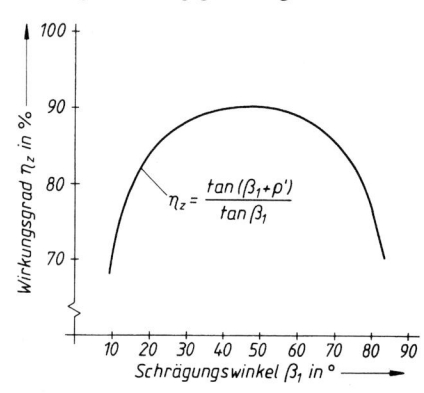

23.3 a) $\beta_1 = 23°$, $\beta_2 = 17°$;

b) $z_1 = 12$, $z_2 = 36$, $d_1 = 32{,}59$ mm, $d_2 = 94{,}11$ mm, $d_{a1} = 37{,}59$ mm, $d_{a2} = 99{,}11$ mm, $b_1 = b_2 = 25$ mm, $a = 63{,}35$ mm;

c) $\eta_Z \approx 0{,}94$;

d) $v_g \approx 1{,}00$ m/s ($v_1 \approx 0{,}81$ m/s, $v_2 \approx 2{,}34$ m/s).

23.4 a) $z_1 = 14$, $z_2 = 35$ ($i_{vorh} \approx 2{,}5$) $\beta_1 = 48°$, $\beta_2 = 42°$ ($\varrho' \approx 5°$); $m_n = 5$ mm ($c = 3$ N/mm^2, $K_A = 1$, $d_1' \approx 95$ mm), $d_1 = 104{,}61$ mm, $d_2 = 235{,}49$ mm, $d_{a1} = 114{,}61$ mm, $d_{a2} = 245{,}49$ mm, $b_1 = b_2 = 50$ mm, $a = 170{,}05$ mm;

b) $F_{t1} = 608$ N ($T_1 \approx 31{,}83$ Nm, $K_A = 1$), $F_{a1} \approx 568$ N, $F_{r1} \approx 302$ N, $F_{t2} \approx 568$ N, $F_{a2} \approx 608$ N, $F_{r2} \approx 302$ N;

c) $\eta_Z \approx 0{,}84$.

23.5 a) $z_3 = 20$, $z_4 = 21$ ($i_{ges} \approx 3{,}79$, $u_1 = 3{,}61$, $u_2 = 1{,}05$), $\beta_1 = 48°$, $\beta_2 = 42°$ ($\varrho' \approx 5°$); $m_n = 2{,}5$ mm ($d_3' \approx 64$ mm mit $K_A \approx 1{,}1$, $P_1 \approx 0{,}36$ kW, $c = 6$ N/mm^2, $n_1 \cong n_2 \approx 400$ min^{-1}), $d_3 = 74{,}72$ mm, $d_4 = 70{,}65$ mm, $d_{a3} = 79{,}72$ mm, $d_{a4} = 75{,}65$ mm, $b_3 = b_4 = 25$ mm, $a = 72{,}68$ mm;

b) $P_2 \approx 0{,}3$ kW ($\eta_{ges} \approx 0{,}81$, $\eta_L \approx 0{,}99$, $\eta_D \approx 0{,}98$, $\eta_{z2} \approx 0{,}84$).

23.6 a) $z_1 = 3$, $z_2 = 37$ ($i_{vorh} = 12{,}23$);

b) $m = 3{,}15$ ($m' = 3{,}12$, $d_{m1}' \approx 24{,}5$ mm mit $\psi_a \approx 0{,}35$);

c) *Schnecke:* $d_{m1} \approx 23{,}45$ mm, $\gamma_m = 21{,}949°$, $d_{a1} = 29{,}75$ mm, $d_{f1} \approx 15{,}58$ mm, $b_1 = 40$ mm (rechnerisch $b_1 \approx 38{,}8$ mm);

d) *Schneckenrad:* $d_2 = 116{,}55$ mm, $\beta = 21{,}949°$, $d_{a2} = 122{,}85$ mm, $d_{f2} \approx 108{,}68$ mm, $b_2 = 25$ mm (rechnerisch $b_2 \approx 24{,}73$ mm), $d_{e2} = 126$ mm;

d) $a = 70$ mm.

23 Schraubrad- und Schneckengetriebe

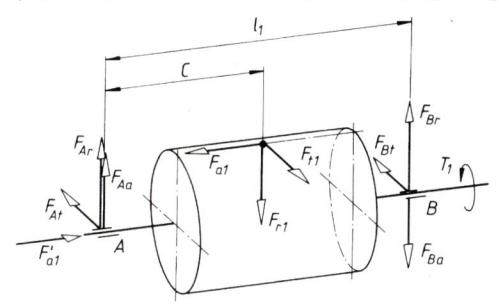

23.7 $a = 125$ mm festgelegt (rechnerisch $a \approx 117$ mm); $z_1 = 3$, $z_2 = 45$, $m = 4$ mm festgelegt; $d_{m1} = 70$ mm, $d_{a1} = 78$ mm, $d_{f1} = 60$ mm, $b_1 = 82$ mm, $h_1 = 9$ mm, $p_{z1} = 37{,}7$ mm, $\gamma_m = 9{,}728°$.

23.8 a) $T_{eq1} \approx 11{,}69$ Nm ($T_{nenn} = 9{,}75$ Nm);

b) *Zahnkräfte:* $F_{t1} \approx 275$ N, $F_{a1} \approx 3523$ N, ($\gamma_m \approx 3{,}37°$, $\varrho' \approx 1{,}1°$ für $v_g \approx 6{,}55$ m/s), $F_{r1} \approx 1286$ N ($\alpha_n = 20°$); $F_{t2} \approx 3522$ N, $F_{a2} \approx 275$ N, $F_{r2} \approx 1286$ N;

b) *Lagerkräfte:* $F_{A\,res} \approx 2050$ N ($F_{At} \approx 128$ N, $F_{Ar} \approx 600$ N, $F_{Aa} \approx 499$ N), $F_{B\,res} \approx 450$ N ($F_{Bt} \approx 147$ N, $F_{Br} \approx 686$ N, $F_{Ba} \approx 936$ N); $F_{C\,res} = 1812$ N, $F_{D\,res} = 1960$ N, ($F_{Ct} = F_{Dt} = 1760$ N, $F_{Cr} = F_{Dr} = 643$ N, $F_{Ca} = F_{Da} = 217$ N, $d_{m2} = 315$ mm).

23.9 a) $p_m^* \approx 0{,}85$; ($z_2 = 46$, $m = 4$ mm, $q = 10$, $b_{2H} = b_2 = 40$ mm, $u = 64$)

b) $\sigma_{Hm} \approx 285$ N/mm²; ($a \approx 112$ mm, $E_{red} = 140\,144$ N/mm², $T_{2q} = 597$ Nm)

c) $\sigma_{H\,grenz} \approx 471$ N/mm²; ($Z_h \approx 1{,}52$, $Z_v \approx 0{,}82$, $Z_S \approx 1$, $Z_{Oil} \approx 0{,}89$)

d) $S_H \approx 1{,}65$.

Projektaufgabe
(Festigkeitsnachweis, Lagertragfähigkeit, Pressverband)

Die dargestellte Welle aus E295 eines Getriebes wird durch die am Tellerrad (41Cr4 vergütet) wirkenden Kräfte – Radialkraft $F_r = 365$ N, Axialkraft $F_a = 1177$ N, Umfangskraft $F_t = 3386$ N – belastet. Es liegen folgende *Betriebsverhältnisse* vor: Dauerlauf (nur wenige, $< 10^2$, An- und Abschaltungen), gleichbleibende Drehrichtung, Anwendungsfaktor $K_A = 1{,}5$, einzelne Belastungsspitzen mit Maximalbelastung $= 2{,}5 \times$ Nennbelastung möglich (Wahrscheinlichkeit des Auftretens gering).

Weitere Angaben sind:
- Wellenrohling: Durchmesser $D = 60$ mm (spanende Wellenbearbeitung),
- Rauheit an der Kerbstelle $A-A$: $Rz = 25$ µm,
- Schadensfolgen: groß, keine regelmäßigen Inspektionen,
- Wellendrehzahl: $n = 150$ min^{-1},
- geforderte nominelle Lagerlebensdauer: $L_{10h} = 12\,000$ h,
- normale Anforderungen an die Lagerlaufruhe,
- Bauteilfließfestigkeit des Zahnrads: $R_e = 600$ N/mm^2,
- Nabenaußendurchmesser $D_{Aa} \approx 160$ mm,
- Herstellung Pressverband: Zahnrad wird trocken aufgeschrumpft,
- Passungsauswahl für: System Einheitsbohrung, Toleranzgrad Bohrung $\geq$ IT7,
- Pressverband-Rauheiten, Zahnradbohrung: $Rz_{Ai} = 16$ µm, Welle: $Rz_{Ia} = 10$ µm.

Durchzuführen sind:
- Ein Festigkeitsnachweis der Welle gegen Fließen S_F und gegen Dauerbruch S_D an der Kerbstelle $A-A$,
- der Nachweis einer ausreichenden Lagertragfähigkeit,
- die Auswahl einer geeigneten Passung für den Pressverband.

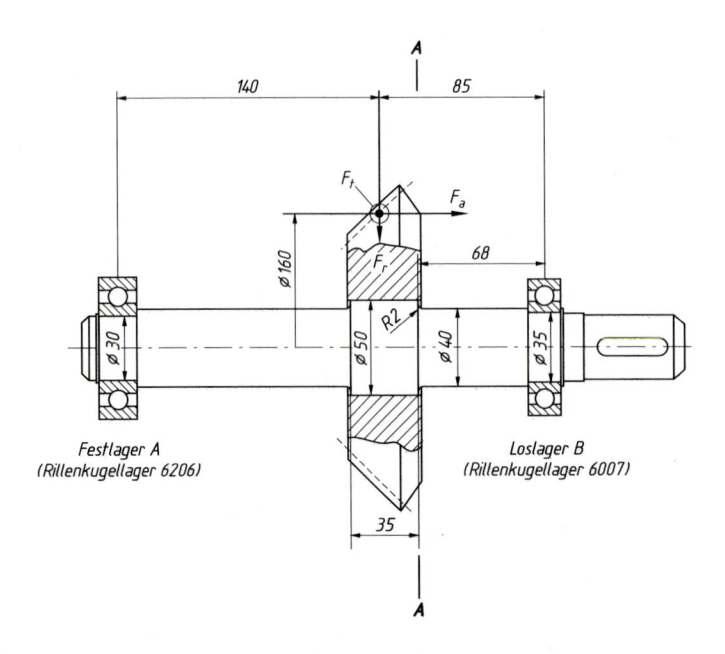

Festlager A
(Rillenkugellager 6206)

Loslager B
(Rillenkugellager 6007)

1 Bestimmung der Nennbelastungen an der Stelle A–A und der Lagerreaktionen

Als erstes muss geklärt werden, welche Einzelbeanspruchungen an der Stelle A–A für einen Festigkeitsnachweis zu berücksichtigen sind. Am betrachteten Querschnitt entstehen aufgrund der äußeren Belastungen Biege-, Torsions- und Schubspannungen (aus Querkraftbiegung). Die Schubspannungen können vernachlässigt werden, weil diese sehr klein sind gegenüber den Biege- und Torsionsspannungen. Der kritische Querschnittsbereich ist dabei die Außenfaser der Welle, wo die größte Biege- und Torsionsspannung überlagert wirken.

Zur Bestimmung der Biegespannung wird das Biegemoment benötigt. Das räumliche Kräftesystem wird dazu zweckmäßigerweise in zwei ebene Teilsysteme zerlegt, die ebenfalls zur Berechnung der Lagerreaktionen verwendet werden (s. Bild 11-20). Dabei erfolgt die Aufteilung der Verzahnungskräfte auf die zwei Ebenen nach folgender Regel: Jede Ebene enthält nur die Kräfte, welche im Aufriss unverzerrt sichtbar sind und nicht mit der Wellenmittellinie zusammenfallen (diese Kräfte haben jeweils einen Einfluss auf die vertikalen Lagerreaktionen). Danach ergibt sich:

xz-Ebene:

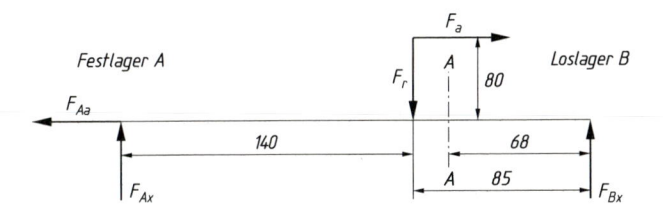

Die Lagerreaktionen des Festlagers F_{Ax} und des Loslagers F_{Bx} und das Biegemoment M_{bx} an der Stelle A–A ergeben sich zu:

$$\sum M_{(Bi)} = 0 = F_r \cdot 85 \text{ mm} - F_a \cdot 80 \text{ mm} - F_{Ax} (140 \text{ mm} + 85 \text{ mm}),$$

$$F_{Ax} = \frac{F_r \cdot 85 \text{ mm} - F_a \cdot 80 \text{ mm}}{225 \text{ mm}} = \frac{365 \text{ N} \cdot 85 \text{ mm} - 1177 \text{ N} \cdot 80 \text{ mm}}{225 \text{ mm}} = \mathbf{-280{,}6 \text{ N}},$$

$$\sum M_{(Ai)} = 0 = -F_r \cdot 140 \text{ mm} - F_a \cdot 80 \text{ mm} - F_{Bx} (140 \text{ mm} + 85 \text{ mm}),$$

$$F_{Bx} = \frac{F_r \cdot 140 \text{ mm} + F_a \cdot 80 \text{ mm}}{225 \text{ mm}} = \frac{365 \text{ N} \cdot 140 \text{ mm} + 1177 \text{ N} \cdot 80 \text{ mm}}{225 \text{ mm}} = \mathbf{645{,}6 \text{ N}},$$

$$M_{bx} = F_{Bx} \cdot 68 \text{ mm} = 645{,}6 \text{ N} \cdot 68 \text{ mm} = \mathbf{43\,901 \text{ Nmm}}.$$

yz-Ebene:

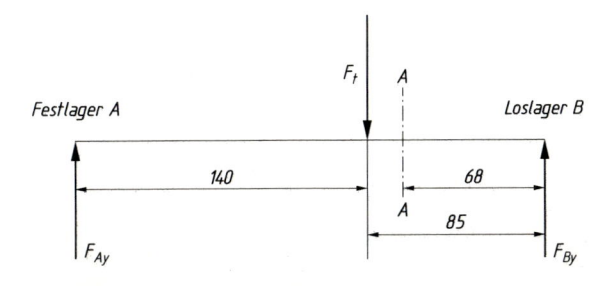

Die Lagerreaktionen des Festlagers F_{Ay} und des Loslagers F_{By} und das Biegemoment M_{by} an der Stelle $A-A$ ergeben sich zu:

$$\sum M_{(Bi)} = 0 = F_t \cdot 85 \text{ mm} - F_{Ay} (140 \text{ mm} + 85 \text{ mm}),$$

$$F_{Ay} = \frac{F_t \cdot 85 \text{ mm}}{225 \text{ mm}} = \frac{3386 \text{ N} \cdot 85 \text{ mm}}{225 \text{ mm}} = \mathbf{1279 \text{ N}},$$

$$\sum M_{(Ai)} = 0 = -F_t \cdot 140 \text{ mm} + F_{By} (140 \text{ mm} + 85 \text{ mm}),$$

$$F_{By} = \frac{F_t \cdot 140 \text{ mm}}{225 \text{ mm}} = \frac{3386 \text{ N} \cdot 140 \text{ mm}}{225 \text{ mm}} = \mathbf{2107 \text{ N}},$$

$$M_{by} = F_{By} \cdot 68 \text{ mm} = 2107 \text{ N} \cdot 68 \text{ mm} = \mathbf{143\,276 \text{ Nmm}}.$$

Mit den Ergebnissen beider Ebenen können die resultierenden Lagerkräfte F_A und F_B

$$F_A = \sqrt{F_{Ax}^2 + F_{Ay}^2} = \sqrt{(-280{,}6 \text{ N})^2 + (1279 \text{ N})^2} = \mathbf{1309 \text{ N}},$$

$$F_B = \sqrt{F_{Bx}^2 + F_{By}^2} = \sqrt{(645{,}6 \text{ N})^2 + (2107 \text{ N})^2} = \mathbf{2204 \text{ N}},$$

und an der Stelle $A-A$ das resultierende Biegemoment M_b

$$M_b = \sqrt{M_{bx}^2 + M_{by}^2} = \sqrt{(43\,901 \text{ Nmm})^2 + (143\,276 \text{ Nmm})^2} = \mathbf{149\,851 \text{ Nmm}},$$

die Biegenennspannung $\sigma_{b\,nenn}$

$$\sigma_{b\,nenn} = \frac{M_b}{W_b} = \frac{M_b}{\pi \cdot d^3/32} = \frac{149\,851 \text{ Nmm}}{\pi \cdot 40^3/32 \text{ mm}^3} = \mathbf{23{,}8 \text{ N/mm}^2},$$

und die Torsionsnennspannung $\tau_{t\,nenn}$ bestimmt werden:

$$\tau_{t\,nenn} = \frac{T}{W_t} = \frac{F_t \cdot 80 \text{ mm}}{\pi \cdot d^3/16} = \frac{3386 \text{ N} \cdot 80 \text{ mm}}{\pi \cdot 40^3/16 \text{ mm}^3} = \mathbf{21{,}6 \text{ N/mm}^2}.$$

Die Nennspannungen werden für den Festigkeitsnachweis im Abschn. 2, die Lagerreaktionen zur Berechnung der Lagertragfähigkeit in Abschn. 3 benötigt.

2 Festigkeitsnachweis für die Stelle $A-A$

2.1 Bestimmung der Beanspruchungen für den statischen und den dynamischen Festigkeitsnachweis

Nachdem ermittelt wurde, das die Einzelbeanspruchungen Biegung und Torsion an der Stelle $A-A$ zu berücksichtigen sind, muss noch der Einfluss der Betriebsverhältnisse betrachtet werden. Dies erfolgt gesondert für die jeweilige Einzelbeanspruchung.
Biegung: Aufgrund eines feststehenden Kraftangriffspunkts (Verzahnungskontakt) und einer umlaufenden Welle liegt eine wechselnde Biegenennbeanspruchung des Wellenquerschnitts vor, die Nennbeanspruchung ist also dynamisch wirkend. Diese Nennbeanspruchung beschreibt jedoch nicht die realen Betriebsverhältnisse, sondern es wirken i. allg. noch dynamische Zusatzbelastungen. Diese werden durch den Anwendungsfaktor K_A und die daraus resultierende äquivalente, dynamische Ersatzbeanspruchung (Index eq) berücksichtigt. Dabei ist zu beachten, dass für den dynamischen Festigkeitsnachweis die Ausschlagspannung zu bestimmen ist.

Weiterhin soll berücksichtigt werden, dass während der Betriebszeit einzelne Maximalbelastungen auftreten können. Aufgrund der sehr geringen Häufigkeit wird davon ausgegangen, dass diese keinen Einfluss auf die dynamische Festigkeit haben. Diese hohen Maximalbelastungen führen aber dazu, dass zusätzlich ein statischer Festigkeitsnachweis erforderlich wird. Vereinfacht können die Betriebsverhältnisse für Biegung wie folgt dargestellt werden:

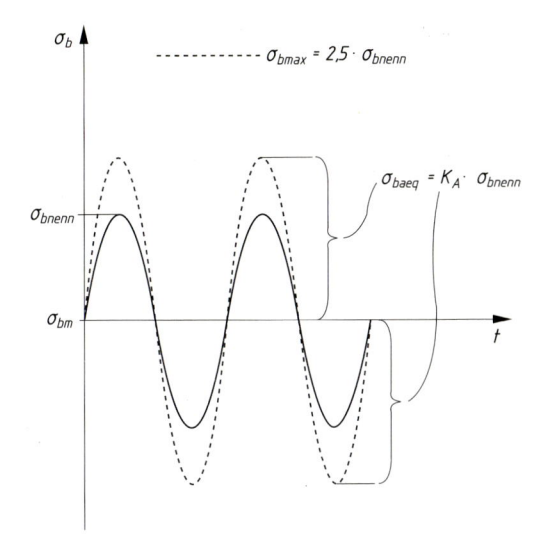

2 Festigkeitsnachweis für die Stelle A–A

Entsprechend den dargestellten Zusammenhängen ergibt sich folgende Biegemaximalspannung (statischer Festigkeitsnachweis):

$$\sigma_{b\,max} = 2{,}5 \cdot \sigma_{b\,nenn} = 2{,}5 \cdot 23{,}8\,\text{N/mm}^2 = \mathbf{59{,}5\,N/mm^2}\,,$$

bzw. äquivalente Biegeausschlagspannung (dynamischer Festigkeitsnachweis):

$$\sigma_{ba\,eq} = K_A \cdot \sigma_{b\,nenn} = 1{,}5 \cdot 23{,}8\,\text{N/mm}^2 = \mathbf{35{,}7\,N/mm^2}\,.$$

Torsion: Im Gegensatz zur Biegebeanspruchung stellt sich während des Betriebs eine gleichbleibende Torsionsnennbeanspruchung ein. Nun entscheidet die Häufigkeit der An- und Abschaltungen über den zu führenden Festigkeitsnachweis. Im vorliegenden Fall, mit nur wenigen An- und Abschaltungen, kann die eigentlich schwellend (dynamisch) auftretende Torsionsnennbeanspruchung als statisch wirkend angesehen werden. Da man bei $<10^3$ Lastspielen davon ausgehen kann, dass kein Dauerbruch eintritt, rechnet man hier mit einer „quasistatischen" Beanspruchung. Durch die realen Beanspruchungsverhältnisse, berücksichtigt durch den Anwendungsfaktor K_A, entsteht aber ebenfalls ein dynamischer Beanspruchungsanteil, der einen dynamischen Festigkeitsnachweis erforderlich macht. Auch hier wird die Ausschlagspannung – die äquivalente, dynamische Ersatzbeanspruchung – bestimmt.

Weiterhin muss berücksichtigt werden, dass während der Betriebszeit einzelne Maximalbelastungen auftreten können. Diese sind relevant für den statischen Festigkeitsnachweis. Vereinfacht können die Betriebsverhältnisse für Torsion wie folgt dargestellt werden:

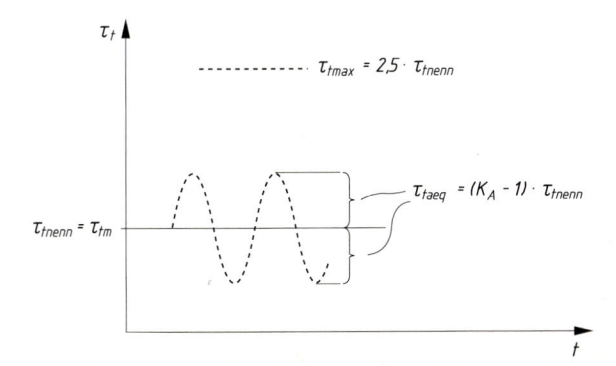

Somit ergibt sich folgende Torsionsmaximalspannung (statischer Festigkeitsnachweis):

$$\tau_{t\,max} = 2{,}5 \cdot \tau_{t\,nenn} = 2{,}5 \cdot 21{,}6 \text{ N/mm}^2 = \mathbf{54 \text{ N/mm}^2}\,,$$

bzw. äquivalente Torsionsausschlagspannung (dynamischer Festigkeitsnachweis):

$$\tau_{ta\,eq} = (K_A - 1) \cdot \tau_{t\,nenn} = (1{,}5 - 1) \cdot 21{,}6 \text{ N/mm}^2 = \mathbf{10{,}8 \text{ N/mm}^2}\,.$$

2.2 Statischer Festigkeitsnachweis

Der statische Festigkeitsnachweis gegen Fließen wird in Anlehnung an den Ablauf nach Bild 3-31 durchgeführt. Nachdem die Maximalspannungen bereits berechnet wurden, werden jetzt die Biege- und die Torsionsfließfestigkeit bestimmt. Für die Biegefließfestigkeit ergibt sich:

$$\sigma_{bF} = 1{,}2 \cdot R_{p0{,}2N} \cdot K_t = 1{,}2 \cdot 295 \text{ N/mm}^2 \cdot 0{,}93 = \mathbf{329{,}2 \text{ N/mm}^2}\,,$$

für die Torsionsfließfestigkeit:

$$\tau_{tF} = 1{,}2 \cdot R_{p0{,}2N} \cdot K_t/\sqrt{3} = 1{,}2 \cdot 295 \text{ N/mm}^2 \cdot 0{,}93/\sqrt{3} = \mathbf{190{,}1 \text{ N/mm}^2}\,,$$

jeweils mit der Fließfestigkeit für E295 für Normabmessungen $R_{p0{,}2N} = 295$ N/mm² nach TB 1-1 und dem technologischen Größenfaktor $K_t = 0{,}93$ nach TB 3-11a(2) für einen Wellenrohling $D = 60$ mm.

Mit den Fließfestigkeiten und den Maximalspannungen für Biegung und Torsion kann nun die Gesamtsicherheit gegen Fließen an der Stelle $A-A$ nach Gl. (3.23) berechnet werden. Aufgrund des duktilen Wellenwerkstoffs wird die Gestaltänderungsenergiehypothese (GEH) verwendet:

$$S_{F,\text{GEH}} = \frac{1}{\sqrt{\left(\dfrac{\sigma_{b\,max}}{\sigma_{bF}}\right)^2 + \left(\dfrac{\tau_{t\,max}}{\tau_{tF}}\right)^2}} = \frac{1}{\sqrt{\left(\dfrac{59{,}5 \text{ N/mm}^2}{329{,}2 \text{ N/mm}^2}\right)^2 + \left(\dfrac{54{,}0 \text{ N/mm}^2}{190{,}1 \text{ N/mm}^2}\right)^2}} = \mathbf{2{,}9}\,.$$

Nach TB 3-14b muß für eine geringe Wahrscheinlichkeit des Auftretens der Maximalspannungen und große Schadensfolgen folgende Mindestsicherheit erfüllt sein:

$$S_{F\,min} = 1{,}35\,.$$

Mit $S_F = 2{,}9 > S_{F\,min} = 1{,}35$ ist eine ausreichende Sicherheit gegen Fließen gegeben.

2.3 Dynamischer Festigkeitsnachweis

Für den dynamischen Festigkeitsnachweis wurden bereits die Ausschlagspannungen berechnet. Die Schritte zur Bestimmung der Biege- und Torsions-Gestaltausschlagfestigkeit erfolgen in Anlehnung an den Ablauf nach Bild 3-32.

Die wesentlichen Einflussgrößen auf die Bauteilfestigkeiten sind im Konstruktionsfaktor zusammengefasst. Der Konstruktionsfaktor für Biegebeanspruchung ergibt sich zu (notwendige Größen s. Bild 3-27):

$$K_{Db} = \left(\frac{\beta_{kb}}{K_g} + \frac{1}{K_{O\sigma}} - 1\right)\frac{1}{K_V} = \left(\frac{2{,}2}{0{,}89} + \frac{1}{0{,}88} - 1\right) = \mathbf{2{,}61}\,,$$

mit Kerbwirkungszahl $\beta_{kb} \approx 2{,}2$ (s. nachfolgende Hinweise), geometrischer Größenfaktor $K_g = 0{,}89$ für $d = 40$ mm nach TB 3-11c, Oberflächenbeiwert $K_{O\sigma} = 0{,}88$ nach TB 3-10 ($R_m = K_t \cdot R_{mN} = 1 \cdot 490$ N/mm² $= 490$ N/mm², $R_{mN} = 490$ nach TB 1-1. $K_t = 1$ nach TB 3-11a (1)), $K_V = 1$ (keine Oberflächenverfestigung).

Hinweise zur Bestimmung der Kerbwirkungszahl β_{kb}: Nach TB 3-9b ergibt sich für den vorliegenden Fall einer Überlagerung der Kerbwirkungen für einen Wellenabsatz und einen Pressverband für die Wellenzugfestigkeit $R_m = R_{m,N} = 490$ N/mm² ($K_t = 1$ nach TB 3-11a) eine Kerb-

2 Festigkeitsnachweis für die Stelle A–A

wirkungszahl $\beta_{kb} \approx 1{,}8$. Aufgrund des unter 4. gewählten Pressverbands mit einem größeren Übermaß bzw. den abweichenden Werten für Durchmesser, Rauheit und Kerbradius wird mit einer um 20% höheren Kerbwirkung gerechnet, d. h. $\beta_{kb} \approx 2{,}2$.

Zusätzlich lässt sich hier auch der Einfluss des Pressverbands auf die vorliegende Kerbwirkung verdeutlichen, wenn man einmal die Kerbwirkungszahl nur aufgrund des vorhandenen Wellenabsatzes bestimmt: Diese ergibt sich mit Kerbformzahl $\alpha_{kb} \approx 2{,}0$ nach TB 3-6d ($D/d = 50$ mm/(40 mm) $= 1{,}25$, $r/d = 2$ mm/(40 mm) $= 0{,}05$), Stützzahl $n_b = 1{,}22$ nach TB 3-7 ($G' = 2/r(1+\varphi)$ $= 2{,}3/(2$ mm$)(1 + 0{,}12) = 1{,}29$/mm, $\varphi = 1/((8(D-d)/r)^{0{,}5} + 2) = 1/((8(50-40)/)^{0{,}5} + 2) = 0{,}12$, $R_{p0,2} = K_t \cdot R_{p0,2N} = 0{,}93 \cdot 295$ N/mm$^2 = 274$ N/mm^2) zu: Kerbwirkungszahl $\beta_{kb} = \alpha_{kb}/n_b = 2{,}0/1{,}22 = 1{,}67$.

Mit dem Konstruktionsfaktor kann jetzt die Biege-Gestaltwechselfestigkeit nach Gl. (3.17) berechnet werden:

$$\sigma_{bGW} = K_t \cdot \sigma_{bWN}/K_{Db} = 1 \cdot 245 \text{ N/mm}^2/2{,}61 = \mathbf{93{,}9 \text{ N/mm}^2}\,,$$

mit technologischem Größenfaktor (für Zugfestigkeit) $K_t = 1$ nach TB 3-11a (1) für Wellenrohling $D = 60$ mm, Biegewechselfestigkeit für Normabmessungen $\sigma_{bWN} = 245$ N/mm^2 nach TB 1-1. Ausgehend von der Biege-Gestaltwechselfestigkeit muss jetzt noch die den Betriebsverhältnissen entsprechende Biege-Gestaltausschlagfestigkeit bestimmt werden. Dafür wird die Vergleichsmittelspannung σ_{vm} benötigt. Diese ergibt sich nach der Gestaltänderungsenergiehypothese (GEH) zu:

$$\sigma_{vm,\text{GEH}} = \sqrt{(\sigma_{bm}^2 + 3\tau_{tm}^2)} = \sqrt{(0 + 3 \cdot 21{,}6^2)} = \mathbf{37{,}4 \text{ N/mm}^2}\,.$$

Diese Vergleichsspannung σ_{vm} wird bei der Berechnung der Biege-Gestaltausschlagfestigkeit als die wirksame Biege-Mittelspannung zugrunde gelegt. Im weiteren muß nun noch die Entscheidung getroffen werden, welcher Überlastungsfall vorliegt. Da bei größer werdenden Belastungen auch die Vergleichsmittelspannung σ_{vm} ansteigt, der Überlastungsfall F1 also nicht angewendet werden kann, rechnet man mit dem Überlastungsfall F2 (wird i.allg. bei der Nachrechnung von Getriebewellen verwendet). Die Biege-Gestaltausschlagfestigkeit für den Überlastungsfall F2 ergibt sich nach Gl. (3.18b) zu:

$$\sigma_{bGA} = \frac{\sigma_{bGW}}{1 + \psi_\sigma \cdot \sigma_{vm}/\sigma_{ba}} = \frac{93{,}9 \text{ N/mm}^2}{1 + 0{,}0715 \cdot 37{,}4 \text{ N/mm}^2/(35{,}7 \text{ N/mm}^2)} = \mathbf{87{,}4 \text{ N/mm}^2}\,,$$

mit der Mittelspannungsempfindlichkeit $\psi_\sigma = a_M \cdot R_m + b_M = 0{,}00035 \cdot 490 - 0{,}1 = 0{,}0715$ nach Gl. (3.19) und TB 3-13.

Entsprechend den Erläuterungen bei Biegebeanspruchung werden nun die Kenngrößen für die Torsionsbeanspruchung bestimmt. Diese sind der Konstruktionsfaktor für Torsionsbeanspruchung (notwendige Größen s. Bild 3-27):

$$K_{Dt} = \left(\frac{\beta_{kt}}{K_g} + \frac{1}{K_{O\tau}} - 1\right)\frac{1}{K_V} = \left(\frac{1{,}56}{0{,}89} + \frac{1}{0{,}93} - 1\right) = \mathbf{1{,}83}\,,$$

mit Kerbwirkungszahl $\beta_{kt} \approx 1{,}56$ (ein um 20% erhöhter Wert nach TB 3-9b, s. Hinweise zu β_{kb}), geometrischer Größenfaktor $K_g = 0{,}89$ für $d = 40$ mm nach TB 3-11c, Oberflächenbeiwert $K_{O\tau} = 0{,}575 \cdot K_{o\sigma} + 0{,}425 = 0{,}575 \cdot 0{,}88 + 0{,}425 = 0{,}93$ nach TB 3-10, $K_V = 1$ (keine Oberflächenverfestigung), die Torsions-Gestaltwechselfestigkeit nach Gl. (3.17):

$$\tau_{tGW} = K_t \cdot \tau_{tWN}/K_{Dt} = 1 \cdot 145 \text{ N/mm}^2/1{,}83 = 79{,}2 \text{ N/mm}^2\,,$$

mit technologischem Größenfaktor (für Zugfestigkeit) $K_t = 1$ (für Wellenrohling $D = 60$ mm) nach TB 3-11a (1), Torsionswechselfestigkeit für Normabmessungen $\tau_{tWN} = 145$ N/mm^2 nach TB 1-1 und die Torsions-Gestaltausschlagfestigkeit für den Überlastungsfall F2 nach Gl. (3.18b):

$$\tau_{tGA} = \frac{\tau_{tGW}}{1 + \psi_\tau \cdot \tau_{vm}/\tau_{ta}} = \frac{79{,}2 \text{ N/mm}^2}{1 + 0{,}0415 \cdot 21{,}6 \text{ N/mm}^2/(10{,}8 \text{ N/mm}^2)} = \mathbf{73{,}1 \text{ N/mm}^2}\,,$$

mit der Mittelspannungsempfindlichkeit $\psi_\tau = f_\tau \cdot \psi_\sigma = 0{,}58 \cdot 0{,}0715 = 0{,}0415$ nach Gl. (3.19), Vergleichsmittelspannung $\tau_{vm} = f_\tau \cdot \sigma_{vm} = \tau_{tm} = 21{,}6$ N/mm^2.

Mit den Ausschlagfestigkeiten und den Ausschlagspannungen für Biegung und Torsion kann nun die Gesamtsicherheit gegen Dauerbruch an der Stelle $A-A$ berechnet werden. Diese ergibt sich unter Verwendung der Gestaltänderungsenergiehypothese (GEH) nach Gl. (3.23) zu:

$$S_{D,GEH} = \frac{1}{\sqrt{\left(\frac{\sigma_{ba}}{\sigma_{bGA}}\right)^2 + \left(\frac{\tau_{ta}}{\tau_{tGA}}\right)^2}} = \frac{1}{\sqrt{\left(\frac{35{,}7\,\text{N/mm}^2}{87{,}4\,\text{N/mm}^2}\right)^2 + \left(\frac{10{,}8\,\text{N/mm}^2}{73{,}1\,\text{N/mm}^2}\right)^2}} = \mathbf{2{,}3}\,.$$

Nach TB 3-14b muss für große Schadensfolgen und keine regelmäßigen Inspektionen folgende Mindestsicherheit erfüllt sein:

$S_{D\,\text{min}} = 1{,}5$.

Mit $S_D = 2{,}3 > S_{D\,\text{min}} = 1{,}5$ ist eine ausreichende Sicherheit gegen Dauerbruch vorhanden.

3 Nachrechnung der Lagertragfähigkeit

3.1 Bestimmung der Lagerbelastungen

In Abschn. 1. wurden die radialen Lagerkräfte für die Nennbelastungen bestimmt. Für die Berechnung der statischen und dynamischen Tragfähigkeit müssen zusätzlich die vorliegenden Betriebsverhältnisse berücksichtigt werden. Dabei werden die gleichen Überlegungen verwendet, die Grundlage für den Festigkeitsnachweis waren. So sind für die statische Tragfähigkeit die Maximalbelastungen $F_{rA\,\text{max}}$, $F_{aA\,\text{max}}$ und $F_{rB\,\text{max}}$ relevant. Für die dynamische Tragfähigkeit erhöhen sich die Nennbelastungen um den Anwendungsfaktor K_A. Damit ergeben sich folgende Lagerbelastungen für das Festlager A bzw. das Loslager B.
– Maximalradialkräfte $F_{rA\,\text{max}}$, $F_{rB\,\text{max}}$ bzw. Maximalaxialkraft $F_{aA\,\text{max}}$ (statischer Tragfähigkeitsnachweis):

$F_{rA\,\text{max}} = 2{,}5 \cdot F_A = 2{,}5 \cdot 1309\,\text{N} = \mathbf{3273\,N}$,

$F_{rB\,\text{max}} = 2{,}5 \cdot F_B = 2{,}5 \cdot 2204\,\text{N} = \mathbf{5510\,N}$,

$F_{aA\,\text{max}} = 2{,}5 \cdot F_a = 2{,}5 \cdot 1177\,\text{N} = \mathbf{2943\,N}$,

– Äquivalente Radialkräfte F_{rA}, F_{rB} bzw. äquivalente Axialkraft F_{aA} (dynamischer Tragfähigkeitsnachweis):

$F_{rA} = K_A \cdot F_A = 1{,}5 \cdot 1309\,\text{N} = \mathbf{1964\,N}$,

$F_{rB} = K_A \cdot F_B = 1{,}5 \cdot 2204\,\text{N} = \mathbf{3306\,N}$,

$F_{aA} = K_A \cdot F_a = 1{,}5 \cdot 1177\,\text{N} = \mathbf{1766\,N}$.

3.2 Nachweis der dynamischen Tragfähigkeit

3.2.1 Festlager A

Die Bestimmung der nominellen Lagerlebensdauer des Festlagers A erfolgt mit der aus der Radialkraft F_{rA} und der Axialkraft F_{aA} bestimmten rein radial wirkenden rechnerischen Ersatzbeanspruchung, der dynamisch äquivalenten Lagerbelastung P. Zur Berechnung von P werden der Radialfaktor X und der Axialfaktor Y benötigt. Diese ergeben sich nach TB 14-3a mit nachfolgend dargestelltem Berechnungsablauf und der statischen Tragzahl $C_0 = 11\,200\,\text{N}$ nach TB 14-2:

$$e \approx 0{,}51 \cdot \left(\frac{F_{aA}}{C_0}\right)^{0{,}233} = 0{,}51 \cdot \left(\frac{1766}{11\,200}\right)^{0{,}233} = \mathbf{0{,}33}\,,$$

$$\frac{F_{aA}}{F_{rA}} = \frac{1766\,\text{N}}{1964\,\text{N}} = \mathbf{0{,}9} > e = 0{,}33\,,$$

3 Nachrechnung der Lagertragfähigkeit

$$Y \approx 0{,}866 \cdot \left(\frac{F_{aA}}{C_0}\right)^{-0{,}229} = 0{,}866 \cdot \left(\frac{1766}{11\,200}\right)^{-0{,}229} = \mathbf{1{,}32}\,,$$

$X = 0{,}56$.

Daraus folgt mit der dynamisch äquivalenten Lagerbelastung P nach Gl. (14.8)

$$P = X \cdot F_{rA} + Y \cdot F_{aA} = 0{,}56 \cdot 1964\,\text{N} + 1{,}32 \cdot 1766\,\text{N} = \mathbf{3431\,N}\,,$$

und der dynamischen Tragzahl $C = 19\,300\,\text{N}$ nach TB 14-2 eine nominelle Lagerlebensdauer L_{10h} nach Gl. (14.6):

$$L_{10h} = \left(\frac{C}{P}\right)^p \cdot \frac{10^6}{60 \cdot n} = \left(\frac{19\,300\,\text{N}}{3431\,\text{N}}\right)^3 \cdot \frac{10^6}{60 \cdot 150\,\text{min}^{-1}} = \mathbf{19\,777\,h} \approx 20\,000\,\text{h}\,.$$

Die geforderte Lebensdauer von 13 000 h wird erreicht, eine ausreichende dynamische Tragfähigkeit ist gegeben.

3.2.2 Loslager B

Die nominelle Lagerlebensdauer L_{10h} des Loslagers B ergibt sich mit der dynamischen Tragzahl $C = 16\,000\,\text{N}$ nach TB 14-2 bzw. Gl. (14.8) und Gl. (14.6) wie folgt:

$$P = F_{rB} = 3306\,\text{N}\,,$$

$$L_{10h} = \left(\frac{C}{P}\right)^p \cdot \frac{10^6}{60 \cdot n} = \left(\frac{16\,000\,\text{N}}{3306\,\text{N}}\right)^3 \cdot \frac{10^6}{60 \cdot 150\,\text{min}^{-1}} = \mathbf{12\,595\,h} \approx 13\,000\,\text{h}\,.$$

Die geforderte Lebensdauer von 13 000 h wird erreicht, eine ausreichende dynamische Tragfähigkeit ist gegeben.

3.3 Nachweis der statischen Tragfähigkeit der Lager

Bei den vorliegenden Betriebsverhältnissen ist ein Nachweis der statischen Tragfähigkeit üblicherweise nicht notwendig. Im folgenden soll aber trotzdem einmal dieser Nachweis geführt werden, d. h. es werden ungünstige Auswirkungen durch eine auftretende Maximalbelastung unterstellt.

3.3.1 Festlager A

Die Bestimmung der nominellen Lagerlebensdauer des Festlagers A erfolgt mit der aus der Radialkraft $F_{rA\,max}$ und der Axialkraft $F_{aA\,max}$ bestimmten rein radial wirkenden rechnerischen Ersatzbeanspruchung, der statisch äquivalente Lagerbelastung P_0. Zur Berechnung von P_0 werden der Radial-X_0 und der Axialfaktor Y_0 benötigt. Diese ergeben sich nach TB 14-3b und der statischen Tragzahl $C_0 = 11\,200\,\text{N}$ nach TB 14-2 für

$$\frac{F_{aA\,max}}{F_{rA\,max}} = \frac{2943\,\text{N}}{3273\,\text{N}} = \mathbf{0{,}9} > e = 0{,}8\,,$$

zu: $X_0 = 0{,}6$, $Y_0 = 0{,}5$.
Daraus folgt für die statisch äquivalente Lagerbelastung P_0 nach Gl. (14.4):

$$P_0 = X_0 \cdot F_{rA\,max} + Y_0 \cdot F_{aA\,max} = 0{,}6 \cdot 3273\,\text{N} + 0{,}5 \cdot 2943\,\text{N} = \mathbf{3435\,N}\,.$$

Zur Beurteilung der statischen Tragfähigkeit dient die statische Kennzahl f_s. Diese ergibt sich zu:

$$f_s = \frac{C_0}{P_0} = \frac{11\,200\,\text{N}}{3435\,\text{N}} = \mathbf{3{,}2}\,.$$

Ein Wert für $f_s = 1 \ldots 1{,}5$ wird für normale Anforderungen gefordert, mit $f_s = 3{,}2$ ist damit eine ausreichende statische Tragfähigkeit gegeben.

3.3.2 Loslager B

Entsprechend den Darstellungen zum Lager A ergibt sich für das Lager B mit einer statisch äquivalenten Lagerbelastung nach Gl. (14.4)

$$P_0 = F_{rB\,max} = 5510\,\text{N},$$

und der statischen Tragzahl $C_0 = 10\,400$ N nach TB 14-2 folgende statische Kennzahl f_s:

$$f_s = \frac{C_0}{P_0} = \frac{10\,400\,\text{N}}{5510\,\text{N}} = \mathbf{1{,}9}.$$

Ein Wert für $f_s = 1\ldots1{,}5$ wird für normale Anforderungen an die Laufruhe gefordert, mit $f_s = 1{,}9$ ist eine ausreichende statische Tragfähigkeit gegeben.

4 Auswahl der Passung für den Querpressverband

Um eine geeignete Passung auszuwählen, müssen die Übermaße $Ü_u$ und $Ü_o$ für den vorliegenden Pressverband ermittelt werden. Die Schritte zur Bestimmung der Übermaße sind aus Bild 12-16 ersichtlich.
Als erstes werden die beiden Extremwerte für die Fugenpressungen bestimmt. Dies ist einerseits der minimal notwendige Wert der Fugenpressung, der die Übertragung des Drehmoments ohne ein Durchrutschen des Preßverbands sicherstellt. Zum anderen wird der maximale Wert der Fugenpressung ermittelt, der sich in Abhängigkeit der vorhandenen Bauteilfestigkeiten für die Welle bzw. Nabe (Zahnrad) ergibt. Dabei erfolgt die Berechnung unter der Voraussetzung, dass nur rein elastische Werkstoffbeanspruchungen zugelassen werden.
Ausgangspunkt für die Berechnung ist die resultierende Rutschkraft, die sich nach Bild 12-13c aus der Rutschkraft in Längsrichtung F_{lru} und der Rutschkraft in Umfangsrichtung F_{tru} ergibt. Mit

$$F_{lru} = F_a = 1177\,\text{N}$$

und

$$F_{tru} = F_t \cdot \frac{80\,\text{mm}}{25\,\text{mm}} = 3386\,\text{N} \cdot \frac{80\,\text{mm}}{25\,\text{mm}} = \mathbf{10\,835\,N}$$

ergibt sich die resultierende Rutschnennkraft F_{res}:

$$F_{res} = \sqrt{F_{tru}^2 + F_{lru}^2} = \sqrt{(10\,835\,\text{N})^2 + (1177\,\text{N})^2} = \mathbf{10\,899\,N}.$$

Die Berücksichtigung der Betriebsverhältnisse führt zur Bestimmung folgender resultierenden Rutschkraft nach Gl. (12.8):

$$F_{R\,res} = K_A \cdot S_H \cdot F_{res} = 1{,}5 \cdot 1{,}7 \cdot 10\,899\,\text{N} = \mathbf{27\,792\,N}.$$

Abweichend von einer üblichen Rutschsicherheit $S_H = 1{,}5$ wird mit einem höheren Wert $S_H = 1{,}7$ gerechnet. Damit wird die Möglichkeit einzelner Maximalbelastungen berücksichtigt, die im Extremfall 2,5fache Nennbelastung erreichen. D. h., um ein Durchrutschen des Pressverbands auszuschließen, erfolgt die Auslegung für den Beanspruchungsfall: Maximalbelastung $= K_A \cdot S_H \cdot$ Nennbelastung.
Damit kann die kleinste erforderliche Fugenpressung p_{Fk} bestimmt werden, die notwendig ist, um die Maximalbelastung ohne ein Durchrutschen übertragen zu können (Gl. (12.9)):

$$p_{Fk} = \frac{F_{Rt}}{A_F \cdot \mu} = \frac{F_{Rt}}{D_F \cdot \pi \cdot l_F \cdot \mu} = \frac{27\,792\,\text{N}}{50\,\text{mm} \cdot \pi \cdot 35\,\text{mm} \cdot 0{,}19} = \mathbf{26{,}6\,N/mm^2},$$

mit einem mittleren Haftbeiwert $\mu = 0{,}19$ nach TB 12-6a.
Als nächstes wird die größte zulässige Fugenpressung, abhängig von der Bauteilfestigkeit, bestimmt. Diese ergibt sich für die Welle bzw. das Zahnrad nach Gl. (12.16):

4 Auswahl der Passung für den Querpressverband

– Innenteil (Welle):

$$p_{FgI} = \frac{R_{eI}}{S_{FI}} \cdot \frac{2}{\sqrt{3}} = \frac{K_t \cdot R_{eIN}}{S_{FI}} \cdot \frac{2}{\sqrt{3}} = \frac{0{,}93 \cdot 295 \text{ N/mm}^2}{1{,}2} \cdot \frac{2}{\sqrt{3}} = \textbf{264 N/mm}^2,$$

mit geometrischem Größenfaktor $K_t = 0{,}93$ nach TB 3-11a (2) für einen Wellenrohling $D = 60$ mm und Sicherheit gegen Fließen $S_{FI} = 1{,}2$.

– Außenteil (Zahnrad):

$$P_{FgA} = \frac{R_{eA}}{S_{FA}} \cdot \frac{1 - Q_A^2}{\sqrt{3}} = \frac{600 \text{ N/mm}^2}{1{,}2} \cdot \frac{1 - 0{,}312^2}{\sqrt{3}} = \textbf{261 N/mm}^2,$$

mit $Q_A = D_F/D_{Aa} = 50$ mm$/(160$ mm$) = 0{,}312$ und Sicherheit gegen Fließen $S_{FA} = 1{,}2$.
Der kleinere Wert für die zulässige Fugenpressung ist für die weitere Berechnung relevant, d. h.: $p_{Fg} = 261$ N/mm^2.

Nachdem die Werte für den kleinsten erforderlichen und größten zulässigen Fugendruck bekannt sind, werden für diese beiden Anpreßdrücke die im gefügten Zustand zugehörigen Haftmaße Z_k und Z_g bestimmt.
Diese ergeben sich mit der Hilfsgröße K nach Gl. (12.12):

$$K = \frac{E_A}{E_I}\left(\frac{1 + Q_I^2}{1 - Q_I^2} - \nu_I\right) + \frac{1 + Q_A^2}{1 - Q_A^2} + \nu_A = \frac{210\,000 \text{ N/mm}^2}{210\,000 \text{ N/mm}^2}(1 - 0{,}3) + \frac{1 + 0{,}312^2}{1 - 0{,}312^2} + 0{,}3 = \textbf{2{,}216},$$

mit Elastizitätsmoduln $E_A = E_I = 210\,000$ N/mm^2, Querdehnzahlen $\nu_A = \nu_I = 0{,}3$, $Q_A = D_F/D_{Aa}$ $= 50$ mm$/160$ mm $= 0{,}312$, $Q_I = D_{Ii}/D_F = 0$, zu:

– Kleinstes Haftmaß (kleinstes wirksames Übermaß) nach Gl. (12.13):

$$Z_k = \frac{p_{Fk} \cdot D_F}{E_A} \cdot K = \frac{26{,}6 \text{ N/mm}^2 \cdot 50 \text{ mm}}{210\,000 \text{ N/mm}^2} \cdot 2{,}216 = 0{,}014 \text{ mm} = \textbf{14 µm},$$

– Größtes zulässiges Haftmaß (größtes wirksames Übermaß) nach Gl. (12.17):

$$Z_g = \frac{p_{Fg} \cdot D_F}{E_A} \cdot K = \frac{261 \text{ N/mm}^2 \cdot 50 \text{ mm}}{210\,000 \text{ N/mm}^2} \cdot 2{,}216 = 0{,}138 \text{ mm} = \textbf{138 µm}.$$

Weiterhin muß nun noch berücksichtigt werden, dass sich die Bauteile während des Fügevorgangs glätten, d. h. diese Glättung wird den für den gefügten Zustand berechneten Haftmaßen zugeschlagen. So erfolgt die Bestimmung der Herstellübermaße $\ddot{U}_u$ und $\ddot{U}_o$, d. h. der Übermaße für die nicht gefügten Bauteile.
Mit der Glättung nach Gl. (12.14):

$$G \approx 0{,}8(R_{zAi} + R_{zIa}) \approx 0{,}8(16 \text{ µm} + 10 \text{ µm}) \approx \textbf{21 µm},$$

ergeben sich das kleinste Übermaß nach Gl. (12.15):

$$\ddot{U}_u = Z_k + G = 14 \text{ µm} + 21 \text{ µm} = \textbf{35 µm},$$

bzw. das größtes Übermaß nach Gl. (12.18):

$$\ddot{U}_o = Z_g + G = 138 \text{ µm} + 21 \text{ µm} = \textbf{159 µm},$$

die Paßtoleranz nach Gl. (12.19) beträgt:

$$P_T = \ddot{U}_o - \ddot{U}_u = 159 \text{ µm} - 35 \text{ µm} = \textbf{124 µm}.$$

Für die Auswahl der Passung müssen folgende Bedingungen eingehalten werden: $P_{T\text{(gewählt)}} \leq P_{T\text{(berechnet)}}$, vorhandenes kleinstes Übermaß $\ddot{U}''_u \geq \ddot{U}_u$, vorhandenes größtes Übermaß $\ddot{U}''_o \leq \ddot{U}_o$. Mit den geforderten Toleranzgraden für die Nabe und den damit verbundenen Toleranzgraden für die Welle ist für das System Einheitsbohrung z. B. die Passung H7/u6 möglich.

Für den Querpressverband muss als nächstes noch die Fügbarkeit (entsprechende Temperaturen für die Welle und Nabe) überprüft werden. Dabei werden die Fügetemperaturen für den Extremfall berechnet, wenn für die Bohrung das untere Abmaß $EI = 0$ (Passung H) und gleichzeitig für die Welle das obere Abmaß ($es = 86\,\mu m$) vorliegt. Hinzu kommt noch das kleinste notwendige Fügespiel S_u.

Die benötigte Temperaturdifferenz (nur Erwärmung der Nabe) zur Herstellung des Pressverbands berechnet sich nach Gl. (12.22):

$$\Delta\vartheta = \vartheta_A - \vartheta = \frac{\ddot{U}'_o + S_u}{\alpha_A \cdot D_F} = \frac{86\,\mu m + 50\,\mu m}{11 \cdot 10^{-6}\,K^{-1} \cdot 50 \cdot 10^3\,\mu m} = \mathbf{247{,}3\,K},$$

mit Längenausdehnungskoeffizient $\alpha_A = 11 \cdot 10^{-6}\,K^{-1}$ nach TB 12-6b, kleinstem notwendigen Fügespiel $S_u = D_F/1000 = 50\,\mu m$, vorhandenem Größtübermaß $\ddot{U}'_o = es' - EI' = 86\,\mu m - 0 = 86\,\mu m$. Damit ergibt sich die benötigte Nabentemperatur für eine Raumtemperatur $\vartheta = 20\,°C$:

$$\vartheta_A = \Delta\vartheta + \vartheta = 247{,}3\,°C + 20\,°C = \mathbf{267{,}3\,°C}.$$

Nach TB 12-6c beträgt die maximale Fügetemperatur $300\,°C$ (Stahl vergütet), d. h. der Pressverband kann ausschließlich durch Erwärmung der Nabe hergestellt werden. Da ein zusätzliches Abkühlen der Welle nicht notwendig ist, erfolgt die Festlegung der Passung für den Querpressverband auf: H7/u6.